인투 더 쿨

: 에너지 흐름, 열역학, 그리고 생명

인투 더 쿨

: 에너지 흐름, 열역학, 그리고 생명

INTO THE

Energy Flow,

and Life

THE

Thermodynamics

에릭 D. 슈나이더, 도리언 세이건 지음
엄숭호 옮김

Cool

성균관대학교
출 판 부

이 책의 잠재력을 아는 세 명의 여성에게

—캐롤, 제시카, 린

무질서 없는 질서,
그릇 없는 올바름을 갖기를 바라는 자는
결코 하늘과 땅의 이치를 이해할 수 없다.
그는 세상 만물이 어떻게 함께 어울리는지
절대 알 수 없을 것이다.

— 장자, 「위대하고 작은」

그럼에도, 시간의 연속을 부정하고, 자아를 부정하고, 우주를 부정하는
것은 외적인 절망과 내적 위안의 척도이다. 우리 무리는... 비현실적이기
때문에... 끔찍하지 않다. 그것은 돌이킬 수 없기 때문에 끔찍하다... 시간은
내가 만들어진 물질이다. 시간은 나를 따라가는 강이지만, 내가 강이다.
그것은 나를 황폐하게 하는 호랑이지만 내가 호랑이다. 시간은 나를 태우는
불이지만, 내가 불이다. 아, 세상은 현실이다.

— 보르헤스, 「보르헤스와 나」

글쎄, 릭은 생각했다. 현실 생활에서는 적들을 손쉽게 사라지게 만드는 그런 마술 종 따위는 존재하지 않아.

모차르트가 《마술피리》를 쓰고 얼마 지나지 않아 불과 30대에 신장 질환으로 사망했다는 것은 정말 안타까운 일이었다. 심지어 그는 빈민 표지에 비석도 없이 묻히고 말았다.

이런 생각을 하다가 그는 문득 궁금해졌다. 혹시 모차르트는 자신에게 미래가 없다는 사실, 즉 자기가 짧은 생애를 이미 다 써버렸다는 사실을 직관적으로 알았던 게 아니었을까. 어쩌면 나도 그런지 몰라. 릭은 리허설을 지켜보며 이렇게 생각했다. 이 리허설은 끝날 것이고, 공연 역시 끝날 것이며, 가수들 역시 죽을 것이고, 결국에 가서는 이 음악의 마지막 악보조차도 이런저런 식으로 파괴될 거야. 마지막으로 '모차르트'라는 이름도 사라질 것이고, 낙진이 최종적인 승리를 거두겠지. 만약 이 행성에서는 그렇지 않더라도, 또 다른 행성에서는 그럴 거야. 우리도 잠깐 동안을 이를 회피할 수 있겠지. 마치 그 앤디들이 나를 회피하고, 유한하게나마 조금 더 존재할 수 있었듯이. 하지만 내가 그들을 잡거나 아니면 다른 현상금 사냥꾼들이 그들을 잡게 되겠지. 그는 문득 깨달았다. 어떤 면에서는 나 역시 엔트로피라는 형상 파괴 과정의 일부인 셈이야. 로즌 조합은 창조하고, 나는 파괴하지. 어쨌거나 그들이 보기에는 그럴 거야. 무대 위에서는 파파게노와 파미나가 대화를 나누고 있었다. 그는 자기 성찰을 멈추고 귀를 기울였다.

파파게노 : 공주님, 이제 우리는 무슨 말을 해야 할까요?
파미나 : 진실. 그게 바로 우리가 할 말이에요.
　ㅡ 필립 K 딕, 『안드로이드는 전기양의 꿈을 꾸는가?』

에너지는 영원한 기쁨이다.
　ㅡ 윌리엄 블레이크, 『천국과 지옥의 결혼』

양초에 불을 붙이면, 그 순간 불꽃이 튀며 점차 주변이 밝아진다. 이는 양초 심지가 모두 소진될 때까지 계속 유지된다. 이와 같은 '컨트롤 연소'인 에너지의 흐름은 생명에서도 비슷하게 관찰된다. 양초의 불꽃에서 수소로 가득찬 합성산물들이 산화되고 있는 것처럼, 동물들도 수소합성산물과 산소의 반응으로 유도된 에너지를 적극 활용한다. 특이하게도 유기생명체들은 양초와 달리 상당히 낮은 온도에서도 생명체는 사멸되지 않고, 상대적으로 짧은 시간 이내에 그들의 외형적 모형과 기능을 재생해내는 연소를 수행한다. 양초의 불꽃연소처럼 생명은 지속된다. 그러나 이와 달리, 살아있는 유기생명체는 개체를 복제할 수 있다. 그 과정은 완벽하지 않아서 복제 중에 조금씩 변화가 가능하고, 그 과정 중에 일부만 생존하게 되어 생명은 진화하게 된다. 한밤중 단 몇 분만 밝게 타오르는 단순한 운석이 아닌, 생명은 집합체 안에서 35억 년 동안 타오르며, 세심한 분별력을 가지고 있다. 너무 많은 에너지를 소비하면 그들은 곧 사멸하게 된다. 정당하게 배당되거나 새로운 에너지원을 찾는 데 뛰어난 지성을 가진 유기생명체는 빠르게 그들의 에너지를 소진하고 밝게 빛나는 별똥별만큼 아름답지도 않다. 그러나 그들은 오랫동안 생존하였다. 빅뱅 이후로

150억 년이 지났다. 생명은 대략 50억 년 전부터 시작되었다. 시인 조셉 브로드스키Joseph Brodsky가 시적으로 말하길, 우리 인류는 로마시대보다 빅뱅에 더 밀접하게 기원한다. 우리가 자연 변형, 즉 에너지의 흐름에 따라서 물질 순환에 근거하여 우리 자신의 기원을 바라보게 되면, 브로드스키의 시적인 표현은 명백하게 사실이다. 이 책에서 우리가 상세히 설명하는 과학은 생명을 포함하는 복잡한 시스템 내에서 에너지와 이의 변형에 관하여 다룰 것이다.

　　이를 설명하는 과학은 두 가지 중요한 현대 과학들, 즉 물리학과 생물학의 경계에서 깊고 심오한 혼합으로 정의된다. 아마도 일반 독자들은 이전에 이런 형태의 과학을 이런 식으로 정의하는 것을 들어본 적이 없을 것이다. 혹시라도 있다면, 그것은 열역학 제2법칙과 관련된 평이한 일반적인 정의일 것이다.

　　열역학은 에너지의 흐름을 연구하는 학문으로 열과 움직임의 그리스어에 그 기원을 두고 있고, 증기기관을 연구하면서 시작되었다. 이번에 여기에서 주목하는 과학은 (최소한 처음 볼 때) 더욱더 특성화되어 있다. 이것은 에너지 흐름이 복잡한 구조, 즉 그들의 주변 환경과 분리되어 자기 스스로를 유지하는 것처럼 보이는 구조, 그들이 만들어 내는 유체들을 재활용하는 구조, 변하고 더 나아가 성장하는 경향을 가진 구조들이 어떻게 만들어지고 작동하는지를 연구한다. 우리가 그런 구조—너 자신도 그런 구조의 하나!— 즉, 생명을 포함하는 복잡한 구조를 인식할 때, 현재 논의 중인 열역학은 생명의 열역학으로서 표현된다. 실제로 이런 과학은 생명 이상을 설명하고 있다. 그것은 눈에 보이는 모든 자연의 복잡한 구조물을 설명할 뿐 아니라, 세탁기부터 건설노동자까지로 크게 확대된다. 때론 자기 조립화되는 혹은 심지어 경이로워 보이는 이런 에너지 흐름 시스템들은 사실 그들 주변에서 열린 각종 흐름들의 연결에 의해서 조직화된다. 이런 과학의 또 다른 이름은 '개방형 시스템 열역학Open System Thermodynamics'이다. 기술적으로, 개방형 시스템 열역학은 대개 '비평형 열역학Nonequilibrium Thermodynamics'으로 잘 알려져 있다. 우리가 관심을 갖는 시스템, 즉 유체 흐름, 성장과 변화의 중심들이 고정되거나 정적이지 않고 끊임없이 움직이며 평형 상태에 있지 않다. 이런 정의의 표현이 진부하지 않도록 하기 위해서—다시 말하면, 설명하고 있는 우리 시스템 내에 섞어놓기 위해서— 어떤 경우든 더욱 완곡한 약식표현, NET(비평형 열역학)으로 허용될 때마다, 우리는 비평형 열역학을 떠올리게 될 것이다.

역사적으로 볼 때, NET는 상대적으로 간단한 시스템을 다루는 전통 열역학의 출현 이후에 나타났다. 그러나 NET가 다루는 시스템들은 에너지 흐름에 늘 개방되어 있기 때문에 사실 더 폭넓고 더욱 기초적인 과학이라고 할 수 있다. 이는 무엇보다 전체 천체(우주)의 시스템에서 일어나는 모든 것을 예외 없이 다룰 수 있다. 천체는 매우 복잡하다. 천체의 가장 일반적이고 흥미로운 시스템은 생명을 포함하여 모두 열린계이다. 그들을 가두고 닫아두면 모두 붕괴되어 버린다. 우리 자신은 오랜 역사와 생리작용을 가진 에너지 흐름의 특별한 물질 유형이다. 우리의 핵심과 본질은 로마시대(혹은 어느 다른 인류사회)와 그 통제보다 천체 및 법칙들과 더욱 긴밀하게 관련되어 있다.

생명의 물질, 즉 탄소와 산소 원자는 태양보다 더 오래된 재생산 과정 중 폭발한 별들의 중심에서 만들어졌다. 그러나 생명은 그렇게 단순한 것이 아니다. 이 또한 과정이다. 칸트가 그의 뛰어난 통찰력으로 관찰한 대로, 유기생명체는 "그 자체의 원인과 결과"이다(1790, 64:249). 이것은 천체 안에 다른 어떤 것들과도 다르게 구별된다. 실제로 더 자기중심적이다. 앞으로 계속 논의하겠지만, 생명의 기원에 관한 근거들은 뜨거운 마맛자국(곰보 자국)이 남기는 황 기포로 넘실거리고 증기를 내뿜으며 용해된 철로 만들어진 지구 위에서 에너지의 흐름을 쫓아가며 알아낼 수 있었다(바흐터하우저Wächtershäuser 1992). 아마도 큰 가마솥 안에서 인류 최초의 자연 상태 복제품이 진화하였을 것이다. 그리고 그들은 처음부터 우리가 현재 늘상 보는 나비나 벌처럼 복제 가능한 거장의 모습은 아니었을 것이다. 현재 박테리아의 화학 반응의 깊은 곳에 신진대사 경로들, 미량의 화학물질의 반복된 합성과 변형체의 탄생 및 일련의 단계들을 거쳐서 생명 물질이 탄생하게 되었다(모로위츠Morowitz 1992). 빛이나 음식물이 아닌 화학에너지로만 유지되는 심해 생태계의 최근 발견은 역설적으로 시적으로 불(火)과 황(黃)에서 탄생한 생명의 기원을 여실히 제안하고 있다. 주요한 생명의 기본물질인 아미노산이나 펩타이드 들이 여러 실험을 통하여 역동적인 에너지 환경 내로부터 합성될 수 있다고 증명된다.

심해의 바닥과 암석 내부 깊은 곳에서 황화반응으로 살아가는 열저항성 박테리아의 발견—그들의 리보솜 RNA의 공통 계통 분류로 인해서 함께 군집된 박테리아—은 유전자들이 진화하기 이전에 더욱더 많이 개체를 복제하고, 이를 유지하는 데 필요한 에너지가 풍부한 상태들의 청사진을 그린다. 생명이 단지 유전자들이고 처음에 RNA 혹은 DNA로부터 진화하였다면, 생명은 결코 유전자 복제가 느린 복잡한 개체로 진화하지 않았을 것이다. 우리가 생명이라고 부르는 육체와 영혼은 에너지 변형의 복잡한 순환 과정들, 단지 이후의 유전자들을 발달시켰던 순환 과정들로부터 기인한다(다이슨Dyson 1999). 우리는 진화생물학이 가진 우수한 통찰력이 비난받지 않기를 바라며, 이 책을 읽는 독자가 생명을 단지 유전적 현상으로만 편협적으로 보지 말고, 과학적 눈높이를 확장시키길 바란다. 생명은 팽창, 분류를 증가와 같은 한 방향으로 향하는 과정을 나타낸다. 한정된 시간 내에서 방향성을 갖고 증가된 에너지로 설명되는 생명은 기본적으로 무질서하게 생산되는 과정이라는 기존의 지배적 이론의 틀

인투 더 쿨: 에너지 흐름, 열역학, 그리고 생명

에서는 공정하게 이해될 수 없다. 전통적인 진화이론 내에서 이런 사실을 지지받지 못하고 줄곧 무시되곤 하는데, 진화를 통한 복잡성 내에서도 생명이 증가되는 그 사실(17장 참조)은, 에너지 흐름으로 유지되고 있는 다른 자연 시스템들과 더불어, 생명 그 자체를 바라볼 수 있게 도와준다. 비록 비유전적이긴 하지만, 또한 몇몇 이와 비슷한 "자매 시스템들"은 시간이 지나면서 크기와 복잡성이 증가되는 에너지 흐름의 특징적인 패턴들을 나타낸다. 생명은 가장 깊이 있는 수준에서 유전 복제와 같은 수많은 에너지 변형energy transformation의 문제로 간주되어야 한다.

여기서 말하는 명사형의 생명life은 문법적으로 보면 잘못된 호칭이다. 그것이 말하는 현상은 '과정'이다. 즉, 단순히 밀접하게 이를 조사하는 것보다 현재 말하고 있는 현상들을 목록화하고 그 표식을 단순히 적용해 가는 시점을 말하는 것이라고 생각한다. 진화의 관점에서 보면 우리가 생명이라고 부르는 이 과정은 매우 불안정하다. 시간이 지남에 따라, 더욱 많은 화학 구성 물질들이 에너지 변형을 통한 매우 낯설지만 순환되어 가는 과정으로 점차 병합된다. 현재까지, 단지 핵산과 단백질뿐 아니라 플라스틱, 금속, 그리고 방사성 동위 원소들이 모두 함께 격렬하게 어울려 가며 지구를 감싸며 만들어져 간다(베르나츠키Vernadsky 1929). 생명이 더욱더 에너지를 모으고 발산하는 순간, 이는 그 능력, 즉 성장과 사멸의 잠재성은 물론, 인지와 자기반성의 잠재성을 증가시킨다. 에너지를 성장에 집중시킨 정교한 형태—발효, 메탄 발생화, 물보다는 황에 기반을 둔 심홍색 광합성—는 인류가 산림, 석탄과 석유 등 자연의 풍요로움으로 둘러싸여 있기 전부터 수억 년 동안 진행되어 왔다. 우리가 생명을 기계적 운동과정으로 정의하여 해석하면, 이는 불가사의한 것처럼 생각되는데, 한편으로 에너지 흐름과 이의 종합적으로 관련된 개방된 자연 시스템으로 고려하면 훨씬 더 잘 이해하게 된다. 에너지와 생명, 에너지와 부(副) 혹은 윤택함은 항상 관련된다. 경제, 화학 반응, 생태계, 그리고 태양계는 모두 에너지 흐름의 구배Gradient—에너지 흐름의 조건들을 결정하는 온도, 압력 그리고 내부 화학의 차이들에 따라 조직화된다. 유전자들이 묻혀 있고 궁극적으로 부차적인 전체를 조직하는 에너지 흐름의 존재에 관한 이야기는 더욱더 매혹적인 소재가 아닐 수 없다. 심지어 비생명체들—그들은 "물리학의 유기물"이라고 불림—은 에너지 흐름의 영역에서 각각 독립체들로서 얽히고설켜서 발전하기 시작한다. 이들 에너지에 의해 최종 유도된 집합체들은 밀착, 복잡화, 그리고 때론 복제력을 나타낸다. 그들을 밀접하게 보는 것은 대사활동과 기억에서부터 경제학과 심지어 초자연적인 생명체의 발견에 이르는 일련의 과정들을 이해할 수 있는 통찰력을 제공한다.

이 책의 1부인 "활동성The Eneretic"에서는 차가워지는 뜨거운 물체를 관찰하는 열역학의 피할 수 없이 초라한 기원으로부터 구배에 기인한 열역학의 발전을 추적한다. 우리는 첫 번째 장을 슈뢰딩거Schrödinger와 함께 시작한다. 그의 책, 『생명이란 무엇인가What is Life?』는 핵산의 나선구조를 발견한 왓슨과 크릭에 큰 영향을 주었다. 슈뢰딩거는 두 가지 주제들(화학적 "코드를 갖춘 대본"인 생명의 존재—핵산이라고 알려진—와 이의 "질서적 배열"에 집중하나 대부분은 무질서와 혼돈으로 진행되는 매우 보편화된 경향성에 저항하는 그 생명의 능력)을 강조하였다(슈뢰딩거 1944, 20-21).

이는 슈뢰딩거의 주요한 주제가 아니었고, 이미 그는 그것의 본질적인 면이 잘못되었다고 생각했음에도 불구하고, 우리는 그의 두 번째 주제를 여기에서 주목한다. 열역학 제2법칙이 지배하는 세상에서 생명 그 자체를 유지하고, 확장하며 복제하는 능력은 화학 반응 혹은 빛을 통한 에너지에만 의존하고, 개방된 살아있는 것들이 그 주변에서 열이나 다른 열역학적 폐기물을 배출한다는 사실로만 설명되는 것은 상당히 역설적이다. 유기생명체는 진공상태에서 그들의 복잡성을 유지하지 못하고 더욱 복잡해지게 된다. 그들의 높은 조직화와 낮은 엔트로피는 주변에 오염물, 열, 그리고 엔트로피를 방출하며 만들어진다. 그들의 간섭 없이는 거기에 있지도 않았을 주위에 더해진 엔트로피의 비율은, 최종 사건으로 발생되는 거대한 그 양과 비교하여 극히 작다 할지라도, 자연의 엔트로피를 생산하는 기계로서 행동하는 그 능력이 우리의 현 존재를 설명하는 데 아주 큰 도움이 될 것이다. 구배 차이를 감소시키는 자연적인 경향, 즉 열역학 제2법칙에 따라 확장되는 에너지의 경향은 자연 내의 복잡한 조직, 즉 살아있는 그리고 살아있지 않은 것 모두를 조력화한다(슈나이더Schneider 1995). 그러므로 열역학 제2법칙은 우리가 누구이고, 무엇이며, 왜 여기에 있는지를 이해하는 데 도움이 된다. 분리되어 있지만 에너지적으로 상대로부터 밀려 성장하는 주변과 총체적으로 연결되어서, 유기생명체는 형태를 유지하고 확장하는 새로운 방식을 발견해 간다. 그들은 유한한 에너지원들을 교대로 사용하고 소진한다. 의식하고 생각하든 무의식적으로 생리활동을 하든지, 유기생명체의 지능은 그들이 그렇게 하는 데 도움이 된다. 에너지를 사용하여 일을 수행하고 그들 자신들을 복제하는 데, 그들은 타고난 그 기능을 수행한다. 실제과정에서 조직의 붕괴가 증가되는 경향을 설명하고 원자단계의 무질서가 발생해가는 열역학 제2법칙에 의해서 주도되어 가는 엔트로피 생산이 있다. 그러나 그들은 단지 그 법칙에만 종속되지는 않는다. 그들은 활발히 스스로 그 작동을 증가시킨다. 복잡한 유기생명체와 생태계 주변을 측정할 때, 우리는 엔트로피의 자연적인 생산을 가속화시키는 것과 같은 방식으로 생명체들이 스스로 차가워지기 위해 그들로부터 발생하는 열을 주변으로 발산시키는 것을 함께 발견하게 된다. 반어적이고 역설적인 관점에서, 그러나 더욱이 전체적인 관점에서 매우 자연스럽게, 이 복잡한 시스템은 더 간단하고 덜 조직화된 시스템보다 엔트로피 생산의 자연적인 목표를 성취하는 데 더욱더 효과적이다. 여기서 주요한 관점은 살아있는 것은 몸속 내 심장과 폐의 생리기능과 유사하게 그러나 주변 환경 자체와 비교해서, 이의 타고난 기능을 가지고 있다는 피할 수 없는 의심에 이르게 한다. 생명의 목적은 혼돈을 유발하고 허리케인이나 고리형 화학 반응과 같은 다른 '에너지—조직화'하는 시스템들의 타고난 기능인 것이며 예측하는 대로 엔트로피를 발생시킨다고 단정적으로 딱 잘라서 말하는 것에는 동의할 수 없는 순간, 우리는 이를 반박할 생각거리를 진지하게 검토하게 된다. 몇 번이고 되풀이하며, 우리 자신이 우주와 분리되지 않으며 특별하다고 생각하는 자부심을 과학이 무자비하게 공격하는 가운데 남아 있는 성, 즉 우리의 지성과 존재의 목적이 자연의 일부분보다 위에 존재한다는 우리의 강한 믿음을 지금쯤은 포기해야 한다고 말해야 할지 모른다. 과학은 우리가 우주의 중심에 있고 우리가 특별한 물질로 만들어져 있으며 우리는 동물들이 아닌 신과 연결되어 있다는 생각을 줄곧 허물어뜨렸다. 이 시대에도 우리 생명의 목적 또한 과학의 무차별한 공격에 노출되어 있다. 생명은 너무나 많은 것을 또 다른 자연적인 복잡한 '에너지—조직화'된 시스템과 나누어 가지며, 평범한 '에너지—변형' 기능을 가지게 되었다. 우리가 그렇게 특별하지 않다는 것을 깨닫게 된다. 어렴풋하게 무서운 망령, 열역학의 어두운 그림자가 우리에게 엄습하며 우리는 그것보다 덜 특별할지 모른다고 외치며 서서히 나타나기 시작한다. 사교계 명사인 탈루아 방크헤드Tallulah Bankhead의 말을 의역하면, 우리는 아마도, "몰려온 찌꺼기만큼만 순수할지"는 모르겠다.

비평형 열역학NET의 강점은 좀처럼 급진적인 위치변화나 과학이나 종교와 같은 것들에 대한 반론에 따르지 않고, 생명의 주요한 결정적인 기능 중의 하나인 최적의 엔트로피 생산이라는 데 있다. NET는 생태학과 경제학에서부터 국립우주항공국NASA이 현재 천문생명학이라고 부르는 다른 어딘가에 존재하는 생명에 대한 끊임없는 탐사에 이르기까지 폭넓고 다양한 주제들에 관한 해답을 제시한다. 태양빛에 노출되어 에너지화되면, 가스교환이 가능한 생태권Biosphere(여기서, 아마도 지구)이 대기를 조직하게 된다—사실, 외계생명체는 열역학 평형으로부터 먼 우리의 대기 화학을 통하여 지구 밖으로부터 우리의 존재를 감지할 수 있다(러브록Lovelock 2003, 769). 이 컴퓨터의 기초가 되는 "복잡성의 과학"은 많은 관심을 받고 있음에도 불구하고 그들이 모형화하려고 노력 중인 사실들에 접근할 수 없게 만들어버리는 내부의 수학적 편협성에 갇혀버리는 경향이 있다(피그리우치Pigliucci 2001). 심지어 이는 더욱더 우리 마음속에서 주요한 에너지 기반의 현상들로 자리 잡은 생태학과 진화론 상의 문제가 되고 있다. 컴퓨터의 알고리즘에 기초한 패턴들이 우리의 눈을 즐겁게 하고 마음을 사로잡는다고 할지라도, 그들이 자극받고 제안하는 현실과는 상당한 괴리가 있는 듯하다. 이런 한계로, 현실과 동떨어진 "인공 생명"은 때론 여성들에게 어린이 인형이 살아있다고 느껴지게 만드는 것처럼, 종합적인 유의가 아닌 피상적인 상기자로서만의 생명이 된다. 그러므로 (먼 미래에 사용할 목적으로 실험적 수학계산을 폄하함 없이) 우리는 생물학적 현실성과 더불어 보다 생물학적 현실성의 시뮬레이션을 통하여 복잡성에 접근한다. 이로써 이와 관련된 다른 최신 도서들보다 훨씬 덜 그것에 대해 걱정한다. 슈뢰딩거의 강연에서, 분자생물을 이끌어 가는 데 도움을 줄 수 있는 연구프로그램을 결정하는 그의 중심 철학은 NET이고, 이는 자연에서 복잡성의 출현과 그것의 지속성에 관한 우리의 이해에 대한 분자생물학 혹은 절연 컴퓨터 연구보다도 훨씬 더 중요하다고 입증될지 모른다(머피Murphy와 오네일O'Neil 1995,3). 살아있는 유기생명체에 관해서, 열역학적 평형은 죽음과도 같다. 그러므로 NET를 이해하는 것은 필수적이고,

이는 슈뢰딩거가 말한 "양수의 업적" 상의 두 갈래 길 중에서 아직 덜 취해진 길이다(웨버Weber 2003).

2부 "복잡성The Complex"에서 우리는 살아있지 않은 복잡한 시스템을 탐구한다. 이들은 온도에 의해서 좌우되는 베나르 세포, 야생의 자기 조립화하는 화학 반응들, 그리고 공기압으로 조직화하는 토네이도를 포함한다. 생명보다 더 간단하여도, 이 시스템들은 생명처럼 순환 행동과 구성품들 사이의 긴밀한 밀착 관계를 보여 준다. 그들이 "살아있는" 시간 동안—그들은 주변에 상대적인 혼돈으로부터 뚜렷이 구별되는 식별 능력을 보인다. (생명에서는 당연한) 자발적으로 발생하는 이 복잡한 시스템은 구배 차, 즉 압력, 온도 혹은 화학농도에서 측정 가능한 차이에 의해서 성립된다. 구배 차이들은 에너지 흐름을 일으키고, 조건이 잘 맞는다면, 그 가운데 복잡한 시스템이 발생하게 된다—복잡한 수역학 구조들인 테일러 회오리들의 경우에서처럼, 구배 차이를 감소시키기 위해서 복제(증식)된다(코쉬마이더Koschmieder 1993). 단순한 이 NET 시스템들에서 우리는 "후에 생명체에서 완벽하게 발전될, 혼돈(무질서)을 규제하고 저항할 수 있는 능력을 가진 생리 기능의 선구자들을 보게 되는가?"라고 묻게 될 것이다.

3부 "생명The Living"은 이 책의 핵심 부분이다. 다수 별들의 내부에서 온도와 압력의 구배 차이들은 생명의 구성품들이 요리되는 광란의 도가니가 된다. 우주(천체)의 구배 차이가 밀도 높은 물질들을 중심부로 보내고 가벼운 물질들은 외부로 보내어 태양계의 화학을 조직화하였다. 아마도 생명은, 에너지 흐름이 드러난 지역에서 조직의 자연스런 증가가 가능하여 지구상에서 출현하게 되는 그 순간, 양쪽 온도와 황 농도의 구배 차이들(러셀Russell과 동료들. 1998)을 제공하는 깊은 바다 밑에서 배출되는 광물 표면(케인-스미스Cairns-Smith 1985)을 따라 일어났었을 것이다. 지질학상 초기 지구에서 더욱더 일반적이었을 이 배출들은 원시박테리아 조상의 복제에 필수적인 철—황 대사과정을 무한히 제공했을지도 모른다. 이들 원시박테리아는 열 저항성이 뛰어나고, 메탄을 생산하는 능력이 있어 극한조건에서도 생존 가능한 종으로서 리보솜 RNA의 분자학적 계통 비교에 따르면, 마지막 공통 조상도 이런 황 대사과정을 가졌을지도 모른다(휘스Woese 1987).

　　여기서 생태학의 역사를 간단히 논의한 후, 생태계의 시스템들이 어떻게 다른 NET 시스템들처럼 행동하는지를 보이는 비교 생태시스템과 그 주변 데이터들을 정리한다: 그들은 성장하고 필요한 소재를 재활용하며 대기의 에너지 흐름에 대응하여 예측 가능하게 발전한다. 피해를 입어서 에너지 혹은 이를 이용하는 수단들을 빼앗겼을 때, 그들은 또한 예측 가능한 대로 퇴화한다. 스트레스를 받은 생태계들은 에너지 흐름을 빼앗긴 비생명체나 비유전적인 NET 시스템과 비슷하게 발전의 가장 초기 상태로 회귀한다. 비행기나 날씨측정 위성에 부착된 온도계는 아마존 강 유역과 같은 지구에서 가장 풍성하고 복잡한 생태계들이 지구 표면과 외부 우주 공간 사이에 존재하는 열 구배 차이의 가장 훌륭한 환원자들임을 입증한다. 열역학적으로 능숙한 생태계들은 대개 증발수량과정evapotranspiration을 통해서 스스로를 냉각시킨다. 즉, 물이 순환하고 나뭇잎에서 수분이 증발하는 등의 과정을 통해서 자발적으로 온도를 낮춘다. 가장 기온이 높은 달 동안 우주 공간에서 이를 관찰하였을 때, 콩고, 인도네시아, 자바 그리고 아마존에서 총체적으로 결합된 기후 생태계들이 한창 추운 겨울 동안의 북부 캐나다의 온도와 비슷하다. 이런 거대한 열역학적 활동은 조직화, 생명과 비생명 그리고 에너지 흐름들 사이의 상관관계에 대한 지표이다. 다른 NET 시스템들과 같이, 생명의 복잡성은 열역학 제2법칙에 내재된 열역학적 구배의 감소를 통한 자연스런 결과물이다: 언제 어디서든지, 조직은 열로서 엔트로피를 발산하여 순환Cycling을 탄생시킨다. 태양과 우주 공간 사이에서 구배 차이와 같이, 이는 크고 거대할지 모르고, 그들을 버리는 행위는 탄생을 불러왔을지도 모른다. 구배 차이 근처에서 혼재가 나타나는 여러 복잡한 시스템들은 매우 자연스럽다. 그들이 때론 외부의 힘에 의해서 조직화되는 것처럼 보일지라도, 20세기 이전에 아리스토텔레스가 복잡한 시스템을 표현하듯이, 어떠한 "고려할 시료"도 여기서 필요하지 않다(물리학Physics 2,8 [맥케언McKeon 2001, 251]).

다윈주의의 진화가 인류를 다른 생명 형태들과 연결시켜주는 것과 마찬가지로, NET는 생명을 살아있지 않은 비생명의 복잡한 시스템들과 연결시켜 준다. 이 책의 마지막 장 4부 "인간The Human"은 생태학에서 진화로 그 주제를 옮긴다. 열역학은 시간이 지남에 따라 증가하는 수많은 분류들(특별히 더 높은 분류들), 증가하는 호흡, 인지와 지능에서의 증가들을 향한 트렌드로서 관찰할 수 있는 진보를 이해하는 데 있어 어떻게 도움을 주는지도 보여준다. 기후 변화와 화산폭발로 인한 대재난으로 대량 멸종의 수많은 지질학적 시기들(알바레즈Alvarez와 동료들. 1980; 올센Olsen과 동료들. 2002)을 거치는 뜻밖의 충격에도 불구하고, 지구상의 생명은 전반적인 에너지 사용, 저장, 그리고 순환의 새로운 기준에 도달하는 경우마다 대체로 잘 회복하였다. 생물학적 다양성에 대해서 많은 설명들이 있었으나, 적도에서 이용될 수 있는 더 많은 에너지양과 더 많은 수의 생명 개체들 사이의 그것이 가장 일반적이다. 구배 차이에 대한 접근성은 인지 능력의 향상으로 개선되기 때문에, 지능의 증가는 그 모두를 다 사용하지 않고 우선 쇠퇴하는 자원을 먼저 사용한 후 성장을 선별적으로 촉진하는 진화적 경향이라고 말할 수 있다.

4부에서 우리는 어떻게 NET가 경제, 인류복지, 많은 가능성을 내재한 활동적 우주 내에서 지구(우리의 존재)를 더욱 잘 이해하는 데 도움을 주는지를 이해하게 된다. 여기서의 주장이 결코 전통적인 종교적 해석이 아님에도 불구하고, 유기생명체가 목적 지향적이고, 먹을 음식을 찾고, 관계를 맺고, 쓰레기를 배출하는 강렬한 욕구와 연결된 그 경향성은 그들(유기생명체들)의 열역학적 창세기Genesis를 반영한다는 면에서 가장 잘 이해될 수 있다는 것에 우리는 주목해야 한다.

| 감사의 말 |

이 책은 우리가 이 일을 해낼 수 있도록 격려를 아끼지 않았던 많은 사람들에게 큰 빚을 지고 있다. 오늘의 생각들은 거대한 업적을 남긴 여러 위대한 과학자들의 노고에 의해 만들어졌다. 특별히, 이들 과학자들은 제임스 케이James J. Kay, 제프리 위큰Jeffrey Wicken, 그리고 유진 예이츠Eugene Yates이다. 생태학에 적용된 비평형 열역학NET의 많은 발전은 슈나이더Schneider와 함께 긴 시간 동안 공동연구를 한 케이Kay와 더불어 완성되었다. 케이는 49세의 젊은 나이로 최근 생을 마감하였다. 제프리 위큰은 생물학에 열역학을 적용하고자 하는 우리의 노력에 이론적 배경 연구를 제공하였다. 내과 의사이자 이론가인 유진 예이츠는 풍부한 아이디어의 보고이자 과학적인 조력자였다.

고든 브리탄Gordon Brittan 교수는 원고를 감수하고 향상시키는 데 큰 기여를 하였다. 린 마굴리스Lynn Margulis의 지칠 줄 모르는 조력 없이 이 책은 세상에 절대 빛을 보지 못했을 것이다. 올리비에 투생Olivier Toussaint, 돈 미굴레키Don Mikulecky, 로버트 울라노위츠Robert Ulanowicz, 로타 코쉬마이더Lothar Koschmieder와 월터 보츠Walter Bortz와 밀접한 협업은 그 가치를 매길 수 없을 정도로 매우 소중하였다. 유진Eugene과 하워드 덤

Howard Odum, 폴케 쿤터Folke Gunter, 잭 쿰버랜드Jack Cumberland, 해럴드 모로위츠Harold Morowitz, 조르지 와겐스버그Jorge Wagensberg, 존 노르만John Norman, 제프리 루발Jeffrey Luvall, 루이스 리코Luis Rico, 크리스틴 마우러 Christine Maurer, 테리 브리스토Terry Bristo, 존 콜리에John Collier, 폴 스테이 메츠Paul Stamets, 클리포드 매튜스Clifford Mathews, 스테브 샤벨Steve Shavel, 앤드류 브라이스Andrew Blais, 루이스 브라인스Louis Brynes, 아르네 제르네 로브Arne Jernelov, 잭 콜리스Jack Corliss, 부르스 웨버Bruce Weber, 호 마한 Mae—Wan Ho, 팀 카힐Tim Cahill, 그리고 질 브라운Jim Brown과 논의는 상당한 가치가 있었다. 우리는 또한 아티스트 로버트 스패닝Robert Spanning에게 일러스트를 제공해 준 것과 잭 맥쉐아Jack McShea와 데이비드 월커David Walker에게 수년 동안 컴퓨터 지원을 아끼지 않은 것에 대하여 큰 감사를 전한다.

12년의 잉태기간 동안에 수없이 많은 동료들이 이 책에 도움을 주었다. 우리는 특별히 비서 조지 보르차트Georges Borchardt에게 감사를 드린다. 시카고대학 언론부의 편집장 크리스티 헨리Christie Henry를 포함한 여러 분들과 함께 일하는 것은 큰 기쁨이었다. 그녀의 뒤에는 제니퍼 하워드Jennifer Howard와 조안 호이Joann Hoy와 같은 유능한 직원들이 있었다. 우리는 이 책의 명성을 그들 모두에게 바친다. 감사합니다!

차례

1부   활동성(The Energetic)

2부   복잡성(The Complex)

환경보호청(EPA)의 문제

에너지는 단지 생명이다.

― 윌리엄 블레이크 ―

정부 관리의 고백

1971년 이 책의 저자 중 한 명인 에릭 슈나이더Eric Schneider는 두 가지 단순한 질문에 사로잡혀 있었다: 이는 바로 전체 생태계들의 행동을 지배하는 법칙이 존재하는가? 그렇다면, 그것은 무엇인가?

그 당시, 이런 질문에 답하는 것이 쓸모 있다고 생각하는 사람은 세상에 아무도 없었다. 로드아일랜드의 내러갠셋Narragansett에서 환경보호청EPA의 국가 해양 수질 연구소의 책임자였던 에릭의 임무는 해안가의 수질과 강어귀의 환경을 보호하기 위한 과학적 데이터를 제공하는 것이었다. 특별히 환경보호청은 미국의 수질관리법하에서 해안 내에 인류건강, 상업적인 어획, 그리고 생태계를 보호하는 책임이 있었다. 에릭은 생태계에 대한 정확한 정의나 적절한 측정수단들 없이도 생태계의 건강을 측정할 수 있기를 기대했다. 그러나 그것은 상당히 어려운 일이었다.

1971년 에릭이 EPA 연구소의 새로운 연구책임자로 부임하자, 그는 시설기관으로부터 제출된 데이터들이 해조류와 같은 작은 물고기로만 수행된 매우 간단한 독극물 테스트라는 것을 알게 되었다. 전형적인 연구 실시 요강에 따라서, 작은 미끼형 물고기인 톱미노*Fundulus beteroclitus*의 성체가 대상 독극물에 노출되고, 이를 먹고 죽은 물고기의 양이 측정 가능할 때까지 그 과정을 반복하는 것이었다. 수많은 독극물 테스트가 이렇게 "잘 관리된" 물고기 떼와 같은 유기생명체들에게 반복적으로 시행되었다. 당시 테스트 결과에 대해서 솔직히 말하자면(그리고 EPA는 실제로 그렇게 하지 않았다), 여기서 선택된 유기생명체는 심지어 탄산가스가 가득찬 오이 피클 통에서도 살아남을 수 있는 매우 강력한 종이었다. EPA 실험들은 96시간 이내에 완성되었고, 근무 주간 내에 공표되었다. 엄격하게 과학적이지는 않았지만, 그 연구요강은 사무적으로는 꽤 간단하고 편리하였다. 심각한 문제는 이들 실험에서 사용되는 그런 강력한 종이 반드시 주변 생태계의 건강상태를 대표하지 않는다는 것이다. 가장 건장한 유기생명체들은 손상된 생태계를 재건시킬 수 있는 도전 종에 속한다. 그런 유기 종의 존재는 생태계의 건강한 상태를 나타내는 것이 아니라, 생태계의 병듦을 상징하게 된다. 그럼에도 불구하고, 탄화수소가 가득찬 피클 항아리에서 96시간의 실험 동안 독극물에 감염된 유기생명체들이 얼마나 많이 죽는지를 하나하나 세는 것이 1960년부터 1970년 초반까지 실행되었던 국가 수질의 기준을 판단하는 기초였다.

에릭의 전공이 생물학이 아니었음에도 불구하고—그는 컬럼비아 대학에서 해양지질학 박사학위를 받았다— 그에게 실험실의 임무는 고농도의 독극물에 노출된 건강한 미끼용 물고기 샘플을 보호하는 것이 아널 것이라는 사실은 자명하였다. 그의 임무는 전체 생태계를 보호해야 하는 것이다. 그는 곰곰이 생각하였다; 만약 독극물에 감염된 물고기 종을 먹은 유기생명체들이 매우 낮은 독극물 수준에도 죽게 된다면, 그런 물고기 종에 관한 수질 기준 테스트를 발전시키는 것이 얼마나 가치 있는 일이 될 것인가? 생명력이 강한 개체들이 상대적으로 더욱 쉽게 독극물에 노출되고, 이에 대한 저항성이 약한 종들에게 의존한다면 과연 무슨 일이 일어나고 있는 것일까? 한때 매우 강한 종들은 지금은 괜찮을 수 있으나, 미래의 어느 한순간에 갑자기 죽을 수도 있다. 사실, 종들 사이에 연결점은 거의 알려져 있지 않다. 행복한 사람들처럼 건강한 생태계의 구성원들은 활력이 가득찬 상호의존적인 다른 집단의 종들과 긴밀히 연결되어 있지 않은가?

에릭 슈나이더가 EPA 연구소에서 함께 일하는 동료들에게 우리는 왜 전체 생태계를 검사하지 않는지 물어보았을 때, 그들은 "전체 생태계를 우리 연구실로 가지고 올 수는 없으니까" 혹은 "실험실에서 전체 자연 시스템을 모두 복제해 낼 수 없으니까"라고 무관심한 태도로 간단히 답변하였다.

몇 년이 지나, 그렇게 답하였던 동료들은 에릭과 함께 불가능하리라 생각했던 그 일들을 조금씩 시작하게 되었다: 그들은 조심스럽게 공을 들인 축소된 전체 해양 생태계를 연구하기 시작했다. 그런 소형의 생태계 혹은 그들이 메소코즘(중간 크기의 세계)이라 부르기로 한 내러갠셋 연안의 축소 모형이 만들어졌다. 이 상호의존적인 시스템은 로드아일랜트 EPA 연구실 밖에서 한 무더기로 퍼 오른 바닷물 안에 실제로 살고 있는 다채로운 생명체들로 구성되어 있었다. 놀랍게도 그들은 정확하게 실제 연안의 생태계를 대표하고 있었다. 자연환경에서 직접 독극물 실험을 수행하는 것은 여전히 거의 불가능한 것처럼 보였다: 그럼에도 과학적으로 숭고한 가치를 위해서, 바다 혹은 늪지대에 수은과 같은 맹독성 독극물이 퍼져나가는 것을 EPA와 연방 주의 오염감지 통제 요원들은 잘 대응하게 되었다. 동시에 석유 유출과 같은 "자연적"으로 오염된 지역이나 종이 생산 등의 인공적 활동으로 수은에 노출된 독성화 된 지역들은 과학자들이 독극물의 이동경로를 측정하게 되었다. 그리고 만약 존재한다면, 손상된 생태계의 회복을 확인할 수 있는 임시 연구실이 되고 있었다. 간략히 말해서, 1971년에 에릭은 생태계 독성학―생태학의 하위분류에 있고 환경을 구하기 위해서 EPA가 반드시 필요로 하던 과학―은 확실히 태동하게 되었고, 이는 당시에 유아기에 있다고 깨달았다. 이것은 일반적 생태학에서 사실이었다. 인류의 거주지가 상당히 위험해 보이지만 정확하게 그들이 어떤 위험에 처해졌는지―그래서 그들이 어떻게 회복될 수 있는지―를 아는 것이 절실히 요구되고 있으나, 이에 답할 수 있는 학문은 아직 존재하지 않았다.

이후에 생태학은 상당히 빠르게 진보하기 시작했다. 생태학자들은 유기생명체들 간의 분배와 다양성들을 결정하는 상호 작용들을 연구하였다. 수백 년 동안 우리는 개체 종의 변화들, 집단의 밀도 분포, 그리고 주변 환경들을 조심스럽게 관찰하고 있다. 단지 지난 150년 동안에 관찰된 내용들이 구체적으로 서로 조직화되기 시작하였다. 이 생태학은 수많은 특정 이론들로서 세밀하게 분화되기 시작했다: 오늘날 다양한 모형들뿐만 아니라 집단―대량팽창 이론, 포식자―희생자 이론, 틈새 이론, 개체생태학, 군집생태학, 생태계 생태학, 미생물생태학, 개미생태학, 인류생태학, 코끼리 생태학 등이 그들이다. 에릭이 궁금했던 것은 다음과 같았다: 실제 전체 생태계의 행동들을 예측할 수 있는 일반적인 이론이 있을까? 대기 온도가 5도씨 증가하면 호수 생태계에 어떤 일이 일어날지 명확히 말해줄 수 있는 이론은 어디에 있을까? 생태계가 더욱 산성화되면 어떻게 될까? 다른 유기생명체가 있는 또 다른 생태계는 같은 환경에서 어떻게 대처할까? 해양 화학자들은 DDT, 방사선 원소들, 수은과 같은 오염물질들이 전체 생태계를 물들이고 생태계와 내부의 인구수에 심각한 피해를 주고 있는 것을 발견했다. 그러나 독극물은 어떤 경로로 유입되는 것인가? 그들의 이동속도는 얼마나 빠른가? 비슷한 물질들은 자연생태계의 어느 곳에 축적되고 있는가? 에릭은 EPA가 정말로 필요로 하는 것은 전체 생태계 내에서 물질과 에너지의 흐름을 설명할 수 있는 이론이라고 생각하였다.

물리과학 전공자로서 아마도 에릭은 모든 생태계에 걸쳐 설명되고 적용될 수 있는 방식이나 법칙들을 찾는 것에 매혹되었던 것 같다. 특히, 그는 에너지 흐름에 기반한 초기연구들의 조사방식에 끌리게 되었다. 간단한 물리법칙들이 생태계부터 생물권까지 포함하는 생물학의 복잡성을 파악하는 데 도움이 될 수 있을까?라고 물으며 이와 관련된 연구자들은 전체를 구성하는 세부 구성들보다 전체 생태계를 다루는 데 적어도 노력하는 것처럼 보였다. 소수의 연구그룹, 주로 전체 생태계의 에너지 흐름과 이의 영향력을 추적하는 것에 상당한 연구 성과를 보여주고 있는 예일대학교의 G. 에블린 허치슨G. Evelyn Hutchinson 교수의 학생들이 있었다. 1957년에 정량 생물학의 주제로 열린 콜드스프링스 하버 심포지엄에서 처음으로, 이후에는 생태계에서 다양성과 안정성에 관한 주제로 열린 브루클린 심포지엄에서, 허치슨과 그의 동료들은 개체의 분포와 다양성에 관한 좁은 시야를 극복하고 생태학의 깊이 있는 통찰력을 발전시켜 나갔다. 허치슨과 그의 동료들의 통찰력은 생태계와 상호 작용하는 영양분과 그들의 생태계 내 영향력 간의 정량화 작업을 뛰어넘어선 관심을 전환시켰다. 이는 결국 에릭 슈나이더와 몇몇 소수의 연구자들이 왜 생태계는 그렇게 행동하는지와 같은 깊이 있는 질문, (물질과 물리학의 관점에서) 왜 생명은 존재하는지와 같은 매혹적인 질문들과 직접적으로 연결된 질문들—몇몇은 질문들의 질문을 말하곤 한다—을 하게 하였다.

이 질문들에 대한 대답은 에너지와 관련되어 있고 그것은 생태계뿐 아니라 유기생명체와 비생명의 시스템—복잡성의 과학이라고 불리는 전체—에 결국 영향을 미친다. 에릭이 기쁨과 놀라움으로 이를 이해해 가고 있을 즈음에는 이미 혼자가 아니었다: 에너지 물리학과 생물학을 연결하는 가장 촉망받는 연구 프로그램은 이미 진행 중에 있었다. 그것은 묻혀 있던 보물들을 발견하는 것 같았다: 과거 이론연구에서만 주목되었던 보석들과 일련의 생태계 에너지 흐름상의 특징들이 이미 열거되어지고 있었다. 에릭은 자연 시스템의 에너지 흐름과 변형을 전문적으로 연구하는 열역학, 젊고 매우 지식화된 과학을 알게 되었다.

열역학—열의 이동과 에너지 변형의 과학—의 탄생에서, 루트비히 볼츠만Ludwig Boltzmann, 열의 과학의 창립자들 중 한 명은 생명에 관한 중요한 말을 남겼다. 생명은, 과학적으로 말하면, 에너지와 그것의 변형에 의해서 통제되는 복잡한 일련의 시스템 중의 하나이다. 에너지 흐름과 화학동력학의 과학으로서 열역학은 생명을 이해하는 데 매우 중요하다. 이론적 주장이 열역학적 원리들에 순응하지 않는다면, 즉 그것이 무의미하게 느껴지는 그 순간, 생물학에서 에너지 흐름과 변형을 이해하기를 원하는 이론가들은 직접 눈으로 열역학의 과학에 집중해야 한다. 에릭이 아는 대로, 더욱 효율적인 증기기관을 발전시키기 위해서 출현한 이름 없는 이 과학은 지금은 생명을 이해하는 데 절대적으로 필요하다. 열역학에서 시작된 에너지 흐름의 과학은 오늘날 유기생명체의 성장과 발전, 초기 생명의 기원과 역사, 생태계의 발전은 물론, 어떻게 하면 인류가 지구상에서 오래오래 살아남을 수 있는지에 대한 넓은 혜안(慧眼)을 제시한다. 에릭이 생태계의 밑바탕이 되는 물리학의 원리들을 찾아 나서면서 새로운 과학, 즉 생물학의 열역학이 탄생하게 되었다. 떠오르는 과학은 가설과 생각들의 분배를 발생시켰을 뿐 아니라 생각들의 일부는 이전에 축적된 생태계 자료들을 활용하여 확신되고 점차 확산되고 있다. 새로운 과학이 품는 여러 생각들 중에서 생명이 어떻게 에너지 흐름으로부터 만들어지고, 이의 존재에 대한 물질적 근거가 되는지는 흥미롭지 않을 수 없다.

새로운 열역학

　　종종 지루하고 관련 없어 보이는 것으로 치부되던 열역학—아마도 이는 창조론자 혹은 빅토리아시대의 역사학자들이나 연구실 내 분자들의 측정을 위해서는 중요해 보이나, 일반 과학자나 사람들에게는 별로 흥미를 끌지 못하는 증기도표와 신비스런 말투로 가득찬 회색 빛깔의 수학의 황무지로만 취급되었다—은 현재는 가장 매혹적인 연구 분야이다. 그것은 생명과 그 움직임의 깊이 있는 이해와 직접적으로 연관된다. 고전열역학을 정립하고 발전시키기 위해서 노력했던 여러 사람들 중에서는 과학의 역사에서 가장 빛나는 이름들을 쉽게 발견할 수 있다: 카르노Carnot, 클라우지우스Clausius, 볼츠만, 기브스Gibbs, 맥스웰Maxwell, 플랑크Planck, 그리고 아인슈타인Einstein이 있다. 그러나 그들이 관심을 가지고 연구했던 대상들은 평형—이는 움직임이 없는 상태로서 아무것도(혹은 적어도 흥미로운 아무것도) 일어나지 않기 때문에 늘 지루한 상태—의 열역학이었다. 데이비드 비르네David Byrne는 "천국은 아무 일도 일어나지 않는 그런 곳이다"고 노래하듯이 흥얼거렸다. 사실 초기 열역학은 천국보다 더 지루하고 지옥보다 더 추운 그런 어떤 최종 상태—가장 우울한 철학자의 가장 낙관적인 환상보다 더 무의미한, 전혀 신비스럽지 않은 대재난—를 예측하기 위해서 전체 우주로 미숙하게 확대 해석되었다. 이런 예측 가능한 과학적인 결론은 우주의 "열 죽음"이라고 불렸다.

19세기 한 권의 책에서는 미드웨이, 얼어버린 바다에서 잔뜩 공포에 질려 앞만 응시하고 있는 흰머리의 노파를 보여준다. 사멸해 가는 태양과 딱딱하게 굳어버린 얼음으로 가득찬 바다: 그런 것은 에너지를 다루는 주제—국가적으로 부를 얻기 위한 증기기관으로부터 에너지를 이끌어내기 위해서 이를 이해하며 전개시키는 법—인 위대한 새로운 원칙들에게는 운명과도 같은 결론이었다. 시인 T.S. 엘리어트T.S.Eliot는 "세계는 폭발이 아닌 흐느껴 우는 소리로 멸망해 간다"고 적었다. 빈약한 천체(우주)는 불사조처럼, 그 자신의 잿더미로부터 다시 솟아날 희망도 없는, 너무나도 완벽한 정점에 서 있다. 보상도 없는 원자수준의 깊은 혼돈들, 과학에 의해서 알려지게 되는 최종 판단의 뼈대구조 안에서 고군분투하는 인간은 참으로 우스꽝스럽게 보였다— 그리고 여기에서 열 죽음은 실존주의와 허무주의를 신봉하는 유럽 철학자들과 해롤드 핀터Harold Pinter와 사무엘 베켓Samuel Beckett과 같은 작가들 밑에서 부조리 현장에 대해 울부짖는 심미주의자들에게 아마도 비밀스런 영양분을 제공하고 있었다. 너무나 쉽게 짓눌려 죽어버리지만 악착스럽게 일하는 일개미들처럼, 질질 끌려 살아가는 인간의 삶은 결국에 그들의 허영심에 눌려서 익살맞게 변해버리곤 하였다. 우리가 더 문명화되고 더 진화될수록 그렇게 되었다. 윌리암 버클랜드William Buckland처럼 지난 세기의 독신주의자들은 신성의 도움으로 영국이 주도권을 확실히 잡게 되면서 신성함이 황송하게도 영국인에게 풍부한 석탄, 산업혁명과 같은 세계의 지배권인 생산적인 원천을 내려 주신 것에 한껏 감사하였다. 그러나 그 이후에 더욱 과학적인 생각들로 무장한 사람들이 나타나며 이를 그렇게만 확신할 수 없었다. 삶은 궁극의 사건 혹은 무한한 일련의 우연들 중의 하나인 것처럼 보였다. 지구를 포함한 모든 조직은 부서져가고 있는 중이었다. 생명 역시 결코 영원히 지속되지 않고, 창조론자들이 논의하고 싶은 대로(그리고 일부는 여전히 그런다), 생명이 신성하게 영혼 내로 불어넣어지고 광활한 우주에서 재단되고 돌보아지고 있었다. 그렇지 않다면, 열역학적으로 무한히 회복되지 않는 파괴로 물들어간다. 그리고 과학—여기에서, 열역학—은 그것을 증명하였다. 그렇게 빠르진 않다. 결코 우주의 소멸을 예측하진 않더라도, 현대 열역학은 복잡한 구조가, 살아있든 그렇지 않든 간에, 어떻게 그렇게 자주 출현하고 확장되며 에너지 흐름에 노출된 천체의 영역 내에서 복잡성을 증가시키는지를 보여주고 있다; 우주에 존재하는 기본적인 힘들(중력, 전자기장력, 약하거나 강력한 핵력) 간의 상호 작용이 아직 완전히 통합되지 않았고, 우주의 전체 물질도 아직 모두 알려지지 않았기 때문에, 열 죽음(혹은 심지어 최종 상태)의 존재들도 아직 과학적으로는 확신되지 않는다. 이 책은 평형으로부터 멀리 존재하기 때문에 비평형 혹은 확산하는 시스템들로 불리는 새로운 부류의 열역학적 시스템의 연구를 허용하기 위해서, 열역학이 지난 50년 동안 어떻게 진화해 왔는지를 집중하고 있다. 새로운 비평형 열역학이 관심 있어 하는 것들은 소나기구름, 소용돌이, 복잡한 화학회로, 그리고 생명이다. 새롭고 확장된 열역학의 제안자들은 앨프레드 로트카Alfred Lotka, 라르스 온사게르Lars Onsager, 에르빈 슈뢰딩거Erwin Schrödinger, 일리야 프리고진Ilya Prigogine, 조지 핫소포올로스George Hatsopoulos, 조셉 기난Joseph Keenan, 조셉 케스틴Joseph Kestin, 돈 미쿠레키Don Mikulecky, 그리고 제프 위킨Jeffery Wicken과 같은 과학계의 슈퍼스타들, 그러나 대부분 앞선 열역학의 위대한 창시자들보다는 덜 알려진 사람들에 의해서 이끌어지고 있다. 이 거인들의 어깨 위에서 열역학은 확장되어 발전하고 있다—그것은 지금 기계적 장치들뿐 아니라 생명에 솜씨 좋게 활용되고 있다— 그리고 복잡한 개념을 단순화시키고 있다. 우리를 가장 흥분시키는 것은 "자연은 구배 차이를 혐오한다"는 개념의 단순함이다(슈나이더Schneider와 케이Kay 1989; 세이건Sagan과 슈나이더Schneider 2000). 여기서 우리가 상세히 설명하고 있는 놀랍도록 유용한 이 개념은 열역학 내에서 상당히 많은 최신 업적들을 만들어내고 있다.

자연이 구배 차이를 싫어한다는 생각, 이 책의 주요한 생각들 중의 하나는 매우 단순하다: 구배 차이는 거리 간의 단순한 차이(예를 들어, 온도, 압력 혹은 화학농도에서 차이)이다. 구배 차이들에 대한 자연의 두려움은 그 차이들이 자발적으로 제거되어지는 경향이 있을 것이다— 이는 복잡한, 성장하는 시스템에 의해서 가장 그럴듯하게 일어날 것이다. 구배 차이를 없앤다는 이 간단한 개념이 열역학이란 어려운 과학을 대표하지만, (중력만큼 우주에서 중요한) 엔트로피의 개념에 대한 신비를 벗겨내며 생명을 포함한 모든 복잡한 구조와 과정들이 어떻게 자연적으로 발생하는지도 밝혀준다.

한 가지 경우를 통해서 우리는 구배 차이에 대한 자연의 해소를 쉽게 이해할 수 있다. 예를 들어, 자연은 진공상태를 싫어하고 진공상태는 공기가 빠진 금속 캔을 자발적으로 뭉개버린다. 이런 예시에서, 자연은, 선동과 설계 없이, 캔 내부의 낮은 압력과 외부의 높은 압력(14 lbs/in^2) 사이의 차이를 곧 수정한다. 이 책에서 우리는 그런 예를 더욱 넓게 확장시킨다. 우리는 이런 차이나 많은 다른 구배 차이들에 대한 자연의 두려움이 자연의 법칙, 즉 에너지 흐름이 생명 그 자체를 포함한 다른 자연의 복잡한 시스템들을 이끌어 내는 멈출 수 없는 경향이라는 것을 알게 된다. 우리는 심지어 민족국가와 같은 복잡한 자연 시스템의 기원, 지속, 그리고 패망에 관한 (열역학 제2법칙이라고 불리는) 자연 법칙의 위대한 중요성을 깨닫게 된다. 현재 우리가 어디에 있는지에 대한 어디로 갈지에 대해서 에너지와 물질의 관점에서 과학적인 생각의 역사를 추적하게 된다: 그리고 과학의 위대한 통합의 전야에 이르게 된다. 태양으로부터 에너지가 발생되고 인지되며 소용돌이와 꽃들부터 우리 경제와 정부에 이르기까지 새로운 생명체들이 정교하게 길들여진다. 이런 많은 것들은 마치 보이지 않는 손과 눈들에 의해서 세밀하게 통제되고 계획된 것처럼 보인다.

생명의 출현과 진화는, 우리가 앞서 논의한 대로, 사실은 에너지 흐름에 의해서 움직이는 순환 과정이다. 비록 생명이 유전자 복제라는 자연의 생명공학에 의해서 통제되고 세포들을 복제하여 확산된다고 하지만, 진화 과정의 시작과 끝을 제공하는 것은 에너지이다. 눈에 띄지 않게 미시적인 출발에서부터 가능한 행성 간 그리고 별들 간의 미래까지, 생명은 이런 패턴들 중의 하나이다.

제2법칙의 현시(顯示)로서 생명

예전에 열역학을 배웠던 학생들은 이 과학의 힘과 한계를 동시에 인식해야 했다. 학생들은 최대의 엔트로피와 무질서가 지배하고 있는 몹시 이상적인 시스템에서 분리되어 그들의 현실의 삶을 살아가야 했다. 진화하는 생명을 무질서한 과정들에서 우주의 열 죽음이 초래되는 예측과 비교할 때만큼 드라마틱하게 분명한 내적 갈등은 어디에도 없었다. 초기 형태에서 열역학 제2법칙은 일을 할 수 있는 능력을 가차 없이 잃어버리는 것을 기술하였다. 생명체 혹은 기계들을 가동시키는 데 남겨진 어떠한 에너지도 없이 모든 상태들이 평형 상태 혹은 평형 상태 가까이에 있을 때까지 모두 소진되고 사라져버린다. 그러나 생명은 반대로, 시간에 따라 증가하는 복잡한 진화 경향을 보인다.

인투 더 쿨: 에너지 흐름, 열역학, 그리고 생명

어떻게 그게 가능한지? 상당히 역설적이었다. 우리는 이 책에서 이것을, 처음으로 열역학 제2법칙으로 생명을 설명할 필요성이 있다고 역설한 양자물리학자의 이름을 따서, "슈뢰딩거의 역설Schrödinger paradox"이라고 부른다. 제2법칙의 기본적인 정의에서 엔트로피(원자 혹은 분자의 무질서도)는 어느 특정한 닫힌 시스템 내에서 분명하게 증가할 것이라고 진술한다. 그러나 살아있는 것은 영겁의 시간에서 정교한 원자와 분자의 패턴들로 보전되고 심지어 더욱 견고하고 정교해진다.

에릭 슈나이더는 생물생태학적 기저에 관한 과학적 의문, 일종의 임무를 떠맡으며 이를 시작하게 되었다. 정통한 에너지 생태학자로서 스스로를 인식시키며, 그는 뉴턴의 법칙, 물리학의 F=ma(힘=질량×가속도)과 동일한 생태학적 평형관계를 찾기 시작하였다. 생태계에서 유체의 흐름을 잘 설명하는 간단한 방정식(나비에-스토크스 방정식Navier-Stokes equation)이 있을까? 그들이 정말 존재하였을까? 처음에 그들은 존재하지 않을 거라 그는 생각하였다. 그러나 그들에 대한 끊임없는 추구로, 1944년 에르빈 슈뢰딩거Erwin Schrödinger의 유명한 책,『생명이란 무엇인가?What Is Life?』에 상세하게 묘사되어진 대로 그런 방정식들의 존재는 확신되었다. 슈뢰딩거의 책에 기반을 둔, 그의 세 번의 강연들은 두 가지 미래 과학의 모습에 대한 대략적인 윤곽을 그려주었다: 세계에 그런 어떤 힘이 있다고 입증한 분자생물학과 아직 그 기개를 보여주지 못한 생물학의 열역학이 있었다. 슈뢰딩거의 두 번째 주제가 이 책의 주요한 주제와 맞닿아 있다. 이 책은 어느 날 분자생물학만큼 중요해지고 생명공학만큼 실용적인 과학들의 혼합으로 생명과 물리학을 결합시키며 떠올라 과학의 중심부로 여행하게 될 것이다. 이 책에서 우리는 "생명열역학Biothermodynamics"적 생각들로 얻어진 모든 자료 및 정보들을 시험하게 되고, 그들을 경제학, 인간 건강, 생태계의 보존, 그리고 외부 공간에 새로운 생명의 존재 가능성을 확인하는 데 확대 적용하게 된다.

마지막으로 수많은 철학적인 이슈들이 우리에게 몰려오게 된다. 이들 중에서, 생명의 존재에 대한 의문이 가장 으뜸에 있다. "왜 생명인가?" "과학적 관점에서, 생명은 전반적인 기능을 가지고 있는가?" 우리의 대답은 '그렇다'이다. 주변 환경에서 압력의 구배 차이, 즉 높고 낮은 압력들 사이의 차이는 토네이도tornado, 복잡한 순환계를 만들어낸다. 토네이도의 기능, 그것의 목적은 압력의 구배 차이를 상쇄시키는 것이다. 생명도 비슷한 자연적인 목적을 가지고 있다. 단순히 압력 차이를 빠르게 사라지게 만드는 것 대신에, 그것은 수억 년 동안 뜨거운 태양과 차가운 우주 공간 사이에서 거대한 태양 복사의 구배 차이를 감소시키고 있다. 복잡하고 지능적인 생명의 성장은 감소하는 구배 차이에서 익숙한 순환하는 물질 시스템으로서 이의 효율성과 직접적으로 연관되어 추적된다. 우리가 이 책에서 탐구하는 다른 복잡한 시스템들과 같이 생명의 기본 기능은 환경 중의 구배 차이를 감소시키는 것이다.

과학과 문화 사이의 점차 증가하는 격차들을 인정하지 않았던 문화비평가 C.P. 스노Snow는 교육받은 사람은 반드시 열역학 제2법칙을 알아야 한다고 말하였다. 열역학 제2법칙을 모를 때, 그는 그의 책,『두 가지 문화와 두 번째 관점Two Cultures and a Second Look』(1969)—문화전쟁들의 끊이지 않는 전쟁터에서 깨달은 경고—에서 셰익스피어Shakespeare의 작품을 읽지 않은 것과 같다고 말하였다. 열역학 제2법칙은 천체의 죽음도 고분자화학자들에게 흥미롭고 비밀스런 방정식도 보장하지 않는다. 오히려, 열역학 제2법칙은 에너지 흐름에 의해서 움직이는 복잡한 시스템의 탄생(誕生)과 퇴고(推敲)를 설명하는 데 도움이 된다. 열역학 제2법칙은 우리 자신의 진화를 포함한 많은 발전하고 있는 복잡한 시스템들에서 우리가 보게 되는 한방향의 진행과정들로만 우리의 관심을 이끈다. 간단히, 제2법칙의 전례(典禮)하에서 묘사되는 자연 현상은 구배 차이를 붕괴시키며 소멸되고 또 다시 재창조된다.

INTO

Cool

1부

활동성(The Energetic)

제1장

슈뢰딩거의 역설

호랑이, 호랑이
캄캄하게 짙은 숲속에서 불타며
번뜩이는 호랑이.
어떤 불멸의 손 혹은 눈이
감히 네 무서운 완벽한 균형을 빚어냈는가?
— 윌리엄 블레이크 —

생명 물질의 토대

1943년 2월 5일, 더블린 트리니티대학 강연장은 유명인사, 외교관, 아일랜드 행정부와 가톨릭교회의 고위관계자 및 예술가, 사회주의자와 학생 들로 꽉 차 있었다. 그들은 히틀러 지배하의 오스트리아에서 탈출한 유명한 과학자이며 노벨상 수상자인 에르빈 슈뢰딩거의 강연을 들으러 온 것이었다. 5년 전, 1938년 9월 14일, 슈뢰딩거와 그의 아내 앤은 나치로부터 가까스로 벗어났다. 그가 살던 오스트리아 그라츠를 떠나 낯선 로마로 오면서 그들은 단지 세 개의 여행 가방만 챙겼을 뿐이다. 그가 받은 노벨상 메달과 정든 교황학술원Papal academy을 뒤로 남겨둔 채 그곳을 서둘러 떠났다. 바티칸에서 잠시 머문 후에 그는 영국 옥스퍼드대학으로 자리를 옮겼다; 몇 년 후에는 아일랜드의 트리니티대학의 학과장직을 제안 받았다.

"생명은 무엇인가? 살아있는 세포의 물리적 측면"의 이 강연의 세 가지 주제들 중 하나는 초기에 계획했던 강연, "초파리, 황색초파리 *Drosophila melanogaster*에서 X선의 유전변형 속도"보다 대중에게는 더 폭발적인 관심을 받았다. 슈뢰딩거는 생명을 물질 시스템의 하나로서 이해하고자, 가장 야심차고 그럴듯한 질문들에 대한 담대하며 직관적이고 정밀한 분석적 지능들을 유감없이 발휘하였다.

슈뢰딩거가 경험 없이 무턱대고 그렇게 한 것은 아니었다. 그는 이미 원자수준 이하 입자들의 예측 가능하지 않은 행동들에 대한 수학적 묘사—소위 파동방정식을 한층 우아하게 갈고닦고 있었다. 슈뢰딩거는 생명 역시 물리적인 과정의 하나로 파악하려는 뛰어난 직관력을 보이고 있었다. 그렇게 하여, 과거에 어떤 사람도 도전하지 않은 미지의 세계를 탐구하기 시작하였다. 아마도 양자역학 기반의 괴상한 광자현상을 묘사하는 것에서 성공한 그였기에 예측불가능한 생명의 주제에 대해서 세밀하게 파고드는 게 가능하였을 것이다. (여기서, 열역학은 확률을 종합하는 물리이론으로서 양자역학을 앞섰다.) 생명의 유전 데이터 전송과 에너지 변형을 관찰하면서 얻은 결론은 생물학 역시, 화학과 물리학에 기반을 둔다고 그는 확신하게 되었다.

1887년에 오스트리아에서 태어난 슈뢰딩거는 제1차 세계대전 동안 수많은 전장에 참여하였고 그 공로를 인정받아 훈장도 받은 포병 장교였다. 눈부시게 잘생긴 미남으로서, 유명한 바람둥이였다(한때, 수학교사로 고용되어 한 집안의 자매 두 명을 동시에 유혹하고 약혼하기도 하였다). 1926년 상반기 6개월 동안, 그는 물리학의 세상을 바꾼 네 편의 논문을 작성했다. 이 논문들은, 그와 동시대를 살았던 독일 물리학자 베르너 하이젠베르크Werner Heisenberg의 업적과 더불어, 양자역학의 수학적 기초를 다지는 데 매우 큰 역할을 하였다. 원자 이하 입자들의 세계는 확률이론으로 묘사될 수 있었으나 현실적으로는 관찰되지 않았다; 슈뢰딩거는—개개 현실의 관찰에서 붕괴된 양자들의 다중 현실을 묘사하였던— 낯선 입자의 행동을 눈에 보이는 영역에서 모든 모순들에 관련시켰다. 독극물이 있는지 없는지 확인하기 위한 박스에 놓인 슈뢰딩거의 고양이는 측정 전까지는 죽거나 살아있거나 혹은 그 어느 쪽도 아닌 것으로 생각되어야 한다. 고양이는 확률적인 양자 세상과 연결된 살인 기구에 노출되어 있기 때문에 관찰 전까지는 다양한 상황들에 있는 것이다.

양자역학은 다양한 과학과 철학들을 바탕으로 눈부시게 발전해 나갔다. 자연은 뉴턴의 업적으로 증명될 수 있는, 완전히 예측 가능한 체계가 아니다. 그것은 놀랍게도 확률에 따른 통계에 의존한다. 아마도 양자역학이 간과한 숨겨진 변수가 있을지도, 양자역학의 방정식이 현실을 사실적으로 반영하지 못할 수도 있다. 그러나 측정하는 것이 피할 수 없이 측정되는 물질을 간섭하기 때문에 입자의 운동과 위치를 정확하게 동시에 결정할 수 없는지도 모른다. 아인슈타인은 그의 친구 막스 보른Max Born에게 물리학에서 가장 기억에 남는 명언, "신은 주사위 놀이를 하지 않는다"를 남기며 이를 경고하였다. 슈뢰딩거, 하이젠베르크, 닐스 보어Bohr를 비롯한 많은 물리학자들은, 적어도 인간관찰자들에게, 자연은 더 이상 단순화할 수 없을 정도로 확률적이라고 하였다. 자연이 어떻게 관찰되느냐에 따라서, 빛은 때론 입자로 때론 파동으로서 행동하였다. 자연은 마법의 거울 속에서 그것을 관찰하고 측정하는 과학자의 결단에 따라서 다르게 보였다. 한편으로 이것은 상당히 불가사의하나 한편으론 잘 이해가 되었다: 관찰자가 아무리 객관적일지라도, 관찰하는 인간(과학자)은 그가 관찰하고 있는 물리적인 환경의 일부분이다.

과학의 신성에 대해서 들을 수 있는 흔하지 않는 기회가 강연장 내에 묘한 기운을 주었다.《타임》은 그 강연을 일면 톱 기사화하면서 1943년 4월 5일 기사에서 "그의 부드럽고 명랑한 연설, 장난스러운 미소가 청중을 매혹시켰고 더블린 사람들은 노벨상 수상자가 그들 사이에 있는 것에 대해서 무척 큰 자부심을 느끼고 있다"라고 적었다(무어Moore 1992, 395).

슈뢰딩거는 첫 강연에서 발표한 생각들을 정리하고 연구하는 데 수많은 시간을 보냈다. 그는 특히 생명체에서 일어나는 낯설고 복잡한 현상들을 설명하기 위해서 부단히 노력하였다. 능숙한 아마추어 식물학자인 아버지와 대학에서 만난 가장 친한 친구의 영향으로 슈뢰딩거는 점차 생물학에 빠져들었다. 색각에 대한 생리기능과 생명물리 전반에서 세계적인 권위자임에도 불구하고, 그는 청중들에게 자신 스스로를 "순박한" 물리학자로 불렀다. 처음 몇 분 이내에, 슈뢰딩거(1944,3)는 그의 처음 두 개의 강연들의 주요한 주제들에 대해서 알렸다: 살아있는 세포의 주성분—염색체Chromosome—은 낯선 물질, 일련의 주기성을 갖지 않는 결정이라고 하였다.

물리학에서 우리는 단지 주기적인 결정들만 관심을 갖고 다룬다. 겸손한 물리학자들에게 이들은 매우 흥미롭고 복잡한 물질들이다; 그들은 어느 물상이 지혜를 발휘하여 짜 넣은 가장 매혹적이고 복잡한 물질 구조들 중의 하나를 구상한다. 그러나 주기적이지 않은 결정과 비교하여, 이들은 상당히 평범하고 지루하기 그지없다. 구조의 차이는 규칙적인 주기로 계속 반복되는 같은 패턴을 가진, 일상에서도 흔히 보이는 벽지와 함께, 지루한 반복도 없고 거장이 짠 듯 우아하고 일관성 있는 훌륭한 디자인을 갖춘 라파엘 태피스트리처럼, 자수로 짜인 위대한 걸작품과 같은 것의 비교에 있다.

염색체 내에 아직 알려지지 않은 결정성 분자로서 부모로부터 자손이 만들어지도록 만드는 그 무엇에 대하여 슈뢰딩거는 큰 관심을 가졌다. 그리고 이는 유전자의 본질에 대한 과학적 이해를 점차 가능하게 만들었다. 결국 이후 10년이 지나서 제임스 왓슨James Watson과 프랜시스 크릭Francis Crick에 의해 "비주기적 결정"—핵산 분자—DNA의 유전 암호와 나선형 모형이 밝혀졌다. 이들 결정들에 대해서 슈뢰딩거는 다음과 같이 언급하였다.

이들 결정들은 살아있는 유기생명체 내에서 매우 주기적이며 합리적인 법칙에 따라서 생명활동이 일어나도록 하는 주요한 역할을 한다. 이들은 생명체 발달과정에서 유기생명체가 습득하는 관찰 가능한 대규모 특징들을 조절하고 생명활동의 기능에서 주요한 특징들을 결정한다; 그리고 모든 것들에서 매우 정확하고 엄격한 생물학적 법칙들이 나타난다. (…) [그들은 포함한다] "내부에 숨겨진 코드화된 대본" (…) 그러나 그 용어 코드 대본은, 물론, 역시 편협하게 제한되어 있다. 염색체 구조들은 그들이 예시하는 발달을 일으킴과 동시에 거기에서 주된 역할을 한다. 그들은 하나의 코드화된 법전이면서 명령을 내리고 수행하는 중심력—혹은, 비유적 표현에 따르면, 염색체 내 핵산은 건축가의 도면이자 장인의 공예솜씨이다.(19—21)

슈뢰딩거는 하나의 과정이 어떻게 긴 원자사슬들, 이 사슬의 단 하나의 복제품에서 시작될 수 있는지 그리고 성장한 포유류에서 100조 (10^{14}) 이상의 복사품을 만들어내기를 계속할 수 있는지에 대해서 무척 놀랐다. 첫 번째 강연의 주요 부분은 그런 일련의 청사진 분자에 대한 예시들을 다루고 동시에 그가 생각하는 모형의 힘을 보여주었다. 유전학에 대한 그의 생각은 염색체들이 복제되고 세포분열과 함께 나누어지는 과정인 유사분열과 같은 유전적 체계들을 잘 설명하였다. 자연선택에 의한 진화에서 유기생명체가 끊임없이 변화되고 있음에도 불구하고, 찰스 다윈은 그 변화가 어디에서 오는지 결코 확신하지 못하였다. 슈뢰딩거는 생각했다: 그런 변화는 낯설지만 살아있는 "결정체", 유전 물질의 변화로부터 일어났다. 그는 화학구조식에서 변이들은, 다윈에 의해서 표현된 대로 자연선택은 부적합한 것들을 제거하고 가장 최적의 것이 살아가도록 만드는 적절한 물질일 것이라고 말했다; 우리가 할 일은 단지 다윈의 "약간 우연한 변화들Slight accidental variations"의 표현을 "돌연변이Mutation"로 전환시키는 것이었다.

더블린 강연에서 슈뢰딩거는 분자화학을 생물학에 연결시켜서 향후 50년을 위하여 양쪽을 활성화시켜야 한다고 주장하였다. 관련하여 많은 지식들이 축적되었다: 우리는 DNA가 RNA로 전사되는 것을 지금은 이해하고 있다; 우리는 DNA의 암호화된 단백질의 위치를 격리시키고 동시에 지도화할 수 있다; 양이 복제되고 암흑에서 빛을 내는 토끼들은 발광(發光) 박테리아 유전자들을 그 내부에 넣어서 만들어졌다. 사실, 슈뢰딩거의 뛰어난 통찰력은 괴기스러운 파우스트적 공학을 이끌어 내었다. 끔찍한 생명체에 대한 윤리적 의문들이 일어나고 있다. 후손들은 전통적인 성행위가 아닌 과학적 방법을 통해서 복제될 수 있는가? 인간으로 유래한 반수반인의 괴물들이 지구상에 탄생할 수 있을까? 유전적 혼합물들이 우리의 생태계를 파괴할 것인가, 이는 전 세계에 새로운 흑사병과 같은 치명적인 풍토병을 퍼트릴 수 있는가, 혹은 이는 현 인류에 적의를 가진 뛰어난 인간을 만들어낼 수 있는가? 아마도 그 모든 일들이 가능할 것이다. 유전자들은 수백만 년 동안 끊임없이 종간의 경계를 가로질러 다녔다—이는 어느 바이러스의 유전자들이 세포에 유입되는 매 순간 발생하였다. 유전자 교환은 진화의 근원적인 일의 일부분이다. 짝을 찾아서 결혼하거나 씨앗을 재배하는 등 (혹은 식물제품의 판매로 농부들이 재배를 계속할 수 있게 만들어주고 이들 제품들을 사는)모든 사람들은 이미 작지만 "유전자 공학"을 하고 있는 것이다. 유전자 공학이 선천성 기형아나 맹아들에게 이로움을 줄 수 있는 이 시점에서 이의 사용을 제한하는 것이 과연 옳은 일인가? 우리가 볼 때, 현재 생명공학은 사람들이 생각하는 것보다 훨씬 오랜 역사를 가지고 있다— 그것은 우리 세포들이 스스로 먹을 것을 선택하고 어디로 움직일지 그리고 주변 세포들과 반응하는 순간부터 거기에 있었고 이미 시작되었다.

한편으로 우리는 이러한 새로운 기술에 마냥 기뻐하고만 있지 않을 것이다. 작업 환경에서 끊임없이 독극물에 노출된 사람들은 인위적인 화학물질들의 진화 과정 동안, 분해될 수 있는 방법들이 아직 존재하지 않기 때문에, 분해되지 않고 오랫동안 체내에 남아 있을 것을 확신하였다. 인류가 만든 화학용광로에서 제작된 DDT나 PCBS와 같은 맹독성 화학물질들은 이전에는 없었던 "새로운" 화합물들이다; 자연에 의해서 만들어진 것과는 반대로, 인간이 만든 "새로운" 것, 생명공학의 유전 물질은 그것을 다루는 전략이 없다면, 더욱더 위험해 질 것이다. 간단한 벌레의 입 혹은 항문 혹은 초파리 날개의 문양을 형성하는 유전자의 위치를 우리가 이해하고 있음에도 불구하고, 우리는 아직도 유전학에 대해서 모르는 것들이 너무 많다. 예를 들어, 초파리 유전자와 모형을 지도화하기 위해서 수백억 원의 연구비가 집중 투자되고 있으나 상대적으로 간단한 이 조그마한 동물에 대해서 우리는 지금도 여전히 이해하고 있는 중이다; 수정란 세포에서부터 완전히 기능을 갖춘 성충에 이르기까지 비교적 적은 수의 원자들이 어떻게 모든 발달과정에서 기능하는지를 이해하기 위해서 열심히 노력 중이다. 여전히 배워야 할 것들이 많다. 항상 그렇듯이 많은 실수들—그들이 일어난 후에야 비로소 상상할 수 있었던 것들—이 일어나고 있다.

혼돈 속에서 질서

슈뢰딩거의 세 번째이자 마지막 강연은 머지않아 비평형 열역학이라고 잘 알려지는 것에 대한 열역학적 단상을 소개하는 것이었다. 이전에는 질서 속에서 질서가 만들어진다고 말하곤 하였다면—변형이 열역학 제2법칙으로 유지되는 확률적 성분들로 구성되어 있다고 말하곤 하였다면— 지금 그는 혼돈 속에서 질서가 만들어진다고 생각하였다: 세포들이 열역학 제2법칙의 무질서화되는 영향력에서 벗어나려면 어떻게 해야 하는가? 결국에 이 탈출로 살아남은 형태들은 깜짝 놀랄 만한 복제품들, 거의 마법 같은 삼차원의 복제품들을 만들어낸다.

강연 중 그는 청중들에게 소수의 원자들이 세포를 통제하는 화학적 수단들을 상기시켜가며 물어보았다, "유기생명체가 어떻게 스스로를 질서의 배열에 집중시켜 열역학 제2법칙에 의해서 위협되는 원자적 혼돈들의 붕괴로부터 그렇게 쉽게 벗어나게 되는가?"

슈뢰딩거는 생명을 열역학의 근원적 주제들과 연결시키기 위해서 노력 중이었다. 미세입자들이 무질서하게 움직인다면 질서는 어떻게 확신할 수 있는가? 슈뢰딩거는 이 문제를 곰곰이 생각하였다. 복사기를 생각해 보자: 우리가 하나의 복사물을 계속 복사하면 그것은 점차 희미해진다; 그 복제품을 복사하면, 이는 더 희미해지고 무뎌지게 된다. 유기생명체들이 부모들의 특징들을 점차 잃어버리게 되는 순간, 그들의 복사의 정확도는 사라지게 된다; 그들은 때론 전반적으로 새로운 능력, 복잡하지만 세련됨을 갖추고 진화하며 때로는 진보하거나 향상된다. 유기생명체가 열역학 제2법칙으로 지배되는 우주에서 그들의 조직을 어떻게 유지(그리고 심지어 증가)할 수 있는가? 우리는 이것을 "슈뢰딩거의 패러독스(역설)"라고 부른다.

　　슈뢰딩거의 역설에 대한 근원적 해결책은 간단하다: 유기생명체들은 그들 신체 밖에서 고품질의 에너지를 들여와서 존재하며 성장해 간다. 그들은 슈뢰딩거가 "음성 엔트로피Negative entropy"—태양로부터 전해오는 빛 광자의 더 높은 조직체—라고 부르는 것을 먹고산다. 고립되지 않으나 닫힌 시스템들이기 때문에, 유기생명체—포화된 용액 내에서 형성되는 설탕 결정들과 같이—는 주변의 엔트로피 증가를 통해서 질서정연하게 조직화 된다. 그 역설에 대한 기초적인 해답은 내용물과 계층화와 밀접한 관련이 있다. 물질과 에너지는 하나의 계층 수준에서 다른 것으로 전달된다. 생명과 같은 자연 상태의 복잡한 시스템의 성장을 이해하기 위해서, 우리는 그들의 일부인 것—주변의 에너지와 환경을 보아야 한다. 생태계와 생물권의 경우에, 지구상에서 늘어나는 개체의 성장과 진화는 다른 어느 곳에서는 반드시 소멸과 해체의 과정이 있게 된다. 희생 없이 얻을 수는 없다.

　　물리학자인 슈뢰딩거는 열역학의 유행에 맞추어 진보해가고 있었다. 통계열역학은 자연이 가장 그럴듯한 상태, 평형 상태로 오게 될 것이라 말할지라도, 진화의 시간 속에서 더욱더 복잡한 유기생명체들이 발생되고, 시종일관 움직이는 수많은 원자들로 구성되며, 상당히 구체적으로 조직화된 행성의 표면에서 우리는 거주하고 있다. 생명의 에너지들이 녹색 백합과 파란 말레이시아 율리시스 나비들Ulysseus butterflies, 애벌레와 비행기들의 독특한 모양을 만들어 낸다. 또다시 묻게 된다, 이것이 어떻게 가능할까?

슈뢰딩거는 생명현상을 열역학적인 이론들로 설명하는 새로운 개념을 제안하였다. 첫눈에 그는 살아있는 시스템들이 열역학 제2법칙을 비웃고 있다고 생각했다. 닫힌 시스템에서 에너지와 물질은 시간이 지남에 따라 무질서하게 분배된다. 살아있는 시스템들은 그러나, 그런 무질서에 반하는 실체이다. 혼돈 속으로 빠져드는 환경 속에 살면서 생명은 그들의 질서를 증가시킨다. 여기서 질서라는 용어는 가장 적합하고 훌륭한 단어가 아니다. 유기생명체에 관한 가장 좋은 단어는 조직화이다—유기생명체들은 어떤 것을 하도록(되도록) 조직화 된다— 살아가기 위해서, 복제하기 위해서, 그들이 현재 있는 대로 남기 위해서 조직화한다. 달리 표현하면, 유기생명체들은 열역학적 평형에 저항하기 위해서 조직화된다. 복잡성의 자연 상태의 예시로서 결정에 대한 슈뢰딩거의 연구가 집중되어 구체적으로 형성되면, 일정한 결정의 패턴들에 대해서 더욱 적용 가능한, 질서라는 단어를 사용할 수 있다. 미국의 이론생물학자인 제프리 위킨Jeffery Wicken은 기능의 지속적이고 일치 조화된 활성의 함축성을 가진 단어, 즉 '조직화'는 생명에 대해서 더 좋은 용어라고 주장하였다.

오늘날 수학자들과 이론가들이 질서Order, 복잡Complexity, 정보Information, 혼돈Chaos와 같은 단어들에 대하여 분명하고 정확한 기술적(때때로 반박될지라도) 정의들을 해 주었다. 슈뢰딩거는 이들 단어들을 아낌없이 관대하게 사용하였다. 그에 따르면 결정의 질서는 감각적인 유기생명체의 연속적인 기능과 대조를 이루나, 구조적으로 볼 때 이들 양쪽은 대칭과 규칙성으로 우리의 눈을 사로잡는다. 분명히 생명은, 애벌레의 형태에서 말하자면, 꽉 닫힌 통 안에서 방향 없이 마구잡이로 튀어 오르는 전형적인 입자들의 총체와는 다르다. 유기생명체들이 도대체 어떻게 무질서도가 만연한 세상에서 그들의 조직화된 복잡성을 유지하고, 소형화하며 팽창되는가?

슈뢰딩거는 처음으로 열역학적 관점에서 생명을 이해할 필요가 있다고 강조하였다. 그리하여 슈뢰딩거의 분석을 통해서 이 책에서 우리는 생명—복제되는 분자일 뿐 아니라 에너지 변형의 특별한 과정—에 대한 이해를 하게 된다.

고전열역학은 단열된 공간으로 알려진 봉인된 상자들에서 물질과 에너지의 행동을 연구한다. 우리가 기대하는 대로, 열손실에 저항하는 시스템은 점차 무질서하게 되어 결국 "최대의 엔트로피", 즉 평형에 도달하게 된다. 생명체와 생태계는 도대체 무엇을 하고 있는가? 그들은 오랜 세월 갈고 닦아 잘 정돈된 열역학의 법칙들에 정면으로 반박하는가?

슈뢰딩거는 라파엘의 섬세하게 잘 세공된 태피스트리—생명에 대한 그의 비유—를 평형의 지루한 최종 상태와 대조시키며 아래와 같이 말하였다:

> 살아있지 않은 시스템이 고립되거나 균일한 환경 내에 놓이면, 모든 움직임은 많은 종류의 저항들에 의해서 일반적으로 곧 정지된다; 전기 혹은 화학 퍼텐셜의 차이가 없어지고, 물질들이 화학결과물들을 형성하게 되며, 온도가 열전도에 의해서 모든 지역 내에 균일하게 된다. 이후에 모든 시스템은 죽어버린 비활성 물질의 덩어리로 사라진다. 영구적인 상태가 되고 보이는 사건은 결국 모두 없어지게 된다. 물리학자들은 이를 열역학적 평형 혹은 "최대 엔트로피"라고 부른다.(슈뢰딩거 1944, 70)

그는 이때 열역학적 평형—고립된 방에 놓여있는 살아있지 않은 것들의 고유 특징인 더 이상 변하지 않는 "정적"인 상태—은 생명이 종극에 닿게 되는 최종 결과라고 말하며 그의 생각에 청중들이 동의하는지를 물어보았다. 유기생명체들은 에너지와 물질 흐름의 세계 내에서 살고 있다. 유기생명체는 또한 닫혀있지 않고 열린 시스템이다. 열역학적 평형, 비록 그것이 생명 내에서 한없이 지체되고 있을 지라도, 모든 자연 시스템에게는 중요한 "끌림"이다. 어떻게든지 생명체는 평형의 상태를 피하려고 끊임없이 노력한다.

슈뢰딩거는 살아있는 것들은 신체 밖에서 무질서를 증가시키며 그들 내부의 조직화를 질서정연하게 유지한다고 주장한다. 세포들은 기체들을 방출한다. 우리는 오줌, 땀, 열, 내쉬는 이산화탄소, 그리고 똥을 만든다. 생태계는 주로 열을 발산한다. 생명체들은 넋을 잃게 만들 정도로 아름답고 복잡하지만, 자고 일어나면 항상 온몸에 쓰레기를 뿜어낸다. 더욱더 커지면 커질수록 거기에는 많은 쓰레기들이 쌓이게 되고 주변에 "오염물질"의 방출은 더욱더 많아지게 된다. 궁전이 더욱 사치스러워질수록 거기에서 배출되는 쓰레기들은 끔찍할 정도로 많아지게 되는 것과 같다.

슈뢰딩거는 물었다, "생명체는 어떻게 부패하지 않는 것일까?"

명백한 대답은 다음과 같다: 먹고 마시고 호흡하며 (식물의 경우에도) 소화시키면서 부패에 저항한다. 이를 기술적인 용어로 신진대사Metabolism라고 한다. 그리스어로 이는 변화 혹은 교환을 의미한다. 무엇의 교환인가? (…) 이때 우리를 죽음으로부터 멀어지게 하는, 우리의 음식에 포함된 값비싼 그 어떤 것은 무엇일까? 그것은 쉽게 답해질 수 있다. 모든 과정, 사건, 해프닝—그것을 우리가 무엇이라 부를지라도. 다시 말해서, 자연에 있을 법한 모든 것은 세상 일부분의 엔트로피 증가를 의미한다. 그러므로 살아있는 유기생명체는 끊임없이 그것의 엔트로피를 증가시킨다— 혹은, 말하자면, 그것은 양성의 엔트로피를 만들어 낸다.—그리하여 최대 엔트로피의 위험한 상태, 죽음에 이르게 된다. 유기생명체는 끊임없이 주변 환경의 음성의 엔트로피를 끌어내어 살아있는, 죽음으로부터 벗어날 수 있다. 생명체가 먹는 것은 음성의 엔트로피이다. 혹은 덜 역설적으로 말하면, 신진대사에서 필수적인 것은 생명체가 살아있는 동안 생산하지 않을 수 없는 모든 엔트로피로부터 스스로 자유로워지는 것에 성공하는 것이다.(슈뢰딩거 1944, 71-72)

슈뢰딩거는 생명에 대한 물질적 이해에 관하여 전체적으로 새로운 영역을 솜씨 좋고 깔끔하게 정리하였다. 그가 화학적 모방주의의 질서로부터 질서를 창조하는 시스템으로서 생명을 묘사하는 것과 관련되어 있지만 약간은 달랐다. 그가 모든 면에서 옳지 않았을지도 모르나, 적어도 조심스럽게 평가하면, 열역학을 강조한 측면은 옳았다. 예를 들어, 동료들이 기술한 대로, 유기생명체들의 조직화는 음성의 엔트로피(네겐트로피Negentropy, 비슷한 용어가 브릴루인Brillouin에 의해서 도입되었다)에 인하지 않고 자유에너지에 의한 것이라고 지적되었고, 이것은 후에 비로소 깨달아 지게 되었다. 자유에너지는 유기생명체가 일할 수 있는 이용 가능한 에너지의 총량이다.(엑서지, 특별히 유럽의 몇몇 공학자들에 의해서 사용되는 이 단어는 이용 가능한 혹은 자유에너지에 대한 또 다른 이름이다.) 이 에너지 총량은, 우리가 아는 대로, 기계들이 이용할 수 있는—혹은 유기생명체들이 스스로를 특별한 종류의 물질 조직으로 유지되도록 이용할 수 있는 구배 차이들과 직접 비례한다.

슈뢰딩거는, 그의 예지력으로, 생명은 물질주의적 관점에서 엄밀하게 조사될 필요가 있다고 강하게 주장하였다. 왜냐하면 복잡한 구조에도 불구하고, 생명은, 슈뢰딩거가 강력하게 주장하였던 대로, 물리적 현상으로서 그것의 비밀들을 쉽게 풀어서 이해될 수 있을지도 모르기 때문이다. 다윈은 생물학이 진화적이라고 보여주었다. 컬럼비아대학의 유전학자인 테오도시우스 도브잔스키Theodosius Dobzhansky(1973)[1]는 생물학에서 어떤 것도 진화 없이는 설명되지 않는다고 말하였다. 그러나 생물학은 단지 역사일 뿐 아니라 역사와 화학 및 물리학 사이의 연결점이다.

전통적 물리학은 고대의 원인들에 따라서 현상을 이해하려고 하지 않았다. 현상이 작동하는 방식은 좀처럼 그들의 역사에 대한 이해를 전혀 필요로 하지 않았다. 기계적 기능은 현재의 형태에 기반을 두어 직접적으로 이해되었다. 수학과 기하학은 시간에 얽매여 있지 않았다: 일과 일을 더하면 항상 둘이 된다; 기하학적 이론들은 고려되는 모든 시간 동안 늘 같았다. 전통적인 물리학적 설명들은 상당히 성공적이어서 때때로 결실이 있고 때론 그렇지 않는—현재(물리적인)와 과거(진화적인)의 원인들을 보는 관점에서 생물학을 설명하는 중에 일어나는 긴장감은 심지어 다윈의 출현 이후부터 오늘날까지도 계속 지속되고 있다. 스코틀랜드 출신의 이론가 다시 톰슨D'Arcy Thompson, 아리스토텔레스의 추종자이며 산타페 혼돈 이론주의자에 예언가인 그는 생명의 복잡성을 설명하기 위해서 자연선택보다 수학을 사용하는 것을 선호하였다. 톰슨은 물리학에 관한 좋은 예를 제시한다. 1917년에 그는 다음과 같은 글을 남겼다(8—9):

심지어 그 당시에, 수학이 어느 누구도 예측할 수 없는 신체의 구조

---

1 1966년 사우디아라비아 왕을 접견하면서, 쉐빅 아브드 아지즈 빈 바즈Sheik Abd el Aziz bin Baz는 "신성한 코란, 예언자의 가르침, 대다수의 이슬람 과학자들과 실제 사실들이 모두 태양이 그 궤도상에서 회전하고, (…) 그리고 지구는 고정되고 안정하며, 신에 의해서 인류에게 전달되고 있다. (…) 그렇지 않다고 주장하는 누군가는 신과 코란 그리고 예언자들에게 잘못 말하고 있는 것이다"고 훈계하였다. 도브잔스키가 주장한 대로, 우주의 시대에도 불구하고, 선한 자인 쉐빅이 코페르니쿠스의 이론은 "단지 이론"이고 "사실"이 아니라고 생각하는 것은 기술적으로는 정확하다. 그러나 진화와 같이, 그것은 좋은 것이다: "우리는 단순히 권위에 도전할 수 있는가? 그렇지 않을 것이다: 우리는 증거를 수집하는 데 많은 시간을 투자하는 사람들이 이것을 확신하게 된다는 것을 알게 되었다. 지구는 비록 정신적인 중심일지는 몰라도 우주의 지정학적 중심부는 아니다." (도브잔스키Dobzhansky 1973, 125).

인투 더 쿨: 에너지 흐름, 열역학, 그리고 생명

를 묘사하고 물리학이 이를 설명하는 데 얼마나 충분할 것인지에 대한 의문이 있다. 에너지의 모든 법칙과 물질의 특성들 및 모든 콜로이드 소재에 관한 화학은 그들이 영혼을 이해하기 어려운 것만큼 또한 신체를 설명하기에 무능력하기 그지없다. 적어도, 나의 바람으로, 나는 그렇지 않다고 생각한다. 나는 선행이 한 사람의 얼굴에 어떻게 빛나는지 악이 또 다른 사람의 얼굴에서 스스로를 어떻게 밀고하는지를 물리학에게 꼬치꼬치 [물어보지 않는다]. 그러나 신체의 탄생과 성장 그리고 작동하는 것, 지구의 모든 것에서 물리과학은, 내 미천한 생각으로는, 우리의 유일한 선생님이자 가이드이다.

우상 파괴주의자, 피타고라스의 신봉자이고 아마도 창조주의자인 톰슨은 현대의 복잡성 이론주의자들보다 자연선택의 역사적 설명들을 단지 보충설명하기보다는 오히려 대신하는 것에 더욱더 흥미가 있었다. 우리들 역시 보충하는 물리적 설명들 그러나 알고리즘이 아닌 열역학적인 것들에 대해서 상당히 흥미로워하고 있다. 우리는 슈뢰딩거의 설명에 점점 더 빠져 들어간다. 비록 생명의 물리학적 기반을 밝히는 전망에 매혹될지라도, 그는 자연선택으로 진화에 의해서 지지되고 살아있는 물질의 행위들을 수용하는 새로운 물리적인 법칙들을 발전시키는 것에 대해서 몹시 꺼렸다.

슈뢰딩거가 받은 노벨상이 양자역학에서 그의 업적에 관한 것일지라도, 생물학에서 대한 그의 생각들이 전혀 무시될 수 없다. 그의 아일랜드 강연들을 엮은 1944년에 출판된 얇은 녹색 책에서 그는 생물학에 관한 두 가지 주요한 연구 프로그램에 관하여 기술하였다. 첫 번째는 질서로부터 질서를 주목하는 것에 중점을 두었다. 이것은 유전체에서 무슨 물질이 생명체에서 생명체로 전달되어 어떻게 담게 되는지에 대한 주요한 질문이었다. 이 질문은—장대하게 우리 모두가 아는 대로—핵산의 구조와 역할을 발견하고 분자생물학의 성장과 약물 개발과 범죄학의 다양한 영역에 그 지식들을 적용하는 데 큰 도움이 되었다. 슈뢰딩거의 또 다른 프로그램은 아마도 결국에 더욱 중요하다고 생각되나 훨씬 덜 잘 알려진 것이었다. 이것은 혼돈 속의 질서에 대한 것이다. 여기에서 그는 열역학 제2법칙으로 생명에 대한 명백한 도전에 관한 의문들에 답하였다. 그의 기초적인 대답, 슈뢰딩거의 역설에 대한 윤곽을 그리는 답이 처음으로 공식화될 때, 제2법칙은 개방된 시스템들보다는 고립된 것에 적용되었기 때문에 유기생명체들은 제2법칙을 따르지 않는다는 것이었다. 그런 역설은 유기생명체를 포함한 복잡한 시스템들이 작동하는 면모를 면면히 살펴보는 그 순간 점차 사라지게 된다. 그들은 닫힌 실험계가 아니며 외부의 에너지가 풍부한 조직과 그들 주변에서 구배 차이로 배양되는 것이다.

정보

구배 차이가 점차 감소되는 시스템들과 그 과정들 주변의 조직화에 의해서 그들은 에너지를 추출하고 이 순간 이는 암시적으로 정보를 포함하게 된다. 생명을 물질 과정으로서 보는 순간, 슈뢰딩거는 그것을 양쪽 에너지와 정보로서 분석하기 시작하였다. 비록 슈뢰딩거가 이용 가능한 에너지 대신에 음성 엔트로피란 용어를 사용하고, (기능에 초점을 맞춘) 조직화가 열역학 시스템들에 관한 더 적절한 용어일 때 질서에 대해서 말하게 된다 할지라도, 다른 사람들은 심지어 과녁을 바라보지도 못하고 있었기 때문에, 그가 첫 화살로 황소의 눈을 맞추지 못하였다고 하더라도 우리는 그를 비난할 수 없다. 그는 분명하게 문제들을 직시하고 미성숙한 수식화들 없이 담담한 언어로 그들에 대해서 진술하였다. 그가 그린 윤곽을 따르면 그의 생각은 옳았다. 그러나 핵산에 기반한 유전적 정보 시스템으로서 생명을 이해한 이후에 계속되는 발견들에 대하여 그의 예리한 기대에도 불구하고, 에너지 시스템으로서 생명에 대한 그의 분석은 많은 사람들에게 철저히 무시되었다. 이는 생명을 정보나 에너지 시스템으로서 조사하는 것에 대해서 꺼리는 몇몇 과학들 사이의 용어상 혼돈과 깊이 관련되어 있을 것이다. 엔트로피는 전화나 컴퓨터에서 메시지들을 보내는데 사용되며 이후에 발전되었던 정보(혹은 소통) 이론에서 열역학은 정보(혹은 통신들) 전달에서만 물론 핵심적인 용어이다. 이것은 열역학과 정보이론을 연결하는 내부의 깊은 물리적 근원이 있다는 강렬한 인상을 남긴다. 변화하는 환경 내에서 살아있는 것을 생존하도록 만들어야 하는 유기생명체 내에서 정보를 다루고 필요한 에너지를 발췌하고 중재하는 내부의 물리적 근원이 있다는 것이다. 그러나 살아있는 존재가 정보 자료와 에너지 모두를 다루는데도 불구하고, 두 이론들 사이의 간단한 일치성은 없었다.

정보이론의 개발자들, 클로드 섀넌Claude Shannon과 워렌 위버 Warren Weaver(1949)는 엔트로피에 또 다른 개념을 도입하였다. 그들이 메시지들의 새로운 수학적 척도를 어떻게 불러야 할지 몰라 할 때, 그들의 친구인 수학자 존 폰 노이만John von Neumann은 섀넌에게 "그것을 엔트로피라고 해, 누구도 엔트로피가 정말로 뭔지 모를 걸. 그러면 논쟁에서 네가 늘 이길 걸"이라고 말하였다(트리버스Tribus와 맥어빈McIrvine 1971, 180). 섀넌은 친구인 노이만의 짓궂은 농담을 그대로 받아들여 따랐다. 이는 혼돈을 더했다. 정보 이론에서 엔트로피는 메시지를 보내고 받는데 어떤 특징들의 이용과 관련한 불확실성을 나타낸다. 이것은 열역학에서 알려진 것보다 또 다른 이용성을 보인다. 열역학 시스템 내에서 엔트로피 가치를 부여하는 기초는 분자 혹은 원자의 수준에서 시스템의 물질—에너지 분배의 고유성으로부터 기인한다. 어느 순간에 한 시스템은 많은 가능한 것들 중에서 단지 한 가지 특별한 미세한 시스템만을 가질 수 있다. 여기에서 두 이론들 사이의 유사성이 있다고 할지라도, 그것은 그들이 서로 말해지는 것보다 여러 방정식들에서 더욱 흡사하다는 점에서 끌린다. 사실 동일한 수많은 방정식들이 보험회사들과 도박꾼들에게 절대 조언자로서 활동하여, 확률이론에서 위그노 개척자가 된 프랑스 수학자인 아브라암 드무아브르Abraham De Moivre에 의해서 이는 더 일찍 주사위(운)의 게임에 적용되었다. 1968년 초에 미국의 암 연구자이고 광(光)생물학자인 해롤드 F. 블럼Harold F. Blum은 정보의 엔트로피와 열역학의 엔트로피 간에 피상적인 유사성들만 있음에도 불구하고, 겉보기에 단지 음수부호로 분리되어, 혼종의 방정식들이 자연선택에 적용될 수 있게 발전될 수 있다고 지적하였다. 블럼Blum(1968, 207)은 소위 "그것이 일어날지 모르는 더 큰 시스템에서 그것의 확률을 생각하지 않는 진화적 변화의 기대성"이라고 부르는, 네겐트로피Negentropy와 비슷한 방정식을 고안하게 되었다. 오늘날, 엔트로피는 동적 시스템의 이론에서 그 사용이 급증하고 있다: 측정의 엔트로피, 위상의 엔트로피, 알고리즘 엔트로피, 적합한 콤팩트 집합의 차원 분열로서 엔트로피, 심지어 기하학의 비대칭에 관련된 갈루아Galois 엔트로피가 있다; 정보 엔트로피의 이들 다양한 수학적 변종들은 예측 불가능, 비압출률, 비대칭, 혹은 지연된 순환과 깊이 관련되어 있다.

이 책에서 우리는 수학적인 그림들의 추상적인 특성이 아닌, 실제 시스템의 에너지 방식들에 더욱 흥미를 가진다. 열역학에서 엔트로피는 비가역 과정, 물질이 더욱 일어날 듯한 가능한 상황—더 이상 일 혹은 구조로 변환될 수 없는 상황에 이르는 순간에서 에너지 품질의 자연적인 감소를 나타낸다. 그것은 원자와 분자의 수준에서 에너지를 말한다. 그러므로 책과 문서 모두가 쌓아올려져 무더기로 배열되어 정리된 책상이 마구잡이로 어질러진 책상보다 열역학적 엔트로피에서 반드시 더 낮은 것은 아니다. 이것은 열역학적 엔트로피가 눈에 보이는 물체와 관련되는 것이 아니라 온도로 측정 가능한 보이지 않는 자그마한 입자들과 관련되어 있기 때문이다. 물론, 어질러진 책상을 깔끔하게 정리하는 것이 주변 대기의 온도를 높일 수 있고, 어떤 경우는 사무실 온도의 상승이 책상 위 물체들의 변화에 관련될 수도 있다. 동일한 양의 농축된 에너지는 눈에 보이는 물질들을 재배열하는 데 단순히 사용되거나 심지어 깔끔하게 정리된 책상을 더 더럽게 만들 수도 있다.

　　열역학적 엔트로피는 에너지 분배의 척도이고, 보내고 혹은 받는 메시지에 관련된 불확실성이 아닌 불확실성 그 자체의 기록인 것이다. 엔트로피에 관한 평균적인 유사성들에 남겨진 문제들 중의 하나는 에너지와 정보 간의 분명한 연결점이 없다는 것이다. 많은 사람들이 많은 양의 정보를 생산하고, 적어도 이들을 지우기 위해서 에너지를 사용한다는 것을 증명하기 위해서 노력한다. 하나하나의 정보를 생산하기 위해서 상대적으로 많은 양의 에너지가 필요하거나 (청각장애자에게 우리가 낼 수 있는 목소리의 최대치로 소리 지르는) 단일 정보는 매우 작은 양자수준의 과정에 의해서 생산된다. 몇몇 연구자들은 두 영역들 사이의 혼돈이 열역학적 엔트로피가 정보를 소유하는 의식을 가진 몇몇 종류들을 늘 암시하고 제안한다고 말한다. 예를 들어, 저서 『제2법칙The Second Law』에서 앳킨스 P.W.Atkins(1984, viii)는 그가 알고 있는 것을 두 가지 원리들을 연결하는 시도들로부터 만들어지는 믿을 수 없고 불가해한 차이점으로서 공공연히 비난한다:

　　나는 내가 말하는 것에서 주요한 누락이 있다는 것을 알고 있다: 나는 정보 이론과 엔트로피 사이의 관련성에 대해서 심사숙고하며 자주 언급하기를 꺼려하였다. 다른 한편으로 나는 정보 이론의 원칙과 수학이 열역학의 공식화와 그 내용의 표현을 구체화하는 데 상당한 기여를 만들 수 있다는 주장에 동의한다. 또 다른 한편으로 엔트로피가 "정보"를 처리할 수 있거나 어느 정도 "무시"할 수 있는 인식 가능한 몇몇의 존재를 요구하는 인상을 주는, 나에게는 그렇게 보이는, 위험이 있다. 그것은 당시의 엔트로피는 모두의 마음속에 있고, 그러므로 관찰자의 측면이라는 가정에서 작은 단계이었다.

앳킨스의 관점은 이해될 수 있으나 그러나 또한 지나치게 과장되어 있다. 정보이론은, 제인스E.T.Jaynes(1957)에 의해서 발전된 최대 엔트로피 원리라 불리는 수학적 측정에 따르면, 매우 현학적이고 열역학과 관련될 수 있다. 하나의 의식적인 것에서부터 또 다른 것으로 보내지는 메시지보다는 정보 이론의 영역과 관련될 수 있다. 예를 들어, 제인스의 공식은 다른 것들 중에서 실험을 통해서 얻어진 정보에만 초점을 맞추고 열역학적 실험들에만 적용된다. 그러나 제인스가 말하는 최대 엔트로피는 열역학적 엔트로피가 아닌 정보이므로 또다시 이의 유사성과 중첩에도 불구하고, 열역학과 정보 이론의 일반적인 등가(等價)는 없게 된다.

물리학자 허버트 요키Hubert Yockey(1992, 1995)는 생명이 너무 일어날 것 같지 않아서 진화하지 못한다고 논의될 때, 열역학을 신랄하게 비난하고 폄하하였다. 폭탄 개발을 위해서 로버트 오펜하이머Robert Oppenheimer 밑에서 일하던 요키는 불가지론(不可知論)을 주장하였다. 창조주의자들을 신랄하게 비난함에도 불구하고, 그는 교과서에서 가르치는 원시 스프primordial soup의 주장은 그럴듯하지 않다고 주장하였다. 정보 이론만을 사용하는 것은 분자들이 에너지 흐름의 영역에서 순환하기 시작할 때, 화학 결합의 법칙들 그리고 특정한 네트워크들을 형성하는 경

인투 더 쿨: 에너지 흐름, 열역학, 그리고 생명

향성도 모두 잘 설명하지 못한다. 요키의 불가지론이 아닌 그의 수학적 논쟁들만을 차용하여, 윌리엄 뎀스키William Dembski와 같은 신창조론자들은 신—필수적인 정보의 복잡성을 가진 생명을 진화의 영역으로 뛰어들게 하여 주입한, 확실히, 분자생물학자인 신—에 관한 주제를 발견하게 된다.

통계적 불확실성에 근거한 비슷한 논쟁들—고립된 시스템에서—낮은 엔트로피를 가진 생명의 비슷한 논쟁들은 신이 존재한다는 증거로서 끊임없이 제안된다(피글리우치Pigliucci 2000). 뎀스키처럼 신창조진화주의자이며 화학자인 마이클 베히Michael Behe는 면역계와 편모, 스피로헤타 박테리아(나선상균)를 회전시키는 일종의 "선외모터"와 같은 것들 내에서 변화될 수 없는 복잡성을 말하였다(더욱 자세한 내용은 20장을 보자). 그러나 이때 누군가는 신앙이 충만한데 왜 과학적 증거가 필요한지라고 되물어볼지도 모른다. 이성적인 논쟁을 필요로 한다면 열역학과 진화의 법칙에 따라서 당시에 명확하게 밝혀진 구배 차이들이 형성되는 태초에 신에게 청원하는 것이 더욱 합리적인 것처럼 보인다. (스피노자는 우주와 자연의 법칙에 담겨진 신은 기적을 필요로 하지 않는다고 지적하였다.)

분명히 정보와 에너지는 살아있는 모든 존재에 결정적으로 매우 중요하다. 조지메이슨대학의 생물학자이자 열역학이 어떻게 생물학을 구동시키는지를 본 여러 선구자들 중의 한 명인 해럴드 모로위츠Harold Morowitz는, 심지어 생명 이전에 물질은 "정보적"이라고 지적하였다: 입자들이 "비역동적으로" 행동할 때—단지 그들이 함께 있을 때 적용될 수 있는 규칙들과 일치하여—그들은 마치 서로의 존재를 알고 있는 것처럼 행동하게 된다. ATP(아데노신 삼인산adenosine triphosphate), 모든 세포들에 공통적인 에너지 저장성분과 관련된 이 화합물의 역할을 언급하면서, 모로위츠(2002, 73)는 물리학과 생화학 사이에 주요한 연결점은 아직 발견되지 않았다. 그리고 그것은 생각하는 인간이 되는 과정에서 존재하는 어떤 것의 출현을 지배하는 일종의 통제일지도 모른다고 주장하였다.

부수의 ATP는 에너지 전달에 주요한 역할을 하는 일련의 물질들이다. 각각은 그것의 구조에 아데닌 분자를 포함한다. 생명의 언어에서 이 원자의 배열은 에너지 저장 분자에 관한 상징으로서 나타나지만, 아데닌 부분 그 자체는 에너지 과정에 전혀 참여하지 않는다. 전체 아이디어는 생화학의 세밀히 갈고 뽑아내는 것에 대한 다소 지나치게 언어적이거나 시적이며 정보로서 넘쳐나는 것처럼 보인다; 그러나 그것은 거기에 있다. 에너지 전환에 관한 신호일 뿐 아니라, 또한 아데닌은 DNA와 RNA의 네 가지 염기들 중의 하나인 유전 코드의 주요한 상징적 성분을 구성한다. 코드화와 에너지 교환 사이에 아직도 숨겨진 심오하고 기본적인 관계가 있을 수 있는가? 그것은 생각하고 밝혀낼 가치가 있는 질문이다. 왜냐하면 아데닌을 이해하는 것이 생명의 생화학적 비밀과 밀접한 관련 상에 놓여져 있는 것처럼 보이기 때문이다.

정보와 열역학의 엔트로피들 사이에 수학적인 혼돈은 우리를 기술적으로 우울하게 만들거나 관심 있는 논점들로부터 벗어나게 만들지 않을 것이다. 이용 가능한 에너지와 사용 가능한 데이터 간의 사이, 열역학적 문제와 인지되는 살아있는 것들 사이에 연관성—더욱 숙련가답게, 그들의 생활들이 존재하는 구배 차이가 있다.

다른 한편으로 우리는 지금 질서, 조직화, 정보 그리고 복잡성과 같은 단어들을 가지고 있다. 또 다른 한편으로 우리는 혼돈, 무질서, 그리고 엔트로피라고 하는 용어들도 가지고 있다. 산타페 복잡성 이론가이며 노벨물리학상 수상자이고 『쿼크 그리고 재규어The Quark and the Jaguar』

인투 더 쿨: 에너지 흐름, 열역학, 그리고 생명

의 평론가인 머리 겔만Murray Gell Mann은 복잡성을 다음과 같이 정의한다. "경제시장, 포유류의 면역시스템과 생태군집들 모두는 이를 공통적으로 가지고 있다. 환경과 상호 작용하고 세상에서 패턴들을 인식하고 획득된 지식을 미래의 행위의 변형에 적용하는 능력은 쉽게 지각되나 복잡성의 정의는 쉽게 파악되기 어렵다"(마셜Marshall 1994, 45-46). 이들 용어들의 사용은, 혼돈을 주는, 심지어 반감을 일으킬 수 있다. 예를 들어, 정보 이론에서, 정보는 질서 있는 것들보다 무질서한 상황 혹은 그러한 물체들을 묘사하는데 있거나 없거나, 더 많은 정보들—더욱 이진법적 결정들을 사용하는 의미에서, 질서가 아닌 무질서와 동일하다. 한 짝의 카드를 생각해 보자: 미국 카드게임 협회에서는 봉인된 "질서 있게" 정돈된 짝과 패로 구성된 카드를 명기하는 것보다 분명한 패턴이 없는 짝과 패들로 된 무질서하게 뒤섞인 카드 팩을 기술하는 데 더 많은 정보를 필요로 한다고 한다. 그래서 결정 내에 분자의 위치들을 나타내는 것보다는 증기 상에 분자의 운동을 묘사하기 위해서 더욱더 많은 정보들이 요구된다. 슈뢰딩거가 사용하였음에도 불구하고—그리고 회귀하면, 왜 그가 그 단어를 사용했는지, 여기서 그는 결정을 생각하고 있는지를 알 수 있다— 질서라는 단어는, 구조를 유지하기 위해서 기능할 때, 주변 환경과 물질 및 에너지를 활발히 교환하는 동적인 조직들이 아닌, 아마도 정적인 전체들을 의미하게 될 것이다. 주변 환경에 열려있는, 살아있는 과정들은 주변에 혼돈을 더하며 활동적인 행위들의 영역을 널리 번지게 하는 순간, 복잡성을 구축하고 정보를 농축하며 데이터를 거래한다고 우리는 말한다. 그러나 그런 단어들이 무엇을 의미하는가? 현재 사용되는 혼돈이 어떻게 슈뢰딩거가 이전에 간단히 요약하였던 것이 아닌, 살아있는 과정에 대한 뛰어난 해명이 되는지 우리는 다음 장에서 분명히 알게 될 것이다.

슈뢰딩거의 프로그램 중의 한쪽 측면의 괄목할 만한 것은—유전적이고 정보인 것은 다른 것—에너지와 열역학적인 것의 희생으로 만들어졌다는 것이다. 우리는 생명의 유전적 언어 같은 면에 대해서 의구심을 밝히는 데 크게 성공하였다. 그러나 우리는 슈뢰딩거의 기록을 뒤집고 다른 측면에 귀 기울이는 것을 또한 지지하고 싶어 한다. 그의 통찰력을 고귀하게 따르면서, 중요한 것은 슈뢰딩거가 실수를 만들었다는 것이 아닌, 그가 살아있는 것들에 양쪽 정보와 에너지를 다루는 능력—그들이 부모로부터 기인하는 조직이 다른 한편으로, 시스템이 평형으로 나아가는 제2법칙의 위협에도 불구하고(그리고, 제2법칙 때문에 우리가 점차 알게 될 때)—은 그들이 유지하는 조직에 관심을 가졌다는 것이다.

　　우리가 슈뢰딩거를 따르는 순간에 우리는 생명뿐 아니라 비생명 시스템을 지배하는 에너지의 과정들에 대해서 생명을 꽤 뚫어보는 방식을 알게 된다. 생명의 복잡성은 단지 화학적 데이터의 전산화 과정뿐 아니라, 에너지 변형으로서 그 기능에도 기인한다. 사실 생명의 DNA 복제와 단백질 합성의 임무는 열역학 위에서 그 존재들을 변모시켰다. 그들의 역할은 이른 시기에 구배 차이를 감소시키는 기능의 현 상황 속에서 그 의미가 있다. 생명은 단순히 유전적 총체가 아니다. 유전자들, 그 자체는 소금 결정들에 지나지 않는다. 생명은 열역학 법칙들에 의해서 조직화되는 열린, 순환하는 시스템이다. 그리고 그것은 유일한 하나가 아니다.

　　　　　　　　　　　　　　　　인투 더 쿨: 에너지 흐름, 열역학, 그리고 생명

제2장

단순함

과학은 단순하지만 비개인적인 원칙에 의해 진행된다.
— 스티븐 와인버그 —

가능한 한 단순하게 만들지만, 더 간단하지는 않다.
— 알베르트 아인슈타인 —

단순함은 정교함의 궁극적인 것이다.
— 레오나르도 다 빈치 —

자연의 컴퓨터들

노벨상 수상자인 스티븐 와인버그Steven Weinberg는 과학은 "단순하나 비인간적인 원리들"을 발견하면서 진보한다고 주장하였다.[2] 우리는 "자연은 구배 차이를 혐오한다"는 표현이 단지 그런 원리라는 데 동의하고 따른다. 생명이 복잡할지라도, 그것을 이해하는 것은 그렇게 복잡하지 않을 것이다. 동시에 너무 단순하지 않을 것이다: 때때로 "인공적인 생명"이라고 부르는, 컴퓨터 하드 드라이브에서 일련의 알고리즘들을 복제

---

2   와인버그의 이 발언은 제9차 키 웨스트 문예 세미나 연례 발표에서 그의 강연(2001년 1월 11—14일), "과학과 문학: 발견에 대한 이야기"에서 인용되었다.

하는 것이 바로 그런 식으로 꾸며진 것이다. 지나친 단순화는 과학에서는 일반적인 경향이다. 실험자들은 반복적인 결과들을 보여주고 이 결과들이 너무 복잡하거나 너무 많은 변수들을 가질 때는 과감히 버리도록 이끄는 시스템 내에서 작업하고 싶어 한다. 그럼에도 불구하고, 유기생명체는 기계에서 가상으로 단순하게 예측하는 것보다 더 많은 상태들을 실제로 직접 경험하고 더불어 훨씬 더 섬세하게 움직이려고 한다.

더 좋은 기계를 만드는 것을 목표로 하는 고전열역학은, 자연 상태에 있을 때가 아닌, 다음과 같은 제한요소의 지배하에서 시스템을 탐구한다:

1. 시스템은 고립되어 있다. 반응들은 엄격하게 단열된 반응기 내에서만 일어나야 한다.
2. 고려되는 과정들의 최종 상태는 평형, 즉 더욱더 중요한 변화들이 없는 상태에 도달해야 한다.
3. 열이 교환되는 동안, 매시간에 온도는 일정하게 유지되어야 한다. 이것은 열이 시스템 내에 공급되면, (때때로 이론적인) 열 흡수원이 시스템을 항상 일정한 온도로 유지시키기에 충분히 크게 시스템을 둘러싸야 한다는 것을 의미한다.
4. 열은, 준정적으로 말하자면, 가능한 작은 동요도 발생하지 않도록 상당히 천천히 그리고 조심스럽게 공급되어야 한다.

우리가 아는 대로, 고전열역학은 상당히 특별한 조건하에서 세계를 탐구한다. 고립된 시스템은 봉인된 벽들 밖에 사건들과 어떠한 접촉도 하지 않는다. 이런 이상화는 다루기 힘든 많은 문제들에서 해결책을 제안한다. 열린 시스템은, 더욱 흥미로울지라도, 더 많은 변수들을 가지고 있어서 이해되기 더 어렵다. 그러므로 고전열역학에서 열린 시스템의 열역학으로 옮겨지는 동안 결정적인 단계는 닫힌 시스템들에 대한 에너지 과학자들의 수많은 연구였다. 주변과 경계에서 물질들을 교환하지 않고 단지 에너지만을 주고받는 닫힌 시스템들은 앞서 논의된 것들의 중간 수만큼의 변수들을 가지고 있다. 이것은 그들이 고립된 시스템보다 더 현실적이 되도록 하나 열린 시스템을 연구하는 데 있어서 어렵지 않게 도움을 준다. 닫힌 시스템의 한 가지 예시는 플라스크 병 안에서 일어나는 화학 반응이다. 여기에서 반응으로부터 발생하는 과량의 열은 플라스크 내에 새로운 물질이 만들어지는 동안에 플라스크 병 밖의 주변으로 이동하게 된다. 반대로 생명체와 같이 알려진 기능을 하는 생태계들—생물권(지구) 자체에서 논쟁될 만한 예외와 함께—은 그들의 주변 경계들을 가로질러 양쪽 물질과 에너지를 서로 교환하게 된다. 그들은 열린 시스템이다. 핵분열하고 고품질의 광자를 생산하는 별들 역시 열린 시스템이다. 물질들(음식, 목재, 구리선 등)과 에너지(전기, 메탄가스, 석유 등)는 우리가 사는 도시의 한계점 내에서 끊임없이 배출되고 되돌려지게 된다. 별들에서부터 연인들 및 가장 최신의 컴퓨터 프로그램들에 이르는 전체 우주에서 가장 매혹적인 시스템들—그리고 상어, 군대, 폭발 중인 초신성과 같은 가장 파괴적인 것들— 모두 열려 있다.

에너지, 일, 열

에너지, 일과 열은 열역학에서 주요한 개념들이다. 에너지는 일을 하는 능력이다. 그 일로 1킬로그램의 세탁물 바구니를 약 3미터 높이의 계단 위로 올리고 열차를 알프스 산맥 위로 올라가게 하며 로켓을 화성까지 쏘아 올릴 수 있다. 다양한 일들이 무한히 많다 할지라도, 단지 몇 종류의 에너지만이 존재한다: 즉, 운동, 위치—중력, 자기, 전기, 화학, 그리고 열핵융합 결합에 존재하는 에너지들이 있다. 한 종류의 에너지는 우주 파편들의 중력하에 모인 성운들로부터 별들의 탄생처럼, 또 다른 것으로 줄곧 변형될 수 있다. 비록 생명이 핵폭탄과 발전소를 제외하고 에너지를 사용하도록 진화하지 않았다고 할지라도, 아인슈타인의 방정식 $E=mc^2$(에너지 = 질량과 광자속도의 제곱)에서 보듯이, 물질 그 자체는 상당히 잠재적인 에너지 저장고이다. 열역학 제1법칙에서 에너지는 미묘하게 형태를 바꾸나, 결코 완전히 소멸되지 않는다고 말하고 있다.

열과 일은 에너지를 전달하기 위한 과정 혹은 방법들이다. 입자는 위치(위치에너지) 혹은 운동(운동에너지)에 의하여 에너지를 소유할 수 있다. 일은 에너지를 연결된 행동으로 전환시키는 수단이다. 열 혹은 열 흐름은 온도 구배 차이를 통해서 에너지를 전달하는 수단이다. 부대 안에 1킬로그램의 밀가루, 혹은 태우고 옮겨지고 팔리는 한줌의 석탄—이들은 모두 물질들이다—과 달리, 열 흐름과 일은 과정이지 물질 그 자체는 아니다.

일이 어느 시스템에 행해졌을 때 에너지의 전달은 연결된 운동을 통해서이다. 잔디 위를 향해서 80미터 날아가는 잘 친 골프공을 생각해 보자. 골프공에 모든 원자와 분자들은 함께 이동한다—그들은 연결되어 있다. 클럽 헤드는 운동에너지를 골프공에 전달한다— 그리고 공은 결국 그곳으로 날아간다.

우리가 시스템에 열을 가하는 순간, 그것은 반대다. 열이 따뜻해짐을 통해서 하나의 몸체로부터 또 다른 것으로 옮겨갈 때, 두 번째 몸체의 열운동은 더욱 혼돈스럽게 된다. 그 에너지는 위치와 운동에너지로서 여전히 저장되나, 지금 입자들의 위치와 운동을 감지하기는 더욱 어렵게 된

인투 더 쿨: 에너지 흐름, 열역학, 그리고 생명

다: 그들은 서로 연계되어 있지 않다.

수많은 기본 형태들의 에너지가 간단한 과정들을 통해서 한 형태로부터 다른 형태로 전환될 수 있다. 진자의 흔들리는 운동 중에 일어나는 세 가지 형태의 에너지를 생각해 보자(그림 2.1). 진자의 흔들림의 최상에서 그것은 가장 높은 위치에너지를 가지게 된다. 진자가 풀리는 순간, 이 중력의 위치에너지는 운동에너지로 전환되고 진자는 아래로 떨어져 내려오게 된다. 진자의 흔들림의 바닥에서, 진자의 무게는 가장 높은 운동에너지, 가장 높은 속도, 그리고 가장 낮은 위치에너지를 갖게 된다. 흔들리는 진자에서, 운동에너지는 위치에너지로 수시로 전환된다. 그러면서 결국 진자가 운동을 멈추게 된다— 최소의 운동에너지와 최소의 위치에너지의 최종 상태에 도달하게 된다. 그 진자를 멈추게 하는 것, 진자가 열역학적 평형에 도달하도록 만드는 것은 열역학 제2법칙이다: 문지르거나

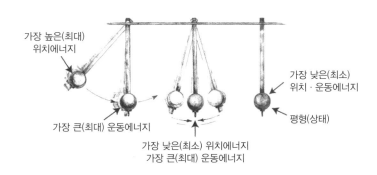

그림 2.1 자유롭게 흔들리는 진자는 한 가지 형태의 에너지가 다른 형태의 에너지로 변형되는 예시이다. 이 경우에는 위치에너지가 운동에너지로 바뀌는 것을 보여주고 있다. 흔들림의 꼭대기에서 진자(왼쪽)는 가장 높은 위치에너지, 즉 일을 할 수 있는 잠재성을 가지고 있다. 그것이 순간적으로 정점에서 휴지기에 있기 때문에 그것은 어떠한 운동에너지도 가지지 못한다. 지면에서 수직인 지점을 통과할 때, 진자는 최대의 운동에너지와 최소의 위치에너지를 가지게 된다. 지면에서 수직인 지점에서 휴지기에 있게 되는 진자(오른쪽)는 어떠한 위치와 운동에너지도 가지지 않은 채 평형에 있다.

충돌은 그 시스템을 결국 마멸시킨다─ 그것의 에너지가 주변으로, 열로서 발산되며, 소진된다. 진자에 대한 공기저항 혹은 할아버지 시계에 톱니바퀴들과 같이 마찰성분들은 그 주변으로 미세한 양의 열 흐름을 발생시킨다. 에너지는 실제로 소멸되지 않고 단지 열로 전환된다. 비록 열이 쓸모 있는 목적들을 위해서 회수될지라도, 열의 가장 중요한 열역학적 특징은, 가장 쓸모없는 형태의 에너지라는 것이다. 그럼에도 불구하고, 그것은 에너지이다. 에너지가 그것이 다른 형태로 바뀔 때 보존되는 것은 열역학 제1법칙 혹은 '에너지 보존의 법칙'으로 잘 알려져 있다.

우리는 네 가지 종류의 시스템, 평형으로부터 떨어져 있는 "거리"와 관련되는 각 시스템들의 행동을 지금 여기에서 구분할 수 있다.

1. 평형. 여기에서, 그 시스템 내부에는 더 이상의 변화는 없다. 이 상태는 고립된 용기 내에 대개 마구 뒤섞여 분배되어 있는 상당한 수의 분자들과 관련되어 있다. 작은 요동만 있을 수 있으나, 매우 낮은 에너지 수준에서 그 시스템은 어떤 뚜렷한 새로운 상태로 이동하지는 않는다. 평형 상태는 크림과 섞여 있는 한 잔의 차가운 커피부터, 빅뱅 이후 우주 전체에서 그러나 중력의 탄생이 별들의 핵융합 연소를 일으키기 시작하기 전에, 고전열역학에 의해서 가정되는 완전 소진된 우주의 황량한 최종 상태에 이르기까지 다양한 범주 내에 존재하고 있다. 평형에 이르는 반응의 화학적인 예시는 닫힌 상자 내에 수소와 산소이다: 이 원소들은 서로 반응하고 물을 생산하며 이후에는 더 이상의 아무것도 일어나지 않는다.

2. 평형으로부터 약간 벗어난 시스템들. 이들은 허락되면 다시 평형 상태로 돌아오게 된다. 예를 들어, 닫힌 마개로 연결된 두 개

의 플라스크들 내에 각각 분자들이 포함된 하나의 시스템을 생각해 보자. 하나의 플라스크에 다른 플라스크보다 더 많은 분자들이 잡혀 있다. 닫힌 마개를 열자마자, 그 시스템은 각 플라스크에 대략 같은 수의 분자들이 존재하며 결국 평형에 이르게 된다.

3. 거의 평형에 있는 시스템들. 이들은 평형으로부터 약간 멀리 떨어져 있고 끊임없는 구배 차이가 적용됨으로써 현재와 같은 상태로 유지되는 시스템이다. 외부로부터 "주어지는" 그 시스템은 정착되지 못하나 선형의, 예측 가능한 방식에서 물리적 조건들에 대한 변화에 대응한다.

4. "평형으로부터 멀리 떨어져 있는" 시스템들. 여기에서 행동을 예측하기는 더욱 어렵다. 한 가지 변수에서 변화는 거의 선형적으로 또 다른 변수에서의 변화를 이끌어 낸다; 혹은 그것은 상대적으로 간단한 수학적 방정식으로 모델화될 수 없는, 예측할 수 없는 변화들을 촉발시키게 된다. 많은 소위 평형으로부터 멀리 떨어진 시스템들, 유기생명체들과 같은 이 시스템은 거의 평형에 있는 시스템의 특성을 가지고 있다.

혼돈과 혼란

우리는 마지막으로 몇 가지 용어상의 혼돈을 정리해야 할 필요가 있다. 이 문제는 최근 몇 년 동안 과학저널뿐 아니라 칵테일파티와 인기 있는 영화에서까지 회자되고 있는 '혼돈'이라는 단어에 관한 것이다. 지난 20세기까지 과학에서 혼돈은 열역학적인 정의를 가지고 있었다: 브라운 운동을 연구하였던 아인슈타인(1956)에 의해서도 진술되었듯이, 그것은 서로 연계되지 않은—혼돈의, 관련 없는, 무질서한, 기본적으로 예측 불가능한 사건들을 의미하였다.

혼돈은 흥미로운 역사를 가지고 있다. 천체물리학자인 에릭 체이슨Eric Chaisson(2001)은 "기본적으로, 혼돈이라는 단어의 그리스어 기원에서, 그것은 결국에 질서화된 우주가 일어났던 형태 없는, 평형화된 일체를 말하였다"고 지적하였다. 사실, 그리스어 $\chi\alpha o\zeta$에서 그 단어가 소크라테스 이전의 철학자 아낙사고라스Anaxagoras—태양은 신이 아니었으나 다른 별들처럼 타오르는 돌덩이일 뿐이라고 주장한 최초의 사람—에 의해서 사용되었다.(혼돈은 또한 과학 용어인 기체의 근원이다. 그것의 연식은 어원적 기준에서는 최신의 것이다.) 아낙사고라스는 매혹적인 이론을 가지고 있었다: 비록 영원히 존재하는 우주가 이미 무한한 시간대에 있고 "완벽하게 혼합"되었다고 할지라도, 그것은, 그럼에도 불구하고, "혼합되지 않은" 것일 수 있다. 이것은 쉽지 않았다. 그것은 $vov\zeta$ 혹은 nöos—즉 마음을 품었다. 아낙사고라스가 생각했던 마음은 심지어 무한한 시간 후에도 그 혼합을 완벽하게 섞을 수 없다.

완벽하게 혼합되지 않은 혼합된 우주의 아낙사고라스의 이론은 새로운 관심을 받았다(뢰슬러Rössler 2002). 가역적인 동적 시스템의 컴퓨터 모델을 이용하는 몇몇 수학자들은 무한하게 혼합된 시스템들이 원칙적으로 혼합될 수 없는지를 살펴보았다. 최근 연구는, 혼돈 수학자들이 우주의 기본 알고리즘 상태를 구할 수 있을지 없을지 모르는 경우에, 그들이 본질적으로 신의 발생의 마음을 재창조할 수 있다고 제안한다. 비록 그 생각이 매혹적일지라도, 우리는 파라다이스의 재출현을 기다리며 견디라고 권하지는 않을 것이다.

지난 20년 동안 관심을 끈 혼돈은 전체적인 혼란 속에 전통적인 혼돈이 아니라, 심지어 누군가가 정확한 초기 조건들과 복잡성을 가동시키는 수학적 종합 활용법들을 잘 알지라도, 예측될 수 없는 결정론적인 시스템의 특별한 경우이다. 이 혼돈은 원자들의 고전적인 혼돈과 전혀 관련성이 없다. 이 새로운 결정론적인 혼돈(D-혼돈이라고 불림)은 시스템 동력학과 복잡성 이론 내에서 일종의 하위 분야이다. 이론적이고 컴퓨터에 의존하는, D-혼돈은 많은 유명 과학자들의 관심을 끈 "실험수학"(그 용어는 브누아 망델브로Benoit Mandelbrot, 프랙탈, 차원분열도형 용어의 창시자의 것)의 분야이다. MIT 운석학자인 에드워드 로렌즈Edward Lorenz는 대기 궤적을 모형화하는 컴퓨터를 사용하는 순간에, D-혼돈의 장을 우연히 발견하였다. 그가 발견했던 것은 궤적의 끝점들이 충분히 정밀하게 결정될 수 없는 초기 조건들과 정확한 경계 조건들에 상당히 의존하기 때문에, 예측 불가능한 것이었다. 심지어 컴퓨터 프로그램이 결정적인 알고리즘이라고 할지라도, 그것의 최종적인 해답은 정확하거나 심지어 대략적인 답들을 주기 위해서 필요로 되는 경계 조건들을 지정하는 데 무능력하기 때문에 전혀 알 수가 없다. 애매모호한 해답을 주는 결정적인 방정식을 우리는 보게 된다. 그런 것이 D-혼돈의 특성이다. 그것은 그 자체로 기대되지 않은 결과였다. 이 수학적 실험이 오늘날 혼돈에 대한 반향을 일으켰다(솔 Sole과 굿윈Goodwin 2001). D-혼돈은 컴퓨터에서는 단지 유령이 아니다. 혼돈의 행위는 날씨예보, 오랜 기간 (약 10일) 날씨예보들을 한정하는 인자에서도 보인다. 혼돈은 물이 떨어지는 수도꼭지, 행성의 운동들, 그리고 심장박동과 같이 일상의 과정에서도 또한 관찰된다.

　　가넷 윌리엄스Garnett Williams의 우수하지만 다소 기술적인 저서 『잘 길들여진 혼돈 이론Chaos Theory Tamed』에서 그(1997, 6)는 D-혼돈 연구의 두 가지 중요한 발견들에 대해서 주목한다; (1) 혼돈의 환경에서 결과를 예측하기 위해서 노력하는 것은 쓸모가 없고, (2) 복잡한 행동은 단순한 원인들을 가질 수 있다. 그는 또한 "현재, 혼돈은 현실 세계의 자료에서는 식별하는 것이 극도로 어렵다"(초창기 역설)라고 주목한다. 이는 D-혼돈을 입증하기 위해서 필요한 데이터에게 큰 제약이기 때문이다. 분석 중인 시스템은 둘 혹은 세 가지 변수들을 가질 수 있고, 상당히 정확한 정보들의 매우 큰 체계들을 가져야 한다. 때때로 수천 수백만 관찰들이 정확한 분석을 위하여 필요하다. 비록 이것이 호기심을 자극할지라도, 혼돈의 동력학은 분석하에서 많은 수의 변수들 때문에 생태계와 같은 복잡한 생명체에서는 사용이 제한된다.

복잡성의 출현에 관한 알고리즘의 규칙들 안으로 자연의 법칙들에게 제안된 격하(울프램Wolfram 2002; 모로위츠Morowitz 2002)는 모든 것은 진화한다는 전체적인 진화의 폭넓은 관점으로부터 피할 수 없는 사상품, 즉 심지어 과학의 있을 법한 영원한 법칙일지도 모른다. 그것은 또한, 모형들이 컴퓨터, 노트북과 실험수학의 매혹 내에서 구동될 수 있다는 편리성을 반영한다. 법칙들은 영원하나 규칙들은 생겨날 수 있다. 생명 변화의 규칙이 정자 혹은 난자세포들이 형성되기 전에 염색체들을 분리시키는 세포 내부의 격한 움직임, 즉 감수분열의 진화에서도 관찰된다. 여기에서 네가 생존하기 위해서 짝을 찾아야 한다는 새로운 규칙이 존재한다. 교회에서 땅콩을 먹는 것을 금지하는 매사추세츠 법과 같이, 여전히 2002년 책들에서, 감수분열의 규칙은 항상 존재하지 않았으나, 시간이 지나 어느 구체적인 시점에서는 비로소 나타나게 되었다. 아마도 물리학의 법칙도 이와 마찬가지다(스몰린Smolin 1997; 카우프만Kauffman 2000).

과학자는 그가 무지하다는 것을 완전히 알 때까지 점점 더 모르는 것에 대해서 더욱더 배우려고 노력하는 사람이고, 철학자는 더욱더 아는 것에 대해서 그가 아는 것을 잃어버리고 무지해질 때까지 점점 더 모르는 것을 배워가는 사람이라는 농담이 있다. 모든 것을 설명하는 이론은 아이러니하게도 아무것도 설명할 수 없다. 생명의 경우, 신경을 써야 하는 곳은 화학의 언어로 적히는 한정적으로 세세한 부분에 있을 수 있다. 예전에도 그랬듯이, 규칙들 중에 규칙은 열역학 제2법칙이다. 선형의 시간에 관련된 제2법칙은 새로운 법칙들의 진화에 관한 시간적 토대를 제공하는 데 도움이 된다. 제2법칙은 낮은 에너지의 분자 간 결합과 그 에너지를 끊임없이 소진하는 순환의 네트워크를 위해서 선택하는 화합물을 선별하여 구조를 만든다; 이들 네트워크가 자율권을 얻으면 얻을수록, 그들은 그들이 의존하여 살아가는 환경의 예측 불가능한 변화들로부터 더욱더 잘 생존할 수 있다. 복잡한 화합물들의 생명의 순환—살아있는 것 그 자체와 동의한 의미의 신진대사, 활기찬 에너지와 활력—은 제2법칙이 분해의 안정된 수단을 제공하기 때문에 이 법칙에 의해서 선별된다. 이들 수단들이 세포와 유기생명체이다. 그들은, 별들과 같이, 복잡한 에너지에 의한 순환 과정들의 가장 놀라운 예시들일 것이다. 그러나 다른 예들—미세 먼지들과 소용돌이부터 신진대사 순환과 생태계들도 있다. 우리는 안정한 구조들뿐 아니라 안정한(혹은 오히려, 우리가 7장에서 보는 대로, "준안정한") 과정들의 세상에서 살고 있다.

열역학은 결코 진화에 반박하지 않으며, 복잡한 과정들을 이해하기 위해서 필요하다. 이것은 정보의 규칙들에 기반한 네트워크들을 포함하는 모든 복잡한 과정들에 적용된다. 자연이 분자의 해체 과정을 향해가는 것뿐 아니라 형태들을 변화시킬 때, 에너지를 보존하는 자연의 성향에 집중하는 순간, 열역학의 법칙들은 인간적인 일반화가 된다. 그러나 그들은 단지 컴퓨터들 이상의 행동을 반영한다; 세계가 신의 마음에 의해서 산란되는 세포 자동 자들이면, 제2법칙에 의한 행동들은 특별히 우선순위를 받는다. 이상적인 정보의 관점으로부터, 제2법칙은 (확률이론처럼) 우리의 무지의 척도, 심지어 무지의 은유이다; 그러나 관찰자 관점의 중심으로부터, 제2법칙을 통한 행동들은 컴퓨터뿐 아니라 이용 가능한 물질들과 균형을 맞추는 법을 자연적으로 "이해하는" 광범위한 실체와 가상의 시스템들에게도 적용 가능하게 된다. 때때로 매우 복잡한, 이들 시스템의 활동은, 작동하는 매뉴얼들이 인간이 직접 검토를 위하여 아직 봉인이 해제되지 않았다고 할지라도, 복잡한 열역학 시스템이 사실상 컴퓨터가 되도록 만든다. 동시에 제2법칙은 진화와 생태적인 과정들의 주요한 일면들을 밝힌다.

이제부터 우리는 혼돈chaos은 혼란confusion, 무질서disorder 혹은 이 단어의 일상적인 사용에 함축된 앞뒤가 맞지 않는 비일관성을 의미한다고 생각하자; 만약 우리가 혼돈 이론의 결정적인 혼란을 언급할 필요가 있다면 우리는 독자에게 이를 환기시킬 것이다.

엑서지

사람들은 좀처럼 새로운 단어를 그들의 책에 사용하고 싶어 하지 않는다. 그러나 이 경우에, 우리는 익숙하지 않은 단어와 개념을 소개할 필요성을 느낀다. 그 단어는 바로 엑서지exergy이다. 엑서지는 특별히 유럽 내에서 에너지 공학 분야에서 폭넓게 사용되어서, 실제로 새로운 단어는 아니다. 공학자들은 주어진 한 꾸러미의 에너지로부터 대다수의 일을 쥐어짜내는 데 흥미로워 한다. 모든 에너지가 다 같지 않다. 어떤 에너지는 모터를 돌리고, 물을 끓이거나, 컴퓨터를 구동시킬 수 있는 높은 품질을 가진 에너지인 전력으로 구현될 수 있다. 또 다른 형태의 에너지는 저급의 열이나 혹은 거의 혹은 어떤 일을 할 수 없는 적외선이다. 전력은 낮은 온도의 열보다 높은 등급 형태의 에너지이다. 엑서지는 에너지 품질을

인투 더 쿨: 에너지 흐름, 열역학, 그리고 생명

측정한다. 그것은 시스템이 평형으로 진행할 때 쓸모 있는 일을 수행하는 에너지 시스템의 최대 수용능력을 측정한다. 에너지가 일을 할 때, 그것의 품질, 그것의 엑서지는 점차 사라진다. 이것은 제2법칙의 또 다른 표현이다. 엑서지는 에너지 품질의 척도일 뿐 아니라 우리에게 시스템이 얼마나 평형 상태에서 벗어나 있는지를 말해주고 그 구배 차이와 에너지로 쓸모 있는 것을 하는 잠재성이 얼마나 큰지를 말해준다. "엑서지는 에너지를 가지고 할 수 있는 것에 대해서 이론적 한계점을 말한다. 엑서지는 에너지와 함께 어떤 것을 하는 잠재성이고 엔트로피는 그 에너지에서 일어난 것을 말한다."(제임스 케이[James Kay, 개인 의견, 2002년 12월)

우리가 16장에서 더욱 자세히 살펴보겠지만, 생태계 복잡성은 생태계가 소비하는 에너지와 직접 연관되어 있고, 이는 우리에게 생명으로 친숙한 구조와 특별한 일련의 물질 순환 과정으로 전환된다. 생태계 전반에서 에너지 강하(예, 구배 차이의 소실)는 우주 공간으로 에너지를 돌려보내는 생태계 표면 온도와 태양로부터 유입되는 에너지 양에 의해서 결정될 수 있다. 자외선 복사는 적외선이나 열보다 더 높은 에너지 함량을 가진다. 엑서지는 기능 공학자들이 기계들을 가능한 효율적으로 작동하도록 연구할 때뿐만 아니라 소용돌이치는 토네이도로부터 재생하는 세포에 이르는 자연적인 흐름 시스템에까지도 사용되고 소진된다. 자기 조립화는 복잡성 과학에서는 슬로건이 되었지만, 현실적으론 어떤 시스템도(아마도 전체적으로 우주[천체]를 제외하고) 완전히 자기 조립화되지 못한다: 모든 것은 외부 근원의 엑서지로 지지된다. 미국 공학자들은 이용 가능한 에너지라는 용어로 이를 사용한다. 우리가 이 표현이 맞다고 동의할지라도, 엑서지는 측정 가능한 양을 나타내는 구체적인 용어라는 점을 잊지 말자.

에너지, 열, 일, 혼돈, 엑서지—서랍 속에 처박아둔 이 열역학적 개

넘들과 함께 우리는 지금 열역학으로 판명되는 자연의 비밀들을 밝힐 준
비가 되어 있다.

제3장

불의 눈:
고전 에너지 과학

모든 것은 흘러 아무것도 남아 있지 않다.

― 헤라클레이토스 ―

열의 비밀들

진정한 고전열역학은 이에 대한 관찰을 시간의 끝에서 전체적으로 어질러진 그림으로 투영한다. 이는 우주론적인 엄청난 눈길을 끄는 행위임에도 불구하고, 고전열역학은 산업혁명―영국에서 시작하여 전 세계를 휩쓴 산업의 기계화― 이후에나 눈에 띄게 실용적인 과학이었다. 에너지 과학은 천체 시스템과 증기기관부터 어린이 장난감에 이르는 모든 것에 적용되는 전체의 '압력-부피-온도의 상관관계'로부터 시작된다. 그것은 시간이 흐르고 열이 발산될 때, 가차없이 증가하는 신비스런 양, 제2법칙으로 새로 만들어진 엔트로피를 제안하였다.

원자들이 존재한다고 알려지기 이전에, 혼자 떨어져 나가 대량살

상용 무기들을 만들기 훨씬 이전에, 과학자들은 에너지 흐름의 과정들을 밝혀냈다. 자연의 가장 바깥쪽의 활동이라 불리는 것에 관한 쓸모 있는 기계들과 관련 이론들을 발전시켜 나아갈 때, 즉 17~18세기 전반의 과학자들은 열의 비밀을 실험적으로 밝히기 위해 노력하였다. 열 측정은 갈릴레오 갈릴레이Galileo Galilei가 수조 안에 거꾸로 꽂아놓은 좁은 목의 유리관, 열 측정기thermoscope를 발명했던 1592년에 시작되었다. 플라스크 관 안에 공기의 온도는 따뜻해지고 차가워지면서, 공기가 팽창되거나 수축되며, 결국 물의 수위가 올라가거나 내려가게 된다. 50년 후 과학혁신과 함께, 그 기계는 프랑스 실험가인 기욤 아몽통Guillaume Amontons의 현대적인 수은 온도계로 진화하였다. 정밀한 온도계의 발명과 함께, 연구자들은 열 흐름과 온도 차이를 측정할 수 있는 장비를 갖추게 되었다.

갓 숨을 거둔 시체들의 서늘함에 주목하였던 우리 조상들이, 열은 신체에 생기를 불어넣는 "정신적인 불꽃"이라 생각하게 된 것은 당연한 것이었다. 고대 시대의 내과의사인 히포크라테스Hippocrates와 갈레노스Galenos는 내부의 화염으로부터 신체 열은 심장의 좌측 심실의 어딘가에 위치하고 있다고 믿었다. 실제로, 고대인들은 자아의 생각하는 중심으로 뇌보다 열을 생산하는 심장이 있다고 생각하였다. 1833년에 영국 천문학자인 존 허셜John Herschel은 뇌보다 열은 사람뿐 아니라 행성을 움직이게 하는 동기가 되는 힘이라고 생각했다. 허셜이 말하길, 태양은 심지어 무생물에게 생기를 불어넣고 공기와 물을 팽창시키며 지구에 살고 있는 모든 것에게 항상 움직이는 특성을 갖게 해주는 날씨의 흐름들을 만들어 낸다.

1714년에 다니엘 가브리엘 파렌하이트Daniel Gabriel Fahrenheit는 수은 온도계에 최초의 눈금을 도입하였다. 그가 실험실에서 얻을 수 있는 가장 낮은 값, 이 눈금에서 낮은 표시는 0, 즉 물의 어는 점—얼음의 온도

인투 더 쿨: 에너지 흐름, 열역학, 그리고 생명

보다 낮은 32도였다. 스웨덴 천문학자인 안데르스 셀시우스Anders Celsius 는 이 눈금값 0점이 물의 어는 점이 되도록 변형시켰다. 1750년대 후반 에, 스코틀랜드 화학자인 조지프 블랙Joseph Black은 수은과 물의 온도들 을 오븐에서 측정하여 수은이 훨씬 더 뜨겁다는 것을 알았다. 전자레인지 에서 구워진 팝타르트를 먹는 것처럼, 차가운 껍질이나 조금 타는 듯하게 뜨겁게 채워져서, 서로 다른 물질들은 같은 시간에 노출되어 있음에도 불 구하고 각기 다른 온도에 도달하였다. 블랙은 열은 보이지 않는 액체—지 금은 당연한 생각— 즉, 어떤 물질들을 빠르게 채워서 따뜻하게 만드는 것이라고 가정하였다. 다른 물질들은, 반대로, 더 큰 열용량을 가진 물질 들은 온도를 차갑게 유지한다. 그러나 한 가지 문제가 있었다: 만약 서로 다른 물질들이 같은 양의 열에 대해서 다르게 반응한다면, 다양한 물질들 로 만들어진 당시 온도계들은 정확하게 온도를 구별할 수 있다고 더 이 상 믿을 수 없었다.

블랙은 물질의 "열용량"이 모두 소진된 후에야 비로소 열은 온도 상승을 이끌 수 있다고 말하였다. 두 개의 막대를 문질러서 발생되는 열 은 오랫동안 보관된 유체의 유출을 일으킨다고 블랙은 그의 이론에서 가 정했다. 팽창하는 뜨거운 물질들의 경향—젤리 병을 열기 위해서 뜨거운 물을 그 뚜껑 위에 부을 때처럼—은 그들이 불꽃 물질로 가득차게 될 때 물질들의 자연적인 "연소"로서 설명될 수 있다.

현대 과학은 열을 다르게 이해한다. 뜨겁다는 그 느낌은 우리의 감각들이 뭉쳐져야만 감지할 수 있는, 원자와 분자의 천연 그대로의 인간 의 감각이라고 생각된다. 파렌하이트나 셀시우스의 0도가 아니라 켈빈의 0도에서—가장 낮은 가능한 온도— 모든 움직임이 멈추게 된다. 열은 이 동하는 입자들에 대한 우리의 가시적인 인지이다— 그들이 더 빠르게 이 동하면 할수록 물질은 더 뜨겁게 느껴지게 된다. 죽어가는 신체를 떠나는 열은 새어 나오는 유체처럼 보일지 모르나, 그것은 빠르게 이동하는 것들과 느리게 이동하는 것들이 완전히 혼합된 시점에서 온도 차이, 구배 차이가 사라질 때까지 밀치락달치락하며 항상 움직이는 원자들로서 오늘날 이해되어지고 있다. 모든 어디에서든 온도가 같지 않은 우주 내에 우리가 살고 있다는 사실은 무척 자세히 기술되어 있는 것처럼 보인다. 사실, 이것은 믿을 수 없는 조직, 우리가 생명에서 보게 되는 복잡성에 관한 근원적인 조직화를 반영한다.

열의 원자론적인 이론은 고대 그리스인들의 생각으로 상당히 놀랄 만한 실증(확증)이다. 그리스 철학자들인 데모그리토스Democritus와 레우키포스Leucippus의 원자론적인 생각은 생명에 연민을 느끼는 유물론자인 에피쿠로스Epicurus를 통해서 로마 시인이자 초기 과학 대중학자인 루크레티우스Lucretius에게까지 계속되었다. 유명한 과학 시,『사물의 본성에 관하여』에서, 루크레티우스는 "모든 보이는 것들은 보이지 않는 입자들의 상호 작용의 현시(顯示)였다"라고 제안하였다. 루크레티우스는 원자들이 어떻게 재사용되는지—당시 그는 재사용을 논의하였다—를 또한 말하였다. 두 가지 생각들을 연결하였을 때, 모든 것들은 소멸되나 또한 변하는 형태들 하에서 부서지지 않는 원자들이 있다고 믿게 된다고 그는 말했다. 돌턴Dalton이 원자들의 존재를 가정하고, 원자론은 19세기 화학 발전의 근간이 되었지만, 원자들은 1912년이 되어서야 비로소 명확하게 관찰되기 시작하였다.

양쪽 말단에서 타오르는

열역학은 미천하고 조용히 시작되었다. 이의 중요한 초기 관찰자

인투 더 쿨: 에너지 흐름, 열역학, 그리고 생명

들은 에너지가 어떻게 사라지지 않고 형태를 바꾸는지—제1법칙— 그리고 일이 어떻게 반드시 열로 사라지게 되는지—제2법칙에 대한 근간—를 포함시켰다.

이와 같은 간단한 관찰이 과학의 역사에서는 중요한 전환점이 되었다. 뉴턴Sir Issac Newton의 물리학은 진자의 흔들림과 태양 주변을 회전하는 행성들과 같이 완전하게 가역적인 과정을 묘사하는 데 능숙하다. 그러나 물질들의 냉각이나 연료의 타오름은 뉴턴 방정식들과 같이 완전하거나 영원하지는 않다. 그들은 손실에 의해서 표시되는 불완전한 과정들 혹은 궁극적인 실패에 의해서 훼손되는 비가역적 과정을 포함한다. 언뜻 보아, 우주는 완벽한 움직임의 기계인 것처럼 보일지도 모른다. 사실, 현실 세계에서, 진자는 흔들리는 것을 멈추고 그것의 운동에너지는 점차 소멸하게 된다. 시간이 지나서, 건설적으로 사용되는 에너지는, 분명하게도 영원히, 희생된다. 재떨이에 구부러진 담배꽁초는 펴지지 않고, 재들은 모이며, 스스로 안쪽으로 연기가 빨려 들어가며 성냥갑 안에서 다른 성냥들 옆에 긁히지 않은 채로 남아 있는 빨간 성냥 끝에서부터 확 불타오르며 소진되어 가는 성냥을 꼭 쥐고 있는, 한 남자의 손가락사이로부터 튕겨 나온다. 오히려 그 반대: 애기들이 태어나고, 시리얼은 눅눅해지고, 책상은 어질러지고, 그리고 짧은 구레나룻들이 듬성듬성 자라나게 된다. 시계가 죽고 사람들도 죽는다. 열은 어떤 보상도 없이, 차가운 곳으로 이동한다.

열역학은 시간의 화살을 날렸다. 그것은 열을 마찰로서 발생시키는 뉴턴의 반짝반짝 빛나는 매끈한 사과를 관통하여 갔다. 머지않아 가까운 미래에 영구 운동하는 기계들이 전혀 작동할 수 없는 환상이라는 것을 깨닫게 될 것이다. 과거와 미래는 달랐고, 과학은 더 이상 그것을 무시할 수 없게 된다. 열역학은 과학에 깨우침을 주었고, 그것이 선형적인 시간 현실과 격렬히 맞서 싸우도록 만들었다.

그 흔들어 깨우는 소리는 뉴턴의 꿈속에서 여전히 흔들거리는, 총체적이고 과학적인 마음을 따라 조용히 울려 퍼지고 있었다. 플라톤Plato은 순수한 이데아들Ideas의 시대를 초월한 영역을 변하고 있는 이 세상의 유일한 불완전한 복사품이라고 묘사하였다. 아마도 그의 스승 소크라테스Socrates는 절대 진리, 아름다움, 선의 시간을 초월한 특성을 곰곰이 생각하며, 주변의 모든 것에 관심을 두지 않고, 시장에서 한동안 넋을 잃고 서 있곤 하였다. 시간과 변화에 영향을 받지 않는, 현실보다 더 현실적인 영역에 대한 이러한 주목은 수학적 관계와 기하학적 형태들의 영원한 완전성을 생각하던, 그의 추종 그룹인 피타고라스Pythagoras나 피타고라스학파의 시대로 회귀한다고 생각된다. 수학적인 마음에 답하는, 무한성을 상상할 수 있는 현실성의 비밀스런 측면에 대한 유혹적인 관념은 또한 종교에도 영향력을 주었다. 그리고 정치에도 영향을 주었다: 내세의 이미지들은 영원한 영역에 들어가는 기회를 위하여, 그들의 삶을 희생할 의지가 있는 몇몇 충실한 신하들을 이끌어 낼 수 있게 되었다.

성서에 헌신적이었던 학생인 뉴턴이 만든 방정식들은 그런 영원한 관점들과 잘 어울린다. 그들은 어떻게 물질이 모든 영속성을 통하여 움직이는지를 지배하는 법칙들을 잘 기술하였다. 그들은 지구 위에 일종의 천국, 전지전능한 중력에 의한 천인의 시계장치의 영속성을 암시하였다. 비록 누구에게는 매우 훌륭한 청년이 아닐지라도, 뉴턴은 영국 과학계의 예수와도 같았다. 그는 신의 영속한 마음을 들여다볼 수 있고 신성한 수공품을 어떻게 만들어내는지를 보여줄 수 있었다.

그러나 열역학은 그 모든 것을 엉망진창으로 만들었다. 그것은 손실을 측정하였고—행성들의 거대한 움직임에도 불구하고—시간은 단지 한 방향—예를 들어, 연소의 방향—으로만 이동한다고 암시하였다.

카르노의 폭포

1800년대 초기에 과학자와 공학자들은 증기기관의 실용적인 가치를 증폭시키기 위해서, 이의 효율성을 향상시키는 문제들과 씨름하였다. 프랑스 물리학자인 니콜라-레오나드-사디 카르노Nicolas-Léonard-Sadi Carnot 는 나폴레옹 통치하에서 국방부 장관의 아들로 태어나 증기기관을 연구하였다. 카르노는 전쟁의 군수품들—석탄, 철강, 총—을 만들어내는 적의 증기 사용과 함께 프랑스의 최근 패배를 비교 분석하였다. 영국군의 군사력 증강의 비밀은 증기 공학으로 추적할 수 있다면, 그것을 더 잘 이해하면 프랑스의 군사력을 증강시킬 수 있을지도 모른다고 생각하였다. 카르노는 이를 면밀하게 살펴보고, 열이 항상 뜨거운 부분에서 차가운 곳으로 흐르고 결코 반대 방향으로 흐르지 않는다—바로 열 흐름, 화염으로부터 얼음까지 이 피할 수 없는 과정은 힘을 만들어 낼 수 있다는 것을 알게 되었다. 원자론 이전에, 이들 관찰과 함께, 카르노는 열역학의 과학을 시작하게 된 것이다.

증기기관의 효율을 높이기 위한 그의 노력으로부터 카르노는 열의 일로의 전환에 대한 근원적 원리에 스스로 심취되어 있었다. 이상적인, 완벽한 증기기관은 어떻게 작동할까? 1822년 22살의 이른 나이에 카르노는 가역적 순환 과정에서 작동하는 가설상의 완벽한 엔진—이상적인 기계에서 피스톤 움직임은 순환하였고 첨가되는 열이나 기계적 힘의 손실 없이 최초 출발점으로 돌아오게 되는 것—을 생각하게 되었다. 현실적인 기계들은 결코 그렇게 효율적이지 않을지라도, 열 행동에 대한 카르노의 이와 같은 관찰은 제2법칙에 관한 주요한 진술 중의 하나를 제공하였다: 열을 더 차가운 부분에서 더 뜨거운 곳으로 이동시키는 일을 수행하는 것은 불가능하다.

열은, 카르노가 제안한 대로, 폭포처럼 "아래로"만 흘러갔다. 물레방아를 돌리기 위해서 더 높이 있는 폭포들이 더 많은 에너지를 가지게 되는 것처럼 증기기관을 가동시키기 위해서 더 높은 온도 차이들(구배 차이들)이 더 많은 에너지를 가지게 된다. 차가운 지역으로의 열의 흐름은 절벽 위에서 떨어져 내려오는 폭포와도 같다고 말한 카르노의 비유는 두 과정들 사이의 유사성을 보여주었고, 그 과정은 적절히 이용되어 일을 위한 에너지를 제공하였다. 그것은 엔진에서 피스톤들이 열심히 빠르게 펌프질을 하도록 만들었던 증기를 생산하는 보일러의 단순한 온도가 아니라 오히려 뜨거운 보일러와 차가운 방출기의 온도 사이의 차이라고 지적하였다. "열의 생산은 추진력을 일으키는 데 충분하지 않다"고 카르노는 그의 책 『열의 동기유발 힘에 대한 고찰Réflexions sur la puissance motrice du feu』에서 적었다. "차가운 부분이 있어야 한다. 그것 없이, 열은 전혀 쓸모가 없다"(기엔Guillen 1995, 179). 그와 같이 부르진 않았지만, 카르노는 온도 구배 차이의 역할을 암시적으로 인정한 것이었다.

　　다시 말해서, 오로지 열 하나만은 충분하지 않다. 그것은 차가운 곳으로—흘러야 한다. 거리 간의 차이—구배 차이—는 흐름이 일어나는 조건을 준비하는 것이다. 구배 차이가 더 커지면 커질수록, 국가의 자부심인 장비들을 구동시키기 위해서 더 많은 힘들이 필요하게 된다. 가파른(그러나 몹시 가파른 것은 아닌) 구배 차이와 함께, 다른 것들이 모두 동일하면, 에너지—추출 잠재력은 증가한다.

　　열이 흐른다고 말하였을 때 카르노는 잘못을 저질렀다; 현대 과학은 열을 더 높은 평균 속도들을 가진 원자들에 대응시켜 이해하고 있다; 그들은 더 낮은 평균 속도들을 가진 원자들과 섞이고 더 낮은 온도에 이른다: 열은 유체가 아니라 평균 원자 속도들의 대략적인 지표이다. 그러나 당시 여명(黎明)은 지구자전이었고, 영화는 정지영상들이 짜깁기된 유동적 환영이었다—흐르는 열에 대한 우리의 경험은 너무 작아서 보이지 않는 대량의 이동하는 입자들의 빠른 행동들에 대한 훌륭한, 작동 가능한, 대략적인 근사법만을 제공하였다. 그것은 감각적인 줄임말이다. 성층권 위에 지구의 열권(열 구체)은, 비록 굉장히 뜨거운 온도이지만, 우리가 그것에 직접 노출되면 얼어 죽을지 모르는 작은 수의 분자들을 실제로 포함하고 있다. 거기에 있는 매우 작은 수의 분자들은, 태양으로부터 자극받았을 때, 매우 빠르게 움직인다— 그러나 우리가 거기에 있다면, 열권은 우리를 가열하지 않고 단지 얼리고—태울 수 있는 작은 수의 그들일 것이다.

상세하게 살펴보면 잘못되었다 할지라도, 카르노의 결론은 주변으로부터 에너지를 더 잘 끌어내는 법을 이해하도록 만들었다. 그리고 일은 순환하기 때문에, 구배 차이는 가능성을 정립하게 된다는 점을 초기에 포함시키게 되었다. 뒤늦은 깨달음으로 우리는 그의 관찰의 중요성을 알 수 있다: 구배 차이들은 열기관과 인간이 만든 기계들을 구동시킬 뿐 아니라 또한 스스로 움직임을 유지시키는 더 많은 에너지를 갈구하는 자연적인 기계들 내에서 에너지 순환적 강화의 근간이 된다—구배 차이는 또한 유기생명체를 구동시킨다. 유기생명체들, 그러나, 만들어진 것보다는 오히려 되어진 자연의 기계들은, 열기관들이 하는 대로, 온도 구배 차이로부터 결코 그들의 에너지를 끌어내지는 못한다. 기계들로서 분류되지만, 유기생명체는 화학적 구배 차이들에서 그들의 에너지를 끄집어내는 나노기술적으로 제조된 지적인 행위를 선험하고, 종종 이를 인식하는 자기복제의 로봇들로서 고려되어야 한다. 식물, 조류(藻類), 녹색 박테리아의 점액류와 같이 광합성을 하는 유기생명체는 심지어 더욱 정교하며 복잡하다: 그들의 성장을 위한 에너지는 직접적으로 태양, 태양력의 구배 차이로부터 온다.

그래서 카르노는 저서『열의 동기유발 힘에 대한 고찰』에서 두 가지 중요한 요점들을 이끌어낸다. 첫째, 열은 뜨거운 몸체로부터 차가운 것으로 흐른다. 둘째, 열을 일로 전환시키는 것은 완전히 불가능하다―에너지 변형에서 무엇인가가 반드시 없어져야 한다. 도박장은 결국에 돈을 벌고 영원히 움직이는 기계를 만드는 것은 불가능하다. 파괴 없이 창조는 없는 것이다.

물질이 없는 흐름

콜레라 감염으로 36살에 요절한 카르노는 열을 맑은 유체로서 생각하는 블랙의 개념에 동조하였다. 카르노는 열의 비밀을 파헤치는 초기 연구자들과 더불어 그들이 칼로calor라 부르는 보이지 않는 유체의 존재를 믿었다.

열이 흐르는 것은 분명해 보였다. 눈길을 걸어온 후에 차가운 손으로 다른 누구의 따뜻한 등을 만지면 열은 그의 등에서 차가운 손으로 흘러들어갈 것이다. 분명한 것처럼 보이는 열은 눈에 보이지 않는 일종의 유체였다. 다른 온도를 가진 두 개의 철봉들을 함께 가까이 놓으면 열은 더 차가운 것 쪽으로 이동한다. 조지프 블랙은 열의 단위는 1그램의 물을 1도씨 올리는 데 필요한 열의 양으로서 정의할 수 있다고 말했다. 블랙이 이 단위에 붙였던 이름은 우리에게 매우 익숙한 칼로리calorie이다.

미국의 물리학자인 벤저민 톰프슨Benjamin Thompson은 칼로의 부정확한 점을 인식하고 이를 설명한 첫 번째 인물들 중 한 명이었다(가모프Gamow 1961). 후대에는 럼퍼드 백작Count Rumford으로 알려졌으며, 노예혁명전쟁에 참전하였다. 영국군의 첩자로서 미국의 고향 집으로 돌아갈

인투 더 쿨: 에너지 흐름, 열역학, 그리고 생명

수 없었던 럼퍼드는 영국으로 이주했다. 이후에는 국적을 버리고 독일로 갔다. 1798년 뮌헨에서 럼퍼드는 때론 열이 아무것도 없는 곳에서 나타날 수 있다는 것을 깨닫게 되었다. 군수품 공장에서 놋쇠로 된 대포를 만드는 동안, 럼퍼드는 드릴과 주형이 매우 뜨거워지는 것을 알게 되었다—으르렁거리며 튀어 오르는 불꽃들은 어디에서 오는 것일까?

그러나 "칼로—열"에 관한 의문에서 그는 아무것도 얻지 못했다: 럼퍼드는 블록과 총쇠들 모두의 무게를 재었고 제작되는 중에 생산된 상당한 양의 열에도 불구하고 전체 무게의 변화는 없다는 것을 깨닫게 되었다. 그것이 실제 유체를 잃어버렸다면 무게도 떨어져야 했을 것이다. 그러나 그렇지 않았다.

무척 낙심하였지만, 럼퍼드는 해답을 찾기 위해서 열심히 노력했다. 열은 정말로 무엇일까? 결코 보이지 않는 유체이지만, 그것은 더 뜨거워질 때, 금속에 끊임없이 공급되는 어떤 "것": 움직임인 것처럼 보였다.

1842년에 바이에른의 내과 의사이자 물리학자인 율리우스 로베르트 폰 마이어Julius Robert Mayer는, 럼퍼드와 더불어, 열은 어떠한 물질도 아닐 수 있다고 생각했다. 그는 원을 그리며 걷는 한 마리의 말에 의해서 끌리는 큰 페달로 제지용 펄프를 섞었다. 비록 허사였지만 끊임없이 여러 과정을 통해서 생산되는 열의 양을 측정하기 위해서 노력하였고 그 결과들을 출판했다.

결론이 얻어지지 않았지만, 이 실험의 중요성은 아마추어 영국 과학자인 제임스 프레스콧 줄James Prescott Joule에게 정확한 실험조건을 설계하여 일의 열로의 전환에 대한 더욱 정밀한 측정이 가능하도록 만들었다. 줄의 측정 장비는 원칙적으로 마이어의 것과 비슷하였다. 말, 페달들과 제지용 펄프 탱크 대신에, 줄은 물로 채워진 통을 만들고 여기서 페달들이 거의 마찰없이 떨어지는 무게의 추에 의해서 끌리게 하였다. 통 안에 물의 열 함량과 떨어지는 무게에 의해서 행해지는 일(무게×이동거리)을 비교하여, 줄은 열의 기계적 동일 양을 결정했다. 1843년에 그는 "물의 마찰력이 열을 생산되는 데 소진된다면, 맨체스터에서 772피트를 움직이는 1파운드의 무게에 의해서 행해진 그 일은 물의 1파운드의 온도를 1도 파렌하이트까지 올릴 것이다"고 말하였다(가모프Gamow 1961, 98). 줄은 고전 뉴턴 역학과 열역학 사이를 연결하였다. 그는 더 이상 질량, 중력, 혹은 천체역학을 다루지 않고도 열을 이용할 수 있었다.

제1법칙에 관한 증거를 발견하며 그는 더욱더 확신하게 되었다. 전기는 약해지면서—형태를 바꾸는 에너지 능력의 또 다른 예로서 전선들을 가열하였다. 증기기관과 진자에서와 같이, 에너지는 절대적으로 소실되지 않고 열로서 발산되며 오히려 쓸모없어지게 되었다. 줄은 그것을 측정하였다. 스코틀랜드 수학자이자 과학자인 윌리엄 톰슨Baron William Thomson, 그의 또 다른 이름—과학 온도 눈금에서 여전히 살아있는 그 이름, 켈빈 경Lord Kelvin은 전기적인 열 발생의 효과는 마찰력이라고 주장했다; 전기는 전선들을 문지르고 그 결과 열이 생산되었다.

줄의 측정은 다소 신비스러웠던 마이어의 연구의 정당성을 입증하였다. 신학교에서 고등학교 학생으로 경험했던 복음주의 신학에 영향을 받아서, 마이어는 화학, 전기, 열, 다른 형태의 에너지들은 모두 단일한 원인으로부터 시작된다고 믿었다. 열은 화학, 열, 소리 그리고 등등의 수많은 형태의 에너지들 중의 하나였다. 그의 칼로와 함께 카르노처럼, 마이어는 올바른 위치에 있었던 것이다. 그는 태양은 광자와 열을 생산하고 식물들을 통해서 음식에 화학에너지를 주었고 결국 동물들이 꼬물거리고 호흡하고 느낄 수 있도록 만들었다. 열과 기계적으로 동일한 것에 대한 줄의 위대한 발견은 에너지는 단지 눈에 보이지 않는 유체가 아니라는 것을 입증하는 것이었다. 에너지는 변화무쌍하다; 그것은 형태를 바

꿀 수 있다. 에너지는 결코 소실되지 않고 오히려 형태를 바꾼다는 주목
이 열역학 제1법칙의 근간이 되었다.

땅하는 소리와 함께 시계장치에서 질서(우주)가 만들어진다

열역학의 황혼기, 17세기 중반에, 영국의 물리학자이자 화학자인
로버트 보일Robert Boyle은 미묘한 발견을 하였다. 기체들의 물리적 특성
에 대해서 연구하던 보일은 기체의 부피는 양쪽 압력과 온도에 역비례한
다는 것을 관찰할 수 있었다. 그를 따라서 몇몇의 초기 열역학자들은 간
단한 압력—부피—온도의 상관관계에 집중하게 되었다.

이것의 가장 일반적인 예는 피스톤이 실린더 내에서 기체를 압축
할 때 온도와 압력의 상승이다(그림 3.1). 그 당시에 일부 소수만이 이 관

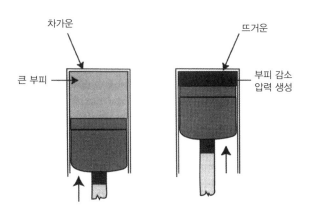

그림 3.1 기체를 압축하는 피스톤은 부피, 압력, 그리고 온도 간의 열역학적 관계들의 예시이다.
피스톤이 내부로 이동하게 될 때, 기체가 차지하고 있는 부피는 줄어들고 동시에 압력과 온도는
증가하게 된다. 동일한 수의 기체 분자들은 더 작은 부피 안에서 심하게 튀어 오르게 된다.

찰의 신빙성을 인정하였다 할지라도, 보일의 실험들은 뉴턴의 가역성을 조용히 비껴 지나갔다. 보일은 입자들의 개별적인 좌표들과 운동량을 무시하는 동안 입자들의 총체적인 행동에 관한 매우 정밀한 측정과 예측을 만들었다. 그는 후에 열역학에서 가시적 상태—개별적으로 측정하는 게 불가능한 입자들의 거대한 집합체의 행동—이라고 불리는 것을 측정하였다.

열역학적인 생각의 역사에서 또 다른 초기 주요 인물 중에 프랑스 물리학자인 자크 샤를Jacques Alexandre César Charles이 있다. 그는 처음으로 수소 풍선을 만들어 하늘 위 수마일 높이로 날 수 있는 항공기를 설계하여 이의 대유행을 일으켰다. 샤를은 다른 기체들은 온도에서 상승과 함께 동일한 양으로 모두 팽창한다는 것을 알아내었다. 동일한 발견은 기욤 아몽통에 의해서도 더욱 일찍 발견되었다.

서로 다른 기체들이 주어진 온도 상승에 대해서 동일한 양의 부피로 변한다는 그의 발견은 아몽통이 1699년에 수축되는 기체들이 더 이상 축소될 수 없는 지점에 상응하는 결정적인 냉각의 존재를 가정하도록 만들었다. 이런 최종 냉각은 "절대 영도", 켈빈 눈금에서 0을 가리키는 가능한 가장 낮은 온도일 것이다.

약 한 세기 후에, 프랑스 화학자인 조제프 루이 게이뤼삭Joseph-Louis Gay-Lussac은 주어진 부피에서 포함된 어느 기체의 압력은 각 섭씨 도에 관한 초기 값의 1/273로 증가되거나 감소한다고 주장하였다. 이들 관찰로부터 온도에 대한 "자연 눈금"이 유도되었다. 기준점으로서 0도씨에서 기체와 함께 시작하고 기체를 -273.15 도씨 혹은 0 켈빈까지 냉각시키면, 기체 압력은 0이 될 수 있다는 것이 예측 가능하였다. 재미있는 일들이 절대 영도 근처에서 일어난다. 극도로 낮은 온도에서 물질은 초전도성, 초유동성, 그리고 보스–아인슈타인Bose-Einstein 응축과 같은 특이한 특성들을 보인다. 그런 현상을 연구하기 위해서, 과학자들은 심지어 더 낮은 온도에 도달하기 위한 기술들을 발전시켰다. 2001년 이래로 기록된 가장 낮은 온도는, 미국 콜로라도 볼더의 국립 표준원 과학자들에 의해서 1995년에, 20 나노켈빈(절대 영도 이상에 200억 분의 1의 도씨)이었다. 절대 영도에서 모든 분자의 행동은 멈추고 이론적으로 기체는 어떤 분자적인 움직임 없이 제로 부피의 공간 내에 압착된다. 그러나 아무것도 제로 부피의 공간에 맞게 변화되지 않는다. 열역학의 제3법칙은 아무것도 절대 영도—0 켈빈—의 온도에서 존재할 수 없다고 간단히 말한다. 열역학의 제1법칙에 대한 도박사 버전은 "너는 이길 수 없어"이고, 제2법칙의 도박사 버전은 "너는 손익이 없을 수 없어"라면, 제3법칙의 도박사 버전은 "너는 게임에서 벗어날 수 없어"이다.

고전 시대에 열역학은 이를 받치는 두 개의 쌍둥이 탑들을 가지고 있었다. 카르노를 이어서 프로이센의 물리학자인 루돌프 율리어스 에마누엘 클라우지우스Rudolf Julius Emanuel Clausius란 위대한 과학자가 있었다. 전체의 초 근원(마이어가 말하길, 조상 언어)에 대한 마이어의 생각은 과학적인 체제를 위해서 내용이 너무 거칠었다면, 클라우지우스는 실험적으로 그들을 어떻게 지원해야 하는지를 잘 알았다. 클라우지우스는 절제되고 변형된 형태에서 늘 변화하는 에너지에 대한 생각을 열역학 제1법칙으로 잘 나타내 보여주었다(기옌Guillen 1995, 191).

클라우지우스는 마이어 추종자의 관점으로 열은 움직임과 다른 많은 것을 살 수 있는 우주의 현금으로 "에너지"의 많은 형태들 중의 단지 하나라고 말하면서 줄의 전기선을 재해석하였다. 에너지는 많은 것들을 이끌어 낼 수 있거나 아무것도 없는 것이 될 수도 있으나 결코 사라지지는 않는다.

1854년에 클라우지우스는 한 편의 수학 논문을 출판하였다. 줄의 업적을 보고 에너지의 보존 원리를 수학적으로 정리하였던 독일의 물리학자인 헤르만 폰 헬름홀츠Hermann von Helmholtz와 다른 연구자들을 추종하였다. 우리가 지금 제2법칙으로서 알고 있는 것을 정량화하기 위해서, 클라우지우스는 열기관은 열을 버려야 한다는 카르노의 생각을 열, 전기, 태양빛, 생화학적 에너지 등등의 다양한 형태들(kräfte)에서 그 스스로를 명확해지도록 하는 한 가지 근원적인 힘으로부터 기원하는 에너지에 관한 마이어 추종자의 생각들과 병합시켰다. 클라우지우스는 새로운 비율을 정의하기 위해서 에너지양의 척도인 열을 에너지 강도의 척도인 온도로 나누었다. 이 비율은 시간과 함께 피할 수 없이 증가하였다. 그것은 낯선, 새로운 양이었다. 그것은 에너지와 같았으나 방향을 가졌다. 그것은 증가하고 있었다. 그가 궁금해 하였던, 이 신비한 척도를 무엇이라고 불러야 하나?

그는 그것을 바로 '엔트로피'라고 불렀다. 마이어 추종자의 그 신비한 현금은 일련의 과정 동안 그 자체에 손해는 없이 새로운 것을 매입하도록 사용되는 일종의 우주 내 현금이었다면, 이 현금—형태들을 바꾸는 에너지의 원리ur-principle—은 물가 폭등이란 낯선 과정에 드러나게 되었다. 결국 그것은 과거처럼 일들이 움직이고 변화되도록 더 이상은 만들 수 없다.

클라우지우스는 새로운, 계속—증가하는 양을 상징하기 위해서, S를 선택하였다(폰 바이어Von Baeyer 1998). 그는 "변환[에 관한] 그리스 단어로부터, 크기 S를 전체의 엔트로피로 이름 짓기로 결정하였다. 이름에서 알려진 대로 양쪽 이 양들은 그들의 물리적 중요성에서 서로에게 몹시 관련되어 있어서 유사성이 바람직한 것처럼 보이기 때문에, 나는 에너지라는 그 단어와 가능한 비슷하도록 엔트로피라는 새로운 단어를 의도적으로 만들었다"(클라우지우스 1987, 741).

열은 형태만 고집하지 않고, 이 에너지는 형태들을 다채롭게 변화시키는 카멜레온이었다. 많은 밤들 중 밝게 타오르도록 하며 시인·화가인 블레이크의 「호랑이」가 혈액 내 당 에너지로부터 끌어내는 근육의 힘으로 초식동물들을 먹고 축적된 에너지를 사용하여 스스로 태양의 에너지에 비견할 가공할 힘을 발산한다. 호랑이 몸 안 세포들의 미토콘드리아에서, 전자와 이온의 흐름들—전기력—이 음식 내에 수소분자가 풍부한 분자들이 산소와 반응하도록 허락한다. 반응들은 산화환원 구배 차이로서 알려진, 수소와 산소 사이의 화학 에너지 퍼텐셜에 의해서 가능해진다. 미토콘드리아 생체막들은 이러한 퍼텐셜을 이용하여, 세포 내부의 에너지 저장 물질인 ATP를 얻는다. ATP의 분해는 생명—형태들이 움직이고 인지하는 데 필수적인 에너지를 발산한다. 이때 다른 화학물질들이 비슷하게 채워지고 준비된다. 우리를 생각할 때, 구배 차이들이 활동전위가 축색돌기를 따라 이동하면서 파동으로 환원되고 세포막을 지나서 전기전하들을 감극하게 된다; 신경전달물질들은 수억 개의 뉴런세포들에게 영향을 주는 전기화학적 메시지들을 보낸다. 발산 후에, 이들 신경세포들은 다시 재장전 된다. 그렇게 되기 위해서 그들은 생체막을 가로질러 더욱더 많은 이온들을 펌프질한다. 그러므로 뇌가 운동하는 것처럼 보이지 않을지라도, 생각을 많이 하면, 배가 고픈 것은 당연하다. 비록 뇌가 우리의 전체 총 무게의 약 단 2%만이지만, 인간의 뇌는 몸의 혈액 내 당의 전체 5분 1을 사용한다. 혈액 내 당은 끊임없는 생각이 가능하도록 만드는 산화환원의 구배 차이—호랑이에게, 이는 다음번 먹이를 잡을 순간과 방법에 대해서 준비하기에 충분하도록 곧 복귀된다—를 만들기 위해서 대부분을 소진한다. 호랑이가 먹이를 보고 덮치려고 할 때, 그것은 에너지를 축적하는 형태를 강화시키는 에너지를 확장시키는 순환 과정에서 태양으로부터의 (멀리 떨어져 있지만) 에너지를 사용하게 한다. 그런 에너지

만들기는 호랑이에게 활기를 불어넣어준다. 결국, 그것은 전체 우주로 확장된다. 마음속으로 호랑이를 그려보며, 블레이크는 무엇이 이의 불멸의 손과 눈을 그렇게 무서울 정도의 대칭성을 갖도록 만드는지 스스로 곰곰이 물어본다.

그것에 대한 답은 분명해 보인다. 그것은 열역학에서 묘사되고 있는 에너지이다―변하고, 소멸하고, 사로잡히며 순환되고 만들어지고는, 심지어 새로운 형태를 발견하는 것이다

1840년과 1865년 사이 클라우지우스는 열역학의 1, 2법칙을 공식화하고 열과 마찰로의 에너지의 일방적 전환의 척도, 엔트로피의 개념을 도입하여 카르노 업적을 더욱 발전시켰다. 제1법칙은 닫힌 시스템에서 전체 에너지의 양은 변화되지 않고 일정한 것을 말하며, 제2법칙은 그 시스템 내에서 (그것은 일로 이용되지 못하고, 점차 소멸되는 경향이 있다고 말하며) 그 에너지의 품질에 관해서 말한다.

클라우지우스는 카르노처럼 에너지가 심지어 보전될지라도, 마찰, 열손실, 그리고 비효율성 때문에 모든 열을 일로 전환시키는 것은 불가능하다는 것을 깨달았다. 자연은 카르노의 이상적인 영구기관과 전혀 같지 않다; 에너지가 열로 전환되고 시스템 내에서 없어질 때, 그것은 영구적으로 손실되고 결코 또다시 일로 회귀될 수 없다. 현금이 거기에 있지만 우리는 그것을 가질 수 없다. 우리는 절대 이길 수 없다. 어떤 것은 항상 사라진다. 이 버려진 에너지―더 이상 일이 될 수 없는 에너지―를 시스템의 엔트로피 생산이라고 한다. 그러나 생태계에서, 한 유기생명체의 쓰레기는 재활용되고 또 다른 생명체의 영양분으로 사용된다. 신진대사면에서 새로운 유기생명체의 진화는 새로운 쓰레기를 만들고 유기생명체들이 진화할 기회는 이들 쓰레기를 이용하여 만들어 진다. 그러므로 정량적인 엔

인투 더 쿨: 에너지 흐름, 열역학, 그리고 생명

트로피 손실인 것처럼 보이는 것은 새로운 신진대사, 새로운 정신력, 혹은 기술적으로 더 힘 있는 수단들의 진화를 통해서 때때로 회복될 수 있다. 이것에 관한 에너지는 외부로부터, 새로운 시스템에 의해서 일반적으로 유입된다. 구배 차이를 인식하고 그러므로 일을 추출하게 되는 새로운 시스템의 메커니즘과 예지 능력은 이용 가능한 에너지의 더 풍부한 근원 안으로 접근하게 된다. 일반적으로, 비가역 과정에 의해서 생산된 열은 일을 수행할 수 있으나 그것을 발생시킨 시스템 내에서는 아니다.

바다 속 깊은 곳에 존재하는 유기생명체들이 열을 에너지로서 사용한다고 잘못 말하고 있는 미국 자연사 박물관 내 천문관의 녹음이 존재하지만, 사실 그들은 화학적인 산화환원 구배 차이를 이용한다. 몇몇 기술적인 장비들에서 여전히 쓸모가 있을지라도, 지금까지 열은 유기생명체의 에너지 변환 과정들에서 "가장 끝"—거의 사용되지 않는—에 존재한다. 열은 생명을 위한 음식 혹은 에너지로서 사용되고 재활용될 수 없다. 그리고 비록 몇몇 UFO광(狂)들이 중력이 영점(무)에너지에서 가동되어 우주선을 움직일 수 있으나 정부 요원들과 석유회사들의 음모로 대중에게 공개되지 않는다고 주장하지만, 중력은 신진대사나 (물레방아, 수력발전 댐과 같은 것들과는 다른) 복잡한 기술장비들을 구동시킬 수 없다. 단순한 기술이 온도 구배 차이에서 구동되고 이들을 이용하는 능력이 첨단 기술력에 의해서 점차 현실화되고 있다. 예를 들어, 사람들이 쓸모없다고 생각할지 모르는 온도 구배 차이에 의해서 구동되는, 손에 쥘 수 있는 장비인 '스털링 엔진'이 있다. 예를 들어 사람의 손은 대량 34도씨이고 주변의 온도는 25도씨, 사람의 신체 열 사이에 온도 구배 차이를 이용하였을 때, 스털링 엔진은 지름이 약 8인치(약 20센티미터)인 바퀴를 실제로 움직일 수 있다. 비록 이것이 우리가 처한 에너지 위기상황을 해결하지는 못하지만, 이런 새로운 장비는 우리가 늘 쓸모없는 열이라고 생각하는 것이, 적절한 상황하에서, 일을 생산할 수 있다는 것을 증명한다.

클라우지우스는 1850년에 그가 제2법칙의 진술을 공식화하는 순간에 고전열역학의 체계에 마지막 의미를 불어넣었다: "낮은 온도로부터 높은 온도의 물질로 에너지 전환이 유일한 결과인 그런 과정은 불가능하다"(앳킨스Atkins 1984, 25).

이 진술은 한 방향으로 흐르는 시간이 자연에서 본능이라고 암시하기 때문일 뿐 아니라 그것이 정상적인 흐름을 지연시키거나 뒤바꾸는 에너지 공급을 통제하지 않기 때문에 상당히 의미가 있다. 그리고 그런 일들이 실제로 일어난다. 예를 들어, 물을 높은 곳으로 끌어올리기 위한 펌프를 움직이기 위해서 고품질의 에너지, 전기력을 사용한다. 이것은 "자연적이지 않은" 것으로 취급될 수 있다. 그럼에도 불구하고 그것은 제2법칙을 거스르지 않는다. 전기를 만들기 위해서 발전기를 통하여 물을 아래로 내려가도록 한다면, 모든 위치에너지를 잡아서 운동에너지로 전환시키고 펌프로 모든 물을 높은 곳으로 끌어올려서 전기로 바꾸는 것은 불가능할 것이다. 에너지 소멸의 결과는 지연될 수는 있어도 결코 피할 수는 없다.

뉴턴은 보이지 않는 중력에 지배되고 하늘의 시계태엽장치처럼 움직이는, 원칙적으로 영원한 우주(천체)의 모습을 그렸다. 고전열역학은 뉴턴주의자들의 사과손수레를 뒤집어엎어 버렸다. 마찰과 엔트로피는 그럴듯한 영속성과 타협하였고, 지구에서의 새로운 신성한 본성과 타협하게 되었다. 지구의 변화는 더 엉망진창이 되어 측정하기 어려워지고 마찰이 없는 뉴턴주의자의 태양 시스템의 기계의 아치, 기어의 이, 바퀴보다 더욱더 명백히 비가역적이 되었다. 마찰과 엔트로피는 시간의 구성을 중요시하게 되었다. 고전열역학의 법칙들이 완성되어가고 있는 19세기 동안, 문제가 더 나빠져서, 다윈은 자연선택에 의한 생물의 복잡성인 진화

인투 더 쿨: 에너지 흐름, 열역학, 그리고 생명

이론을 도입하게 되었다. 영속성은 그것이 처음 왔었을 때의 수학적 상상력 안으로 황급히 도망치기 시작하였다.

땅 하는 소리에 시계장치에 질서가 잡히고 움직이기 시작한다.

진보하든 후퇴하든, 지금 세계는 지나가는 시간의 분지된 도로들로 마구마구 쪼개져 있다. 한쪽 방향의 일부로서 진화와 열역학을 보이기 위해서, 하늘 위에서 두 갈래 도로의 교통 상황을 관찰하기 위해서 헬리콥터를 사는 것은 새로운 열역학, 비평형 열역학을 데리고 가는 것일 것이다.

제4장

우주의 도박장: 통계역학

과학자는 자연이 유익하기 때문에 연구하지 않는다. 그는 자연을 즐기기 때문에 자연을 연구하고, 아름답기 때문에 자연을 기뻐한다. 자연이 아름답지 않다면, 그것은 가치가 없을 것이다.

― 푸앵카레 ―

예측 가능한 확률들

19세기 말, 루트비히 볼츠만—편두통으로 괴로워하며 자살한—은 열역학을 완전히 변화시켰다. 그는 확률이론으로 기존의 고전열역학을 확 뜯어 고쳐버렸다. 열과 기체의 행동은 개별적으로 추적하기 불가능한 다수의 입자들 사이의 신뢰할 수 있는 동향임을 반영하였다. 시간이 지나며 세상의 변화를 이끄는 자연선택에 관한 다윈의 생각에 깊은 감명을 받고, 볼츠만은 고전의 가시적인 열역학으로부터 이론과 관찰들을 다시 재확인하고 모두 사실임을 입증하였다: 일들은 더욱 일어날 것 같은 방향으로 변화되고 있었다. 사실 원자들이 뒤범벅되고 그들의 복잡한 패턴들이 파멸로 축소되어가는 경향은 이 천체—일종의 우주의 도박장—

인투 더 쿨: 에너지 흐름, 열역학, 그리고 생명

에서 살아가는 것들에게 지나가는 시간에 대한 어떤 느낌을 부여해주는 것처럼 보였다. 볼츠만의 위대하고 획기적 발전, 고전열역학과 뉴턴주의자의 역학과의 통합은 선형 시간의 인식에 관한 과학적인 근거를 제공해주었다.

그러나, 다른 사람들—수학자인 줄스 앙리 푸앵카레Jules-Henri Poincaré나 화학자인 요한 요제프 로슈미트Johann Josef Loschmidt, 그리고 철학자인 프리드리히 니체Friedrich Nietzsche와 같은—은 그의 생각에 몹시 반대했다. 무한한 시간에서 발생할 수 있으나, 불가능할지 모르는, 일어날 모든 것—그리고 단지 한 번이 아니라 무한한 횟수에서 일어날—에 대해서 그들은 의문을 가졌다. 평형으로 가는 중이기 때문에, 무작위의 조건은 이 과정 중에서 마지막 단계를 지칭하는 경향이 있다고 하였다.

생명과 다른 과정들은 더욱 복잡하게 성장해 가는 것처럼 보인다. 살아있는 것들이 가진 복제기술, 그들의 기억, 그들 내부의 확장되어가는 지능은 그들의 기원을 이해하는 데 기회를 제공한다. 인간의 경우에, 우리는 어린 시절을 회상하고, DVD를 재생하며, 그리고 우주의 가장 초기의 상태들에서 복사선이 가진 높은—에너지 상태들에 대한 합리적인 가정을 만들어 낼 수 있다.

이것이 어떻게 가능한가? 생명에 관한 특별한 무엇이 있는가? 그리고 만약 혼돈이 더욱 그럴듯한 방향으로서 미래를 정의한다면, 무엇이 과거를 다르게 만드는가? 원자와 분자들이 미래에 더욱 일어날 법하고 혼돈된 배열들 내에서 진행하게 되면, 그들은 과거에도 또한 그렇게 하지 않았을까?

시간은 우리를 지배하지만, 우리가 어제 혹은 내일을 가리키라고 지시받았을 때, 우리는 쉽게 그렇게 할 수 없다. 아우구스티누스Augustine은 그의 저서, 『고백록Confessions』에서 다음과 같이 적었다: "시간은 그 당시에, 무엇인가? 누구도 나에게 물어보지 않는다면, 나는 그것이 무엇인지 충분히 잘 알게 된다; 내가 그것이 무엇이고 설명하도록 노력해야 한다면, 나는 곧 당황하여 어리둥절하게 된다." 볼츠만이 느꼈던 이 허점들—무한한 시간의 닫힌 공간 내에서 모든 입자 조합들의 반복과 과거와 현재를 구별하는 동력학 기반의 모델들의 타고난 무능력—은 상당히 철학적이었다. 그러나 볼츠만은 그 시간의 신비를 벗기려 하지 않았다; 그는 제2법칙을 따르는 물질의 행동을 설명하려고 노력하였다. 그리고 열역학과 진화의 반대방향에 있지만, 볼츠만은 다윈에게 큰 빚을 지고 있다고 항상 말하곤 하였다. 다윈은 볼츠만에게는 영웅이었다. 다윈은 전체 개체들—변화하는 복제자들의 거대한 수—을 보며 종들의 변화를 설명했다. 재생(복제)되지 않는 물질에 관하여 이와 비슷하게 시도함으로써, 볼츠만은 다수의 원자와 그들의 가장 있을 법한 배열들에 근거하여 하나의 원자가 시간 내에서 진행할 때, 자연 내에서 혼합하는 경향들을 잘 설명할 수 있었다. 물리학자들이 원자들의 존재를 밝히기도 전에 그는 이 일을 해내었다. 볼츠만이 말하길, 물질의 행동은 또한, 그것의 "모집단(전체개체)"—심지어 그들이 보이지 않을지라도—에서 비롯된다고 한다. 이것은 굉장한 추리였다. 그리고 그것은 정확했다고 이미 입증되었다.

실용적이며, 프로메테우스적인 관찰에 근거한, 불을 지배하는 고대 인류의 탐구력을 기뻐하며, 고전열역학은 모두에게 영광스런 공학이었다. 물질의 행동을 예측하나 개별적인 입자들의 행동을 예측하는 것이 아닌 통계열역학은 더 확실한 수학적 배경에 관찰의 과학을 끼워 넣게 되었다. 그렇게 하여 설득력을 증가시키고 기체들과 다른 물리화학적 현상들을 다루는 데 그 영역을 점차 확대하였다.

19세기 말, 한 세기에 걸쳐 이루어질 이 모든 일을 한 번에 해낸

세 명의 위대한 과학자들은 새로운 열역학으로 이전 고전열역학의 접근법만큼이나 성공하게 되었다. 오스트리아의 루트비히 볼츠만, 영국의 제임스 클러크 맥스웰James Clerk Maxwell, 마지막으로 미국의 조사이어 윌러드 기브스Josiah Willard Gibbs가 전통적인, 거시적 관점의 열역학에 반한 새로운 미시적인 모형의 열역학을 탄생시키고 발전시켰다.

볼츠만은 참회의 화요일 대무도회가 끝나가는 순간, 다시 말해 참회의 화요일과 재의 수요일 전날 밤인 1844년 2월 20일 저녁에 비엔나에서 태어났다. 그는 후에 농담조로, 이것이 그의 성질이 굉장히 기뻤다가 슬펐다가 왔다갔다하게 하는 이유일 거라고 말하였다(코브니Coveney와 하이필드Highfield 1991, 173). 볼츠만은 한 줌의 공기 안에 상당한 수(수조 개)의 원자 혹은 분자들이 있다고 추론하였고 확률적이고 통계적인 방법을 사용하여 열역학에 접근할 수 있다고 주장했다. 이때 확률이론이 없었다면, 아무것도 가능한 것은 없었을 것이다―많은 분자들의 좌표와 움직임들을 일일이 추적하는 것은 불가능한 일이었다.

볼츠만은 평형 상태에 도달하는 물질의 경향을 설명하는 데 확률이론을 사용하였다. 통계의 힘을 깨닫고 다루기 힘든 많은 수의 분자들을 다루는 충분한 경우 속에서, 이상적인 것과 현실적인 것이 하나로 통합될 수 있도록 확률을 사용하였다. 잘 만들어진 동전을 던져서 앞면 혹은 뒷면이 나올 경우의 수를 알기를 원한다면, 평균 행위는 그 동전을 많이 던진 후에나 분명하게 알 수 있을 것이다. 수만 번 동전을 던지면 50%는 앞면이고 50%은 뒷면이 되는 결과를 얻게 될 것이다. 10^{23} 분자들을 다룰 때, 통계적 평균은 현실에 더욱더 가까워지게 된다: 너무나 많은 분자들이 있으면 그들의 평균적인 통합행동은 그들의 실제적인 통합행동과 구별할 수 없게 된다.

더 큰 공간에서 더 많은 입자들을 다루게 되면 자그마한 입자들은 더욱더 쉽게 예측 가능하게 된다. 볼츠만은 상당한 수의 입자들로 구성된 시스템들의 통합행동을 모델화하기 위해서 확률이론을 사용하였다. 볼츠만이 열역학적인 엔트로피(S = klogW)를 위하여 사용한 그 확률에 근거한 방정식은 심지어 비엔나의 중앙묘지에 있는 그의 묘 비석 위에도 새겨져 있다. S는 엔트로피를 상징하고, k는 상수이고, log는 자연 로그이고, 그리고 W은 가능한 상태들의 경우의 수이다: 엔트로피는 확률의 로그함수인 것이다.

이것은 무엇을 의미하는가? 로그함수는 주어진 수를 만들어내는데 올라가는 거듭제곱을 가리키는 지수함수이다. 예를 들어, 십진의 100의 로그값은 2이다; 로그함수를 사용하는 것은 실제의 세상에서 평형으로 가려고 하는 입자의 수를 세는 데 필요한 무한성, 거대한 수들을 가늠하는 데 도움이 되는 수의 자리 개수들을 비교한다는 것을 의미한다. 그러나 거대한 양들을 다루는 데 필요한 이러한 로그함수적인 기호법의 사용은 과학, 도박, 그리고 보험회사에만 한정되지 않는다. 이것은 유전 계승의 진화에서도 적용된다. 공기를 통하여 음파의 에너지로 측정되는, 공포에 휩싸여 지르는 목소리는 수천, 수만, 심지어 그 이상도 아니라 핀을 떨어뜨리는 만큼 큰 소리의 수천억 배일 수 있다; 휘파람 소리와 정상적인 대화 소리의 차이는 수천 배이다. 듣는 우리의 감각을 반영하는 데 시벨Decibel 눈금은 로그함수이다. 듣는 것은 첨가되는 것으로 다루기 어려운 배수사(倍數詞)의 차이를 감소시키며, 현실의 왜곡을 통하여 인식을 효과적으로 숙지하게 할 수 있다.

볼츠만은 시스템 내에 에너지 미세 상태들의 통계적인 분배의 관점으로 열역학을 재정리하여 보여준다. 미세 상태들을 이해하기 위해서, 거시 상태라고 가정되는 큰 상자 내에 포함된 서로 연결된 작은 박스들 내의 구슬들을 생각해보자. 열 개의 같은 크기의 칸막이들 중에 하나만 수십만 개의 구슬들이 들어 있는 상자를 생각해 보자. 모든 칸막이들 사이에 문들이 열리고 박스가 마구잡이로 흔들리게 되면, 시간이 지남에 따라 칸막이에서 기체 분자들처럼 행동하는 수천 개 구슬들의 재분배를 보게 될 것으로 기대된다. 동일한 경우로 일어나는 분배로 분자들이 마구잡이로 섞이는 것은 닫힌 시스템에 대한 최대의 엔트로피를 가지는 가시적인 시스템을 말하는 것이다. 계속 흔들면 모든 구슬들이 스스로 하나의 칸막이에 수십만 개의 구슬들이 들어 있는 낮은—엔트로피의 배열로 재분리되고 그것은 몹시, 몹시 일어날 것 같지 않은— 그러나 불가능하지만은 않을 것 같다. 같은 방식으로 생각하면, 우리 침실에 모든 산소원자들이 구석에만 몰려 우리가 숨을 쉴 수 없게 되는 것이 불가능하지도 않다; 그러나 그 우연들이 너무나 적고, 그럴 가능성은 없어서, 걱정할 필요는 없다.

중력과 엔트로피

우리가 박스 한쪽을 어린이 장난감을 가지고 놀듯이 톡톡 때리고 흔들면, 그 안에 중력이 지배하고 있어서 모든 구슬들은 박스의 가장 낮은 구석으로 모여 서로 뭉치게 되고, 구슬들이 다시 한 칸막이 안으로 합쳐질 것이라는 데 당당히 반대 의견을 내세우는 것이 가능할지도 모른다. 구슬의 예는 작은 규모에서 중력의 영향을 받지 않는 기체 분자들의 행동을 설명하기에 좋은 모델이 아니다. 그럼에도 불구하고 중력은 파동들에 의해서 교란된 성운 사이에 이용 가능한 에너지와 구배 차이들을 만들어 낼 수 있다고 인정받을 것이다. 이런 결과는, 생명이 충분히 확장되면 미래에도 활동하게 될지라도, 단지 천문학적으로 큰 규모에서만 발견되고 생명의 상대적으로 세밀한 조작 내에서는 적용되지 않는다. 이런 일이 일어나거나 혹은 이미 발생했다면, 거대한 우주적 규모에서 구배 차이의 발생에 대한 두려움으로 자연적인 상실은, 통합된 생명이 불가피하게 거대한 열 죽음에 대한 희생양이 되지는 않을 것이나 대범한 새로운 형태로서 중력을 에너지의 근원으로서 사용하여 아마도 병합되는 것들로 계속 진행할 거라고 주장하기 때문에, 늘 쓸모가 있는 게 당연하다. 그러나, 지금까지 생명은 그 자신의 신진대사와 증식에 사용하기 위해서, 오로지 중력에 잠겨 있는 위치에너지만을 끌어낼 수는 없었다.

열역학적—중력의 수수께끼는 단순히 크기와 질량의 문제일 것이다. 잭 맥시아Jack McShea는 우리에게 뉴턴의 중력 계산은 구슬, 볼링공, 천체처럼 상당히 큰 질량의 시스템들에 대해서만 말한다고 지적하였다. 그러나 작은 질량과 크기를 가진 몸체에서는, 열역학적—통계적인 힘들이 지배적이고 이의 열역학적 분석만이 적합하다. 브라운 운동을 하는 원자 혹은 분자들처럼, 자그마한 질량과 크기를 가진 물체에 관한, 열역학 과정들이 현재 경기 중에 있다. 이런 규모들에서는 통계적 현상이 중력을 압도하게 된다. 자연적인 시스템들은 단지 특정한 규모에서만 관찰되고 측정 가능한 현상들과 함께, 계층적 가공을 가지는 것처럼 보인다. 물리학의 법칙들은 모든 규모에 적용이 가능하고 약간은 단지 계층적 규모 내에서도 확실한 대역폭을 가지게 된다(맥시아McShea, 개인 의견, 2004). 중력과 열역학적으로 구동되는 시스템 간에는 현상학적인 유사성이 있다. 각 경우에 시스템은 가장 낮은 위치에너지의 바닥들로 귀속된다. 이런 일반적인 특성이 서로 상이한 원칙들의 가능한 통합을 위한 단초가 될 수 있을지 없을지는 현재 잘 알려져 있지 않았다. 더구나 깊은 방향성은, 구배 차이로부터 유도되는 일(그리고 엔트로피)의 열역학적인 비가역성뿐 아니라 측정된 것에 상대적인 전과 후를 필수불가결하게 정의하는 양자 측정(프라이스Price 1996) 때문에, 더 이상 과학으로부터 그 근원을 찾을 수 없다는 것이 알려져 있다. 양자 측정과 엔트로피/일은 현대 과학에게 있을 법한 완벽한 시간 불변성에서 사소한 골칫거리 그 이상이다. 중력과 더불어, 그들은 우주는 "정말로" 시간에 따라 변한다. 어디든지 가고, 어떤 것도 하는, 혹은 시간—불변성 영역의 고전 물리학자들의 편향성이 우주를 바라보는 두 가지 "상호보완적인"(즉 동일하게 사실이지만 상호적으로는 보완하여 양립할 수 없는) 것들 중 단지 하나의 방식만을 제안한다(브리스톨 Bristol 2003).

제2법칙의 비평형 버전, 자연은 구배 차이를 싫어한다는 단순하나 냉담한 원칙은 단일의(單一義)가 아니다. 고전열역학에서 관찰의 이상적인 영역으로서 봉사하는 고립된 방(소위 단열 상자)은 이상화되어 있다. 현실적으로, 인지 불가능할지라도, 이는 중력의 영향을 받는다. 봉인된 상자에 커피 혹은 기체들 안의 크림을 막 섞는 것을 생각할 때, 중력의 효과는 무시될 수 있을지 모르지만, 이의 영향력은 어느 정도 항상 존재한다.

그럼에도 불구하고 우리는 대규모에서 구배 차이를 만드는 중력이 가진 능력이 제2법칙에 대한 우리의 비평형 열역학적 버전의 이용성을 무력하게 만든다는 것에 대해서 심각하게 반대하지 않는다. 자연은 세포생물학의 분자영역으로부터 인공위성에 의해서 측정되는 생태적 과정의 지구 영역까지 전체의 모든 생물학적인 규모들 내에서 구배 차이를 두려워하지 않을 뿐 아니라 이에 중력은 물리학의 다른 세 가지 주요한 힘들, 이름하여 강하고 약한 핵융합력과 전자기력과도 충분히 잘 통합되지 않는다. 분명히 대규모에서 구배 차이를 생산해내는, 중력은 열역학 제2법칙이 불변의 유일한 힘이라는 주장에 정면으로 도전한다. 그러나 우리는 성장하는, 에너지를 소산하는 생명이나 제2법칙에 따라서, 비행기의 유기적이고 기계적인 진화에서, 중력을 점차 "거스를 수 있다"는 점을 스스로를 보여주고 있다는 것을 기억하자. 우주 비행을 허락했던 뉴턴의 수학 방정식들이 달 위에 닐 암스트롱Neil Armstrong의 발자국 모양을 결코 예측할 수 없었다고 할지라도(카우프만Kauffman 2000), 엔트로피를 생산하는 시스템의 자연적인 팽창의 현상학적 관찰들은 그곳에 생명이 도착할 수 있게 되었다는 사실과 잘 어울린다.

궁극적으로, 중력과 엔트로피는 희망에 찬 괴물인 현 인류의 광대한 응시를 작게 만드는 하나의 상호 연결된 세계의 모양들이다. 열역학은 복잡한 시스템의 상세한 미래에 관한 구체적인 묘사를 꿈꾸는 것보다는 실제 변화와 방향을 보여주는 다른 에너지 기반의 시스템을 생명과 연관시켜 폭넓은 윤곽들을 발견하게 하고 자연적으로 보이게끔 하는 생각에 대해서 희망을 갖도록 만든다. 최고의 우주적 힘인 중력이 잠식하는 걸음걸이가 물씬 진동하는 이 땅위에서 우리가 우리의 패배를 인정하고 방패를 내려놓기 이전에, 우리는 이 세계에서 물질과 에너지의 90% 이상이 현재의 중력에 기반을 둔 우주론적인 모형(모델)들로는 잘 설명되지 않는다는 것을 함께 주목하여야 한다. 현대 우주론자들 사이에서 점차 커지는 확신은, 암흑에너지는 우주 전체 질량의 약 70%를 구성하고 암흑물질은 나머지 20%를 이룬다는 것이다. 이것은 일상적인 물질과 에너지로 우주론자들에게 관측되는 것으로 설명되는 물질과 에너지의 분율로서는 단지 10% 미만을 남긴다. 단순히 천문학의 한 부분인 우주론의 현재 이론들하에서, 우주의 대부분은 사라지고 있다. 당시 우리에게, 구배 차이에 대한 자연의 혐오감에 관한 중력 작용의 이의는 현재 생명의 영역 밖에서 시공간적인 규모들을 제외하고는 전혀 관련성이 없다. 이것은 어느 날 갑자기 생명을 이해하게 되어 이들 규모가 나타나지 않거나 혹은 중력이 살아있는 시스템들이 신진대사에서 측정 가능한 역할을 수행하게 되리라는 것을 전혀 알지 못할 것임을 의미하진 않는다. 어떤 목적을 위한 "구배 차이의 자연의 혐오감"은 이 일에 집중된 규모들 내에서 양쪽 모두 개방되거나 혹은 봉인된 시스템들 내에서 제2법칙의 작전을 우아하게 성취하는 것을 의미한다.

그것은 우주론자들 사이에서 우주의 탄생에서 변수들과 보편상수들로 운 좋은 사건들 간의 믿을 수 없이 우연한 일치에 대한 인식의 확산이 생명 기원의 불확실성에 대한 창조론자들의 계산과 많이 닮았다는 것을 또한 주목할 가치가 있다. 흥미롭게도, 우리가 생명의 기원에 대해서 열역학적 견해를 채택하였을 때, 세포의 출현을 마구잡이식 상호 작용의 결과라기보다는 구배 차이를 분산시키는 자연적인 기능에서 "디자인"의 결과로서 이해하게 되는 것은 많은 통계적인 수수께끼들을 사라지게 한다. 우주 탄생에서 보편상수들과 다른 인자들이 단순히 (상상할 수 없는) 마구잡이식이 아니고 "무엇인가를 하는" 다수의 보이지 않는 우주의 폭넓은 상황 안에서 나타나게 되면, 열역학적 견해가 "인류지향인 원칙"의 수수께끼들을 다소나마 해결하는 데 도움을 주는 것이 가능하게 되는가? 궁극적으로, 중력과 엔트로피 양쪽 모두는 시간 내에서 방향을 보인다. 결코 완벽하게 알려지지 않았지만 변하고 있는 그 우주 내에서, 그 하나는 이들을 함께 모이도록 하고 다른 하나는 그들을 떼어내려고 한다. 함께 이끌려진 많은 사실들보다 부조화에 더욱더 무게를 두는 누군가는, 만약 우리가 다윈의 자연선택의 이론에 대해서 잠재적인 과학적 인지로 다윈의 주석을 바꾸어 말해버린다면, 비평형 상태에 대한 이 책의 버전을 받아들이기보다는 무시하고 버리려 할 것이다.

생명 출현, 연속성, 그리고 팽창의 근거에서 에너지 기반의 견해를 도입하였을 때, 우리는 실질적으로 변형, 손실, 그리고 변화들을 볼 수 있게 된다. 브리스톨Bristol(2003)은 우주가 고대 그리스 철학자인 파르메니데스Parmenides(변화 없는)와 헤라클레이토스Heraclitus(변화하는)에게서 본질적으로 변하지 않는지 혹은 변하는지에 대한 논의를 추적할 수 있게 된다고 말한다. 비록 그것이 역설적이라 할지라도, 물리학에 의해서 요약되어진 대로 현대 과학의 일치된 견해는 우주는 시간-가역적인, 시간-대칭적인, 시간-불변하는 방정식들에 따라서 본질적으로는 변하지 않는다. 변화를 부수현상 혹은 단지 외형—변하지 않는 막대한 양의 현실에서 잡동사니—은 역설적이게 되고, 주로 변화, 진화, 노화 등등의 진정한 경험에 대한 부인(否認)이 된다. 비록 과학적인 주요 흐름에 반한다고 할지라도, 균형상태의 기본보다 변화를 생각하는 헤라클레이토스의 견해는, 일들을 분리시키는 분쟁의 원칙에 대해 이들을 함께 모으는 사랑의 원칙을 반대하였던, 스토아학파들에 의해서 옹호되었다. 철학적인 원칙들로서, 사랑과 분쟁은 물리적 원칙들인 중력(물질들을 모으고)과 엔트로피(물질들을 분리시키는)를 많이 닮았다. 그러나 양쪽 중력과 엔트로피 모두는 실제 방향 변화의 영역들을 관리 감독한다. 볼츠만은 매일 경험적으로 비가역적인 시간의 흐름에 대해서 시간-대칭적이고 가역적인 기계역학을 연결시켰으며 고전물리학에 관한 안전한 엔트로피의 현상학적인(관찰에 기반을 둔) 발견을 이루어 냈다. 브리스톨이 지적한 대로, 과학과 철학에서 몇몇 주요한 과학자들은 대칭운동, 무시간의 법칙들, 그리고 연속방정식의 물리학적 이상적인 영역에 대한 필수적인 가역성과 함께, 시간의 명백한 한 방향 흐름이 조화되도록 노력하였다. 그 "대답"은 상상과 시간에 영속된 실제 세계의 영원한 영역이 뚜렷한, 타당한, 그러나 기본적으로 조정 불가능한 두 가지 전망들을 제공한다는 것이다. 우리의 한정된 인식에서 양쪽 입자와 파동으로서 함께 나타나는 빛과 같이, 존재는, 명백한 반박에도 불구하고, 영원하며 동시에 시간에 영속된다.

인투 더 쿨: 에너지 흐름, 열역학, 그리고 생명

나무가 아니라, 숲을 보며

볼츠만의 미시적인, 통계에 기반을 둔 업적들은 가시적인 고전열역학 이론과 관찰들을 확증시켜 주었다. 예를 들어, 보일의 법칙—기체들에서 압력과 부피 사이의 직접적이고 비례적인 관계—은 볼츠만의 확률적인 묘사로 대체되었다. 보일의 법칙의 설명은 보이지 않는 기체 분자들이 단단한 상자 내에서 주변을 자유롭게 움직이는 것이었다. 그 상자의 벽에 대항하는 이 무질서한 분자들의 튕겨나감은 소위 기체 압력이라고 하는 힘을 발생시킨다. 우리가 부피를 반으로 나누고 그 용기에 같은 수의 분자를 넣어두었다고 지금 생각해보자. 단위 부피당 분자의 수는 크기에서 두 배가 되고 상자의 벽을 때리는 분자의 수는 두 배가 되어서, 결국 압력은 당연히 두 배가 될 것이다.

기체의 압력, 부피 그리고 온도 사이에서 샤를Charles과 게이뤼삭Gay-Lussac 관계도 또한 편안하게 볼츠만 통계역학의 범위 안에서 정리되었다. 닫힌 시스템 내에서 기체가 가열될 때, 분자들은 빠르게 이동한다. 운동에너지 값의 증가는 단위 시간당 용기 벽으로 더욱 치열하게 튀어오르며 압력이 상승되는 것을 말한다. 그리고 더 높은 운동에너지로 인해서, 각 분자 간 작은 충돌의 힘 또한 높아지게 된다. 결론적으로 압력은 분자속도의 제곱으로 상승한다. 라부아지에Lavoisier와 게이뤼삭은 기체가 일정한 압력으로 유지될 때, 그것의 부피는 1도씩 떨어짐에 따라 1/273으로 감소한다고 설명했다. 시스템의 온도가 내려가면 분자의 운동도 느려진다. 절대 영도에서 모든 분자운동은 멈추게 된다. 이 온도에서 어떤 활동하는 생명도, 복잡성도 없다. 물체가 가열될 때, 그러나, 그들은 또다시 움직임—새로운 평형 상태를 향해—을 시작한다. 어느 누구도 10^{23} 입자들의 하나하나를 일일이 추적할 수 없으나 그들 그룹의 행동을 볼 수는 있다. 이것이 볼츠만이 했던 것이다.

열역학은 물질을 나무보다 오히려 숲으로 보고 다루는 방식을 발견하게 된 것이다. 뉴턴의 완벽한 세계의 정밀성을 포기하는 순간, 수적으로 거대한 입자들의 행동을 예측하는 새로운 능력을 얻게 되었다. 시간의 흐름 내에서 확산되는 기체에 대한 물리적인 해석이 확률로서 예측 가능하다는 것은 역설적이다. 셀 수 있는 천체들과 달리, 매일매일 현실 속의 입자들은 아찔할 정도로 수없이 많다; 그들은 무리로서 생각되어야 했다. 더구나 뉴턴 방정식들이 시스템의 초기 상태를 재건하기 위해서 다시 돌아갈 수 있는 반면에, 열역학에서 초기 상태는 진행되는 과정 속에서 사라져 버렸다. 우리가 더 큰 상자의 단일 칸막이에 수만 개의 분자들을 가지고 시작하는 것은 마지막 결과와는 전혀 관련이 없게 된다. 구획된 상자를 마구잡이로 흔들어버리는 것은 지금까지의 모든 역사에 대한 기억을 지우고 가장 가능한 상태—즉 평형으로 이끈다. 초기 상태로 돌아갈 수 없다: 볼츠만의 방법은 이런 어려운 현실을 이해하는—분자의 상태를 확인하기 위해서, 이해되지 않는 경향들을 무시하기보다, 현실적으로 깨닫기 위한 매우 영리한 방식인 것이다.

뉴턴 세계 속의 신은 과거에 했던 방식대로 일을 해결하고 그들이 영광스럽게 영원히 그렇게 남아 있기를 고집했다. 볼츠만 지배하에서 열역학은 달랐다. 현실적으로 다루기 어려운, 거대한 수의 입자들을 총체적으로 다루는 그의 방식은 근삿값 미학의 궁극의 승리를 보여주었다. 세계는 너무 결이 고운 미립자들이어서 조각조각으로 나누어져서 이해할 수 없었다. 우리가 그것을 현실적으로 이해하려고 할 때, 자세히 하나하나 제압하기보다는 대략적으로 윤곽을 그려서—이론적으로 이해되어야 한다. 잎이라는 단어가 개별 잎들—아메리카꽃단풍, 꽃 박하, 섬세한 줄무늬가 있는 콜레우스, 혹은 벌레 먹은 클로버—의 일정한 수에 적용될 지라도 잎이라는 단어가 늘 쓸모가 있는 것같이, 볼츠만의 수학은 거대한 수의 미시적인 상태를 포용하고 가시적인 상태—정말로, 우리의 느낌이나 다름없이—의 일에 관한 상징성을 갖게 된다. 우리의 감각보다 더 곱게 미립되고 우리가 아는 어떤 단어들보다도 더욱 세밀하게 구체화된 원자의 현실은, 또한 볼츠만의 수학보다 더 세밀하게 미립되어 있다. 그러나 우리의 감각처럼, 가시적인 상태의 열역학적 견해는 그것을 이해하는 데 도움이 되었다. 가시적인 상태의 행동—평형을 향해서 치달리는—은, 처음으로 수리 과학에서, 흐르는 시간의 모든 우리의 감각에 잘 어울려서 조화를 이룬다.

시간은 그 누구도 기다려 주지 않는다

시간에 관한 수수께끼는 여전히 남아 있다. 이 수수께끼의 숨결은 니체Nietzsche의 유명한 철학이론인 영겁회귀(永劫回歸)—일어날 수 있는 모든 것은 일어날 것이고 단 한 번이 아니라 무한 번 반복하여 일어날 것—와 이론 생물학자인 스튜어트 카우프만Stuart Kauffman의 견해들과 비교해 이해될 수 있다. 수학적으로, 우주의 기원부터 경과된 시간은 이를 구성하는 입자들의 모든 가능한 조합들을 수용하는 것과는 비참할 정도로 부적합하다. 수학적 용어로, 우주는 "측도가천적(測度可遷的)", 즉 반복적이지 않다. 열역학—에너지와 이의 변형의 연구—이 전통적으로 닫힌 시스템 내에서 혼합의 확률에 근거하기 때문에 이것은 매우 중요하다. 크림이 커피와 혼합될 때, 그들은 시간 앞으로 거슬러가며 평형에 이르게 된다. 그들은 서로 섞인다; 그리고 커피의 온도가 방의 온도와 동일하게 된다. 크림과 커피가 분리되는 것보다 혼합되는 훨씬 많은 방식들이 있다. 커피에 남아 있는 고립된 열은 별다른 도리 없이 방의 차가움과 혼합된다. 그러나 빅뱅 이후로 충분한 시간이 경과되지 않았기 때문에, 그리고 생명을 구성하는 입자들 사이의 조합이 현재의 조직화에 관한 이전 시대의 아상블라주(갖가지 물건을 그러모아서 작품을 구성하는 기법)에 의존하기 때문에, 불확실성은 점점 더 가속하게 된다; 진화하는 생명과 이의 기술화된 인간 파생물은, 카우프만Kauffman(2000)에 따르면, "활성된 상태로 가두어진다." 뉴턴의 방정식들은 달에 인간의 발자국을 결코 예측하지 못했을 것이다. 심지어 아인슈타인과 보어 및 다른 과학자들의 방정식들조차도—우리가 예측하기를 원하는 환경에 미리 서둘러서 진술하는 그들의 가정 내에서는 심각한 논리적 결함이 드러난다. 니체는 "나는 미래를 알고 싶지 않다Ich liebe die Unwissenheit um die Zukunft"라고 말하였다. 우리의 진화가 너무 강력하여 법칙들이 적용될 수 없다. 카우프만은, 그의 우주론자 친구인 리 스몰린Lee Smolin(새로운 상수와 법칙들과 함께 새로운 우주가 블랙홀 내에서 태어난다는, 우주의 자연선택설에 대해서 말한 사람[1997])의 업적을 들며, 우리가 영원한 자연의 법칙들을 생각하는 것이, 성문화된 법률에서 인간 행동의 규준처럼, 진화의 과정에서는 사실 일어나지 않을 수도 있다고 궁금해 하였다.

세포 내에서 염색체의 법칙에 따른 이동행동(감수분열)은 생명의 탄생에서는 존재하지 않았다. 오른쪽 대신에 왼쪽으로 뛴 마지막 삼엽충은 사로잡혀 먹히고 전체 계통의 유전자를 모두 빼앗겨 결코 다시 세상에서 빛을 보지 못했다. 튀어오르는 순간, 첫 번째 날다람쥐는 못생겼지만 펄럭거리는 피부판의 도움을 받았다.

우주나 생명이 항상 우연히 과거와 연결되어 있는 미래로 발전되는 그 순간 그런 드문 사건들은, 카우프만이 말하길, 미리 앞서 예측할 수는 없다고 말하였다. 카우프만의 관점은, 『존재의 참을 수 없는 가벼움The

Unbearable Lightness of Being』에서 체코 소설가인 밀란 쿤데라Milan Kundera가 말하였던 대로, 사건은 결코 정밀하게 같은 방식으로 또다시 일어나지 않지만, 결코 반복되거나 다시 회복되지 않고 무한히 분산된 구름처럼 붕 떠서 부유하게 될 것이라고 환기시킨다. 생명은 반복될 수 있는 실험이 아니다. 어떤 것도 정확하게 똑같이 두 번은 일어나지 않는다. 여기서 우리는 얼마나 많은 견해들이 엔트로피의 열역학적 공식화에 빛을 지고 있는지 쉽게 인지할 수 있다. 이를 변형시킨 볼츠만의 관점, 영겁회귀는 여전히 낯설게 느껴진다.

고전 물리학에서는 더 선호되는 방향이 나오지 않는다. 그렇다. 방 안에 모든 산소 원자들이 구석에 합쳐져 머물게 된다면 우리는 곧 질식사하게 된다. 그러나 확률이론에서 그런 경우는 정말로 존재하기 쉽지 않다. 산소 분자들은 방 안에 늘 퍼져 있고 우리는 숨을 쉴 수 있다. 프랑스 수학자 줄스 앙리 푸앵카레Jules-Henri Poincaré는 무한한 시간(매우 긴 시간!) 동안 모든 산소기체 분자들은 구석에서—무한히 몇 번이고 뭉칠 것이라고 강조했다. 모든 고립된 활동적인 시스템은 우리가 바라는 대로 초기의 조건과 비슷한 상태로 결국에는 돌아올 것이다. 이것은 그의 "회귀이론"이었다: 무한한 시간에서는 일어날 수 있는 모든 것이 일어날 것이다. 너의 머리가 빗질되고, 엉클어질 것이다; 그것은 모호크 스타일, 스포츠 스타일, B52 스타일, 퐁파두르 스타일, 그리고 모든 다른 상상할 수 있는 헤어스타일에 있을 것이다. 네가 이 문장을 읽고, 이 책을 사고, 책의 여백에 노트를 적게 될 것이다. 그리고 우린 죽을 것이다. 우린 단지 한 번 살고 죽을 뿐 아니라 무한히 몇 번이고 다시 일어난다. 볼츠만의 확률에 따른 선형의 시간의 논리에 대한 푸앵카레의 해석은 독일의 철학자 니체의 영원회귀의 원칙에 영향을 주었을지도 모른다.

볼츠만의 동료이자 원자의 크기를 처음으로 풀어낸, 로슈미트

Loschmidt는 약간 다른 "가역성 역설"을 주장하였다. 운동방정식이 시간 방향에 관계없이 운동을 지배하면, 열역학적으로 흐르는 시간은, 심지어 확률이론의 도움이 존재한다고 할지라도, 어떻게 원자의 이동으로부터 기인할 수 있게 되는가? 상태들 사이에 전이가 확률에 근거한다면, 엔트로피에 감소는 증가만큼 있을 법하다. 볼츠만은, 예를 들어, 과거가 미래 못지 않게 높은—엔트로피나 뒤범벅이 되지 않을 어떤 이유도 없다는 것을 깨닫지 못했다: 볼츠만은 과거와 미래의 비대칭성을 몰래 갖고 들어온 것이다—그들은 고전열역학에서 입자들의 대칭적인 경로들로부터는 유도될 수 없다.(윌리엄 톰슨William Thomson, 켈빈 경Lord Kelvin, 또한 1874년에 이러한 면을 강조했다.)

로슈미트는 생리기능에 대한 볼츠만의 호소—생명은 타고난 낮은 엔트로피이고, 왜 우리가 낮은 엔트로피인지 그리고 시간을 따라 앞으로 가면서 엔트로피의 상승을 보이는 창조물이라는 것을 단지 우연히 알게 되는 것에 동의하지 않았다. 로슈미트는 대안을 제안했다. 그는 역사의 현재 기원에서 엔트로피 증가의 과정들은 천체(우주) 내 우리의 영역에서 특별한 초기 조건들로부터 얻어진 것이지, 입자의 운동을 지배하는 법칙으로부터, 혹은 몇몇 특별한 생리기능의 결과로부터는 아니라고 말하였다.

아인슈타인은 중심부로부터 퍼져나가는 파동들, 그러나 중심부로 결코 자발적으로 모이지 않는 파동들에 대해서 그들의 비대칭을 설명하지 않은 통계적인 처리를 할 여지가 있다고 동의하고 이를 강조하였다; 그들 역시 몇몇 특별한 초기 조건으로부터 비롯되어야 한다.

푸앵카레의 계산과 로슈미트의 역설은 엔트로피 증가가 시간의 흐름과 연관되어 있다는 주목에 관하여 포괄적인 의심을 남겼다. 고립된 무한한 시스템 내에 모든 것이 항상 되풀이되면, 엔트로피 증가를 주목하게 되는 어떠한 시간 내의 흐름도 없게 된다. 국소적인 엔트로피 감소와 전체적인 엔트로피 증가는 시간의 방향을 보면서 어떤 것들에 의해서는 해석될 수도 있지만, 역학의 법칙과 에너지의 우세성이 주어지게 되는 순간, 어떠한 전체적인 방향도 읽을 수 없다.

볼츠만은 푸앵카레 계산의 관점에 대해서 그의 견해를 다듬으며, 선형의 시간을 단지 천체 일부 지역에서만 존재하는 환영으로서만 생각하게 되었다. 플랑크의 학생인 에른스트 체르멜로Ernst Zermelo에게 보내는 편지에서 그는 "전체의 천체는 모든 일어나지 않을 법한 상태에서 현 순간에 있다"(포퍼Popper 1976, 160에서 인용)―그러나 당시에 이 불확실성은 어디에서 왔을까 그리고 만약 우리가 진화의 과거를 조사하면, 왜 그것은 또한 거기에 있는가?―혹은 달리, 아래와 같이 말하면서 이를 인정했다.

이 일어나지 않을 법한 상태가 지속되는 동안의 시간과 여기에서 시리우스까지의 거리를 전체 천체(우주)의 나이와 크기와 비교하면 하찮다고 생각한다. 전반적으로 열적 평형 상태인 죽어 있는 그런 우주에서, 우리 은하의 크기에서 상대적으로 작은 영역들이 여기저기에서 발견될 것이다. (…) 전체 우주에서 시간의 두 방향은, 공간에서 위아래가 없는 것과 같이, 서로 구별되지 않는다. 그러나 지구 표면의 어떤 장소에서 우리가 지구의 중심을 향하여 그 방향을 "아래로 내린다"고 말할 수 있는 것과 같이, 어느 시간 지점에서 그런 세상 속에서 스스로를 발견하는 살아있는 유기생명체는 덜 일어날 법한 상태로부터 더 일어날 법한 상태(전자는 "과거"이고 후자는 "미래"일 것이다)로 나아가며 시간의 "방향"을 정의할 수 있게 되고, 이 정의에 따라서 우주의 나머지로부터 고립된, 그 자신의 작은 영역이 "초기에" 항상 일어나지 않을 법한 상태에 있다는 것을 알게 될 것이다.

단지 이런 방식으로, 볼츠만은 로슈미트와 푸앵카레의 회귀이론의 증명을 파악할 수 있다고 믿었다; 선형 시간을 환영으로 단지 고려하여 제2법칙은 "유한한 초기 상태로부터 최종 상태에 이르는 전체적인 우주의 단일방향의 변화"—영원회귀에 대한 푸앵카레의 수학적 증명에 반목하고 있는 방향성에 대해서 주장함 없이—로 존재할 수 있었다.

확률이론으로부터 선형 시간의 유도는 매력적인 반면에, 여전히 미스터리로 남아 있다. 미래가 겉보기에, 우리 자유의지에 유연한 채로, 우리의 의사 결정과 가능성들에 열려 있는 채로 남아 있는 반면에, 과거는 왜 정지되어 변화되지 않는가? 시간의 비대칭은 어디로부터인가? 아인슈타인은 수학자인 쿠르트 괴델Kurt Gödel과 함께 일하며 푸앵카레에 의해서 비난받고 있는 볼츠만의 시간 확률이론에 기반을 둔 관점을 향상시키고, 우리가 모르는 사이에 미래로 미끄러져 손에 잡히지 않는 현재 불변의 과거 속으로 얼어붙게 되는, 즉 이러한 비대칭성을 수학적으로 설명하기 위해서 열심히 노력하고 있었다. 괴델이 프린스턴의 진보연구 센터에 있는 아인슈타인 그룹 내에서 함께 일하기 이전에, 아인슈타인은 비가역적인 제2법칙을 역학과 확률이론으로 풀어내 유도하기 위해 세 번이나 노력하였다. 결국 그는 포기하고 더 가벼운 주제들—그의 상대성 이론들(또한 푸앵카레에 의해서 영향 받은)의 주제로 넘어갔다. 그러나 1940년대에 괴델은 아인슈타인에게 상대성 이론에서 시간과 공간을 연결시키는 것이 논리적으로 양쪽 시간여행과 시간통과에 관한 우리 인지에 대한 근거들의 객관적 부족을 암시하게 된다고 말하였다. 아인슈타인은, 괴델과 볼츠만과 함께하는 동안, 일련의 우주 기적으로 간주됐던 시간의 겉으로 보이는 전방 흐름에 관하여 계속 어리둥절해 하였다. 그가 죽기 몇 달 전에, 전과 후 사이의 차이는 "우리의 특별하게 제한된 관점으로부터 일어나는 단지 환영"이라는 볼츠만의 견해를 회상하곤 하였다. 아인슈타인은 그의 둘도 없는 지성을 갖춘 친구이고 스위스에서 학창시절을 함께 보낸 최고의 친구였던 과학자이자 공학자인 고인이 된 미헬레 베소Michele Besso의 가족에게 다음과 같은 짧은 메모를 남겼다. "미헬레는 저보다 먼저 이 낯선 세계를 떠났습니다." 아인슈타인은 베소의 누이와 아들에게도 다음과 같이 적었다. "이것은 그렇게 중요하지 않습니다. 우리, 믿음이 깊은 물리학자들에게, 비록 끊임없는[완고한] 것일지라도, 과거, 현재, 미래의 구분은 단지 환영입니다."(프리고진Prigogine과 스탕제Stengers 1984, 300에서 인용됨).

플라톤이 우리 천체의 존재는 단지 모자란 사본이라고 논쟁했던 순수한 이데아들의 영역, 영속성이라는 것을 우리 인간들은 이해할 수 있다. 불완전한 복제화는 열역학의 제2법칙에 의해서 통제되는 현실, 부패한 세계에서 전형적으로 일어날 듯한 과정이다. 우리의 신체는 나이들어가는 운명이고 아무것도 영원히 지속되지 않는다. 수학적 이상화는 살아있는 현실 속에서 개방된 시스템들 내에 훨씬 더 잘 분리된다. 사실, 현실에서 그들 간의 관계는 똑같이 긍정적으로 다루기 어렵다. 프리고진은 두 세계들에 대해서 진지하게 논의하였다: 달 위에 인간이 도달할 수 있도록 만들기에 충분한 뉴턴의 방정식을 포함하는 가역적인 궤적들의 역동적인 세계; 그리고 과정과 흐르는 시간의 열역학적인 세계—우리가 이상적인 진자의 운동에서 가역성을 인지하도록 하는 시간 중심의 세계가 함께 있는 것이다.

역학과 열역학, 가역적인 입자들과 비가역적인 생명 간의 작은 연결점이 우리를 사로잡아 묶어둘 수는 없다. 영원회귀는 열린 시스템에 바탕을 두지 않고, 지칠 줄 모르는 에너지 공급들로 된 고립된 시스템 내에서만 적용된다. 더구나 우주가 무한하게 확장되면, 그것은 영원히 진화를 계속하여 결코 스스로 반복되지 않게 된다. 사실 순환하는 구배 차이를 사용하는 것들로 접근 가능한 수많은 미시적인 상태들은, 거대해져, 확장되는 우주 속에서 상호 작용하는 입자들의 가능한 가시적인 상태들로 점차 증가되는 작은 일부분일 것이다. 아인슈타인이 역학과 시간 간의 연결점을 향상시킬 수 없었다면, 그것을 이해하기 위해서 볼츠만이 가졌던 두통을 우리 자신에게도 넘겨줄 필요는 없다. 여기에서 열역학과 함께 존재하는 그 상황들은 양자역학에 대한 소위 코펜하겐식 해석을 닮아 있었다: 일들은 항상 일어나고, 심지어 우리는 모두 연결된 생생한 묘사 근처에서 너무나 인간적인 사람들을 모두 다 감싸 안을 수 없을 지라도, 수학적으로 우아하게 그들을 설명할 수는 있다.

아인슈타인과 로슈미트는 천체의 기원 속에 널리 우세하게 퍼져 있는 특별한 초기 조건들에 특히 집중했다. 초기 천체(우주)에서 상수들의 세밀한 조율을 강조하는, 현대의 우주학은 초기에 널리 퍼져 있는 특별한 조건들의 해석과 일맥상통한다. 물리학자 리 스몰린(1997)은 블랙홀을 통해서 태어난 많은 천체들, 다른 물리적 법칙과 상수들을 가진 각각의 존재가 있을지도 모르고, 우리 천체와 같은 유일한 하나가 우리와 같은 것들에 의해서 이해될 수 있을지도 모른다고 제안하였다. 아인슈타인이 지적한 대로, 천체에 대하여 가장 신비스런 것은 우리가 그 모든 것을 이해할 수 있다는 것이다. 문제의 일부분은 우리가 관찰하기 위해서 노력하는 그 구조 내부에 있고, 그러므로 그저 부분적인 해석만을 얻을 수 있다. 우리가 하나의 방식으로 이것을 이해한다면, 우리는 다른 방식으로 이것을 이해하는 기회를 박탈당할 것이다: 우리는 외부에서 방관자로 있지 않고, 퍼즐의 조각들을 열심히 맞추기 위해서 노력하고 있는 것이다.

에너지와 자연선택에 대한 볼츠만의 견해

볼츠만은 그의 새로운 통계열역학과 함께 생명을 이해하기 위해서도 노력하였다. 비록 그가 큰 무리들(집단과 종)의 변화를 설명하기 위해서 찰스 다윈의 자연선택설의 사용을 모방했을지라도, 볼츠만의 이상블라주는 단순함, 분자의 혼돈, 무질서와 기억보다는 오히려 망각을 향하였다. 평형을 향해 가는 시스템은 자연선택에 의한 복잡성의 진화적 증가에 대한 다윈의 묘사를 멸시하고 따르지 않았다. 볼츠만은 더욱 복잡한 형태에 대한 다윈의 적법한 증명이 어떻게 물질의 무질서에 반박하는지를 혼돈스러워 했다: 살아있는 것은 결코 봉인된 상자 안에서는 존재하지 않는 조직화된 구조와 화학적인 결합을 좋아한다. 생명의 비—볼츠만 시스템은, 볼츠만이 잘 알고 있었던, 통계적인 평형으로 바로 접근하지는 않는다. 오히려, 그들은 계속 성장하고 진화한다. 발달 과정에서, 유기생명체들은 내부 엔트로피를 최대화하지 않고 최소화하는 것처럼 보였다.

1886년에 볼츠만은, 선견지명을 가지고, 태양으로부터 지구상에 주어진 에너지 구배 차이가 생명 과정을 작동시킨다고 제안했다. 그는 이 에너지를 사용하는 살아있는 시스템들 사이에서 엔트로피에 관한 다윈 스타일의 경쟁이 있을 거라고 가정하였다(24):

지구와 태양 사이에 거대한 온도 차이가 있다; 그러므로 이 두 개의 대상들 사이에서 에너지는 확률의 법칙에 따라서 전혀 분배되지 않을 것이다. (…) 태양에너지로 생각되는 중간매개의 형태들은, 지구의 온도로 떨어질 때까지, 이는 분명히 일어날 것 같지는 않다. 그 결과, 우리는 쉽게 일의 성능을 위하여, 보일러로부터 냉각점 안에 이르는 물의 전이처럼, 태양에서 지구로 열 전이를 쉽게 사용할 수 있게 된다. 살아있는 것들의 존재에 대한 일반적인 투쟁은 원료 물질들—유기생명체들을 위하여 이들은 공기, 물, 토양, 모두 풍부히 이용 가능한 것들—에 대한 투쟁이 아니라, 열의 형태(불행히도 변형될 수 없을지라도)에서 신체에 풍부히 존재하는 에너지를 위한 투쟁도 아니고, 뜨거운 태양에서 차가운 지구로의 에너지 전이에 의해서 이용 가능하게 되는 엔트로피에 관한 투쟁일 것이다. 가능한 많이 이 에너지 전이를 사용하기 위해서, 식물들은 이것이 지구의 온도로 떨어지기 전에 잎의 표면을 넓게 펼치고 태양의 에너지를 받아들이게 된다. 이는 연구실에서 어느 누구도 여태까지 생각하지 못한, 아직 탐험되지 않은 미지의 화합물의 합성들을 만들어내게 된다. 이런 화학 주방 내에 생산품들은 동물세계에서 투쟁의 목표가 된다.

기브스 자유에너지(아래를 보자)와 같은 측도로 잘 교환되는 엔트로피라는 용어를 제외하면, 볼츠만의 분석은 꽤 현대적이다. 21세기에 이는 최신 유행이 되어서 아래와 같이 재해석된다:

유기생명체들은 서로 싸울 뿐 아니라 도전하는 환경 내에서 스스로 생존하기 위해 최대한 노력한다; 그들은 종종 협동하고 절대적으로 요구되는 자유에너지를 이용하기 위해서 심지어 더 잘 병합한다. 에너지는 생명의 정보 시스템들을 유지하기 위해서 항상 이용되어야 한다. 그들을 구동시키고 필요한 에너지를 뽑아내는 데 능숙한 많은 시스템들이 있다. 구배 차이는 새, 벌, 박테리아, 혹은 인터넷 대화 상대이든, 기능적인 조직화들에 의해서 자유롭게 소멸된다. 개방된 시스템들이 복잡성을 유지하고 성장하는 것은 에너지를 얻기 위해서 정보를 모으는 그들만의 능력을 반영한다.

맥스웰의 도깨비와 천사들

볼츠만 업적의 본질은 통계적이었다. 비평가들은 그의 확률에 기반을 둔 제2법칙의 취급이 온통 흠집투성이라고 그의 업적을 비난하는 것에 대한 논쟁의 수위를 올렸다. 그의 업적이 결점이 없고, 순백하거나 깨끗하지는 않을 것이다: 작다 할지라도, 모든 수만 개의 분자들이 그들의 초기 상태에서 미시적인 상태로 함께 다시 모이게 되는—그들이 불확실성의 방향으로 모이게 되는 기회가 존재하였다. 최근에 상대적으로 더 짧은 시간 동안에 측정된 더욱 작은 시스템들 내에서의 증가로 그런 불확실성은 입증되었다. 미시적인 규모의 양자현상들이 부분적으로는 시간에 대해 가역적이라고 생각되기 때문에, 하나가 분자 이하의 규모와 극도로 짧은 시간의 범위 내에서 존재하게 될 때 엔트로피가 증가되지 않는 가능성을 제안하는 소위 말하는 동요이론이 있다. 2002년에 오스트레일리아국립대학교의 연구자들이 레이저들 사이에 잡혀 있는 라텍스 구슬 위에서 물 분자의 영향력을 측정하며 제2법칙의 "위배"들로서 거론되는 그런 효과들을 발견하였다(왕Wang과 동료들. 2002; 에반스Evans, 코헨Cohen, 그리고 모리스Morriss 1993). 그러나 천문물리학자인 스티븐 호킹Stephen Hawking(1990)이 지적한 대로, 제2법칙은 그것이 확률적이라는 점에서 대부분의 자연 법칙들이 갖는 특징과는 달랐다. 제2법칙은 위배되지 않았다. 이기는 복권 티켓 이상의 의미(특징)를 갖는 어떤 것은 복권을 하는 것이 늘 지는 경기라는 고금의 격언을 위배한다. 아이러니하게도, 오스트레일리아 연구자들의 구슬 실험 중 가장 중요한 실용적인 결과물, 작은 나노기술로 작동하는 기계들—크기에서 십억 분의 일 미터에, 과학자들이 상상하기로, 약물을 전달하는 혈관 속을 지나 날쌔게 움직이는 것들과 같이—은 더욱 작아짐에 따라서 자발적으로 뒤로 움직여 결국엔 작동하지 않게 되는 것이 지금은 분명히 관찰되기 때문에, 총체적인 질서에 관한 희망들을 증가시키는 것이 아니라 그들을 반대로 꺾는 것이었다.

스코틀랜드의 물리학자 제임스 클러크 맥스웰James Clerk Maxwell 은 제2법칙의 통계적인 본성을 잘 깨닫고 있었다. 그가 죽기 전 해에, 그는 네이처지에 기고한 총론에서, 다음과 같이 적었다. "제2법칙의 진실은 (…)통계적이고, 수학적이지만은 않다는 사실이다. 왜냐하면 그것은 우리가 다루는 대상들이 수백만 개의 분자들로 구성되어 있다는 사실에 전적으로 의존하기 때문이다. (…)그러므로 열역학의 제2법칙은, 상당한 정도로, 실체에 속해 있는 충분히 작은 그룹의 분자들 내에서 끊임없이 침해되고 있다(거스트너Gerstner 2002)." 당신이 말하는대로 규칙들은 깨어질 수 있으나, 종국에 규칙은 깨지지 않는다: 사람들이 매일 복권이나 블랙잭에서 이긴다고 하나 결국 도박장(하우스)에게 이득이 간다는 생각을 바꾸지는 않는다. 우주의 도박장은 더욱더 이득을 얻고 있다: 결국 우린 그것을 부인할 수 없다.

어느 누구도 맥스웰보다 제2법칙을 깨는 것에 더욱더 사로잡혀 있거나 그렇게 될 가능성에 관한 시작점에 대해서 민감해 하지 않았다. 영리한 볼츠만과 동시대인이 제2법칙에 대한 실험을—사고실험을 하였다. 그는 작은 도깨비를 형상화하였다. 맥스웰이 말하길, 이 도깨비는 물질의 편향성을 인지하고 상대적으로 더 높은 가능성을 가진 방향으로 그 흐름을 이끈다— 그리고 필요에 따라 그것을 멈춘다. 이론적으로 맥스웰의 도깨비는, 인지되는 순간, 구배와 에너지를 사용하거나 모두 소진하기보다는 구배를 만들고 에너지를 축적하여, 시간의 흐름에 심지어 거역할 수도 있다고 하였다.

1867년에 맥스웰은 동료 물리학자인 피터 거스리 테이트Peter Guthrie Tait에게 다음과 같이 편지를 썼다. "단순한 조사로 모든 분자들의

인투 더 쿨: 에너지 흐름, 열역학, 그리고 생명

경로와 속도들을 알 수 있으나 질량이 없는 [이] 칸막이로 격막에 구멍을 열거나 닫는 것 이외에 어떤 일도 하지 않는 유한한 무엇인가를 생각해 봐."(골드만Goldman 1983, 123). 이에 테이트는 맥스웰에게 열역학의 역사에 대해 그가 작성한 원고를 보냈다. 맥스웰은 그것을 보고 제2법칙에서 빠져나갈 작은 구멍—의식 있는 행위가 있다는 것을 생각하게 되었다. 영리한 시스템이 빠르게 이동하는 입자들을 인지하고 수집하며 피할 수 없이 증가하는 엔트로피의 경향성을 방해할 수도 있다. 자연이 구배 차이를 두려워하는(맥스웰의 시간에서 그렇게 이해되지 않는다 할지라도) 반면에, 그 도깨비는 이 과정을 뒤집어 놓고 차이를 만들고 증가시키며, "사용되어 소진된" 시스템들을 차별된 비평형 상태의 시스템들로 돌려놓아서 더욱더 일이 생산되도록 할 수 있다. 분류할 수 있는 이 도깨비는 심지어 어떤 에너지도 소비하지 않는다: "어떤 일도 일어나지 않는다"고 맥스웰은 적었다.

잘 지켜보고 손가락을 까딱이는 지능만이 작동하고 있다. (⋯) 단순히, 열이 한정된 양의 물질의 이동이고 우리가 그들을 분리시키기 위해서 도구를 물질의 일부분에 적용할 수 있다면, 우리는 그 당시에 균일하게 뜨거운 시스템을 비등한 온도로 혹은 더 큰 질량의 운동으로 회복시키기 위해서 다른 비율의 다른 운동을 이용할 수 있다. 우리는 현명하지 않기 때문에, 이를 전혀 할 수 없다.(레프Leff와 렉스Rex 1990, 5)

맥스웰의 도깨비는 마찰이 없는 칸막이 문 바로 옆에 닫힌 용기 내에 살고 있다. 특권을 부여받고, 전망 좋은 지점에서 그 꼬마도깨비는 접근하는 모든 분자들을 볼 수 있고 어떤 것이 빠르게 지나가는지 쉽게 판단할 수 있다(그림 4.1). 여기에서 그 도깨비는 이들이 통과하냐 마냐를 좌지우지할 수 있다. 더 느린 분자들이 접근하면, 명석한 도깨비는 그 문을 닫을 것이다. 최신유행의 무도회장에서 오로지 잘생긴 사람들만 입장시키는 건방진(몹시 가볍게 들릴지라도) 경호원처럼, 맥스웰의 도깨비는 그들을 세밀하게 구별한다. 원자속도가 열과 관련되기 때문에, 그런 편애는 제2법칙에도 불구하고 한쪽 면의 온도를 점차 올리게 된다. 인지하는 대로, 도깨비는 구배를 없애기보다는 구배 차이를 만들어낸다.

더 느린 분자들의 입장을 막는 이 작은 도깨비—담갈색 옷을 입은 열역학적인 등가물—는 일련의 순수하게 기계적인 장비로 교체될 수 있을지도 모른다. 이것이 정확하게 가능할지는, 여전히 물리학자들을 옥

그림 4.1 맥스웰의 도깨비는 열역학적 생각에서 오는 사고실험이다. 맥스웰은 빠르게 이동하는 "뜨거운" 분자들과 느리게 움직이는 "차가운" 분자들 사이를 세밀하게 구별할 수 있는 크기가 작고, 손이 빠르며 견문이 넓은 실체(도깨비)를 상상하고 가정하였다. 도깨비는 뚜껑 문을 치켜 올려 열어서 오로지 빠르게 이동하는 분자들(위 그림에서 사각형 모양)을 다른 방으로 옮겨지게 만든다; 더 느린 분자들(위 그림에서 원형 모양)은 원래 있던 방에 머물게 된다. 어떤 일도 관여함 없이 위와 같은 결과가 얻어지게 된다. 만약 이런 일이 가능하게 된다면, 이것은 열역학 제2법칙을 철저히 부정하게 될 것이다. 무(無)로부터 일이 얻어질 수 있는 구배 차이가 일어나고 있는 것이다.

인투 더 쿨: 에너지 흐름, 열역학, 그리고 생명

죄는 수수께끼이다. 그런 장비가 만들어질 수 있다면, 결과는 환상적일 것이다: 열은 차가운 곳에서 뜨거운 곳으로 흐를 수 있고 공짜로 에너지를 만들어낼 수 있게 된다. 필요한 도깨비 기술로, 당신의 냉장고에서 나오는 열을 통해서 눈더미에서 사우나를 하거나 마시멜로를 구워 먹을 수 있게 된다. 원자들 중에서 빠르게 이동하는 것들만 모으는 메커니즘으로 온도 차이들을 만들어내고, 가정에서 사용하는 전기제품들을 가동시킬 수 있고, 색다르게 공기를 이용하여 자동차를 움직일 수 있을지도 모른다. 도깨비의 기술로, 콘센트 없이 냉장고를 가동시킬 수 있고 동상을 입지 않고 빙하 주변에서 발가벗은 채로 수영할 수 있으며 전기요금 고지서를 빠르게 이동하는 입자들을 위치시키고 수집할 수 있는 지성적인 메커니즘들과 대체할 수 있게 된다.

실제 생활에서 그런 구배 차이를 만드는 도깨비나 기계적 장비들은 상상만 할 수 있고, 절대로 진짜 만들 수는 없다. 미국 특허청은, 작동하는 모델이 주어진 운용 시간 내에 제공되지 않으면, 제2법칙의 위배로 생각하여 제안된 장치에 관한 디자인들을 고려하지 않는다. 맥스웰의 구배 차이를 만드는 유령에 대해서 가장 근접한 것은 살아있는 생명체, 그 자체이다. 지능을 가진 생명체는 느끼고 선택하고 많은 섬세한 작동 방식들을 통해서 행동한다. 박테리아는 당 농도의 구배 차이로 부유하고, 돌말이라고 알려진 더 큰 해양 미생물은 유리 구슬들의 다른 크기와 모양들을 구별할 수 있고, 그들의 무수 규산(이산화규소) 뼈대를 만들게 된다. 존재한다면, 미시적인 권모술수에 이미 능숙한 이들 세포들의 민감도와 선택도는 온도 구배 차이를 만들도록 사용될 수 있고, 그러므로 에너지를 공짜로 얻어내게 된다. 이때 특허화된 에너지를 만들어내는 이들 생명 형태에 대한 문제가 적시될 것이다.

물질과 정신: 감지된 구배 차이들

맥스웰이 그린 가상의 존재는 완벽한 실패작이 아니었다. 여기서 지능이 구배 차이를 일으키는 데 완벽히 성공하지는 못했지만, 구배 차이들은 적어도 일종의 지능으로 변하였다. 우리는 그것을 컴퓨터라고 부르고 있다. 작은 도깨비에 대한 맥스웰의 생각은 박식가로 잘 알려진 실라르드 레오Leo Szilard가 입자의 존재와 부재가 정보의 최소 단위를 나타낸다는 것을 깨닫도록 해주는 데 큰 도움을 주었다. 이는 오늘날 우리가 '비트'라고 부르는 것으로서 전자들이 노트북 컴퓨터의 머더보드에서 흘러다닐 때, 그들의 무생물적인 지능이 부분적으로 맥스웰이 에너지와 정보 간에서 만들었던 연결의 덕분이었다. 지능으로부터 유래하는 구배 차이보다 오히려 전기 구배 차이로 이해할 수 있는, 우리가 보는 컴퓨터 화면에서 깜빡이는 커서가 맥스웰 도깨비가 이의 내부에서 살아 움직인다는 것을 나타낸다.

맥스웰의 도깨비에 대한 저항할 수 없는 최고 논쟁거리는 도깨비가 너무 작아서 들어오는 분자들과 도깨비가 서로 작용할 수도 있다고 가정하는 것이다. 그 장치가 작고 기계적이라면, 그것은 많은 원자와 분자들로 만들어져 있을 것이다. 도깨비가 되는 원자와 분자들이 더 작으면 작을수록, 그들의 통계적인 동요는 더 커지게 되고 모두 그런 입자들로 만들어진 도깨비가 실수를 하는 경향성은 점점 더 커지게 된다. 여기서, 맥스웰은 "나는 왜 심지어 지능이 필요한지, 그리고 그것이 왜 스스로 행동하는지 정확히 모른다"라고 말했다(레프Leff와 렉스Rex 1990, 43).

단지 한 방향으로만 열리고 강한 저항을 무릅쓰고도 분자들을 모이도록 만드는 축소된 뚜껑 문은 또 다른 큰 흥미를 자아낸다. 폴란드의 물리학자인 마리안 스몰루호프스키Marian von Smoluchowski는 오로지 왼쪽

인투 더 쿨: 에너지 흐름, 열역학, 그리고 생명

을 향해서만 열리는 덮개를 생각하며, 재주 있는 손가락을 떠올릴 필요는 없다고 하였다. 먼저 그 밸브를 통해서 몇 개의 빠르게 이동하는 분자들이 들어오도록 하고, 뒤로 돌려질 때 더 느린 분자들이 시스템 내부로 들어오는 것을 막으면 되었다. 1992년에 스몰루호프스키는 이런 방식으로 분자들을 분할하기에 충분히 작은 뚜껑 문이 너무 많은 열을 흡수하고 진동을 일으켜서 결국에는 작동하지 않게 될 거라고 생각하였다.

후에 미국의 물리학자 리처드 파인만Richard Feynman은 스스로 생각한 기계적 도깨비를 선보였다. 파인만의 도깨비는 도르래 상단의 줄에 무게추가 걸려 있고 충분히 빠르게 움직이는 분자들에 의해서 충격될 때 떨어지지 않는 조그마한 래칫과 폴 구동기(스스로 동작하는 기계장치)로 구성된 메커니즘이었다. 그러나 이 장비 역시 마구잡이 변환에 시달렸다; 파인만이 말한 대로 그것은 가열되었다. "곧 그것은 흔들리고 (…) 오고가는지 구분할 수 없는, 결국 문자들이 오고가는지도 구분할 수 없었다"(레프Leff와 렉스Rex 1990, 11). 그 후 컴퓨터 모델화를 통해서 기계적 도깨비의 기능 내에서 마구잡이 혼돈의 방해에 관한 파인만과 스몰루호프스키의 계산들에 대한 정당성이 입증되었다.

독일 튀빙겐대학의 수학자이며 결정적 혼돈에 대한 250편 이상의 논문 연구 업적을 성취하고, 이전에 로스앨러모스국립연구소의 비선형 연구센터에서 방문교수를 지냈던 오토 레슬러Otto E. Rössler는 여전히 도깨비에 관한 희망을 버리지 않고 있었다. 그의 아이디어는? 주사터널현미경scanning tunneling microscope, STM을 사용하여 금판 위나 다른 매끈한 표면에 빠르고 느리게 이동하는 우라늄 원자를 분리해 내었다. 레슬러는 아낙사고라스가 nöos 혹은 마음의 영향력을 묘사하는 페리-코레시스peri-choresis("섞이지 않음"을 의미)란 고전적 생각의 그리스도교 신앙주의를 통한 호기심 넘치는 보전의 흔적을 찾아 헤맸다. 서기 400년 전에 물과 와인의 혼합과 삼위일체를 연결하며, 교회 사제인 그레고리우스Gregorius를 통하여 그 용어는 교리로서 제정되었다. 상냥하게 말하는 학자 레슬러는 초기 상태로 현실을 추론하고, 그때로 이를 제자리에 돌려놓기 위해서, 결정적인 혼돈을 사용하는 프로젝트에 대해서 "순수한 낙관주의"를 간직해야 한다고 말하였다(레슬러 2002). 지금 그것에 대해서 돌이켜 생각해보면, 이것은 결국 도깨비에 관한 프로젝트였을 것이다. 레슬러가 (아인슈타인과 함께) 믿기를 원하는, 양자역학의 돌이킬 수 없는, 주요한 기회들은 당시에 너무나 비관적이었을 것이다. 그 문제에 대한 2,000년 이상(산발적일지라도)의 노력에도 불구하고, 무한한 혼합의 수학이 결정적인 역학 시스템으로서 보여지게 되는, 현실에서 무한한 시간 동안 혼합될 수 없을지는 분명하지 않았다. 그것은(그리고 레슬러 동료들의 업적에서, 무한한 시간 후에 혼합되지 않는 것이 적어도 컴퓨터에서만은 가능하다고 제안된다), 아마도 동적인 시스템 밖에서 존재하는 것에 대해서─ 그의 프로그램을 만지작거리는 혼돈의 프로그래머처럼─당시에 그 기원의 구배 차이는 아마도 다시 재정립될 수 있을 것이다. 우리가 전체의 천체(우주)라고 보는 것이, 우리에게 잘 알려지지 않은 외부를 가지고 있다면, 그때 그것은 아마도 개방된 시스템일 것이다. 그런 것이 존재하거나 가능하다면, 파라다이스 혹은 적어도 천체의 최초 복잡성은 다시금 회복될 수 있다─이는 천국에 대한 혼돈 이론주의자의 심오한 견해이기도 하다.

만약 원시 세포가 오렌지 주스처럼 구성되어 있다고 믿지는 못할지라도, 이를 일상적인 엔트로피 쓰레기로서 간주하면 조직이거나 일을 할 수 있는 것으로도 볼 수 있게 될 것임이 틀림없다. 고인이 된 리처드 파인만의 학생, 데이비드 파인스타인David Feinstein은 추가적인 연구기금의 지원을 받아서 성능이 좋은 값비싼 장비들을 사게 되어 구배 차이에 따라 조직화되는 순간에 엔트로피가 이전에는 도대체 무엇이었는지

인투 더 쿨: 에너지 흐름, 열역학, 그리고 생명

를 밝혀내기 위해서 노력하였다. 그는 도출되는 연구 결과들을 보고 얼마나 소스라치게 놀랐는지를 회상하였다. 그가 사실상 실현 가능한 것을 얻을 수 없을 때, 예를 들어, 그가 엔트로피의 물리학적 묘사에 상반되는 것처럼 보이는 다소 혼돈스런 문제에 관하여 곧장 파인만에게 물어보곤 하였다. 문제들에 대해서 의문점을 갖고 잠든 후에, 파인만은 양자역학은 사실 절대적인 엔트로피의 수준을 드러내고, 그것 이상에서는 어떠한 장비로도 엔트로피를 구해낼 수 없으며 무질서도를 재구성할 수도 없다는 견해를 갖게 되었다(데이비드 파인스타인, 개인적 대화, 2002년 2월). 파인스타인의 경험은 엔트로피는 종종 단지 어둠 속 깊이 있는 것과 같았다: 그것은 더욱 힘 있는 지각, 더 높은 지능 혹은 더 나은 기술들로 밝혀질 수 있을 것이다; 절망으로 잃어버린 것처럼 보이는 것은 만약 우리가 보는 법을 알게 되면 거기에 있을 수도 있다. 이에 대한 가장 유명한 물리학적 예는 잉크가 글리세린의 두 층 사이에서 혼합되는 것이다. 이것은 쿠에트 흐름Couette flow의 형태이고 돌이킬 수 없이 잉크 한 방울이 라인을 따라 번져나가게 되는 것을 볼 수 있다. 실험기구가 반대방향에서 혼합되면, 잉크는 한 방울로서 합쳐져 초기 위치로 돌아오게 된다. 그러므로 그것은 더 높은 지능, 아마도 우리 자손들에게 어느 날 복구되기 이전에 조직의 흔적 한가운데에서 보이게 될지 모른다. 엔트로피와 함께 그런 상황은, 1960년대에 파인만이 선견지명을 갖고 논의했던 대로 영원히 알거나 파악할 수 없는 것이 아닌 미래 나노과학의 영역에 있는, 매우 작은 것에 대한 것과 비슷할 것이다. 양자역학에서 허락된 한계까지, 전체 현실에서 그 한계들 이상이 아니라면, 회복될 수 없는, 비가역적인 엔트로피의 영역에 한정되어 있는 것은 맥스웰 추종자의 충분한 지능 상태하에서 반대로 뒤집어질 수 있다.

그러나 외부에 있는 도깨비는 도깨비가 아니다; 그들은 신이다.

진정한 도깨비들은, 무수 규산 다발을 구분하는 미생물 혹은 컴퓨터든지, 그들이 그 일부가 되는 전체 시스템을 인지할 수 없다. 그들은 외부의 에너지원들에 전적으로 의존한다. 그들의 복잡한 행위를 지원하는 개방된 시스템은 그들 주변의 에너지 환경에 의해서 자극받게 된다.

정보화시대의 많은 것이 (전력을 자성에 연결시켰던)맥스웰의 생각을 에너지에 연결시킨 방식으로 맥스웰의 도깨비에 대한 내용으로 거슬러 올라갈 수 있게 되었다. 1929년에 실라르드 레오는 맥스웰의 도깨비에 대한 내용을 정보처리 과정의 논쟁거리로 가지고 오면서 곧바로 '천사'로 바꾸어놓았다. 실라르드는 "도깨비"는 마구잡이로 배회하는 기체 분자가 방의 어느 쪽에 있는지를 계산해야 한다는 것을 깨달았다. 분자가 방의 어느 쪽에 있었는지에 대한 "인식"은 정말로 단지 이분법적인 주목—왼쪽 혹은 오른쪽 면을 가리키는 '하나' 아니면 '제로(영)'였다. 기계적인 도깨비는 열역학의 제2법칙을 위배할 수 없을지도 모른다. 만약 이를 할 수 있다면, 고립된 시스템 내에서 에너지를 만드는 그 순간, 그런 경이로운 일은 영구 기관과 동일하게 될 것이다. 아마도 그런 독립적인 행동의 생각, 무로부터 에너지를 만드는 것은 개인에 대한 서구적인 견해—우주의 일부로부터 떨어져 나와 자급자족할 수 있는 '론 레인저Lone Ranger'의 생각을 반영한 것이었다.

기계적 도깨비는 영구운동과 같은 완벽한 어떤 것도 할 수 있다: 그것은 에너지 흐름에 기반을 둔 일종의 지능을 보여줄 수 있다. 비록 우리가 그것을 인공적이라고 부를지라도, 컴퓨터의 지능은 우리 자신 스스로의 능력을 확장시킨다; 우리의 두뇌, 기술, 그리고 자연에서 에너지를 이끌어내는 능력은 컴퓨터들의 "주변(환경)"—생태계와 그 에너지 비축량이 인간 두뇌가 진화하며 복잡하고 훨씬 비중성적인 환경으로 나타내게 되는 것같이—의 일부분이다. 열린 시스템은 그 자체뿐 아니라 그것과 연

인투 더 쿨: 에너지 흐름, 열역학, 그리고 생명

결된 그 환경을 반영한다. 컴퓨터의 경우에, 그 환경은 실라르드와 맥스웰 같은 역사상 위대한 인물들을 포함시킨다.

의식이 없는 컴퓨터 혹은 의식하는 동물들 중에서, 지능은 에너지 흐름의 영역들에서 정보를 처리하는 데이터와 관련되어 있을 것이다. 그것의 본질로 축소되었을 때, 아마도, 정신은 뇌에 기반을 두기보다는 뇌가 할 수 있다는 것이다. 그것은 정황적으로는 전체적으로 생각하는 것이다. 정신과 육체는 하나의 영역 내에서 함께 거주하고 있다.

맥스웰 자신은 많은 것을 직감하였다. 1878년에 브리태니커 백과사전에 그가 적은 기사에서, 그는 정보와 에너지 사이의 관계를 다음과 같이 표현하였다.

소산된 에너지는, 열이라고 부르는 분자들의 혼돈된 동요의 에너지와 같이, 우리가 잡을 수도 없이 기꺼이 따르게 되는 에너지이다. 이때 혼돈은, 서로 상관관계상의 용어인 질서처럼, 물질적인 것들, 그 자체의 특성이 아니라 단지 그들을 인지하는 정신과 관련이 있다. (…)그것은 단지 에너지가 필수적으로 이용할 수 있는 형태로부터 소산되는 상태로 이동되는 것처럼 보이는 중간단계에 존재하는 것, 다른 것들은 그에게서 벗어나는 동안 어떤 형태의 에너지만을 잡을 수 있을 것이다.(노르트랜더스Nørretranders 1991, 20-21)

맥스웰이 말하고 있는 구배 차이의 파괴자는 단순모델링 인지기법을 사용하여, 미세하게 변해가는, 에너지가 풍부한 세계의 혼돈 가운데에서 그를 부양하는 구배 차이를 인지할 수 있는 것이다. 가상의 도깨비가 순수한 인지 능력으로부터 고립 내에 구배 차이를 만드는 것과 같이, 실제 도깨비들은 구배 차이를 인지하고 이에 접근하도록 행동하여 주변 환경으로부터 그들이 필요로 하는 에너지를 이끌어낸다. 그들은 더욱 지각력이 있거나(예를 들어, 달콤함에 대해서 당분의 구배 차이) 혹은 더욱 영리하게(진화의 시간에서, 그들은 그런 것 같다) 되면서 유기생물체들은 그들의 성장에 연료를 공급하기 위해서 끌어내는 더욱더 큰 구배 차이를 가지게 될 것이다.

볼츠만은 죽었다

상당히 당당하고 위엄 있음에도 불구하고—확률의 과학으로의 볼츠만의 심도 있는 통합은 양자역학에서 결국 채택되었다— 그것은 출발과 동시에 엄청난 공격을 받았다. 열역학의 통계적 해석에 대한 볼츠만의 공론화 시대에서 공격의 가장 기본적인 유형은 결코 전에는 보이거나 측정된 적이 없는 미시적인 "분자의 원자들"을 그가 이용한다는 것이었다. 켈빈 경과 럼퍼드 경과 같은 과학자들에 의한 원자에 관한 인식이 있기 50년 전에, 볼츠만이 이런 생각을 진보시켰다는 것을 기억하도록 하자. 그 당시에 볼츠만을 신랄하게 비평하던 사람들은 유럽에서도 가장 뛰어난 명성을 가진 만만찮은 물리학자들이었다. (볼츠만의 무덤에 새겨진 엔트로피 방정식의 형태를 고안했던)막스 플랑크Max Planck, 에른스트 체르멜로 Ernst Zermelo, 에른스트 마흐Ernst Mach, 그리고 빌헬름 오스트발트Friedrich Wilhelm Ostwald가 볼츠만을 끊임없이 공격하였다— 그가 시간을 한 방향으로만 보았기 때문이 아니라 물질이 원자로 만들어져 있다고 뻔뻔하게 주장하였기 때문이다. 이 그룹은 "논리적 실증주의자들"의 비엔나협회로 잘 알려져 있었고, 이들은 과학은 연구의 모든 목적들이 단지 보이고 이해되어질 때만 이행될 수 있다고 주장하였다. 볼츠만에 대한 그들의 거부감은 볼츠만이 확률에 기반을 둔 통찰력의 기초에서 활동하며 원자와 분자들의 존재를 증명할 어떤 수단도 없다는 것이었다.

한 독일 학생이 1885년에 뤼베크의 과학학회에서 오스트발트와 볼츠만 사이에서 일어난 논쟁을 묘사했다. "볼츠만과 오스트발트 사이에서 불거진 싸움은 마치 유순한 검투사와 황소 간 싸움 같았다. 이 순간에 황소는 검술에 능한 투우사를 재빨리 넘겨서 제압해 버렸다. 볼츠만의 주장이 승리한 것이었다. 우리, 젊은 수학자들 모두는 볼츠만의 편에 있었다"(코브니Coveney와 하이필드Highfield 1991, 175).

논쟁과 다툼의 시대에서 그가 그의 이론들과 함께 홀로 버티며 서 있는 것처럼 보일 때, 그의 인생에서는 상당한 혼란이 일어났다. 말년인 1894년부터 비엔나대학에서 물리학센터장을 지내면서 건강이 눈에 띄게 나빠졌다. 천식, 심장병, 우울증, 그리고 심각한 두통이 그가 일하는 데 집중력을 방해했다. 그 남자의 인생은 오로지 수학적인 업적에 헌신되었지만, 그는 점차 고통의 세계로 물러나고 있었다.

1906년 9월 5일, 아드리안 해변에서 휴일을 보내는 동안, 볼츠만은 돌아올 수 없는 길인 자살을 선택하였다. 1년 전부터 아인슈타인은 볼츠만의 운동과 미시적인 열적 반응속도를 기반으로 한 업적을 발표하였다. 브라운 운동은 자그마한(마이크로 혹은 더 작은) 입자들이 끊임없이 그들의 자리를 차지하려고 서로를 거칠게 밀어 부치며 물에서 부유하는 순간을, 현미경 아래에서 직접 관찰할 수 있었다. 이 입자들은 물에서 심지어 그보다 더욱 작은 어떤 것—원자들에 의해서도 동요되었다. 아인슈타인에 의한 이 업적으로 열의 속도론적 이론이 "증명"되었다—보이지 않는 원자들은 지금 보이게 되고, 더 큰 입자들에 대하여 튀어 오르며 경쾌하고 가볍게 스쳐지나간다.

처음으로 과학자들이 행동하는 통계역학의 법칙을 현실적으로 따르게 되었다. 원자들은 제2법칙과 일치하여 마구잡이로 튀어 오르고 그들의 존재는 심지어 논리적 실증주의자들에게도 분명해 보였다. 볼츠만이 이긴 것이다. 확률이론의 사용은 나무랄 데 없었다―그리고 매우 뛰어났다. 그것은 과학의 중심부, 처음엔 열역학에서 점차 양자역학으로 들어가고 있었다. 동료 물리학자 막스 보른에게 보내는 그의 편지에서 "그(신)는 주사위 놀이를 하지 않는다"라는 끊임없는 빈정거림으로 거짓말이 오고 갈 때, 결정주의에 대한 아인슈타인의 굳건한 믿음은 지금은 잘못된 것처럼 보인다. 그(신)는 물질로 구성된 현실의 우주 도박장에서 주사위 놀이를 할 뿐 아니라, 도박 중독자인 것처럼 보인다. 진화생물학, 열역학, 그리고 양자역학 모두 기회(우연)를 그들의 세계관 내에 녹여낸다. 이것은 현상 뒤에 실제 원인들을 발견하는 데 있어서 우리의 아둔함, 무능력을 반영할지도 모른다. 혹은 기회(우연)는 우리의 이해력을 넘어서 돌이킬 수도 없고 현실적이며 근본적이게 될 것이다. 아인슈타인은 그가 덜 유명했을 때, "오로지 두 가지는 무한하다: 우주와 인간의 아둔함―그리고 나는 전자에 대해서는 전혀 확신하지 못한다"고 말하곤 하였다.

조사이어 윌러드 기브스

조사이어 윌러드 기브스Josiah Willard Gibbs는 고전열역학 분야에서 신이 미국에 내린 큰 선물이었다. 예일대학교 종교문학과 교수의 아들로 태어난 그는 라틴어와 자연철학에 대한 연구로 동 대학교에서 박사학위를 받았다. 졸업 후 그는 3년 동안 유럽을 여행하며 당시 주요한 과학협회의 주최로 열리는 강연에 참석하였고, 마침내 자신의 일생을 열역학에 투신하기로 결정하였다. 예일대학교 수학과 교수로 임명되어 미국으로 돌아왔고, 이후 좀처럼 고향인 코네티컷 주 밖을 나가지 않았다. 결혼

인투 더 쿨: 에너지 흐름, 열역학, 그리고 생명

을 하지도 않고 누이들과 함께 지냈다. 그의 주요 업적 대부분은 지역 내 〈예술과 과학의 코네티컷 학술 협회지Journal of the Connecticut Academy of Arts and Sciences〉에 투고되었다. 1873년에 그는 첫 번째 주요 업적 「유체의 열역학에서 그래픽 방법Graphical Methods in the Thermodynamics of Fluids」을 이곳에 출판하였다. 죽기 바로 전에도, 아마도 그의 가장 중요한 업적인 「통계역학에서 기본 원리: 열역학의 이론장Elementary Principles in Statistical Mechanics: The Rational Field of Thermodynamics」(1902)을 여기에서 출판하였다.

시스템의 열역학을 분석하기 위한 기브스의 초기 시점은 평형이었다. 그는 (일을 할 수 있는 에너지인)자유에너지와 에너지—엔트로피 할당 사이에서 시스템의 관련성들을 보여주면서, 결국 시스템 내에서 에너지를 풀어내는 데 이르렀다. 기브스는 볼츠만에 의해서 시작되어 맥스웰에 의해서 독립적으로 출범하였던 업적인 입자 집합들의 수학적인 취급을 연마하였다. 모든 종류의, 특별히 화학 반응들의 에너지 시스템을 논의하며, 그는 열역학을 훌륭하게 열과 일의 논의들 이상으로 확대시켜 나갔다.

지금까지 우리는 볼츠만이 관찰한 고립된 열역학적 시스템들, 에너지와 소재 유입들의 내부 흐름이 제거된 시스템을 논의하였다. 모든 행위들에서 수많은 입자들과 시스템들의 전체 에너지가 일정한 검정 상자들이나 혹은 그와 동일한 것들에서만 일어났었다.

기브스는 "시스템"과 외부 세계 간에 에너지 교환이 허락되는 열린 그리고 또한 닫힌 시스템들로 열역학의 범주를 확장시켜 나아갔다. 자유에너지에 대한 그의 개념은 연구 중인 시스템을 닫힌 환경으로부터 노출시켜야 했다. 시스템의 자유에너지는 시스템에서 얻어낼 수 있는 쓸모 있는 일의 총량이다. 기브스 자유에너지가 최소가 될 때, 즉 엔트로피가 최대가 되고 모든 행위들이 멈출 때, 그 시스템은 평형에 있게 된다. 자유에너지는 시스템의 전체 에너지를 온도 곱하기 엔트로피의 결과에서 뺀 것과 같고, 그것은 시스템의 엔트로피와 에너지 사이의 균형을 나타내는 것이다. 그 방정식은 $G = H - TS$이고, 여기에서 G는 기브스 자유에너지이고, 일정한 압력과 온도하의 가역과정에서 발산되거나 흡수되는 에너지이다. H는 내부에너지를 나타내고, T는 온도 그리고 S는 엔트로피이다. 화학 시스템에서 기브스 자유에너지에서의 변화는 반응이 평형에서 멀리 떨어져 있을지 혹은 자발적으로 평형으로 갈지를 쉽게 예측하는 데 사용될 수 있다.

미시적이고 가시적인 열역학은 많은 형태의 에너지 흐름과 자연에서 보이는 에너지 변형을 묘사할 수 있도록 현재는 잘 다듬어져 있다. 사실상 오늘날 많은 과학자들을 위한 열역학은 볼츠만과 기브스에 의해서 최종적으로 정리되고 있었다. 열역학은 단단한 검정 상자들과 따분한 증기—압력표들 간의 묘사로 제한되어 있었다. 그러나 열린 그리고 진화하는 시스템에도 적용 가능한 열역학이 실제로 막 시작되었다.

고전이 된 1923년 문서에서, 길버트 뉴턴 루이스Gilbert Newton Lewis와 메를 랜달Merle Randall은 열역학의 과학적 성과들을 중세의 대성당과 곧장 비교하였다:

신성한 목적과는 별도로, 전례의식의 집행과 두려움에 생기를 불어넣는 고대 대성당들이 존재한다. 호기심 가득한 방문객들이 진지한 것들에 대해서 소곤대고 있을지라도, 내밀(內密)한 목소리로, 그리고 그 속삭임들이 성당 아치의 네이브를 통해서 반향되어 들리는 순간, 돌아오는 메아리는 신비스런 메시지를 품고 있는 것 같다. 수세대를 거쳐 건축가와 미술가들의 노동의 흔적은 잊혀져 버렸고, 노고로 힘들게 지어진 건축 현장의 발판(틀)은 오래 지나 철거되었다. 그들의 실수는 모두 사라지거나 수세기 동안 숨

인투 더 쿨: 에너지 흐름, 열역학, 그리고 생명

겨졌다. 완벽하게 지어진 전체의 완성품만을 보게 될 때, 몇몇 초일류에 의해 발휘된 힘에 대해서 표현하기 어려운 강렬한 인상을 느끼게 된다. 때론 여전히 부분적으로 미완성의, 공사 중인 건물 안으로 들어가기도 한다; 망치소리, 담배 냄새, 인부들 사이의 평범한 농담들이 이 위대한 구조물이 일상적인 방향과 목표를 가지고 인간의 노력에 따라 지어진 결과라는 것을 우리는 새삼 깨달을 수 있다.

과학은 몇 명의 건축가들과 많은 인부들의 노력에 의해서 만들어진 그런 대성당과 같다. 과학적 생각의, 더 숭고한 건축 유적들에서 전통이 일어났다. 여기에서 격식을 차리지 않는 말투의 친근한 사용은 특정한 엄격함과 형식들에게 자리를 내주게 되었다. 이것이 때론 명확한, 한 치도 틀림없는 생각을 촉발시키는 그 순간, 그것은 결국에는 이를 따르는 수련자(修練士)들에게 더욱더 종종 가혹한 위협이 되곤 한다. 그러므로 우리가 열역학의 고전체계를 통해서 독자들을 만나고 가르칠 때, 현재도 건설이 진행 중인 워크숍 내부로 과학의 통례적 엄격함을 유연하게 만들기 위해서 노력하여 그것이 지금 현재 생각의 명확성들과 서로 상호호환될 수 있게 된다.

현재에 공사 중인 부분들, 우리가 믿기로 미래 과학의 열역학적 대성당 내에 속하는 방들과 스테인리스 유리 창문들을 세심하게 보면서, 이 건물의 곳곳을 따라 돌아다녀보자. 진화하는 생명과 마구잡이화되는 물질의 외관상으로는 비교할 수 없는 방향성들이 있음에도 불구하고, 볼츠만은 자연선택의 법칙이 시간이 지나감에 따라서 살아있는 물질을 어떻게 변화시키게 행동하는지에 대한 다윈의 고귀한 견해에 깊은 감명을 받게 되었다. 1886년 5월에 왕립과학학회 공식 미팅에서 있었던 대중강연에서, 볼츠만(1886, 15)은 19세기에 과학의 진보에 대해서 다음과 같이 논의하였다:

실증적 경험의 과학 기구를 실용적인 이득을 얻기 위한 도구로서 간주한다면, 우리는 확실히 그것의 성공을 부인하지는 못한다. 상상할 수 없는 결과들이 얻어졌다. 우리 조상들의 몽상, 그들이 동화 속에서나 꿈꿨던 것들, 경이롭게 능가된 기술과 조화된 과학이, 놀라움을 금치 못하며 경악하는 우리의 눈앞에서 실현화되었다. 인간들, 물건들 그리고 생각들 간의 거래 관계를 수월하게 하여, 과학은 이른 세기에 인쇄 미학의 발명 덕으로, 가장 근사하게 보조를 맞추는 방식에서 문명을 탄생시키고 퍼트리도록 도움이 되고 있었다. 누가 인간 정신의 진전에 대한 한마디의 용어를 정의내릴 수 있겠는가! 조종 가능한 비행선의 발명은 시간의 문제에 불과하다. 그럼에도 불구하고 나는 생각한다. 우리 세기에 표식을 다는 것은 이런 성취물들이 아니다: 나의 가장 깊숙한 확신에 따르면, 어느 날 그것이 철기, 증기, 혹은 전력의 시대라고 불리게 될지를 나에게 스스로 물어본다면, 나는 그것은 바로 자연의, 다윈의 기계적 관점의 세기라고 명명하게 될 것이라고 거리낌 없이 대답할 것이다.

많은 사람들에게, 다윈주의는 여전히 제2법칙을 반박하는 것처럼 보일지라도, 볼츠만에 못지않은 한 사색가는 양쪽 모두에 확고한 신념을 갖게 된다.

다윈과 볼츠만 이후에, 열역학은 새로운 도구들을 필요로 한다. 슈뢰딩거의 냉철한 비평은 응답을 요구하였다. 시스템들은 왜 복잡성으로 진화하고 조직을 증가시키는가? 볼츠만과 그의 동료들이 제안했던 에너지와 물질의 마구잡이식 분배의 실질상 정반대가 실제 세계 속의 어딘가에서 일어나는 것처럼 보인다.

열린 시스템들은 그들의 경계를 통해서 에너지와 물질의 유입은 물론 배출을 즐긴다. 그들은 평형의 이전 끝에 도달하고 사라지는 것 대신

인투 더 쿨: 에너지 흐름, 열역학, 그리고 생명

에, 그들 주변 지역에서 평형의 도달을 가속하는 시스템들이다. 고립된 시스템들이 예측 가능 상태에서 파멸로 치닫는다. 그러나 실제로 그런 시스템들은 드물다. 열역학의 고전 시대 동안에서 연구된 것들을 제외하고 거의 모든 실제 시스템들은 열려 있다. 심지어 열적으로 봉인된 상자들도 중력에 의해서 외부 세계로부터 영향을 받는다. 심지어 그것의 결과들은 여태까지도 무시되었다. 천체 그 자체가 더욱 닫힌 시스템처럼 행동하든 열린 시스템처럼 행동하든지는 심지어 아직 알려지지 않았다. 천체가 완전히 고립되어 있고, 그것이 무한하다면, 그것은 고전열역학의 유한한 시스템들처럼 행동하지 않을지도 모른다. 그것은 열 죽음을 속일지도 모른다.

열역학은 아마존의 생태계에서부터 글로벌 경제에 이르기까지, 생명의 화학적 발생뿐 아니라 생명의 현재 기능들의 이해에 관한 기반 지식들 모두를 제공한다. 생명은 열역학의 제2법칙에 벗어나지 않을 뿐더러 생명은 제2법칙의 가장 인상적이고 외경심을 불러일으키는 현시(顯示)이다. 슈뢰딩거가 태초부터 지각하였던 대로, 유전학은 그런 이야기의 유일한 일부분인 것이다.

흥분을 일으키는 연구 계획들과 프로그램이 여전히 진행 중이다. 우리는 공기 중에 먼지, 새로운 열역학의 대성당을 수선하는 데 사용될 수 있는 디자인과 도구들에 대한 끊임없는 논쟁들을 보게 될 것이다. 우리는 공사 헬멧과 동일한 지성(지능)을 쓸 필요가 있을지도 모른다. 조각의 울림소리, 일꾼의 땀들과 노력들을 넘어, 새로운 과학의 구조가 존경받고 있는 토대, 고전열역학의 대성당을 바꾸기 위해서 나타나고 있다.

제5장

자연은 구배 차이를 혐오한다

간단한 소식은
다정한 장엄함으로
자연이 들려주지.
그녀의 메시지는
내가 볼 수 없는
손에 맡겨져 있어.

— 에밀리 디킨슨 —

오늘날, 물리학과 공학의 대부분의 과학자들과 학생들은 아마도 열역학의 전성기는 카르노, 클라우지우스, 볼츠만, 기브스의 업적들과 함께한 19세기라고 생각한다. 그러나 우리는 20세기에 활약한 열역학의 위대한 영웅들도 기억해야 한다. 1908년에 열역학은 독일 태생의 수학자인 콘스탄티노스 카라테오도리Constantin Carathéodory의 업적을 통해 큰 진전을 이루었다. 카라테오도리는 "엔트로피 증가"가 제2법칙의 일반적 진술이 아닌 가장 기본적인 관찰이라고 보이는 증거—모든 자연현상이 비가역적이라고 보이는 증명들을 면면히 구축하였다.

비가역 과정들은 이전의 상태들로부터 차단되어 있다. 과거는 더 이상 접근하기 어렵다. 이미 문은 닫혔다. 네가 압축된 풍선을 펑하고 터뜨리면, 특정한 압축 상태는 더 이상 이용 가능하지 않게 된다. 세계무역

센터는 재건될 수 있지만, 그것은 이전과 정말 똑같을 수 없다. 돌아올 수 없는 지점이 있는 것이다.

일찍이 개념화된 정의들과 달리, 카라테오도리의 우아한 수학적 증명들은 시스템의 특성에 의존하지 않고 엔트로피 혹은 온도의 개념에만 전적으로 좌우된다. 비록 그것이 이상적인 진술이라고 할지라도, 수학적으로 카라테오도리의 주장(불리는 대로)은 가히 가공할 만하다(카라테오도리 1976).

버지니아연방대학의 명예교수이자 수학자인 돈 미쿠레키Don Mikulecky는 줄의 실험들이 카라테오도리의 주장을 입증하는 데 사용될 수 있다고 주장하였다(미쿠레키 1993, 19-22, 327-331). 줄이 실험용 용기 밖에서 기계적 일을 공급할 수 있는 마찰이 없는 크랭크와 함께, 액체 내에 담긴 한 세트의 페달을 가진 단열(절연 처리) 실험을 고안했던 것을 기억해보자. 줄은 페달을 이동시켜서 발생되는 물의 마찰력으로 통 내에 온도를 상승시켰다. 용기 내에 매우 정밀한 온도계를 장착하여 줄은 열의 기계적 일을 정확히 측정할 수 있었다. 이 실험은 열역학 제1법칙, 에너지 보존의 법칙─적용된 일과 내부에너지의 등가(等價)의 예이다; 페달을 젓는 것은 동시에 온도의 상승을 이끌 것이다. 그러나 미쿠레키가 지적한 대로, 줄의 페달 실험은 단지 에너지의 보존 그 이상을 증명하였다. 실험에서 나타나는 더욱 기본적인 열역학적 원칙은 비가역성이다: 우리는 페달을 젓는 것으로 유체의 온도를 올릴 수 있으나 열을 페달을 움직이는 데 필요한 기계적 에너지로 되돌려서 사용할 어떠한 방법도 없다.

미쿠레키는 줄의 페달 실험의 한 방향성을 이용하여 제2법칙에 대한 카라테오도리 해석의 확고한 수학적 증명을 발전시켰다. 일을 열로 바꾸는 것은 기정사실이다. 그것을 인지한 후에, 페달과 크랭크를 돌리고 시스템 내부에 주입되는 일을 돌려놓기 위해서 따뜻한 유체를 사용하는 것을 잊어버릴 수도 있다. 이동하는 페달은 카라테오도리가 말하길 "가역적인 혹은 비가역적인 단열 경로"를 따라서 접근할 수 없는 "상태들"의 예이다. 그들은 우리의 지나간 유년시절과도 같다. 줄의 페달들이 열을 내며 달릴 수 있다면, 우리는 공책 한 장을 뜯어서 작은 영구운동 기관을 만들어 낼 수 있는 계획을 그릴 수 있을지도 모른다.

또 다른 기본적인 열역학적 원리는 카라테오도리의 통찰력에 비추어 보면, 줄의 페달 실험에 예시되어 있다. 이것은 복잡한 시스템들의 순환하는 재현 능력 대(對) 봉인된 시스템들에 한정된 물질—에너지 배열의 "망각" 사이에서의 차이를 문제로 삼는다. 열을 만들어내는 페달을 젓는 행위는 고전열역학 시스템이 기운 '재미없음'을 그대로 보여준다. 평형 상태로 이동하고 그들이 거기에 도달해 가는 경로들은 보이지 않게 된다; 그들은 흔적도 없이 사라지는 것처럼 보인다. 예를 들어, 페달에 의해서 생산되는 동일한 내부에너지 증가는 기구에서 단열 재킷을 벗기고 그 시스템을, 지금은 비단열 상태로서, 따뜻한 욕조 내에 담가서 얻어질 수 있다. 이것은 열이 얼마나 무신경하게 넓게 번져나가는지를 보여 준다—열전달은 "경로에 대해서 독립적인" 과정이다.

미쿠레키는 줄이 몇 분 동안 실험실을 떠나고 한 동료가 들어와서 단열 재킷을 제거하고 그 기구를 분젠 가스버너로 가열하였다면, 그가 돌아와서 어느 누구도 시스템이 더 차가운 상태로부터 더 따뜻한 상태로 이동하는 경로를 결정할 수 없을지도 모른다고 지적한다. 심지어 열역학의 셜록 홈즈도 열과 일의 어떤 조합이 온도의 상승을 야기하는 데 사용되었는지는 전혀 알 수 없을 것이다.

카라테오도리의 업적까지 제2법칙의 수많은 증명들은 완벽한 카르노 엔진과 관련된 생각과 물리적 실험들 혹은 통계열역학만을 기반으로 하였다. 비록 완고할지라도, 그들의 관찰 영역은 극히 제한되어 있었

　　　　　　　　　　　　　인투 더 쿨: 에너지 흐름, 열역학, 그리고 생명

다. 카라테오도리의 일반화는 엔트로피 증가 그 자체보다는 오히려 열역학 과정의 비가역성에 집중하고 있었다. 그렇게 하여, 비평형 상태의 상황에서 엔트로피 혹은 엔트로피 생산을 측정하는 어려운 문제들을 우회해 나아갔다. 엔트로피 혹은 엔트로피 생산은 단지 평형 상태에 있는 혹은 평형 상태로 가는 시스템들에서만 계산될 수 있다는 것을 기억하자. 엔트로피의 측정 주변에서 단단히 묶인 사슬들을 잡아 흔드는 이 능력은 우리에게 열역학 시스템을 더욱더 세밀히 탐험하는 데 더 위대한 이론적 명쾌함을 제공하였다.

우리는 단단한 울타리로 둘러싸여 있는, "천체"의 나머지로부터 고립된 단열 시스템을 논의하고 있다. 이 시스템들에서 발전된 일은 피스톤, 변형 가능한 경계들, 그리고 단일 무게에 연결된 전동 발전기들을 포함하는 가상의 이상적인 메커니즘들을 이용하여 모형화될 수 있다. 비가역 과정은 시스템이 평형에 도달할 때까지 하나하나 제거되어 가는 일련의 내부 제약들로서 이해될 수 있다. 그런 제약들은 기계적일 수도 있다. 예를 들어, 시스템을 구획들로 분리시키는 일련의 문들일 수 있다. 여닫을 수 있는 문들을 가진 네 개의 격벽들로 구성된 하나의 상자를 상상해 보자(그림 5.1). 이 격벽들 중의 하나는 기체 10,000개를 가지고 있고, 다른 세 개의 격벽들의 내부는 비어 있다; 그들은 진공상태이다. 당시에 우리가 가지고 있는 것은 구배 차이 혹은 문들에 의해서 닫혀 있는 잠재적인 구배 차이이다. 첫 번째 문, 즉 제약을 열자. 그 기체는 다음 격벽 안으로 흘러들어가 퍼진다. 시스템의 이 부분은 그들 사이에 더 이상 인지할 수 없는 구배 차이와 함께 두 상자 각각에 대략 5,000개의 분자들의 지엽적인 평형 상태에 도달하게 될 것이다. 우리가 나머지 문들을 열고 2,500개의 분자들이 네 개의 상자들의 각각에 정착되게 되며, 그 과정은 반복된다. 제약이 제거되는 순간에, 시스템의 부분들은 평형에 도달하게 된다. 전체 시스템이 평형에 도달하게 될 때, 격벽들 간의 문들이 열리게 되는 순서를 결정할 수는 없다. 지금 만약 우리가 그 문들을 피스톤들로 바꾼다면, 평형 상태로 가면서 시스템으로부터 일을 끌어낼 수 있을지도 모른다. 경로 혹은 과거 제거의 이 원칙들은, 평형에 가는 도중에서 일이 생산될 때, 화학 속도 반응들로부터 결국 방의 온도에 도달하는 뜨거운 한 잔의 차에 이르기까지 폭넓은 분류의 열역학 시스템에 적용될 수 있다.

1965년에 열역학의 0차, 1차, 2차 법칙을 포괄하는 한 가지 법칙이 공식적으로 제안되었다. 그것은 열역학 전문가인 조지 핫소폴로스 George Hatsopoulos와 MIT 기계공학자인 조셉 헨리 키난Joseph Henry Keenan 에 의해서 이루어졌다. 핫소폴로스와 키난은 그것을 "안정한 평형의 법

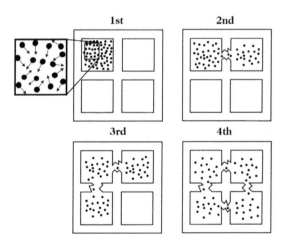

그림 5.1 케스틴에 의해서 제안된 평형 상태로 가고 있는 이상분자 시스템(1979). 하나의 큰 상자가 네 개의 독립된 작은 방으로 분할된다. 초기에 모든 기체 분자들은 하나의 작은 방에 퍼져 있고 다른 방들은 비어 있게 된다. 분자들을 가지고 있지 않은 작은 방들 사이에 압력 구배 차이가 존재한다. 각 방들 사이에 벽을 허물면 압력 구배 차이가 사라지고 모든 방들 사이에는 기체의 동일한 분배를 낳는다. 기체 분자들의 최종 형상은 평형 상태이다. 최종 평형 상태를 관찰하면서 위와 같이 구멍 난 방들에서의 질서를 판단하는 것은 불가능하다.

칙"이라고 불렀다: "고립된 시스템이 어떤 과정을 수행 중일 때, 일련의
내부적 제약들이 제거된 후에는, 이는 항상 고유의 평형 상태에 도달할
것이다; 이러한 평형 상태는 제약들이 제거되는 순서와는 전혀 관계가
없다. 평형의 고유한 상태는 엔트로피의 최댓값에 의해서 특정화된다.(핫
소폴로스와 키난 1965, 29, 198-99). 비가역성의 비슷한 진술, "열역학의 통일
된 원칙(원리)"은 1966년에 브라운대학의 조셉 케스틴Joseph Kestin에 의해
서 제안되었다(케스틴 1979, 2).

비록 잘 알려지지는 않았지만, 핫소폴로스, 키난 그리고 케스틴에
의해서 제2법칙은 통일화 및 단순화되어 놀랄 만한 진보를 이루고 있었
다. 그들의 업적은 제약들의 제거와 함께, 지엽적인 평형에 도달하는, 평
형으로부터 몇 걸음 더 멀리에서 시스템의 행동에 관한 포괄적인 개념을
제공한다. 제2법칙의 이 공식적인 진술은 엔트로피 개념을 포함한다. 그
들의 진술은 모든 과정들의 방향과 평형의 최종 상태를 가리키고 있다.
구배 차이의 자발적인 소멸이 중요한 열역학 존재의 문 앞에 이미 와 있
었다.

핫소폴로스, 키난 그리고 케스틴에 의한 업적은 '르 샤틀리에의
원리'에서 더욱 분명히 보이게 된다:

평형의 인자들 중에서 어느 하나 변화의 영향력하에서, 화학평형에
모든 시스템은, 변형이 홀로 발생한다면 그것은 의문의 인자의 반대방향에
서 변화를 만들어내는 일련의 방향에서 변형을 경험하게 된다. 평형의 인자
들은 세 가지 형태의 에너지—열, 전기, 그리고 기계에너지—에 대응하는 온
도, 압력 그리고 기전력이다.(로트카Lotka 1956, 281)

이탈리아의 물리학자인 엔리코 페르미Enrico Fermi(1956)는 1936년

열역학 강연에서, 화학 반응의 평형에서 외부 조건에 변화의 결과는 르 샤틀리에의 원리에 의해서 규정된다고 주장하였다. 평형 열역학적 시스템의 외부 조건들이 변하게 되면, 시스템은 외부 조건들의 변화에 반대하는 그런 방향으로 이동하는 경향이 있을 것이다. 화학에서 "발열" 반응은 열을 만들어내는 것이다. 예를 들어, 화학 반응에서 반응물 A는 B와 반응하여 C와 D 및 약간의 열을 생산해낸다. 우리는 이것을 A+B $\rightarrow$ C+D+ 열이라고 적을 수 있다. 기브스는 그런 시스템에 관한 열역학적 해석을 제공하였다.

페르미는 주어진 화학 반응이 열을 발산하면 반응기 내에서 온도의 상승은 위 반응에서 화학평형을 왼쪽 편으로 이동시키케 됨을 주목했다. (화학 표시법에서 왼쪽에서 오른쪽으로 진행하는)그런 반응은 열을 발산할 때, 즉 왼쪽으로 평형의 이동이 결과적으로 열을 흡수하게 되고 온도의 상승을 저지하게 되는 것이다. 비슷하게, (일정한 온도에서) 압력에 변화는 결과적으로 반응들의 화학평형을 이동시키고 최종적으로 압력 변화를 저지하도록 적응해 간다. 양쪽 열린 그리고 닫힌 시스템들 모두에 적용되는 이런 화학 반응들의 열역학적 행동은 프랑스의 앙리 루이 르 샤틀리에Henri-Louis Le Châtelier와 독일의 카를 페르디난트 브라운Karl Ferdinand Braun으로부터 독립적으로 발견되었다. 케스틴Kestin이 그것을 "앙심의 원리"라고 부르는 반면에 프리고진Prigogine은 그것을 "중용(절제)의 원리"라고 하였다. 그것은 열린 시스템의 버전에서는 제2법칙의 버전으로서 간주된다.

돌이켜보면, 위에 설명된 수많은 원리는 구배 차이에 대한 자연의 혐오감을 반영한다는 것을 잘 알 수 있다. 구배 차이는 압력, 화학적인 농도, 온도, 혹은 어느 일과 관련된 잠재력일 수 있다. 구배 차이들이 시스템들을 평형으로부터 멀리 이동시킬 때, 그 시스템들은 적용된 구배 차이들을 저지하도록 상태들을 옮긴다. 일반적으로 시스템이 평형 상태로부터 더 멀어질 때, 점차 더 많은 에너지가 그들이 거기에 유지되어 있도록 필요로 하게 된다.

구배 차이들을 저지하도록 이용 가능한 몇몇 방법들은 몹시 조직화된 구조와 과정의 발전의 소산을 포함하게 된다. 다소 역설적으로, 내부에서 조직화하는 복잡한 과정들은 더욱 효과적으로 그들 주변에서 구배 차이를 제거하게 된다.

돈 미쿠레키(1993)는 경계를 통해서 물질이 아닌 단지 에너지만을 허락하는 투과성 벽면으로만 분리된 서로 다른 온도들에서 두 개로 분리된 방들을 모형화하여, 저항기와 축전기로 만들어진 수학적인 전력 네트워크를 구축하였다. 그의 목표는 고립된 시스템 내에서 구배 차이의 자발적인 감소에 대한 이론적인 의문을 조사하기 위해서 네트워크 열역학을 이용하는 것이었다. 이런 모형을 탄생시킨 후에, 미쿠레키는 이와 관련된 방정식들을 적는 데 다섯 쪽을 할애하며 아래와 같이 말하였다:

여기서 우리는 분명히 어떻게 열역학의 제2법칙이 시간에 따라서 구배 차이의 감소로 읽히는지를 보게 된다. 단지 시스템이 고립되거나 평형에 도달하게 될 때, 명백한 구배 차이의 감소를 위한 경향으로 열역학의 제2법칙은 단순히 해석된다고 이 단순한 시스템과 그것의 네트워크적 분석은 입증한다. 비평형의 정상 상태들에서, 이 경향성은 결과적으로 에너지의 끊임없는 소산을 생산하고 시스템 전반을 통하여 지속되는 일정한 흐름을 만들어 내게 된다.(미쿠레키 1993, 52-53; 원본 주장)

미쿠레키와 함께 주말 동안 논의 후에, 이 책의 공저자 중 한 명인 에릭은 국제시스템과학학회 미팅에서 "자연은 구배 차이를 싫어한다"는 요약문을 적었다. 엔트로피 그 자체에 변화만큼 열역학의 기본이 되는 특성인 구배 차이의 감소에 대한 정의를 우아하게 보여주었던, 미쿠레키의 증명을 참조한 것이었다. 또다시, 핫소폴로스, 키난, 그리고 케스틴의 추론은, 단지 평형에서 정의될 수 있는 중요한 변수들에 대한 지식이 없이도, 엔트로피를 정의하는 문제들을 회피해 나간다. 단지 엔트로피 생산이 아닌, 구배 차이의 소멸에 집중하는 것은 이 시스템들에 대한 더욱더 완벽한 분석을 제공하게 된다.

혼돈 이론가들은 약간의 변화들이 불균형의 영향—나비의 날갯짓이 결국에 난폭한 천둥번개를 일으킬 수 있다—을 가질 수 있다고 지적하기를 무척 좋아한다. 작은 변화들은 또한 개념의 공간에서 불균형의 영향력을 가질 수 있다. 단순히 엔트로피가 증가되거나 감소하기보다 오히려, 비가역의 구배 차이의 감소의 렌즈를 통해서 우리가 세상을 바라보게 되는 그 순간, 세계는 변한다. 풍선이 펑 하고 터지면 내부와 외부 사이에 존재하는 압력 구배의 차이는 소멸되고 결국 같아지게 된다. 구배 차이들의 소멸에 의해서 존재하는 조직들이 있는 베나르 세포, 테일러 소용돌이와 화학 순환들을 보게 될 것이다. 자연에서 일어나는 행동을 묘사하는 일련의 방정식들이 아닌, 우리에게 재공식화된 제2법칙은 스스로 활성화된 힘으로 나타난다. 물이 금속의 가솔린 컨테이너로부터 끓게 되고 증기가 나간 후에 뚜껑이 빠르게 잠기게 되면, 내부는 진공상태가 될 것이다. 그 결과로 생산된 구배 차이, 즉 우리가 공기라고 부르는 혼합기체(대개 질소)가 캔 안의 지역적인 부재의 형태에서, 본질적으로 확률적인 비정상적인 자연이 압력 구배 차이를 감소시킬 때, 마치 맹렬하고 의도적으로 보이지 않는 손에 의한 것처럼, 금속 캔은 신속하게 찌그러져 버리게 될 것이다. 제곱인치당 14파운드의 무게는 금속을 엉망진창으로 만들

인투 더 쿨: 에너지 흐름, 열역학, 그리고 생명

어 버리고, 구배 차이는 거의 모두 소멸된다. 제2법칙은 강철을 부숴버리고, 피스톤을 심하게 휘젓고, 엔진을 몰아붙인다―그리고 복제하는 세포들이 있는 시스템의 생체막 내부에 정교한 순환을 만들어 낸다.

제6장

강물은 흘러야 한다: 열린 시스템들

이 하천에서는 와류, 파동, 스플래시 등의 변화하는 패턴을 볼 수 있는데,
분명히 그러한 독립적인 존재는 없다. 오히려, 그들은 흐름의 전체
과정에서 발생하고 사라지는 흐름 운동에서 추상화된다.
이러한 추상화된 형태에 의해 소유될 수 있는 일시적인 생존은 궁극적인
물질로서의 절대적으로 독립적인 존재보다는 행동의 상대적 독립 또는
자율성을 의미한다.

— 데이비드 봄 —

창조적 파괴의 과학을 향하여

고전열역학과 통계열역학의 투우사들이 시간과 변화의 황소에 맞
서 용감하게 싸우는 면에서는 매우 재빠르고 영리하나, 더욱더 야망을 가
진 투우사—인위적인 경계들에 한정되지 않은 시스템을 연구하는 일반
적인 열역학—에게 그들의 자리를 내주게 된다. 이 시스템의 자연적인 성
장—구배 차이의 소멸을 먹고 사는—은 "창조적인 파괴"[3]의 초기 과학
을 보여준다. 열린 시스템의 과학, 비평형 열역학NET이 만개하기에는 아
직 초반이기 때문에, 그것의 역사를 말하는 것은 쉽지 않다. 그럼에도 불

구하고, 주요 표지물로서 로트카Lotka, 온사게르Onsager, 그리고 프리고진 Prigogine의 업적을 강조하면서, 이 장에서는 이의 미래 역사에 관한 대략적인 로드맵을 제안하고자 한다. 그것이 발견했던 조직이 에너지 흐름에 의존하는 시스템인 것처럼, 이 시스템을 연구하는 과학—NET와 그것의 하위분야, 이 책에서 논의되는 생명의 열역학—은 유체 흐름의 상태 안에 있다. 분자생물학이 과거에 중요했던 만큼 생명과학이 미래에서도 중요한 원리인 주요한 특징들을, 다소 모호하지만, 구별하기 위하여 시도하면서, 우리는 아마 너무 이르지만 드디어 이 흐름들에 대해서 심사숙고하게 된다.

앨프레드 로트카Alfred Lotka는 물리 화학자로서 교육받은 후 통계 분석가로서 보험 회사에서 일하였고, 여가시간에는 생물학을 배우는 학생이었다. 그의 동료들보다 거의 한 세대를 앞서서, 로트카는 생명은 에너지를 소산시키는 준안정적인 과정이라고 말하곤 하였다. 그는 "물질"로 안정되거나 잘못 이해될지라도 정말로 '과정'이라고 이미 지적했다. 살아있는 물질은 태양에서 제공되는 에너지에 의해서 평형 상태로 유지될 때, 끊임없는 흐름 속에 있게 된다. 로트카는 지구상에 생명은 열린 시

---

3 인터넷에 의한 새로운 경제에 대해서 언급한 연방준비제도 이사회 의장인 앨런 그린스펀 Alan Greenspan의 말을 빌리자면, '창조적 파괴'란 용어는 오스트리아 태생의 하버드 경제학자인 조지프 슘페터Joseph Alois Schumpeter와 관련되어 있다고 한다. 그의 업적(1939, 1942)에서 그는 비경쟁적인 산업들(예, 포드의 자동차는 제너럴 모터스에게 빼앗기고, 후에 일본 자동차 생산품에 의해서 "파괴된다")이 파괴될지라도, 새로운 생산품(예를 들어, 헨리 포드의 자동차, 개인컴퓨터)을 창조하는 자본주의의 능력을 더욱 강조했다. 그린스펀은 슘페터에게 헌사를 바쳤다. 그의 생각은 일찍이 완전히 파괴해가는 시바 여신의 형태를 보여주는 힌두 철학과 더불어 『차라투스트라는 이렇게 말했다Thus Spake Zarathustra』에서 보여지는 오래된 사회 구조들은 새로운 것을 창조하기 위해서 파괴되어야 한다고 말했던 니체의 사상과 같은 독일철학자의 작품들에서 뿐만 아니라, 베르너 좀바르트Werner Sombart의 업적인 경제학에서도 잘 나타난다. 이 '창조적 파괴'라는 용어에 대한 사용이 열역학적일 뿐 아니라, 우리가 이 책의 19장에서 검토할 경제학에도 포함되어 있는 것이 분명하다.

스템이라고 강조했다. 그것은 생명에너지와 생물리학적인 열역학적 현상인 것이다.

　그러나 지금 열역학은 열리고 자라나는, 때묻지 않은 시스템들과, 경계들을 가로지르는 끊임없는 흐름들을 즐기는 시스템을 아직 잘 묘사하지 못하고 있다. 로트카는 평형 근처의 시스템은 변하지 않는 것처럼 보이나 구배 차이로부터 동력을 얻게 되어 사실은 정상 상태에 있다고 인지하였다. 열, 전력, 화학 반응물, 혹은 확산 물질의 흐름이 정적이고 변화하지 않는 상태—물질 이상의 과정, 흐름—를 창조하고 평형으로부터 어느 정도 거리를 유지한다. 로트카는 지구 표면의 화학 조성들은 그런 "준안정" 상태에 있다고 말하였다: 이에 대한 화학도 동일한 상태로 머물러 있다. 왜냐하면 그것이 최대 확률에 머물러 있기 때문이 아니라 새로운 입자들이 끊임없이 더해지고 빠지기 때문일 것이다. 그들의 노력을 보이기 위한 어떠한 변화도 없이, 연습용 자전거에 타고 있는 사람처럼, 그 자리에서 계속 순환하며 달리고 있다.

　준안정성의 단순한 예는 진공청소기 배출구에서 불어오는 공기 기둥에 의해서 공기 중 걸려 있는 탁구공일 것이다. 그런 시연은 몇몇 큰 상점들의 가전제품 부서에서 흔히 볼 수 있다. 흰색 공은 아래에서 위로 불어오는 공기의 흐름으로 떠오르며, 때론 약간씩 흔들흔들거린다. 공의 높이는 그것에 걸려 있는 공기 흐름에 따라서 조절될 수 있다. 진공상태가 없어지는 순간, 그 공은 세탁기와 건조기 사이의 전시실 바닥면에 곧장 떨어지게 될 것이다. 유기생명체도 비슷하다: 그들은 평형 상태로 곧잘 떨어지지 않는다. 왜냐하면 새로운 에너지가 세포 수준 단계에서 끊임없이 공급되고 있기 때문이다.

안정과 준안정: 온사게르의 영역

준안성—또한 정상 상태로 알려진—의 시스템에 대한 처음으로 완벽한 이론적 논의는, 1968년에 노벨상을 수상했던, 예일대학교 교수 라르스 온사게르Lars Onsager에 의해서 1931년에 알려졌다. 그는 네 가지의 중요한 통찰력을 가졌다—그 모두는 그가 발견하기 위해 노력했던 영역들 안에서 발생했다(온사게르 1931a, 1931b).

첫 번째는 직관에 반하는 관찰이었다: "열 확산"이라고 불리는, 열의 확산과 같은 준평형 과정에서, 구조의 놀랄 만한 생성이 있다. 기체 분자들은 열 구배 차이에 대응하며 점차 분리되어 간다: 빠른 것들은 기구의 따뜻한 곳에 있고 느린 기체들은 차가운 곳에 있게 된다. 고전열역학에서는 시스템을 가열하는 것이 분자들의 마구잡이식 이동을 야기시킨다고 생각했다. 구배 차이의 실제—생명으로의 응용은 기체의 단순하지만 구조화된 분배를 정립시켰다.

두 번째는 온사게르의 "상오스트레일리아의 관계"이다. 그의 이름을 따라서, 평형 근처의 영역에서 열역학적인 힘과 흐름은 상호 연결되어 있다. 예를 들어, 압력이 흐름속도에 선형으로 관련되어 있을 때, 관에서 물의 흐름(유동)은 직접적으로 압력(힘)과 관계된다. 화학과 물리학에서 잘 알려진 법칙들은 온사게르의 평형 근처 과정들의 상호적인 관계의 의견에 전적으로 일치한다. 푸리에Fourier의 법칙은 열의 흐름이 온도 구배 차이에서 비례한다고 진술한다; 픽의 확산 법칙Fick's law은 화학적인 농도의 확산과 구배 차이 간의 비례 관계를 기술한다; 그리고 옴의 법칙Ohm's law은 전류와 저항 간의 연결을 정량화 한다—모든 것은 온사게르의 상오스트레일리아의 관계의 버전들이다.

세 번째 관찰은 두 번째로부터 유도된다. 이 시스템은 키르히호프의 전기회로 법칙Kirchhoff's circuit laws을 따른다. 그 법칙은 부피와 질량에서 흐름은 회로에서 전력의 흐름과 유사하고 퍼텐셜(화학농도)은 연결된 루프에서 영(제로)으로 합산되는 것을 말한다. 힘은 보존된다.[4]

네 번째 온사게르의 주요한 실현은 준안정성이 평형으로부터 어느 정도 거리에서 만들어진다는 것이었다. 적절하게 가파른 구배 차이를 가진 열린 시스템은 최소 엔트로피를 생산하는 정상 상태로 천천히 이동하게 된다. 이런 "살아있는 상태로 머무는", 실제 구배 차이의 범위 내에서 이 과정을 유지하는 것은 생명의 활동성을 기대하게 한다.

고전열역학은 최대 엔트로피, 결국 소진으로 향하는 과정을 묘사한다. 온사게르의 영역에서는 우리는 또 다른 상황, 엔트로피 생산을 최소화하는 시스템을 인지하게 된다. 에너지 과학자들은 종종 시스템을 엔트로피 생산의 일정량으로서 지정한다. 일정한 엔트로피 생산이라고 하는 말하는 것이 더 좋은 방법이다. 엔트로피 생산이란 용어는 단위 무게당 생산된 엔트로피로 정의된다. 일정한 엔트로피의 다른 척도는 흐름의 단위 부피당 엔트로피 생산 혹은 단위 면적당 엔트로피 생산을 포함한다. 이로서 일반화를 제공하고자 하는 욕망으로 기존 열역학을 깜짝 놀라게 하며, 다른 연구자들도 평형으로부터 먼 상태의 시스템이 최대 혹은 최소 엔트로피를 생산하게 만든다고 제안하게 만들었다. 그러나 모든 것이 그렇게 간단하지 않다. 어떤 시스템이 에너지와 물질의 끊임없는 흐름에 종속될 때, 평형에 도달할 수 없다. 일리야 프리고진Ilya Prigogine과 동료인 이사벨 스탕제Isabelle Stengers는 그것에 대해서 다음과 같이 말하였다

---

4 온사게르의 이론들은 제2차 세계대전 동안 이용되었다. 즉 우라늄—235을 우라늄 238로부터 분리시키는 방법("기체의 확산")을 제공하는 데 큰 도움이 되었다. 참고로 이 단계는 핵폭탄을 만드는 과정에서 필수적이었다.

(1984, 139), "경계 조건들이 시스템이 평형으로 가는 것을 방해할 때, 그 것은 다음번에 최선을 다하게 된다; 즉, 그것은 최소 엔트로피 생산의 상 태가 된다—다시 말해서, '가능한' 만큼 평형에 가까운 상태가 된다.

사실 이들 평형에 가까운 시스템에 작용하는 힘들은, 때때로 마치 송아지고기를 위해서만 사육되는 것처럼, 약한 것처럼 보인다. 그러나 평 형 근처, 준안정 상태를 세밀히 조사해 가면, 생명의 미래 과학의 이 송아 지는 점점 더 천천히 살찌워지고 있다는 것이 분명해진다. 떨리는 다리들 이 느껴지게 되고 고전열역학의 고립된 상자 속에서 존재한다. 온사게르 와 프리고진은 평형에서 멀리 떨어진 안정한 상태의 새로운 열역학을 예 고하고 있었다. 도구들은 단순한 열린 시스템의 물질과 에너지 흐름의 분 석을 위하여 점차 발전하게 되었다. 곧 그들은 생명에도 적용이 가능하게 될 것이다.

프리고진의 에너지를 소산하는 구조들

브뤼셀자유대학의 프리고진과 그의 동료들인 그레고리 니콜리스 Gregorie Nicolis와 P. 글랜스도르프P. Glansdorff에 의해서 이름 붙여진, 평형 근처 이상에서 온사게르의 영역은 "평형 상태로부터 멀리 있는" 시스템 을 지칭한다. 이 시스템은 에너지를 사로잡고 전개하며 복잡한 물질의 흐 름들을 분산시킨다; 그들은 예측하기 어렵고 때론 갑작스럽게 조직의 변 화를 일으킨다; 말 그대로 그들은 길들여지지 않았다.

프리고진은, 정교한 순환의 화학 반응에 관한 그의 업적에서 알려 진 대로, 에너지를 소산하는 구조에 대한 용어를 대중화시켰다. 로트카에 의해서 처음으로 사용된 용어인 에너지를 소산하는 시스템은 시스템 경계를 가로질러 물질과 에너지를 들여와서 안정하고, 낮은 엔트로피 상태를 유지시킨다. 에너지를 소산하는 시스템은 그들을 가로질러 구배 차이를 가진 비평형의 열린 역동적인 시스템이 된다. 그들은 에너지를 소멸시키고 물질과 에너지의 순환화를 보여준다. 에너지를 소산하는 구조는 그들 주변으로 엔트로피를 내보내고 발산하며 더욱더 복잡하게 된다(프리고진 1955).

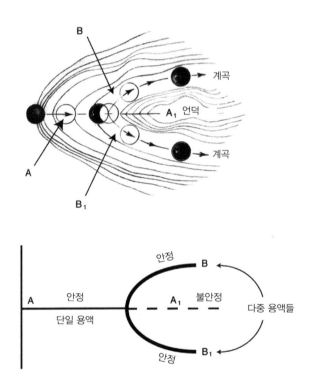

그림 6.1 평형 상태에서 먼 시스템은 그 안정성(Stable)의 영역을 넘도록 강요될 수 있다. 종종 이러한 시스템은 하나 혹은 두 가지 새로운 안정한 상태들로 갈라지게 된다. 이러한 분지(갈라짐)의 과정은 계곡(안정한 상태) 아래로 구르는 공을 보면서 명백히 확신할 수 있다; 한 지점에서 공은 두 방향 중 하나의 계곡으로 흐르도록 "선택"할 수 있다. 이 분지는 현상학적으로나 수학적으로 새로운 안정한 상태들을 이끌어 낼 수도 있다.

인투 더 쿨: 에너지 흐름, 열역학, 그리고 생명

프리고진은 비평형 순환의 화학 반응들과 새로운 상태들로의 그들의 갈라짐에 대한 연구 업적으로 노벨 화학상을 받았다. 프리고진과 그의 동료들은 시스템이 평형 상태로부터 더욱더 멀리 떨어질수록, 시스템은 갑작스런 전이들(이들이 분기점들이다)을 경험하게 된다는 것을 발견했다(니콜리스Nicolis와 프리고진Prigogine 1977). 그 시스템이 평형으로부터 더 멀어질 때, 더욱더 많은 분지들은, 혼돈의 와류와 같은 덜 분절적(分節的)인 상태가 시작될 때까지, 지속적으로 일어난다. 그런 시스템은 때론 가시적이고 역동적이며 안정한 상태들에 도달한다(그림 6.1). 프리고진의 에너지 소산의 과정들은 (1)물질과 에너지가 외부 세계와 교환할 수 있는 열린 시스템과 (2)비선형의 일련의 지배적인 관계들을 필요로 한다. 프리고진의 분지 이론의 일부는 혼동이 하나의 안정한 상태로부터 또 다른 것으로 시스템을 보낼 수 있다는 데 주목하였다(프리고진 1981).

프리고진은 2003년 5월 브뤼셀에서 죽었다. 그는 이곳에서 그의 전 생애를 보냈다.[5] 그의 동료들 중의 하나에 의해서 다음과 같이 적힌 그의 부고 소식(발레스쿠Balescu 2003, 30)이 외부에 알려지게 되었다:

지루하게 상세한 설명을 빼먹는 것을 좋아하고, 대신에 괄호 안에 미술, 음악, 그리고 철학에 대한 관점을 포함시키기를 선호하는 그의 강연은

---

5 프리고진과 그의 부모는 러시아에서 벨기에로 이주했다. 벨기에에서 그는 전 과학 생애를 보냈다. 작은 나라에서 왕가의 자손처럼 취급되며, 왕과 여왕들을 모두 매혹시켰던 작고 통통하며 귀엽게 생긴 프리고진은 전 세계가 결정하는 과정에서 과학의 중요한 역할을 생각해야 한다고 역설하였다. 그는 과학학회에서 눈에 띄도록 모든 강연들에 열심히 참석하였다; 심지어 대학원생 세미나에도 놀라운 방문객으로 앉아 있곤 하였다. 대부분의 학생들은 노벨상 수상자가 그들의 강연에 참석하고 있다는 것에 대한 깊은 존경심에도 불구하고, 프리고진이 강연 중간에 끼어들어, "이것이 무엇을 말하는 것인가?"라고 질문하는 등 만약 발표자가 실수를 하거나 분명하게 말하지 못한다면 당황스러워 하였다.

학생들에게 크게 매력적이었다. 이사벨 스탕제와 함께 작업한『혼돈으로부터의 질서La Nouvelle Alliance』와『있음에서 됨으로From Being to Becoming』및 마지막 작품인『확실성의 종말La Fin des Certitudes』과 같은 일반 대중을 위한 책들은 전 세계에서 베스트셀러였다. 그는 진정한 휴머니스트였고 많은 훌륭한 제자들을 가르쳤다. 그의 죽음은 과학의 역사에서 중요한 장을 끝맺는 것이다.

쥐덫과 다이너마이트

주변 환경으로부터 에너지와 물질들을 얻으나 생체막, 피부, 표피, 그리고 껍질에 의해서 그 환경으로부터 분리된, 유기생명체들은 비평형 상태의 시스템들이다. 일상적으로 미세규모에서 사실이 아닌 것처럼 그들은 평형으로부터 먼 상태에 있다. 낮은—엔트로피, 에너지를 소산하는 구조 내에서 더욱 조직화된 상태에서 살아있든 그렇지 않든 간에 더 큰 "전체적인" 시스템의 엔트로피를 증가시키는 것에 의존하게 된다. 여기에 에너지 소산의 구조가 깊이 내장되어 있다. 제2법칙에 위배되지 않으나 그것이 갖는 "내리막길"의 경향성은, 구조들이 에너지를 화학적 혹은 생화학적인 순환의 증진으로 우회할 때 "막힐"지도 모른다.

로스앤젤레스의 옥시덴털대학 화학과 명예교수인 프랭크 램버트 Frank L. Lambert는 열역학 제2법칙은 생명에서 양쪽 최고와 최악 모두를 설명할 수 있다고 지적하였다. 유기생명체에서 평형은 곧 죽음이다. 그러나 그 과정으로부터 또한 생명, 공학, 문학의 모든 웅장한 구조들이 창조된다. 램버트가 그렇게 말하는 순간(1998, 3), 화학 반응속도(화학동력)는 "수 밀리 초에서 수천 년 동안에 열역학의 팽팽한 활 위에 시간의 화살을 확고하게 재어놓고 있는" 제2법칙의 반대편 측에 있었다. 반응속도는 자연 속의 기계들처럼 모든 세계를 위하여 적극적으로 행동하는 장애물을 만들어 내고 있었다; 비록 건설되지 않고 자연적으로 생겼다고 할지라도, 이 "기계들"은 에너지를 품고 일을 수행한다. 제2법칙과 평형 상태의 그 자연의 "목적(목표)" 사이에 끼어들어서, 화학기계들은 특별한 기능을 갖게 되었다. 또한 끊임없이 소멸하는 일반적인 기능도 갖게 되었다. 다른 한편으로, 살아있는, 창조적인 건축가로서 희곡을 쓰고, 도시를 건설하고, 우주궤도에 망원경을 전개하는 등의 활동으로 에너지를 바꿔 쓰면서 새로운 방향으로 전환하는 우리의 능력은 이 시대를 살아가는 우리가 소유한 가장 위대한 강점이다. 또 다른 한편으로, 제2법칙은 모두에게 머피의 법칙으로 잘 알려진 유머러스한 경구의 "어머니"일 뿐 아니라, 우리의 진화가 죽음과 소멸의 두려움으로 이끌던 일련의 열역학적 평형으로 진행되도록 만드는 무자비한 원칙이기도 하였다.

우리의 섬세한 몸체를 잔인하게 파괴하는 너무나 많은 엔트로피 생산에 의해서 우리는 끊임없이 스트레스(압박)를 받는다. 활성화 에너지 Ea—대부분의 화학 반응들에서 제2법칙에 대한 결합력 장애를 극복하는 데 필요한 에너지양—은 우리의 몸체가 한 모금의 담배연기로 폭발되지 않도록 막는다. 예를 들어, 엔트로피의 최댓값에 도달한다면, 이 페이지는 자발적으로 연소하게 될 것이다. 그러나 다행히도 그것은 성냥의 Ea 없이는 일어나지 않는다. 생명에서, 몸체의 수소가 대기 중에 산소와 반응하기 위해서 제2법칙으로부터 타고난 화학적 경향성은 로켓 연료에서처럼 맹렬하게 일어나지 않는다. 그러나, 우리가 신진대사로서 인식하는 복잡한 화학 시스템을 통해서 흘러나간다. 복잡한 피드백 회로와 이의 조절로서, 우리는 화염 속에서 갑자기 타오르는 것보다 오히려 신진대사를 통해서 천천히 "타오르게" 된다. 밀을 짓기 위해서 물레방아가 힘 있게 물의 흐름을 잡아채어서 방향을 바꾸는 것처럼, 이 화학 시스템들이 한다면 그들은 실패할 수 있다. 그들은 충분한 기브스 자유에너지를 얻지 못할 것이다. 그들은 합성에서 오작동을 경험할 수 있다. 생명의 에너지—채널 링의 능력은 결국 병과 기능장애에 의해서 손상되고 죽음으로 내몰릴 수 있다. 살아있는 물질은, 아마도 영원불멸의 신뢰 속에서, 소멸되는 시스템의 피할 수 없는 엔트로피의 쇠퇴를 속이는 방식—복제(증식)를 알게 되었다. 복제를 통해서 붕괴의 과정에서도 지속될 수 있는 새로운 신체들, 즉 새로운 자연의 신체대사 기계들이 만들어진다.

제2법칙이 주고, 제2법칙이 빼앗아간다.

살아있는 시스템의 연료인 한 편의 화학의 불꽃은 제2법칙이다. 이를 생각하며 램버트는 노벨상의 시조인 알프레드 노벨Alfred Nobel을 주목한다. 노벨은 그의 형과 네 명의 인부들이 가족이 경영하는 나이트로글리세린 공장에서 폭발로 사망하자, 더 안전한 폭탄을 발명하리라 마음먹게 되었다. 노벨의 모든 부(副)는 다이너마이트, 즉 막대 모양으로 고형화된 실리카 물질에 혼합된 기름진 나이트로글리세린 폭탄에 기반을 두고 있었다. 최초 질소 화합물과 달리, 그런 방식으로 단단히 다져진 다이너마이트는 떨어지는 순간에도 폭발하지 않았다. 그것은 덜 위험하였다; 그것은 더 높은 Ea값을 가지고 있었다. 그것이 폭발하려면 발화되어야 했다. 화학 반응 속도는 제2법칙의 행동을 지연시켰다. 그것은 루브 골드버그Rube Goldberg 장치처럼 행동한다—혹은 일련의 플라스틱 장비들로 구성되어 있는 어린이용 쥐덫 게임(예를 들어, 작은 공이 떨어지는 끝에 경사로로 굴러가도록 보내고 더욱더 활성을 촉진하게 되는, 제거되는 선반을 미끄러져 가도록 하는 레버 등)처럼, 에너지의 초기유입이 복잡하게 헤쳐지고 위치에너지는 운동에너지로 전환된다. 예를 들어, 쥐덫에서 스위치의 역전은 레버가 내리 누르게 만들어져 구슬을 나가게 하여 문의 빗장이 열리고 결국 이것이 쥐덫의 기폭에 닿는 무게가 된다. 복잡한 열을 따라 도미노들을 배열하는 것과 비슷한 경우이다. 그들이 순환하게 되는 순간, 생명을 포함하는 복잡한 시스템의 작동에 그런 식의 (도미노의) 집행연기는 매우 중요하다.

"다른-조직화된" 시스템들

토네이도와 레이저는 물론, 세포로부터 생태계에 이르는 살아있는 시스템과 같이 비생명의 조직화된 시스템은 비선형의, 비평형 상태의 열역학적 규칙들을 따른다. 자기 조직화self-organization라는 용어는 정확한 정의 없이 입에서 입으로만 전해져서, 물리학자이자 바르셀로나 과학박물관장 조지 와겐스버그Jorge Wagensberg가 지적한 대로, 잘못 사용되고 있는 과학 호칭의 예가 되었다. 대부분의 "자기-조립화되는" 시스템들은 그들의 조직을 유지하기 위해서 외부로부터 자유에너지를 공급 받는다: 그들은 감소하는 구배 차이들에 의해서 조직화된다. 종종 그들은 자기 조립화가 아닌 자기 스스로에 대한 특성과 함께 구배 차이에 따른 조직화되는 시스템으로서 잘 묘사된다. 외부의 에너지원으로부터 복잡한 순환들을 통한 과정에 이르는 전력의 구배 차이에 의존하는 생명과 세포의 오토매트(자동인형)에 대한 게임 같은 컴퓨터 패턴에도 이는 잘 적용된다.

평형으로부터 멀어진 시스템은 주변의 환경에 동시적으로 엔트로피 증가를 내보내어 그들의 소멸된 엔트로피에 대한 대가를 지불한다. 그런 필연적인 외부의 무질서에 관한 가장 친밀한 예는, 문제의 소지가 있기는 하지만 '오염'이다. 단지 인간 기술력만이 아닌, 모든 유기생명체는 외부에 쓰레기를 배출한다. 엔트로피는 비선형, 비평형의 열역학적 시스템이 외부로부터 에너지를 지휘하는 능력을 잃어버리고 평형으로 돌아오게 되는 순간에 일어나는 죽음을 피할 수 없다. 살아있는 신체와 방금 죽은 시체는 시체에서는 특별한 비선형의 열역학적 과정이 멈추기 때문에 다르다. 모든 것이 가만히 있도록 노력해 보자. 우리는 그렇게 할 수 없을 것이다. 대개 유기생명체는 죽음으로써 마침내 가만히 있게 된다. 에너지를 활동적으로 가동시키는 순간, 그 즉시, 그것을 이용하게 된다. 잘 발달된 정글은 내부의 구성 물질들을 잘 보존하고 있다. 죽은 곤충이나 나뭇잎들이 아마존 열대 우림과 같이 완숙한 생태계의 밑바닥에 떨어질 때, 이 분자들은 청소되고 새로운 생명체로 재탄생하여 순환된다. 자연에는 휴지통이 없다; 모든 것은 우아하게 사용된 후 재활용된다. 이는 유기생명체가, 비록 영혼이 없다고 할지라도, 상대적으로 무한한 에너지의 환경에서 유한한 물질을 이용하도록 진화하였기 때문이다. 유기생명체가 회복할 수 없는 쓰레기는 열, 즉 에너지 변형의 최종 상태일 뿐이다. 재순환의 영역에서 가장 초기에 진화한 미생물은 우리에게 분명하게 많은 가르침을 준다. 박테리아와 곰팡이는 복잡한 분자들을 분해하고, 엔트로피로서 열을 생산하며, 한때 살아있던 신체들을 상대적인 평형 그리고 정적인 상태로 되돌려서, 개체들을 분해하여 움직이는 생태계 내로 다시 되돌려져 새로운 형태들을 만든다. "에너지는 흐른다; 물질은 순환된다"고, 해럴드 모로위츠는 말했다(1997, 121).

살아있는 것의 열역학적 과정을 명확히 관찰하기 위해서, 예를 들어 짚신벌레를 생각해 보자. 물웅덩이에 가서, 물을 뜨고, 현미경으로 물 속의 미생물들을 관찰한다. 세포핵을 교환하는 섬모충인 짚신벌레가 나선모양의 세균들과 다른 박테리아 종류 및 담륜충과 조류들에 의해서 둘러싸여 있다. 자세히 보면, 첫 번째로 보게 되는 것은 짚신벌레의 몸체가 투명한 막에 의해서 웅덩이의 물과 구분되는 모습이다. 세포소기관이라고 불리는 미토콘드리아와 또다른 뚜렷하게 구분되는 세포 부분들에 의해서 둘러싸인 채로, 세 개의 핵(큰 것 하나, 작은 것 두 개)이 내부에서 발견된다. 짚신벌레 내부에 신진대사, 이동, 그리고 복제 등 모든 것은 음식으로부터 에너지를 사용하여, 몸체를 평형으로부터 어느 정도 멀리 두게 하고 끊임없이 기능하는 구조로 조직화한다. 짚신벌레는 활발히 소량의 박테리아들을 찾아다니고, 그들을 먹고 대기 산소를 마신다. 어떤 물질들을 취하고 다른 것들을 제거한다. 죽음과 용해로부터 배제되는 운동의 순환을 끊임없이 유지한다. 짚신벌레는 그것 주변의 환경과는 다르다—그것은 환경에서 에너지 소멸의 중심이기 때문에, 더 복잡하고, 더욱 활발하게 움직인다.

유기생명체 내에 많은 특정한 엔트로피 생산은 열과 분해된 음식의 형태 안에 있다. 어떤 미생물이 음식을 얻을 수 없다면, 그것은 곧 시들어 죽게 될 것이다. 동일하게 안정된 무게를 유지하기 위해서, 신진대사와 재생활성에 의해서 생산되는 낮은 등급, 높은 엔트로피의 물질을 보충하기 위해서 같은 양의 낮은 엔트로피의, 에너지가 풍부한 음식들을 내부로 들여와야 한다. 죽음과 세금과 같은 다른 지출 계획들이 있다 할지라도, 구배 차이의 소멸로부터는 어떠한 탈출구도 없다.

충격파들

앞서 예로 든 열역학의 대성당 건축 중에 더해진 새로운 구조를 보고 있을 때, 천체에 대한 우리의 생각은 더욱 포괄적이게 된다. 살아있는 시스템은 그 정체성을 유지하기 위한 준안정한 상태의 과정이다. 모든 것은, 물질 영양분의 흐름이 그들의 경계로부터 안팎으로 나갈 때, 몸체들의 동화작용에 의한 증진과 에너지의 이화작용의 배출을 경험하게 된다. 그러나 생명은 평형에서 멀리 떨어져 있는 시스템인가? 그렇다면, 유기생명체들은 평형 상태에서 얼마나 멀리 떨어져 있는가? 그리고 이 문구는 무엇을 의미하는가? 사실 평형에서 멀리 있는 상태라는 용어는 유연하게 달리는 생명의 형태들보다 연발하는 엔진에 더욱더 잘 적용될 수 있지 모른다.

우리가 아는 한, 결코 프리고진과 브뤼셀자유대학의 동료들에 의하면, 평형에서 멀리 있는 상태의 시스템이란 문구들은 충분하지만 넘쳐나지 않는 에너지가 물질적으로 순환할 때 발생하는 것처럼 보인다. 그들을 무엇이라 부르든지, 우리는 이 시스템들이 강한 비선형의 행동을 드러내고 온사게르의 상호 작용 관계의 영역을 넘어서 안정한 상태들을 유지하게 된다는 것을 인지하게 된다. 완벽하게 정의되지는 않았을지라도, NET에서 전통으로 첫 번째 분지한 후에 일어나는 사건으로서 평형으로 멀리 떨어져 있는 상태를 정의하였다. UCLA 의과대학의 내과의사이며 물리학자인 유진 예이츠Eugene Yates는 충격파들은 기술적으로 생각해 보면 평형으로부터 멀리 떨어져 있는 상태에 있는 것이라고 지적하였다: "자동차의 실린더에서, 길 위에서 토크를 일으키는 피스톤과 화학 반응들은 모두 유연하게 진행되고, 기본 열역학 계수들을 이용한 모형들에 의해서 보다 자세히 묘사될 수 있다. 물론 여기서 공학자들이 피하고 싶어 하는 노킹(자동차와 같은 내연기관의 이상 폭발음)이 일어나기도 한다. 노킹은 사실 평형에서 멀리 떨어져 있는 상태이다."[6]

---

6 예이츠는 1998년 우리들에게 보내는 편지에서 다음과 같이 계속 말하였다: "1905년을 우리가 회상해보면, 한 페이지의 논문에서 아인슈타인은 반지름 r의 구형 입자가 점도 μ의 매개물을 통하여 이동할 때, 용어 f를 통하여 마찰손실에 대한 스토크Stokes 용어—f=6πμv에 대한 정의를 이끌어내어서 D값을 밝혀냈다. 영리한 입론 방법을 통해서, 아인슈타인은 당

영국의 과학자 아서 피코크Arthur Peacocke(1983, 24-25)도 지엽적인 평형 열역학이 밀집한 시스템, 몹시 희박한 공기들, 혹은 충격파들에서는 아닌 액상에서의 모든 생물학적인 과정들을 포함하는, 평형으로부터 멀리 있는 상태의 행동을 미시적으로 나타내는 시스템 내에서만 유효하다고 말한다. 생명 그 자체는 평형으로부터 멀리 있는 상태에 있는 것처럼 보인다. 확실히 그것은 과정과 구조들이 일어날 성싶지 않은 전체이다. 구성하는 화학 반응들을 볼 때, 생명은 그렇게 생뚱맞게 낯설게 보이지 않는다: 그들은 소수의 반응들이고 낮은 활성화 에너지를 필요로 한다. 생명의 화학에서 어떤 충격파나 "노킹화"는 없다. 생명은 평형 근처의 영역에서 많은 반응들로 구성되어 있고, 제안되어진 대로, 평형으로부터 그렇게 멀리 있지도 않다. 심지어 생물학에서 에너지가 풍부한 세포 내부의 반응들은 "큰 불꽃이 튀어 오르는" 반응을 포함하지 않는다. 그들은 평형으로부터 멀리 있는 상태가 아닌 것이다; 반대로, 미소 규모에서 충격파와 폭발들은 평형으로부터 멀리 있다. 예이츠와 피코크는 모든 생물학은 열역학의 평형 근처의 영역 내에 놓여 있다고 말한다.[7] 이 결론은

시에 D의 크기를 잴 수 있었고 이의 물리적인 의미로 $D=RT/(6\pi\mu r)=RT/f$를 작성하였다. 시간이 D값에 포함되어 있지 않는다는 것에 주목해야 한다. 여기서 R은 기체상수이고 T는 온도이다. 확산 시스템이 상수(예를 들어, D)에 비례하는 힘—흐름 관계를 가지고 있을 때마다. 다른 고려들과는 상관없이, 시스템은 열역학적으로 평형에 접근하고 온사게르의 관계들은 계속 유지된다—어떤 차이도 없을 만큼 가깝게 유지된다. 비록 가시적인 장의 평형에 있지 않을 지라도, 거의 차이가 없는 만큼 가깝게 거기에서 미시적인 가역성이 존재하게 된다.(프리고진은 그런 경우에 미시적인 비가역성을 발견해내기 위해서 노력하였으며, 그와 동료들은 그런 모형을 찾기 위해서 노력한 유일한 사람들이었다.) 그러나 어느 경우에 $D=g(T,r,v,t)-t$는 매우 작은 시간—우리가 평형으로부터 멀리 있는 상태에 있으며 (거의)미시적인 가역성이 유지되지 않는다. 거기에는 충격과 노킹들만이 있을 것이다."

7 아서 피코크는 생명과 열역학의 연구 주제에 관한 현대의 대가들 중의 하나이다. 수줍은 웃음기를 가진 영국 성공회의 사제이자 과학과 그리스도 교회에 대한 세계적인 전문가로서, 그의 책 『생물 공정들의 물리학The Physical Chemistry of Biological Processes』은 생물

프리고진과 동료들의 업적을 부정하지 않는다. 왜냐하면 평형으로부터 가까운 혹은 멀리 있는 상태의 경계를 구별하는 것은 이 시스템에서 안정성의 개념, 즉 그들이 개척한 위대한 업적들보다 덜 중요하다. 램버트는 평형 근처로서 준안정성(예를 들어, 기체의 돌풍에 의해서 높은 곳에서 던져진 탁구공)과 패턴으로서 준안정성(예를 들어, 유기생명체를 만든 관계들의 상호 연결된 시스템)을 구별해 낸다. 우리는 유기생명체가 양쪽 의미들에 따라 준안정하다고 논의한다. 음식 혹은 광합성으로부터 취해진 자유에너지의 방식에 사로잡힌 채로, 개별적 반응들은 단지 약간만 평형 상태로부터 멀리 있게 된다. 상호 연결된 순환 과정들의 복잡한 시스템으로서, 특정한 물질 형태인 유기생명체는 평형으로부터 멀리 있게 된다. 우리는 나노기술의 루브 골드버그 기계들이고, 심지어 새로운 것들이 더해질 때마다 각 세대에서 서로를 복제해 가는 연결된 물리적 단계들이다. 화가 모네Monet 혹은 세잔Cézanne의 개별적인 붓놀림이 상당히 일상적인 것으로 보이는 것처럼, 세포 이하에서 우리의 화학 반응은 기괴하고 별나지 않는다. 모두 함께 그들은 걸작을 만든다—슈뢰딩거의 태피스트리를 만들어낸다.

과정들을 열역학과 관련시킨 탁월한 전문서적이다. 이 상당한 기술 업적은 생물학에서 에너지를 소산하는 시스템들, 운동하는 자기조직화의 모형들, 그리고 생명의 복잡성의 진화와 같은 주제들을 모두 포함하고 있다. 피코크는 과학과 종교 간의 화합에서 훌륭한 철학적인 업적으로도 잘 알려져 있다(1986).

나노기술에 대한 정보

내용상 여기에 나노기술, 분자 혹은 원자 기계들을 디자인하는 과학에 대한 정보를 삽입하기 좋다. 그런 기계들은 현재 과학과 과학소설(여기에서 작가는 나노-벌들의 곤충 떼나 진단하는 혈액 내 로봇들과 같은 것들을 상상한다) 그리고 주식시장 투기에서 뜨겁게 달아오르는 주제가 되고 있다. 나노기술의 후원자들은 조만간 재료과학(가벼운 험비 무장과 스마트한 담배 필터들)과 의학(MRI에 의해서도 관찰되기 어려운 심장박동기와 인공보철물)과 이후에 원자에서 원자로 화학구조의 건축과 계산에서도 큰 진보를 만들어 낼 것이라고 확신된다. 궁극적으로 소형의 기계들은 그들의 수소 분리 장비들—조그마한 손, 동력, 레버 등등—과 함께, 특정화된 원자의 새로운 디자인에 대해서 어떤 상상할 수 있는 구조를 만들어 낼 수도 있다.

피상적으론 열역학에 기반을 둔 그런 기계들을 만들어내는 것이 왜 불가능한지에 대한 이론적인 논쟁이 있는 것처럼 보인다. 일부 험담꾼들은, 절대 영도 이상의 온도에서 원자와 분자의 타고난 마구잡이식 브라운 운동, 즉 열 소음은 정밀한 분자 기계 디자인이 불가능하도록 만든다고 말하였다. 나노기술 이론가인 랄프 머클Ralph C. Merkle(2001)이 이미 지적하는 대로, 열 소음과 관련된 이 논쟁은 드렉슬러Drexler(1992)에 의해서 도입된, 기본 방정식의 기반 내에서 기술적으로 논의될 수 있다.

위치 불확실성 s를 볼츠만 상수 k, 절대온도 T 그리고 강성 ks(일반적으로 뉴턴/미터에서)에 관련시킨다. (…) 이 방정식의 면밀한 조사는 열 소음이 두 가지 접근들(온도 T를 감소시키거나 강성도 ks를 증가시킴)의 양쪽 모두 혹은 일부에 의해서 통제될 수 있다는 것을 보여준다. 이 방정식의 수리적 평가는 원자 지름 미만의 위상의 불확실성이 디자인의 강성도에 적합한 관심이 주어졌을 때 상온에서 만들어 질 수 있는 것으로 보인다. 간략히, 상온에서 열 소음에 직면하여 몹시 활성이 있는 분자 도구들을 정확하게 위치시킬 수 있는 매우 작은(~100 나노미터) 로봇 팔이 가능할 수 있게 된다.(무스그래이브Musgrave와 동료들. 1992)

『2001 스페이스 오디세이』와 같은 걸작의 저자이며 재치 있는 다양한 과학소설의 작가인 아서 클라크Arthur Clarke,—최초가 아닐지는 몰라도 통신위성을 마음속에 그린 최초의 사람들 중의 하나인 그는 때론 클라크의 제1법칙이라고 불리는 존재에 그가 생각하는 개념을 넣는다: "저명한 나이가 많은 과학자가 어떤 것이 가능할 거라고 말하면, 그는 거의 확실히 옳다. 그가 어떤 것이 불가능하다고 말할 때, 그는 아마도 매우 잘못하고 있다."[8]

나노기술의 불가능성에 관한 그럴듯한 열역학적 논쟁에서 훨씬 더 직접적이고 일반적인 저항은, 앞서 언급된 대로, 열역학의 기본 바탕에서 불가능할 것으로 여겨지는 모든 기계들의 대표적인 예 가운데 하나인 유기생명체의 존재에 있다. 유기생명체, 그 자체는 상온에서 복제와 탄소 기반의 컴퓨팅을 포함하는, 열역학의 기본에서 너무 일찍 배제되는 분자 조립의 원칙들을 예시화한다. 분자 기계의 가능성에 대응하여, 양자역학으로부터 기인하는 또 다른 논쟁은 나노 조립의 세포와 그 몸체의 실제 존재뿐 아니라 그 영역의 공식적인 시작이 일반적으로 양자역학에

---

8 아시모프Asimov의 다음과 같은 추론과 혼돈하지 말길 바란다: "전문가가 아닌 대중이 저명하나 나이 많은 과학자들이 반대한 생각의 주변에서 서로 연합하여 많은 열정과 감정으로 생각을 지지할 때, 저명하고 나이 많은 과학자들은 결국에 옳다는 생각을 지지하게 될 것이다." 양쪽 인용들은 캐나다 바이오역학협회의 웹사이트에서 확인할 수 있다: http://www.health.uottawa.ca/biomech.csb/laws/laws/htm.

주요한 기여자로서 알려진 리처드 파인만(1960)에 의해 제기되었다는 사실에 의해서도 또한 의문시된다. 결코 열역학적으로는 반박되지 않고 나노기술의 가능성은 자연현상으로서 생명을 고려하는 것에서 시작된다. 모든 섬세함, 영광, 자연의 컴퓨팅의 힘을 통해서 천체에 풍부한 수소, 황, 산소, 탄소, 그리고 다른 원자들이 구성되어진 것과 같이, 동일한 원자들은 생명 안에 우리가 세포라고 부르는 진화된 열역학적 시스템들에서, 그들이 이미 자연스럽게 하고 있는 나노기술들 중의 일부분을 할 수 있을 것이다.

열역학: 그것은 단지 좋은 생각이 아니다—그것은 법칙이다.

지구 밖의 생명을 찾기 위해서 열역학적 개념들이 필요한 상황에서, 이후에 이 책에서 우리가 우연히 다시 접하게 될, 미생물학자인 케네스 넬슨Kenneth Nealson은 학교 수업시간에서나 볼 수 있는 흥미로운 영상자료를 보여준다. 이 "열역학," 그것은 "단지 좋은 생각만이 아니라 결국 법칙이다"라는 제목을 가진 영상이었다. 제목 아래에는 "박테리아가 자연에서 발생하는 화학 구배 차이로부터 에너지를 얻어내는"이라는 긴 서술들이 적혀 있었다. 열역학의 법칙은 사소하지도 않고, 얻기 쉬운 새로운 그 어떤 것도 아니다. 그 복잡성을 이해하는 데 가장 중요한 것은 확실히 열역학 제2법칙일 것이다. 제2법칙의 힘과 진실에 대한 가장 무덤덤한 변호는 영국의 천문학자인 아서 에딩턴Sir Arthur Eddington(1928, 74)에 의한 것으로, 그는 다음과 같이 적었다:

만약 어느 누군가 너에게 천체에 대한 너의 지론이 맥스웰의 방정식에 맞지 않는다고 지적한다면—실제로 맥스웰의 방정식은 그 당시에는 더욱 나쁜 평을 받았고, 현재에 그것이 관찰에 의해서 반박된다고 알려진다면— 여기서 실험주의자들은 심각한 실수를 저지르고 있는 것이다. 그러나 너의 이론이 열역학의 제2법칙에 반박한다고 인식된다면, 나는 너에게 자신 있게 희망이 없다고 말할 것이다; 가장 깊은 굴욕감에 무너지는 것 말고는 네가 할 것은 아무것도 없을 것이다.

열역학의 중요한 법칙은 튼튼하게 만들어졌고 성공하였다. 제2법칙은 엔진을 구동하기 위해서 뜨거운/차가운 차이에 관한 필요성을 깨닫고 돌이킬 수 없는 일방적 편향성, 천체에 있는 모든 실제의 거시적인 에너지 공정들에서 타고난 손실을 정확히 인지한 카르노를 통해서 처음으로 이해되었다. 열은 차가운 곳으로 이동하지, 그 반대는 절대 일어나지 않는다. 열역학 제1법칙, 공식적으론 두 번째인 그 법칙은 클라우지우스와 켈빈 경Lord Kelvin에 의한 에너지 보존 법칙으로 잘 알려졌다. 열역학의 제3법칙은 압력, 온도, 그리고 부피 실험들의 발전에서 라부아지에와 게이뤼삭의 업적으로부터 진화하였다. 주어진 부피에 있는 어느 기체의 압력은 각 섭씨 도에 대한 초기 값의 1/273에서 증가되거나 감소한다. 기준점으로서 0도씨에 있는 기체를 가지고 시작하여, -273도씨 혹은 0 켈빈 온도까지 냉각시킨다면, 기체 압력은 제로(영)로 감소되고 분자의 운동은 완전히 멈춘다고 예측할 수 있다. 각각 1906년과 1911년에 독일의 물리학자인 발터 네른스트Walther Nernst와 막스 플랑크Max Planck는 이 생각을 열역학의 엔트로피와 제로(영) 켈빈 간의 사이의 관계로 발전시켰다. 절대 영도 온도에서 그 시스템의 엔트로피는 영인 것이다. 공식적으로 1931년에 제안된 열역학의 제0법칙은 두 가지 영향력이 큰 개념들, 평형과 온도를 다룬다. 단단히 열에 저항하는 벽들 안에 갇힌 열역학적 시스템은 더 이상 변하지 않는 지점에 놓이게 될 때, 그 시스템은 열적 평형의 상태에 도달하게 된다는 것이다. 제0법칙은 모든 열역학의 법칙을 대표하고 구배 차이에 따른 열역학에 관한 중요한 기초가 된다. 비평형의 열역학에서 또 다른 중요한 원칙은, 때로는 제4법칙의 새로운 출현을 생각하게 하나, 아마도 1과 2법칙들의 논리적인 결과물로서 더욱 잘 이해되어, 물질은 에너지 흐름의 영역에서 순환한다는 것이다; 생명을 포함하는, 자연의 완벽한 구조들에서 관찰되는 그런 순환들은 한정된 물질 자원들이 엔트로피의 배출을 위한 매개로서 서로 마구 뒤섞여 있을 때 일어난다. 이 책의 부록에 열린 열역학 시스템의 일반적인 원칙들이 잘 정의되어 있다. 이 책의 끝부분에 있을지라도, 그 부록은 진정으로 흥미로운 것에 대한 밀접한 연구 결과들을 품고 있다. 이 많은 원칙들은 살아있는 시스템들에게도 적용되고 있다.

카우프만의 탐색

이론 생물학자인 스튜어트 카우프만은 생명의 새로운 화학 배열로 끊임없이 이동하는 것은 새로운 열역학 제4법칙을 만들어내기에 충분하다고 말하였다. 산타페 복잡성센터의 회원으로서 카우프만은, 그의 책 『조사Investigations』(2000)에서, 생명과 그것의 기술적인 인간 부속물을 포함한 전 생물권(지구)은 열역학에서 낡은 고색이 창연한 제2법칙에 의해서 인지되지 않는 증가되는 복잡성의 법칙과 같은 행동하에 묶여 있을 것이라고 주장한다. 성장하고 진화하며 생명은 가능성의 여백을 탐구한다는 그런 추상적인 생각은, 전체적인 천체(그리고 카우프만이 발견하는 것의 끝에 위치한 하나)를 지배하는 아직 발견되지 않은 법칙에 순응하며, 그의 책에서 그대로 드러나는 대로 이는 지배적인 자만심일 것이다. 그 추상적인 가능성의 공간에 대해서 카우프만은 "인접한 가능성이 있는"이라고 부르는 생명을 복잡화하며 탐구되었다―그것은 화학과 기능의 결합인 대단한 한 쌍들에 의해서 탐구된다.

여기에서 그 문제는 제2법칙이 열 죽음 혹은 평형을 향하는 한 방향의 이동과 동의어가 아니다. 그것은 멋진 순환의 구조들과 우아한 자연의 기계들을 창조하고, 변화시키며 또한 반복시키는(예를 들어, 그들의 신진대사 과정들) 속도론에 의해서 억제된다. 우리가 기억하는 대로 제2법칙은 닫힘의 인공적인 조건들하에서 명확하게 나타났다. 그것의 일반적인 진술들은 열린 시스템들, 천체에서 주로 일어나는 여러 부류들에 적극적으로 적용될 필요가 있다. 제2법칙이 확장될 수 있는 순간에, 우리는 제4법칙을 발명할 필요가 없을 것이다.

카우프만은 그의 저서에서 물리적인 본성이 어떻게 유기생명체와 생태권을 형성하게 되는지에 관한 새로운 이해를 위하여 관련 열역학을 마냥 기다리다가 결국에는 찾아서 무척 기쁘다고 말했다. 그러나 카우프만과 다른 그의 제자들은 우리가 여기에서 말하고 있는 생명의 열역학에 대해서 풍부한 과학적 유산들이 이미 존재하고 있다는 것을 간과하고 있는 것처럼 보인다. 사실, 진화적인 복잡성을 설명하는 수학적 패턴들에 관한 그의 가장 초기 탐색(『질서의 기원들Origins of Order』)에서 가장 좋아하는 표현은 "무료로 정돈"에 이르렀다는 것이다.―자연선택으로부터 공짜(무료)를 받을 것을 의미하는―즉 두 가지로 해석될 수 있는 의문점을 포함하고 있다: (1) 그것은 유기생명체의 복잡성이 에너지 유도를 통한 기능화된 조직화보다 오히려, 정돈이 주된 목적 중의 하나라고 말하는 것과 (2)(더욱 중요하게) 그것은 생명의 복잡성은 다른 어디에 있는 것이 아니

인투 더 쿨: 에너지 흐름, 열역학, 그리고 생명

고 이미 존재하는 풍부한 구배 차이들에 의해서 항상 이미 "지불되고 있는" 것이라는 잘못된 해석을 낳는다.

세포들을 연결하고 규제하는 유전자들이 어떻게 그 거대한 수의 조합을 합리적으로 해결 가능한 것("무료로 정돈")으로 좁힐 수 있는지에 대한 카우프만 연사자의 대수학적 설명은 인간 구조 유전자들의 실제 수량과 인간 세포 형태들의 관련된 수(비록 동물의 세포들이 같은 유전자를 가지고 있다고 할지라도, 그들은 결국 서로 다른 형태들을 가지도록 통제된다; 간, 피부, 그리고 엑손 확장된 신경 세포들은 동물 세포의 전형적인 예들이다)와 함께 표면적으로는 일치한다. 여기에서 복잡성의 과학들로부터 적어도 수학은 생물학적 과정을 진정 잘 설명하는 것처럼 보인다. 세포 형태들에서의 증가, 진화의 시간에서 복잡성의 수많은 증가들 중에 하나는, 에너지의 근원을 가지고 있을지도 모른다. 5억 7천만 년 전에 동물에게 눈에 띄는 세포 형태들의 가장 많은 수는 2였다. 5억 년 전에 그것은 75이었고, 4억 년 전에는 125이고, 현재에 인간에서(비록 우리 스스로의 의학적 초점이 그 수를 증가시키고 있을지라도) 그것은 220이다. 세포형들은 뚜렷한 임무들에 헌신되는 조직들의 생리의학적인 파생을 반영하기 때문에, 구배 차이의 붕괴가 새로운 안정한 경로들을 이끌어 낼 때, 더욱더 많은 에너지 경로들이 정해지는 시스템들을 위한, 마치 이것은 전형적인 일종의 성장처럼 보인다. 이를 받치는 기초 구동력은 유전적인 분화와 유전자들을 켜고 끄게 하는 것에 반영된 열역학이다. 그것은 생태계 계승의 일련의 과정 동안 특정한 엔트로피 생산과 동물의 발달에서 세포 형태들의 상승과 정체를 통하여 발생한다(13장을 보자). 우리는 모든 관련된 메커니즘들이 이해될 수 있도록 만드는 것에 흥미를 가지고 있지 않고, 그렇다고 주장하지 않는다. 생태계와 진화적인 경향들의 수학적인 묘사들은, 우리가 논의하는 대로, 성장하는 열역학 시스템 내에서 점차 팽창하며 순환하는 에너지와 물질의 속도와 흐름 안에서 증가들을 따르게 된다. 제2법칙이 열린 시스템을 진술하는 데 충분하다면, 새로운 4법칙에 대한 요구는 필요없다.

예이츠와 피코크가 설명한 대로, 평형으로부터 멀리 있는 것으로 인식된 많은 시스템들은 실제로 평형 근처에 있다고 말하는 그들의 주장은 자연의 에너지를 소산하는 구조들 사이에서의 유사성을 확인하면서 이에 대한 우리의 환희와 기쁨을 약화시키지는 않을 것이다. 자기 자신과 같은 시스템들—태초의 생명에 기원하여, 격막으로 묶여 있는 화학의 순환일지도 모르는 것들 사이에 있는—은 그들의 구조를 유지하고, 성장과 때론, 재생으로 그것을 팽창시키며, 또한 그것을 복제하여 주변으로부터 나타날 때, 이는 에너지를 받고, 발산하고, 소멸시킨다. 우리 신체의 화학은 모든 열역학의 법칙들에 복종한다; 천체처럼, 생명은 열역학적 관점에서 항상 아래로 흐른다. 우리는 열역학의 대양, 에너지로 살아있는 천체의 과정 중의 일부분에서 빙빙 돌고 있는 소용돌이와 같은 존재이다.

인투 더 쿨: 에너지 흐름, 열역학, 그리고 생명

제7장

너무 많은, 충분하지 않은: 순환들

인생은 한 가지 빌어먹을 것이 아니야
똑같은 일이 반복되는 거야.

— 에드나 세인트 빈센트 밀레이 —

모로위츠의 "제4법칙"

조지타운대학 예수회 칼리지의 화학과 교수인 빌 어얼리Bill Early
는 벨루소프-자보틴스키Belousov-Zhabotinsky의 주기적인 화학 반응에 관
한 강연을 마치고 돌아오는 길에, 엘리베이터를 타며 경험했던 기억을 회
상한다. 두 명의 예수회 사제들이 엘리베이터에서 어얼리와 만났다. 사제
들이 지켜보고 있는 중에 인상깊게도 들고 있던 벨루소프-자보틴스키 반
응체의 일부가 색깔이 바뀌었다가 순간순간 또 다시 변했다.

"그들은 살아있나요?" 한 사제가 희망하였다. 어얼리가 잠시 생각
에 잠겼다가 즉시 대답하였다. "그들은 당신과 같아요, 신부님." 이어서 그
는 잠시 후에 이렇게 말했다. "그들은 대사 작용을 하지만, 복제되고 있지

는 않아요."

　　1799년 처음 발견되었을 때 그것은 단순한 바위덩어리였다. 검정색 현무암 덩어리에 세 가지 다른 형태에 글자—상형문자, 고대 이집트의 민중문자, 그리스어—가 새겨져 있었다. 그것은 로제타석Rosetta stone이라고 불리며, 이집트 상형문자 해석에서 첫 번째 획기적 발견이 되었다. 순환—돌이 아닌 세포에 역사의 흔적을 남기면서—은 새로운 열역학의 로제타석이 되었다. 순환은 허리케인과 토네이도의 바람 패턴, 물 소용돌이, 그리고 비생명의 화학 반응들에서 다수 발견된다. 열린 시스템에서 순환은 아마도 틀림없이 성장, 복잡성, 변화, 그리고, 궁극적으로, 변수들의 복제에 의한 진화 속에 존재하게 된다.

　　1910년에 로트카는 처음으로 자연의 순환—물리, 화학, 생물, 사회, 그리고 기술적인 시스템 내에 현재 잘 알려진 네트워킹 안에서 작동 중인 스스로의 영속화를 조심스럽게 분석하였다. 네트워크에 종류가 다른 원소들이 순환하는 시스템 안에서 연결되어진다. 로트카는 네트워크 형성과 성장의 과정을 "자가 촉매작용"이라고 불렀다. 자가 촉매작용의 과정에서 (그리스어로 "스스로 만들어가고 분할하는"), 예를 들어, 화학 반응의 생산물은 스스로 더욱더 많은 생산을 만들어 낸다. 로트카는 한 가지 반응의 생산물이 또 다른 것을 먹여 살리게 하는 일련의 자가 촉매작용의 방정식을 고안해 냈다. 이 방정식이 순환적인 것임을 이해하게 되면서, 그는 변화하는 숙주와 기생 집단의 문제를 해결하기 위하여 그들을 처음으로 사용하게 되었다.

　　1968에 처음으로 출판된 해럴드 모로위츠의 획기적인 책, 『생물학에서 에너지의 흐름: 열 물리학에서 문제로서 생물학적 조직화 과정 Energy Flow in Biology: Biological Organization as a Problem in Thermal Physics』에서, 모로위츠는 때론 우리에게 열역학의 제4법칙으로 알려지기도 하는 것을

제시하였다: "정상 상태의 시스템에서 근원으로부터 하수구(배출구)에 이르는 시스템을 통한 에너지 흐름은 그 시스템에서 적어도 하나의 순환을 이끌어 낼 것이다"(1979, 33). 이 진술을 통해서 열역학의 제4법칙에 대한 카우프만의 진술보다 더 나은 이는 생명을 비생명에 연결시켰다. 시간에 따라 복잡성을 형성해 나가는 순간, 에너지로 유도된 순환들은 그들의 과거 상태의 자연적인 기억과 기록을 모두 구체화해 간다. 모로위츠는 박테리아 사이에서 세포 대사 작용들을 비교 분석하며, 분배된 생화학적 경로들을 찾아간다—몇몇 생화학적 경로들은 DNA 혹은 복제의 안정화된 수단들 앞에서 일어날 것 같다. 모로위츠는 신진대사에 대해서, "생물의 발생으로 요약된다"고 말한다. 현대 세포의 화학 순환들, 다른 말로, 그들의 박테리아 조상들뿐 아니라 박테리아 그 자체가 진화했던 열역학적 순환들의 흔적 그 모두를 포함한다. 산타페 복잡성센터의 과학 고문위원 이사회에서 모로위츠는 살아있는 세포들이 생명 기원의 신진대사 흔적의 발자취를 밟아간다는 가정하에서 운영된다고 주장하였다. 이론적으로 이 흔적들, 열역학적 순환들은 35억 년 전에 화학적인 화석, 물질들이 처음 생명이 되었을 때 단단한 구배 차이를 감소시키는 수단이 여전히 순환하는 화신들인 것이다.

한밤중의 태양

생화학에서 가장 먼 태곳적에 관한 사냥 이야기는 매혹적이다. 고대 시대로부터 유기적 순환들의 다른 어떤 것이 현재 유기생명체에도 머무르며 존재할 수 있는가? 생명의 기원에 대한 생태적 환경 이외에도, 지각력을 갖춘 고대의 형태들이 우리의 세포 속에서 근근이 그 숨을 이어가고 있다. 생명을 만드는 초기 열역학 순환 혹은 이의 과대선전 기술들 (아래를 보자)은 어둠 속에서보다는 한낮의 태양 아래에서 더욱더 많은 에너지 소멸들을 이끌었을 것이다. 지구의 자전은 10억 년 전에 더 빨랐기 때문에, 더 짧은 낮과 밤들에 대한 흔적들이 우리의 생체 리듬에 남아 있을지도 모르겠다. "우리는 우연히 냉각된 별의 물질 일부 조각들, 잘못된 별에 관한 조각들"이라고 아서 에딩턴은 말하였다(텔러Teller 1938). 태양의 존재 하에서 더욱더 활발히 순환하였던 우리의 조상들은 흔들흔들거리고 지구가 빠르게 회전하는 원시적인 숨바꼭질 게임 속에 포함되어 있었을지도 모른다. 그들이 만약 지각 능력이 있었다면—누가 아니, 그들이 과거에는 있었을지— 열역학적 순환과 그들의 살아있는 후손들은 그의 강한 소망과 애정의 처음과 끝의 물질로서 태양에 확실히 집중했을 것이다. 태양의 변동에 거듭되는 주의력은 부정한 연인들 혹은 사라져가는 모든 부모들 앞에서 기울어져가는 생명 혹은 변하는 계절 앞에서도 존재하였다(할리크케Halicke 1993). 고대 열역학적 순환의 활성 수준을 순환적으로 강화시키면서, 날마다 그 흐름의 흔적들은 다중억년의 순환하는 세포 내에 생화학과 함께 더불어 남겨져 존재할 수 있었던가? 인기 있는 음악, 여름과 태양광과 함께 진정한 사랑의 교제를 통한 흔히 불리는 최종 산물들을 태양과 함께 민감한 열역학적 순환들의 원시적인 연결성의 덕분이라고 얼마나 확신을 가지고 말할 수 있겠는가? 이것에 대한 생각은 심리학의 근원들과 연관되는 것처럼 보인다. 그들이 느낄 수만 있다면, 태양에 집중하는, 통과의 고뇌를 주는 어두움을 느끼고 복귀의 기쁨을 예상하는 심지어 자그마한 조각인 초기 순환들과 이후의 세포들은 그들의 생존의 이득을 즐기고 있을지도 모른다. 태양광을 느끼면서, 그들은 더욱더 태양을 받아들이도록 이동하여 잘 준비되고, 그들의 자가 촉매작용의 순환작용과 같은 동일한 다른 것은 그들의 생화학적 네트워크 내에서 더욱

더 많은 에너지를 저장하게 된다. 최초의 순환하는 빛, 태양의 에너지화 되는 일광과 야간이 되면 곧 사라져버리는 그 행동은 엄마와 아이 앞에 서 신이 존재하든 그렇지 않든 상관없이 인류의 선취(先取) 앞에 모두 있 었다. 생물학뿐 아니라 심리학과 아마도 다른 과학의 기원들이, 우리 내 부에 놓여있을지도 모르고, 그들의 시간을 무작정 기다리면서, 열역학적 으로 순환 반복되면서, 현명한 미래의 과학적인 조사자들을 기다리며 생 명에 대한 고대의 비평형 네트워크들을 해결하기 위한 충분한 준비를 하 고 있었을지 모른다.

순환은 무엇인가, 그리고 이는 생명과 비생명에서 어떻게 다른가? 낮과 밤 사이에서와 같이, 수많은 대부분의 기본적인 순환들은 적어도 부 분적으로 중력에 기반을 두는 있는 것처럼 보인다. 단순한 순환은 시계 에 강요된 진자, 회전하는 지구에서 밤과 낮의 순환, 그리고 계절에 의해 서 만들어진 모든 것들을 포함한다. 살아있을 필요가 없는 또 다른 형태 의 순환은, 로트카에 의해서 묘사되는 자가 촉매화의 일련의 화학 반응들 이다. 여기에서, A는 B를 만들고, 이후에 C, D, 그리고 등등을 생산하며, 결국 A의 생산을 위한 자원으로서 사용된다. 그런 자가 촉매화 시스템은 화학적인 흥분을 야기한 양자가 A의 증가를 만들고 중간 합성물의 증가 들을 이끌어 내고, 결국에는 더욱더 많은 A를 생산해 낼 때 시작될 수 있 다. 더욱더 미묘하게 마치 실제 순환하는 것처럼 보이는 평형 시스템 내 에서도 작동할 것이다. 여기서 미세한 요동은 순간적으로 평형 상태로 도 로 떨어지기 전에 입자를 더 높은 에너지 수준으로 들어올리게 된다.

요약하면, 순환의 사인파는 시간이 지남에 따라 확장된 순환을 나 타내는 반면에, 이차원의 순환은 영원한 순환을 나타내게 된다. 세 번째 변수로서 시간을 사용하는 삼차원에 그려진 나선상의 순환이 존재한다.

나선상의 순환 과정은 생태계와 진화하는 시간과정의 발전에 대하여 우리가 사고할 때 쓸모가 있다. 결합된 선형과 비선형의 과정과 관련 방정식들은 종종 주기성을 보인다. 결과적으로 우리는 이것을 순환 과정이라고 말하곤 한다. 컴퓨터 출현 이전에, 그런 방정식들의 결과를 계산하는 것은 참 힘들고 벅찬 작업이었다. 빠르게 분석하고 결합된 비선형의 방정식들의 행동을 "알아내는" 능력이 컴퓨터의 준비된 유용성과 함께해 왔다.

BZ 반응들

흥미롭게도 대부분 컴퓨터화된 수학적 순환은 우리가 자연에서 발견하는 것과는 동떨어져 있다. 자연에서 순환 과정은 특정한 화학 반응에서 발생한다(니콜리스Nicolis와 프리고진Prigogine 1989; 피코크Peacocke 1983, 40—41). 이는 열린 시스템이기 때문에, 반응들은 구르는 눈덩이처럼 행동하며 주변으로부터 물질들을 자신 안으로 "모으게" 된다. A가 화학매개물들의 행동을 통하여 더욱더 A를 얻는 순간, 긍정적 혹은 "정방향의 피드백"의 자발적 촉매 순환을 얻게 된다: A가 더욱더 많아지면 거기에 더욱더 많은 A가 발생하게 될 것이다. 긍정적인 피드백 시스템에 대한 친근한 비화학적인 예시는 마이크가 큰 스피커들 주변에 너무 가까이 놓여 있어 날카로운 삐걱거리는 소리를 내기 시작할 때 일어나는 것이다; 이것은 스피커로부터 나오는 소음이 마이크에 의해서 집혀지고 증폭기로 되돌려지기 때문에 발생한다. 한 가지 과정의 출력은 또 다른 것의 입력이 되는 것이다. 자발적 촉매작용의 네트워크가 주변에 열려 있을 때, 이는 물질과 에너지를 그들 자신의 내부로 끌고 들어온다. 만약 그들이 밖으로 내보내는 것 이상이 안으로 들어온다면, 그들은 성장하게 될 것이다.

인투 더 쿨: 에너지 흐름, 열역학, 그리고 생명

로트카는 자가 촉매과정의 보편적인 특성을 더욱 강조하였다: 그것은 물리, 화학, 그리고 생물학적 시스템들에서 모두 비슷하게 작동하였다. 1910년에 그는 자발적 촉매화를 시뮬레이션(모의실험)하여 일련의 방정식들을 적었다. 이 방정식의 해는 주기적인 순환 과정을 낳았다. 덜 논의되고 있다고 할지라도, 자발적 촉매화의 로트카 방정식과 이의 입증은 분명히 생명을 새로운 방식으로 물리학 및 화학과 연결시켰다.

정확하게 그런 순환 과정의 행동은 실제 화학 시스템들 내에서 관찰될 수 있다. 이 시스템들 중에서 가장 유명한 것은 1950년대 말부터 1960년 초까지 이의 변형들을 탐구하고 최초로 발견하였던 화학자의 이름을 딴 벨루소프-자보틴스키(BZ) 반응이다.(BZ 반응-Belousov-Zhabotinsky Reaction의 창시자 중 하나인 아나톨 M. 자보틴스키Anatol M. Zhabotinsky는 지금도 보스턴 외곽에 있는 브랜다이스대학에서 근무하고 있다. 여기에서 그는 화학 파동들을 연구하고 있다.) 신진대사 순환들을 모형화하기를 원했던 벨루소프는, 그의 반응이 수 센티미터의 규모에서 몹시 반복되는 색 변화들을 만들어내는 순간, 상당히 놀랐다. 여기서 원자 규모의 구성분들이 가시적인 특징들로 뭉치게 되었다. 수조 개의 원자와 분자들이 동시다발적으로 조직화된 구조로 늘어서게 되었다. 화학 구배 차이가 이 과정들을 이끌어 내었다. 그가 연구했던 자발적 촉매화의 최종 반응은 일련의 산화 환원 반응들의 일부로서 세륨cerium에 의해서 자체로 촉매화된 브로민산칼륨potassium bromate에 의하여 황산세륨ceric acid으로 산화되는 것이었다. 벨루소프가 연구했던 화학시계에서 수많은 자발적 촉매화 반응들은 결국 상호간의 화학 경로를 발생시켰다. 한 가지 경우로, 예를 들면, 반응기 내에 화합물들이 상대적으로 긴 시간 동안 머물렀을 때 그리고 반응기가 끊임없이 휘저어졌을 때, 그 시스템은 기대된 대로—정상 상태에 도달하는 반응기 내에 화합물들과 함께, 평형 근처의 열린 시스템처럼 행동하기 시작하였다. 반응기 내에 화합물들의 체류시간이 짧아지면, 옅은 노란 색이 나타났고, 시스템 내에서 과량의 세륨의 이온형태(Ce^{4+})들이 나타났 다. 후에 용액은 때때로 투명하게 변하였다—용액 내에 현재 과량의 세륨 이온형태(Ce^{3+})가 존재하였다. 정확한 온도, 압력 그리고 화학농도들과 함 께, 동요하는 BZ 반응들은 분당 여러 번 색을 바꾸게 되었다—노랑에서 투명, 투명에서 노랑, 노랑에서 투명—그리고 이것도 규칙적으로 바뀌었 다(니콜리스와 프리고진 1989, 17-26).

그림 7.1 몇몇 에너지 소산의 시스템은 시간의 대칭성을 파괴하고 진동하는 행동으로 발전하게 된다. 그것은 특정한 화학 시스템들 내에서 가장 잘 관찰된다. 가장 잘 알려진 이러한 화학 반응 은 벨루소프-자보틴스키(BZ) 반응이다. BZ 반응은 기본적으로 말론산($CH_2[COOH]_2$)과 같은 수 용액 상의 유기 합성물의 촉매 산화반응이다. 끊임없이 공급되고 혼합되는 용액의 색은 주기적 인 행동에서 노랑에서 투명으로 바꾼다. 화학적인 나선형의 기복들은 깊이가 얕은 페트리 접시 에 BZ 반응물들이 있을 때 나타난다. 파면(波面)들은 산화반응의 경계선을 따라서 출현한다. 프 리고진은 이러한 복잡한 화학 시스템의 행동을 3단계의 자동 촉매화 반응의 설계로 모형화하였 다. 이 시스템의 수학 모형들은 시간과 공간에 대해서 화학 혼합물들의 원형의 진동을 보이고 실 제 화학 반응들에서 나타나는 현상을 밀접하게 드러낸다. 여기에서 또다시, 수십억 개의 화학분 자들이 거시적인 복잡한 구조를 형성하고 그들의 행동은 직접적으로 화학적인 구배 차이로 발 생하게 된다. (http://www.chem.arizona.edu/tpp/chemt/CTNew/Graphics/belousov%20 alone%20felice%20frankel.jpg.)

초기 조건에서 자그마한 동요 혹은 불균형 후에 명백하게, 반응은 위아래로 전해지는 단단히 묶여 있는 규칙적인 패턴을 발전시킨다. 그런 화학시계 혹은 제약─순환의 과정에서 수조의 분자들이 반응에서 성분들의 분자 규모보다 더 큰 자릿수 차이의 센티미터의 공간 규모 내에서 동시에 함께 행동한다. 이후에 곧 무리들은 정적이게 된다; Ce^{3+}에 풍부한 수평적 노란 색 무리들이 투명한 Ce^{4+}가 풍부한 용액으로 교대하며 변한다; 그 시스템은 안정한 상태에 놓여 있는 것처럼 보이게 된다. 그러나 사실 이 반응은 완성되지 않았다. 수 시간 동안 아무 일도 일어나지 않은 후에 드디어 대규모 무리의 노란색과 흰색 패턴은 사라졌다. 이 시스템들이 살아있는지 사제들이 어얼리 교수에게 물어본 것도 그렇게 놀랄 만한 일은 아닌 것 같다.

그런 관찰들은 화학 반응들의 비선형 네트워크들이 기대하지 않은 방식으로 진화된다는 것을 보여준다; 그들은 지루하고 균일한 상태처럼 보이나 갑작스럽게 불안정하게 되고, 새로운 것을 향한 출발점이 된다. 하나의 명백하게 안정한 상태로부터 극적으로 다른 하나로 전이되는 것은 비평형 화학 시스템에서는 전형적이다. 두 가지 혹은 더 안정한 상태들이 동일한 제약 혹은 경계 조건들하에서 함께 존재할 수 있는, 이런 성질은 쌍안정bistability이라고 잘 알려져 있다. 여기서 새로운 상태들은 특별한 실험 조건들과 과거 반응들의 이력에 전적으로 의존한다.

여태까지 논의된 BZ 반응은 교란되고 끊임없이 공급되는 화학 물질들의 공급에 따른다. 다른 BZ 반응에서 화합물들은 교반 없이 공간적인 패턴들만을 형성하도록 하는 얇은 층의 시약들로서만 유지되었다. 이 조건하에서 화려한 장관의 파면들은 밖으로 비틀리며 오른쪽 왼쪽으로 도는 나선들로 모양을 형성할 뿐 아니라, 동심원 대상 무늬의 모양들에서 얇은 층의 시약들을 가로질러서도 증식하였다. 직접 눈에 보이는 이들 파면들은 일그러짐 없이 그러나 예측 가능한 속도로 이동하였다(그림 7.1). 마치 공연되는 혹은 원격통신의 몇몇 소형화된 형태들을 통하여 한 부분의 반응에서 또 다른 부분 내로 메시지를 보내는 것처럼, 10^{20}개 이상의 분자들은 공간과 시간 내에서 함께 모이게 된다.

아이겐의 초순환들

독일의 화학자이며 1967년 노벨상 수상자인 만프레트 아이겐 Manfred Eigen은 자발적 촉매화를 생물학에 처음으로 적용한 연구자들 중의 하나였다(아이겐 1971; 아이겐과 슈스터Schuster 1979). 그는 초순환의 개념, 즉 과정들이 생명의 기원을 밝히는 것처럼 보이는 네트워크화된 반응을 발전시켰다. 아이겐의 초순환 이론은 순환을 증대시키는 단백질의 조직화와 이의 생산에 관한 속도론적인 기본 소재로서 RNA 복제를 활용하였다. 기능화되는 전체로서 시스템을 묶어가는 마지막 단계가 일어날 때까지, 각 복제자는 또 다른 복제자의 복제를 돕는 단백질을 만들어낸다. 아이겐은 생명은 원시적으로 복제하는 기계와 RNA—단백질 결합과 함께 완성되는 매개물들 사이에서 시작된다고 제안하였다. 시간이 지남에 따라, 이 시스템은 단백질을 합성화하는 방식을 발견하게 되었고, 그들을 복제과정에 도입하게 된다. 박테리아의 열역학적인 조상은 진정한 초순환인 것이다. 아이겐에 따르면, 초순환은 다음의 특성들을 나타낸다:

1. 각각의 초순환은 자가 촉매작용의 성장 특성을 가지고 있다.
   (전 방향 피드백 시스템들이 성장을 증대시킨다는 것을 회상하자.)
2. 순환들은 물질과 에너지를 놓고 서로 경쟁하고 전체적으로 그

인투 더 쿨: 에너지 흐름, 열역학, 그리고 생명

시스템의 자가 촉매작용의 활성화를 증가시키는 능력을 통해서 선택되거나 혹은 그렇지 않게 된다.

3. 순환들 사이의 비선형성들 때문에, 그들 사이의 선택은, 갑자기 영원히 제거되는 몇몇과 더불어 갑작스럽게 혹은 불시에 발생할지도 모른다.

4. 초순환들 사이에서 선택적인 과정은 이득을 위한 매우 작은 장점들만을 사용할 것이다. 선택이 일어나는 순간, 그 시스템은 빠르게 진화할 것이다. 진화는 촉진 혹은 후퇴를 통하여 선택적인 장점을 제공하는 "돌연변이"로 진행될 수 있다. 효율에서의 작은 변화는 하나의 초순환에게 다른 것들보다 선별적인 장점을 제공할 것이다.

5. 촉매작용의 초순환들은 스스로를 교육시키고 결합된 순환들 내에서 정보를 운반한다.

에너지 흐름으로서 순환되는 물질들은 소용돌이치는 바람으로부터, 화학 파면, 그리고 화산 폭발 후에 수억 년에 다시 드러나는 땅위에 죽음 후에도 퇴적물을 형성시키는 식물들을 통해서 취해진 탄소 원자들에 이르기까지 생태계 전반에 적용되고 움직인다. 생명에서 물질의 순환 과정은 폭넓은 열역학적 상황을 맞이하게 된다. 초기 유전체들의 출현은 전적으로 우연히 일어나지 않았다. 생명이전과 생명의 순환하는 시스템은 구배 차이의 소멸에 관한 특별한 열역학적 문제에 대한 안정적인 해결책을 제공하였다. 우리는 자연선택을 대체하기 위해 열심히 노력하는 사람들에게는 반대하며, 자연선택을 보완하는 조직 혹은 질서의 근원들을 찾는 이들인 복잡성 이론가들에게는 찬성한다. 우리의 견해로, 열역학은 특별하다. 그것은 복잡성을 추가하는 근원만을 제공하지는 않는다. 오히려 열역학은 성장과 복제에 관한 준안정적인 근원을 제공한다. 불완전하기 때문에 그것은 자연선택과 동등하다.

회로 내에서: 울라노위츠와 자가 촉매작용

단백질 규모의 초순환에서 지금부터 우리는 훨씬 더 큰 열역학적 순환으로 이동해 보자. 메릴랜드대학 체서피크 만 생물학 연구실에서 이론 생태학과 교수이자 화학공학자이고, 자칭 메타생물학자metabiologist인 로버트 울라노위츠Robert Ulanowicz는 그의 연구 경력의 많은 시간을 생물학 시스템 내에서 에너지 흐름을 정량화하는 방법들을 발전시키는 데 보냈다. 제2법칙이 자연에서 복잡성을 일으키나, 자가 촉매작용이 당시에 새로운 조합들 사이에 진화하는 시스템의 일부로 남아 있는 것들 중에서 선택되는 스트레스들을 발생시킨다는 점에서 이는 우리와 전적으로 의견이 일치한다. 시스템의 일부 사이에서 에너지 흐름과 그 연결들에 의존하는, 그의 "상승" 척도는 효과적인 시스템의 성능을 평가하게 된다.

울라노위츠의 업적은, 부분적으로, 대부분의 생물학자들이 대수학 혹은 기초 통계학을 넘어선 복잡한 수학적 접근에 대해서 늘 멀리하고 싶어 하기 때문에, 상당히 주목받지 못했다. 생태계에서 탄소 흐름을 정량화하는 것은, 이의 전반을 통해서 흐르는 전체 에너지에 대한 생각을 제공한다. 울라노위츠는 시스템을 통하여 바로 이동하는 물질과 에너지 흐름과 생태계 내에서 몇 번이고 에너지를 순환시키는 것들 사이를 구별할 수 있었다(그림 7.2). 인터넷과 사회 상호 작용들에 적용되도록 그의 방법이 최근에 일반화되었을 때, 더 큰 네트워크들로 성장하는 순환 과정과 이와 연결된 마디마디들에 대한 생각은 자가 촉매작용의 생물학적 생각들로 거슬러 올라갈 수 있게 만들었다.

그의 연구 전반에서 울라노위츠는 모든 수준의 생태계 조직들에서 순환하는 과정을 발견하게 된다. 많은 것은 자기 강화되고, 앞뒤로 순환된다. 몇몇의 연구자들은 유기생명체와 혹은 그 집단 내의 좁은 의미에서 반응들을 가속화시키는 화학 성분이 촉매가 아니라고 주장할지도 모른다. 울라노위츠는 생태계에서 자가 촉매작용의 관계들에 관한 구체적인 경우의 예시를 만들었다. 여기에서 그는 우리가 식충식물의 잎을 생각해보길 요청하였다. 이런 종류의 식물들은 물이 얕은 담수호에서 성장한다. 식충식물의 잎과 줄기들은 돌말로 잘 알려진 우아한 대칭의 모습을 가진 미생물들 집합체로 덮여 있다. 돌말들을 먹고 사는 동물성 플랑크톤으로 알려진 미시적인 갑각류들이 이의 내부나 주위에 늘 있다. 주변에 번성을 막기 위해서, 식충식물은 나뭇잎 위에서 자라는 돌말들을 뜯어먹

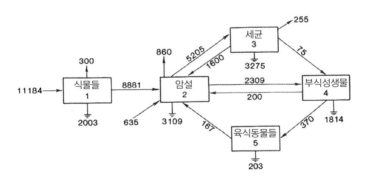

그림 7.2 콘 스프링 생태계에서 일어나는 전체 에너지 흐름(해당 제곱미터당 킬로칼로리들)의 도표. 콘 스프링은 다섯 개의 기본적인 분할들로 된 제한된 생태계를 가진 아이오와에 있는 매우 작은 민물 샘이다: 조류(藻類)와 최상위의 식물들(주요 생산자들), 암설(岩屑), 세균, 부식성생물들(환형동물들과 연체동물들), 그리고 육식동물들(곤충들). 그림에서 가장 왼쪽에 상자에서 나오지 않는 화살표는 외부 세계에서 오는 태양에너지나 폐기물과 같은 유입들을 나타낸다. 아울러, 상장에서 끝나지 않고 있는 화살표들은 시스템으로부터 이용 가능한 에너지의 배출들을 나타낸다. 땅을 상징하는 표식은 에너지의 소산을 나타낸다. 살아있는 분할들 사이에 에너지 흐름들을 추적하는 것은 흐름, 순환, 그리고 생태계의 계층적 구조를 결정하게 만든다. (울라노위츠 1986에서 인용됨.)

는 동물성 플랑크톤을 잡아서 게걸스럽게 먹어치운다.

울라노위츠(1995, 258)가 지적한 대로, "이들 세 가지 개체(집단)들 중의 하나에서 증가, 예를 들어 말하자면, 동물성 플랑크톤의 증가는 그 것의 '아래의' 파트너들의 성장에 기여할 것이다. 더욱 많은 동물성 플랑 크톤은 플랑크톤을 먹고사는 물고기 (…) 식충식물, 플랑크톤을 배양하는 돌말들을 위한 더욱더 많은 물질들을 제공하도록 성장해 나아갈 것이다." 스스로 강화되는 식충식물의 네트워크 내에서 각 구성원은, 누가 보더라 도, 촉매로서 행동하고 있는 것이다.

자가 촉매작용 과정은 타고난 대로 시스템의 성장을 증가시키고 있다. 울라노위츠는 생물학에서 그런 과정의 중요성을 강조한다. 자가 촉 매작용의 네트워크 내에서 어떤 성장—살아있든 그렇지 않든지, 이전에 살아있는 초순환의 일부이든 인간 이상의 생태계든지—은, 물론 필요한 물질들이 전체 시스템의 성장을 위하여 가까이서 존재할 수 있다고 가정 한다면, 전체 시스템 내에서 성장을 불러일으킬 수 있다.(비록 그들이 때론 어린이 이야기인 『잭과 콩나무』에서 마술 콩나무를 닮아 있을지라도, 자가 촉매작용 의 네트워크는 영원히 성장할 수도 없고 성장하지도 않는다. 족쇄가 채워진 성장에 관한 경향을 필히 제어하는 물리학, 화학, 생물학 전반에서 부정적인 피드백 과정들 이 존재한다. 예를 들면, 중앙 태평양에 있는 해조 집단들은 엄격한 의미에서 영양분 들로만 제한되지 않고 해조의 광합성 과정에서 촉매로서 필요로 되는 철분 성분을 통해서도 제한된다. 생물학적 시스템 내에서 제한 인자들은 공간과 음식을 포함하고 있고 그들이 어떤 높이에 도달할 때 콩나무에 있는 중력도 포함되게 된다.)

아이겐처럼 울라노위츠는 또한 자가 촉매작용의 시스템 내 혹은 그 사이에서 선택을 발견하였다. 또 다른 종이 존재하는 다른 종의 촉매 작용 과정보다 더 좋은 것을 더할 수 있다면, 새로운 종이 그 시스템 내에 더해지게 될 것이다. "특별히 구획 내에 변화가 갑자기 시스템 내부로 더

인투 더 쿨: 에너지 흐름, 열역학, 그리고 생명

필요한 자원들을 데리고 들어온다면 그것을 더욱이 높은 수준에서 작동시키게 만든다면, 그런 획득은 그 당시에 보답받게 될 것이다. 자원들의 획득을 선호하는 선택의 압력이 그 배열의 모든 구성원들에게 적용되기 때문에, 회로 그 자체는 물질과 에너지를 끌어당기게 되는 것이다—대부분 (뉴턴에 의해서 알려진 용어를 사용하여) 적절한 구심점이라고 불리게 되는 경향성도 있다. 단위로서 취해질 때, 자가 촉매작용의 순환은 그것의 환경과 단순히 반응하지는 않는다; 그것은 또한 활발히 그 자신의 세력 범위를 창조해 나아간다"(울라노위츠 1995, 256).

울라노위츠의 업적은 우리 스스로를 개인 혹은 사회의 개별로서 뿐 아니라 스스로 강화하는 네트워크의 일부로서 자신을 이해해야한다고 제안한다. 이것은 우리 내부의 세포 순환과 우리 주변의 생태계 순환에게도 모두 적용된다. 예를 들어, 우리가 생산품에 대하여 경제적 선택을 만들거나, 자신 혹은 또 다른 종의 유기생명체들과 함께 같은 방식으로 참여하게 선택받을 때, 이 행동은 자가 촉매작용의 네트워크 상황에서 발생하게 된다; 우리의 선택은 그런 네트워크 내에서 연결성을 강화하거나 약화시키게 된다. 울라노위츠는 개방적인 자가 촉매작용의 과정들이 그들의 물질적인 성분을 오랫동안 잔류하게 만든다는 비하하는 목소리를 지적한다. 연결된 순환들에서 열역학적으로 발생된 조직 내에서, 우리는 스스로를 단지 물질과 일부 입자가 아닌, 생태적이고 진화적인 과정들로서 점차 인식하게 된다.

포퍼Popper는 "헤라클레이토스Heraclitus는 옳았다"고 말하였다 (1990, 43). 그는 "우리는 물질일 뿐 아니라 단지 화염(불꽃)들이다. 혹은 더 지루하게 본다면, 모든 세포들처럼 우리는 신진대사의 과정들이다; 전체의 화학경로들이다." 연결된 자가 촉매작용의 과정은 소위 오늘날 우리가 생명이라고 부르는 것들을 더욱더 만들어 낸다. 그들의 자연에 의한 자가 촉매작용의 과정들은 새로운 성분들을 통합할 수도 있다—이것은 생명이 단순히 물질로서 정의되기에는 너무 어려운 한 가지 이유이기도 하다: 열려 있을 때, 그것은 새로운 것을, 새로운 물질들, 새로운 유전체들 그리고 그것의 확장된 순환들에 환경의 일부분들을 내부로 끌고 들어온다. 인쇄된 신문의 일부분들을 통합하여 그림을 그리는 입체파 예술가들 혹은 둥지에 파란색 세탁세제와 병뚜껑들을 마구 집어 넣어두는 바우어새처럼, 자가 촉매작용은 새로운 선수들을 시스템 내부로 데려오고, 잠재적으로는 조화, 기능들을 강화시키고 전체를 외부로 점차 넓혀 나아가게 된다. 세포와 몸체의 단백질들을 구성하는 필수품들 중의 하나인 질소를 생각해 보자. 코넬대학교의 화학자 로알드 호프만Roald Hoffmann은, 비료를 만들기 위한 산업용 질소 고정화에서, 유럽 혹은 미국에서 살고 있는 동시대인들은 그들의 몸에 약 40%의 원자들이 어느 관점에서는 공장들의 내부에 존재하는 것들과 동일하게 생각될 수 있다고 주장한다. 중국에서 그 숫자는 70%에 육박한다고 한다. 통계상으로 황 성분은 약간 적다. 열린 생명의 시스템은 현재 기술과 농업으로 확장되고, 이 공정은 더 오래된 생물권의 순환들 내에서 통합되고 있다. 놀랍고 두렵지만, 생물권은 기술화되고 생명공학화되는 과정에 있다.

에너지로 구동하는 자가 촉매작용에 길들여진 순환들은 양자규모에서 생태계로 이어지는 연속성을 통하여 구조를 유지하고 있고, 많은 자릿수 차이로 더욱더 크게 확장되어 나아간다. 생명의 시스템들 내에서 반응들은 10^{-14} 초만큼 짧은 시간 내의 규모에서 혹은 수 세기의 긴 시간에 걸쳐 오랫동안 일어날 수 있다; 그리고 10^{-9} 센티미터에서부터 전체 운석으로 포격화된 광범위한 생태계에 이르기까지 넓은 범위의 공간 안에서 일어난다. 이 거대한 공간—시간 경계들 내에서, 길들여진 네트워크들은 그들의 순환하는 기능과정을 위해 필요로 되는 에너지를 저장하고 빼낸다(쿤터Günther 그리고 폴케Folke 1993).

에리히 안치의 자기 조직화하는 천체

프리고진의 이론을 발판으로 삼아서, 오스트리아의 천체물리학자 에리히 안치Erich Jantsch는 열을 소산하는 구조들이 일으키는 전체 천체(우주)는 자기 조직화되고 있다고 주장하였다. 안치의 주요한 저서『자기 조직화되는 천체The Self-Organizing Universe』(1980)는 그가 암으로 죽어가고 있을 때 성급하게 작성된 원고였다. 복잡한 과정들, 열린 시스템들은 그들의 주변으로부터 발생한다; 안치는 단지 내부의 일부가 아니라 연구 중인 물체 외부와 천체가 관련되어 있는 "위-아래로"의 접근을 옹호하여 지지하였다. 세포 진화를 이해하기 위해서 우리는 행성의 진화를 이해해야 하고, 먼 미래를 상상하기 위해서는 훨씬 전의 과거를 알아야 한다. 안치가 주장하는 비평형의 우주론은 보완되고, 아마도 궁극적으로 더 작은 부분들로부터 완성된 건축물로서 복잡한 시스템을 묘사하는 자연에서 기계적 관점들보다는 더욱 구체적인 인식론적 기반 위에 서 있었다. 안치는 복잡한 시스템들에 영향을 주는 주요한 이분법적 생각은 새로움과 확신 사이에 존재하는 그 어떤 것이라고 말하였다. 새로움은 지속되는 열역학적 물질의 조직 혹은 순환 과정의 네트워크로서 새로운 과정들 혹은 이의 물질들을 도입하며 이해된다. 확신은 노력된 것과 사실인 것 사이의 반복이다. 작동하는 것과 더 잘 일할 수 있는 그러나 작동하지 않을 수도 있는 어떤 것을 노력하는 위험들 사이에서의 간극—새로움과 확신 사이에서 주고받음—은 열린 시스템들 간의 경쟁의 중심 안에 있다.

프리고진에게 깊이 전념하며, 안치의 초기 열역학적 합성은 매사

추세츠대학의 암허스트캠퍼스 생물학자 린 마굴리스Lynn Margulis와, 독립적으로, 영국 환경화학자인 제임스 러브록James Lovelock의 업적들을 우주론과 통합시켰다. 오존층을 붕괴시키는 소량의 프레온가스를 측정할 수 있는 전자를 잡는 장비를 발명한 러브록은 지구의 대기가 열역학적 평형에 있지 않다는 것을 깨달았다. 이 깨달음은 그가 유기생명체들, 즉 열린 시스템들이 준안정한 상태에서 환경을 유지시키는 잠재적으로 서로 연결된 방식들을 진지하게 탐구하도록 만들었다. 마굴리스는 기체를 교환하는 미생물들이 몹시 활동적인 혹은 화학적으로 일어나지 않는 상태에서 대기가 존재하는 이유라는 것을 깨닫게 도와주었다. 안치의 천재성은 천체는 기계적인 건축물이 아니라 거대한 흐름의 과정에서 가장 잘 이해된다는 것에 있었다. 그것은 높은 곳으로부터 낮은 곳으로, 밖으로부터 안으로 흐르는 열역학으로 이해될 필요가 있었다.

인류는 최첨단에 위치해 있을지 모르나 이는 무엇에 대해서 그런가? 가장 잘 이해되는 바에 따르면, 생명이 다윈의 시간을 포함하는 것과 같이, 가장 잘 이해되는 복잡함(생명의 그것을 포함하여)은 열역학적 상황 내에서 주목된다. 안치가 주장하는 높은 곳에서 낮은 곳으로 인식은 전체에 대한 동양 사상, 상호 합의(含意, 어떤 총체의 모든 것들에 의존하는), 그리고 에너지의 중요성과 더불어 더욱더 구체화된다. 유기생명체는 개방되어 있고 세대를 거치며 잘 유지된 복잡한 패턴 내에서 순환되고 있기 때문에, 안치가 바라보는 생명은 시간과 공간 속에 묶여 있다: 고대의 생물권(지구)의 순환들을 보존하는 우리의 신체들은 과거의 장소들, 그렇지 않았다면 사라졌을 환경들 내에서 살아있는 상태로 유지된다. 우리 각자는 안치의 창조적인, 새롭게 탄생한, 비평형의 천체에 의해서 돌고 있는 비평형의 생물권 내에서 서로 네트워크된 유전자들과 세포들의 소용돌이, 즉 프리고진의 흐름 과정인 것이다.

복잡성의 많은 정의들 중의 하나에 의하면, 생명은 아주 복잡한 시스템이다. 지난 30년 동안 "복잡성"의 새로운 과학이 탄생하였고, 세상에 많은 유명한 과학자들에게 주안점이 되었다. 일반적으로 세상의 관점은 비환원주의이고 그것은 생명에 관한 우리의 이해를 도와줄 많은 새로운 가능성들을 제안하고 있다. 이 세상의 관점은 자연의 연구에 대한 시스템적 접근인 것이다. 이미 우리는 특별한 종류에 상관없이 폭넓은 분류의 시스템들에 적용되는 보편적인 법칙들, 모형들, 혹은 원칙들을 탐구하고 있다는 것을 의미한다. 시스템 이론의 아버지로서 알려진, 루드위그 본 버탈란피Ludwig von Bertalanffy(1968, 32)는 "일반적인 시스템들"에 적용되는 일반적인 원칙들을 찾는 연구 프로그램을 시작하였다. 이 새로운 과학은 출현하는 특징들을 보고 복잡한 시스템들의 구조 내에서 전체적이고 환원주의자적인 관찰들을 통합하기 위하여 노력하고 있다.

이 책은 모든 이들의 관점들을 통합하고 살아있는 시스템과 그들 간의 관계를 논의하는 것은 아니지만, 많은 이들의 연구 프로그램들이 우리의 패러다임 내에 수월하게 잘 맞는다고 말하기에는 충분하다. 이 과학들에서 몇몇 선도적인 기여자의 이름으로는 일반 시스템 이론에 관한 버탈란피와 라슬로Laszlo; 계층 이론에 관한 앨런Allen, 오닐O'Neill, 살테Salthe, 그리고 파티Pattee; 계산 이론에 관한 위너Wiener와 튜닝Turing; 혼돈의 역학에 관한 로렌즈Lorenz, 루엘Ruelle, 스메일Smale, 파이겐바움Feigenbaum; 시스템 역학에 관한 푸앵카레 그리고 아브라함Abraham; 에너지를 소산하는 시스템들에 관한 프리고진과 니콜리스Nicolis; 대재난 이론에 관한 톰Thom; 자기 조직화되는 비평─힘 법칙에 관한 백Bak; 공동증진에 관한 하켄Haken; 상대적 생물학에 관한 라세프스키Rashevsky와 로젠Rosen; 네트워크 열역학에 관한 카치르Katchalsky, 오스터Oster와 미쿠레키Mikulecky; 상대 생장의 생물학에 관한 브라운Brown, 웨스트West, 그리고 엔퀴스트Enquist;

계산 생물학에 관한 카우프만Kauffman과 울프럼Wolfram; 차원 분열 도형의 기하학에 관한 망델브로Mandelbrot; 그리고 네트워크 분석에 관한 울라노위츠Ulanowicz와 버러바시Barabasi를 포함한다. 많은 이 시스템들은 비선형적이고, 역학적 특징들을 가지며, 여러 분지(分枝)들을 경험할 수 있다. 이 "시스템 과학들"은 새로운 접근법을 제안하고 일반적인 원칙들을 찾아나서는 특별히 생물학과 선두의 과학일 것이다.

위큰의 세계: 제2법칙은 생명에 동력을 공급한다

생명의 열역학에 대하여 위에 언급한 기여자들의 합성 및 다른 분야들과의 제휴의 힘은 부인될 수 없다. 그들이 공통된 목소리로 말하는 대로 유전학 하나만으로는 충분하지 않다. 심지어 그들이 성장하고, 환경을 조직화하고, 엔트로피 감소의 영역을 밀어내며 새로운 종과 일련의 새 생명을 형성하는 유전체와 세포들을 합쳐내고 더 큰 주변환경으로부터 에너지 근원들을 구하기도 하고 소멸시킬 때도, 유기생명체는 자기 지시의 전체들로서 행동한다.

비평형의 사고자들 속에서, 이 발전하는 분야의 영웅들 속에서 우리는 위큰Wicken(1987)의 이름을 더해야 한다. 그는 열역학 제2법칙 때문에 생명이 조금이라도 존재한다고 감히 용기 내어 주장하였다.

이미 고인이 된 제프리 위큰Jeffrey Wicken은 생명의 열역학적 본성에 대한 로트카와 슈뢰딩거의 끝나지 않은 몇 가지 생각들을 완성시켰다. 그는 제2법칙은 생명과 조화될 뿐 아니라 기원과 진화에 대해서 주된 역할을 한다고 설득력 있게 주장하였다. 강연자로서 위큰은 우리에 간힌 사자와 같았다. 어린 시절 사고로 검은 눈가리개를 쓰고 있었고, 갑자기 방정식을 적기 위해서 칠판으로 휙 돌아서곤 하여 청중들을 무척 당황스럽게 하였다. 그의 강연 내용이 제논과 엘레아학파의 초기 그리스 철학 혹은 펩타이드의 결합 강도에 대한 뉴턴의 역설의 부족함의 주제로 갑자기 옮겨지는 순간에도 그의 강렬함은 늘 주목되었다. 그는 이리Erie에 있는 펜실베이니아주립대학의 베히렌드 컬리지Behrend College에서 가장 훌륭한 강연자들 중 하나로 매해 학생들에 의해서 최종 수상자로 선출되었다. 생화학자로 교육 받은 위큰은 그가 속한 작은 컬리지가 분자 화학을 연구하기에는 관련 시설들이 턱없이 부족했기 때문에 이론 생물학과 열역학에 대한 주제로 연구를 선회하였다. 1978년에 시작하여, 12년 동안 그는 총 35편의 논문들과 한 권의 책을 출판하였다. 말년에는 알코올 중독에 빠져 방황하였지만, 우리의 생각으론, 그는 비평형 열역학과 생물학 아이디어들에 대한 주요 기여자였다. 위큰은 자가 촉매작용—연결된 자기 영속할 수 있는 네트워크—와 열역학 사이에서 연결성을 밝혀내고, 그들이 단일의 옷감에서 엮여지는 것, 즉 자수와 같이 생명의 기원, 종들의 재생과 유지, 생태계의 출현과 생명의 진화를 포함하는 동일한 태피스트리임을 증명해 보였다. 위큰은 생명을 "세련된 자가 촉매작용의 조직"—AOS로서 정의하였다. 위큰은 RNA 서열에서 생태계들의 에너지론까지 모든 수준의 생명에서 AOS를 관찰하였다. 특별한 속도론적 배열들은 생명 그 자체—밀접하게 지엽적인 에너지 흐름들에 연결된 반자동화된 시스템들—의 일반화된 형태임을 분명하게 보였다. 위큰은, "생물권에서 AOS의 설립"은 "열역학적 퍼텐셜과 그것을 가볍게 두드리는 분자의 복잡성을 요구하였다"라고 주장하였다(1987, 121).

위큰의 논문 주제는 솔직하고 직관적이었다: 열역학은 생물학의 모든 수준에서 주입되었다. 그것의 제2법칙은 강요된 구배 차이들과 결합되는 순간, 생명의 "가는 것(go)"을 제공하고 생명에게 방향과 존재의 이유를 준다. 생명의 기원부터 인류의 기술과학에 대한 근접과 함께 생물권을 향한 생태계의 과정에 이르기까지 생명은 제2법칙으로 작동되는 과정이다. 엔트로피의 정보이론과 열역학적 해석 간의 수학적 차이들뿐만 아니라, 현재 과학적 방법의 봉기와 함께 목적 철학적인 미묘한 차이와 그것의 역사적인 버림을 이해하며, 위큰은 우리의 과학적 인식에서 "생명은 왜 존재하는가?"라는 질문을 물어보는 것에 대해서 금기를 깰 수 있도록 도전시킨다. 위큰은 열역학이 생명을 밝히는 노력은 단지 "생명을 물질과 운동으로 환원시키는 더욱더 많은 시도로서 잘못 이해되고 있다"고 한탄하였다. 사실은 그렇지 않다고, 위큰은 끊임없이 반박했다(1987, 5).

그것은 어떤 것도 시도하지 않는다. 열역학은 무엇보다도 자발적인 과정의 과학, 사건들 안에서 "가는 것(go)"이다. 열역학적으로 진화에 접근해가는 것이 생명이 "생명을 가진 상태"를 물리적인 과정의 합법성 안으로 데리고 오는 것을 허락한다.(…)생명의 출현과 진화는 제2법칙과 인과 관련되어 서로 연결된 현상이다; 그리고 열역학은 그 기능의 부분—전체의 관계에 의해서 모든 곳에서 묶여 있는 관계적으로 엮여 구성된 과정들로서 유기생명체에서 생태계까지의 유기적 본성의 이해를 진지하게 고려한다.

살아있는 시스템은 다른 구배 차이로 구동되는 시스템들과 비평형 역학을 함께 공유시키고, 화학적 차이뿐만 아니라 온도와 압력의 차이들에 의해서 주도된 복잡성을 성장시킨다. 생명의 위대한 특징등 중의 하나는 그것이 가진 수명이다. 유전적으로 계속 이어질 때, 생명의 복잡성은 계속적으로 전개된다.

위큰(1987, 72)은 생명을 방향을 확장시키는 천체와 관련시킨다:

열의 확산과 구조화 과정 사이에서 어떤 선험적인 연결성도 없다. 두 가지가 결합되는 경향이 있는 이유, 진보하는 감각에서 진화의 현상이 무엇보다도 가능한 그 이유는 자연의 힘들이 대부분 관련되어 있다는 것에 기인한다. 우주의 팽창이 에너지의 퍼텐셜과 열의 형태들 사이에서 불균형을 유지하는 천체 내에서, 더 작은 전체들을 더 큰 전체들로 형성되도록 모두 함께 놓여 있도록 하는 것이 퍼텐셜 에너지를 열로 전환시킴으로써 엔트로피를 발생시키는 것을 의미하게 된다. 자연 과정의 흐르는 경향이 있는 퍼텐셜 에너지는 구조의 성장과 연관되어 있다.(…)에너지를 소산하는 것이 천체의 증강(성장)혹은 집성적(集成的)인 성향의 추진력이 된다. 엔트로피의 소산은 진화적인 구조과정을 앞으로 나아가게 한다; 자연의 힘은 그것에게 형태를 준다.

　　기적적으로 생명이 창조되는 것을 증명하기 위해서 열심히 노력 중인 제2법칙이 해체되는 경향성을 이용하는 것으로부터 곧 일어날 듯한 경제적 재앙의 예측을 확신하기 위한 노력에 호소하는 것에 이르기까지, 많은 것들이 열역학적 개념들과 더불어 무책임한 짓을 하곤 하였다. 이와 반대로, 위큰이 주장하는 신중히 숙고된 생각과 산문들은 우리에게 생명에 대한 제2법칙의 역할을 간결하고 분명하게 이해시켜 주었다. 다윈의 인식을 확장시켜서, 위큰의 관점은 생명과학들에게 더 폭넓은 과학적 근거들을 제공하였다. 생명은 제2법칙에 종속될 뿐 아니라, 필연적인 조작에서 그것에 의해서 추진되는 에너지 소산의 일반적 현상의 일부인 것이다.
　　위큰은 준안정한 시스템들이 계속 유지되도록 동일한 유전적인 보강이 그 자체로 자발적으로 변화되고, 돌연변이화 되고, 그리고 제2법칙과 일치하여 비조직화 되는 것이 더 쉬웠을 거라고 주장하였다. 복제가 열역학적 근본을 가지고 있을 때—세포와 이들로 구성된 존재들은 에너지 소산의 매개물들로서 지속된다—소멸의 매개물들은 그 자신 스스로 제대로 작동하지 않고 변화에 끊임없이 노출된다. 그러므로 양쪽 복제와 유전적 돌연변이 모두—현재 가장 많이 받아들여지는 공식화에서 자연선택의 주요한 구성품들—는 열역학적 연계성을 가지고 있다. 위큰이 모든 수준에서 제2법칙이 생명을 조직화한다고 말할 때, 그는 그것에 대해서 의미한다. 열역학적인 퍼텐셜과 그들의 필요한 에너지 소산은 복잡한 시스템들을 추진시킨다. 구배 차이가 시스템에 적용되면, 그것은 그 구배 차이를 소멸해 가는 이용 가능한 경로들을 찾아 사용하게 될 것이다. 지구상 적용된 발산의 구배 차이는 자가 촉매작용을 통해서 복잡한 구조들을 만들기 위해서 자유에너지—광자들의 포착—를 사용한다. 사로잡힌 에너지는 더욱더 구배 차이를 이용하는 과정들—복제, 생리기능, 그리고 행동들로 소산된다. 노벨상 수상자인 헝가리의 생물학자 센트죄르지 얼베르트Albert von Nagyrapolt Szent-Györgyi(1961, 7)는 살아있는 물질이 어떻게 정전기적 에너지와 연계되는지, 그것이 어떻게 하나의 전자를 전자쌍으로부터 더 높은 수준으로 끌어 올리는지를 설명하였다.

이런 흥분된 상태는 아주 짧은 시간 존재하고 전자는 어떤 방식으로든 그것의 에너지를 발산하는 기저상태로 곧, 즉 10^{-7}에서 10^{-8}초 내에 돌아간다. 생명은 흥분상태에서 전자를 잡는 것을 배웠고, 그것을 파트너로부터 떨어뜨리고 생명의 과정들을 위한 과량의 에너지를 이용하는 생물학적 기계장치를의 작동을 통하여 기저상태로 되돌아오게 된다.

지구에 떨어지는 500개의 광자들로부터 대략적으로 하나가 박테리아, 해조, 그리고 식물들에 의하여 유기물질의 화학적 에너지로 전환된다.
모든 형태의 촉매 반응들은 그들이 자가 촉매작용의 순환의 회전을 고정하는 순간, 흥분된 전자들에 의해서 생산된 에너지를 이용할 수 있게 된다. 생명이 단지 나노공학기술의 루브 골드버그 장비라면, 그 순환은 BZ처럼 구조를 만들거나, 매혹적이진 아닐지라도 그 구조는 지속되지 않을 것이다. 그러나 살아있는 것은 계속 지속된다. 그것은 도미노의 라인을 다시 만들고, 쥐덫을 재설정한다. 빛을 향해 미끄러지거나 헤엄쳐가는 많은 녹색과 보라색 광합성 박테리아를 영속시키기 위해서 더욱더 많은 전자들을 들어올리는 더 많은 광자들을 흡수하는 데 광자로 유도된 광적인 열중을 이용하게 될 것이다. 미역을 포함하여 많은 해조류들은 그 자신 스스로 혹은 동물들과 함께 연합하여 헤엄쳐 나간다. 많은 섬모충들은 빛을 향하거나 혹은 그로부터 멀리 헤엄쳐 간다; 그들은 스스로 반투명의 우물가 내에서 적응한다. 단지 사람만이 아닌, 모든 생명은 에너지를 얻거나 그것의 부족으로 죽게 된다. 지방, 전분, 그리고 당원과 같은 저장된 에너지는 유기생명체를 즉각적인 구배 차이의 붕괴로부터 자유롭게 한다. 이 화합물들과 많은 다른 저장품들은 유기생명체가 더 잘 그들의 삶을 통제하도록 만든다. 식물의 광합성에서 광자들은 물 분자들을 흩뜨려서 그들의 수소를 (전자로서) 발산하게 된다. 수소는 이산화탄소와 연결되어 탄수화물과 다른 세포 물질들을 만든다. 여기서 산소분자가 방출된다. 이 복잡한 일련의 연결된 반응들은 빛의 에너지는 더 이상 이용될 수 없는 밤이 되어서야 멈춘다. 어둠 속에서 에너지의 근원들로서 탄수화물들이 이산화탄소와 물로 분해되고, 주변으로 배출된다. 다른 과정들과 연결되어, 그런 순환의 광합성 반응들이 생명에 연료를 공급한다. 외부로부터 에너지는 내부로 접근하고, 저장고에 잡혀서 비평형 존재의 다양한 업적들을 위하여 결집된다. 순환 과정은 에너지를 저장하고, 그것을 사용하고, 그리고 심지어 미래를 위한 새로운 가능성을 열 때는 복잡한 과거를 재건한다.

INTO

CooL

제8장

소용돌이치는 세계

생물의 시공간 구조는 에너지 흐름의 결과 발생한다.
열역학적 평형에서 멀리 떨어진 물리 화학 시스템에서 일어날 수 있는
비평형 상전이를 강하게 연상시킨다. 에너지 흐름은 에너지를 강화하기
위해 시스템을 구성하고 구조화한다. 이러한 조직화된 시공간 구조는
준평형 및 비평형 설명이 관련된 프로세스의 특성 시간과 볼륨에 따라
생활 시스템에 적용 가능함을 시사한다.

— 매완 호 —

자아의 유동성

　세계로부터 분리되는 순간에도 우리는 여전히 그것과 밀접하게
연결되어 있다. 이런 관계의 본성은 무엇일까? 자신(자아)의 본성은 무엇
인가? 이번 장에서 우리는 생리기능의 근원과 비생명의 시스템들로부터
자아들을 포함하는 실제 세계의 복잡성의 근원들에 대해서 알아본다. 서
로 간섭하지 않는 분자와 분자 간의 열전달로부터 서로 간섭된 대류에서
의 전이는 몇몇 따뜻하게 데워진 유체들 속에서 발생한다. 그 과정 동안
10^{22}개 이상의 분자들은 서로 협조한다. 통계적 관점으로 볼 때, 이는 터
무니없이 일어나진 않을 것이다. 그런 간섭은 적용된 온도 구배 차이에서

자연적으로 발생하게 된다. 자연은 시스템을 창조하고, 구배 차이를 제거하고 원자의 무질서들을 주변환경으로 내보내 때론 매우 복잡한 구조를 만들어낸다. "구심점," 자아 같은 구조들은 물질의 순환들, 에너지를 이끄는 스스로 강화되는 네트워크들 내에서 탄생한다. '이기적인 유전자'들이란 용어에도 불구하고, 유전자들은 자아를 가지고 있진 않다: 진정한 자아는 세포들이다; 단백질과 되풀이되는 아미노산들과 매개하는 분자들의 신진대사의 네트워크들 없이, 유전자들은 플러그를 뽑은 토스터같이 무능하고 "이기적"이다. 생리학자인 J. 스콧 터너J. Scott Turner는 나이아가라 폭포의 하류는 영구적으로 소용돌이whirlpool—대문자 W로도 불린다—속에 있다고 하였다. 이와 같이 준안정한 과정들은 개개 사건(물질)들에 대한 우리가 오류를 범한 자아들의 근거에 놓여 있다. 자아들은 닫혀 있거나 고립되어 있지 않고 에너지와 흐름들 속에서 준안정한 열린 시스템들로서 일어난다. 기상학자들은 허리케인과 태풍들에게 거트루드Gertrude와 베르니스Bernice와 같은 여자이름들을 붙였다. 화성에 큰 붉은 반점 또한 적절한 이름을 갖고 있다. 전체적으로 물리적인 소용돌이치는 시스템들은 어렴풋한 자아—내부와 외부 간의 경계의 시작점—을 보여준다. 이 소용돌이치는 준안정성은 우리의 생물학적인 자아들과 적합한 이름들을 기대하게 한다. 구체적이며 독립적으로 상상하는 대로, 우리 역시 에너지를 소산하는 구조로서 수억 년의 역사를 가진 준안정한 흐름의 시스템들인 것이다.

열역학적인 자아는 경계를 일으킨 에너지를 소산하는 시스템으로부터 발생한다. 외부 세계로부터 스스로를 봉쇄하지 않으면, 경계들은 그들이 활동을 계속하도록 허락한다. 지구상에서 생물학적인 자아는 비평형 과정들의 팽창을 위한, 첫 번째 미시적인 장소를 제공하는 반 투과막, 즉 유일한 지질 생체막에 절대적으로 의존한다. 덜 복잡한 소용돌이치는 시스템은 성장하고 생물학이나 화학 없이도 복제 가능한 것처럼 보인다.

베나르의 육각형들

베나르Bénard의 완벽한 비생명의, 벌집모양 같은 "세포들"(그림. 8.1)을 생각해 보자. 파리대학 학생이었던 앙리 베나르Henri Bénard는 1897년에, 우연히 사용되지 않은 사진인화 용기 속에서 일어나는 다각형의 흐름 구조들에 대해서 듣게 되었다. 베나르(1900)는 대류를 연구한 박사학위 논문을 제출했다:「수평의 액상 층에서 세포의 난류들Les tourbillions cellulaires dans une nappe liquid」은 종종 육각형 모양들의 첫 번째 깊이 있는 연구였다. 실험을 위해서 베나르는 100도씨의 증기로 놋쇠 장비 아래에서 향고래 기름—경랍(鯨蠟)을 가열하였다. 20도씨에서 일반적으로 밀랍물질인 경랍은 46도씨에서는 잔뜩 진득한 유체로 풀어져 있다. 그 시스템은 대류공기에 직접 접촉하고 있는 기름의 상층표면에서 항상 함께 열려 있다. 여기서 그 공기는 상온—20도씨—에 있었다. 베나르는 향고래 기름의 얇은, 1밀리미터 단층을 통해서 80도씨의 열 구배 차이를 만들어내었다. 이것은 가파른 구배 차이였다—단순한 센티미터 깊이 차이를 볼 때, 이는 800도 정도의 구배 차이와 같다.

구배 차이에 의한 동력을 통하여 액체의 혼돈 속에서 대칭의 육각형이 생겨난다. 전도는 조작없이 감지될 수 있는 열을 전달하는 것에 반하여, 대류는 조직화된 순환들 속에서 열을 밖(외부)으로 몰고 간다. 구배 차이가 유지되면서, 그 순환은 영원히 지속된다. 그들은 열역학의 본성에서 은연중에 내포되어 있는, 주어진 화학 혹은 물리적 조건들 아래에서, 구배 차이를 소멸시키는 문제를 어떻게 잘 해결해야 하는지에 대한 자연적인 능력을 나타낸다. 전도에서 대류로의 전환은 동일한 구배 차이를 소멸시키는 것에 한 가지 이상의 방식이 존재한다는 것을 보여준다. 여기서, 온도 구배 차이가 증가함에 따라서, 그것을 소멸시키는 새로운 더욱 더 효과적인 방식이 나타나기 시작한다(그림. 8.2). 그것은 마치 근처의 구배 차이의 존재가 구배 차이를 소멸시키는 "자아들"로, 닥치는 대로, 함께

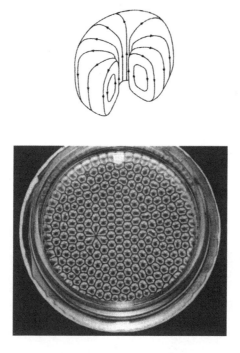

그림 8.1 베나르 세포들. 이번 실험에서 코쉬마이에더(1991)는 10.5센티미터 길이의 접시에 1.9밀리미터 깊이의 실리콘 오일을 사용하였다. 실리콘 오일은 균일하게 냉각된 사파이어 두껑 밑에 있는 0.4밀리미터 두께 층의 공기 아래에 놓여 있다. 거시적이며 역동적인 구조들을 만들어내는 상당히 조직화되는 과정에서 수백억 개의 분자들과 함께 세포들은 평균 0.625센티미터 크기 정도이다. 이 과정은 표면 장력 효과를 일으키는 오일 표면에 따뜻한 부드러운 지점들과 베나르 세포의 중심에서 일어나는 뜨거운 물질로 인한 대류로 인하여 시작된다. 오일은 아래에서 데워져서 세포들의 중심으로 올라가게 되고 세포 표면에서 냉각되고 마침내 세포들의 외각 면을 따라서 가라앉게 된다. 여기에 정상 상태의 구조들에 포함된 어떠한 화학적이거나 생물학적인 과정들은 없다.(L. Koschmieder으로부터 제공된 사진 그림.)

인투 더 쿨: 에너지 흐름, 열역학, 그리고 생명

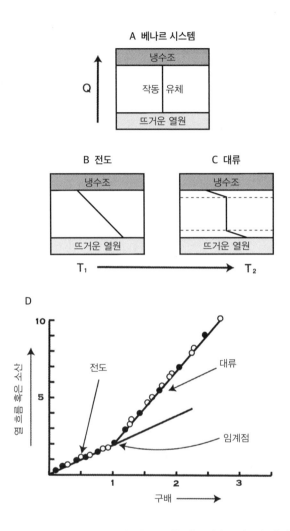

그림 8.2 선형에서 비선형 상태들, 전도에서 대류로 변형되는 베나르 시스템. 용기 내부에 유체는 아래에서 데워지고 장치의 꼭대기는 냉각 처리장으로서 행동한다. 장치 내부에 온도 개요들을 보면, A에서 분자혼돈의 평형 등온 상태에서 B에서 전도 상태와 C에서 대류 상태로 변하게 된다. 열이 시스템의 바닥에 적용되었을 때, 모든 에너지 소산(이 경우에는 열 흐름, Q)은 전도와 분자-대-분자의 상호 작용을 통해서 일어난다. 구배 차이가 임계값에 도달할 때, 대류로 전이가 일어나게 된다. 시스템이 평형 상태에서 더 멀리 있으면 있을수록 엑서지는 더욱더 파괴되고 내부에서 엔트로피는 더욱더 커지게 된다. 더욱더 많은 일이 시스템을 비평형 상태에 유지시키기 위하여 필요로 된다. D에서 베나르 세포 전반에 열 흐름 Q 혹은 에너지 소산은 시스템에 적용된 구배 차이에 대항하여 그래프로 그려지게 되었다. 임계 한계점에서 전도에서 대류로의 돌연 전이는 상당히 흥미롭다. 시스템이 대류를 통하여 "조직화"되었을 때, 그것은 더 높은 에너지 소산의 열 흐름 속도를 가지게 된다.(슈나이더와 케이 1994b에서 인용됨.)

오게 되어 떠돌아 이동하는 입자들에게 압력을 일으키는 것과 같다. 가장 중요한 관찰은 이 시스템들이 전도에서 대류에 이르는, 혼돈에서 조직화에 이르도록 두 갈래로 갈라질 때, 시스템의 열 흐름—그것의 엔트로피 생산—은 상승한다. 그러므로 더욱더 조직화된 시스템은 또한 쓰레기들을 만들어내는 것에도 매우 뛰어나다.

베나르는 매우 미세한 금속 가루들을 굴러가는 향고래 오일 위에 뿌리고 더욱더 유심히 관찰하였다. 저속도 촬영time-lapse photography을 함께 사용하여, 대류가 분명하게 관찰되었다. 중간에서 떠오른 기름은 육각형의 대류 세포 각각의 끝 지점들을 따라서 내려간다.

베나르는 그가 관찰하였던 형태들에 관련하여 책임있는 주요 인자들을 발견하기 위해서 노력하였다. 열 유량, 온도, 그리고 유체 깊이를 바꿈에 따라서, 그 세포들의 크기와 그들이 나타날지 아닐지를 조절할 수 있다는 것을 알게 되었다. 비록 60년이 지난 후에도 그것이 이론적으로 상세하게 묘사되지는 못하였을 지라도, 베나르는 육각형들의 출현에 필수적인 주요한 온도 차이를 발견하였다. 이 복잡한 동적인 구조들은 단지 가파른 구배 차이들에서 갑작스럽게 일어난다: 구배 차이는 충분히 가팔라야 하나, 너무 가파르지 않은—그리고 다른 제약들이, 마치 「골디락스와 곰 세 마리」의 이야기에서 골디락스가 "바로 당장" (너무 뜨겁지도 너무 차갑지도 않은) 오트밀 죽을 먹는 것과 같이, 정해진 그 자리에 있어야 한다. 그 순환이 시작할 때, 만약 그들이 환경으로부터 새로운 물질에 접근하면, 그들은 또한 성장할 수 있다. 더구나, 복잡한 시스템들은 그들을 감소시켜서 구배 차이를 규제할 수도 있다. 그 당시 구배 차이(복잡한 시스템에 의해서 사로잡힌 결과로서)가 일시적으로 감소될 때, 그들의 활동을 줄인다. 그 구배 차이는 순환을 재생하여, 당시에 마음껏 재성장하도록 한다. 이것이 발달의 생리이다.

거의 완벽한 육각형의 베나르 세포들을 보고 있을 때, 과정들이 거의 마법과도 같은 생명력을 믿는 것은 정말 어려웠다. 이 세포들은 화학 반응이 아니고 생명도 아닌 온도 구배 차이에 의해서 끌리는 단순한 물리 과정이었다. 어얼리Early의 사제들이 이 시스템들 중 하나를 보았다면, 그것들 역시 살아있다고 생각하였을지 모른다. 베나르의 불안정성은 소용돌이치는 컴퓨터 디스크 드라이브들이 아닌, 열역학적 과정들로 끌리는 복잡화였다.

베나르의 이 작은 실험은 큰 의미가 있었다. 비록 향고래 오일의 분자상호 간의 거리가 10^{-8}센티미터와 비슷할 지라도, 액체는 크기에서 0.1센티미터 조직의 구조들로 바뀌었다: 단순한 열 구배 차이는 수천억 개(10^{20})의 분자들을 밀집 행진으로 오게 만들었다. 그들은 선을 만들고, 서로 간섭하는 운동을 보였다. 분자 궤적과 속도들 사이에 그런 상호관계는 놀라움을 주었다. 그들은 고립된 시스템에서는 나타나지도 예측되지도 않는다. 이 시스템들은 고립된 시스템 속에서 일어나지 않는다. 그들은 구배 차이의 조직화되는 경계들 내에서 일어난다. 열린 시스템들은 평형에 이르는 열역학적 문제에 대한 정답을 자연적으로 계산하였다. 만약 우리가 조직된 상황을 보지 못한다면, 그런 구조들 주변에서 구배 차이를 보지 못한다면, 우리는 어리둥절하게 될 것이다. 베나르의 불안정성은 진공 혹은 창조자로부터 오지 않는다. 오히려 그것은 이전의 불확실성을 해결한다. 농축된 형태에서, 그것이 파괴하는 데 도움이 되는 차이를 명시한다.

더 이상 축소할 수 없는 복잡성

상황에 대한 지식 없이 그들의 자연적으로 복잡한 그들의 배경, 구배 차이에 의한 외관 조직의, 누군가는 베나르 세포에서 산술적으로 야기된 자기조직(세이건Sagan과 화이트사이드Whiteside 2004)의 예시 "더 이상 축소할 수 없는 복잡성"(베허Behe 1996)의 예, 혹은 심지어 "지능적인 디자인"(존슨Johnson 1991; 그리고 이 책의 마지막 장을 보자)의 예들을 보고 싶어 할지도 모른다. 베나르의 육각형들은 의식 있는 외부 숙고자의 지도 하에서, 혹은 자연선택의 과정을 통한 그 자신의 의지를 나타내지 않는다. 그들 혹은 다른 복잡한 구배 차이를 소멸시키는 구조들도 복잡한 현상에 대한 컴퓨터 기반의 시뮬레이션이 아니다. 그들은 그 자신으로부터 나타나는 현상이다. 그들은 실제이다. 생명보다 훨씬 단순한, 대류 세포들은 불연속성들을 형성하는 복잡성을 통해서 혼돈을 생산하는 자연의 경향성을 보다 명확하게 보여준다. 이전의 복잡성, 이전의 일어나지 않았던 것을 철저히 파괴시켜서, 새로운 복잡성, 새롭게 있을 법한 구조들이 창조된다. 생물학적이나 화학적이지 않고 수력학적인 복잡성으로부터 탄생을 보여주는 베나르 세포는 양쪽 수력학('유체 역학'으로 알려진)과 "복잡성의 과학"이 창궐하도록 도움을 주었다. 베나르 세포는 복잡한 시스템이 아무 데도 없는 것으로부터 나온 것이 아니라 이미 존재하는 구배 차이로부터 나타났다고 증명하는 놀라움을 주는 유품이 되었다. 그들의 복잡성은 내부로부터 일어나지 않고 그들이 처한 상황으로부터 기인한다. 겉보기에 단순해 보일지라도, 여기서 구배 차이의 공간적인 차이는 제2법칙에서 타고난 혼합의 개연론(蓋然論)의 경향성들과는 어긋난다. 변칙적인 상황이 수정될 때까지 물질이 순환하고 이를 스스로 인식하면서, 복잡한 계가 존재할 수 있다는 사실이 단순하게만 보이는 구배 차이가 사실은 타고난 복잡성을 나타나게 하였다고 말할 수 있게 되었다.

레일리의 수

1904년 영국 출신의 노벨 물리학상 수상자인 존 윌리엄 스트럿 John William Strutt, 즉 레일리 경Lord Rayleigh은 베나르의 발견을 설명하기 위한 수학적 증명을 발전시키기 위해서 노력하였다. 그의 모델에서 유체는 베나르 실험에서처럼 공기 중에 열려 있기보다는 오히려, 두 개의 무한하게 넓은 평행한 표면들 사이에 붙잡혀 있었다. 대신에, 베나르-레일리 대류는 뚜껑 혹은 선반의 덮개 아래에서 일어나게 되었다. 레일리의 시스템들에서 유체는 직접적으로 선반들에 닿기 때문에, 그들이 베나르 세포에 있을 때, 세포들은 표면 장력에 영향을 받지 않았다. 표면 장력은 어떤 것을 —예를 들어, 분자, 철사 혹은 작은 스프링—을 액체의 표면으로부터 들어올리는 데 필요한 힘이다. 표면 장력은 최소의 부피를 만드는데 노력한다. 물방울은 표면 장력에 의해서 형성된다. 우리가 아는 대로, 베나르 세포는 열전달 뿐 아니라 표면 장력에 의존한다고 밝혀졌다. 레일리 세포들은, 반대로, 순수한 대류를 대표한다. 베나르 대류가 육각형을 만드는 반면에, 순수한 대류의 레일리 수학은 두루마리, 원, 그리고 선형 그리고 사각형의 디자인을 예측할 수 있게 되었다.

유체의 상태를 묘사하는 방정식뿐 아니라 질량, 운동량, 그리고 에너지의 보존의 원리를 사용하여, 레일리는 대류의 운동들이 시작되는데 필요한 주요한 온도 차이—구배 차이의 강도(지금은 우리가 알 수 있다)를 예측하였다. 주요한 온도 구배 차이가 도달되었을 때, 돌연히 조직이 잇따라 일어나게 되었다. 유체는 소위 주요한 레일리 수 안에서 조직화되었다. 이 수, 유체에 있는 구배 차이의 척도는 무차원이다. 계산하는 데 사용되는 단위들이 서로를 상쇄하기 때문에 그것은 어떤 단위도 가지고 있지 않다.

선택이 없는 복잡성

여기서 대류는 주요한 레일리 수에서 시작한다. 이 수에서 안정한 물질의 조직들이 형성된다. 그들은 구배 차이에 의해서 지지되고 일련의 에너지 흐름의 품질은, 물질이 순환될 때, 점차 떨어지게 된다. 우리는 여기에서, 베나르—레일리 과정들 속에서 유기 생리기능의 그늘 혹은 조금이라도 어렴풋한 빛을 볼 수 있는가? 무엇보다도, 베나르—레일리 과정들과 같은 유기생명체는 그들이 순환하여 진행하는 고품질의 에너지로부터 그들의 조직을 유도할 수 있게 된다; 그들은 단지 어떤 온도들에서만 번창한다. 비록 "단지 물리적"일지라도, 물리적 환경들 내에서 "거주하는" 베나르 세포가 보이는 성향은 유기생명체와 그들의 유사성 정도에 관한 강한 의문을 일으켰다. 19세기 중반 이래로, 살아있는 조직은 자연선택에 의해서만 설명되어 왔다. 그러나 그 정의대로 (다르게 선택된)자연선택은 끊임없는 변형을 요구한다—첫 번째의 세포는, 현재의 생태계처럼, 어떠한 변형 종도 가지고 있지 않았다. 우리는 하나의 모집단인 것이다. 자연선택은 단일 종에서 복잡성의 기원을 설명할 수 없었다. 그것은 항상 생존하는 모든 것이 아닌 변형 종을 요구하기 때문에, 이들 변종들이 다른 어디에서 발견되는 곳이 없을 때면, 그것은 논리적인 교착 상태에 존재하게 된다.

이 지점에서 열역학이 우리를 도울 수 있다. 어떤 구배 차이의 범주와 제약들 내에서 조직화된 베나르 세포의 출현은 자연선택만이 자아와 같은 복잡성의 유일한 근원이 아니라는 것을 보여준다. 자아들의 생산에서 연루된 열역학적 복잡성은 논리적이고 만성적으로 자연선택을 진행시킨다. 심지어 있을 법한, 적절하게 복제가 가능한 준살아있는 세포 혹은 세포 같은 구조들의 세계에서도, 우리가 오늘날 불완전한 복제자로서 알고 있는 생명도 정의 그대로 존재하지 않는다. 자연선택은 정밀한 복제를 요구한다. 사실 생물학적인 변수의 근원들을 발견하는 데 있어서, 엎지르진 잉크에 남아 있는 불균형의 양에도 불구하고, 열역학적인 인식으로부터 일어나는 더 큰 신비는 복제이다. 복제는 안정한 구배 차이 소멸의 과정의 일부로서 단지 열역학적으로 큰 의미가 있다. 소멸에서 안정한 매개물을 형성하는 경향이 있는 열역학적 과정들은 자연선택이 논리적으로 고려될 때 그것이 행동할 기회를 가지기 이전에, 세포들을 향하여 에너지를 저장하고 전개시키는 증가와 더불어 앞장서서 나아갔다.

유기생명체는 단지 유전 기계가 아니라 열린 시스템이다. 그들의 경계는 열린 시스템으로서 그들의 위치 내에서 매우 중요한 의미를 가진다. "양친성"의 막(膜)—그 이름은 "양쪽을 사랑하는" 것을 의미하고 양쪽 물과 기름 물질들에 관한 이들 화합물들의 어느 하나에 치우치지 않는 동일한 화학적 친화성을 언급한다—은 모든 살아있는 세포들을 둘러싼다. 이 막은 생명의 주요한 비밀이다. 단지 어떤 물질들의 유입에 대해서만 허락하여, 끊임없이 화학물질들의 유입을 통제한다. 그 막은 내부의 복잡성을 유지한다; 그것은 당(糖)처럼 음식분자들을 축적시키는 동안, 소멸된 생산품들을 밖으로 이동시킨다. 그것은 염 균형을 유지시킨다. 복제하는 RNA에서 단백질 합성의 방향으로 번역되는 정보—저장의 DNA는, 아마도 박막에 묶인 "집"이 만들어진 이후에 진화하기 시작하였을 것이다. 복제하는 화학이 이 집—구배 차이를 붕괴시키는 세포의 반투과성 울타리—을 가지고서야 비로소 생명이 초기에 시작되었을지도 모른다. 생명은 다른 말로서—더블린에서 있었던 시리즈 강연에서 슈뢰딩거를 통해서 넌지시 언급된 대로, 정보를 저장하는 유전학과 에너지를 변형시키는 열역학 간의 위대한 합작일지 모른다. 막에 묶인 세포들이 베나르 세포가 오늘날 하는 방식과 비슷하게 탄생하였다면, 그들은 개인적으로가 아닌 집단, 작은 모집단으로서 나타났을 수 있다.

가열된 유체는, 그것을 잡아당기는 중력과 대류 시스템들 내에서 그것을 함께 유지시키려는 점도의 경향들을 극복하는 순간, 쉽게 팽창한다. 풍선을 띄우는 공기처럼, 뜨거운 액체는 팽창한다. 뜨거운 공기는, 더 차가운 주변보다 풍선이 더 가벼운 한, 풍선을 더 높은 곳으로 이동시킨다. 그러나 주변 공기의 온도가 냉각될 때, 풍선은 내려올 것이다. 같은 방식으로 대류 세포의 중심에 있는 유체는 그 주변의 액체보다 더 가볍다. 이것은 이전에 형태가 없는 질량을 가진 물질에 모양을 주는 오르고 내려오는 순환 환류들을 만들게 된다.

물론 그런 대류 "세포들"은 막이 없다. 그들은 이중 지질막으로 둘러싸여 있지도 않고, DNA의 기본 단위인 뉴클레오티드 혹은 연결된 단백질 화학도 포함하지 않는다. 그들은 심지어 열 구배 차이에 얹혀산다—이는 식물이나 동물들은 할 수 없다. 모든 유기생명체들은 에너지에 대해서 태양의 전자기 혹은 화학적 산화환원 구배 차이에만 의존한다. 심지어 에너지 구배 차이(예를 들어, 태양의 가시광선 복사열, 암모니아 산화, 당 분열, 메탄과 수소 산화, 심지어 비소의 산화와 환원)의 놀랄 만한 범주를 직접 활용하여 그들의 신체를 만들 수 있는 박테리아조차도 결코 그들의 에너지를 열 구배 차이로부터는 유도할 수 없다. 그러므로 베나르-레일리 세포는 생체기능의 세포들보다 훨씬 덜 복잡한 반면에, 그들은 더욱더 쉽게 나타나고 주변의 유체를 가로질러서 발생하는 온도 차이로만 발생한다.

베나르 시스템에서 분자들은 서로 모이고, 조직화되어, 열이 더욱더 효율적으로 냉각 쪽으로 흐르도록 만든다. 여기에서 분자들의 궤적은 중간층의 공기에서 방향을 전환하는 한 떼의 새들처럼 순응한다. 열 흐름과 실제 패턴들—패턴들의 컴퓨터 모형들이 아닌—은 갑작스럽게 나타난다. 과학은 그런 놀라움의 진지한 탐구를 통해서 진전되어 왔다. 1950년대 동안, 페인트 필름 속에서 육각형의 패턴들이 유리 조각의 밑바닥에서 발견되었다. 그러나 레일리 경에 의한 이론 작업에서, 인도—미국계 천문물리학자인 수브라마니안 찬드라세카르Subrahmanyan Chandrasekhar와 다른 사람들의 이론 작업을 통해서, 연구 중인 시스템에서 여기서 가장 기본적인 가정들 중의 하나인 '아래로부터 가열되어야 한다'는 것이 설명되었다. 레일리는 「더 높은 온도가 밑바닥에 있을 때 유체의 수평 층에서 일어나는 대류환류에 대해서」라는 제목의 논문을 작성하기도 하였다(우리의 주안점 중 하나이다). 베나르 세포가 유리판의 밑바닥에서 형성될 때, 분명히 이야기할 게 더 많아졌다. 몇몇이 주장하는 대로, 그것이 베나르 대류의 이론적 세계를 거꾸로 뒤집어 놓는 상황을 만들었다.

여기서 주목할 신비스런 한 장의 분석인 「액체 유체에서 베나르 세포와 표면 변형의 원인으로서 표면 장력」이 1956년 네이처지에 출판되었다. 미국의 과학자인 H. 블록H. Block에 의해서 발표된 이 논문은 베나르 문제에 대한 현명한 해답을 제공하였다. 블록은 50마이크로(0.05밀리미터, 수 천분의 1인치)의 얇은 필름을 가지고 실험하였다. 블록은 아래에서 베나르 세포를 가열하거나 냉각시키며 극도로 얇은 층들에 다양한 유체를 사용하면서 육안으로 보이는 육각형의 세포들을 만들었다. 첫 번째로 제안된 부력에 대한 설명은 베나르 세포 형성을 설명하지 못하였다(블록

1956).

이에 2년 동안 블록의 업적은 무시되었다. 1958년 당시에 J. R. A. 피어슨J. R. A. Pearson이 표면 장력으로 베나르 문제를 설명하기 위해서 노력하였다. 대부분의 유체들은 증가하는 온도에서 표면 장력의 감소를 보인다. 온도에서 평평한 표면의 작은 무질서한 변형은, 피어슨이 설명한 대로, 매우 작은 영역 내에서 표면 장력에 감소를 일으킬지도 모른다. 그 면적에서 표면 장력은 온도가 증가하고 영역 내에 있는 유체를 측면들 쪽으로 당기는 부드러운 지점을 만들어내는 순간에 감소할 것이다. 따뜻하고 부드러운 지점 아래에서 유체는 멀리 이동시키는 유체에 의해서 야기된 빈터를 일으키고 곧 순환을 만들게 된다. 사실 그런 표면 장력—이 끌어진 조직은 유체를 가로질러 수직의 온도 구배 차이의 존재 아래에서 일어나게 된다. 그리고 그 구배 차이는 가열뿐 아니라 냉각에 의해서도 만들어 질 수 있다.

사파이어 아래에 코쉬마이더와 나선들

비록 수천 편 이상의 논문들이 베나르 세포 현상에 대해서 발표되었을지라도, 1967년에 이를 처음 연구하기 시작하였던 독일계 미국인 과학자인 로타 코쉬마이더Lothar Koschmieder에 의한 업적만큼 조심스럽고 정밀하진 않았다. 1963년에 박사학위를 받고 하버드대학에서 연구조교로서 근무하고 이어서 시카고대학에서 연구교수를 한 후에, 텍사스 오스틴에 정착하였다. 여기에서 그는 일생의 대부분을 보냈다. 토목공학과 교수로서 그는 1967년부터 1996년까지 대부분의 시간을 일리야 프리고진 센터에서 통계 역학과 복잡한 시스템들에 대한 연구를 하며 보냈다. 30년

인투 더 쿨: 에너지 흐름, 열역학, 그리고 생명

동안 코쉬마이더는 대류의 복잡성들을 계통화하고 증명하여 수학적으로 묘사하는 데 그의 노력을 집중하였다. 그의 책,『베나르 세포와 테일러 소용돌이Bénard Cells and Taylor Vortices』(1993)는 매혹적인 현상들에 관한 실험과 이론적인 설명에 대한 철저한 통합물이었다. 비록 대부분의 그의 업적이 유체 역학에 미쳐 있다고 할지라도, 흥미롭게도, 그는 양자역학은 물론 최근에는 페루의 잉카 문화에 대한 책을 쓰기도 하였다.

학부 학생인 마이크 비거스태프Mike Biggerstaff와 함께 1986년에 출판한 업적에서, 코쉬마이더는 베나르의 실험을 훨씬 더 정교한 장비와 측정 능력들을 사용하여 재현하였다. 코쉬마이더와 비거스태프는 공기를 상층표면으로 사용하였다. 바닥에 5센티미터의 두꺼운 구리판이 전기저항선에 의해서 가열되었다. 그 위에 약 1밀리미터 두께의 실리콘 오일 단층이 부어졌다. 이때 측면의 열 손실을 피하기 위해서, 전체 기구는 지름 13.5센티미터의 열절연체 안에 놓였다.

초기 베나르 실험에서와 달리, 시스템 전체를 통한 열 흐름의 분배와 알려진 값들을 확신하기 위해서 공기 온도가 코쉬마이더와 비거스태프에 의해서 고정되고 측정되었다. 베나르처럼, 코쉬마이더와 비거스태프는 "중요한 온도 차이"에서 갑작스럽게 굴러가는 실리콘 오일의 출현으로 재생 가능한 변화를 뚜렷하게 목격하게 되었다. 유리판은 유체 위 2.3밀리미터 지점에 위치하였고 물은 그 위에서 균일하게 순환하도록 만들어졌다. 유리 위에 몹시 민감한 센서가 열을 1000분의 1의 섭씨온도 내까지 측정하였다. 그 장비는 오일의 상층과 유리판 사이에 오일의 1밀리미터 두께와 얇은 2.3밀리미터의 공기를 통과하는 열 흐름에 대한 우수한 측정 방법을 제공하였다. 사실, 그 장비는 너무 민감하여 그 방에 손전등 전구로부터 발생하는 열조차도 그 실험을 왜곡시킬 정도였다. 그 실험은 오일 아래에 면적이나 그 위에 면적이 공기에 개방되어 열려 있는 동안에도 제한되어 있다는 점에서 베나르의 것과 비슷하였다. 대류 운동을 관찰하기 위해서 실리콘 오일에 잘 분산된 매우 세밀한 알루미늄 분말을 사용하는 그 재주는, 수년 전에 베나르에서와 같이, 코쉬마이더와 비거스태프에 의해서도 또한 재현되어 사용되었다.

유체를 가로지르는 그 온도는 매번 실험을 진행하면서 꾸준히 증가하였다. 구리판과 유리 뚜껑 사이에 장착된 60도씨 구배 차이와 함께 정상 상태에 도달하기 위해서 약 8시간이 소요되었다.

또한, 최첨단 기술을 이용한 "레일리" 실험은 이스라엘 레호보트에 위치한 바이츠만연구소Weizmann Institute of Science의 미쉘 아센하이머Michel Assenheimer와 빅터 스타인버그Victor Steinberg에 의해서 수행되었다(아센하이머와 스타인버그 1994). 그들은 육플루오린화 황Sulfur Hexafluoride(SF$_6$, 6불화황)의 기체로 채워진, 지금 약 30밀리미터와 두께 0.013밀리미터의 소형의 스테인리스-강철 용기를 가지고 작업하였다. 그 유체(이 경우에 기체)와 접촉된 사파이어 뚜껑은 그 작은 장비에 잘 맞았고, 패턴들이 보이도록 하였다. 이 기체의 특성들은 온도와 함께 상당히 변하였다. 이것은 연구자들이 그것의 밀도, 점도, 열전도도, 그리고 많은 조건들 하에서 열팽창을 측정하도록 만들었다. 기체-액체 임계점 근처에서 SF$_6$의 조작에 의하여, 그들은 나선과 표적 모양의 패턴들을 생산할 수 있었다. 소형의 1-2밀리미터 나선의 패턴들은 어디에서도 나타나지 않았다. 그러나, 온도 구배 차이가 증가하거나 줄어들 때, 감기고 풀리면서 눈에 띄는 나선의 패턴들이 회전하였다.

SF$_6$의 온도 의존의 점도가 상승되었을 때, 나선모양은 과녁의 중앙을 가진 다트 판처럼 보이도록 변했다. 나선으로부터 표적 모양 그리고 그 반대에 이르는 패턴에서 부드러우나 급격한 일련의 변화들이 일어났다. 용기의 내부에서 구형의 핵으로부터 성장하는 역동적인 모양들은 용기의 모양과는 전혀 상관이 없었다.

그런 패턴들을 설명하는 적당한 어떤 이론들도 없었다. 그러나 우리는 이 매우 아름다운 나선모양과 표적들이 특정한 용액, 열 구배 차이에 대응하여 조직화하는 SF_6에서 일어난다고 확신하였다. 이것은 "더 이상 축소될 수 없는 복잡성"인가? 생명의 자연적인 기원의 가능성에 대해 반대하는 마이클 베히와 다른 연구자들에 의해서 사용되는 이 구절은 우리에게는 잘해야 무시되고 최악의 경우에는 의도적인 왜곡인 것처럼 보인다. 복잡성은 유체를 통해 적용된 단순한 열적 구배 차이로부터 자발적으로 형성된다. 우리가 이를 해독하기 위해서 노력할 때, 생명은 아마도 가까운 별의 우주 공간 내의 상당한 열적 구배 차이에서 형성되었을지도 모른다.

흐름으로부터 기능

이제 요약해보자. 두 가지 전이들이 열 구배 차이가 증가할 때 베나르 대류에서 나타나게 되었다. 기체나 유체들이 평형에 있을 때, 그들의 상태는 분자 혼돈 중의 하나이다. 적절한 온도 구배 차이가 이용될 때, 구조는 자발적으로 발전한다. 우선 분자들의 밀도에서의 구배 차이다. 유체에 이 구배 차이가 유도된 밀도 차이는 층흐름(층류)이라 불리는 현상을 만든다. 층류에서 원자들은 무질서한 브라운 운동에서와 같이 혼돈 없이 함께 이동한다. 층류는 방향을 가지고 있다. 그리고 그것은 선형이다: 그 흐름은 적용된 압력 구배 차이 내에서 비례한다. 선형의 층류는, 비록 그것이 어떤 명백한 구조화 과정을 보이지 않는다 할지라도, 이미 구배 차이로 유도된 구조화 과정에 있다. 열전도 그리고 기체 확산은 층류의 예

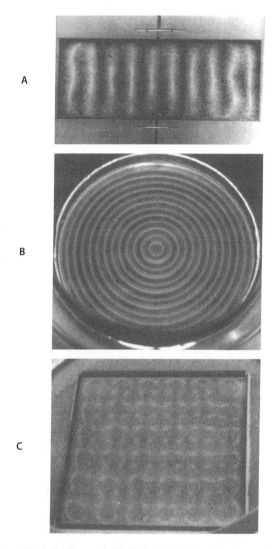

그림 8.3 베나르-레일리 세포들. A, 사각형 용기 내에 베나르-레일리 대류. 베나르-레일리 실험에서 뚜껑은 작동 유체의 상위 표면과 닿는다. 베나르 실험들은 상위 표면에 공기층을 가지고 있다. 여기에서 소시지 모양의 형태들을 가진 역회전하는 대류가 사각형 용기의 더 짧은 측면에 그들을 배열시킨다. B, 0.765센티미터 두께의 실리콘 오일이 담긴 20센티미터 원형 접시에 베나르-레일리 대류. 굽이침 들은 데워진 접시의 바닥으로 향하게 된다. 매 굽이침은 0.65센티미터 길이이다. 여기에서 열의 구배 차이를 소산시키는 밀착된 거시적 패턴과 과정을 자발적으로 형성하는 수십억 개의 분자들이 있다. C, 유리뚜껑으로 닫힌 사각형 용기에 사각형의 베나르-레일리 대류 세포들. 용기의 모양이 베나르-레일리 대류에서 형태나 패턴을 결정한다. (L. Koschmieder으로부터 제공된 사진 그림.)

인투 더 쿨: 에너지 흐름, 열역학, 그리고 생명

들이다.

온도 구배 차이를 증가시키는 것은 더욱더 전도를 일으키고, 레일리 수의 경계에서 특징적인 열 흐름에 대해서 날카로운 균열, "분기화"가 궁극적으로 만들어지게 된다. 소용돌이치는 육각형의 베나르 세포들이 나타난 후에, 열전도의 속도는 한쪽 끝으로부터 유체의 다른 쪽 끝까지 점차 증가된다(그림. 8.3). 구배 차이를 공략하는 복잡한 조직들은 그렇게 아름다워 보이진 않는다. 그것은 형태와 기능을 가지고 있다. 미학과 이용성의 이와 같은 상관 맺음은 설계자들이나 눈에 보이는 신들의 창조물이 아니다. 오히려 그것의 근원은 에너지의 세계에서 비생명의 과정들에 있다.

눈을 즐겁게 하는 것, 베나르-레일리 대류 시스템들의 멋진 조직이, 더욱 혼돈된 그들의 형제들과 비교하여, 경계들을 가로질러 엔트로피 생산에서 두드러진 증가를 나타낸다는 것이다. 전도 시스템과 비교하여, 더욱 많은 열이 대류 시스템들 내로 흘러들어온다. 베나르-레일리 대류 세포들의 구조화된 패턴들은 유체를 통한 구배 차이의 결과일 뿐 아니라, 구배 차이를 통해서 소멸된 에너지의 결과물이다. 베나르의 최초 실험에서 바닥판에 유체의 온도는 100도씨였다. 열이 꼭대기 지점에 나타난 후 바로 그 순간, 그 온도는 20도씨이다. 동일한 양의 에너지가 기구의 바닥에 들어올 때 그 꼭대기로부터 나타난다. 그러나 에너지의 품질은 훼손되고, 이는 대류 흐름의 작동하는 과정들로 전환된다.

이 비생명의 세포들의 형성 동안에, 열역학의 제1법칙, 에너지 보존의 법칙, 제2법칙 그 어느 것도 위배되지 않는다. 에너지의 품질(공학자들은 이를 엑서지라고 부른다)은 자아와 같은 총체들의 형태로서 격하된다. 유기생명체의 자아는 분명히 더욱더 자발적이다. 베나르의 육각형들과 그들의 유사체는 그렇게 자발적이진 않다. 그들은 구배 차이로 자발적으로 나타나고, 또 사라진다. 이 "물리학의 유기생명체들"은, 실제 유기생명체들이 하는 대로, 그들의 비평형 조직을 유지하기 위해서 새로운 구배 차이를 찾는 능력이 없다.

　　베나르 세포들의 제조에서 에너지는 일을 위해서 이용될 수 없다. 나타나는 20도씨 열은 100도씨의 열이 끼워 넣어질 때만큼 많은 일을 할 수 없다. 무엇이 우연히 에너지로부터 일어났는가? 그것은 '일하러' 갔다. 복잡한 구조들을 만들기 위해서 채굴되어졌다. 그 일반적인 원리는 상세화되어서 명백해진다: 구배 차이가 시스템에 적용될 때마다, 그리고 제약들이 허락하는 한, 구배 차이는 자발적으로 가능하여 완벽하게 소멸된다. 물론 제약들이 그리 사소하진 않다. 에너지가 화학 반응을 통해서 접근될 때, 생명에서 그들은 극도로 복잡한 피드백 회로들을 필요로 한다. 제약들은 댐으로서 행동할 수 있고, 심지어 시스템 밖에서 그런 붕괴가 악화될 때 시스템 내에서 즉각적인 붕괴를 지연시키기도 한다.

　　땅바닥에 4리터의 휘발유를 쏟아 붓고 불을 붙여보자. 휘발유에서 화학결합들이 끊어져 자유롭게 될 때, 열로서 적외선 에너지의 방출이 이어지는 큰 불꽃이 일어날 것이다. 연기가 피어날 것이고 일부는 우리의 눈을 맹렬하게 찌를 것이다. 그러나 동일한 양의 휘발유가 기화기, 피스톤, 점화플러그, 그리고 밸브들과 함께, 내부의 몹시 제한된 연소 엔진의 시스템 내에서 사용될 때, 제대로 된 일이 그 시스템으로부터 얻어질 수 있다. 제약들이 역동적인 과정들을 규제하나 그들은 그들을 야기하지는 않는다.

　　가역적인 과정들과 평형하게 곧 진행되는 비가역적 과정들은 복잡한 순환들에서 복잡성을 축적하는 에너지를 사용하는 비가역적 과정들보다 예측하기 더 쉽다. 창조적인 파괴를 섭취하는, 성장하는, 에너지를 소비하는 전 과정들은 모든 비평형 구조들, 별들, 그리고 베나르 세포들, 들불들과 생명의 세포 모두에게도 널리 적용된다.

별들, 세포들, 그리고 소용돌이들의 기능 조직은 근원에서 배출구(하수구)에 이르는 에너지의 끊임없는 흐름을 요구한다. 시스템에 부과된 구배 차이는 필수적이나 복잡한 조직의 유지를 위해서는 충분하진 않다. 정확한 역동적이고 속도론적인 제한들 또한 필요로 된다. 어떤 절대적 예측도 불가능하다. 왜냐하면 복잡한 소멸 시스템들, 창조적인 파괴자들을 조직화하는 자연의 성향은 에너지와 물질들을 사용하는 부족한 소재들, 부족한 에너지 양, 혹은 부족한 시스템의 조직화에 의해서 통제되기 때문이다.

혼돈으로부터 출현하여, 형태들이 나타난다. 그것의 모든 기능은 그들이 유도하는 흐름을 증가시키는 것이다. 이들 생명 없는 소용돌이들은 자연의 배 위에서 돈다. 베나르와 레일리의 시스템들은 에너지적인 차이들을 취하고 그들 자신의 조직, 스스로인 거의 모든 자아들을 돌돌 감는 것에 집중한다. 떠오르는 형태들의 열역학, 카르노와 볼츠만이 결코 꿈꾸지 못했던 열역학이 여기에 있다. 그것은 단지 생명의 방식만이 아니다. 왜냐하면, 그것은 생명 이상이기 때문이다. 그것은 자연의 방식이다.

제9장

물리학 자신의 "유기생명체들"

도교 이야기는 우연히 강 급류에 빠져 높고 위험한 폭포로 이어지는 노인에 대해 이야기한다. 구경꾼들은 그의 목을 염려했다. 기적적으로 그는 폭포 바닥에서 산 채로 무사히 내려왔다. 사람들은 그에게 어떻게 살아남았는지 물었다. "나는 물속에 몸을 담그지, 물은 내게 안 담갔다. 생각 없이 나는 그 물로 스스로를 만들어가도록 내버려뒀다. 소용돌이 속으로 뛰어들어 소용돌이를 들고 나왔다. 이렇게 살아남았다."

― 알란 왓츠 ―

파도와 소용돌이들

소용돌이―그 단어는 우리에게 현기증을 유도하고, 또한 기능이 있는 어떤 형태의 전형적인 힘 안으로 우리를 빨아들인다. 그 기능은 구배 차이를 감소시키는 것이다. 구배 차이에 대한 자연의 혐오감은 유체 내 압력의 구배 차이에 대해서 고전열역학에서 주장하는 온도 구배 차이를 뛰어넘어서 확장된다. 여기서, 단순한 물리적 시스템은 새롭고, 준안정적인 순환 상태들 안으로 튀어 오른다. 소위 '테일러 소용돌이'는 흐름으로부터 형성되고, 태어나서 다른 방향들로 돌고 돌아간다; 그들을 일으

인투 더 쿨: 에너지 흐름, 열역학, 그리고 생명

키는 압력의 구배 차이에서 가파른 증가와 함께 쌍으로 증가한다; 그들은 역사 혹은 기억과 같은 것으로 보인다.

　　베나르 대류가 수학에 의해서 묘사된 후 40년이 경과했다. 영국의 물리학자인 G. I. 테일러G. I. Taylor는 압력의 구배 차이가 실린더 사이의 유체 내에 갖추어져 있는 두 개의 회전하는 실린더들 사이에 포함되어 있는 유체들에서 보이는 패턴들과 관련이 있다는 대부분의 이론과 실험적인 문제를 해결하는 데 3년을 소요하였다. 테일러는 회전하는 유체들에 관한 레일리의 안정성 평가를 분석하였다. 1923년 그는 유체의 소용돌이가 존재하도록 만드는 튀어 오르는 조건들을 예측하였다. 테일러는 복잡한 흐름의 시스템을 생산하는 압력의 구배 차이들을 이용하였던 과거의 매우 뛰어난 연구들을 생각해 냈다. 상당히 조직화된 그러나 복잡한 베나르 세포들이 온도 구배 차이에 의해서 유도되는데, 압력의 구배 차이는 흥미로운 주제가 아닐 수 없었다. 테일러(1923)는 단순하지만 다른 지름을 가진 두 개의 실린더들로 구성된 정밀한 기구를 만들었다; 더 작은 것은 더 큰 것 안에 위치하고 그들 간의 공간은 모두 유체로 채워져 있다 (그림. 9.1). 양쪽 외부와 내부의 실린더들은 회전하는 모터가 양쪽 사이에 끼여 있어 유체 주변에 다양한 속도로 실린더가 돌아갈 수 있게 부착되어 있었다. 실린더들 사이에 유체의 회전 때문에, 원심 분리력이 만들어지고 결국 유체를 통한 압력의 구배 차이가 만들어진다.

　　점도는 물론 회전 속도와 같은 수많은 인자들에 의해서 결정된 임계 안정점 이상에서, 테일러 기구에서 회전하는 압력 구배 차이 속에 노출된 유체들은 역방향으로 회전하는 소용돌이들의 쌍들―2, 4, 6, 8 등등―로 변형되었다. 각 소용돌이는 그 주변에 대해서 반대방향으로 돌아가게 된다. 그들은 완벽하게 대칭적으로 일어나고 가라앉는다. 지금까지 어느 누구도 이와 같은 것을 디자인한 적이 없었다.

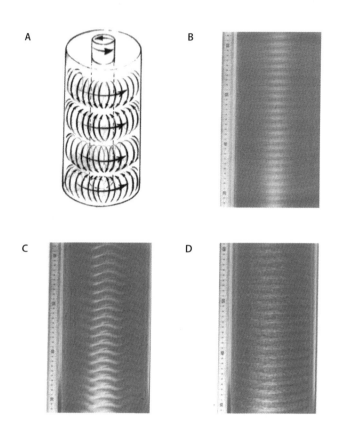

그림 9.1 테일러 소용돌이. A. 회전하는 내부의 실린더와 휴지기의 외부 실린더 상에서 나선형의 테일러 소용돌이. 테일러 소용돌이들은 두 개의 실린더들로 구성(하나가 다른 하나의 내부에 들어 있고 실린더들 사이에 유체를 채워 넣은)된 장치 내에서 만들어 진다. 실린더들은 개별적으로 혹은 모두 함께 서로에 대해서 반대로 돈다. 실린더들의 회전은 유체 전체에서 측면의 압력 구배 차이를 일으킨다. 이 장치들에서 형성된 밀착된 패턴들은 밀착된 미시적인 분자들로부터 거시적인 패턴들을 만들어내는 구배 차이의 또 다른 예시이다. 이런 시스템에서 작동하는 구배 차이는 베나르 세포의 경우에서와 같이 온도 구배 차이가 아닌 회전하는 중의 압력 구배 차이들이다. B. 분말 형태의 알루미늄이 들어 있는 실리콘 유체에서 테일러 소용돌이가 형성되는 구조들을 가시화하는 데 도움이 된다. 내부의 실린더는 회전하고 외부의 실린더는 휴지기에 있다. 유체의 소용돌이들은 측면의 흐름에 수직으로 회전하는 동안에도 실린더 주변에서 측면으로 회전하고 있다. 그림에서 검정색 띠들에 흐름이 소용돌이 주변으로 내려가고 있고 상대적으로 밝은 띠는 올라오고 있는 유체를 가리키고 있다. 형성된 이들 구조들은 시간과 관련 없이 안정하다. 회전이 계속되는 한 소용돌이는 계속 유지될 것이다. C. 소용돌이들은 흐름의 주요한 축에 대해서 역회전하는 동안에 파동성의 테일러 소용돌이들은 장비 주변을 따라서 측면으로 흐르게 된다. D. 와류의 테일러 소용돌이들은 내부 실린더의 갑작스런 시작으로 얻어진 정상 상태의 구조들이다. 이러한 몹시 복잡하게 구성된 구조는 유체 내에서 단순하게 회전하는 압력 구배 차이의 결과물이다. (L. Koschmieder으로부터 제공된 사진 그림.)

실린더들이 처음 회전되는 순간, 쿠에트 흐름Couette flow이 시작된다—이는 액체가 실린더 주변에서 회전하는 끊임없이 단조로운 층의 형태를 생각나게 한다. 쿠에트 흐름에서도, 온사게르의 영역에서와 같이, 힘과 흐름들이 선형으로 연관된다. 그러나 회전이 임계 속도—테일러 수—로 증가될 때, 소용돌이가 나타난다. 로프 같은 튜브들, 그들은 항상 쌍으로 꼬여서 바닥에 평행하게 된다(그림. 9.1A). 회전 속도가 증가할 때, 더욱더 소용돌이가 발생한다; 그들은 '물결' 같은 결을 나타내게 된다(그림. 9.1C). 물결 형태와 그들의 파장 수는 실험 초기 조건은 물론이고 실린더들의 회전 속도에 의존한다.

테일러의 실험들

긴 회전하는 실린더들 사이에 갇힌 얇은 유체 층을 잘 관찰하기 위해서, 상당한 어려움에도 불구하고, 테일러는 90센티미터 길이의 긴 실린더들을 드릴로 구멍을 내고 윤이 나게 닦았다. 그는 내부를 보기 위해서 유리로 만든 외부 실린더를 디자인하였다. 20센티미터 길이의 긴 유리로 만든 관찰 창을 만들면서, 이에 대한 적절한 타협점을 찾아내었다. 비록 기계화된 금속 실린더들이 1/10의 밀리미터 내에서 정확하게 깎아서 만들어졌다고 할지라도, 매우 작은 편심들이 유체의 흔들림을 야기하곤 하였다. 이런 불완전함이 이상적인 이론 모델들로부터 흐름 체제들을 바꾸어 놓기도 하였다. 전기 모터에 의해서 도는 외부처럼, 내부 실린더는 금속 위 기계로 만들어진 파라핀 왁스로 만들어졌다. 진동을 최소화하기 위해서 전체 기구는 캠브리지대학 내 유명한 캐번디시연구실의 돌바닥과 벽들에 단단히 고정시켰다. 테일러는 염색물질을 넣고 흐름 패턴을 관찰하게 시작하였다. 그때마다 그는 회전 속도들을 바꾸고 관찰하였다.

　　레일리의 업적에 전적으로 의존하며 테일러는 수학적 불안정 영역을 측정된 불안정들과 비교 분석하였다. 그 이론은 실험들과 잘 맞아떨어졌다. 미국의 유체 역학자인 도널드 콜스Donald Coles(1965)는 증가된 회전의 임계점에서 유체가 8개의 다른 흐름 패턴들 중의 하나를 가정한다는 것을 보였다. 단순히 회전에 의해서 나타난 소용돌이와 더불어 수와 크기에서 극적으로 변하는 파도들이 있었다. 콜스가 관찰하였던 물결 흐름의 "비특이성"은 큰 놀라움을 주었다. 비슷한 패턴들이 나타나나 같은 기구에서 수많은 소용돌이 혹은 수많은 파도가 심지어 같은 회전 속도에서도 다르게 나타날 수 있었다(그림. 9.2).

A　　　　B　　　　C

그림 9.2 테일러 소용돌이 흐름의 비특이성을 보이는 실험. 세 가지 모든 장비들은 정확히 같은 크기에 있고 동일한 유체와 동일한 회전 속도들을 가지고 있다. 그러나 그들은 다른 수의 소용돌이를 보이고 있다. 실린더 A세트는 32개의 소용돌이 쌍을 가지고 있고 원통 관의 회전은 갑작스런 움직임으로 시작된다. 실린더 B세트는 24개의 소용돌이 쌍을 가지고 있고 회전 속도에서 준-정류 증가로 시작된다. 마지막으로 C세트는 21개의 소용돌이 쌍을 가지고 있고 유체가 실린더들을 채우고 있는 동안에 시작된다. 초기 조건들을 다르게 하는 것이 시스템의 최종 상태를 조절한다. 강렬한 검정색 띠들은 소용돌이 하강들을 표시하고 상대적으로 약한 검정 띠들은 외향반지름 류의 운동의 위치를 표식한다.(L. Koschmieder으로부터 제공된 사진 그림.)

인투 더 쿨: 에너지 흐름, 열역학, 그리고 생명

휴지 중에 내부 실린더의 속도가 외부 실린더와 함께 증가하거나 감소할 때, 흐름 패턴들은 불연속적으로 그리고 비가역적으로 변하는 경향이 있었다. 이 변형들은 잘 정의된 속도들 내에서만 일어났다. 단일 회전 속도에서 다른 수의 소용돌이 쌍들과 파도들과 함께 스무 가지 이상의 다른 안정한 상태들이 존재할 수 있었다. 각각의 안정된 상태는 뚜렷한 수의 소용돌이에 의해서 특정화되었다. 그리고 소용돌이의 수는 실험의 이력에 의존하였다: 평형에 대해 고립된 시스템들의 황급한 돌진과는 달리, 이 시스템들은 단계적으로 발전되고 과거로부터 멀리 이동하면서 분열되고 더욱 복잡하였다. 또 다시, 단순히 회전하는 구배 차이에 의해서 발생된 복잡성에 대해서 경탄하게 된다.

진화와 기억

8개의 흐름 패턴들 각각은 22와 30쌍의 소용돌이들 사이에서 나타났다. 어느 시점에서는 소용돌이의 단지 단일한 유체 패턴들이 존재하였다. 자연은 보이는 대로 주어진 문제를 해결하는 데 다양한 방식들을 끌어들일 수 있다.

콜스와 테일러의 업적에서, 자연은 다른 구배 차이를 깨는 해결책보다는 오히려 하나에 관한 본능적인 선호도를 보이지 않는 것이다. 수학적 문제가 한 가지 방식 이상에서 해결될 수 있는 것처럼 혹은 목적지가한 가지 이상의 단일 루트에 의해서 도달될 수 있는 것처럼, 비생명의 평형을 찾는 시스템들은 복잡하고 순환적일 수 있으나 매우 다른 것이다. 기준화된 실험에서 단일의 정확한 해답에 해당하는 어떤 열역학적으로 동일한 해법은 존재하지 않는다. 비평형 시스템들의 특색—그들의 복잡함과 기억, 그들이 받아들이는 순환의 수, 그리고 그들의 복잡성—은 그들의 특별한 과거들에 의존한다. 그들의 순환에서 평형에 도달하는 과거의 형태들이 구현된다.

지연 혹은 느림(이력현상hysteresis이라고도 불린다)은 테일러 소용돌이 패턴들의 발전 속에서 생긴다. 회전된 유체는 한 쌍의 흐름 패턴들에서 다음에 이르기까지—예를 들어, 26으로부터 24에서 22 소용돌이 쌍들까지—혹은 소용돌이당 6에서 7의 파도들까지 일련의 순간에 가깝게 점프하며 진행하게 된다. 회전 속도가 증가하거나 감소되는 순간, 다른 수의 소용돌이 쌍과/혹은 파도 수들이 나타나게 된다. 상태로부터 상태에 이르는 거의 마술과 같은 점프들이 관찰된다. 실험은 전범위의 테일러 수들을 통하여 반복되나, 점프들의 순서와 품질은 시스템의 과거에 대한 지식 없이는 예측될 수 없다. 콜스(1965, 416)가 설명하였듯이,

중요한 실험의 가장 큰 어려움은 기구[기하학, 유체 특성들, 회전 속도]에 관하여 현재 안정되게 작동하는 조건들을 인지하고, 실험 이전의 작동 이력에 관하여 무지한 관찰자가 상세한 흐름을 결정하는 데 필요한 특징적인 두 가지 파동 수를 특정화할 수 없다는 것이다.

압력 구배 차이에 종속된 흐르는 유체들 내에서 소용돌이 행동을 예측하기 위해서는 그 시스템의 현재의 상태를 알 필요는 없다. 대신에 그것의 과거 이력을 알 필요가 있다.

테일러의 소용돌이의 유체 시스템은 초기 조건들의 내부적인 기억—그들의 이전 상태들에 대한 기억을 가지고 있다. 그들은 유입되는 에너지에 순응하며 자라고, 특정한 상태들이 다른 것들보다 우선시된다. 기계적 에너지의 유입과 공간의 제약에 노출될 때, 전체 시스템은 평행에

도달하기 위하여 창조적이고 기계적으로 묘사될 수 있는 방식을 발견하게 된다. 평형을 향한 경로가 편협적으로 차단될 때, 그 시스템은 과거 상태들의 짧은 기간의 기억들을 전달한다. 현재의 시스템과 그것의 이력은 새로운 패턴들을 만들어낸다. 소용돌이가 생기는 패턴들은 먹고살 구배 차이가 있는 한 그들 스스로—그리고 더 정교하게— 이를 유지한다.

여기에서 우리는 소용돌이치는 에너지에 의존하는 시스템들, 그들의 경로—의존하는 성장과 이력, 그리고 심지어 증가된 에너지 유입을 이용하기 위한 일련의 복제과정 출현이 생명의 유일한 특성이 아니라는 것을 인지하게 된다. 어떤 화학 반응들, DNA, 유전자들, 혹은 알려진 언어들 모두도 속박된 유체 내에서는 나타나지 않는다. 그러나 그들은 화학적 형태에서 유전학과 생명의 기원을 위해서 특별히 요구되는 복잡성, 일련의 구배 차이에 기반을 둔 복잡함을 통해서 나타난다.

제10장

소용돌이와 날씨

불어라, 바람아, 네 뺨이 터지게 불어라! 분노로 불어라!
하늘의 폭포수와 바다의 태풍이여,
첨탑들이 물에 잠기고 풍향계가 침수되도록 뿜어내라!
유황으로 가득하고 생각처럼 빠른 불이여,
떡갈나무를 쪼개는 벼락의 선구자여,
나의 백발을 불태워라!
그리고 만물을 뒤흔드는 천둥이여,
둥글고 가득한 세상을 내리쳐 평평하게 만들어라!
자연의 형상을 금 가게 하고, 배은망덕한 인간을 만드는
모든 정액을 한꺼번에 쏟아부어 없애버려라!

— 셰익스피어 —

병 안에 토네이도

병 속에 토네이도는 두 소다수 병들을 연결한 단순한 장난감이다. 에드먼드 과학회사Edmund Scientific Company에서 판매했던 그 장난감은 내부에 구멍이 뚫려 있고 굽어진 붉은색 플라스틱 기둥 모양으로 구성되어 있다. 그것을 나사로 죄여 두 병들을 연결한다; 상층 부분은 부분적으로 물이 채워져 있다. 이후 작게 흔들며 빙빙 돌리면, 소용돌이가 형성되는 것을 발견하게 된다(그림. 10.1).

인투 더 쿨: 에너지 흐름, 열역학, 그리고 생명

소용돌이 없이, 물은 꼭대기에서 밑바닥으로 꼴깍꼴깍 소리를 내며 병 내부의 구멍을 통하여 끝까지 내려간다. 이것은 약 6분 정도 걸린다. 반대로 몹시 조직화된 형식에서 돌아감기는 그 소용돌이는 11초 이내에 그 물을 완전히 밑으로 내려보낸다! 조직화된 시스템은 덜 조직화된 상태보다 몇 배 더 빨리 구배 차이를 소멸해 나간다.

순환의 구배 차이에 관한 소멸의 우수한 효능에 대한 그림의 예시가 여기에 있다. 배출의 속도는 예측 가능하다. 여러 번 반복되며 물은 6분 혹은 11초 이내에 배출된다. 중력(위치)에너지 구배 차이가 단순한 구조가 아닌 몹시 복잡한 것을 통해서 소멸된다―100억 조 개의 물 분자가 자발적으로 회전하는 터널을 만들기 위해서 서로 상호 작용한다. 우리가 가진 문화적 유산은 사물을 논리적이나 단순하게 보는 것을 우아하게 생각하는 것이다. 그런 생각이 우리가 A지점에서 B지점으로 가는 가

그림 10.1 병 속에 토네이도는 두 개의 소다 병들의 목 부분을 붙여서 만든 단순 연결자이다. 상위 병이 물로 일부 채워져 있고 끝에 머무르고 있으며 회전을 주기 위해서 조금 틀어주면, 물의 토네이도가 중력으로 유도된 압력 구배 차이로부터 발생하게 된다. 수십억 개의 물 분자들이 조화롭게 작동하여 형성된 상당히 조직화된 유체 역학적 구조는 평형 상태에 분자들의 볼츠만 혼돈 구배로부터의 큰 격차와 동일하다.

장 빠른 길이 일직선이라고 가정하게 만든다. 그러나 여기 차 있는 것에서 빈 곳에 이르는, 가장 효과적인 방식에서 토네이도 소용돌이—물 분자들의 무질서한 위치의 근원은 결코 기대되지 않는 복잡한, 순환하는 구조의 방식일 것이다.

난폭한 바람들: 사이클론, 허리케인 그리고 토네이도

병의 봉인에서 벗어난 정령(精靈)들처럼, 실제 토네이도, 번개폭풍, 그리고 허리케인들은 구배 차이로 끌리는 대규모의 에너지를 소산하는 과정들이다. 모든 바람들은 더 심한 바람을 불러오는 더 가파른 구배 차이들과 함께, 즉 구배 차이로 조직화된다. 사이클론 혹은 허리케인들은 상대적으로 분산된, 종종 맹렬히 소용돌이치는 바람의 시스템이다. 여기에서 더 높은 바람의 속도는 더 큰 압력과 온도의 구배 차이와 연관되어 있다(그림. 10.2). 국립 기상청은 허리케인에 대해서 기압 구배 차이와 풍속 간의 직접적인 관련성을 확신시킨다(그림. 10.3). 열역학의 초기 시기에 발견된 압력—부피—온도 상관관계는 현대 기상학에서는 매우 중요하다(위플Wipple 1982). 구름들은 산맥 위에서, 예를 들어, 공기가 상승되면 확장되기 때문에 생긴다. 이것은 차례로 압력을 낮추고 떠돌아다니는 다량의 습한 공기들을 냉각시킨다. 이 순간 공기는 이슬점에 도달하고, 수증기는 밀집된다. 이 순간 비가 내리게 된다.

자연 속 어디에도 토네이도와 허리케인보다 더 명백한 구배 차이의 힘이 아직 발견되지 않고 있다. 텔레비전 날씨 예보에서 충돌하는 공기 질량의 끝점에서 나타나는 폭풍과 토네이도들이 자주 관찰된다. 현대 날씨 레이더를 통해서 살펴보면, 그들이 대륙을 가로질러 이동할 때 전방

인투 더 쿨: 에너지 흐름, 열역학, 그리고 생명

그림 10.2 1998년 카리브해 서부에서 발생한 허리케인 '미치'의 위성사진. 미치는 중앙아메리카에서 9,000명의 사상자를 냈으며 역사상 가장 치명적으로 위험했던 대서양 열대 사이클론 중 하나였다. 수집된 체계적인 기록에 따르면, 1886년에 시작된 관측 이래로 이는 905밀리바 압력의 최소 중심 기압과 대략 최대 지속풍속 155노트를 가진 가장 강력한 10월의 허리케인으로 보고된다. 사진 속의 폭풍의 중심에 뚜렷하게 관찰되는 눈, 시계반대방향으로 회전, 그리고 주변 공기층의 유입을 주목하자. (미국 해양대기청의 국립 기상과로부터 제공된 사진 그림.)

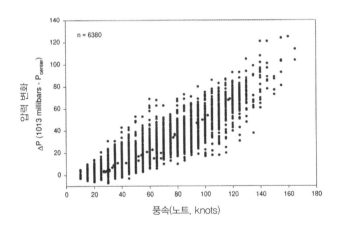

그림 10.3 1896년부터 1996년까지 북대서양에서 발생한 사이클론과 허리케인들의 풍속 대 압력 구배 차이. 여기에서 압력 구배 차이는 허리케인의 중심으로부터 대기 환경 압력과 허리케인 외부 압력 간의 차이를 말한다. 폭풍우를 가로질러 간 압력 구배 차이가 높을수록 풍속은 더 높아진다. 이는 거대한 규모에서 구배 차이로 규제화된 조직화된 시스템이다. (미국 해양대기청의 국립 허리케인센터로부터 제공된 데이터.)

에서 관찰되는 날카로운 구분을 주시하게 된다. 허리케인들은 보통 시간 당 73마일들을 넘어서는 바람—종종 번개와 비를 동반한—을 가진 열대 사이클론인 반면에, 토네이도들은 작고 맹폭한 바람이며 일반적으로 폭 이 1마일 미만이다.

토네이도는 소나기 구름의 생산을 통해서 작동하고 있는 것들과 비슷한 과정으로 형성되어, 그 중심은 맹렬한 상승기류의 지점이 된다. 이 시스템에서 중심 공기가 위로 빨려들어 가기 때문에, 그들의 대기 압 력은 빠르게 떨어진다. 토네이도를 가로질러 압력 구배 차이가 상당히 커 지므로 폭풍이 빠르게 정착지를 통과할 때, 집들은 폭발하고 부서지게 된 다. 할 수 있는 한, 건물은 상당히 감소된 압력을 가진 폭풍 중심과 비교 하여 상대적으로 대기압 상태를 유지하기 위해서 노력할 것이다. 이때 건 물은 폭풍의 낮은 압력과 함께 평형에 도달하는 시도로 밖으로 "날아가 게 된다."

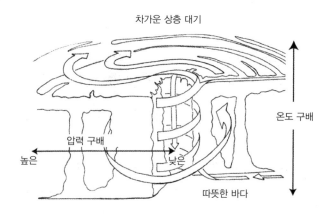

그림 10.4 허리케인에 관련된 구배 차이들과 결과적인 움직임들. 허리케인을 유도하는 주요한 구배 차이는 따뜻한 바다와 차가운 상층 대기 사이의 온도 구배 차이이다. 이 구배 차이는 허리 케인 내에서 강력한 상승기류를 유도한다. 허리케인을 가로질러 가는 수평적 압력 구배 차이는 따뜻한 상승공기에 의해서 폭풍의 중심으로부터 일어나는 낮은 압력장의 결과물이다. 허리케인 은 수조 개의 분자들을 끌고 들어가고 수천 마일의 거리에 미칠 수 있는 무시무시하게 조직화된 시스템이다.

허리케인은 크기가 수백 마일 미만부터 수천 마일 이상까지 이른다. "허리케인"급을 얻기 위하여 시간당 75마일 이상의 풍속을 가져야 한다. 허리케인은 작은 대기와 임해를 따라서 일어나고, 일반적으로는 따뜻한 물위에서 형성된다. 테일러 소용돌이 혹은 베나르 세포와 같이, 작은 불안정성들은 더 큰 규모의 간섭 행동으로 확대된다. 종종 상승하는 바람과 함께 작고 낮은 압력의 시스템이 따뜻하고 습한 공기를 위로 밀어올린다. 허리케인을 움직이는 구배 차이는 약 27도씨나 그 이상에서 따뜻한 바다와 대기 중 더 높은 곳의 훨씬 낮은 온도들 사이에 존재한다. 따뜻한 바다와 차가운 공기 사이의 온도 구배 차이는 따뜻한 공기의 상승기류를 일으킨다. 폭풍 속으로 빨려 들어간 공기는 바다 표면에서 낮은 압력을 만들어내고, 결국에는 폭풍 내에서 온도 구배 차이뿐 아니라 폭풍 내부와 외부 간에 압력 구배 차이를 발생시키게 된다(그림. 10.4). 허리케인의 악명 높은 눈—바다 표면에서 폭풍의 중심에 대한 상대적인 진공상태—을 생산하며, 수직의 온도 구배 차이는 수평 압력 구배 차이를 이끈다; 코리올리 힘Coriolis force(전향력, 코리올리 효과)으로도 잘 알려진, 지구 회전의 영향력과도 결합되어, 허리케인은 존재하게 되며 끝없이 회전한다.

상층에 더 차가운 공기와 그 폭풍의 정점에서의 다양한 흐름들은 그 시스템이 더욱더 격렬해지도록 만든다. 뇌우(폭풍우)에서처럼, 습기가 수천 피트 위에서 발견되는 더 차가운 온도로 상승하는 공기로부터 쥐어짜져 만들어지게 된다. 메마른 그러나 여전히 따뜻한 공기는 허리케인의 눈 안쪽으로 뒤돌아간다. 허리케인에서 보고되는 구름 한 점 없는 중심부는 대량의 폭풍 중심에 메마른 공기가 흘러들어오는 결과가 된다. 허리케인 주변에서 바람의 흐름은 힘과 흐름의 정교한 균형을 갖추고 있다. 구배 차이의 활약이 시스템의 전 상황을 또다시 조직화한다. 그것은 직접적으로 제한된 물질과 더불어 존재하게 되고, 조직화 과정의 차이는 점차 사라지고 상대적인 혼돈이 또다시 나타나 지배하게 될 때까지 그들은 순환된다.

그림 10.2 위성사진은 열대지방의 허리케인을 보여준다. 북반구의 폭풍은 시계반대방향으로 순환하는 반면, 남반구의 폭풍은 이의 반대방향으로 회전한다. 코리올리 힘은 적도 영역보다 더 높은 위도에서 크기 때문에, 북쪽 혹은 남쪽을 향하여 이동하는 폭풍은 종종 더 강해지고, 이의 풍속은 그들이 가는 대로 점차 더 증가하게 된다. 동시에 바다 표면의 물은 더 높은 위도에서 차갑고, 해양과 상층의 공기 사이에 온도 구배 차이는 폭풍에서 바람이 감소되는 동안에 줄어들게 된다. 전체적으로 시스템은 복잡하다. 어떠한 단일 변수도 그들의 전반적인 행동을 통제하지 못한다.

작은 허리케인의 순환에너지는 소용돌이의 중심부 주변에서 상승하는 습한 공기에서 수증기의 농축에 의한 잠열 방출로부터 유도된다. 따뜻한 바다의 표면들은 열대의 공기 집단에서 요구되는 수증기의 양을 공급한다. 물의 농축은 발열과정―주변에 열의 방출을 유도한다. 수증기가 물이 되기 위해서 점차 농축될 때, 그램당 580칼로리의 물이 방출된다. 공기의 물질 균형은 허리케인 내에서 유지되어야 한다. 바다 표면 허리케인 안으로 빨려들어간 공기는 그것의 상층부에서 자유로운 배출을 찾게 된다―높은 곳에 있는 바람은 폭풍의 중심에서 상승하는 따뜻한 공기를 실어나르게 된다. 팽창, 농축에 따른 열, 차가운 물과 공간의 영향력으로 생기는 냉각, 증발, 그리고 심지어 떠오르는 공기층에 있는 공기의 무게는 허리케인의 운명을 좌우하게 된다. 이 시스템은 스스로를 강화시킨다. 내부 압력이 더 낮아지면 질수록, 압력 구배 차이는 더 커지게 되고, 상승기류는 더 강해지며 폭풍의 소용돌이치는 바람의 순환은 더욱더 맹렬히 사나워진다. 폭풍 외부에서 압력계 눈금에 상대적으로 내부 수은의 70밀리바millibar 차이는 일상적인 것이다.

수백 마일의 폭과 수마일 높이의 날씨 시스템은 거대한 규모에서 서로 간섭하는 행동을 드러낸다. 그러나 공기 중의 분자들은 수백 마일 떨어져서, 전체 그룹의 행동—다른 것들과의 동일한 속도와 궤적을 어떻게 느끼게 되는 것일까? 사실 그들은 그렇게 하지 못한다. 시스템 내에 각 분자는 전체적인 날씨 시스템을 결정하는 동료들과 대략적으로 같은 제약들에 묶여서 괴로워한다. 우화에 따르면, 호랑이가 꼬리를 너무 빨리 쫓아다녀서 결국에는 점차 아부꾼이 되어버렸다고 한다. 더 이상 고양이는 아니지만, 호랑이는 말주변이 좋게 둔갑하여 변형된 것이다. 이 또한, 이동하는 공기 분자들이 한때는 독립적이었지만, 조직화된 폭풍으로 연합되는 것이다. 공기에 빨려 들어가고 열을 발산하면서, 허리케인은 물리학의 생명체, 바람이 부는 자아가 되는 것이다. 허리케인—단지 분자가 아닌 지금은 시스템이라고 말할 수 있는—은 주변의 온도와 압력을 균일하게 만드는 경향이 있다. 그들의 질서에도 불구하고, 결국 그 질서 때문에, 날씨 시스템은 차가움 안으로 열과 압력의 여행을 쉽게 만들어낸다. 그들은 평형의 분자 혼돈들을 조장하기 위한 자연의 기능을 가지고 있는 것이다.

태양에너지의 구배 차이와 전체적인 흐름들

우주 공간에서 가장 큰 구배 차이는 태양과 우주 사이의 에너지 차이, 태양의 구배 차이이다. 우리는 후에 생명이 이런 구배 차이에 의해서 어떻게 조직화되는지 배우게 될 것이다. 전체적인 날씨 또한 그것에 의해서 강한 영향을 받는다.

태양 주변에서 회전하고 있는 한 행성을 상상해 보자. 지구의 복사 분배 때문에, 이상화된 구의 적도 영역은 따뜻할 것이나 극지 부분은 추울 것이다. 극지로부터 적도에 이르는 온도 구배 차이가 발생하게 된다. 그리고 그 구배 차이들은 붕괴되는 경향성을 갖는다. 바람, 비, 해류는 지구의 극지에서 극지까지의 온도 구배 차이를 감소시킨다.

만약 구배 차이가 소멸되지 않는다면 도대체 무슨 일이 일어날 것인가? 만약 어떠한 구배 차이도 분열되는 과정이 없다면, 지구라는 위성은 얼마나 암담하게 될지 생각해 보자. 태양은 북극권 위의 북반구를 여름 하지 동안 온종일 비춘다. 반면에 그동안 남극권 위 세계는 어둠에 빠져 있을 것이다. 구배 차이를 평등화시킬 날씨나 바다의 시스템이 없고 지구를 가로질러 어떠한 열의 교환이 없다면, 단지 거대한 구배 차이는 지구의 극점으로부터 반대 극점에 이르는 단순한 온도 차이로 존재하게 될 것이다. 여름 하지 동안 태양에 노출되어 약 40도씨가 되는 북극 정점에서 같은 시기에 어둠에 갇힌 남극점은 몹시 추운—270도씨로 측정될 때, 그 구배 차이는 310도씨가 된다. 일상적으로 이 거대한 잠재적 구배 차이는 바람과 해류에 의해서 점차 감소된다. 전체적으로 열역학적 평형을 찾게되는 시스템은 생명이 번창하는 날씨를 유지하는 데 큰 도움이 된다. 대기의 날씨 과정은 극지 간의 구배 차이를 감소시키는 데 큰 도움이 되고, 그 행성은 더욱 살기 좋은 장소가 되는 것이다.

해류들은 전체적인 온도의 구배 차이를 감소시키는 데 큰 역할을 한다. 북대서양 해류와 태평양의 쿠로시오해류는 적도 영역으로부터 북쪽의 더 차가운 지역으로 흐르게 된다. 그들이 따뜻한 적도 물을 북쪽으로 운반하며 동쪽으로 감아 올라갈 때, 표면 바다들에서 거대한 "강물들"은 스코틀랜드와 알래스카의 해역들을 따뜻하게 만든다. 물의 주어진 부

인투 더 쿨: 에너지 흐름, 열역학, 그리고 생명

피는 공기보다 훨씬 더 많은 열을 보유할 수 있기 때문에, 바다는 전체적인 에너지 교환에 불균형적으로 책임이 있다. 극지로부터 밀접한, 차가운, 산소가 많은 소금물은 표면 아래에 가라앉아 있고 바다의 가장 깊은 부분들로 미끄러져 들어간다. 따뜻한 소금물은 중간 수준의 물들을 점유하는 지중해 여분의 바다 속으로 흐른다. 산소, 열, 그리고 소금을 운반하는 각각의 뚜렷한 물의 형태는 바다 속에서 적절한 위치를 발견하게 된다. 물의 형태는 바다에게 그들 유체의 역학적인 복잡성을 제공하도록 상호 작용한다. 양쪽 온도와 물질 모두의 구배 차이가 사라지는 것은 새로운 물의 형태가 끊임없이 그 세계의 바다들 속으로 더해지게 되는 것이다. 대서양 만류의 공간 위성사진에서 우리는 거대한 나선과 회로들이 돌고 있는 것을 본다. 마치 그들은 모닝커피 속에서 따라 올라가는 하얀색 크림의 덩굴손처럼 보인다.

화성의 큰 붉은 반점

큰 화산도, 깊은 계곡도, 지구상에는 거의 존재하지 않는다. 화성의 올림푸스산은 지구의 에베레스트산을 난쟁이로 만들어버린다. 하와이 섬의 가장 크고 불안정하고 위험한 지질 상황도, 목성의 달인 이오Io의 화산에 비하면 캠프파이어 수준이다. 다섯 개의 그랜드 캐니언은 화성의 3,000마일 길이의 협곡과 비교하면 여분의 방과 같다. 태양계 시스템에서 가장 큰 폭풍, 지구에서 발생하는 것의 세 배만큼 큰 폭풍은 3,000살이 넘었다: 목성의 큰 붉은 반점Great Red Spot이 바로 그것이다. 이 구배 차이들에 대한 본성이 정확하게 알려지지 않았지만, 천문학 사진들로부터 시간에 경과에 따라 드러난 특징은 분명히 다른 열린 열학적인 시스템들처럼 순환하는 특성을 보여준다.

목성은 초기 태양계에서는 그 중심부의 붕괴와 일련의 핵융합을 가까스로 피한 거대한 규모의 행성이어서, 아마도 두 번째의 태양이 되도록 요구받았을지도 모른다. 목성의 큰 붉은 반점은 이에 대한 물리적 폭풍의 증거일 것이다.

순환하는 시스템들은 지구의 표면에 한정되지 않은 넓은 지역에 걸쳐 흔하게 퍼져 있다. 베나르 세포들, 테일러 소용돌이, 병 속의 토네이도, 사이클론, 허리케인, 토네이도, 해들리 세포Hadley cell들과 워커 순환Walker circulation을 가진 대기, 그리고 대서양 해류 그리고 일곱 개 대양들의 엘니뇨 흐름들, 그리고 목성의 큰 붉은 반점과 같은 지구 밖의 폭풍들 모두 대기의 구배 차이를 붕괴시키는, 활동적으로 순환하는 강렬한 인상을 가진 복잡한 시스템들이다. 그리고 우리 또한 마찬가지다. 구배 차이로 순환하는 날씨 시스템들과 생명의 시스템들 사이에는 수많은 차이점들이 존재한다. 예를 들어, 구배 차이에 근원하고 순환적임에도 불구하고, 살아있는 시스템들은 평균적인 폭풍 시스템보다 무리 안에서 훨씬 더 오랫동안 지속된다. 그럼에도 불구하고, 양쪽 폭풍 시스템들과 생명 모두 동일한 분류에 속한다. 양쪽 모두 NET 시스템들이다.

그리스어로 열과 이동을 말하는 열역학은 초기에는 증기기관에 대해서만 생각하였다. NET, 비평형 열역학, 복잡성으로 모든 과학의 어머니는 경제학, 생태학, 진화 이론, 건축학, 생명 기원의 연구, 날씨 연구, 철학, 예술, 그리고 나사NASA의 외계 생명체의 수색에 대한 실용적인 응용성을 보여주고 있다. 이 장에서 우리는 NET가 날씨에 어떻게 적용되는지를 보았다.

비록 NET가 거대한 주제이라고 할지라도, 열역학에서 유도되었기 때문에 그것은 때론 좁다고 생각될 수 있다. 사실, 더 작은 상자에서

인투 더 쿨: 에너지 흐름, 열역학, 그리고 생명

제거된 일종의 마법상자처럼, NET에서 그 자손은 그 부모님의 아버지로 판명된다. 열역학은 완전히 닫힌 혹은 고립된 시스템 속에서 에너지와 물질에 의해서 우연히 일어나는 것의 매우 인위적인 상황들을 독창적으로 탐구해 나갔다. 그 이론에 대하여 이 책의 앞선 장들에서 이미 보았던 대로, 시스템에서 일어난 것은 모든 것들이 정지 상태에 이르는 것이다. 화학물이라면, 그들은 반응한다; 성냥이라면 그것은 타오른다. 최종 상태는 입자들의 마구잡이식 분배이다. 이런 무질서한 분배는 전형적이다. 그리고 최종 상태들 혹은 평형으로 향하는 경향성은 유명한 열역학 제2법칙인 엔트로피로 잘 알려진 척도에 의해서 묘사된다.

엔트로피, 무질서도의 척도는 본래 온도로 나누어진 열이다; 후에 그것은 통계적인 공식화를 획득하게 되었다. 질서를 잃어버리는 것은 무질서, 원자수준의 혼돈에서 상승과도 같다. 19세기에 유럽에서 에너지 효율을 연구하는 사람들은 닫힌 시스템들에서 엔트로피 증가에 대한 열역학적 예측의 제2법칙에 전념한 나머지, 그것을 전체 천체로 확장시키지 못했다. 우주 역시 혼합되고 소멸될 거라고 생각된다―끝나는 것에 대해서 T. S. 엘리엇T. S. Eliot은 이를 우주의 묘비명으로 받아들이며, "꽝음과 함께가 아니라 잔 휘파람 소리로 시작하게 된다"고 하였다.

그러나 지금―다양하고 복잡한, 그러나 대류 세포들과 같은 살아 있는 구조들이 아님에도 불구하고, 색깔 있는 화학 반응들, 그리고 압력 하에서 유체로부터 복제되는 패턴화 된 소용돌이들을 본 이후에―우리는 단지 생명과 관련된 경향이 있는 몇몇 과정들이 또한 다른 복잡한 시스템들 내에도 속해 있다는 것을 알게 된다. 순환 과정, 안정하거나 오히려 준안정한 패턴들의 유지, 에너지 흐름의 영역들에서 성장과 복잡성은 생명이 비생명의 친구들과 함께 공유하게 된다. 고립된 열역학 시스템은 엘리엇의 숙명론적인 글귀에서 인용된 실재의 무기력한 권태에 관하여 사실상 경멸될지도 모른다. 그러나 고전열역학의 시스템들은 자연적이 아닌, 쓸모 있는 일반화가 만들어지기에 충분히 밀접하게 관찰될 수 있는 어느 지점에서 자연 환경을 추상화하는 것을 생각하였던 빅토리안 시대의 과학자들 혹은 인간 실험주의자들의 손으로부터 고립되어 버렸다. 가장 초기 시인인 앨프레드 테니슨Alfred Lord Tennyson의 또 다른 예로 바꾸어 말하면, 열역학자들은 그들이 관찰하기 위해서 노력하였던 것을 죽여 버렸다. 그들은 안정한 에너지 시스템의 자연의 에너지 관계들을 철저히 파괴시켰고, 그렇게 하여 잘못된 결론에 도달하였다. 그들은 "살해되므로 면밀히 조사되지 못했다."

다시 돌아보면, 더욱 진동하는 힘이 넘치는 우주, 그것의 죽음에 대한 소문들은, 마크 트웨인Mark Twain이 그 스스로 관찰했던 대로, 과장되었다. 이론 생물학자인 로버트 로젠Robert Rosen(1991)은 복잡한 NET 시스템은 예외가 아니라 정상이라고 주장하였다. 생체기능과 같은 복잡한 구조들은 천체 전반에 걸쳐서 관찰될 수 있었다. 물리학에 의해서 다루어진 시스템들, 로젠이 강조했던 대로, 매우 특별한 경우들이고 예외적으로 안정한 시스템들인 것이다.

우리는 로젠의 생각에 전적으로 동의한다. 복잡한 시스템은, 양쪽 흥미와 그 수에서, 단순한 하나들로 작아진다. 모든 살아있는 유기생명체는 놀랄 만한 역사를 가진 극도로 복잡한 시스템이다. 열역학자들, 19세기의 에너지 전문가들은 닫힌 실험 상자 내에서 일어나고 있는 것이 복잡한 에너지 시스템들을 잘 설명할 수 있는 훌륭한 모형으로 간주될 수 있다고 생각하는 큰 실수를 범했다. 무질서하지 않은 패턴들을 유지하는 시스템들은 항상 주변에 대해서 열려 있다. 생명은, 그러나 단지 생명만이 아닌, 에너지 흐름들의 영역 내에서 발생한다. 우리는 다음 장들에서 더욱 밀접하게 살아있는 시스템들을 보게 될 것이다. 이를 깊이 있게 이해하기 위해서, 그들은 단지 정보를 처리하는 유전자 시스템들이 아니라, 에너지를 변경하는 열역학적인 것들로서 어떻게 이해되어야 하는지를 보게 될 것이다(위큰Wicken 1987). 사실 우리가 이미 아는 대로, 생명의 성장, 그것의 초기에 비유전자적인 복잡성의 논리적 필요성과 그것이 진행하는 경향(그렇지 않다면, 창조주의자들의 주장에 대한 비난을 더욱 경계하게 되며 이를 훌륭한 진화주의자들이 너무 자주 외면하는) 모두는 위에서 상세히 기술된 열역학의 원칙들과 그 관점에서 이해되어야 한다. 요약하여, 생명의 기원, 진화생물학, 그리고 생태학의 주요한 신비들은, 비평형 열역학의 관점에서, 더욱 분명해질 뿐 아니라 기본적으로 이해 가능하게 된다.

INTO
Cool

제11장

열역학과 생명

나는 진화를 위대한 태피스트리의 직조와 비교하는 것을 좋아한다.
이 태피스트리의 강한 비수익적 왜곡은 초보적인 비생존 물질의 본질과
이 물질이 우리 행성의 진화에 함께 모이는 방식에 의해 형성된다.
이 워프를 구축함에 있어 열역학의 두 번째 법칙이 지배적인 역할을 했다.
태피스트리의 세부사항을 이루는 멀티-컬러드 씨줄은 주로 돌연변이와
자연선택에 의해 워프에 짜여진 것으로 생각하고 싶다. 워프는 차원을
설정하고 전체를 지원하는 반면, 유기 진화 학생의 미적 감각을 가장
흥미롭게 하는 것은 워프이며 유기체의 환경에 대한 아름다움과 다양성을
보여주는 것이다. 하지만 왜 우리는 전체 구조의 기본 부분인 워프에
그렇게 주의를 기울이지 않는가? 어쩌면 직물에서 가끔 볼 수 있는
무언가가 도입되면, 패턴 자체에서 워프의 적극적인 참여가
더 완전해질지도 모른다. 그때서야 비로소 비유의 모든 의미를 파악할 수
있을 것이다.

— 해롤드 F. 블럼 —

마지막 해방

생명은 에너지에 단단히 묶여 있는 무시무시하게 아름다운 과정
이다. 이는 구배 차이를 붕괴시켜서 존재할 가능성이 있는 구조들을 창조
하는 과정이다. 생명을 가지지 않은(비생명의) 소용돌이나 대류 구조들과

같이, 생명의 시스템은 에너지가 넘치는 영역 내에서 물질을 순환시킨다; 존재하고 끝까지 지속되어, 지엽적인 구배 차이들이 소멸되고, 병 안의 토네이도와 같이, 그들은 그렇지 않게 되는 경우보다도 더 효과적으로 소멸된다. 매혹적인 패턴들을 짜내는 BZ 반응들처럼, 생명의 시스템은 단지 물리적일 뿐만 아니라 화학적이다; 과학자들이 원시 수프라고 부르는 35억 년 전에 전사(轉寫)의 출현과 더불어 소멸의 안정한 수단들이 3차원의 나노기술의 복사본을 계속 만들도록 허락하면서 진화하였다. DNA를 RNA로 복제하는 것, 즉 전사는 생명의 매혹적인 단백질들의 시스템, 전체들을 성장시켰다. 그렇게 되는 동시에 정보도 복제된다. 이러한 사건들을 통하여 생명의 화학적 소멸에 그들 자신의 피할 수 없는 엔트로피 붕괴가 가능하도록 하는 시간 동안 점차 구배 차이를 줄이는 것으로서 지속할 기회를 허용하게 되었다. 준안정한 복제 가능한 세포들의 확산, 자신 스스로와 그들의 목전의 환경을 조직화하고 기체들을 교환하고 생태계들을 진화시키는 열린 시스템은 열역학적인 평형으로부터 먼 곳으로 전체적인 생물권을 밀어내고 있었다. 오늘날에 우리는 그 표면에서 평형에 있지 않고 다양한 에너지로 활성화되어 있으며, 열과 오염이 활발히 교환되고 생산되고 있는 지구(생물권) 속에서 살고 있다. 행성의 생물학적인 현상뿐 아니라, 우리 개인들 삶의 규모에서 생명의 특성과 그 가능성들은 에너지의 방식들에 의해서 작동하고 있는, 지식 없이는 적절하게 비교인식될 수 없다. 과학적인 원리로서 이 생명의 열역학은—비평형 열역학의 하위학문— 과학 영역 내에서 사실상 대중들에게 거의 알려지지 않은 채 비밀 속에 유지되고 있다.

왜?

한 가지 이유는 "학문의 배타성"—분리적으로 지원된 과학들 사이에 독립적으로 영역화된, 이곳에 살고 있는 동안에도 그들은 서로 말하

인투 더 쿨: 에너지 흐름, 열역학, 그리고 생명

지 않고 서로를 이해하려고도 하지 않는, 지배 범위 간의 분리화 때문이다. "더 깊은 구멍들" 속을 파헤치는 것을 과학의 특성화로 언급하면서, 캐나다 생물학자 바츨라프 스밀Vaclav Smil(2002)은 여기서 합성이—특성화된 지식들을 함께 모으는 것—현대 과학이 독일의 민족사학자들과 러시아의 혁명가들에 의해서도 경이롭게 예우되었다고 지적하였다. 위성사진을 얻을 수 있는 시대이지만 분명하게도, 심지어 생물권에 대한 이해는 단지 최근에서야 유행하게 되었다. 우주에서 구름으로 가득 덮인 지구를 보는 것은 자연이 생물학이나 지질학 속에서만 분명히 나누어지지 않고, 단일한 흐름 시스템임을 보여준다. 생명과 그것 주변의 환경은 개의 몸체에 뼈와 살점들처럼 연결되어 있다. 우리의 생물권은 본질적으로 유기생명체가 아닌, 열린 시스템들—세포들, 집단들, 생태 시스템들—이고, 이의 에너지화된 상호 작용들은 지구의 표면이 비선형의, 심지어 생리학적인 일체로서 행동하도록 만든다. 자연의 흐름 시스템들을 탐험하는 것이 한때는 분리되었던 과학들을 모두 함께 서로 연결될 수 있도록 요구한다.

초기에는 교육학적인 제약들과 연결되어서 학문분야 간의 영역 싸움들이 인간의 이해를 제한하였고, 결국 이는 다양한 "영역들"의 주변에 굳건한 장벽을 쌓도록 만들었다. 많은 생명과학자들은 지금도 여전히 물리학은 생물학에 직접적인 기여를 만들고 있지 않다고 주장한다. 그럼에도 불구하고, 임마누엘 칸트Immanuel Kant는 생물학이 심지어 "풀잎 하나"를 설명하기 위해서도 여전히 뉴턴을 찾아헤매고 있다고 의심을 표현하였다(1790, 75:282). 이런 부정적인 태도는 죽은 철학자들에게만 있었던 것은 아니다. 위대한 진화생물학자인 에른스트 마이어Ernst Mayr는 "지난 25년은 또한 물리학으로부터 마침내 생물학의 해방을 보여준다"고 선언하였다(1982, 131).[9]

마이어의 "해방"에 대한 표현은 시기상조였다. 그렇다. 살아있다는 것은 열려 있고, 역사적인 시스템들을 말한다. 그것의 과거는 그들의 현재와 있을 법한 미래들을 이해하는 데 매우 중요하다. 그렇다. 그들을 물리학에 연결시키는 근본적인 원인을 통합하려는 추구는 유기생명체들을 유전자들의 구름 같은 집단들로 축소하려는 (아이러니하게도 열역학을 모형으로 사용했던)시도들로부터 특히 과장되었다. 집단 생물학은 물리 과학들을 진화, 생태학, 비교행동학, 그리고 경제학에 연결시키기 위한 접근에서 유일한 길이 아니다. 무엇보다도 유기생물체는, 천체의 나머지들과 연결되어 있는 복잡한 과정이다. 분자생물학은 살아있는 시스템을 화학과 물리학에 직접 연결시키는 것이 얼마나 이로울 수 있는지를 증명하였다. 여기서, 물리화학적 도구들이 생물학적 직무를 설명하기 위하여 매우 적합하다는 것은 틀림없다. 생태 구는 뚜렷한 경계들을 가로질러 행동하고 연결된 개인들의 보금자리에 깃들여진 계층들을 가진 복잡한 시스템이다. 이 경계들과 복잡성은 틀림없이 과평가되고 있다. 그럼에도 불구하고, 생명과 천체는 같은 흐름으로부터 기인한다고 생각된다. 우리가 생명이라고 부르는 것은 물질로부터 격리된 단지 "살아있는 물질"이 아닐 뿐아니라, 지구 표면에 있는 "정보와 에너지의 과정"인 것이다.

현대 생물학에서 중심이 된, 진화는 연결들의 과학이다. 다윈은 시간 속에 존재하는 모든 살아있는 것들을 단일 기원에 연결시켰다. 러시아의 과학자인 블라디미르 베르나츠키Vladimir Vernadsky는 생명을 일종의 이

---

9 공평하게도, 생물학의 해방에 대한 마이어의 환희는 "현대적인 합성"의 결실들—멘델의 유전학과 다윈의 진화론의 통합에 관한 줄리언 헉슬리의 용어—은 초기에 희망했던 만큼 그렇게 달콤하지만은 않다는 좌절감에 의해서 동기화된 견해에 대한 변화였다: 비록 용감하다 할지라도, 생물학을 물리학, 가치 있는 목표로 귀납시키는 집단생물학으로의 시도는 개념적 문제점을 낳았다. 진화는 수학을 집단 내에서 변형하는 유전자의 특성들에 무리하게 적용시켜서 완전히 이해될 수는 없었다.

동하는 광물, 혹은 "살아있는 물"—우주 공간 전반에 모든 생명을 태양에너지로 구동시키는 생물권에 연결되어 있는—이라고 생각하였다(그린발드Grinevald 1986). 베르나츠키는 지구가 우주 공간 속에서 관찰되기 이전에, 생명과 지구 표면을 단일 시스템으로 함축하여 생물권biosphere(1929)이라는 용어를 널리 대중화시킨 첫 번째 인물이었다. 베르나츠키는 생명을 광물, 태양에너지를 수집하고 이들을 통해서 활성화된 불순한 물이라고 생각하였다. 화학자인 영국 콘월의 제임스 러브록James Lovelock(1979, 1988)은 지구의 전체적인 표면이 하나의 몸체처럼 행동하고 있다고 주장한다. 그것은 살아있어서 우리 스스로가 혈액의 조성을 통제하는 것만큼 그 대기 기체들을 통제해간다. 그것은 살아있는 것을 가리키는 준안정, 비평형의 범주 속에서 온도, 염도, 그리고 산도를 잘 유지하고 있는 것처럼 보인다(슈나이더Schneider, 보스턴Boston, 그리고 크리스트Crist 2004).

이 생명들은 행성의 고체, 액체, 그리고 기체의 표면들을 여과하였다. 미생물의 신진대사에 포함된 철, 황, 인, 질소, 산소, 수소, 망간, 비소, 그리고 다른 원소들은 생명의 영향력 혹은 그 통제하에 놓여 있다. 우리가 파 내려갈 수 있는 가장 아래로 가면, 살아있는 박테리아 세포들은 심지어 단단한 바위 속에서도 발견되었다. 우리가 생명이라 부르는 비평형 과정이 갖는 지구 표면에서의 그 영향을 아무리 강조해도 지나치지 않다. 모든 살아있는 것처럼, 우리는 스스로와 공동체들을 영속시키거나 혹은 결코 완벽한 효율 혹은 전반적인 재활용 과정으로서만 생각하는 것은 아니다. 우리 내부의 세포들에서부터, "개인" 기능으로서 우리는 반독립적인 열역학적인 시스템들인 것이다. 열려 있는 모든 복잡한 시스템들과 같이, 우리는 구배 차이를 필요로 한다. 모든 생명의 나머지처럼, 우리는 플라톤의 이상적 형태가 아닌 흐름의 열린 중심들이므로 다양한 방식으로 서로 연결되어 있다. 영장류, 새, 개구리, 물속의 포유류는 서로 긴밀히 소통한다. 유기생명체들은 분자수준에서 서로를 매우 잘 느낀다. 예를 들면, 서로 냄새를 맡으며 느낀다. 또한, 그들은 구석에서 조잘조잘 떠들고 때론, 서로의 몸체들로 들어가고 새로운 하나들을 만들어 낸다. 프랑스, 스페인과 영국 외곽의 대서양 모래해변 속에 존재하는 벌레 콘볼루타 로스코펜시스Convoluta roscoffensis는 녹색 해조를 닮았다. 자세히 살펴보면, 이 벌레는 광합성하는 유기생명체들이 투명한 표피 아래에서 성장하기 때문에 녹색으로 보인다. 박테리아들이 앞으로 나가고, 서로를 먹고, 서로에 들어가려고, 또 서로의 유전자들을 받아들이기 위해서 긴밀히 연결된다; 이는 때론 새로운 종들을 만들어낸다(마르굴리스Margulis와 세이건 Sagan 2002). 밀집된 세포 집단은 다중세포의 생명체들이 된다. 진화는 분류학자들에 의해서 늘 조심스럽게 그려지고 있는 경계들을 조롱하는 자연을 적나라하게 보여준다. 끌어당기고 옮기면서, 생명체들은 점차 효율적이고 다각적인 방식들 속에서 자유에너지를 이용하도록 결합한다.

베르그손의 생기론

비록 과학자는 아니었을지라도, 철학자 앙리 베르그손Henri Bergson(1911, 272, 407)은 생명의 열역학적 본성에 대해서 직감적으로 인지하였다. 그는(253), "만약 태양에너지가 저장이 아니라면, 그리고 에너지의 소멸이 진행되고 있는 어느 지점에서 이것이 잠정적으로 유예된다면, 이 폭발물들(생명의 화학 반응들)은 지금 무엇을 말하고 있는가?"라고 적고 있다.

볼츠만이 죽고 난 후 몇 년이 지나서, 1911년에 베르그손은 열역학적 세계적 인식의 초입 부분에 당당히 서 있었다. 19세기 말 열역학,

광합성 화학, 그리고 살아있는 시스템들 속에서 에너지 흐름에 대한 연구는 유아기에 있었다. 베르그손이 "생명의 약동"이라고 부르던 살아있는 자연을 인도하는 힘은 열역학 제2법칙, 그 자체의 밑그림이 되어가고 있었다. 물리학자도, 종신을 걱정하는 학자도 아닌, 베르그손은 생명이 카르노의 힘을 늦추고 시스템 내에서 에너지의 즉각적인 소산을 지연시킨다고 주장하였다. 그는, "생명의 특성들은 항상 이해되려고 하지만, 결코 전적으로 이해되고 있지 않다; 그들은 상태들이 아닌 경향들이다"라고 말하였다(베르그손 1911, 13). 우리는 물리학과 화학을 넘어선, "생명과 관련된 특성들"이 포함되어 있다는 베르그손의 주장에 동의할 수는 없으나, 그가 살아있는 시스템에서 에너지의 사용과 그것의 집행 연기하는 주요한 역할을 정확하게 강조했다는 점을 인지한다. 비평형 열역학은 살아있는 것, 즉 생명이 에너지로 가득찬 천체의 화학과 물리학의 과정인 것은 분명하다.

로트카의 유산

21세기 생물학을 조명하는 책들의 소개에서 마이클 P. 머피Michael P. Murphy와 루크 A.J. 오닐Luke A.J.O'Neil(1995, 3)은 다음과 같이 추론한다.

슈뢰딩거 강연으로부터 50년이 지나, 우리는 "질서로부터 질서"라는 테마에 매우 익숙해져 있다: 지난 50년 동안 분자생물학의 괄목할 만한 성공들이 그런 생각의 영향들을 산출해 냈다고 말할 수 있다. 『생명이란 무엇인가?』의 많은 유명세가 기반하고 있는 것도 바로 이것에 있다. 따라서, "혼돈 속의 질서"는 일반적으로 덜 중요한 것으로 생각되었다. 그러나 평형과 에너지를 소산하는 구조들로부터 분리된 시스템의 열역학에서 지금 작동되고 있는 것은, 이 주제의 중요성이 스스로 거듭되어 주장하는 살아있는 시스템에 여전히 적용되고 있다. 아마도 지금부터 50년 이내에 『생명은 무엇인가?』는 유전자의 예측에 관한 것이라기보다는 오히려 살아있는 시스템들의 열역학의 취급에 관한 예언서로서 더 이해될 것이다.

미래의 생물학 교재들이 열역학을 유전학과 동일한 기초 위에 놓는다면, 지금 그들이 그레고어 멘델Gregory Mendel에게 하는 것과 같이 많은 공간을 로트카에게 할애할지도 모른다. 존홉킨스대학 공중위생학교 생물통계학학과에 속해 있는 로트카는 포식자와 먹이의 집단들을 모사화하는 데 사용되는 로트카-볼테라 방정식Lotka-Volterra equation으로 잘 알려져 있다. 로트카-볼테라 방정식은 같은 서식지를 차지하고 같은 생활양식("지위")을 즐기는 종은 경쟁("경쟁적인 배제의 원리")할 것이라고 말한다. 그들의 업적은 집단 동력학, 오늘날의 생태학의 일부를 형성하고 있다.

로트카는 에너지를 이끄는 자가 촉매작용 과정의 생명에 대한 관찰을 모형화할 수 있는 그런 방정식을 발전시켰다. 로트카가 가장 자주 인용한 업적 중에, 『진화의 에너지론에 대한 기여Contribution to the Energetics of Evolution』(1922)는 생명의 진화적 투쟁으로 이용 가능한 엔트로피에 관한 것이라고 주장한 볼츠만의 관점에 대해서 암묵적으로 동의한다. 로트카는 에너지를 가장 잘 잡고 저장할 수 있는, 이 살아있는 존재들에게서 선택적인 이득이 일어난다고 주장한다.

로트카는 다윈설의 분석에서 노골적으로 에너지를 포함시킨다. 유기생명체들은 음식이나 거주지뿐만 아니라 그들의 물질적 조직—신진대사, 복제, 팽창—을 이끌어내는 에너지에 관하여 투쟁한다. 집단들은 에너지원들을 이용하고 성장해 가며, 이 흐름의 체계들을 확대해 간다. 증가된 흐름은 증가되는 물질의 순환 과정을 형성한다. 매해 한 번의 옥수수 수확보다 오히려 두 배 증가된 수확을 생산할 수 있게 만드는 유전적으로 강화된 그 변형체들을 상상해보자. 경작할 수 있는 땅의 면적도 지역의 생물 자원도 반드시 변화하지 않을 것이나, 증가된 옥수수 생산량으로 인하여 그 시스템은 가속화될 것이다. 시스템은 바퀴를 더 크게 만들고, 더 빠르게 돌리거나 혹은 양쪽 모두를 통해서 급성장할 수 있게 된다.

고려되는 모든 예시에서 이용되지 않는 물질과 이용 가능한 에너지[엑서지]의 여분이 있는 한, 자연선택은 유기적 시스템의 총량을 증가시키기 위하여, 시스템 전반에서 물질의 순환 속도를 증가시키기 위해서, 그리고 시스템 전체 에너지 흐름을 증가시키기 위해서 최선을 다해서 작동할 것이다.(…)이런 환경들 속에서 진화는 시스템 전반을 통한 전체 에너지의 흐름이 제약들에 대응하여 최대치가 되도록 만드는 그러한 방향으로 진행하게 된다.(로트카 1922, 149)

에너지에 가장 잘 접근하고, 저장하고, 전개시키는 이 존재들은, 혹은 후대에 그렇게 만들 수 있는 정보화된 수단들은, 늘 번영한다. 우리는 태양의 자식들이고 이미 광합성화되거나 다른 생명의 형태들로 변형된, 에너지들을 스스로 끊임없이 변형시켰다. 우리는 유전적으로 조직화된 에너지의 결과물들이다. 시간이 지남에 따라 더욱더 많은 에너지가 살아있는 과정을 통하여 변형되어 가는 순간, 유기적 시스템의 전체 총량은 증가된다. 이것은 '성장'이라고 불린다.

에너지 기반의 로트카의 인식은 생명과 비생명, 그리고 인간과 생물권 사이에 개념적인 경계선을 통하여 정확하게 구분된다.

군대 개미 사회들, 산호초 군집, 그리고 인간의 도시들은 열린 유기생명체들 간의 인구밀집과 공동체들을 확장해 간다. 유기적인 시스템은 성장하고 복잡하게 되고, 그것의 열린 시스템은 널리 퍼져 나아간다. 태양에너지의 소멸은 확장되어 간다. 도시 쓰레기들이 교묘하게 처리될지라도, 도시 식료품의 이동, 배관작업, 그리고 그 쓰레기의 배출 처리 시스템들은 생물학자인 J. 스콧 터너J. Scott Turner가 "확장된 생리기능"이라고 부르는 것에 연결되어 있다. 이것은 우연의 일치가 아니다: 스스로를 유지하는 생명은 탄소, 질소, 인과 같은 한정된 원소들의 끊임없는 순환과정을 요구한다. 복제하는 생명체들은 점차 밀집된 영역들 속에서 거주하게 된다. 그들은 특별화되어, 점차 쉽게 에너지를 받고, 전개하며, 그리고 저장하는 시스템들을 형성해가는 경향이 있다. 이 경향성들이 어떻게 진화하는지는 아직 분명하지 않다. 분명한 것은 더욱더 많은 에너지와 에너지원이 유입될 때, 창조와 파괴의 잠재성들이 무한히 성장한다는 것이다. 에너지에 접근하고 이를 신체들로 변형시키는 유기생명체들은 그들의 생리 기능들을 우선적으로 번영해간다.

최대 동력

유기생명체들과 에너지 간의 관계를 지배하는 물리학 법칙에서 가장 초기의 몇몇 개념들은 "최대 동력의 원리"라는 아이디어의 주변에 얽혀 있었다. 기술적으로, 동력이라 함은 단위 시간당 일을 할 수 있는 에너지를 언급한다. 최대 동력의 원리에서는 가장 효율적으로 에너지를 생물 자원(종자들을 포함하는)으로 전환시킬 수 있는 생명체 혹은 생태계들이 그들의 이웃보다 진화적으로 큰 이득을 얻는다고 진술하고 있다. 시스템의 에너지 흐름을 유지하거나 확장하는 데 실패하는 개인이나 집단들은 '멸종'이라 불리는 하나의 출구로 향하게 된다. 이 최대 동력의 원리는 로트카와, 이후에 플로리다 생태학자인 하워드 T. 오덤Howard T. Odum에 의해서도 받아들여졌다.

로트카는 시스템을 통한 에너지 흐름은 최대치가 될 것이나 단지 이의 최대치는 시스템이 종속된 제약들에 순응하는 범위 내에 이른다고 보았다. 그는 아래와 같이 몇가지 말을 덧붙였다.

더욱더 치밀한 조사를 요구하는 문제가 여기에 있다. 특히, 여기에서 주어지는 발표에서, 공론화된 최대의 주역을 변형시키는 "제약들에 순응하는"이라는 구절의 중요성이 단지 무엇일까 확실히 정립하게 하는 문제가 남아 있다. 현재의 소통은 주제에 대하여 마지막 말을 하는 시도보다는, 오히려 그것에 대한 예비로 의도되어 있다. 더욱더 상세한 논의가 또 다른 경우를 대비하기 위해서 이미 계획되어 있다.(로트카 1922, 149)

30년도 더 지난 후에 적힌 그의 저서 『합성, 수학 생물학의 성분들 Elements of Mathematical Biology』에서, 로트카는 자신 스스로 최대 동력의 주역으로부터 거리를 두고 있다(1956, 358):

자연 과정이라는 쉬운 표현이라고 너무나 평범하게 알려진 이 최대 법칙들 중의 하나를 보는 시도가 있다. 역사의 기억들은 우리가 여기서 조심해야 할 것을 주의시킨다; 미성숙한 상태에서 공표된 최대 원리는 톰센 Thomsen과 베르텔로Berthelot의 화학적인 "최대 일의 원리"의 운명과 함께할 것이다.

이러한 말들과 함께, 로트카는 46년 전에 그가 만들었던, 그럼에도 불구하고, 여전히 그와 관련된 제안으로부터 스스로를 분리시키고 있었다.

로트카의 "진화의 에너지론에 대한 기여"에 관한 현대적인 논의들은 최소한 엔트로피 생산에 대한 로트카의 생각들을 결코 언급하지 않는다. 왜냐하면, 자주 인용되는 동일한 논문에서, 로트카는 아래와 같이 말하기 때문이다.

작가가 여기에서 논의한 것들과 밀접하게 관련된 문제들에 접근하는 J. 존스톤J. Johnstone 교수의 저서 『생명의 메커니즘The Mechanism of Life』(1921)에 관한 서점의 복사본을 받았다. 존스톤 교수는, 이름하여 살아있는 과정에서 [특별한] 엔트로피 생산의 증가가 지연되고 있다는 또 다른 결론을 도출하였다. 그는 이것은 주로 식물에서는 사실이라고 주장한다.

최대? 최소? 무엇이 일어나는가?

양쪽 견해들은 정당화되고 있다: 생물학적인 시스템은 가능한 완전한, 훨씬 고품질의 에너지를 사로잡고 소멸하는 시도를 한다; 그러나 동시에, 녹색의 생명은 태양에너지를 사로잡고, 그것이 바닥 상태와 최대 엔트로피 생산 안으로 떨어지지 못하게 한다. 시간에 따라서 그 대부분을 에너지로부터 얻어내기 위하여 즉각적인 엔트로피 생산을 서로 거래하는 순간, 광자를 벗어던진 생명은 곧 죽고 만다. 열역학 제2법칙은 시스템들이 가능한 빠르게 평형 상태로 온다고 말하지 않는다. 생명은 자유에너지가 바닥 상태로 급격하게 하강하는 것을 지연시켜, 이를 사로잡고 그 항로를 변경시킨다. 신진대사의 본질은 생명이 소멸되는 시스템으로서

그 스스로를 보호하도록 허락한다. 생명은 단지 클론(복제생물)이 아니다;
두 명의 부모—자연선택과 열역학—을 가지고 있다.

　　1922년에 열역학은 로트카에게는 충분히 진보되어 있지 않았다.
열역학은 에너지를 소산하는 구조, 자가 촉매작용, 비평형 정상 상태에
관한 어떠한 패러다임도 있지 않았다고 진술하며, 그는 여기서 모든 개념
들을 도입하기 시작하였다. 그의 요약에 따르면, 진화와 생태계들은 "한
편에서 태양으로부터 유기적인 자연에너지의 유입을 최대화하고, 다른
한편에서 살아있고 쇠퇴해가는 물질의 소산되는 과정을 통해서 자유에
너지의 방출을 [최소화]할 것이다. 어느 의미에서 전체 결과는 유기 물질
의 시스템을 통한 에너지의 흐름을 [최적화]할 것이다"(로트카 1945, 194).
여기서 "최소화"와 "최적화"는 괄호로 묶었다. 왜냐하면 이들은 삽입된 항
들이기 때문이다—로트카가 정확하게 이 단어들을 말했던 것은 아니고
후대에 인위적으로 넣어진 것이다. 그가 당시에 말했던 것은 이후에 철
회된 "최대화"란 표현이었다. 그의 견해들이 어떻게 변했는지에 대한 우
리의 이해를 반영하여 그만의 문장으로 다시 고쳐서 적었다.[10] 생명에 관
한 투쟁은 단지 이용될 수 있는 에너지에 관한 것이나 이 에너지의 흐름
을 최대화하는 것만이 아니다. 유기생명체와 종은 물질적인 시스템들로
서 그들 스스로의 보존과 팽창을 향하여 또한 에너지를 전달하게 된다.
유기생명체와 종은 에너지를 낭비할 여유가 있을 수 없으나, 더욱더 비옥
하고, 오래된 삶, 그리고 튼튼한 에너지 변형들에 그것들을 바쳐야 한다.

　　자신의 진화를 통하여 번영하는 유기생명체들은 우연히 새로운

10　비록 그들의 업적이 로트카의 엔트로피 최대화의 인식에 근거하고 있음에도 불구하고, 오
　　덤Odum과 핑커튼Pinkerton(1955)은 로트카의 1922년 가설에 관하여 1956년 로트카 스
　　스로의 철회에 대한 사실을 놓친 것처럼 보인다.

에너지원을 만나게 될 때, 실험주의와 빠른 번식에 따른 위험의 시기가 나타날지도 모른다. 새로운 에너지 형태들은, 그들이 쓸모가 있을 때, 생존에 안정한 형태들로서 아직은 통합되지 못하였다. 이러한 상황이 현재 인류를 말해주는 것처럼 보인다. 두 번의 세계 전쟁들, 그리고 핵탄두들의 위험으로 통제된 발전과 전개, 전체적인 우울함 속에서 모든 것을 묵묵히 견디며 살아오면서, 1945년 말 로트카는 더 높은 에너지 흐름과 함께 인간들이 에너지 획득과 소멸의 업무에 더더욱 빠져들게 될지 궁금해 하였다. 그는 사치품들을 생각하면서, 음식에 관한 생물학적 갈망과 같이, 자동차, 밍크코트, 보석과 같은 것들에 관한 인간의 욕망은 원칙적으로 제한이 없다는 것에 주목하였다. 그는 사치를 과량의 에너지가 흐를 수 있는 새로운 형태로서 해석하였다.

에너지의 관점에서 사치품과 필수품 사이의 로트카의 구분은 자연과 성의 선택 사이에서 다윈의 구별과도 비슷하다. 자연선택은 생존에 이득을 주는 특성, 예를 들어, 약탈 혹은 방어에서 뚜렷이 나타낸다. 그러나 외모에 기초하여 서로를 선택할 때 일어나는 성적 선택은 분명하며 현실적인 (그리고 심지어 그들의 소유자들을 위험에 빠뜨릴 수 있는)이용성의 가치가 있는 꿩의 깃털과 같은 특징들을 발달시킬 수 있다. 밝은 깃털은 산란뿐만 아니라 포식자들에게 매혹적일 수 있다. 사치 역시 필요로 되지 않으나, 미학적인 선호도의 기초에서는 선택될 수 있다. 생물에너지의 개념들에서 진화를 재정리하는 가운데, 로트카는 또한 다윈주의 전통주의자들을 위한 다음과 같은 말을 언급하였다:

내부 종의 진화는 생물학자들의 관심을 크게 끌어들여서 진화의 방향을 지시하는 시도들이 개별 종들에 대해서 나타나게 하였다. 실제로 이미 암시한 대로, 그런 문제의 적당한 취급은 전체적으로 진화하는 시스템—이미 존재하는 종들의 집단과 그들의 무기물 환경—을 마음속에 그려 넣어야 한다(1945, 193; 우리의 강조).

여기서 로트카는 13장에서 우리가 만나게 될 주제들을 예견하였다. 에너지에 대한 그의 강조가 유기생명체들과 그들의 환경을 단일 시스템으로서 함께 생각하도록 유도한다. 이 시스템은 열역학적이고 열역학적 시스템들이 피할 수 없이 엔트로피를 증가시키기 때문에, 진화의 방향성에 대한 그런 생각은 합리적인 추론이었다.

구배 차이의 세계 대 역사적인 우연성

많은 지질학자들이 생물학을 무시하는 것처럼, 많은 생물학자들 심지어 진화 생물학자들은 물리학과 열역학을 무시한다. 활동 중이었던 작은 공룡들의 냉각 장치로서 사용된 깃털의 진화에 대한 논의를 제외하면, 고인이 된 유명한 진화생물학자인 하버드대학 고생물학자 스티븐 제이 굴드Stephen Jay Gould는 좀처럼 물리학과 열역학에 대해서 언급하지 않았다(굴드 2002, 1226). 굴드는 진화에서 우연성을 강조하면서, 찰스 다윈도 동일한 관점에서 행동하였다고 주장하였다. 모든 다윈주의자들은, — 만약 단지 그 이론의 가장 기초적이고 덜 현학적인 형태가 유기생명체들이 변화하는 지역적인 환경들 속에서 적응하는 것이라고 말하는 것 때문이라면⋯⋯, 더더욱 그 우연성을 인정해야 한다. 우리 모두가 시간에 따른 괴짜의 우발적인 경로들을 따라서 지엽적으로 만나게 되는 그런 환경 변화들을 인정하기 때문에, 생명의 전반적인 대사 작용은 우발적인(우연한) 인자들에 의해서 지배될 수밖에 없다(굴드 2002, 1225).

굴드는 그의 연구 동안, 오랫동안 우연성에 집중하는 데 있어서 적어도 두 가지 목적들을 가졌다: (1) 점차 과학적 결정주의와 특성화를 요구하는 학문적 풍토 속에서 자연적인 역사와 훌륭한 고전풍의 고생물학의 분위기를 열고 유지하는 것과 (2) 지구의 특별하고 복잡한 시스템, 즉 생물권의 특별한 역사를 더욱 특별하게 만드는 진화의 피할 수 없는 역사적 부분들을 강조하는 것이다. 그러나 비록 진화의 소설적인 측면들을 피할 수 없고 그것이 큰 흥미를 자아낸다고 할지라도, 그들은 우리가 일반적인 법칙들을 추구하는 것으로부터 벗어나도록 유도할 수는 없을 것이다. 소설가로서 톨스토이는 일반성을 예시하는 특별함에 영리하게 묘사할 수 있는 사람으로서 크게 칭송받았다; 또 다른 러시아의 소설가인 도스토옙스키Dostoyevsky는 완벽하게 예측 가능한 과학—베토벤 협주곡의 각 음절들을 미리 추론할 수 있는 미래 과학—은 슬픈 장관을 그리게 될 것이라고 경고하였다.

굴드가 강조하는 것을 이해하는 것은 매우 쉽다—우리가 모르는 것을 담담히 인정하고 그림같이 아름답고 생생하고 때론 결정적으로 매우 중대하고 상세한 것에 대해서 대충 얼버무리고 넘어가지 않는 것, 이 양쪽 모두는 매우 중요하다는 것이다. 그러나 생물권은, 우리의 주제에 따르면, 복잡한 열역학적 시스템이다. 인간을 직접적으로 대하는 거친 빅토리아풍의 태도에서, 진화는 진보를 확실히 드러내지 않는다. 헤켈Ernst Haeckel의 원시시대부터 게르만시대에 이르는 생명 계통의 19세기 도표 중 하나에서와 같이, 어떤 젊은 독일 여자도 생명의 갈래에서 꼭대기를 장식하진 못한다. 더구나 굴드가 지적하듯이, 다윈의 위대한 반정은 관찰될 수 없는 진보를 향한 본능적인 경향이라는 라마르크Lamarck 식의 생각을 없애고, 진보적인 경향들과 더불어 가정하였던 그의 자연선택의 주제로 모든 것을 몰아가는 것이었다.

아마도 과학적인 과반응의 순환하는 진자는 그것의 정점에 도달하였고, 그것의 역사적 강조의 잠재적 에너지가 다수의 진화적인 설명에서 하나의 인자로서 물리학의 운동에너지에게 그 자리를 양보할 준비가 되어가고 있는 시점이 오고 있다. 어느 의미에서 역사적인 설명은 짧은 기간 동안 전혀 바뀌지 않았다—우리는 지금 피할 수 없는 우연의 생물학적 진화뿐 아니라 또한 피할 수 없는 우주의 화학적 진화 상태에 있다. 그러나 이것이 핵심은 아니다. 그런 상황은 볼츠만의 미시적인 상태와 열적 거시적인 상태 사이의 그 어떤 것과도 비슷하다. 생태계를 구성하는 입자들의 특별한 패턴은, 개개의 신체와 생명의 그것과도 마찬가지로, 우리 자신인 것이다. 이 입자들이 참여하는 경향들은 포괄성을 보이고 있다. 이 보편적인 기질들이 열역학적인 법칙들에 의존할 뿐 아니라, 그들은 에너지 시스템들로서 우리가 담고 있는 일반적인 상황들을 보여줌으로써 우리의 이야기의 특이성과 특별함을 부각시키는 데 큰 도움을 준다.

우연성을 지지하기 위하여 굴드는 소위 "날개의 5%"에 대한 문제에 관심을 가지고 집중하였다. 아프리카의 검은해오라기*Egretta ardesiaca*는 그가 살고 있는 찬란한 얕은 물속에서도 음식물을 뚜렷하게 볼 수 있도록 햇빛 가리개로서 자신의 날개를 사용한다고 말하였다. 열 조절을 "위하여" 진화하기 시작하였던 이 동물의 특징이 날기 "위해서" 그가 이전에 진화했던 것만큼 또한 당시에 햇빛을 가리기 "위하여"도 함께 진화하여 배가된 기발한 기능을 동시에 가지게 되었다. 우연성에 대한 더 강력한 예시는 해부학적으로 발견된 양서류의 기발한 특징에 있다.

만약 네 발로 걷는 동물의 조상이 신체의 앞과 뒤축에 직각으로 가지처진 중심 성분과 더불어(축에 평행하기보다, 분기 군과 동업화된 조합 내의 가장 자존심 강한 멤버들처럼) 특이한 갈퀴를 진화시키지 않았다면, 지구상에 존재하는 생명에 관한 팔다리의 주요 특징들을 구성하기에 충분히 확고한 어떠한 지지대도 포유류 계통 속에서는 나타나지 못했을지 모른다. 만약 결과적으로 네 발의 척추동물은 지구 위의 이동에서 앞팔 다리들을 결코 진화시키지 않았다면, 박쥐, 새와 익룡 들의 날개에서 공기역학적인 형태에 관한 유명한 우연성—진화 상에서 우연성의 지배적 역할에 대한 추정된 반증!—은 비슷하게 우수한 디자인으로서 이 적응 가능한 경이로움을 장식하는 공통되고 우연한 기질들은 태어나지도 못하고 끝나버렸을 것이다.(굴드 2002, 1228-29)

우연성에 대해서 더욱 힘 있는 논증을 생각하는 것은 어렵다: 만약 뚜렷하게 기능적이며 특이한 해부학적 변화들의 시리즈들이 우리와 계통적으로 멀리 떨어져 있는 동물들의 조상을 물속에서 육지로 데리고 오지 못했다면, 홀로 날도록 진화했던 이 동물들은 여기에 있지 않았을 것이고, 우리는 그들에 대해서 놀라지도 않았을 것이다. 이러한 좋은 가정과 생각만으로는 충분하지 않다. 비록 기능에서 많은 변형들과 함께 각 종들의 특별한 역사가 반영될지라도, 우연성과 기능의 기발한 특징들은 진화적 방향의 더 큰 물리적 패턴들을 무효로 만들지는 못한다. 만약 생물학적 방향에서 더 큰 규모의, 물리적 기반의 패턴들—예를 들어, 수많은 종들과 다른 분류군들에서의 증가, 생태계 연속성에서 비유전적 기반의 지향적인 경로들, 대기와 얼음으로 덮여 있는 미생물의 매트들과 표면 하의 화강암 속에 서식지 팽창, 그리고 진화 시간에서 호흡 강도에서 증가—이 있었다면, 굴드의 주장은 훨씬 더 설득적이 있었을 것이다 (15~17장들을 참고).

다른 문맥에서 볼 때 굴드는 유기생명체로서 우리의 존재는 종—개인들의 진화를 이해하는 우리의 능력에 반하여 작동할지 모른다고 말하였다. 개인적으로 생각하면, 종들은 지질학적 범주와 이들이 새로운 종

인투 더 쿨: 에너지 흐름, 열역학, 그리고 생명

을 만들어 내는 속도와 같은, 지질 시대에서 생존하는 종의 기회들에 영향을 주는 뚜렷하게 드러나게 되는 특색들을 나타내게 된다. 별도의 종의 선택에서 잠재적인 영향력, 유기생명체의 편협에 관한 굴드의 자각에 대한 시점은 매우 정확했던 것처럼 보인다. 그러나 그것은 또한 자업자득식에서 우연성에 대항하는 논쟁으로서 동물학적 우연성의 이용을 위해서도 적용된다. 왜냐하면, 우연성은 단지 동물의 현상만이 아니기 때문이다: 생태계는 그들이 에너지를 다루는 방식 속에서 수렴한다. 그들은 발달하는 동물들에 세포들에게 일어나는 것과 매우 유사한 발달의 패턴들(비슷한 단위들의 빠른 성장과 이어서 발생하는 더욱 느린 성장과 더불어 더욱 다양한 변화들)을 드러낸다. 이것은 생태계가 초강력 유기생명체들이라는 것을 의미하지는 않으나, 생태계와 유기생물체들이 에너지 흐름하에서 비슷하게 조직화된다는 것을 의미하고 있다.

　　뚜렷한 종과 관련된 우연성과 그들의 특별한 해부학적 기능들이 갖는 회귀적으로 예측 불가능한 이력은 열기관의 틈을 통하여 증기가 배출되고 있는 수증기 분자들의 속사 과정 중에서 속도와 위치들의 예측 불가능한 미시적인 상태의 우연성과도 닮았다—뉴턴, 라플라스, 볼츠만, 심지어 아인슈타인이나 최고의 슈퍼컴퓨터들도 압력하에 수증기 분자들의 정확한 위치를 예측해낼 수 없다. 어린이는 압축된 증기가 획획 소리를 낸다는 것을 쉽게 예상할 수 있다. 한 꼬마 아이도 압축된 수증기가 휘파람 소리를 낼 것이라는 것을 예측할 수 있다. 입자들이 "칙칙폭폭" 소리를 만드는 조그마한 틈을 통해서 어떤 식으로 누출될 것인지를 정확하게 구체화할 수는 없으나 압축된 획획 소리가 울리게 될 것이라는 것은 모두가 예측 가능한 결과이다.

　　비슷하게, 굴드도 다른 어느 누구도 개 혹은 옥수수를 먹고 항생제로 길러진 판매용 소에서 일어날 특별한 기능적 외형의 변화를 쉽게 예측할 수 없다고 할지라도, 누군가는 생명이 퍼져나가는 추세를 알 수 있을 것이다. 복잡한 시스템의 팽창은, 복잡한 시스템이 계속 존재하는 한, 베르나츠키(1929)가 "생명의 압력"이라고 부르는 것에 의해서 열역학적으로 통제되고 있다. 한 어린이는, 심지어 중력과 다른 제약들 때문에 아직 깨닫지 못할 뿐, 주변의 태양계 안에서 지구 위로 밀려 오르는 생명의 경향성을 조금씩 배울 수 있게 된다. 심지어 우리는 인간이 그런 팽창에 참여하는 적합한 지원자인 것처럼 보인다고 예측할 수 있다. 비록 굴드가 종들의 수준에서 작동하는 선택과 인자들을 인지하고 있다고 할지라도, 그에게도 종들의 출현과 멸종은 시간에 걸쳐서 발생하는 일종의 예측 불가능한 것이다. 양쪽 그들의 신체 내부와 그들의 환경과 함께 행동하는 방식에서, 시간이 지남에 따라 유기생명체는 에너지 구배 차이에 관한 접근성을 확장시킨다; 역설적으로, 이런 방식들 중의 하나가 일종의 자연의 현명함을 시험하고, 미래로 확장되어 나아가는 결과로 일어나게 되는 기회와 안정성에 대한 짧은 기간 도안의 최대 팽창을 희생시키게 된다.

지연된 증식

살아있는 것은 주위의 기다림 속에 놓여 있는 다른 구조들을 만드는 데 사용되는 에너지를 이용하는—신진대사와 활발한 구배 차이의 소멸을 지연시키는—구조들을 생산한다. 완보동물이라고 불리는 작은 "물곰"은 열, 냉기, 그리고 X—선에 저항하는 발효 통들을 생산한다; 식물들은 종자를 만들어낸다; 박테리아와 곰팡이는 포자들로서 중지 모드로 들어간다; 핵을 가진, 자유롭게 살아가는 세포들은 그들의 주요한 영양분들

인투 더 쿨: 에너지 흐름, 열역학, 그리고 생명

을 소진하였을 때, 꿈틀거리는 사육자로부터 움직이지 않는 딱딱한 낭포(囊胞)들로 변형된다. 활발한 구배 차이의 소멸을 연기시키는 순간, 번식체들(발효 통, 종자, 포자 등등)은 타고난 생명의 논리들을 분명하게 보여준다; 그들은 구배 차이가 소멸될 때, 휴지기에 놓이게 된다. 태양이 갑자기 비추고, 폭풍과 영양분 흐름이 갑자기 몰아칠 때, 그들은 "다시 살아있게 된다." 열역학적 흐름, 타고난 변수, 그리고 자연선택을 제외하고는 어떠한 직접적인 지능의 제조자의 존재 없이, 생명들은 앞서 예시된 구조들의 인상적인 배열들로 진화해왔다. 자연이 하는 것처럼 "흐름과 함께가나 어떠한 흐름도 존재하지 않는다면 다음번 좋은 구배 차이가 올 때까지 쭈그리고 앉아서 기다려라."

열역학과 성

비슷한 논리가 우리의 성 생활에도 적용된다. 인간과 같이 성적으로 번식하는 종들에서, 성은 수백억 년 동안 번식을 위해서 요구되었다. 성은 우리 같은 생리학적 시스템들, 그러나 더 새롭고 때론 더욱 향상된 것을 번식시킴에 의해서 우리의 열역학적 비평형의 형태를 유지시킨다. 현재뿐 아니라 미래의 구배 차이 소멸에 관한 수단으로서 성의 중요성은 왜 동물들이 때론 스스로를 희생하고, 위험에 노출시키거나 교배하기 위한 접근을 위해서 죽을 때까지 싸움을 불사르는지를 잘 설명한다. 번식은 생명의 비평형 구배 차이를 소멸해 가고 또한 유지하는 수단을 제공하기 때문에 반드시 존재해야 한다. 성은 호모 사피엔스 같은 성적으로 번식하는 종들 간에서 복제를 위하여 반드시 요구되기 때문에 필수적이다. 심지어 성적인 쾌락은 끊임없는 화학, 신진대사, 그리고 행동의 비평형 시스템의 순환적 경로에서 주요한 사건들이 반복되도록 하기 위한 물질들의 시스템을 유도하도록 도와주는 피드백 메커니즘으로 이해될 수 있다. 우리는 죽음을 말하나 그것은 영장류의 비평형 시스템에 대한 특별한 부류보다 오히려 전체와 개별적 의식에 관한 것이다. 성은 이 시스템이 다른 몸체, 즉 우리의 아이들로 계속 살아가도록 만드는 수단이다. 이것의 행위에만 집중된 끊임없는 관심은 다음 세대에 있어 유전 물질의 조성에 관하여 유전 물질에 대한 일종의 무의식적 숙고로서 이해될 수 있다. 더 좋은 교제, 더 건강하고 더 똑똑한 자손은 개별 죽음의 생물학적 유한성을 넘어서 비평형 구배 차이의 소멸에 대한 강건함을 증가시킨다.

비인간적 지능들

에너지는 파괴되고 또한 창조된다. 식물 진화는 이의 자발적인 돌연변이들에 부분적으로 의존하나 나뭇잎 혹은 꽃의 모양은 제멋대로 일어나지는 않는다: 식물들의 성장과 진화는 들어오는 태양광으로부터 더욱더 많은 에너지를 사로잡는 방향으로 진행된다. 몇몇 백피증에 걸린 포도덩굴은 광합성에서 직접적으로 태양광을 사용하지 않고 흡기(吸器)자(기생식물의 흡기)를 가지고 있어서 이들이 태양광을 사용하는 식물의 녹색잎 표면들을 이용하도록 만든다. 칡덩굴이 자신의 음식을 만들지 않고 지내면 멸종의 위험에 처하게 된다. 다른 식물에게 잡힌 태양광 에너지에 의존하면서, 그들의 후손은 만약 그들의 숙주 식물이 효과적인 화학적 방어체계를 발명했다면 스스로 살아남을 수 없었을지도 모른다. 이와 비슷하게 새삼, 기생하는 오렌지 줄기에 감긴 똬리들은 다른 식물들을 조용하게 이용한다. 그들이 사용될 수 없다면, 새삼은 다른 곳으로 이동하여 성

인투 더 쿨: 에너지 흐름, 열역학, 그리고 생명

장하게 된다; 만약 더 많은 녹색 식물들이 사용될 수 있다면, 새삼 그 자체가 이들을 둘러싸게 되고(이들의 수는 주어진 식물로부터 그럴듯한 회귀에 해당하게 되고), 흡기를 내놓고 수일 후에, 그것은 "기획 입안" 이익들을 거둬들이기 시작한다.

태양을 사랑하는, 구배 차이를 이끄는 식물들의 생존 방식은 존경을 받을 가치가 있다. 몇몇 사람들에게 식물은 감각이 없고 귀머거리고 판에 박힌 행위자로서 인식된다. 종종 식물들이라고도 고려되나 단지 450억 년 전에 동물군으로부터 갈라져 나온 조상인, 현재는 완전히 분리된 비광합성의 생명 영역 속의 실제 멤버들인 곰팡이에게도 비슷한 취급이 적용된다. 지구 밖의 생명체에 대한 탐색에서 끊임없는 흥분을 자아내는 새로운 발견에도 불구하고, 우리는 이미 이 지구를 외계 생명체들과 나누고 있다. 이 생명체의 누적된 성과물들은 현재 인간의 공학기술들을 초월한다. 예를 들어 곰팡이는 단지 버섯들(먹을 수 있는, 독이든, 그리고 정신에 작용하는)만이 아니고 지구상의 위대한 재활용자들이다. 이 숨겨진 균사체의 조직망들은 영양분들을 청소하고, 토양을 만들어낸다. 그들은 돌연변이된 박테리아와 곤충들에 반하여, 그들 스스로를 붙잡을 수 있는 지능 있는 행위자들이다. 점균류, 일종의 군체를 이루는 아메바가 음식에 미치는 미로들을 이해하고 기억함을 보이고, 스스로 두 개로 분리되고 두 개의 음식 공급원들에게 제공된 미로들에서 가장 짧은 경로를 따라서 다시 재결합되는 것을 보여준다. 내부에 음식을 소화시키는 위들을 가지고 있는 동물들과는 달리, 곰팡이는 그 아래에 있는 비밀스런 관들(균사체들)을 퍼트린다. 이것이 효소들을 분배하고 몸 밖에서 음식을 소화시키도록 만든다. 우리는 세상에서 유일하게 뇌를 가진 유기생명체로서 지능을 소유한 단지 호위무사만은 아닐 것이다. 우리의 깨달음과 지능은 많은 종의 세포들의 네트워크화된 총체 속에서 존재하는 것처럼 보인다. 몇몇 규격화된 지능 테스트들이 철저히 자기 민족 중심적일지라도 지능의 공통된 관점은 인간 중심적이다. 뇌가 없는 박테리아는 당과 빛을 따라서 움직인다; 그들의 자율적인 행위는 목적 지향적이다. 생태계의 상호 작용자들의 네트워크화 과정은 누가 누구를 사용하고 누가 더 똑똑하고 누가 더 지배적인지를 말하는 것이 어렵도록 만든다: 인간을 포함한 유기생명체들은 상당히 많은 민감한, 필수불가결한 행위자들과 함께 지능적인 생태계 속에 포함되어 있다.

식물들은 들어오는 복사선을 분해시키는 능력에 대하여 탁월한 조절능력을 발휘한다. 에딘버그대학 세포와 분자생물학 센터의 안소니 트레와바스Anthony Trewavas(2002, 841)는 다음과 같이 설명한다:

성장하는 새싹은 근적외선을 이용하여 가장 가까운 경쟁적인 이웃들을 느낄 수 있고, 그들 활성의 결과물을 예측하고, 필요하다면 피하는 행동을 할 수도 있다. 줄기의 모양, 성장과 방향은 태양광에 대하여 최적의 위치를 유지하도록 변화될 수 있다; 잎의 위치들은 빛의 수집을 최적화하기 위해서 적응한다. 경쟁하는 이웃들은 죽마에 접근하게 될 때, 전체 식물은 줄기를 지지하는 지주근들의 미소한 성장에 의해서 간단히 멀리 이동할 수 있게 된다.(…) 공급원이 풍부한 조각들이 모두 함께 만나게 될 때, 뿌리들은 폭발적인 성장대응들과 함께 토양에서 3차원의 습도와 광물의 구배 차이를 추적하게 된다. 그러나 경쟁 뿌리들이 접근하게 될 때, 숙고하고 회피하는 행동이 나타나게 된다.

아마존 열대의 야자나무 소크라티아Socratea(일명 걸어다니는 야자나무)에서 지능적인 식물 조직은 그것이 인지하는 유입된 구배 차이들을 더욱 잘 소멸시킬 수 있도록 배열, 색깔, 그리고 광화학 과정을 변화시킨다.

들어오는 빛을 더 잘 활성화 시킬 수 있는 경로들이 존재한다면, 그들은 이를 선택할 것이다.

살아있는 존재들이 번식하는 능력은 끊임없이 구배 차이들을 소멸시키도록 만드는 것이다. 여기서 지능은 재산일 수 있다. 더 똑똑한 개체들은 그들을 지지하는 에너지의 활동적인 구배 차이에 대해서 훌륭하게 그리고 변경 가능할 수 있도록 접근이 가능하게 될 것이다. 밝은 색들, 즙이 많은 맛들과 먹을 수 있는 나뭇잎들과 같은 매혹적인 것들을 무의식적으로 만들어내며, 식물들은 동물들이 그들을 번식시키고 기르도록 통제한다. 식물은 한때 우리보다 더 멍청했을지는 모르나, 지금은 더 똑똑하다.

태양의 복사선은 폭넓은 주파수들의 파장대를 가진 강렬한 형태의 에너지원이다. 대기의 꼭대기에서 에너지 흐름은 제곱센티미터당 분당 약 2칼로리 정도이다. 복사선의 3분의 2는 지구 표면에 닿는다. 남아있는 복사선은 우주 공간으로 반사되거나 구름층에 흡수된다. 태양의 복사선이 식물 조직에 흡수될 때, 놀랄 만큼 작은 양의 에너지는 광합성으로 활용되어 생물 자원으로 전환된다: 이는 사로잡힌 복사선의 단지 약 0.5%에서 2%(표면을 때리는 자체적으로 작은 양의 복사선)이다. 나무는 태양광의 높은 품질의 에너지를 사로잡아 거대한 에너지를 소진하는 과정이다. 대부분의 에너지를 증발, 호흡, 그리고 낮은 품질의 잠열로 소멸시킨다. 식물에 도달하는 약 1%의 에너지만이 식물 성장에 관여한다. 성장과 소진의 편향된 비율에도 불구하고, 우리는 광합성으로 생산된 구조에 큰 관심을 가져야 한다. 왜냐하면 이 구조가 모든 소진과 엔트로피 생산이 가능하도록 만들기 때문이다. 활엽수인 참나무, 그 잎과 도토리 모두 성장한다. 공학적 관점에서 이를 묘사하게 되면, 우리는 나무가 굉장히 똑똑한 일종의 유기적 기계라고 말하게 될 것이다. 이는 물의 거대한 증발기이고 에너지의 소멸기로서, 나무의 순환하는 기계장치는 양쪽 태양의 구배 차이를 감소시키고, 그 자신의 존재를 영속되도록 작동한다. 식물에 닿는 복사선의 약 15%는 반사된다; 18%는 온도를 올리는 현열로 변환된다. 남아 있는 66%의 에너지는 식물에 의해서 사용되어 물을 나뭇잎까지 끌어올리고 증발되도록 한다.

식물들은 발산 속도를 통제한다. 그들은 토양 습도가 어떤 임계 수준 이하로 떨어질 때 발산 속도를 늦춘다. 그들이 우리처럼 뇌가 없다고 할지라도, 잠재적으로 자포자기 수준의 에너지 소멸에서 최적의 에너지 소멸에 이를 수 있도록 하여, 미래에 소멸될 수 있는 그들의 능력을 보존하는 행동으로 전환하게 된다. 비록 들리지 않고, 멍청하며, 보이지 않을지라도, 끈끈이주걱에서 열대과일의 우아한 향기와 색깔들에 이르는 그들의 유혹들이 새, 곤충, 그리고 포유류가 그들의 일부분을 먹고, 견과와 꽃씨들로서 그들의 모종을 전 세계에 흩뿌리게 만든다. 식물들은 "우수한" 동물의 정신을 효과적으로 사용하여, 태양 아래에 새로운 곳들로 그들의 종자를 퍼트리는 것이다. 식물들은 구배 차이를 줄이는 새로운 기회들을 스스로 만들어 낼 수 있다. 그들이 건강에 이롭든지 그렇지 않은지 간에, 많은 것들 중에 인도대마, 담배, 코코아, 코카나무 그리고 커피는 인간의 뇌나 신체에 그들의 영향력의 범위를 확장하는 데 놀랄 만큼 성공했다. 그런 순환 관계에서 원인과 결과는 어떤 것인가? 우리는 식물들(다소 드물게, 혹은 박테리아 혹은 곰팡이)이 운송과 번식의 수단을 발전시키기 위해서 인간들을 사용한다고 말할지도 모른다. 여기에 복잡한 시스템들이 연결되어 있다. 우리의 미래에 상상 가능한 동물 정신들의 진보적인 지시는 제2법칙의 지시와 더불어 뇌가 없는 형태의 생명과 연결되어 있다.

칸트의 도전

제프리 위큰Jeffrey Wicken은 저서 『판단력 비판The Critique of Judgment』에서 생명에 대한 칸트의 1790년 기술을 언급하였다. "나는 칸트의 도전을 피할 방법을 지금도 알지 못한다"며, 위큰은 아래와 같이 적고 있다(1987, 31).

칸트의 개념 내에서, 유기생명체는 "자연의 목적"이었다. 각 부분과 과정은 서로 연결되어 전체에서 작동의 원인과 결과, 수단과 결과가 되어 있다. 궁극적으로 이것은 몇 가지 이유에서 쓸모 있는 정의로 남는다. 첫째, 그것은 어떤 출현 이론에서 합의에 이르는 생물학적 인과관계와 목적론적 조직의 순환을 분명하게 진술한다. 둘째, 그것은 유기생명체의 생태학적 정체성과 접촉하는 방식 속에서 동시대 과학의 체제로 쉽게 인도될 수 있다. 이러한 정의 내에서, 칸트는 세련되게 핵심을 자가 촉매작용의 개념을 찌르며 이해시킨다. "자연의 목적"은 정보에 근거하여 세련된 자가 촉매작용 혹은 AO이다— 이는 주변의 공급원들을 자신의 번식을 위해서 끌어당겨서 사용하며 스스로를 유지할 수 있는 활동적 관계들의 내부 조직 시스템인 것이다. 유기생명체가 자연의 에너지를 소진하는 흐름 내에 참여함을 통하여 자신 스스로 수단과 결과로서 행동한다는 그 사실은 자기 조직화와 제2법칙 간의 긴밀한 연결고리를 제안한다.

칸트가 지적한 대로, 유기생명체는 "내부 자연의 완벽함"을 소유하고 있다; 유기생명체는, 시계 혹은 다른 어떤 정밀 기계와 달리, 스스로를 복제할 수 있는 자연 속의 최종 결과물이다. 그것은 "단지 원동력"이 아니라 "스스로 번식하는 형태적 동력"인 것이다;

조직화된 존재는 우리에게 알려진 어느(…) 자연의 수용력과 더불어 유사하게 일치되어 생각하거나 설명될 수는 없다; 사실, 우리 스스로 가장 폭넓은 의미에서 자연 내에 속해 있기 때문에, 인간의 예술과 심지어 정확하게 유사성을 통하여 그것을 생각하거나 설명할 수 없다.(…) 그러므로, 조직화된 존재들은 가능한 단지 결과물로서만 생각되어야 하고(…) 실용적인 결과물이 아닌 자연적인 결과의 개념에 관한 객관적 현실을 처음으로 제공하고 이어서 자연 과학에게 목적론에 관한 근원을 제공한(…) 자연 속에서 유일한 것들이다.(칸트 1790, sec. 65)

위큰은 종들의 복제와 유지, 생태계의 출현, 그리고 진화 그 자체로서 함께 보게되는 에너지를 소진하는 구조들을 보여준다. 생물권에서 느껴지는 자아들은 그것을 기르는 데 필요한 열역학적 잠재성과 분자학적인 정보의 복잡성에 의해서 현실화되고 유지된다. 열역학적으로 유지된 자아(자아의 다양한 단계들 중)들은 바이러스 RNA 염기서열부터 거대한 툰드라 생태계에 이르는 모든 수준의 생명에서 존재한다. 진화의 시간 동안, 자아들은 멸종되고, 합쳐지고, 변형되고, 그리고 연결된다. 개별성은 상대적이다. 외부 환경이었던 것은 종종 유기생명체, 그 자체의 일부가 되기도 한다. 우리 인간은, 예를 들어, 비타민 B를 합성하기 위해서 내장 속에 박테리아들의 존재를 필요로 한다. 많은 증거를 통해서 볼 때, 모든 유아들이 그들이 생존하고 혼자서 재생 가능한 건강한 성인과 부모가 되려면, 다른 사람들의 상당한 관심과 상호 작용을 필요로 한다. 모든 인간은 절충화된 지능과 면역체계로 괴로워한다; 병, 우울, 그리고 심지어 자살의 비율은 사람들이 동료 인간들로부터 관심과 애정을 빼앗겼을 때 증가한다.

유기생명체들은 그들이 에너지 흐름들을 중재할 때 환경을 변형

인투 더 쿨: 에너지 흐름, 열역학, 그리고 생명

시키는 연결된 마디들로서 보여질지도 모른다. 빠르게 인구를 파멸시키는 공기 중의 레트로바이러스는 때론 우리를 위협하곤 한다. 빠르게 성장하는 시스템들—진화, 기술, 혹은 양쪽 모두를 통하여, 이전에는 인식되지 않거나 이용되지 않았던 구배 차이들에 접근하는 것들—은 들불처럼 번질 것이다. 맹렬한 불꽃처럼, 그들은 자신의 공급원들에게 자신을 빼앗겨 버린다. 반대로, 천천히 성장하는 것들은 타고난 천재성을 보여준다; 그들은 수명을 결정하고 빠른 구배 차이의 파괴, 소진, 그리고 엔트로피 생산이 없도록 교활하게 지낸다. 그들은 순간적이 아닌 오랫동안 자연을 만족시키며 더불어 살아간다. 살아있는 시스템에서 열역학이 수행하는 역할인 슈뢰딩거의 새로운 고양이든지 에너지와 무시무시할 정도의 완벽한 대칭인 블레이크의 호랑이든지 간에, 방법은 얼마든지 있다.

제12장

브림스톤의 기원들

생명이 원자의 우연한 발생에 의해 유래되었을 수 있다는 질문은 분명히
부정적인 대답으로 이어진다. 이 대답은 삶이 실제로 여기에 있다는
지식과 결합되어 우연의 발생 이외의 어떤 순서가 삶의 출현으로
이어졌음에 틀림없다는 결론을 이끌어낸다.
— J. D. 버날 —

우리는 모든 초기 유기체들이 원핵생물이었고, 혐기성이었고,
O_3가 없는 대기를 관통하는 높은 자외선 흐름에 대처해야 했고,
그들의 존재는 상대적으로 큰 우주 물체와 지구의 충돌로 반복적으로
위태로워졌다는 것을 알고 있다.
— 바츨라프 스밀 —

슈뢰딩거의 새로운 고양이

생명의 기원이 과학의 가장 위대한 미스터리 중의 하나일지라도, 살아있는 것을 창조하는 방법을 밝히는 데 있어서 생물학의 위대한 성공은 이전에 어떤 인간도 도전해보지 않았던 분야—실험실에서 생명을 창조—에 도전하도록 격려하였다. 사실, 일부에서는 생명이 이미 실험실에서 창조되었다고 말한다. 생명이 일반적인 현상이지 단지 생화학적인 것

만은 아니라고 주장하는, 인공—생명의 발명가인 톰 레이Tom Ray는, 추정하건대 자기가 소유한 권력을 강화하는 수사학적인 호언장담 그 이상과 더불어, 복제되는 컴퓨터 명령들이 생명의 새로운 기원이라고 말한다. 방식에서는 덜 웅장하나, 동일하게 교훈적인, 뉴저지 프린스턴에서 진보적인 연구를 위한 협회Institute for Advanced Study에 속해 있는 물리학자 프리먼 다이슨Freeman Dyson은 독일의 생물학자인 만프레트 아이겐이 수행한 RNA 실험들—RNA는 "생존을 위해 그것의 후대를 복제하고 변형시키고 그리고 경쟁하는 주장을 증명하는 것"—은 좁은 의미에서 실험실에서 만들어진 생명으로서 인정받을 수 있는 자격을 얻고 있다고 주장한다(다이슨Dyson 1999, 11). 노스캐롤라이나 생물 공급 회사Carolina Biological Supply Company로부터 공급된 원재료들을 이용하여 생물공학 회사에서 미세 수술 기술로 단일한 자기 복제를 할 수 있는 대장균E.coli의 창조가 사실 화성에 생명이 존재할 거라는 의심스러운 주장보다도 더 위대한 국제적인 뉴스일 것이다. "분해 공학"으로서 강한 인상을 주는 그런 생명의 재창조는 생명이 처음 일어났던 기초 경로를 반드시 반복하는 것이 텍사스 인스트루먼트 계산기가 인간 뇌의 산술적 능력들의 진화를 반복하는 것과도 같다. 촉망 받는 열역학자 아하론 카치르Aharon Katchalsky가 말한 대로, 생명의 기원은 비생명으로부터 자발적으로 기원한다고 "알았었다." 또한, 당시에 그것이 그렇지 않았다는 것도 알게 되었고, 지금 우리는 그것이 그와는 다른 방식으로 그렇게 했다는 것을 부분적으로 "알기" 때문에 여전히 불가사의하다. 비가역적인 열역학과 생명의 기원에 관한 국제학회를 조직한 카치르는 "명제—자발적인 발생에 대한 믿음—로 시작하는 변증법적인 순환에 대해서 말하였다. 이어서, 이의 반명제—프란세스코 레디Francesco Redi, 스팔란차니Spallanzani의 업적에 기반을 둔, 파스퇴르Pasteur의 뛰어난 연구에서 나타난 어느 무생물의 기원들을 부정한—그리고 마침내 오파린Oparin과 홀데인Haldane에 의해서 추진된 현대적인 합성을 마침내 이끌어낸 변증에 대해서 말하였다. 비록 그런 합성이 공식적으로 논증해야 할 명제들을 닮았을지라도, 그것은 반명제의 모든 지식과 회의감을 받아들였다"(오스터Oster와 동료들. 1974, ix). 그 학회는 양쪽 열역학(모로위츠와 프리고진)과 생명 기원의 연구(그 당시에 가장 오래된 미시적인 화석들을 발견한 엘소 바곤Elso Barghoorn과 파우스트적인 실험주의자들인 레슬리 오겔Leslie Orgel과 스탠리 밀러Stanley Miller)의 분야로부터의 다양한 권위자들을 포함하고 있었다. 카치르는 안타깝게도 1972년 5월 30일 텔아비브 공항에서 발생한 총격 사건으로 살해되었다. 그러나 다윈이 『종의 기원』의 첫 출판에서 거대한 시대의 전반에 걸쳐서, 뉴턴 추종자의 시계장치처럼, 이전에 당당하게 밝혔던 진화에 관하여 장난삼아서 툭 내던진 것이 신성한 출발의 아이디어라고 한 말을 학회에서 인용하며, 다음과 같이 말하였다:

그러나 만약(그리고, 오! 있다면 얼마나 큰) 우리가 모든 종류의 암모니아와 인의 염, 빛, 열, 전기 등등과 함께 작은 따뜻한 웅덩이 속에서, 단백질 물질이 만들어지고, 더욱더 복잡한 변형을 경험할 수 있었다면—당시 현 시간에서 그런 물질은 소비되거나 흡수되었어야 할 것이다; 이것은, 즉 살아있는 창조물들의 형성은 앞선 시대에서는 절대 일어날 수 없는 것이다.(오스터 Oster와 동료들. 1974, x)

카치르는 "다윈은 물리화학적 진화가 생물학적 진화를 앞섰고 이런 진화가 반증의 비평을 벗어날 수 있을지도 모른다고 깨달았다"라고 생각했다며 기뻐 날뛰며 말하였다(오스터와 동료들. 1974, x). 비생명의 것들로부터 유래하는 생명의 기원에 대한 생각은 다윈 그 자신도 거의 준비하지 못했던 생각이었다. 그러나 한편으로 그것은 진화의 사고를 통해서 과학적으로 그럴듯하게 만들어졌을지도 모른다. 이것은 전기로 생기를 불어넣는 '프랑켄슈타인'이라 불리는 괴물에 관한 메리 셸리Mary Shelley의 고딕 초상화나 미켈란젤로가 시스티나 대성당의 천장에 그린 '천지창조'를 상기시킨다. 생명의 즉각적인 에너지화에 관하여 신기하고 놀랄 만한 그 어떤 것이다. 이것은 여전히 역사에 근거한 서방의 시선들이고, 시간과 분리적인 정체성이 현실이 된 생각인 것이다. 그러나 동양철학인, 예를 들면, 힌두주의의 세계에서 브라만은 살아있다: 너는 그 안에서 태어나지 않았으나 나무 열매처럼 그것으로부터 나오고, 아트만 혹은 자아는 숨바꼭질의 영원한 게임 속에서 죽기 전이나 다시 태어나기 전—혹은 새로 태어나기를 피하기 전—에 그것의 진정한 본성을 때때로 깨닫게 된다. 또 다른 생명에 대한 일반적인 생각, 혹은 공상은 "어디에든 씨를 뿌리는" 포자(胞子)가설에 근거를 두고 있다.—포자들이 공간을 떠다니며 지구상에서 발아하였다. 스웨덴의 물리학자 스반테 어거스트 아레니우스Svante August Arrhenius에 의해서 처음 제안된 이 생각은 그것을 공간에 위치시켜서 생명의 기원을 설명하려는 어려움을 본질적으로 없애고 있다. 공간 전반을 떠다니는 미생물체들이 복사열에 의해서 파괴될지 모른다고 깨달을 때, DNA 기능의 공동 발견자인 프랜시스 크릭 Francis Crick은 생명의 기원에 대한 숙련가인 레슬리 오겔Leslie Orgel과 함께, 그들이 "지도된 포자가설directed panspermia"이라고 부르는 것의 변형 가설을 고안하였다. 이것은 외계인들이 "무인우주선의 앞부분에" 미생물을 보내어 원시 대양에 씨를 뿌렸다는 생각이다(크릭 1981, 15). 크릭이 지적한 대로, 그 관점은 전적으로 새로운 것은 아니었다; J. B. S. 홀데인J. B. S.Haldane이 1954년을 지나는 어느 시점에서 그것에 대하여 언급했다. 생명의 기원의 문제에 대해 제안된 여러 "해법들"과 함께, 과학계에서 존중받는 철학자 칼 포퍼Karl Popper는 생명의 기원은 "생물학을 화학과 물리학으로 축소시키려는 모든 시도들에서(…) 그리고 과학을 향한 뚫리지 않는 장벽 내"에 남아 있다고 주장했다(포퍼Popper 1974, 270). 물론 우리가 아는 대로, 칸트는 생물학에 결코 풀잎을 이해할 수 있는 뉴턴과 같은 그 어떤 존재도 없고, 당시에 다윈과 슈뢰딩거 그리고 크릭, 진화와 분자생물학이 나타나게 되었다고 주장하였다. 라이트 형제가 날고자 하는 그들의 초기 노력으로 심한 조롱을 받은 후 마침내 그들이 날았을 때, 이전에 회의주의자였던 사람들은 모든 창고에 헬리콥터 발착장을 예측하고 더 나아가 훨씬 발전된 방식들을 제안하기에 이르렀다. 이 장에서 우리는 카치르가 시기상조의 죽음을 경험하기 전에 그의 호기심을 자극했던 그 주제에 대해서 다시 한 번 더 집중하기 위해서 노력한다.

우리는 과학자들이 실험실에서 실제 생명을 발전시키려고 하거나 비생명의 물질로부터 완전한 한 벌의 상세한 살아있는 외형을 이해하려고 하는 직전의 순간에 있다고 말하지 않으며, 그 생명의 기원에 대한 연구의 앞으로 전망에 관하여 낙천적인 관점을 갖고 있다. 생명의 기원이 유전적 현상일 뿐 아니라 신진대사적 현상으로서 이해되어야 하고 생명이 유전적으로 안정화되기 이전에, 이의 신진대사 내의 규칙성이 열역학적인 과정에 기인되었다는 것에 관한 점차 증가하는 깨달음이 있다. 생명에너지학자 매완 호Mae-Wan Ho(1998, 37-38)는 아래와 같이 적었다:

과학자에게 상당한 흥미를 끄는 질문은 다음과 같다: 생명은 세포의 가장 간단한 형태 내에서 얼마나 있을 법한가? 그 문제는 다음과 같이 생각될 수 있다. 300도씨에서 매우 큰 수조(혹은 저장고)에 유지되고 있는 무한한 배열의 봉인된 각각의 상자들 속에 적당한 양과 비율의 화학 성분들을 함께 섞어 넣는다고 가정해보자. 그들 중 얼마의 분율만이 결국 살아있는 세포들로 발전할 것인가? 대답은 $10^{-100,000,000,000}$ 매우 작은 수이다. 결국 너무 작아서 일어나지도 않을 뿐더러, 단지 한 번만이라도 전체의 천체에서 그것이 일어날 수 있는 충분한 물질도 있지 않다.(…)동일한 화학적 조성, 부피와 온도를 가진 (가설적으로) 무한한 배열의 시스템들은 평형이 되도록 허락하는, 통계역학의 언어에 따르면, "규범 내의 인정된 총체"이다. 그런 이론은 결국에 대응하는 에너지 수준, e_i를 가진 원자들 혹은 미시적인 상태들, i의 모든 가능한 배열들을 연구하게 될 것이다. 이런 배열들의 일부는 살아있는 시스템에 존재하는 것들에 해당할 것이다. 그러나 살아있는 상태의 에너지 수준이 평형 총체에서의 평균값보다 너무 크기 때문에, 이 상태들이 일어날 가능성은 점차 작아진다. 살아있는 세포는 전기적 결합에너지들—평형 상태에서 존재하는 열적 에너지들보다 상당히 더 큰 에너지—로서 공유결합들 속에 저장된 매우 큰 양의 에너지를 가지고 있다. 사실 너무 커서 평형 상태 주변에서 우연한 변동을 얻을 확률의 가능성은 본질적으로 없다. 그럼 도대체 살아있는 유기생명체들은 어떻게 거기에 올 수 있게 되었는가? 바로 해줄 수 있는 답은 '에너지 흐름'이다. 에너지 흐름은 생명에 관한 확률을 상당히 증가시키고 그것의 유지와 조직을 위해서 절대적으로 필요하다.

호의 관점은 에너지 흐름과 비평형 조건들 속에서, 박테리아를 만들기 위하여 합쳐져야 하는 생명의 주요 화학적 성분들(탄소, 수소, 질소, 산소, 인, 그리고 황)을 영원히 기다릴 필요는 없다는 것이다. 가장 단순한 생명의 형태들, 박테리아는 단백질, 핵산, 지질 생체막, 탄수화물, 그리고 신진대사물과 같은 유기 고분자의 조직화된 총체들로 구성되어 있다. 단백질 고분자, 아미노산의 더 간단한 기초단위들은 상대적으로 만들기 쉬웠다; 그들은 자연적으로 우주 공간에서 형성되고, 초기 지구의 상태들을 모형화하는 많은 실험들에서도 만들어졌다. 1953년에 스탠리 밀러는 환원 환경 속에서 불꽃이 지나가면, 단백질의 스무 가지 단위물질들 중에서 가장 간단한 것인 글리신glycine과 더불어, 2% 알라닌Alanine이라는 물질을 얻어냈다. 그러나 핵산들, DNA와 RNA의 부차적 단위들은 생명 기원의 실험들 속에서 쉽게 만들어지지 않았다. 더구나, "RNA 세계"—복제하는 분자들로 채워진 가상의 초기 지구—의 현 인지도에도 불구하고, 어떻게 정확하게 복제가 전체를 만들 수 있는가를 아는 것은 매우 어렵다. 그것은 거대한 바닷조개 속에서 이미 완전히 자란 상태로 나타나는 보티첼리의 비너스와도 상당히 닮아 있다.

우리는 여기에서 원시적인 재생산을 즐기는 생체 항상성과 같은 에너지 소산의 구조들을 만들어낼 수 있는, 열역학적으로 강화된 최초의 신진대사가 정확한 복제를 진행시킨 게 틀림없다고 말한다. 우리는 혼자가 아니다. 일반적인 열역학과 "열적 경제학"(코닝과 클라인 1998)의 원리들의 관점에서 논의될 때, 옥스퍼드의 화학자 로버트 윌리엄스R. J. P. Williams와 그의 포르투갈 동료 J.J. R 프라우스토 다 실바J. R Fraústo da Silva(2002)는 분자의 DNA, RNA, 그리고 단백질 연구들이 마구잡이로 혼돈되어 있는 것처럼 보이나, 사실 환경 속에 증가하는 에너지 보존들을 추적하고 있다.

우리는 이전 장에서 시스템에 부과된 구배 차이와 더불어 주어진 시스템을 묘사하기 위해 노력하였다. 베나르 세포에 존재하는 유체는 구배 차이로 만들어졌고, 결과적으로 이로 인하여 구조와 조직들이 적당한 규제나 경계 조건들 속에서 출현하게 되었다. 비슷한 과정들이 압력 구배 차이(테일러 소용돌이)나 화학적 구배 차이(BZ 반응들)를 통하여 밝혀지게 되었다. 윌리엄스와 프라우스토 다 실바(2002, 689)는 "지구가 낮은 광자의 열로서 에너지를 복사하기 이전에 그것이 사로잡는 높은 에너지의 광자, 즉 빛과 함께, 우리가 태양이라고 말하는 주에너지원이 지구를 비추게 하는 기본적인 물리화학적 상황"을 우리들 마음속에 그려보도록 요청한다. 5,800켈빈 온도의 태양과 2.7켈빈 온도의 외부 공간 사이의 거대한 구배 차이에 놓여 있는 지구가 있다. 이 거대한 복사선 아래 복잡한 대기와 화학 조성을 가진 지구는 정상 상태에 도달하게 될 것이고, 이 정상 상태는 "최적의 에너지 보존"(694) 중의 하나라는 데 주목하게 된다. 이것은 태양에 의해서 끊임없이 충전되고 있는 일종의 흐름 시스템이라는 것에 주목해라. 윌리엄스와 프라우스토 다 실바는 어떻게 그런 구배 차이가 지구 위에서 많은 기초적인 에너지 반응들을 설명할 수 있는지 증명하였다. 그들은 정상 상태를 향해서 진화하고 무기물과 유기물의 교차 반응들을 통하여 이동하게 되는 간단한 에너지의 물리적 과정에서 시작하게 된다. 그들은 지구에서 오존 생산이 에너지 구배 차이의 결과인 무기물 화학 반응의 결과물인지 보여준다. 이산화탄소와 수소의 자연적 반응은 적용되고 있는 구배 차이하에서 탄소, 수소, 그리고 산소 합성물들을 만들어낼 수 있다. 촉매들을 활용하여, 광합성과 생명의 물질이 진화할 수 있다. 끊임없는 에너지의 흐름과 함께, 더욱더 복잡한 합성물들과 새로운 형태의 생명들이 진화하게 될 거라고 제안한다. "초기 화학 혹은 조직화의 발전에 의해서 시스템이 변화될 때와 같이, 에너지 보존은 매번 더 복잡한 조직이 발생할 때마다 새로운 최적의 정상 상태 값을 향해서 나아

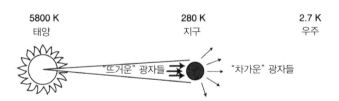

그림 12.1 태양 표면의 5,800 K 온도와 외계우주 공간의 2.7 K 호킹 온도 사이에 거대한 복사 구배 차이가 있다. 지구는 이 구배 차이 내에 있고, 화합물 간의 관계들, 날씨와 생명과 같은 비평형 과정들이 이러한 높은 에너지 흐름으로 접근 때문에 발생할 수 있고 또 발생한다.

가게 되는 경향이 있다(695). 시간이 지남에 따라, 지구에 닿는 태양에너지의 지속된 흐름으로 인하여 화학과 생물학적 시스템의 복잡화 과정 안에서 증가를 보이게 된다.

전체 시스템은 태양 복사에너지와 지구의 초기 조성으로 구동된다. 에너지 보존에서 대안이 되는 생태계나 가장 효율적인 것은 더욱더 효과적인 에너지 보존의 정상 상태로 압도당할 수 있다.(…) 종에 대한 다원주의자적 분석으로 가장 적합한 것의 생존과 무질서한 혼돈에 적응하는 유전적 탐색에 관하여 최적의 에너지 보존을 향하여 전체 생태계 발전의 부작용이 있었다고 당시에는 이해되었고, 이는 오늘날과도 연결되어 있다. 적당함은 전체 생태계 속에서 생각될 수 있지 단지 종들에게만 있지는 않다.(695)

해럴드 모로위츠는 신진대사의 근원에 대해서 거슬러 올라가 조사하면서 현대 세포들의 일반적인 경로와의 연관성을 연구하는 동안, 기초를 이루는 신진대사가 동일하게 머무는 과정에서 발생하는 유전자들의 가소성plasticity—그들의 변하는 능력—에 깊은 감명을 받았다. 이것 그 자체가 생명이 갖춘 복제 장비에 대하여 역사적인 신진대사의 의지를 옹호하였다. 제프리 위큰은 신진대사가 논리적인 면에서 우선이라고 주장하였다. 카치르는 세포처럼, 구분화의 복잡성에 관한 비평형의 이득을 보여주었다. A. G. 케언스 스미스A. G. Cairns-Smith(1982)를 통해서 승리를 잡게 된, 때론 창세기를 생각나게 하는 어느 시나리오에서는 정밀하게 복제하는 DNA와 RNA 유기생명체들의 존재 이전에 점토 표면들을 통하여 덜 정확하게 복제되는 시간이 있었고, 이후에는 "유전적 인계"가 있었다고 전한다. 이와 비슷하나 점토 대신에 광물 표면들을 포함하는 지옥을 연상시키는 무시무시한 시나리오에서는 바다의 밑바닥에서 솟아오르는 검은 연기들과 뜨거운 유황들이 원시 세포의 비평형 열역학적 발전에 다량의 화학과 온도의 구배 차이를 제공하였다고 전한다(바흐터하우저 Wächtershäuser 1992).

뉴클레오티드 복제의 기원이 생명의 기원과 동일할지도 모른다는 생각이 점차 받아들여지고, 세포 내에 대사적이고 열역학적인 방향에 대한 생각들로 전환되고 있다.(새로운 과학적인 생각을 받아들이는 데 있어서 세 가지 단계들이 존재한다고 알려져 있다: [1] 네가 완전히 잘못이다. [2] 네가 옳지만 네 결과들은 중요하지 않다. [3] 네가 옳고 결과들은 사실 뜻깊으나, 우리는 꽤 얼마 전부터 그들에 대해서 알았다.)

생명의 기원을 밝히는 것에 대하여 그 영역 내에서 의미있는 확장된 연구를 실행해 왔던 철학자 아이리스 프라이Iris Fry(2000, 8)가 말하길, 더 이상 "미스터리"는 없고 이는 진실로 "과학적인 문제"라고 하였다. 우리가 지금 존재하고 있는 이 시간은 유전자 복제에서 DNA 역할의 발견 전에 있었던 흥분의 시간들과도 비슷하다. 그 주제에 있어서 가장 최신의 연구 중에서 프리먼 다이슨은 슈뢰딩거의 『인생이란 무엇인가?What Is Life?』를 무척 존중하며 모방할 뿐 아니라, "혼돈 속에 질서"의 역설에 관하여 이 책의 첫 장에서 우리가 이미 언급했던, 이 질문들에 대한 신진대사적 측면을 빠르게 실천에 옮기기 위해 최선을 다하였다. 앞서 부정적 엔트로피에 대한 슈뢰딩거의 논의가 있었음에도 불구하고, 다이슨은 신진대사보다는 유전학에 더욱더 초점을 맞춰서 슈뢰딩거의 전망을 규정하고, 그의 주요한 친구이자 뛰어난 분자생물학자 막스 델브뤽Max Delbrück의 환원주의적 이동에 대한 슈뢰딩거의 강조점을 집중적으로 추적하였다. 게임 판을 보기 위해서 조각들을 교환하는 체스 권위자처럼, 델브뤽은 박테리아를 공격하는 바이러스인 박테리오파지에 집중하며, 복제의 중심을 발견하기 위하여 세포 속에 존재하는 복잡한 내부사항들을 점차 줄여나가며 목표로 하는 대상에 접근해 갔다. 얄궂게도, 순수한 객관성을 손상시키는 것은 물론, 있을 법한 공정한 결과에 관하여 관찰과 과학적인 양식의 관계를 보여주던, 양자역학의 영역에서 추방된 독일인 친구들이 개입하고 있지 않나 생각하는 동안에 무의식 중이라도, 델브뤽의 위와 같은 연구방향의 선택은, 생물학에 큰 영향을 미쳤다. 다이슨에 따르면, 슈뢰딩거는 열역학과 분자학적 생각들에 대해서 거의 동등하게 중요하게 재고(再考)하였으며, 분자와 유전학의 방향에서 델브뤽의 뒤를 따랐다고 하였다. 다이슨의 분석에 따르며, 유전 암호의 해독에 절정을 이룩한 델브뤽과 슈뢰딩거의 리더십이 뒤를 잇는 연구자들에게 유전자들은 에너지 대사보다는 생명에 더욱 필수적이라는 생각과 더불어 현재 우리가 논의 중인 문맥 속에서 더욱 중요하게, 유전자들이 세포들과 대사 복제의 느슨한 형태들을 앞서나가도록 상상할 수 있게 깊은 영감을 주었다. 예를 들어, 아이겐은 "세포들로 만들어진 조직은 확실히 가능한 길고 오랫동안 지연되었다. 균일한 시스템 내에 공간적 한계들을 주입하는 것은 생물 탄생 이전의 화학에서는 어려운 문제들이 되곤 하였다. 필요할 때 경계들을 만들고 이를 통하여 물질들을 바꾸어 놓고 그들을 변형시키는 것은 오늘날 가장 세련된 세포과정들에 의해서 성취되고 있는 임무들이다"(아이겐과 동료들. 1981, 91).

그러나 다이슨은 아이겐뿐 아니라 슈뢰딩거가 중요한 본질을 놓치고 있다고 말하였다(1999, 4-5). 슈뢰딩거의 책을 보면, 우리는 생물 복제 현상을 명쾌하고 상세하게 묘사하는 네 개의 장들과 신진대사 현상을 보다 덜 분명하게 묘사하고 있는 하나의 장을 발견하게 된다. 슈뢰딩거는 양쪽의 정확한 복제와 신진대사에 관한 물리학의 개념적인 근원을 발견하였다. 복제는 분자 구조들의 양자역학적인 안정성으로 설명되었다. 반대로 신진대사는 열역학 법칙과 일치되어 주변으로부터 음성의 엔트로피를 끌어낼 수 있는 살아있는 세포의 능력으로 설명된다. 델브뤽은 신진대사의 문제들로부터 벗어나지 않았기 때문에, 동시대 과학자들보다 더욱더 깊이 복제의 역학을 꿰뚫어 보았다. 슈뢰딩거는 델브뤽의 관점을 통해 생물학의 세계를 관찰하였다. 살아있는 유기생명체를 구성하는 것에 관하여 슈뢰딩거의 관점은 그것이 세균 혹은 인간을 닮았다기보다는 더욱더 세균 분해 바이러스를 닮아 있다는 것을 아는 것이 놀랄 만한 일은 아니라는 것이다. 생명의 신진대사적 관점에 깊고 애정 어린 헌신을 바친 그의 책에서 단 한 장은 주요 논점에 영향을 주지 않으나, 전체의 완성을 위해서 일부러 끼워 놓은 재고(再考)처럼 보일 수 있다.

다이슨은 슈뢰딩거는 물론 그를 따르는 생물학자들도 그의 주요한 논쟁과 신진대사의 논의 사이에 존재하고 있는 "논리적 차이점"에 대해 사로잡혀 있지 않았던 것 같다고 말하였다. 다이슨이 말하길, 1943년 더블린에서 개최된 슈뢰딩거의 강연 속으로 돌아가 보면, 우리는 슈뢰딩거가 왜 생명의 본질에 대한 추가 질문들—하나 혹은 배(倍)인가? 대사와 복제의 연결점은 무엇인가? 복제 혹은 번식하는 생명은 엄격하게 대사과정 없이 혹은 그 대사과정을 통해서만 존재할 수 있는가?—을 하지 않았을까 궁금해 할 것이다. 다이슨이 지적한 대로(1999, 6), 모든 사람은 생각하였다. "생명 복제의 단면은 주요하고 신진대사의 측면은 상대적으로 부수적이다. 복제에 대한 이해가 의기양양하게 더 구체적으로 완성되었을 때, 신진대사에 대한 사람들의 이해 부족은 점차 배경지식으로 떠밀리게 된다. 학교에서 학생들에게 그 점이 교육되는 순간, 분자생물학의 대중적 설명 안에서, 생명과 복제는 실제로 동의어가 되었다. 아이겐의 생각은 이러한 경향성에 대한 극한의 예시이다."(사람들은 여전히 그렇게 생각하고 있다.) 아이겐은 신진대사에 대해 흥미로워 하지 않았기 때문에 줄곧 RNA을 선택해 집중하였다: 그의 생명 기원에 대한 이론은 "사실 복제의 기원에 관한 이론들"이었다. 아이겐은 첫째로 유전자를, 두 번째로 효소를, 마지막으로 세포를 생각하였다. 그러나 다른 연구자들은 생명을 이끄는 외딴 열역학 반응들이 발생할 수 있는 세포의 생체막들(모로위츠 1992) 혹은 핵산들이 점토(케언스 스미스 1985)나 철황화물(바흐터하우저 1992)과 같은 복잡한 혼합물들 혹은 광물 표면들 내에 더해지기 이전에 생기고 복잡하게 성장해 가는 신진대사의 비세포 수단들인 지질 생체막의 우선권에 관하여 얘기하였다. 단순히, 과학에 중심을 두고 있는 역사는 신진대사의 말 앞에 복제의 수레를 놓게 하는 등 우리를 잘못된 곳으로 인도하였다.

이미 RNA 세계가 신진대사의 "대안"(우리가 아는 대로, 이것이 적절한 단어가 아니라고 할지라도)보다 대중에게 더 인기 있다고 할지라도, RNA는 스스로 촉매화될 수 있고, 과거에 더욱더 그 스스로만으로도 충분하였을지 모른다고 제안하였던, 토마스 체크Thomas Cech의 발견(1993)을 통해서 큰 힘이 주어졌다. "유전 암호의 신비가 이해되어지는 그 순간, 핵산을 우선으로 단백질을 두 번째로 생각하는 것은 당연한 것이었다"(다이슨 1999, 38-39). 동전을 떨어뜨린 누군가처럼— 이때 보도 위에서 희미하게 비치는 원형의 어렴풋한 이미지를 잡아채는—체크의 정보력은 거의 확실한 증거인 것처럼 보였다. 그러나 과학은 생각보다 훨씬 복잡하다: 여기서, "동전"은 거리의 가로등에 비추는 단지 물의 환형일지도 모른다. 다이슨의 논쟁은 대기환경에서 생명의 자발적인 발생에 대하여 러시아의 이론주의자 알렉산드르 오파린Alexander Oparin의 생각과 이어져 갔다. 다이슨은 여기에서도, 정확한 복제자가 아닌 단백질 창조물들의 부주의한 신진대사가 처음 있었음에 틀림없다고 주장하였다. 크리스티앙

드 뒤브Christian de Duve는, 초순환 모형이 설명되어져야 하는 순간, 아이겐의 초순환 모형이 미리 가정된 단백질 합성이라고 맹비난하였다(드 뒤브 1991, 187). 프라이(2000, 110)는 체크에 의해서 발견된 자가 촉매작용하는 RNA 가닥들인 리보자임ribozymes이 이러한 비난들, 즉 효소로서 기능할 수 있는 RNA의 출현을 설명하기가 쉽지 않다는 점을 분명히 답해야 한다고 말하였다. 가장 기초적이고 신랄한 비평 가운데 하나는 스스로 짐을 지는 염기서열과 단백질들을 만드는 장비를 경쟁시키는 것에 관하여 RNA 세계에는 어떤 근거나 관련도 없다고 지적하는 위큰(1987, 104)의 주장이다. 죽기 살기의 바이러스 경쟁은 자연선택 속에 노출된 유전자들 내에서 순식간에 일어난다. 이런 논리는 리처드 도킨스Richard Dawkins의 인기 있는 저서 『이기적인 유전자』의 관점에서는 압도적으로 적용된다: 만약 유전자들이 첫 번째라면, 원시 지구 속에서 미친 듯 복제하고, 그들 스스로를 느리게 재생하는 몸체들을 만드는 것으로 삼각 경기를 완주하기로 결심한 올림픽 주자와도 같을 것이다. 그런 경우에는 만약, 우리가 자연세계에서 보는 대로, 유전자들이, 신진대사, 항상성, 목적론적 구배차이의 소멸자들과 항상 결합되어 있다면 서로 상당히 다를 것이다. 모든 생물들에게서 주요한 에너지 저장물질인 ATP는 RNA에 뉴클레오티드인 AMP와 거의 동일하다. 다이슨은 핵산들이 몇몇 "ATP의 과잉포만에서 원시 세포"를 발생시키는 "병"일 수도 있다고 생각하였다(1999, 83). 비록 병아리가 먼저냐 계란이 먼저냐 하는 식의 구성 안에 끊임없이 둘러싸여 있다고 할지라도, 그런 예측은 위큰의 주장과 생명의 에너지 변형 기능이 복제의 유전적 수단들보다 앞서 있다는 우리의 일반적 인식과 일치한다. 이러한 관점에서 보면, 다이슨은 생명이 두 가지 기원들—처음으로 오는 신진대사의 기원과 "공생"에서 합쳐진 두 번째의 핵산 기원—을 가지고 있다고 주장하였다(다이슨 1999).[11] 우리가 생명으로서 인지하고 있는 것은 양쪽 모두의 단백질과 유전자들을 이미 항상 포함하고 있고 유전적으로 복제하는 바이러스들은 일상적으로 스스로 살아남을 수 있다고 생각되지 않기(그들은 숙주들을 필요로 한다) 때문에, 이와 같은 다이슨의 용어법은 다채롭게 과장되어 있다. 신진대사와 핵산 복제가 다른 과정들 안에 있고, 각각은 따로 설명되어야 한다는 그의 관점은 너무 중요하게 되어, 그런 과장을 당연시하였다. 두 개의 진영들, 낡고 일진일퇴하는 신진대사적 접근과 더욱 유행하고 있는 생명의 기원에 대하여 유전 접근은 합쳐지고 있을지도 모른다(프라이 2000, 178, 190-93; 1995).

아이겐 스스로는 초순환의 시나리오 안에서 문제들을 인식하였다; 그것은 "오류의 대재난"에 대하여 희생양이 되고 있다. 니에세르트 Niesert, 하르나쉬Harnasch, 그리고 브레쉬Bresch(1981)에 의해서 개발된 컴

---

11 인간—컴퓨터의 상호 작용의 개연론(蓋然論)에 대한 설명을 연구하던 7년 동안 마이크로 소프트에서 일했던 컴퓨터과학자 데이비드 호벨David Hovel은 공생, 종들의 진화를 유도하는 데 보인, 특별히, 유전자들의 방계의 전달(마굴리스와 사강 2002)은 특별히 복잡한 형태들의 형성을 더 그럴듯하게 만들어 낸다. "이 일은 대부분 많은 창조주의자들과 지구상에 인간과 다른 생명들의 기원들에 대하여 거의—인간 중심의 공산의 토대를 무력으로 만든다. 많은 그룹들로부터 제시된 이 모형들은 $1/(10^{100})^{100}$의 차수에서 가능성은 지구상에 생명의 다양성과 성공의 그럴듯한 근원으로서, 지도되지 않은(신다윈주의) 진화를 배제할 수 있다고 대중에게 보이도록 할 목적이었다. 이 모형들에서 유도된 터무니없이 작은 가능성들은 독립 사건들에 관한 지표 연쇄법칙의 단순한 응용들에 그 기반을 둔다. 생명의 형태들은 기능적인 유전적 성분들을 다양한 수준의 조합과 공생 속에서 상호 교환할 수 있다면, 어떠한 개별적 원형들이 DNA 지점변이들을 통하여 바람직한 특질들의, 낮지만 있을 법한 축적의 단일한 오랜 연쇄를 나타낼 수 있도록 요구하지 않는다. 대신 이 새로운 접근법들은 확률 도표 안에 가지들을 통한 '연합점들'을 나타내게 된다. 그와 같이, 유용한 미생물의 적응성은 스스로 증명한 능력의 레퍼토리를 소유한 다른 창의적 생명체들에 의해서 이용되거나 차용될 수 있다. 확실히 이것은 합리적인 가치들의 영역에서 현재에 입으로만 전해진 정말로 드문 작은 확률들을 일으킬 수 있을 것처럼 보인다. 우주론에서 실험치인 드레이크 방정식과 더불어, 지질학적 기록의 한계들을 수여하는 그런 모형들을 혼합하여 무엇인가를 만들어내는 것은 분명히 매우 어렵다. 그러나 컴퓨터과학자로서 나는 하나부터 셀 수 없이 많은 단일 문제들 속에서 작동하는 수많은 연산들을 증가시키는 것에 이것을 비유하곤 한다."(호벨, 개인 의견, 2003)

퓨터 모형들은 RNA가 초순환 반응들의 후반부를 촉매화하도록 연결하며 짧게 회로화를 할 수 있거나, "이기적인 RNA"의 기술상 문제 속에서, 촉매로서 봉사되는 일 없이 직접적으로 스스로를 복사하기 시작할 수 있다고 보였다. 다이슨은 초기 번식자들에 관하여 높은 허용오차가 있어야 하고 혹은, 그들은 너무나 깨지기 쉽고 충분히 단단하지도 않아서 정밀한 분자 복제가 첫 번째로 일어날 수 있도록 불충분하게 변화시키게 된다고 강조하였다. 번식은 거칠고 열역학적이다; 복제는 정밀하고 분자적이다: 전자는 제2법칙과 일치하여 구배 차이를 소멸시키는 효과적인 수단을 통해서 재촉된다; 후자는 그런 구배 차이 소멸의 한 가지 버전인 생명이 시작되는 수단인 것이다. 우리의 인식 속에서 컴퓨터 바이러스 이상의 어떤 것은 컴퓨터 밖에서는 일어나지 않는 것과 같이, 복제는 결코 스스로 일어나지 않는다. 복제는 사납거나 위험할지 모르는 기생물이나, 이는 그것의 숙주에 의해서 필요로 되는 정보를 전송한다. 숙주들은 에너지 흐름의 영역들에서 그들의 복잡한 형태들을 유지하고 순환하는 시스템들이다. 숙주들은 항상성을 유지한다. 그들은 지속되고 번식할 수 있고 어떤 경우에는 기생물들 없이 그들 스스로 대략적인 새로운 버전들을 만들 수 있다. 동일한 것은, 자연에서는 적어도, 비평형 숙주들의 화학적인 혹은 (전산 정보의 경우에) 문화적인 에너지의 상황들을 항상 요구하는 바이러스와 같은 분자적으로 세심한 기생물들이라고 말해질 수는 없다. 다이슨이 지적한 대로, 슈뢰딩거의 업적 후 5년이 지나서야 복제와 신진대사 간의 어둡고 인과관계를 알 수 없는 관계는 번식하는 오토마톤(자동장치)이 하드웨어와 소프트웨어로 분리되었다고 주장하는 수학자 존 폰 노이만john von Neumann(1948)의 추상적인 생각을 통해서 명백하게 분명해졌다. 오늘날 모든 사람들에게 익숙할 정도로 컴퓨터 산업에서는 이미 현실화된 이러한 생각들은 생명에게도 또한 자연스럽게 적용된다. 세포들은 이의 하드웨어인 그들의 단백질과 복제하는 유전형인 핵산 소프트웨어로 코드화된 원형들인 것이다. 다이슨이 말한 대로(1999, 7), "노이만은 추상적인 개념 안에서, 양쪽 모두에게 필수적인 구성품들 간의 논리적인 연계성을 정확하게 묘사했다. (…)그러나 논리적으로 생각하였을 때, 하드웨어가 소프트웨어 이전에 온다는 중요한 의미가 여기에 있다." 하드웨어는 스스로 존재할 수 있다. 신진대사는 에너지 흐름이 있는 한 계속 유지될 수 있으나 한편으로 소프트웨어는 스스로 존재할 수 없다; 그것은 "편성 기생충", 바이러스이다. 노이만은 컴퓨터 하드웨어와 그것의 소프트웨어 사이를 분명히 구별하였다. 생명에서 하드웨어는 몸체를 구성하고, 소프트웨어는 유전자들을 구성한다. 우리가 오늘날 발견한 열역학적인 세포들과 복제하는 염기서열들은 논리적으로도 역사적으로도 분리될 수 있다. 소프트웨어 없이 컴퓨터를 상상할 수 없는 것과 같이, 유전자 없이 초기 열역학적인 생명을 구체적으로 그려낼 수 없다. 처음 기능을 하고 생리적인 장비가 출현하였고, 다음에 새롭고 향상된 신진대사의 장비들을 만들기 위해 작동하는 시스템들, 사용자 매뉴얼과 코드들이 오게 된다. 물론 원형생명과 맞먹는 것이 선반에 가지런히 놓여 있지 않으나, 끊임없이 움직이고 대기의 에너지 흐름을 통해서 조직화된다. 아래에서 보는 대로, 그들의 끊임없는 순환 과정은 진화의 연장자로서 흔하게 생각되어지고 있는 유전자들을 제조하는 방식을 제안하였다.

이러한 주요 비평들에도 불구하고, 생명의 기원을 앞선다고 생각한 초순환들에 대한 상세한 업적을 이룬 아이겐—그리고 생명의 기원후에 퍼진 유전자들과 밈(문화 구성 요소)들에 대하여 무릇 인기 있는 업적을 소유한 도킨스에게 복제의 논리는 그들 각자의 연구에서 중요하게 생각되었다.

심연에서

『판다의 엄지』에서 스티븐 제이 굴드는 찰스 다윈에 의해서 너무나도 확실히 드러나게 된 진화의 아름다운 이론이 가진 저주 속에서, 영국의 T. H. 헉슬리T. H. Huxley와 독일의 헤겔이 가장 원시적인 유기생명체들을 어떻게 찾아내었는지 이야기하였다. 헉슬리가 믿기로 '바디비우스 해켈리이Bathybius haeckelii'라고 발견되어 명명된 헤겔의 생물원형질Urschleim은 끊임없이 심연 속에서 탄생했을지도 모른다고 제안하였다. 영국 챌린저 호에 의한 탐험(1872~1875) 동안, 화학자 존 영 부캐넌John Buchanan은 원시적인 유기생명체가 단지 황산칼슘의 침전물, 즉 해양층 샘플들이 단순한 바닷물이 아닌 알코올 속에서 보존되었을 때 발생할 수 있는 움직이는 작은 알갱이로 된 끈끈한 층이었다는 것을 발견하게 되었다.

현재 시대에서 진화하는 생명을 쉽게 생각할 수 없다. "원시 수프"로 불린 것에 대한 첫 번째 이론가들 중의 하나인 오파린은, 비록 그것이 "한번 스쳐보았을 때 역설적인 것처럼 보일"지라도, 생명의 기원, 성장 그리고 진화가 지구 표면을 "유기물질들의 연장된 진화"를 배제시킬 수 있는 산화적 환경으로 변화된다고 지적했다(1964, 29). 가장 고대의 생명 형태들을 발견하기 위해서 지구의 깊이를 수직으로 면밀히 조사해야 한다고 생각했던 이유는 매우 간단하였다—지질학과 고생물학은 가장 초기 생명 형태들이 일반적으로 가장 낮은 지층들 속에 보존되어 있다고 보였다. 깊이와 태고 시간 간의 상관관계는 무의식의 생각, 의식의 층 아래에 오랫동안 숨어 있는 프로이트식의 인기 있는 사상에 관한 기초를 형성하는 데 인정된 기본적이고도 신뢰되는 생각이다. 심연의 바닥에서 현재에도 끊임없이 진화하고 있는, 생명에 대한 19세기 헉슬리의 공표는 지금

보면 미성숙하고 순진한 것으로 보인다. 깊이와 위대한 시대 간의 기본 관계는 계속 유지될 뿐만 아니라 새로운 발견들로 강화되고 있다. 생명이 지구상에 화학적 현상 속에서 발생하는 것을 주장한 가장 초기의 이론주의자들은 수소가 풍부한 대기 환경에 대한 학설을 내세우게 되었다(오파린 1964; 홀데인 1967). 그런 대기는 원형 은하의 성운(星雲), 즉 수소가 풍부한 성운들로부터 태양이 형성되면서 자연적으로 생겨났다고 생각되었다. 수소는 우주에서 가장 흔한, 유일한 원소가 아니다. 수소는 가장 가볍고 별들이 만들어지는 데 주요한 물질들로서 별들이 헬륨을 만들어내고 복사선을 방출하는 핵융합 반응을 위해서 사용된다. 태양이 점화되었을 때, 가벼운 원소들은 내부의 태양계 속으로 내던져졌다. 생명은 이 원소를 대부분 물로서, 수소가 풍부한 몸체들 속에 유지한다. 별의 형성에 대한 기존의 모형들과 더불어, 수소가 풍부한 생명의 존재 그 자체는 수소와 유기 합성물들이 풍부한 고대 시대의 환원하는 대기 상태를 제안한다. 오파린과 홀데인은 각자 독립적으로 초기 지구의 환경은 수소가 풍부한 생명이 발생하였던 그곳일 거라고 제안했다. 매혹적인 이러한 생각은 1953년 대학원생이었던 스탠리 밀러Stanley Miller가 환원하는 대기를 방사선 광선에 둘러싸이게 만들어 시험관 안에 응결된 어두운 침전물 속에서 높은 분율의 아미노산을 수집하기 전까지는 그저 과학소설로만 치부되었다. 황화수소를 혼합물에 첨가하였을 때, 밀러는 아미노산 중에 메티오닌methionine과 시스틴cysteine, 즉 황을 포함하는 두 가지 주요 아미노산을 얻어낼 수 있었다. 수십 년 동안 밀러는 이의 많은 변형체를 얻고자 노력하였다(밀러Miller와 오겔Orgel 1974). 그는 분자 수소, 분자 질소, 그리고 일산화탄소의 대기들로부터 아미노산을 끌어냈으나 산화하는 대기나 질소 및 이산화탄소로 구성된 중성 대기에서 이와 비슷한 단백질의 단위체들을 얻는 데는 항상 실패하였다.(화성과 금성의 대기들은 대개 이산화탄소

인투 더 쿨: 에너지 흐름, 열역학, 그리고 생명

이다.) 처음으로 뉴클레오티드nucleotide들이 회수되지는 못했으나, 이후로 DNA와 RNA에서 발견되는 다섯 가지 종류의 뉴클레오티드들은 초기 수소가 풍부한 지구 대기를 모형화하는 초기생명 실험에서 합성되었다. 생명에 대한 기초 화학은 천체의 그것인 것이다: 예를 들어 아데닌adenine, —구아닌guanine, 시토신cytosine, 티민thymine, 우라실uracil과 더불어, 모든 DNA와 RNA를 구성하는 다섯 가지 뉴클레오티드 중 하나인—은 우주에서 자연 상태에 일반적으로 발견되는 시안화 수소로부터 유도될 수 있다. 시안화물이 매우 단순한 합성물(HCN)이고 아데닌($H_5C_5N_5$)는 시안화물이 다섯 번에 걸쳐서 서로 연결된 분자이기 때문에, 이러한 사실이 우리에게 큰 놀라움을 주는 것은 아니다(매튜Matthews 2000).

화학적으로 유사한 환경 속에서 생명의 기원에 대한 명백한 논리임에도 불구하고, 두 가지 종류의 증거들은 많은 사람들에게 초기 생명의 기원에 대한 이론자들이 초기 지구 환경에 대해서 생각했던 것보다 현재 생명들에서 발견되는 유기 합성물들 중에는 풍부하지 않다고 말하고 있다. 첫 번째 증거는 38억 년 전에 기원한 다양한 산화철 광물과 탄산염의 존재이다. 이 광물들의 존재는 생명 혹은 그것의 신진대사나 유기적으로 복제되는 선조들이 생존할 수 있도록 충분히 환원 가능한 대기가 부재하였음을 표명한다고 한다.(비록 그렇다 할지라도, 생광물화작용에서 전문가인 하인즈 로웬스탐Heinz Lowenstam이 지적한 대로, 뚜렷한 산화의 수준을 증언하는 암석층들이 면밀히 조사되어 발견된다는 것은 당연하다. 그러므로 산화된 광물의 존재는 환원하는 환경들의 출현을 배제하지는 못하였을 것이다. 초기 환경은 일반적으로 생각되는 것보다 더욱더 변했을지도 모른다. 사실, 초기 생명은 그것의 기원에 관한 부적합성을 입증하는 데 인용된 몇몇 환경들을 산화시켰을지도 모른다.) 초기 지구의 표면에서 생명이 진화하는 데 있어서 충분히 환원하는 대기가 부족하였다는 것에 관하여 논의하도록 정의된 두 번째 증거는 현재 지구 대기 속에서 낮은 불활성가스의 발생률이다. 천체에서 일곱 번째로 풍부한 네온은 태양의 분자 성운 속에서 풍부했을 것이고, 이론에 따르면 중성 혹은 산화하는 대기로 남아서 전이 후에도 여전히 남아 있었을 것이다. 그러나 그러지 않았기 때문에, 환원하는 대기는 지구의 뭉침이 일어나기 전에 휩쓸려 소멸하게 되었을지도 모른다고 생각된다. 다이슨이 기술한 대로(1999, 37), "밀러의 실험은 단지 대기들이 다르다면 무엇이 일어날지 모른다고만 보여준다. (…) 새로운 그림에는 바다의 밑바닥에서 뜨겁고 깊으며 어두운 작은 구멍 속에서 일어나는 생명이 있을 것이다." 여기서는 수소가 풍부한 표면과 전혀 관계없이 바다 아래 속에 환원하는 환경이 존재하고 있다. 생명은 이런 환경으로부터 온다—뜨겁고, 습하고, 어두운, 그리고 만약 네가 물 아래에서 황과 황 거품을 내는 냄새를 맡을 수 있다면—그것은 "우리의 실험적 발견들이 새로운 [생명의 기원에 대한] 그림이 그럴듯하게 가능한 것처럼 보이도록 만드는 빠르게 연속되는 계승 안에서 기원하게 되었을" 것이라는 것이다. 화학적 구배 차이에 의하여 조직화된 환경 속에서 생명에 대한 황 기원의 탄생에 관한 새로운 증거를 우리가 인지하기 전에, 어느 날 탄생하게 될 물질의 기원에 대한 더 큰 그림에 몰두하게 된다.

초신성과 별의 구배 차이들: 맹렬한 시작

중력은 일상생활보다 훨씬 더 큰 규모들의 구배 차이를 만들어 낸다. 심지어 대기의 구배 차이들을 흡수하여 복제와 팽창의 열역학적 과정에 기초를 둔 생명이 출현하기 이전에, 구배 차이들은 그 생명을 만드는 데 필요한 물질을 형성하는 데 이미 도움을 주고 있는 것이다. 대다수의 별들 내부에 온도와 압력의 구배 차이들은 원소들, 즉 우리의 신체를 구성하는 원소들—탄소, 산소, 철, 그리고 다른 원자들—의 생산을 위한 배경을 형성하였다. 태양과 같은 정상 크기의 별은 수소를 무거운 헬륨으로 전환시키는 데 압력과 온도를 만들어내기에 충분하게 크고 무겁다. 폭발하는 순간, 태양 질량의 스무 배가 넘는 초신성(그리고 100배가 넘는 질량을 가진 별들이 알려져 있다)은 그것이 소유하고 있는 원소들을 변형시킨다. 핵분열 반응들을 통한 원소의 변형을 '핵 합성'이라고 부른다(존 그리빈, 메리 그리빈 2000). 다양한 변형을 경험하는 원소들은 양파 껍질과 같이 구성하는 별들의 주변을 둘러싼다. 대규모로 빠르게 타오르는, 형태 II형인 초신성은 나선형 은하들의 어귀에서 다른 별들과 함께 탄생한다. 그 과정 중에서 그들은 생명에 사용되는 원자들을 포함하여 무거운 원소들을 생산한다. 그들 속에서 수소는 태양에서와 같이 헬륨으로 전환된다. 그러나—별의 표면으로부터 아래로 내려가면서—헬륨은 탄소가 되고, 탄소는 산소로 전환되며, 산소와 네온은 실리콘이 되고, 실리콘은 별의 중심부에서 철이 된다. 비록 단지 지구의 크기일지라도, II형 초신성의 뜨거운 철 중심부는 태양보다 더 큰 질량을 가지게 된다. 마침내 그 중심부가 붕괴될 때까지 그 별은 각층을 통하여 빠르게 타오르게 된다. 일련의 사건들과 더불어 대략 몇 초 안에, 태양의 전 주기 동안 생산할 에너지 총량의 약 100배를 방출하게 된다. 붕괴된 중심부, 그 현재는 중성자별은 또다시 붕괴되고, 감마선과 중성자들과 더불어 존재하는 외부층들을 무참히 공격하게 된다. 질량면에서 약 1.5개 태양의 가치를 가진 산소 원자들은 우주 공간으로 폭발하여 날아간다. 지금 우리가 호흡하고 있는 것은 먼 거리의 많은 산소원자들 속에 그 근원이 있다.

덜 에너지화되었으나 가시광선 영역에서 더 밝은 I형의 초신성은 능숙하게 우주 공간에 철을 뿌린다. 탄소와 질소는 태양보다 1~4배 더 무거운 별들 주변에서 보이는 행성의 성운이라 불리는 겉피 안에 수소와 헬륨으로 변형되어 퇴출된다; 그들은 새로운 별들—그리고 행성들—이 형성될 때 재활용된다. 우리는 수소와 산소로 구성된 대부분(65%)은 물로 되어 있다; 나머지는 무게에 따라서 대부분이 탄소와 질소이다.

결국 생명에서 사용될 몇몇 더 무거운 원자들에 대한 초신성의 분배 후에, 또한 구배 차이들은 태양계에 원소와 합성물들의 분배를 조직화하게 되었다. 얼음, 기체, 그리고 먼지의 회전하는 띠로부터, 다른 행성들 그리고 태양과 지구가 형성되었다. 태양계를 탄생시켰던 원시태양의 성운은 완전히 무질서한 혼돈의 분류를 갖추고 있지 않았고, 혹독한 온도와 압력의 구배 차이들에 의해서 조직화되었다. 성운의 중심부 가까이에서, 강렬한 압력과 온도들은 먼지를 증발시켰고, 더 가벼운 물질들을 응축된 중심부로부터 더 먼 곳으로 보냈다. 원시태양계의 성운 중심부는 더 밀집된 물질들—중력화의 영향력하에서 함께 소용돌이치는 대다수의 바위 입자들로 채워졌다. 철과 같은 더 무거운 성분들과 함께, 이 입자들은 수성, 지구, 금성, 그리고 화성과 그들의 위성들을 형성하게 되었다. 얼음, 암모니아, 그리고 메탄 같은 그들 안에 수소를 가진 더 가벼운 물질들은 대다수의 기체 거인들, 목성, 토성, 천왕성, 그리고 혜왕성과 그들의 위성 주변 안에서 응집하였다. 원시 태양계 성운을 가로질러 온도와 압력의 구배 차이가 물질들의 고르지 못한 분배들을 만들어 냈다(하더Harder 2002).

또한 더 큰 충격을 가진, 지구 기원의 이 맹렬한 초기 시대—물과 다른 물질들을 데려왔던 폭격하는 운석들의 끊임없는 쏟아짐—는 끓는 점 근처에서 때때로 바다의 온도를 상승시켰다. '하데스대Hadean eon', 선캄브리아대로 잘 알려진, 지구 초기 형성 중의 이 기간은 46억 년 전부터 (방사선 동위 원소로 판단하였을 때, 또한 달의 형성 기간) 약 40억 년 전까지 계속 지속되었다. 네 개의 지질학적 이온시대, 지질학에서 100억 년들 가

인투 더 쿨: 에너지 흐름, 열역학, 그리고 생명

운데 다음 시생대는 대략 40억 년 전부터 약 25억 년 전까지 지속되었다. 다윈의 시대에 고생물학자들은 생명의 기원을, 현재도 흔히 발견되는 화석들이 있고, 540억 년 전 캄브리아 시대 동안에 생존했던 투구게 같은 삼엽충들과 이 시대 다른 유기생명체들의 탄생과 연결시키곤 하였다. 그러나 오늘날, 생명은 더 이른 시대에 세포 수준에서 탄생했다는 게 분명해지고 있다. 지구에서 가장 오래된 암석들은 생명의 일부에서 가장 오래된 것보다도 더 오래되진 않았다. 미시적인 탄소질의 주입을 가진 38억 년 그린란드의 암석은 생물학적인 프로세싱과 일치하는 비율들 안에서 방사선 탄소분석을 볼 수 있는 현미경들로 자세히 분석되었다(모즈지시스 Mojzsis와 동료들 1996). 유기생명체는 성장의 과정에서 당연히 탄소-13 동위 원소가 없다.

가장 오래된 박테리아에 관한 과학적 시대들은, 고체 표면을 소유하게 되는 지점에서 지구의 냉각화와 현재는 거의 일치한다. 이것은 가장 초기의 생명 형태들이 극도로 거칠었다—생물학적 용어로, 열에 저항하는 "열친성"과 극한 조건들에 견디는 "극친성"이 있었다는 것을 말해준다. 암석들이 확실히 확인되어지고 이를 막아주던 대기 환경도 없었던 달이 심하게 폭발되고 우주 공간의 운석들에 의해서 구멍이 깊게 패이게 되었을 때, 생명은 이미 지구상에서 번영하고 있었다. 초기의 맹렬하게 난폭한 시대로부터 생명의 존속은 출발부터 거칠거나 다소 보호되었거나, 혹은 더욱 그럴 듯하게, 양쪽 모두일 거라고 말할 수 있을 것이다.

초기 생명이 우주 공간에서 먼지로부터 시작했던 존재라는 생각은 완전히 틀리진 않았다. 먼지의 유기 합성물로부터 전환—생명의 긴 사슬의 탄화수소 합성물들—은 우주로부터 시작되었다. 시안화 수소, 메탄, 암모니아 같은 간단한 유기 합성물들은 우주 속에서 상대적으로 일반적이다— 예를 들어, 메탄과 암모니아 빙산은, 목성과 토성의 위성들

표면에 존재한다. 2002년 3월, 독일 브레멘대학의 우베 메르헨리치Uwe Meierhenrich와, 별도로 캘리포니아 나사 에임스 연구센터의 맥스 번스타인Max Bernstein은 밀집된 성간 구름으로부터 거의 절대 영도까지 냉각된 금속 표면의 진공상태 속에 잘 알려진 (자외선 포함) 선구 물질들을 노출시켰다. 번스타인 그룹은 세 가지 아미노산을 발견했고 메르헨리치 연구팀은 열여섯 개를 발견했다. 이 연구는 단백질의 단위체들에 대한 가능한 편재성과 심지어 물 없이도 깊고 깊은 우주 공간에서도 형성될 수 있는 그들의 무한한 능력을 제안하였다. 간단한 당류 다이하이드록시아세톤과, 당산과 당알코올이라 불리는 비슷한 물질들이 머치슨Murchison과 머레이Murray 운석들 속에서 발견되었다. 세포벽을 구성하는 데 사용되는 글리세롤 혹은 글리세린, 당알코올이 이 운석들로부터 분리되었다. 탄소와 에너지의 음식원인 성운으로부터 알려지게 되었고, 성간 구름에서 발견되었다. 하데스대 많은 운석들이 땅에 도착하기 이전에, 지구에는 오늘날 많은 운석들을 소각할 수 있는 산소 환경이 존재하지 않았다. 초기 운석에 1969년 오스트레일리아에서 발견된 머치슨 운석들과 같은 합성물만 포함되어 있었다면, 초기 지구는 당분으로만 구성된 표면만 얻었을 것이고, 진화하던 대기의 산소 없이도 성장할 수 있었던 발효될 수 있는 초기 세포들에게 쓸모있는 유기물 음식들을 제공하였을 것이다. 그러나 여기서 말하는 것들은 생명이 아니었다.

황 거품들: 생명의 문제들을 시작하는 안전한 장소

생명의 기원에 관하여 양쪽의 신진대사와 복제 이야기를 주장하는 사람들—우리가 알고 있는 대로, 다이슨의 이중적 기원 가설

인투 더 쿨: 에너지 흐름, 열역학, 그리고 생명

로 명백히 합쳐져가는—은 생명 기원의 중심적인 문제를 인식하게 된다: 일어날 성싶지 않은 일(통계적 비개연성)이다. 천문학자 프레드 호일 Sir Frederick Hoyle과 그의 스리랑카 출신 동료인 찬드라 위크라마싱Chandra Wickramasinghe(1984)은 지구상에 존재하는 "서로 맞물리는" 세포들의 통계적 비개연성을 인식하고 너무 깜짝 놀랐다. 그들은 이를 지나쳐가는 토네이도가 고물 집하장에서 폐기물들을 끌어넣어서 747 제트기로 합체해 내는 것에 비교하였다. 해법을 발견하기 위해서, 생명의 창세기에 관한 문제를 우주 공간까지 확대한 더 큰 경기장 내에서 다룰 것이다. 이론 생물학자인 스튜어트 카우프만이 그것에 대해서 언급할 때(1993, 344), "전부를 기능할 수 있도록 만들기 위하여, 신진대사는 최소한으로 공급된 음식으로부터 필수품을 얻어내기 위한 일련의 연결된 촉매화된 변형화 과정임에 틀림없다. 에너지와 생산품들의 흐름을 유지시키는 연결된 망 없이 어떻게 서로 연결된 신진대사의 경로들을 진화시킬 수 있는 살아있는 실체가 있을 수 있겠는가?" 카우프만의 대답은, 우리는 둘러싸고 있는 공간 속에서 서로 상호 작용하는 촉매화의 화합물들이 일정 수준의 상호 연결성 위에서 스스로 복제하는 네트워크들을 형성하리라고 기대할 수 있는 수학적 계산들에 의존한다(카우프만 1993, 1995). 심지어 단일한 최소의 박테리아 세포를 만드는 데 필요한 원자 혹은 분자 성분들의 무질서한 혼돈의 상호 작용들을 가정해 본다면, 46억 년의 지구와 150억 년의 우주의 시대에서 심지어 겉보기에는 적합한 팽창도 적당하지 않았음을 입증한다.

기대한 대로, 생명은 평형 계산들에 의해서 너무 신비스러운 것처럼 보여지게 만들어졌고, 이는 결국 기적의 자연과 신성한 디자인의 증거로서 '창조 과학'으로 환영받게 된다. 복잡성과 자기 조직이 일련의 표어가 되기 전에, 노벨상 수상자인 자크 모노Jacques Monod는 필연성을 가진 기회들에 반대하였고, "날개 위에 잡힌 기회"에 비유하며 생명의 기원의 비개연성에 대해서 적었다(1974, 96). 있을 법하지 않게, 생명은 단지 한 번 발생한다. 이것이 그렇지 않고, 우리가 그것의 복잡성에 대해서 경탄할 수 있는 지점까지 더이상 발전하지 않는다면, 그것에 대해 경악하는 우리의 미스터리도 존재하지 않을 것이다. 과학역사가이며 철학자인 프라이가 지적한 대로, 자기 조직에 대한 생각이 이에 대한 다소 이론적인 어려움을 덜어주었다. 생명에 관한 자연주의적인 기원에 대한 굳건한 믿음은 비생명으로부터 생명에 이르는 특별한 생화학적 경로를 발견하는 데 절대적으로 달려 있지 않다. 인지하는 것들이 신비한 취향이라는 말들과 함께 생명의 기원을 연구하는 연구자, 노벨상 수상자인 크리스티앙 드 뒤브는 비생명에서 생명까지 이르는 생화학적 경로를 발견하는 것이 창조론자들의 주장들 속에서 남아 있을지 모른다고 생각하는 큰 실수를 만들었다: 최근 그가 말하기로, "생물학자들이 생명의 전체적인 물질의 기원을 입증할 수 있는 그 시간까지 신은 도전자로 남아 있을 것이다"라고 하였다(프라이 2000, 212). 그러나 신앙에 기반을 두어 현상을 통제하고 시작하며 현상의 과정을 간섭하는 보이지 않는 신에 대한 그런 맹목적인 믿음은, 인식론적으로, 증거를 교묘하게 피하여 미끄러져 들어오거나 어떤 방식으로도 증거의 은혜를 입지 않는다. 그를 믿기를 바란다면, 예를 들어, 신은 에너지 흐름의 영향력하에서 회귀되는 폴리펩타이드-뉴클레오티드 장치들을 배열하는 방식으로 미리 앞서서 살아있는 성분들을 배열하였을 것이다. 다윈은 그의 편지에서, 모든 종류의 암모니아와 인산염들과 더불어 작고 따뜻한 우물 속에서 일어날 수 있는 생명의 가능성을 개인적으로 즐기고 있음에도 불구하고, 대중적으로 더욱 신중하고, "수많은 힘들과 함께, 독창적으로 [창조주에 의해서] 새로운 형태 혹은 하나의 호흡이 불어 넣어지는 생명의 관점에서 위풍"이 있다는 추정에서 현대 창조주의자(이것에 대한 추가 논의는 20장을 보자)로서 더욱 많은 것을 발산한다.[12] 이의 바탕에 있는 생명의 자연주의적 기원에 대한 믿음은 또한 신앙일지도 모른다―그러나 그것은 실험주의, 잘못된 의지의 풍토 속에서 해답을 찾는 것, 즉 단순히 과학적인 방법의 "조직화된 회의주의"와 깊이 연결되어 있는 믿음이다(골드스미스Goldsmith 1997, 226). 어떤 단일한 과학적 사실들 혹은 발견들도 신을 입증하거나 부인할 수는 없다. 그리고 생명 기원의 신비를 둘러싼 사실들도 어떤 예외가 있을 수 없다.

그럼에도 불구하고, 무질서한 혼돈에서 일어나는 생명의 복잡성의 자가 촉매작용의 구조들 가운데 비개연성의 기준이 되는 계산들은 평형 가정에 기반을 둔다는 것을 분명히 기억해야 한다. 그리고 지구와 같은 조직화된 에너지의 구역은 지금도 과거에도 결코 평형에 있지 않았다. 그 위에 특정한 화학적 배열들, 조성들, 그리고 결합들은 다른 것들보다 훨씬 더 그럴 듯한 상태로 존재할 법하다. 천체에서 가장 흔한 원소인 수소는 생명에서도 가장 일반적으로 존재하는 것이다. 여기서 그것이 단서가 될 것이다. 단백질들의 기본 단위체들, 즉 아미노산들의 쉬운 합성은 또 다른 단서가 될 것이다. 더 큰 분자들이 특정한 반응만을 선택적으로 가속시키는 화합물인 촉매들과 반응하도록 이용될 때, 그것은 또한 환경을 "질서화하도록" 행동하게 된다. 그리고 번식과 복제가 나타날 때, 질서 인자들과 궁금증을 유발하는 결합들이 축적되는 속도는 빠르게 진행하게 된다.

유전자와 단백질의 최소한의 수로만 연결된 네트워크에 대한 자기화(자기 창조)의 철학적인 어려움에 대해서 가장 깊이 있게 사색한 사람

---

12 비록 현대 출판물들이 일상적으로 다윈 초기의 문헌을 참고만 한다고 할지라도, 그의 생애 동안 나온 6번―1859, 1860, 1861, 1866, 1869, 그리고 1872년―의 발행물들 중에서 다섯 번째는 두 번째 괄호에 구절을 생략하지 않고 모두 적었다.

들 중 하나는 그레이엄 케언스 스미스A. G. Cairns-Smith이다. 그는 첫 번째 세포의 신비와 야생에서 발견된 석기 홍예(虹蜺)의 신비를 비교하였다. "그런 일이 스스로의 합의를 일으킬 수 있는가?"의 문제는 석기들이 생명의 복잡한 자기관계들을 화학적 수준의 상호의존성에서, 비슷한 서로를 잡기 위하여 위치된다는 것이다. 그러나 그런 자기 의존적 구조의 부트스트랩의 신비에 집중하는 것보다 오히려, 케언스 스미스는 홍예—그리고 유사하게, 생명—는 대부분 사라져가고 있는 더 큰 구조의 유산이라고 주장하였다. 이것은 여기서 복잡성에 관한 자연주의적 기원을 이해하는 방향에서 폭넓은 철학적 움직임이었다. 전체 천체에 대해서 가능성의 공간을 넓혀가나, 구식의 평형 화학 가정들을 유지하는 것보다 오히려, 케언스 스미스는 우리가 세균의 삶인 유물이 된 구식의 비평형 구조의 존재에 대해서 곰곰이 생각하도록 이끌었다. 그를 광물 기원 이론으로 이끌었던 의식 구조가 존재하였다. 케언스 스미스가 생명이 유물, 홍예와 동일한 것인 자가 촉매작용의 복잡성에 관하여 '발판'을 창조하는 것으로 특별히 인식한 광물은 '점토'였다. 케언스 스미스는 아담의 성경에 나오는 창조 이야기와 석기 홍예 그 자체의 이미지 양쪽 모두를 연상시키는 의미에서 점토 표면들은 복제 화학을 다시 점화시킬 수 있을지도 모른다고 제안하였다. 특정한 지점에서 원시적인 회귀의 발판이 된 "유전적 인계"가 있었다. 우리 자신의 기원들에 대한 이야기의 첫 부분을 놓쳐서(아직 분명히 밝혀지지 않은), 우리 연결들의 복잡함—케언스 스미스의 말에 따라서, 모두 스스로 한 번에 일어나지 않았고 일어날 수도 없는 것들—으로 매우 혼란스럽다.

케언스 스미스가 많은 노력을 기울였던 특별한 이론들에 관하여, 불행하게도 복제하는 생명과 같은 화학 혹은 점토 표면에서 생기는 원시의 신진대사 경로들에 관한 어떠한 실험적 증거도 지금까지 관찰되지 않

인투 더 쿨: 에너지 흐름, 열역학, 그리고 생명

았다. 그러나 그의 일반적 이론은 점차 정당성을 입증받는 있는 것처럼 보인다: 당연히 생명은 사라져가는 열역학적 시스템들의 유물이다. 더구나, 유전적 인계를 경험했던 이 신진대사 시스템들이 광물 표면에서 가까운 구배 차이를 일으킨다는 흥미를 자아내는 몇몇 증거가 나오고 있다. 여기서 유일한 광물들은 점토가 아니라 '황화 철'로 알려진 황철석이었다. 1977년 2월, 앨빈Alvin이라 불리는 비좁고 갑갑한 배에 생물학자인 잭 콜리스Jack Corliss는 두 명의 동료들과 함께 해저 속으로 항해하였다. 그 당시까지 어느 누구도 해저의 온천들—뜨거운 용암이 정화하고 차가운 바닷물이 여과되는 지각 물질에서의 붕괴—을 본 적이 없었다. 그들은 그 인접에서도 생명을 본 적이 없었다. 그럼에도 불구하고, 바다의 어둠 속 심해로 수직으로 내려간 후 90분이 지나서, 콜리스와 동료들은 해저의 온천 혹은 수열 배출들을 우연히 볼 수 있게 되었다. 콜리스는 여름날에 해안을 가로지르는 열기 같은 수증기로 가득찬 미온 장막을 목격했다. 표면 아래 불과 1.5마일에도 불구하고, 극도의 차가움이 존재해야 하는데, 앨빈의 기계적 팔(온도계)는 여기 태평양의 수온이 미지근한 44도, 거의 미지근한 욕조물의 온도라고 가리키는 것이었다. 정상적으로 볼 때, 해저 근처에 바닷물 온도는 약 0도씨이다. 희미하게 빛나는 것은 상승하는 뜨거운 물이 넓게 퍼짐을 의미하였다. 해저 위에서 폭발하는 화산은 갈라파고스 지대, 즉 에콰도르의 200마일 서쪽에 이르며, 콜리스와 동료들은 어둠 속에서 신비롭게 번영하는 한 생태계를 발견하게 되었다. 그것이 맹어, 황화물을 산화하는 세균, 그리고 30센티미터 가량의 조개들의 서식을 뒷받침하였다. 배출구 주변에는 많은 생태계들이 발견되었다; 비록 인간은 없다고 할지라도, 몇몇은 아틀란티스같이 푸르고 풍성하게 우거져 있다: 실제의 "그늘 속 문어 정원"은 철과 황을 사용하는 세균과 밝은 적색의 거대한 메두사의 묻힌 머리가 변형되는 가닥들처럼 흐느적거리는 서

관충들로 가득차 있다. 눈먼 흰 게들이 소위 베개 용암—물과 접촉하여 베개 모양으로 고형화된 용암—이라 불리는 곳 위에서 허둥지둥 내달린다. 콜리스와 동료가 관찰한 이 생태계는, 이미 판명된 대로, 사실 어두운 곳에서 출현한 하나의 것이었다: 바다 표면 위로부터 여과되는 암설(岩屑)을 제외하고, 그것은 어둠 속에서 발생하는 신진대사의 반응들에 의해서 지지되고 있다. 배출구로부터, 지구 내부로부터 쏟아나는 마그마와 함께 거품을 일으키며 피어오르는 황화물 가스들, 소위 검은 연기자들과 해수에서 산소와 반응하는 황화물 기체들은 생태계의 밑바닥에서 화학 굴성(屈性)의 세균을 "먹여 살렸다". 눈먼 게들과 같은, 어떤 생물체는 표면에 더 가깝게 진화하였을 것이 당연해 보였다. 몇몇 유기생명체들은 해양 바닥을 따라서 뜨겁고 어두운 이 지점에 너무 잘 적응하는 것처럼 보여서, 그 결과 그들 중의 어떤 선대들조차도 이전에 태양을 한 번도 보지 못했을 것처럼 보였다. 예를 들어, 거대한 적색의 서관충인 유수 동물들은 분자 수준에서 황 원자들을 사로잡도록 변형된 헤모글로빈을 포함하고 있기 때문에 빨간색으로 보였다. 빛 혹은 음식으로부터 에너지를 얻는 것보다 오히려, 황화물—산소 구배 차이에서 살고 있는 이 유기생명체들은, 고대의 화학적 구배 차이로부터 에너지를 얻고, 생명 그 자체는 그런 환경에서 시작되었을지도 모른다고 콜리스가 상상하도록 영감을 주었다. 앨빈을 이용하여 다이빙한 후 저녁에, 콜리스는 방으로 돌아와서 깊은 바다의 배출구에서 관찰한 생명의 기원에 대한 논문을 노트에 적기 시작하였다(콜리스Corliss와 발라드Ballard 1977; 그림. 12.2).

해저 사막일 거라 생각되었던 곳에 풀이 우거진 관경들이 널려 있는 웅장한 위엄에 눌려서, 콜리스는 이와 비슷한 장소들이 생명의 기원에서 어떤 역할을 하는지 곰곰이 생각하게 되었다. 만약 어떤 것이 존재한다면, 화산으로부터 뿜어내지고 지구 표면의 갈라진 틈으로부터 누출되는 황화수소는 초기, 뜨거운 지구상에서 더욱더 만연했을지도 모른다—
지질 구조적으로 높은 활성을 갖는 행성의 빠른 회전 속도는 5시간의 낮
과 5시간의 밤을 만들어냈다. 더구나 수성, 금성, 그리고 화성의 운석들
에 의한 폭발—달이나 화성이 어떻게 마맛자국을 갖게 되었는지를 생각
해 보자—은 초기 지구가 우주 충돌의 또 다른 내부 태양계의 희생양이
었다고 제안할지도 모른다. 그것은 생명 진화의 모든 시기 동안, 지구 표
면에서 약탈되었을지도 모른다. 바다 아래 있는 것은, 콜리스가 분명히
보았던 대로, 풀이 무성한 정원에서의 발전을 배제하지는 못했다: 여기
에서 생명은 표면에서 일어나는 충돌을 피할 수 있었을지도 모른다: 여
기서 생명은 원시시대에 계획되지 않은 폭탄 피난처들의 등가물로서 생

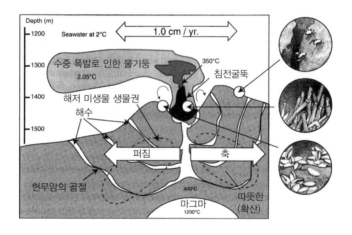

그림 12.2 깊은 바다 속 온천과 관련된 지역에 존재하고 있는 동물군. 대양 속 온천들은 지구를
둘러싸고 널리 퍼져 있는 중앙해령을 따라서 위치되어 있다. 뜨거운 마그마와 황화물이 풍부한
뜨거운 물이 몇몇 널리 퍼져 있는 추축으로부터 나와서 퍼지고, 대양 바닥의 깊고 어두운 차가운
물 속으로 흘러들어간다. 확장된 생태계들은 온천과 관련되고 태양으로부터 전해오는 에너지가
아닌 화학합성 반응들에 의해서 배양된다. 많은 연구자들은 이 시스템들이 초기 생명을 탄생시
키는 '가마솥'이라고 믿고 있다.

존할 수 있었을지도 모른다. 그러므로 전력을 다하는 핵 전쟁이나 그보다 더 나쁜 시대와도 비슷한 시대에서 운석 간 충돌과 분자의 산화에 따르는 영향으로부터 양쪽 모두에서 보호되었을 때, 그것들이 자유라디칼들과 함께 초기 유기 합성물들을 파괴하기에 충분히 가차없이 작동하였다면, 생명의 아미노산과 뉴클레오티드는 더욱 복잡한 형태로 발전하게 되었을 것이다. 오파린이 강조하였던 대로, 생명은 그것을 파괴하려고 존재하는 산소의 높은 반응성과 그것을 먹는 배고픈 미생물들 때문에 현재의 대기와 같은 상태로 회귀할 수 없었을 것이다. 그러나 명백하게 원시 대기는 너무나도 반응성이 커서 유기 고분자들이 미성숙한 산화 없이는 발전하지 못했을 것이다. 지구의 맹렬한 기원 동안에 내부 태양계에 마맛자국을 낸 동일한 운석들—이들 충격들 중 약간은 그것이 예상하였던 대로, 한 번 이상 전체 대양을 끓어 올리게 되어—유기 합성물들을 포함하게 되었을 것이다. 사람이 달에 처음으로 발을 내딛는 위대한 시대인 1969년에 한편으로 머치슨 운석이 오스트레일리아에 도달하였다. 이때 그것은 아미노산, 일부의 DNA와 RNA, 그리고 유기 합성물들을 포함하게 되었다고 알려졌다. 그들 중 몇몇 운석들은 총 5%의 유기물을 포함하고 있었다. 1986년 유럽과 소련 우주선 센서들이 핼리 혜성Halley's comet은 그 질량 가운데 거의 1/3을 구성한 성분들 중에 자연에 존재하는 유기 합성물들이 훨씬 더 풍부하게 존재했다고 증명했다. 그럼에도 불구하고, 잠재적인 원시 생명의 이 풍부한 근원들은 대기에 들어와서 완전 연소되었을 것이고, 오파린의 "원시 수프"에 관한 불충분한 양들을 남기게 된다. 0.004 미만 인치의 길이를 따라서 행성 간 먼지 입자들은 대기 속으로 들어가고, 그들이 좀더 느려지기 이전에 수개월 혹은 심지어 수년 동안 떠다니게 되었다. 특별하게 변형된 U2 정찰기들이 날개에 생명을 유발하는 유기물들의 대안에 대한 잠재적인 원시 근원들을 수집한다. 행성 간 먼지 입자들은 단지 10% 유기물들을 포함하고 대양의 상층(수십 미터)에 증발을 규칙적으로 이끈다고 생각되면, 그들은 수많은 주기적인 폭발 활동의 회수 동안 점차 파괴되었을지도 모른다.

여기서 검은 연기자들은 생명의 안전을 위한 안전한 피난처, 집행유예와 구제, 소멸로부터 자연이 제공하는 오아시스를 제안했을지도 모른다. 밀러의 실험이 제안한 대로, 유기 합성물들의 합성은 양쪽 에너지원과 충분한 전구체들을 필요로 한다. 그러나 너무 많은 에너지는 충분한 에너지가 생산적인 만큼, 반대로 엄청나게 파괴적일 수 있다. 연속성뿐 아니라, 생명의 기원은 에너지 흐름의 지속되는 근원들을 필요로 하였다. 배출구들은 대다수의 폭발 속에서 지속된 후에 생명의 고분자 전구체들이 발전할 수 있는, 산화 그리고 표면의 소동으로부터 멀리할 수 있는, 안전한 피난처를 제공하였을 뿐만 아니라 끊임없는 에너지의 근원도 제공하였다.

배출구 중심의 갈라진 틈 속에서 솟아나오는 과열된 암석들은 1,300도에 있고, 암석들 위에 40도 정도의 해저 바닥과 반대 방향에서 형성되었다. 해저에서 그것의 꼭대기에 이르는 지구 내부에서 녹아내린 암석과 인접한 바닥면으로부터 일어나는 배출은 거대하고 끊임없이 지속되는 화학 반응실로서 그려질 수 있다. 0.5마일 길이에서 그것은 황, 철, 탄소, 산소, 수소, 그리고 질소들 가운데에서 아마도 촉매화되는 화학 반응을 이끌며, 끊임없는 온도 구배 차이에 드러나고 둘러싸이게 된다. 콜리스는, 케언스 스미스 책의 한 페이지에서 주장한 대로 이 가마솥이 밑바닥 내에 더 큰 온도와 압력들하에 놓여 있는 합성물들을 꼭대기까지 보존할 것이라고 제안하였다. 자연 반응실의 균열과 손상들 사이에서 순환하고 있는 해수는 이들을 냉각시키고 붙을 수 있도록 하는 점토의 표면으로 그들을 데려와서 합성 화합물들과 새롭게 형성된 고분자들을 안전하게 보존하게 되었을 지도 모른다. 한편으로 케언스 스미스가 제안한 대로, 점토는 불활성의 매개물 그 이상일 수 있다; 점토는, 창유리의 서리처럼, 물에 의한 암석의 풍화로 자연 상태에서 성장하게 되는 결정성 물질이다. 가장 흥미로움을 주는 것은 선택의 자연 과정이 심지어 생명이전에 활성이 있는 표면들 위에서 시작되었을 수도 있었을 것이라는 것이다. 끊임없이 에너지를 공급받아서 그들의 구조화된 과정을 가장 잘 유지할 수 있었고 연기자들의 측면에 들러붙어 있을 수 있는 유기 합성물들의 형성이 "생존하게 되었다." 심지어 생명이 탄생하기 이전에, 전구체들은 그것의 접착하는 특성은 생명이 더욱 완전하게 교질화된 후에 추정되는 "황의 시대"로부터 그것을 분리하는 순간, 스스로 들러붙게 된 후에 오게 된 그 특성들로 더 단련될 수 있었다.

구배 차이를 통해 생산된 유기 합성물들은 최초의 환경인 광물 표면에 들러붙어서 유지할 수 있는 특성 때문에 자연스럽게 선택되었을지도 모른다. 더욱 도발적으로 자극적이었다면, 여태까지 발전된 모습은 "황의 시대"에 관한 생명의 기원에서는 상당히 이론적인 상태로만 남아 있게 될 것이다. 비록 황화물과 금속 황화물들이 풍부한 물이 해양 속으로 들어가며 해령 배출구에서 환원하는 환경이 제공될지라도, 밀러는 이들 속에서 유기 합성물이 만들어지는 조건이 그들을 파괴시키거나 묽히는 경향을 가질 수 있다고 주장하였다. 배출구 주변이나 내부의 물에 유기 합성물과 생명이 풍부하기 때문에 이는 명백하게 사실이 아니다. 그러나 생명의 출현을 위한 광물의 위치로서 배출구를 선호하는 또 다른 이유가 여기에 명시되어 있다.

콜리스가 말하는 문어 정원은 그것에 대한 유일한 이유인 것이다. 다이슨이 제안하는 "네 가지 연구들의 발견들" 중에서 첫 번째는 우리에게 생명의 기원에 대한 새로운 그림을 보여주는 상대적으로 빠른 승계에 있었다(다이슨 1999, 37). 두 번째는 팔 수 있는 표면 아래에서 훨씬 멀리 떨어져 있는 곳으로부터 중심부에서 제거된 바위의 갈라진 틈의, 차갑고 어두운 곳에서 살고 있는 깊은 해저 속에서 세균이 발견된 것이다. 코넬대학의 메버릭Maverick 천문물리학자 토마스 골드Thomas Gold는 오염의 결과로 생각되지 않는 이와 같은 세균의 심오한 발견으로부터 추론해 볼 때, 그 표면에서 더욱 일상적으로 가능할 것으로 생각되는 이론적으로 많은 생물 자원들을 가진 "깊고 뜨거운 생명의 생태 구"를 계산하였다(골드 1999). 세 번째 증거는 "용해된 철 황화물에 포화된 뜨거운 물이 차가운 물 환경으로 방출되는 순간, 실험실에서 관찰되고 있는 놀라울 정도의 생명과도 같은 현상들을 둘러싸고 있다(러셀Russell과 동료들. 1994). 황화물들은 막으로 침전되고 끈적끈적한 거품들을 형성하게 된다. 거품들은 살아있는 세포들에 대한 가능한 전구체들인 것처럼 보인다. 막 표면은 용액 내에서 유기 분자들을 흡수하고, 금속 황화물의 복합체들은 이 표면 위에서 다양한 화학 반응들을 촉매화한다(다이슨 1999, 26)". 모로위츠(1992)는, 아이겐과는 다르게, 복잡성의 구축에서 포획력을 제공하는 지질막이 생명 기원에서는 매우 중요하였을 거라고 주장하였다. 우리가 좋아하고 강요하고 고려하고 있는, 물론 그것이 입증되었다고 생각하지 않을지라도, 생명의 새로운 그림에 대하여 기여하는 다이슨의 네 번째 발견은 가장 고대의 세균 계통들은 열을 좋아한다는 것이다; 다시 말하면, 그들은 뜨거운 거의 끓는 물속에서 편하게 살고 성장할 수 있다는 것이다(니스베트Nisbet와 슬리프Sleep 2001). 이들 "극한적인 환경에서 서식하는 생물"은 대중매체의 큰 관심을 끌었다. 이유인즉, 초기 생명은 튼튼하고 그들의 후손인 현대 생명이 이미 많은 지역에 넓게 퍼져 있을 뿐만 아니라 강건한 유기생명체들이 우주 공간 속에서 더욱 잘 생존할 수 있기 때문이다. 메탄가스를 생산할 수 있고, 온천 속에서 거주하고, 그리고 다른 원시 세균들의 최근의 공통 조상인 리보솜 가설의 RNA 염기서열들의 기초에서, 생물학자 칼 워즈Carl Woese(1987)는 가장 초기 극한 환경에서 서식하는 생물들은 황의 대사 작용에 수많은 시간을 보냈을 법하다고 결론지었다.

황의 시대에 대한 가설에서 가장 현학적인 버전의 윤곽—콜리스가 이론화하였던 대로, 해저 배출구와 관련된 구배 차이들을 통해서 제공된 안전한 안식처 속에서 해를 입지 않도록 생명들이 점점 진화하였다는 생각—은 독일의 유기화학자인 귄터 바흐터하우저Günter Wächtershäuser에 의해서 더욱 발전되었다. 칼 포퍼는 바흐터하우저에게 그가 알고 있는 변리사를 추천하고 "화학으로부터 생물학을 유도화하는 상상화된 요구들"을 단호히 거부하도록 조언하였다(1992, 88). 생명의 기원에 관한 바흐터하우저의 태도는 모로위츠의 그것과 비슷하다; 양쪽 모두는 생명의 기원에 대한 이론을 특별한 화학 경로들의 발전 이론과 동등하게 바라본다; 양쪽 모두는 고대 조상의 분배된 경로들에 관하여 세포들 사이에 만연해 있는 현재의 독특한 특징들을 돌이켜보기를 기대한다. 양쪽 모두는 "생화학에서 역사적으로 정돈된 도표"를 찾고 있다(바흐터하우저 1992, 121; 모로위츠 1992). 이들의 주요한 차이는 바흐터하우저는 생명이 세포의 외피 없이 해저의 뜨거운 배출구 속의 구석진 측면에서 탄생했을 거라 생각하고 있다는 것이다. 우리에게 원시 생명의 BZ와 같은 화학 순환들이 실제 복제에서 정확도를 진화시키기 전에, 이것은 일종의 자연선택에 이미 있었다는 것, 우리 기원들의 매혹적인 그림들을 제공하고 있다. 퍼져서 해저 구배 차이의 수로들의 측면에 단단히 붙은 화학 반응들이 우선적으로 번성하고 있었을 것이다. 지배적인 순환들의 접착 특성들은 세포의 점착 능력의, 즉 교질의 조상들에게 큰 이득을 주었을지도 모른다. 이는 그들이 광물 기질에서 멀리 떨어져서 서로 간에 부둥켜 안고 살아가도록 허락하였을 것이다.

　　오늘날 촉매에서 금속 이온들의 사용은 황화물의, 해저 기원의 황의 시대의 그림에 대한 그럴듯한 단서를 제공하고 있다. 바흐터하우저의 그림에서, 첫 번째 유기생명체는 자가 영양(독립 영양)이었고, 결코 먹을 필요 없이—오늘날 바다 속 아래에 황산화물은 먹을 필요가 없다—스스로 화학 능력을 공급할 수 있다. 약간의 계산을 통해서 유기 합성물들은 그들이 과거에 만들어졌을 때보다 더 빠르게 분해할 거라고 제안되기 때문에, 바흐터하우저는, 그 이전에 케언스 스미스가 주장하였던 대로, 광물 표면들을 더욱 선호한다. 황철석은 가장 오래된 퇴적광물들 중에서 발견되는 매우 안정한 철 광물이다. 바흐터하우저는 "황철석은 원시 지구에서 만연하였던 양쪽 황화수소(H_2S)와 철염분(FeS)으로부터 합성되는 흔한 반응으로 에너지와 수소를 방출한다는 것을 알게 되었다. (…) 방출된 수소는 원시 지구에 이산화탄소로부터 유기 분자들의 합성을 위하여 필요로 되는 환원력을 제공한다"(프라이Fry 2000, 165). 고대 환경 속에서 탄화수소 합성물들을 합성하는 데 필요한 수소가 풍부한 기체들이 부족할 때, 이런 식으로 유기 합성물들을 만드는 문제를 해결한다. 바흐터하우저는 그가 주장하는 생명의 기원을 이끄는 이론화된 화학 반응을 "황철석이 당기는 것"이라고 불렀다. 이유인즉 그들이 철 황화물의 합성 동안 방출되는 환원력에 상당히 의존하기 때문이다(바흐터하우저 1992, 91). 바흐터하우저에 따르면, 황철석에서 양성화되어 있는 표면은 음성화된 이산화탄소에 달라붙고, 유기 합성물의 형성 동안 탄소와 반응하는 수소의 유기 합성 생성물들에 결합할 수 있게 된다. 황철석의 형성 동안 방출된 에너지와 수소는 황철석에 이산화탄소와 탄화수소 유기 합성물의 고정화 상태로 결합하게 되고, 처음엔 황철석의 형성에 의존하게 되나 이후에는 그 광물의 기질에서 분리되는 "표면 대사 작용군"을 형성하게 된다. 연속되는 세포의 생명 현상과는 달리, 바흐터하우저에 따르면, 음성 전하의 분자들은 광물 표면을 따라서 확산되어 빈 황철석 결정들 안으로 넓게 퍼져 나가고, 때론 표면에서 떨어져 나가기도 한다. 바흐터하우저는, 가장 오래된 자가 촉매작용하는 탄소 고정 순환이라고 생각되는 환원의 구연산염 순환과 같은 황의 시대, 즉 해저 황철석의 항아리인 그의 시나리오 속으로 회귀되는 특별한 신진대사의 순환들을 임시방편으로 추적해 갔다. 중간 매개물로 보여지고 아미노산의 광합성 내에서 다른 화합물들과 긴밀히 관련되며, 철 황화물이 수소 황화물과 이산화탄소와 반응하여 메테인싸이올methyl thiol을 형성할 수 있다는 그의 예측은 입증되었다(하이넨 Heinen과 라우워스Lauwers 1996). 비록 그의 생각들이 몇몇 사람들에 의해서 일축되고 무시되었으며 황철석 모형이 비현실적인 양의 일산화탄소를 사용하고 아미노산을 전혀 만들어내지 않는 것에 관하여 맹렬히 비난을 받음에도 불구하고, 높은 온도의 배출구에서와 같은 상황에서 아미노산들이 지금은 합성되고 있다. 바흐터하우저의 제안은 원시 세포들로서 행동할 수 있었던 교질의 철 황화물의 막들로 만들어진 "거품들"의 출현을 주장하는, 글래스고대학의 마이클 러셀Michael Russell과 그의 동료들에 의해서 더욱 보완되었다. 자가 영양의 철 황화물의 화학으로부터 유래한 방식을 통해서 실제 생명이 열리게 되었다(케언스 스미스, 홀 그리고 러셀 1992; 카쉬케Kaschke와 동료들. 1994; 프라이 2000, 172).

바로 눈앞에서 보는 듯한, 바흐터하우저의 이 제안들은 정확하지 않을지도 모른다. 그러나 그것은 매우 중요한 점을 증명한다. "생명은 왜 그렇게 복잡한가?" 다이슨이 말한다(1999, 85-86, 89).

생체 항상성의 개념은 어떤 어려움 없이 분자들의 상황으로부터 환경 친화적이고, 경제적이고, 문화적인 상황들에 이를 수 있도록 전환될 수 있다. 각 분야에서 우리는 복잡한 생체 항상성의 메커니즘들이 더욱더 지배적이고, 단순한 것들보다 더욱더 효과적인 것처럼 보일 수 있다고 설명할 수 없는 사실들을 인지하게 된다. (…) 이것은 생태학의 영역에서는 굉장한 사실이다. (…) 열린 시장 경제와 문화적으로 열린 사회에서 모든 실패들과 부족함의 발생에도 불구하고, 비슷한 현상들이 눈앞에 보인다. (…) 태고에 내가 말하는 복잡성이 있었다. 태고에 생명의 본질은 복잡한 분자 구조들의 그물망에 기반을 둔 생체 항상성이었다. 단일 세포들의 수준에서든 생태적인 시스템들에서든 그 어떤 인간 사회든지 간에, 본래 생명은 단순화에 강력히 저항한다. 생명은 그것을 분자 망의 복잡성에서 소프트웨어의 형태로 표현되도록 하는 번역 시스템에 연결되어서 정밀하게 복제할 수 있는 분자 장비에 저항할 수 있게 된다. 하드웨어부터 소프트웨어까지 복잡함의 전이 후에, 생명은 복제기들이 유일한 하나의 성분이 되게 하는 끊임없이 복잡하게 상호 연결되고 잠기는 망으로 발전하게 된다. 도킨스가 기능의 유연성과 구조의 다양성을 최대화시키려는 경향이 있는 전체의 네트워크와 생체 항상성의 목소리에 그들의 이기적인 목적들을 강요하도록 시도하는 복제기들을 상상한 대로, 이 복제기들은 확실히 그 어떤 것의 지배나 통제하에 결코 존재하지 않았다.

생명의 복잡한 상호 연결성, 그것의 전체적인 자기관련성, 칸트가 말한 대로(1790, sec. 65) 그것의 "무심코 한 결합"은 인간의 의식적인 예술가─인간 예술가들은 생명의 표면을 복사할 수 있을지 모르고 공학자들은 특정한 유기생명체들의 기계적 기능들을 복제할 수 있을지는 모르나, 기능하는 과정의 전체는 절대 아니다─의 결과가 아닌 평형에서 훨씬 먼 열역학적인 시스템들의 결과물이다.

자연에 존재하는 법칙들과 규제들을 처음으로 찾기 시작했던 이

오니아인 철학자들은 공간의 원자에 대한 생각에 그들이 우연히 이르렀을 때 가장 성공하였다. 그러나 상당히 쓸모 있는 이런 추상은 자연의 객관성과 밀접한 관찰을 장려하는 그 이상의 것을 하였다. 그것은 또한 복잡한 것은 더 간단한 것을 인간이 직접 손으로 한 땀 한 땀 경험하며 만든 것의 결과물이라는 기계적인 선입관(아리스토텔레스에 의해서 비난받는다; 20장을 보자)을 도입하였다. 베나르 세포를 볼 때, 우리는 이것이 단지 그렇게 간단하지 않다는 것을 인지하게 된다. 복잡한 과정―생명은 그들 중의 하나이다―은 기계적 구축을 통하여 출현하지 않았고, 에너지 흐름의 영역 속에서 훌륭한 조화로 만들어진다. 물질은 순환하고 형태들이 구배 차이들의 영역 내에서 의식의 제작자들의 간섭 없이 나타나게 된다. "이오니아인의 선입관"은, 우리가 그것을 부르는 대로, 단지 복잡한 과정에만 적용되지는 않는다. 그것은 모든 것들에 적용된다. 클리포드 매튜스 Clifford Matthews는 초기 고분자들(밀러 실험에서 아미노산들을 포함하는)이 복잡한 전구체들―개별의 아미노산 단위체들을 함께 놓아둔 것, 고분자화 보다는 오히려 시안화 수소 고분자들로부터 직접 형성된 헤테로폴리펩타이드 hetero polypeptide "단백질의 조상들"―로부터 탄생했다는 예전에 인기 없었던 생각들을 오랫동안 옹호하였다. 비록 매튜스의 생명의 기원에 대한 시나리오가 현재 과학에서는 유행하지 않는, 환원하는 지구를 필요로 한다고 할지라도, 그것을 추천하게 만드는 많은 예들이 있다.

시안화 수소 HCN는 스스로 쉽게 반응하여 폴리아미노말로니트릴 poly amino malonitrile, 더욱 많은 시안화 수소와 물에 의한 단백질의 중심축과 측면 사슬로 전환될 수 있는 "모형 중합체"를 만들어낸다. 시안화 수소 실험에서 만들어진 갈색, 검정, 노랑, 그리고 주황색은 살아있는 단백질들에서 발견되는 알라닌과 글루타민산 같은 공통의 아미노산들이 포함될 뿐 아니라, 목성, 토성, 토성의 거대한 위성인 천왕성과 탐사선 파이어

니어 10호Pioneer 10와 보이저Voyager의 임무로부터 새롭고 친숙한 다른 천체의 물질들의 표면을 흥미롭게도 몹시 닮았다.

매튜스는 "핼리 혜성의 핵을 덮고 있는 검정 지각 표면은 높은 확률의 상당히 많은 시안화 수소 고분자들로 구성되어 있고, 결론적으로 이는 자유 시안화 수소, 많은 시안화 라디칼들과 단지 H, C와 N로 구성된 고체 입자들이 존재하지 않는다는 탐지 결과에 의해서 상당히 지지된다"고 제안하였다(2000, 62). 매튜스는 2005년 소성단 임무를 통해서 지구에 데려온 혜성 물질들이 시안화 수소HCN 고분자들이 핼리 혜성 표면의 주성분들이라는 그의 주장을 증명하게 될 거라고 예측하였다. "원시 지구는 불덩이 유성의 폭발이나 대기 중에서 광화학 반응에 의해서 만들어진 다양한 합성물들뿐 아니라 HCN 고분자들로 덮여 있는 게 당연한 것이다. 수용액이 환원하는 환경에서, 생명은 빛에 의해서 공기로부터 잘 짜여진 활기 있는 먼지덩어리 속에서 출현하게 되었다"(매튜스 2000, 62). 처음에 오는 더욱 복잡한 분자들에 관한 그의 논문 주제는 실제로 더 간단하다고 믿게 하고, 역설적으로 우리는 이에 동의한다. 초기 지구에 산화된 광물들의 존재는 그것이 또한, 수소 배출구에서 보이는 대로, 환원될 수 없다고 의미하지는 않는다. 시아나이드Cyanide와 그것의 고분자들은 배출구들이 존재하는 바다 속 아래에서 거품이 일어나게 되는 것으로 또한 발견될 수 있다.

프라이―생명의 기원에 대하여 특별히 어떠한 꿍꿍이속도 없고 지식이 있으나 중성을 유지하는 현명한 관찰자―가 지적하는 대로, 다양한 이론들은 그들의 추종자들이 깨닫는 것보다 더욱더 서로 보완적이다. 깜짝 놀랄 만한 정도로 복잡성을 갖춘 예술적인 건축물의, 하나하나 조각 맞추어 건설하는 것으로서의 뉴클레오티드와 단백질들이 완전하게 기능적이고 스스로를 지지할 수 있는 인간관계의 네트워크 구축을 전형적인 인간 공학적인 방식에서 상상하는 것은 불가능하다. 그러나 구배 차이의 소멸 분해 과정의 결과로서 그것은 훨씬 더 자연스러워 보인다.

제13장

파란색 행성이 멍들어간다

하지만 과학 이론은 상상력의 산물이다. 그들은 이전에는 의심받지
않았던 현상들의 존재를 예측하기 위해 그들의 손아귀 너머에 도달한다.
그들은 가설을 생성하고 이론을 정의하는 데 도움이 되는 미개척 주제에
대해 규율된 추측을 한다. 최고의 이론은 가장 유익한 가설을 만들어
내며, 관찰과 실험으로 대답할 수 있는 질문으로 깨끗하게 번역된다.
이론과 그들의 자손 가설은 과학적 지식의 생태학에서 제한적인 자원을
구성하는 가용 데이터를 놓고 경쟁한다. 이 소란스러운 환경에서
살아 남은 사람들은 다윈의 승리자들이며, 카논으로 환영받고, 우리의
마음속에 정착하며, 물리적 현실에 대한 더 많은 탐구와 더 많은 놀라움을
이끌어낸다. 그리고 그렇다, 더 많은 시가 있다.

— E. O. 윌슨 —

길을 잃어버린 과학

비록 구배 차이에 대한 의식이 우리가 태양계 내에 성분들의 분
배, 날씨의 변화, 그리고 원시 세포들을 성장시키는 고대의 에너지 흐름
들을 이해할 수 있는 데 큰 도움이 될 수 있음에도 불구하고, 구배 차이
의 소멸 이론은 그것의 기개를 일반적으로 분명하게 보이는 생태계의 분
석 안에 있었다. 비평형 열역학은 생태계가 어떻게 작동하는지와 그들 속
에서 점점 증가해가는 불안정한 우리의 지위에 큰 빛을 제공한다. 정글은

단지 수많은, 단단히 서로 연결된 종들과 그들의 위협적인 유전자들(몇몇의 것은 미래 의학에 주요한 열쇠를 쥐고 있을지도 모른다)의 아름다운 저장고가 아니다. 또한, 열대 우림은 가장 잘 알려진 효과적인 살아있는 구배 차이의 감소자들이다. 이 극상(極相)의 생태계는 지구라는 행성을 차갑게 만든다. 도시나 사막과는 달리, 열대 우림은 적도에서 거대한 공기냉방기들의 자연판 등가물로서 비구름을 일으킨다. 이러한 구름을 만들어내는 정글이 없다면, 지구 표면은 지엽적으로, 그리고 아마도 총체적으로, 더 뜨겁게 될 것이다. 열대 우림 없이 지구는 너무나 온난해져서 인간은 더 이상 살 수 없게 될지도 모른다. 많은 유기생명체들은 더 뜨거운 행성 속에서 살아남을 수도 있을 것이다. 미생물은 몹시 뜨거운 황 온천들 속에서도 생존하고, 핵반응기 옆에서도 성장한다. 인간은 독특하고 영리하므로 절대 생태계를 파괴하지 않을 것이다. 많은 큰 포유종을 멸종으로 이끌고, 수목으로 우거진 땅과 가축을 열역학적으로 덜 효율적인 사막(예를 들어, 사하라 사막)으로 바꾸어버린 인간들에 의해서 직접 가해진 심각한 피해에도 불구하고, 인간의 활동에서 가장 큰 위협은 다른 종에 대한 것은 아닐 것이다. 작은 농장의 실천주의자인 웬들 베리Wendell Berry가 주장하는 대로, "환경의 위기"는 환경이 아닌 우리 자신으로부터 유래하는 위기이다(켈러트Kellert와 프란함Franham 2001, 123에서 인용됨). 우리가 스스로의 위기를 자초하는(윌슨 2002, 1992; 브라운과 동료들. 1994) 혹은 냉각시키는 열대 우림을 무분별하게 잘라내는 것이 원시 환경, 즉 영장류의 조상들을 탄생시켰던 정글과 사바나를 파괴해 간다.[13]

---

13 집Home은 생태계 및 생태 환경의 의미를 가진 그리스 어원oikos을 가진다. 생태 환경(생태학), 즉 이 집에 관한 과학적 연구는 환경주의, 환경을 보존하고 복구하는 실천주의자의 운동과는 크게 구별된다. 다른 한편으로, 생태계에 가혹하고 그릇된 처리들—벌목, 지나친 방목, 바다의 남획 등—을 목도하였던 많은 생태학자들은 이런 활동의 과학 영역에서의

인투 더 쿨: 에너지 흐름, 열역학, 그리고 생명

생태계는 비평형 에너지를 소산해하는 과정이다. 생명체가 그들의 신체와 대사과정을 유지하기 위해서 요구되는 에너지의 일부는 엄격하게 제한되어 있다. 그들 중에 빛(광합성 무기 영양 생물), 유기 화학에너지(유기 영양 생물), 그리고 매우 제한된 수의 무기물 에너지를 획득하는 화학 반응들(황화물을 황 혹은 황산염, 메탄을 이산화탄소, 암모니아를 산화질소 화합물, 수소를 물)이 포함되어 있다. 엔트로피와 이와 같은 양을 가진 열역학적 폐기물로서 열은 그 목록 가운데에 없다. 유기생명체는 그들의 신체 일부를 형성하는 음식(영양분)을 필요로 한다. 에너지는 결국 고갈된다; 음식은 신체를 구성하는 물질과 함께 배설물로 변형된다. 동물은 신진대사에서 음식과 에너지를 구별하지 못한다. 동물에게 있어서 에너지와 음식의 근원은 동일하다(당과 다른 탄수화물, 아미노산과 단백질). 그러나 식물에서 에너지와 음식의 근원은 이와는 완전히 다르다; 식물에게 태양광은 에너지의 근원이고, 당과 다른 물질인 화학적으로 전환된 이산화탄소는 그들에게 음식의 근원이다. 만약 음식의 근원이 이산화탄소라면, 탄소를 세포 물질로 환원시키는 데 전자(수소 원자들)의 근원들이 필요할 것이다.

태양으로부터 고품질의 에너지를 가져와 식물이 살아있는 민감한 존재들의 단백질 구조를 만들어낼 때 생물 분자 속에 에너지를 저장시켜 생명에 관한 필수적인 화학 성분들—수소, 탄소, 산소, 인, 질소, 황 그리고 몇몇 다른 것—을 재순환시킨다. 생명에 사용되는 몇몇 성분들은 때론 제한되고 훨씬 먼 곳으로부터 내부로 들어온다. 예를 들어, 숲속에 곰의 배설물은 곰팡이, 세균, 그리고 식물에 의해서 재순환된다. 곰에게 먹힌

영향력에 대해서 한목소리를 내었다. 그러나 한편으로, 물리학자가 되는 것이 반핵운동을 하는 누군가와 동맹하는 것을 의미하진 않는다. 그리고 생태학이란 용어는, 적절하게 사용될 때 강한 정치적 의미는 전혀 없다.

강 상류로 헤엄쳐 간 연어들의 뼈 속에 있는 (바다로부터 온) 인을 곰팡이가 사용한다. 생태계는 대부분 그 성분들을 자신 내부에서 재순환시키는 동안, 생태계의 수명은 훨씬 더 길어지고, 결국 그들은 전체를 뒤덮게 된다. 생명의 보금자리인 순환하는 네트워크는 세포의 신진대사로부터 조직 내 세포들을 성장시키고 살아가는, 우리가 생태 구라고 부르는 초생태계 내에서 교체되는 동물에 이르기까지 대규모에 이른다. 지구 밖의 생물권은 성장을 나타내는 재순환하는 비평형의 세계이고 증가되는 생태 다양성과 신진대사적 효율성을 향하는 경향을 띠게 될 거라고 예상이 가능하다. 이론적으로 에너지로 가득찬 우리의 천체에서 다르게 진화하는 세계들은 열역학적 평형에서 먼, 준안정한 환경에서 반응성 기체들의 자발적 존재를 감지하면서 발견될지도 모른다. 이것은 지나친 편향성 없이 다른 생명 존재를 찾아가게 되는 새로운 천문생물학적 프로토콜에 대해서 나사가 궁극적으로 찾고 있는 표식들 중의 하나일 것이다. 향상된 천문망원경 기술들과 많은 새로운 행성의 최신 감지 기법은 지구 밖 생물의 열역학적 감지에 관련된 기회들을 증가시키게 된다.

생태학은 제대로 보호받지 못하고 있는 과학이라고 알려져 있다. 이론 물리학, 우주과학, 그리고 인간 게놈 프로젝트와는 달리, 생태학은 돈을 잘 끌어오진 못한다. 이론 생태학 연구에 관한 연방정부 예산은 해마다 기껏해야 수천 만 불인데, 다른 영역들은 수백 억 달러의 지원을 받고 있다. 생태학, 우리를 지지하는 집에 대한 연구들은 왜 그렇게 빈약한 관심을 받는 것일까? 아마도 그것은 생태계가 너무나도 일상적이기 때문일 것이다. 친숙함은 때론 경멸이나 멸시를 일으킬 수 있다: 인간을 지원하는 생태계는 놀랍도록 굉장히 크거나 황홀하게도 작고 조그마하진 않다. 그들은 고대 시대나 이야기책에서나 나올 법한 장소에 대해서는 전혀

인투 더 쿨: 에너지 흐름, 열역학, 그리고 생명

관심을 가지지 않는다. 그들은 바로 지금 여기, 즉 우리의 얼굴 앞에 있는 것을 대상으로 연구한다.

최근 생태학에서는 몇가지 문제점들이 발견되고 있다. 정치학으로 더럽혀지고, 환경주의자, 반세계화주의자, 자연애자과 더불어 심지어 생태 테러리스트들과도 관련되고 있다. 더 심각하게도, 생태학의 예측 가능한 힘은 점점 최소화되고 있다. 예를 들어, 어느 누구도 늑대들이 방출되기 이전에 그들이 옐로우스톤 국립공원의 생태계에 미치는 영향력을 잘 알지 못한다. 대량의 기름 유출 후에 어떤 생태학적 이론도 정확하게 해변 생태계의 회복 속도를 예측하지 못하고 있다. 생태학에 대한 예측 가능한 상태는 최근에 북쪽 로키 산맥의 천만 에이커에 달하는 옐로우스톤 국립공원 생태계 내에서 발생하였다. 1995년 늑대들이, 후에 이어지게 될 열대의 연쇄 고리에 대한 앞선 경고들과 함께, 생태계 속에 재이입되었다. 비록 그들의 도입 이후로 여전히 짧은 시간이 경과한 후라도 이미 많은 직·간접적인 생태학적 결과들이 관찰되기 시작하였다. 더욱 놀라운 것 중 하나는 옐로우스톤 국립공원의 상당 부분 중에서 코요테 집단의 밀도가 50% 정도 감소한 것이었다. 늑대들이 생태학적 지위에서 그들의 경쟁자인 코요테를 죽여 버린 것이다. 늑대들은 며칠 동안 땅을 파고 코요테 은신처를 찾아내 코요테의 새끼와 가족을 모두 죽였다. 일반적으로 늑대들은 코요테의 50%만 먹고, 남은 짐승의 사체를 회색 곰, 까마귀, 그리고 다른 구역 내 코요테들과 같이 쓰레기를 뒤져 먹는 동물들에게 남겨 놓았다. 겨울 몇 달 동안 늑대의 잔혹한 사냥으로 인해 남겨진 풍족한 음식 때문에, 회색 곰들은 기대치 않게 그들의 겨울잠을 포기하게 되었다고 알려져 있다. 생태학자들은 말코손바닥사슴elk이 이 최상위 포식자에게 주요한 음식원이라고 기대하며, 늑대들이 말코손바닥사슴의 집단밀도에도 큰 영향을 줄 거라 예측하고 있었다. 그러나 기대하지 않은 것은 말코손바닥사슴이 마구 방목되어서 사시나무와 미루나무를 무차별하게 쓸어버려서 그들이 노출된 강가 지역(예를 들어, 강가와 둑 옆 녹색 채소가 풍부한 지역)으로부터 멀리 도망치게 된 것이다. 옐로우스톤 국립공원 라마 계곡에서 어린 사시나무와 미루나무를 번성시키는 것이 오랫동안 라마 강에서 사라져버린 비버들을 돌아오게 만든 식량과 피난처를 제공하였다. 비버는 댐을 만들어서 느리게 흐르는 물을 좋아하는 사향쥐, 수달, 큰 사슴과 오리를 서식지 내로 끌어왔다. 이러한 다양성의 증가는 생태계 단일 종들의 도입에서 기대치 않은 탑다운(위-아래) 연쇄 결과 중 단 하나의 경우였다. 20개의 서로 밀접하게 연관된 종을 가진 단순 생태계가 2.4×10^{18}의 변화 가능한 직·간접적인 상호 연결성의 종류로부터 극적으로 탄생한다.

누가 뭐래도, 생태학은 진정한 과학이다. 전체의 다양성에 대한 지도는 비일상적으로 높은 다양성의 "핫 스폿"일 뿐 아니라 다양성에서 큰 차이들을 보이며 점차 발전되어 왔다. 밀도 생태학은 종들 간의 상호 작용을 연구하고, 어류 생태학은 물고기 자원들과 그들의 환경에 대해서 설명하고 있으며, 생태학자들은 더 나아가 개미집단의 밀도 등에 대해서도 연구하고 있다. 몇몇 다른 생태학자들은 생명의 개별 종, 그 환경, 그리고 그 종류에 집중한다. 산 생태학, 심해 생태학, 진화 생태학, 인류 생태학, 개체 생태학(어떻게 집단들이 환경 변수들에 반응하는지를 연구하는 것), 미시적인 생태계의 생태학, 그리고 미생물 생태학 등 다양한 분야로 발전하고 있다.

기술적으로 에너지를 기반으로 하는 생태학은 앞서 이들 세분화들 중의 하나일 것이다. 우리가 생태계 발전의 외형을 만드는 데 활용되는 전체 힘들을 이해하기 시작하는 데 에너지에 기반을 둔 생태학—생명의 열역학—의 "세분화" 속에 그것이 존재한다. 사실, 생태 구는 생태계를 말하고 있다. 이는 어떻게 에너지가 진화의 모양을 만들어내는지에 대하여 앞선 논의들이 열역학이 어떻게 이미 가장 많은 것을 포함하게 되는지, 지구에서 생태학에 충격을 주게 되는지에 대한 논의였다는 것을 의미한다.

앨프레드 로트카, 유진 오덤, 하워드 오덤, 라몬 마르가레프, 제프리 위킨스, 로버트 울라노위츠, 그리고 제임스 케이는 에너지 흐름들이 어떻게 생태계의 발전을 이끌게 되는지, 물리학의 원칙들이 어떻게 진화의 성향을 강조하게 되는지를 주장하였던 연구자들 사이에 존재하고 있다. 가장 초기에 활동한 생물학자들은 희미하지만 넌지시 알아차렸다: 프랑스의 진화학자인 장바티스트 라마르크Jean-Baptiste-Pierre-Antoine de Monet de Lamarck는 "생명의 힘"에 대한 글을 적었고, 영국의 철학자인 허버트 스펜서Herbert Spencer는 증가하는 복잡성에 대하여 에너지에 기반을 둔 "진화의 일반화 법칙"에 관하여 말하였다. 그러나 이들이 주장한 이론들은 실험적으로 증명되기보다는 직관적이고 철학적인 개념들이었다. 생명을 열역학에 연결시키는 가장 최근의 생각들 사이에 슈뢰딩거의 음성 엔트로피가 존재한다; "최대 엔트로피 생산의 법칙"에 대하여 펑크밴드 플라스마틱의 전 매니저 로드 스웬슨Rod Swenson의 말(1989)이 상기된다; 1970년대 석유 위기를 반영하고 임박한 경제 시스템 내의 열 죽음에 관하여 주장하는 경제학자인 니콜라서 제오르제스쿠 뢰겐Nicholas Georgescu-Roegen과 작가 제러미 리프킨Jeremy Rifkin의 경고(리프킨 1980)가 또한 상기된다; 유전공학과 전산과학이 먼 미래에는 신을 만들기 위해서 지칠 줄 모르는 에너지원들과 결국에는 함께 합쳐질 것이라는 프랭크 J. 티플러Frank J. Tipler의 반 엔트로피의 생각(1995)도 있다; 다니엘 브룩스Daniel Brooks와 E.O. 윌리E.O. Wiley의 진화에 특이성에 대한 정보화된 엔트로피의 연결(1986)도 있다; 일리야 프리고진의 "진화에 대한 일반적인 법칙이 있다; 열역학의 제4법칙을 발견했던 스튜어트 카우프만의 주장(2000)도 있다. 열역학에 대한 간단한 정립—열이 따뜻한 몸체에서 상대적으로 더 차가운 곳으로 흐르는— 속에서 세밀한 관찰로부터, 초기 과학 관찰자들은 전체적인 천체에서 변경할 수 없는 불변의 소진을 유추할 수 있게 되었다. 미성숙의 유추에 반하여 반응하면서, 최근의 예언자들(다이슨 1994; 티프러Tipler 1995; 카우프만 2000)은 생명을 품기 위하여 (별들 간의 먼 거리, 우주의 팽창, 그리고 우리 지식의 불완전성에도 불구하고) 천체에 관한 거의 변증법적 반대에 대한, 끈기 있는 능력을 강조하는 경향들이 있었다. 위대한 미국인으로 알려진 마크 트웨인(1883, 156)은 "과학에는 뭔가 매혹적인 것이 있다" 면서 "사실이라는 아주 작은 투자를 통해 그토록 많은 추측을 이끌어내니까 말이다"라고 하면서 빈정댔다.

생명은 에너지에 의해서 연결되고, 그것의 존재 여부에 따라 달려 있고, 그것에 의해서 세밀하게 조직화된다. 그러나 늘 그렇게 분명하지는 않다.

절정까지 계속

생명에 대한 에너지의 깊은 연관성과 영향력이 함께 존재한다는 인식은 단순한 관찰에서 시작되었다. 유기생명체들과 이의 경관들을 보아온 지난 200년 동안, 많은 패턴들이 발견되었다. 그들을 상세히 묘사한 선구자들 중 한 명은, 1860년에 매사추세스의 콩코드에서 미들섹스농업협회 주최로 해마다 열리는 축우품평회에 참여하는 헨리 데이비드 소로 Henry David Thoreau였다(워스터Worster 1979). 열렬한 자연주의자인 소로는 버려진 땅들이 어떻게 수풀이 우거진 비옥한 땅, 관목과 소나무와 자작나무가 되는지 이야기하였다. 그늘에서는 견딜 수 없고 빠르게 성장하는 나무들이 오랫동안 한 곳에서 살아남아 지속되는 활엽수들—참나무, 히코리, 그리고 단풍나무의 숲—에게 그 자리를 넘겨주었다. 반복된 관찰 후에, 지난 150년의 기나긴 시간 동안 일어나며 계속 이어지는 그들의 순서를 예측하는 것이 가능하였다.

그 당시 이래로 그 연속성(계승)에서 많은 변수들이 발견되었다. 각 경우에서 빠르게 성장하는 것들이 지역에 먼저 정착하게 된다. 그들은 새로운 종들에 의해서 계속 이어진다. 최근 도착자들은 그들을 앞서서 빠르게 퍼지는 이전 개척자들을 필요로 한다. 많은 새로운 종들이 이주하며, 다양성에 대한 예측이 가능하게 증가한다. 생태계는 점차 확대되고 그 성장 속도는 둔화된다. 생태계가 공통의 시간과 장소에서 우연히 겹쳐진 오직 유기생명체들의 다양한 혼합들 간의 추측의 결과라면, 우리는 그런 조화된 활동성을 전혀 기대할 수 없을 것이다. 그 규칙성이 유전에 기반을 둔다고 논쟁하는 것은 더더욱 어려울 것이다. 생태계들은 그들의 유전적인 조성(組成)을 상당히 변화시키거나 그들이 한계치 내에서 성장하는 데 동일한 경향성을 보인다. 그러나, 우리가 그들을 열역학적으로만 바라본다면, 그들 간의 공통된 행동은 쉽게 이해가 된다. 여기서 성숙된 생태계라 함은 모든 이용 가능한 "손쉬운 돈벌이"로서 에너지를 소산해가는 경로들을 탐구하던, 현재의 시스템에 의해서 사로잡히고, 또 소멸되어 가는 최적의 에너지양과 더불어 꾸준히 작동하고 있는 시스템을 말하는 것일 것이다.

1889년 시카고대학의 식물학자 헨리 챈들러 코울스Henry Chandler Cowles(1899)는 연속성의 주제 안에서 공간적인 변화에 대해서 보고하였다. 코울스는 미시간 호수 주변의 식물군락들을 집중적으로 연구했다. 호수 근처의 모래 언덕에서 바람과 물이 끊임없이 이동하는 곳에서는 어떠한 뿌리 깊은 식물들도 생존하지 못하였다. 방해물이 거의 없이, 강기슭으로부터 먼 곳에, 물이 많은 식물들과 들풀들이 넓게 성장했다. 땅에서 더 먼곳에는, 다년생의 많은 관목들(발아에 관한 필요성 없이 매해 성장하는 향나무 같은 것들)이 존재하였다. 모래 언덕을 가로질러 호수로 계속 내려가면, 전체 연속성(계승)은 시간보다 오히려 공간 측면에서, 수평적으로 전개되는 것처럼 보였다.

1936년 말, 네브래스카의 식물 생태학자인 프레더릭 클레먼츠 Frederic Clements는 한때 빙하 아래에 잠들어 있는 저지대에 거주하는 집단들을 연구하였다. 절정의 상태에서 그들은 물이끼늪, 초원, 그리고 사막의 관목으로 구성되어 있었다.

절정 형성에서 식물 생장의 기본 단위는 유기적 총체이다. 유기생명체로서 그것의 형태가 태어나고, 성장하고, 성숙되며 죽게 된다. (…) 더구나, 매번 절정의 형성은 스스로를 재생산할 수 있고, 발전의 각 단계들의 본질적인 엄수가 순차적으로 반복된다. 형성의 생명 역사는 복잡하고 한정된 과정이며 개별 식물들의 생명의 역사와 함께 주요한 특징들에 비교될 수 있을 것이다. (…) 절정 형성은 곧 모든 초기와 중기 단계들인 그러나 발전의 단계들이며, 성년의 유기생명체인 것이다.

이에 대해서 클레먼츠는 비난받았다. 그가 말했던 그 "형성"—생태계—은 어떠한 뇌, 팔, 다리 혹은 중심축에 신경시스템조차도 가지고 있지 않았다. 생태계는 유기생명체가 전혀 아닌 것이다.

헨리 A. 글리슨Henry Allan Gleason(1926)은 절정의 상태들을 향하는 생태계를 이해하려고 노력한 클레먼츠뿐 아니라 코울스를 신랄하게 비난하였다. 우리는 정말로 전체의 생태계들이 개별 동물의 몸체들처럼 발전하고 성숙되리라 기대할 수 있을까? 글리슨은 식물의 개별 집단들은 상당히 독특하다고 주장하였다. 식물 집단은 전에도 거기에 있었던 편협한 기후, 지질의 반영이고 초목인 것이다. 개별 생태계는 무질서, 우연성과는 별도로 스스로의 방식을 통해서 생겨난 것이다. 글리슨과 그를 계승한 많은 연구자들은 생태계의 연속성(계승)에 대한 존재를 부정하였다.

허치슨의 학교와 에너지 생태학의 두각

제2차 세계대전 후, 미국 생태학의 위치는 중서부에서 예일대학교로 이동하였다. 뛰어난 과학자인 G. 에블린 허치슨Evelyn Hutchinson의 후견하에서, 전체적으로 새로운 계열의 생태학이 여기에서 피어올랐다. 그는 끊임없이 학생들의 지평을 넓히기 위해서 노력하였고, 생태학과 진화 간의 밀접한 관계에 집중하였다. 허치슨은 생태적인 연구에서 발전된 원칙들이 생물적 진화에서 신비로움의 베일에 가려진 일부를 해결하는 데 큰 도움을 줄 수 있을 거라고 주장하였다. 그의 연구 프로그램에 매혹된 학생들과 연구자들은 영양 수준, 생태적인 지위, 섬의 생태지질학과 가장 중요하게 생태계를 통한 에너지의 흐름과 먹이 사슬의 발전과 같은 개념을 더욱 발전시켰다. 허치슨 자신의 업적(1978)은 주로 종들과 인구 생태학에 관하여 다루었고, 단순한 생태계들을 모형화하는 데 상당히 접근하게 되었다. 지구의 에너지와 물질 순환 과정을 수행해가는 데 양쪽 생산자들(독립 영양 생물들)과 소비자들(종속 영양 생물들) 모두가 존재하고 있다는 것을 그는 잘 알았다.

허치슨은 이 연구를 위해서 재능을 가진 많은 연구자들을 끌어들였다. 박사 후 연구원인 레이몬드 린드먼Raymond Lindeman은 그들 중의 하나였다. 린드먼은 미네소타의 습지호수 시스템에 대한 현장 조사를 완성했다. 1942년 그는 논문 「생태학의 영양-동적인 측면The Trophic-Dynamic Aspect of Ecology」을 발표하여 생태학계를 놀라게 만들었다. 이것은 새로운 생태학의 출현이었다. 그의 스승인 허치슨은 "린드먼은 분석을 위하여 가장 이득이 되는 방법은 상호 관련된 모든 생물학적 사건들을 에너지의 범주 내에 귀속시키는 것임을 확인하고 실현시켰다. (…) 우리는 생산적이고 추상적인 분석일 수 있는 형태로 나타난 [생태학]의 상호 연결된 뛰어난 동역학을 가지게 되었다. (…) [린드먼]은 생태과학에 헌신한 가장 창조적이고 뛰어난 인물들 중의 하나일 것이다"고 말하였다(린드먼 1942, 417-18).

여기서 린드먼이 한 것은 유기생명체들을 영양 수준에 따라서 자가 영양 생물, 초식동물 그리고 육식동물 등으로 분류하는 것이었다. 그는 당시에 영양의 사다리로부터 위로 밀려 올려질 수 있고 모든 에너지가 전부다 먹이 사슬 중에서 다음 수준의 에너지로 전환될 수 없는 한정된 양의 에너지─제2법칙의 생물학적인 예─가 있다는 것에 주목하였다. 예를 들어, 상호 작용의 레벨에서는 식물성 플랑크톤을 먹는 동물 플랑크톤 내에서 열─엔트로피의 손실이 존재하였다. 이 시스템들 안에 신진대사와 엔트로피의 대가로 먹이 사슬의 바닥에 저장된 많은 에너지와 상층에는 적은 에너지를 가진 피라미드가 존재하고 있다는 것을 알게 된다. 그는 낮은 생산성을 가진 호수들, 영양이 양호한, 영양분이 풍부한 웅덩이들과 지상의 연속적 흐름의 시스템들로 탈바꿈한 습지들을 포함한 연속된 계승의 시스템들을 그가 연구한 체제와 함께 비교할 수 있게 되었다. 그는 호수와 육지의 생태계 간의 유사성들을 비교하고 또다시 연속된 계승이 일반적이고 예측 가능한 경로로 따르게 된다는 생각을 구체화하게 되었다. 린드먼은 27살의 젊은 나이에 자신의 논문이 1942년 출판되

인투 더 쿨: 에너지 흐름, 열역학, 그리고 생명

는 사이 안타깝게도 죽었다. 긴 투병 생활을 거쳐서, 짧게 마감한 삶이었다. 생태학 분야의 많은 연구자들은 그가 일찍 죽지 않고 살아있었다면, 오늘날 이 분야가 어떻게 바뀌게 되었을지 상당히 궁금해 하곤 한다. 린드먼의 먹이 사슬food web은 에너지와 물질이 어떻게 생태계 전반을 통하여 종들 사이를 이동해 갔는지 보여준다. 염화나프탈렌 방충제는 물론이고 DDT와 다른 염화탄화수소들이 어떻게 생태계 전반에 유해하게 순환되었는지를 적나라하게 보여준, 레이첼 카슨Rachel Carson의 『침묵의 봄』을 통해서 이 원리는 점차 대중화되었다. 이들 유해한 물질들은 물고기의 지방 조직과 젖소와 인간 어머니의 모유 속에 축적되었다. 오랫동안 불법화되어 금지된 이후에도, 그들은 오늘날에도 인간의 혈액 속에서 쉽게 감지되고 있다.

린드먼의 1942년 논문은 먹이 사슬과 망(소위, 음식 순환)을 정의한 첫 번째 생태학자였던 찰스 엘튼Charles Elton(1930)의 "과학적 자연 역사"를 깊이 추종한 것으로 보인다. 린드먼은 유기생명체들을 영양의 수준에 따라 분류하고 재지정하였다. 그의 명명법은 지금까지도 여전히 사용되고 있다. 독립 영양 생물(스스로 먹이를 공급하는 것)들은 화학적으로나 태양에너지, 물과 대기의 이산화탄소를 통하여 스스로의 먹이(음식)를 만들어낸다. 화학 영양 생물들은 무기물 화학 반응들로부터 에너지를 얻어낸다. 종속 영양 생물들(다른 공급자들로부터 공급받는 것)은 스스로 음식을 만들어 낼 수 없다; 그들은 양쪽 음식(당, 아미노산, 지방)과 에너지(주로 당으로부터) 모두를 주변 환경으로부터 쓸모 있는 형태로 얻어내야 한다. 모든 동물들은 종속 영양 생물들이다. 채식주의자나 일부 동물과 같은 초식동물들은 독립 영양 생물들을 먹는 종속 영양 생물이다. 육식동물들은 종속 영양 생물들을 먹는 종속 영양 생물이다.

린드먼은 다른 유기생명체들을 먹고사는 유기생물체들이 얻는 에너지양은 제한적이라고 보았다. 그 에너지는 결코 완전히 전환되지 않는다. 음식에서 살로의 대부분 에너지들의 전이는 10% 미만의 효율일 것이다. 그 손실은 열역학적이다. 예를 들어, 편모가 세균을 먹는 순간, 열과 엔트로피에 관한 손실이 발생한다. 제2법칙에 의해서 설명되고 있는 신진대사의 대가 때문에, 음식 피라미드 아래에서 녹색 생산자인 시아노코발라민, 해조류와 식물에서 더욱 많은 에너지가 발견될 수 있다; 더욱 농축된 에너지—단위 질량 혹은 무게당 더 큰 잠재적 에너지—는 육식동물이 있는 음식 피라미드의 상위 레벨에서 발견되고 있다. 린드먼은 에너지 전환에서의 비효율성 때문에, 5~6 수준 이상의 영양 피라미드들이 존재하지 않게 될 것이라는 것을 알게 되었다(그림 13.1). 각 상위 수준에 존재하는 포식자들은 그들이 소비하는 에너지보다 상대적으로 적은 에너지를 끌어낸다. 영향력 있는 생물학자인 폴 콜린보Paul Colinvaux는『왜 큰 맹수들은 그 개체가 적은가』라는 그의 에세이(1978)에서, 영양 수준들을 거치며 순차적으로 발생하는 에너지 손실은 상위 포식자들의 수를 제한하게 될 뿐 아니라 다음 순서에서 그 크기의 약 10배가 되는 동물들로 구성된 그룹 내에 그들을 뭉치게 만들었다고 가정하였다.

이 피라미드의 꼭대기에 있는 큰 고양잇과들과 그들의 육식 친척뻘들은 덜 농축된 형태의 음식을 먹는 유기생명체들이 지불한 그들만의 방식인 정제된 생명의 에너지를 끊임없이 탐닉하게 된다. 린드먼은 호수와 육지 생태계 양쪽 모두에서 방향성 있는 발전들을 보다 구체화시켰고, 연속적 계승에 관한 주장을 조롱하고 무시하며 험담하던 사람들을 과묵하게 만들었다. 생태학적 연속성(계승)은 널리 보편화되었다. 그것은 예측 가능한 경로들을 따랐다.

수학 분야에서 석사학위를 받고 허치슨의 연구실에서 박사과정을 시작한, 로버트 맥아더Robert MacArthur는 에너지—생태계들에 대한 생각

인투 더 쿨: 에너지 흐름, 열역학, 그리고 생명

의 불씨가 죽지 않고 살아있도록 유지시키는 데 큰 도움을 주었다. 초기에 그는 마인Maine 해변을 따라 서식하는 딱새들을 연구하였다. 밀접하게 관련되어 함께 존재하는 종들 간의 매우 작은 차이가 누가 그 영역에서 거주하고 거주하지 않는지를 결정할 수 있게 된다는 것을 알게 되었다(맥아더 1958).

1963년 맥아더는 하버드대학의 E.O.윌슨과 함께 팀을 이루어 섬 지역 내에서 생태시스템들을 논의한 논문인 「섬의 동물지질학적 평형 이

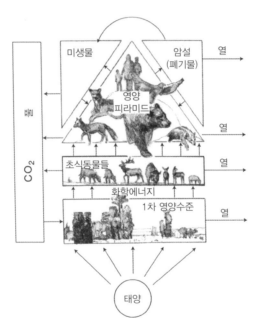

그림 13.1 생태계를 통한 에너지의 흐름. 태양으로부터 열과 화학적 배출구에 이르는 에너지 흐름에 의해서 생태학적 과정들이 이끌린다. 주요한 생산자들(자생 영양자들)은 그들에게 영향을 미치는 에너지의 약 1%를 해결한다. 곤충에서 민물장어에 이르는 초식동물들은 자생 영양자들을 소비한다. 이들은 육식동물들에게 잡아먹히고 이 육식동물은 종종 다른 육식동물들에게 소비된다. 매번 음식(화학에너지)이 먹이 사슬을 통과할 때마다 80-90%의 에너지가 열(엔트로피)로 소진된다. 에너지가 4 혹은 5의 영양단계들을 거쳐 감에 따라 아주 작은 양의 에너지만이 최종적으로 꼭대기층에 도달한다. 생태학자들은 이러한 구조를 영양 피라미드라고 부른다. 많은 생명체들이 꼭대기의 몇몇 소수그룹 생명체들을 유지하기 위해서 그 시스템의 하위부에 존재해야 하기 때문에 그렇게 불린다.(모로위츠 1979에서 인용됨.)

론An Equilibrium Theory of Insular Zoogeography」을 출판하게 되었다. 논문에서 저자들은 두 가지 주요한 일련의 데이터를 보여 주었다. 첫 번째로, 종들의 다양성이 섬 크기의 10배 증가와 함께 두 배가 되는 경향이 있었다. 두 번째로, 새로운 종이 섬에 도착하였을 때, 다른 종들은 떠나거나 죽게 되었다. 평형의 용어는 열역학적으로 아무것도 없는 것이나, 오히려 새로운 정착자들이 거기에 살고 있는 종들의 쇠퇴를 이끌어내어 전체 종의 수가 일정하도록 유지하게 되는 "공전"의 상황과 관련될 수 있다. 더욱 근접하여 밀접하게 주시하게 되면, 양쪽 이주와 멸종의 속도는 섬에서 살고 있는 종의 밀도가 증가함에 따라서 점차 증가하게 된다는 것을 맥아더와 윌슨은 발견하게 되었다.

맥아더와 윌슨은 초기 섬 점령자들을 r종으로, 그리고 후에 이주한 계승자들을 K종이라고 명명하였다. 그들은 이 문자들을 포식자와 먹이 관계에 대한 논의로 유명한 로트카-볼테라 방정식으로부터 가져왔다. 로트카-볼테라 방정식에서, r은 집단밀도의 증가 속도를 상징하고, K는 집단밀도의 최고점을 나타낸다. 이 용어는 생태학에도 적용되어서 r와 K는 각각 초기 빠르게 성장하는 종들과 후에 더욱 천천히 재생되고 성숙하고 계승되는 종들을 나타내게 되었다. 생물학자들은 때론 종들에 관하여 계승에 관계없이 r혹은 K로서 말하곤 한다. 동물 플랑크톤, 해조류와 한해살이풀은 r특징들을 명시하는 유기생명체들의 분류이다—그들은 대부분이 죽는, 상대적으로 거대한 수의 자손들로 재생된다. 새끼들을 돌보는 포유류는 K동물로 생각된다—그들은 더욱 천천히 재생되고, 새로운 생명에 더욱더 많은 것을 쏟아 붓는다. 사람을 고려한다면, 이 간단한 r-K 이분은 깨지게 될 것이다. 우리는 자손에게 더 많은 것을 쏟아붓고, 단지 하나의 생명 탄생만을 생산하는 경향이 있다. 그러나 지구상에는 수천, 수조 명의 사람들이 있다.

허치슨이 예일대학에서 활동적인 연구그룹을 수행하며 지냈던 그 시기, 생태학—열역학—정보 이론을 논리적으로 일관성 있는 가설로 설명하기 시작한 첫 번째 연구자로 인식되는 스페인의 연구가 라몬 마르가레프Ramón Margalef가 있었다. 그의 책『생태적인 이론에서 전망Perspectives in Ecology Theory』(1968)은 1966년 5월 시카고대학 연속 강연에서 나온 결과물이었다. 이는 가상의 시스템으로서 생태계에 관한 구역들, 생태적 연속 계승, 그리고 생태계 조직의 프레임 내에서 진화를 모두 포함하였다. 그 책의 도입부에서 마르가레프는, "심지어 시카고에서 나의 생각은 G. 에블린 허치슨과 수많은 그의 학생들, 특별히 오덤 형제로부터 강하게 영향을 받았다"고 말하였다(vi).

마르가레프는 그의 생태학적 연구실로서 푸른 지중해를 활용하였다. 그는 열역학과 정보이론을 생태학의 의문 안에 함께 넣어서 연구한 이론가이다. 마르가레프의 지중해 생태계는 바다의 표면과 더 느리게, 더욱 잘 균형이 잡혀 성장하는 성장자들 아래에서 빠르게 에너지를 전환시키는 유기생명체들과 더불어 수직적으로 퍼져나갔다. 에리Erie 호숫가 근처에서 빠르게 성장하는 한해살이 식물과 더 먼 곳의 섬에 수풀 우거진 다년생 식물들과 함께, 연속적인 계승이 수평적으로 퍼져나가는 것을 보았던 생태학자 코울스와 같이, 마르가레프는 생태적 계승은 해양의 꼭대기에서 빠르게 성장해가는 식물성 플랑크톤과 그들의 포식자인 동물성 플랑크톤과 함께, 물기둥 아래로부터 멀리 "후대를 계승하는" 종들과 함께, 수직적으로 치환되어 간다는 것을 인지하게 되었다. 마르가레프는 태양광들을 사로잡음과 이후에 그들의 방출 순간들 간의 수생계 속에서 주요한 소중한 시간대가 존재한다는 것을 주목한다. 해조류는 일반적으로 수시간 내에 분열되고 호흡하면서 그들의 신체의 일부가 사라지게 된다. 이는 배고픈 포식자들을 위한 사료가 되거나 찌꺼기로서 분해된다. 에너지 소멸의 시간이 수분에서 수시간 내에 발생할 수 있다. 종종 1미터 미만의 공간에서 일어난다. 마르가레프는 광자가 도착하는 곳과 에너지 배수구로 사라지는 곳 사이의 평균 거리는 더욱 복잡해지고 조직화된 생태계들과 관련된 먼 거리와 함께, 생태계의 조직을 측정하는 데 사용될 수 있다는 것을 제안하였다. 에너지가 그 시스템을 떠나지 않고 남아 있는 시간 또한 젊고 미성숙한 생태계에게는 전형적인 짧은 잔류 시간들과 함께, 생태계의 성숙도를 나타내는 새로운 지표로서 사용될 수 있을 것이다. 마르가레프는 시스템의 신진대사 효율의 척도로서 신진대사의 비율에 관한 생각을 공표하였다. 생태계의 기본 생산과 현존량 간의 비율은 생태계에 단위 생물량을 유지하기 위해서 얼마나 많은 양의 기본 생산들이 필요한지를 측정하고, 이는 그 시스템 효율의 척도가 될 것이다. 말하자면, "스트레스"에 노출되어 있지 않다면, 발전소의 뜨거운 폐수, 기름 유출, 혹은 부족한 영양분이나 물에 대한 몇몇 한정된 인자, 이런 생태계가 성숙되는 자연의 섭리를 따르게 될 것이다. 이의 성장은 느리고, 구배차이 감소의 효율은 시간과 더불어 증가하게 될 것이다. 다시 말하면, 성장하는 생태계는 유아나 미성년자와도 같을 것이다; 그것은 생명의 초기에 많은 음식들을 요구하며 성장하는 것을 멈추어서 더욱 에너지 효율적이고 조직화된 성인으로 성숙해 나아가게 될 것이다.

허치슨과 그의 추종자들은 단지 유기생명체들이나 그들의 집단이 아닌, 오히려 물질과 에너지를 교환하는 액체의 군락으로서 그것들 이상에서 독특한 패턴들을 만들어 내는 생명을 보려고 모색하였다. 마르가레프는 이를 아래와 같이 설명한다(1968, 36):

개체성장이 정지된 유기생명체들이 증가되는 강을 생각해보자. 물이 흐르고, 이는 생명체들을 멀리 이동시킨다. 강의 흐름이 완전한 층류라면, 모든 것이 씻겨 내려가고 생명이 없는 상태가 된다. 그러나 흐름이 와류라면, 몇몇 유기생명체들은 실제로 주요한 흐름에 반응하며 어딘가로 이동하게 될 것이다; 어떤 것들은 평균보다 더 빠른 속도로 멀리 이동하게 되고 모든 생명들은 증가된다. 결과적으로 지질학적으로 고정된 지점에 있는 집단은 재생산에 의한 증식이 표류, 확산과 침강에 의한 손실들에 대해서 보상되며 유지된다. 집단은 상태보다는 오히려 과정에 따라 고려되어야 한다. (…) 한쪽에서 형성되고 다른 한쪽에서는 사라지는 구름처럼. (…) 그것은 조직의 형태와 특정한 개별 모양들 사이에서 일정하게 유지된다.

마르가레프의 생태계 모양의 변화—전체로서의 외형과 화합력은 가장 "고형물"인 것처럼 보이는 영역들 내에서 높은 재생(복제) 속도로 잘 유지된다. 우리는 항상 동일하다. 〈코야니스카시Koyaanisqatsi, Organism, or Baraca〉—시간의 경과에 따른 사진 촬영술과 개별적으로 행동하는 특이한 인간 군상들의 도시들과 소집단을 보여주는 기술력을 활용한 "지구 다큐멘터리"—와 같은 영화를 보았던 사람들은 관점이 어떻게 인식을 변화시킬 수 있는지를 이해하게 될 것이다. 영화에서 도시들은 유기생명체들의 역할을 맡고, 분리된 개인들은 이동하는 유체 내에 개별 입자들을 가리킨다. 제1차 세계대전에서 군수품, 탱크, 군인과 비행기의 총체적인 전개는 지구 내 기술력 확장인 인지권에 관한 베르나츠키의 개념을 형성하는 데 도움을 주었다. 인간애를 통하여 생명은 놀랍고 새로운 방식으로 지구 표면을 개정하고, 그것은 모든 생명들 속에 영향을 주는 잠재력과 함께 전체 신경 시스템—인터넷을 생각해보자—이라는 특성을 얻게 될 것이다. 이동하는 새들과 메뚜기 떼 및 현재 포함되어 있는 인간의 지성과 기술력과 함께, 고형 광물로 큰 가치가 있는 산맥이 글로벌한 규모에서 이동되고 있다. 마르가레프는 에너지의 흐름으로 움직이는 모양과 열광적인 개개인들을 관찰한다. 원자, 분자, 유전자, 세포, 그리고 개인으로 "만들어진" 생명은 조직화된 환경 속에서 대응하며 조직화되고 있는 복잡한 시스템이다. 개인으로서 큰 그림을 보지 못하는 것은 무척 아쉽다. 우리는 나무로부터 떨어지는 솔잎들을 피하고 넘어가기 위해서 노력하고 있는 숲 바닥의 솔잎들과 같다.

마르가레프는 태양광을 사로잡음과 이후에 에너지 배출구로 방출되는 사이의 시간은, 더욱 복잡하게 조직화된 생태계를 지시하는 더 큰 거리와 더불어, 생태계 조직을 측정할 수 있도록 사용 가능하다고 주장한다. 에너지가 얼마나 오랫동안 그 시스템에 남아 있게 되는지는, 젊고 미성숙한 생태계의 특징적인 짧은 거주 시간과 함께 생태계 성숙도에 대한 척도로서 또한 사용될 수 있을 것이다. 그들의 유전적 성분들이 폭넓게 변이하는 순간에도 생태계는 비슷한 방식으로 발전하게 된다. 허치슨, 마르가레프, 그리고 다른 연구자들의 영향력 아래에서, 새로운 생태학이 실제로—에너지 흐름의 결과로서— 연속된 계승을 보기 시작하였다.

국가 이익 차원에서 생태학

시카고대학에서 박사 학위를 완성한 후에, 유진 오덤Eugene Odum은 예일대학 내의 허치슨 생태학 연구팀에 들어가게 되었다. 아테네 조지아대학에 부임하여, 오덤은 지질학, 화학, 그리고 경제학과 경영을 합쳐 생태학을 현대화시켰다. 생태학에서 과학적인 가장 중요한 합성물들 중의 하나는 오덤의 1969년 논문으로 생태학적 관념에서 가장 획기적 발전인 「생태계 발전의 전략The Strategy of Ecosystem Development」에 있었다. 여기서 오덤의 세심한 관찰은 우리의 열역학적 패러다임에서 중요한 역할을 하였기 때문에, 그의 눈을 통하여 보인 연속된 계승의 과정들을 살펴볼 수 있게 될 것이다.

오덤의 1969년 논문은 메릴랜드대학에서 개최된 미국 생태학회 연례미팅의 회장 연설에서 언급되었다. 베트남 전쟁으로 미국 내 정치 상황이 불안정한 시기 동안, 당대 국가 환경정책의 승리를 위하여 산업체와 노동계로부터 지원 요청에 대한 반발 또한 심각하였다. 대학 캠퍼스 내에서는 양쪽 문제들로 늘 시끄러웠다. 오덤의 논문이 이전에 완성된 생태계에 대한 현상학적 관찰에 대한 가장 중요한 합성물임에도 불구하고, 30% 이상은 주변 환경의 문제에만 집중하였다. 그의 시대에 미국 생태학회 회장만이 주요한 정치—환경 문제들에 대해 뚜렷하게 소리를 높이고 있었다: "자연 지역들의 보존은 사회를 위한 가장 말초적인 사치가 [아니라], 우리가 이윤을 낼 수 있을 거라 기대할 수 있는 새로운 자본 투자의 루트일 것이다. 땅과 물의 사용에 대한 규제는 인구 과밀도 혹은 너무나 큰 자원의 훼손 혹은 양쪽 모두를 회피할 수 있는 우리가 가진 유일한 수단인 것은 당연할 것이다"(오덤 1969, 269). 이는 당시에 보기 드문 유례없는 용감한 연설이었다.

1971년에 처음 인쇄된 오덤의 고전 교과서인 『기초 생태학Funda-mental of Ecology』은 단호하게도 에너지 흐름과 연속적 계승을 연결시켜서 설명하고 있다. 1969년 논문과 교과서에서, 오덤은 몇가지 기초적이며 세밀한 관찰을 만들어내었다. 생태학적 계승에 관하여, 그는 세 가지 점을 강조하였다: (1) "그것은 합리적인 방향으로 이동하며, 그러므로 예측 가능한 집단 발전의 질서정연한 과정이다." (2) "그것은 집단에 의한 물리적 환경의 변형을 낳는다." (3) "그것은 궁극적으로 최대의 생물 자원(혹은 높은 정보지식)과 유기생물체 간의 공생 기능이 에너지 흐름의 단위에

서 유지되게 되는 안정화된 생태계를 만든다."(오덤 1969, 264-70)

1800년대 중반 소로의 업적과 함께 오덤이 연속적인 계승 동안 생태계 변화의 특성을 합성한 것은 현상학적인 것으로 수세기의 관찰로부터 나온 것이었다. 자연계는 물론 연구실 규모의 작은 모형 생태계로부터 얻어진 데이터는 오덤의 데이터베이스만의 특징들을 발전시키도록 사용되었다. 그는 생태계의 발전 동안 기대되는 발달 단계들과 성숙 단계들에 따라서 그들의 특징을 구분하였다. 당시 그는 그들을 생태계의 에너지, 집단 구조, 생명체의 생명의 역사, 영양분의 순환 과정, 선택 압력, 그리고 전반적인 생태계의 생체 항상성에 관련시켜서 세밀히 범주화하고 그룹화시켰다.

오덤의 생태학은 자연스럽게 우리의 열역학적 패러다임과 잘 맞아떨어진다. 그림 13.2에서 오덤의 기본 생각들을 합성해 가는 데 노력하였다. 이 도표는 이번 장과 다음 장에서 계속 논의되는 생태계 특징들의 변화들을 지도화한다. 우리는 일부 내용을 첨가하고 오덤의 생각들을 정제하기 위해서 노력하였다. 휴경지로부터 오크, 히커리 재목까지로 풍성히 가득찬 숲, 원형의 뉴잉글랜드 자연 천이와 그와 관련된 식물 상(相)

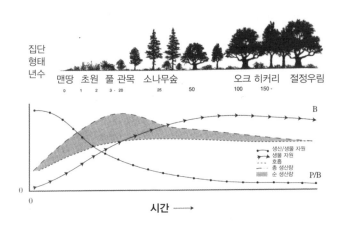

　　　　　　　　인투 더 쿨: 에너지 흐름, 열역학, 그리고 생명

생명체, 생태계 그리고 연속계승 특성		
단계	초기 연속적 무한한 - 광범위한 스트레스를 받은 유아(청소년)	후기 연속적(절정) 제한된 - 강요된 스트레스를 받지 않는 성인(성년)
선택	급성장, r 선택 성장 높은 생식력 짧은 수명 넓은 적소	느린 성장, K 선택 발달 낮은 생식력 긴 수명 좁은 적소
순환	단순 빠른 열린 순환(구멍이 난 사이클) 소수 주기 느슨한 네트워크 조음을 가진 네트워크들	복잡 느린 닫힌 순환(재순환) 다수기 높은 네트워크 조음을 가진 네트워크들
열역학과 에너지론	열역학적 정형에 가까운 낮은 자유에너지와 엑서지 짧은 에너지 머무름 시간	열역학적 평형에서 먼 높은 자유에너지와 엑서지 긴 에너지 머무름 시간
	전체 엔트로피 생산은 원숙, 성장, 그리고 복잡도 특정 엔트로피 생산(흐름, 물질, 혹은 정보의 단위당 엔트로피 생산)은 성장과 함께 감소한다.	
	소규모 왜곡음수 분포 소수의 계층적 레벨을 가진 단순 구조 덜 복잡, 덜 다양 하위 평균 상호정보 낮은 시스템 효율	대규모 단일 양식 크기 분포 많은 계층적 레벨을 가진 복잡한 구조 더 복잡, 더 다양 상위 평균 상호정보 높은 시스템 효율

시간 ⟶

그림 13.2 연속 계승 발달 동안과 시간에 따른 생태계 특징들의 변화. 목초지에서 최고 절정의 우림에 이르는 연속된 계승은 미국의 동부 수풀림에서 전형적이다. 비슷한 연속 계승이 과정 동안에 각기 다른 종들 서로 다른 역할들을 수행하면서 수생은 물론 다른 모든 지구의 생태계 내에서 일어난다. 생태계의 생물 자원과 전체 시스템 생산량(TST)은 연속 계승 동안에 증가한다. 생산량과 생물 자원 간의 비율(P/B)은 계승 동안에 감소한다. 이것은 후대의 연속 계승 시스템들이 단위 무게를 유지하기 위하여 더 적은 음식이나 에너지를 필요로 한다는 것을 의미한다. 이들 더 후대의 성숙한 생태계들은 그들의 선임자보다 더욱더 효율적이다.(오덤 1969와 슈나이더 1988에서 인용됨.)

은 그림의 꼭대기를 차지하고 있다. 그 배열은 미국 서부에서 왕바랭이의 역할을 하는 검은 딸기나무와 송이지 풀 대신에 산쑥(미국 서부 건조지의 대표적 식물)과도 비슷한 것 같다. 서부 숲 지대의 마지막 무대는 오크 대신에 전나무, 가문비나무 혹은 스트로부스소나무이다. 동일한 연속된 계승의 과정들이 오크나 전나무의 숲들이 없는 목초지에서도 나타난다. 목초지들은, 다년생 식물들로 교체되는 해마다 자라고 지는 풀들과 더불어 그 스스로 자연천이를 경험하게 된다. 생태계는 번성하는 규제들의 간섭 속에서도 최선을 다하고 있는 것이다. 세계에서 나무가 없이 많은 광활한 초원과 목초지에서는 물 공급이 제한되어 있고, 목초지들은 가능한 완전하게 유입되는 에너지를 소멸시키는 안정한 군집체들을 발전시키도록 진화하였다.

자연천이(연속된 계승) 동안 생태계 변화의 가장 분명한 특징들 중 하나는 시간이 지남에 따라 생물 자원이 증가한다는 것이다. 생물 자원 (B)은 일반적으로 제곱미터당 건조된 물질의 그램 수로 측정 가능하다. 종종 이런 생물 자원은 제곱미터당 탄소 단위들로 전환된다. 초기 자연천이 초목의 제곱미터당 생물 자원 양은, 성숙한 숲에서 제곱미터당 생물 자원에 따라서 점차 작아지게 된다; 그 차이는 제곱미터당 그램 수 대 톤 수 중의 하나이다. 생태계의 생물 자원이 증가하고, 안정화되며, 수평을 유지하게 된다. 그림 13.2에 B(생물 자원)로 표시된 곡선은 소멸되고 있는 이용 가능한 에너지에 관한 새로운 경로들을 발견하고 발전시켜가는 생태계를 나타낸다. 그것은 성장한다. 더 많은 에너지가 사로잡히고 흐를수록, 모든 것이 유입되는 에너지를 소멸시키는 발산, 광합성, 그리고 신진대사 반응들과 동일한 엔트로피 생산 과정의 수는 더욱더 커지게 될 것이다. 생태계들에서 생물 자원, 전체 시스템 처리량, 그리고 엔트로피 생산은 연속된 계승과 성숙과 더불어 점차 오르게 된다.

생물 자원 곡선이 수평으로 안정화될 때, 몇몇 제약들이 시스템의 성장 내에 적용되게 된다. 성장의 멈춤은 유전적 지침으로부터 빛, 물 혹은 영양분 부족에 이르기까지 다수의 원인을 가지고 있다. 만약 우리가 생태계를 열역학적 에너지 소산의 시스템으로서만 생각한다면, 절정에서 그 시스템은 준정상 상태에 놓이게 된다: 그것은 자가 영양 생물이나 종속 영양 생물의 수단에 의하여, 가능한 완전히 모든 이용 가능한 에너지 구배 차이들을 소멸시키기 위해서라도 조직화된다. 생태계는 거대한 구배 차이의 감소자이다; "절정" 상태 이전에 유기생명체들의 확산은 대량 규모에서 구배 차이를 더욱 잘 감소시킬 수 있는 더욱 얽히고설키며 복잡하게 되어 조직화된 훨씬 큰 시스템을 창조할 것이다.

경제학자들의 유입-배출 분석을 차용하여, 생태학자들은 생태계 전반의 에너지 흐름을 추적한다. 경제 체계 내에서 흐름들을 계산하는 경제학자들처럼, 그들은 생태계 전반에서 생태적인 경로들을 계산한다. 특별히 몇몇 생태학자들은 경제 시스템 전반의 돈의 흐름을 분석하는 것에 대해서 노벨상을 받은 하버드대 경제학자 바실리 레온티예프Wassily Leontief의 분석 방법을 "사용하였다"(레온티예프 1936). 레온티예프는 상품들, 서비스와 돈의 유입과 출입을 측정할 뿐 아니라 그 시스템 전반에서 순환하는 돈을 측정해냈다. 레온티예프는 경제 시스템 내에서 국민 총생산(GNP)을 계산하고 자본 흐름이 경제 크기의 척도가 된다고 제안하였다. 생태계 에너지 흐름의 열거는 생태계에서 에너지의 분배화를 밝히도록 한다. GNP가 경제의 "크기"의 척도가 될 때, 전체 시스템 처리량(TST)은 에너지 흐름에 대한 시스템 크기의 척도인 것이다. 간단한 행렬대수와 물질과 에너지 흐름의 척도들(누가 누구를 먹는 것, 주요한 생산력, 배변—영양 정보, 재생산, 종들의 현존량 등)을 이용하여, 연구자들은 생태계 내에서 상세한 에너지 흐름들을 계산할 수 있다. 이 방법론을 사용하여 전체 시스템의 처리량, 영양 수준들, 순환 과정에서 흐름의 분배, 순환들의 수와 길이, 그리고 생태계 상태와 과정에 대한 다수의 몇몇 주요하고 부수적인 정보들을 결정할 수 있다(울라노위츠 1986; 그림 7.2).

비록 컴퓨터가 대략 분 단위에서 이들을 측정하여 계산할 수 있다 할지라도, 데이터의 수집과 열거 목록에 대한 조심스런 연구를 위하여 상당한 시간이 필요하다. 현장 생물학자들은 주요한 생산과 집단과 유기생명체의 호흡과 같은 기준의 생태학적 데이터를 측정해야 할 뿐 아니라, 생명체의 섭식이 무엇이었는지 알아내기 위해서 각 생명체 위에 남은 내용물 혹은 배설물을 꼼꼼히 조사해야 할 것이다. 만약 우리가 흥미로워하는 유기생명체가 회색 곰이라면, 곰은 개미, 소나무 흰 껍질의 종자들, 북미산 무지개송어, 나방, 사슴, 적어도 10가지 종의 딸기, 혹은 심지어 자동차 오일 필터를 먹었을 것이다.

유진 오덤의 형 하워드 오덤Howard T. Odum 또한 생태학자였다. H. T. 오덤은 린드먼이 떠난 지점에서부터 시작하였다; 그는 생태계 전반의 에너지 흐름을 측정하고 계산하였다. 기계, 경제, 도시, 그리고 국가는 후에 H. T. 오덤의 에너지 분석들 속의 계산 안에 넣어졌다(오덤 1971). 그는 그 원리들을 설명하는 상징들을 발전시켰다. 그의 생태 언어에서 급수탑의 꼭대기는 저장이라고 가르치고, 전자기기에 관한 기반 상징들은 열과 에너지 소산을 상징하고, 육각형, 큰 화살표, 그리고 둥근 총알 모양의 결합이 녹색 식물 사이에 에너지 관련성들을 나타낸다. 유진 오덤에 뒤떨어지지 않을 정도로 그의 형도 큰 문제들에 대해서 전혀 위축되지 않았다. 『환경, 힘, 그리고 사회Environment, Power, and Society』(1971)에서 H. T. 오덤은 "세계 시스템", "생태계의 힘", 그리고 인류애, 경제학, 정치학, 그리고 종교에 관한 에너지 기반들과 같은 주제를 진지하게 논의했다. 1960년대 가장 세련된 연구영역 안에서, H. T. 오덤은 푸에르토리코의

인투 더 쿨: 에너지 흐름, 열역학, 그리고 생명

열대 우림 속 에너지론을 연구하였다. 그는 높은 관측탑, 기록할 수 있는 센서, 그리고 물과 영양분의 비축에 대한 계산을 사용하였다. 전혀 부끄러움을 타지 않는 H. T. 오덤은 그의 강연을 듣기 위해서 체육관을 가득 메운 대학생들과 함께 있었다. 전통 소련의 지도자들과 학생들에게 탈정치 과정과 더불어 개방된 시장 경제들 및 에너지 흐름에 관하여 열심히 강연했다. 오덤 형제들은 통합된 지구에 존재하는 생명을 이해하기 위해서 중요한 에너지의 흐름을 강조했다.

마크 호머Mark Homer, 마이크 켐프Mike Kemp, 그리고 휴 맥켈라Hugh McKellar는 플로리다 해변의 소지(沼地)에서 2년 동안 H. T. 오덤과 함께 일하였다. 여기에서 그들은 두 개의 플로리다 해변 계곡 내에서 탄소 에너지의 유입에 관한 데이터를 수집하였다(호머, 켐프, 그리고 맥켈라 1976). 그들의 임무는 두 가지 매우 다른 감조 습지 계곡들—발전소로부터의 열로서 "스트레스를 받는" 하나와 비슷한 계곡이지만 시스템 내에서 어떠한 환경 스트레스가 없는 다른 하나—에서 생태계의 에너지 흐름을 비교하는 것이었다. 계절에 따른 주요한 생산량의 연구들을 수행하는 것이었다. 만(灣)으로부터 물질의 수입과 수출을 측정하였고, 수천 마리 물고기의 먹이 근원을 결정하기 위해서 수천 개의 물고기를 해부하였다. 그들은 해조류, 동물성 플랑크톤, 그리고 동갈치에서 가오리까지 일곱 가지 생물 구성품들로부터 탄소 유입량을 측정하였다. 가장 잘 수집된 것들이나 비슷한 생태계에 대한 비교를 허용하며, 우리는 이 책의 나머지 장에서 이들 데이터의 일부를 보게 될 것이다. 현장실습 기반의 프로그램에서 수집된 정보들이 오늘날의 생태학에서 가장 가치 있는 것들이나, 집중력이 필요한 야외작업이기 때문에 그들은 가장 비싸고 얻기가 어려울 것이다.

그림 13.2에서 가장 중요한 곡선은 연속된 시간 내에서 생산/생물 자원(P/B) 간의 관계이다. P/B 비율은 단위 면적당 생물 자원(B)에 의해

서 나누어진 시스템의 주요한 생산량(P)을 나타낸다. P/B 비율은 생태계의 건강과 연속된 계승의 진행에 관한 중요한 척도이다. 이론주의자인 마르가레프와 유진 오덤은 이런 척도가 생태계에 관한 일련의 신진대사 내의 온도에 관한 정보를 제공한다고 강조했다. P/B 비율은 얼마나 많은 주요한 생산들이 단위 생물 자원들을 지원하도록 필요한지 잘 보여준다. 그 척도는 시스템의 효율과도 연관된다. 1978년에 마츠노Matsuno는 P/B 비율이 생태계에 관한 특별한 엔트로피 측정과도 동일하다고 입증하였다.

P/B 비율과 특별한 엔트로피는 생태계의 연속된 계승 동안 끊임없이 감소한다. 심지어 이 시스템들이 더 낮은 속도의 특별한 엔트로피 생산을 향해 간다고 할지라도, 그들은 평형에 가까운 온사게르 시스템이 아니다. 살아있는 시스템은 최소한의 생산 규칙 내에서 요구되는 특별한 조건과 제약을 충족시키지 못한다. 유기생명체들과 생태계로부터의 정보는 이들 생태계가 성숙되면서 그들의 신진대사 속도가 점점 느려져 간다고 볼 수 있다; 특별한 엔트로피 생산도 마찬가지다; 신진대사의 속도가 낮아지는 것이 성장 내에서 평준화-성숙도에 관하여 증가된 효율의 최고조에 달하는 성장을 동반할 것이다. 단위 에너지 흐름당 지지되는 생물 자원의 수는 연속된 계승 동안 감소한다. 동시에 시스템은 점차 안정화된다. 성숙된 생명체처럼 그것은 동일하거나 혹은 덜 유입되는 에너지와 물질과 함께 스스로를 잘 유지할 수 있게 된다.

오덤은 초기 연속된 계승 시스템에 존재하는 먹이 사슬을 간단하게 선형으로 묘사하였다; 더욱 성숙된 먹이 사슬들은 생태계 내에서 생산된 조각의 물질들로부터 영양분의 재순환 과정을 포함하여 더욱 많은 순환들과 함께 더욱더 복잡해졌다. 린드먼은 한 종에서 다음 종으로의 음식 사슬 속에서 낮은 에너지 전이의 효율이 약 1~2%로 작아진다는 것을 발견했다; 그러나 토끼부터 여우까지를 말하게 되면, 먹이 사슬에서 더

인투 더 쿨: 에너지 흐름, 열역학, 그리고 생명

높은 단계에서는 그 전이 효율은 25%까지 더 커지게 된다. 각 수준에서 에너지 전이의 비효율성 때문에, 5~6 수준 이상의 영양 피라미드를 구축하는 것은 어려울 거라고 그는 증명해 보였다. 제2법칙은 이들 각 전이들에서 엔트로피의 할당량을 이끌어낸다. 이것은 생태계 속에서 결과적으론 아주 작은 수의 영양 수준이 된다. 그러나 재료들은 수만 번의 종속 영양 생물의 일부 먹이 사슬 중에서 사라져 없어질 수 있다. 죽은 연속성 계승의 시스템은 훨씬 더 복잡한 먹이 사슬들과 에너지와 물질들의 재순환 과정에 관한 더욱더 많은 경로들을 가지게 된다(슈나이더와 케이 1994b).

지구에 도달한 태양에너지는 재순환 과정의 생태계 내에서 가스를 교환하는 마디와 공급자들 간의 결합을 통해서 점차 분해된다. 그 생태계는 뚜렷한 표피나 유기생명체의 표피외막을 가지고 있지 않으나, 그럼에도 불구하고, 총체적으로 집합된 시스템이다. 그리고 그것은 늘 먹어댄다. 식물로 들어오는 단지 약 1%의 에너지만이 살아있는 물질로 전환된다. 다른 99%는 우주 공간으로 반사되거나 낮은 등급의 열—엔트로피로 전환된다. 단지 그 1%만이 지구상에서 그 실력을 시험해 본다. 매우 큰 종속 영양 생물, 예를 들어, 소들은 풀을 뜯어먹고, 그리고 세균들은 가능한 많은 태양의 구배 차이가 소멸될 때까지 배설물로 분해된다. 에너지는 이중고를 겪는다; 양쪽에서 자가 영양의 분해와 종속 영양의 과정들—처음에는 식물, 해조류와 광합성하는 세균, 이어서 동물과 그들의 가족들—을 통해서 유입되는 태양광으로부터 낮은 엔트로피 생산물의 마지막까지 세게 비틀어 쥐어짠다. 태양에너지는 생태계의 많은 장소에서 철저히 분해되고 있다.

새고 있는 생태계

초기 무대에서 종종 r 생태계들이 영양 자원을 잃는 반면에, 성숙된 생태계는 시스템 내부에 많은 자원을 보유한다. 생태학자들은 시스템 외부로부터 전해오는 물질을 외인적exogenous이라고 부른다; 시스템 내부에서 재순환하는 물질은 내인적endogenous이라고 부른다. 열대 우림은 대부분의 물질과 에너지를 재순환시키고 시스템에 관한 물과 영양분들의 내인적 자원을 제공한다. 셀룰로오스를 포함하는 자가 영양하는 나뭇잎들은 초식동물들에게 쉽게 공격받고, 종속 영양에 음식 사슬이 나뭇잎, 줄기, 그리고 뿌리덮개와 함께 중단되는 순간까지 많은 구배 차이들(화학 결합들)이 시스템으로부터 더 압축되고, 단순화된 기초 영양분들은 재순환의 과정에 있는 동안 이용 가능하게 된다. 그런 과정들은 잘 발전되어 온 뿌리와 종속 영양의 유기 환경들을 필요로 하는 반면에, 이들 전이들은 함께 일어날 수 있다. 열대 우림에서는 심지어 습기마저도 재순환된다. 이른 아침과 정오에 경험하게 되는 온도, 맑은 하늘과 강한 태양볕은 오후의 소낙비, 빠르게 응답하는 순환 과정의 시스템을 만들어낸다. 초기 연속된 계승의 시스템들은 재순환 과정이 가능하도록 만들 수 있는 뿌리 시스템, 잎의 생물 자원, 그리고 유기물질들을 포함하고 있지 않다. 성숙한 생태계의 주요한 특성이라고 할 수 있는 것은 그것이 시스템 내에 포함된 물질들을 재순환시키는 동안 시스템으로부터 많은 영양분, 물질, 그리고 내부의 수분을 외부로 누출하지 않는다는 것이다.

순환들은 편재(遍在)되어 있는 생태계 내의 현상이다. 생태계 내에서 물질과 에너지의 순환 과정은 연속된 계승 과정이 진행되는 동안 변한다. 초기 계승의 시간 내에서 순환들은 짧고, 열려 있으며 빠르다. 성숙된 생태계에서 물질과 에너지 순환들은 스스로 내부에 닫혀서 갇힌 긴 복잡한 순환들과는 정반대이다. 낮은 P/B 비율을 가진 더 효율적인 생태계들이 생태계 속에서 순환되는 과정 중에 가장 긴 체류시간과 대부분 물질들을 가지게 된다는 것을 일찍이 보았다. P/B 비율에 대한 간단한 단위 분석은 그것이 체류시간 및 1/T와 같거나 혹은 시스템 내에서 물질 순환의 시간과도 동일하다고 보았다. 연속된 계승 내에서 이른 r종들은 짧은 생명주기를 가지고 있다. 예를 들어, 세균의 순환에서 질소는 시간 단위의 체류 시간을 가지고 있으나, 성숙한 우림의 생태계에서 질소의 체류 시간은 무려 수백 년 동안으로 측정된다. 이들 성숙한 시스템에서 더욱더 많은 순환들이 있을 뿐 아니라 이들 순환의 전반에 흐르는 더욱더 많은 물질들이 존재하고 있다.

연속된 계승 동안 그 틈새(격차, 지위)는 점차 좁아진다. 우리는 이 책에서 여러 번 틈새(격차, 지위)라는 말을 사용하였다. 지금에야 비로소, 우리가 이 개념을 더욱 진지하게 논의할 시간이 되었다. 틈새Niche는 기본적으로 벽으로부터 튀어나온 지점을 의미한다. 거기에 램프나 상(像)이 단단히 고정될 수 있다. 초기 영국 생태학자들은 틈새가 주어진 종들이 집단 내에서, 즉 서식지 내에서, 경쟁하고 음식을 점령하는 장소라고 생각하였다. 폭넓은 틈새는 유기생명체들이 살 수 있고, 초기 계승의 시스템에서 전형적인 넓은 범위에서의 환경을 말하고 있다. 좁은 틈새는 유기생명체가 더욱 복잡한 세계 속에서 생존하기 위하여 기질과 특이성들을 발전시키는 경쟁이 요구될 때 진화하게 된다. 전문적인 특수화가 보다 확실해지고, 때론 그 틈새는 서로 겹치게 된다. 예를 들어, 소라게는 달팽이 껍질을 사용하며, 또 다른 생명체에 의해서 남겨진 껍질의 생물학적 하드웨어 속에서 의존하는 틈새를 발전시켰다.

절정의 생태계

생태계에 대하여 가장 잘못 이해되고 있는 개념들 중의 하나는 연속된 계승의 순서에서 '절정'의 과정이다. 절정의 개념에 관한 문제를 파악하기 위해서, 절정을 시스템의 마지막 정상 상태로 이해하였던 클레먼츠와 코울스와 같은 초기 연구자들로 거슬러 올라가야 한다. 이에 대한 잘못된 이해는 연속된 계승에서 점근(漸近)적인 수준을 향하여 증가하는 생명 자원에 대하여 설명하는 오덤의 곡선에서도 보여지고 있다. 그림 13.2에서 우리는 비슷한 방식으로 잘못을 범하였으나, 그런 패러다임은 이제서야 지워지게 될 것이다. 절정의 생태계는 실제로 일정한 변화들 속에 존재하고 있다. 심지어 절정의 생태계들이 미성숙한 시스템들보다 더 좋은 생체 항상성의 안정화 과정을 가지고 있을지라도, 그 시스템의 일부는 더욱 쉽게 부서지게 될 수 있다. 울라노위츠(1997)는 특정 지점 이상에서 증가하는 상호 연결성은 그 시스템 내의 부서지기 쉬운 허약성을 더욱 증가시킨다고 지적한다. 모든 시스템이 서로 100%로 연결되도록 한다면, 이것은 단지 하나의 연결을 가지는 것보다도 더 부서지기 쉽다. 약 50%의 연결성이 최적인 것처럼 보인다. 카우프만(1995, 56)은 50% 이상의 시스템 내에 상호 연결성에서 시스템들은 하나로 서로 상호 작용하는 마디들의 묶음과 더불어 서로 연결된 덩어리들로 응결되고 고정화된다고 보았다. 시스템이 더욱더 큰 그룹들로 응결되는 순간, 그들은 다양성을 잃어버리고 그것과 관련된 안정성도 함께 잃어버리게 된다.

이 생태학에 관한 몇 가지 교훈들은 글로벌 상업과 은행의 업무들에 관한 논쟁에서부터 배울 수 있다. 현재 우리 금융시장은 전반적으로 상호 연결되어 있고 하루 24시간 동안 활발히 운영되고 있다. 일본 주식시장의 순간적 상승은 유럽과 미국의 주식시장의 붕괴를 야기할 수도 있

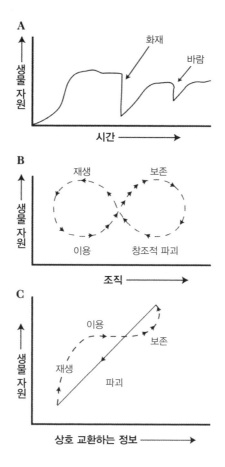

그림 13.3 연속 계승 과정의 세 가지 관점들. 연속 계승의 최고 절정인 우림들은 정적인 시스템이 아니다. A, 시간에 따른 생물 자원의 변화. 연속 계승 과정 동안, 생물 자원은 새롭게 만들어지고 있으나 화재, 바람, 그리고 때론 질병(페스트)들로 이런 자원들은 파괴되고 연속 계승의 과정은 처음부터 다시 시작된다. B, 생태계 과정들 중의 일정하게 변화하는 특징. 크로포드 홀링(1986)에 의해서 창조된 이 도표는 생물 자원 대 홀링이 '조직'이라고 부르는 것 사이의 관계를 보여준다. 그림 B에서 누운 '8'자 형으로 보이는 것은 연속 계승 과정에서 순환하는 특징을 보여준다. "이용(Exploitation)" 상은 초기 연속 계승의 r 단계와 빠르게 성장하는 종들에 의한 영양분의 이용을 나타낸다. "보존(Conservation)"은 K 혹은 성숙된 단계로서 천천히 성장하는 종들에 의하여 대표된다. "창조적 파괴(Creative destruction)"로 홀링은 시스템의 대 재앙적인 붕괴, 즉 화재와 페스트를 의미하였다. "재생(Renewal)"은 물, 화합물, 그리고 토양의 안정화로서 "이용" 상에 관한 기본 토대들을 공급한다. C. 로버트 울라노위츠(1997)는 홀링의 용어를 따라서 생물 자원 대 "상호 교환하는 정보"에 관하여 도식화하였다. 상호 교환하는 정보는 생태계 내에서 에너지 흐름의 상호 연결성의 척도가 된다. 생태계는 "재생" 단계와 덜 연관되고 성숙된 "보존" 상태와 가장 긴밀하게 연계된다. 생물 자원과 상호 연계성에서 갑작스런 감소는 "파괴" 단계를 나타내며 이는 극적으로 표현되어 있다.

다. 현시대 상업의 그런 상호 연결성이 현실적으로 큰 문제를 일으키고 있다. 생태적 상호 연결성은 모든 달걀을 하나의 바구니에 넣는 자연형(型)일 것이다. 바구니를 떨어뜨리면 대재난이 일어나게 된다. 이런 이유에서 50년 전에, 영국의 베틀을 짜는 무역에서 독립을 희망했던 간디는 손으로 직접 짠 직물을 만드는 것이 인도 경제를 위해서 필요하다고 역설하였다.

　　모든 성숙된 생태계에 존재하는 큰 나무는 불어오는 바람을 피할 수 없고, 혼잡한 숲은 화염과 해충의 침입에 쉽게 노출될 수밖에 없다. 땅에 많은 생물 자원들을 가진 우림 지대는 우연히 발생할지 모르는 산불에 늘 쉽게 노출되어 있다. 이들 파괴의 과정과 함께, 성숙한 숲의 일부는 조직의 초기 상태로 돌아가게 될 것이고, 또다시 연속된 계승 과정들을 통하여 재건축되기 시작할 것이다(그림. 13.3). 산불과 같이 자주 일어나는 사건들은 한 번에 광대한 지역을 말라죽게 만들지 않는다. 옐로우스톤 국립공원에서 1988년에 일어난 유명한 산불은 일부 경관들을 남겨두었다. 2.2백만 에이크 공원의 3분의 1만이 몽땅 타버렸다. 산불 발생 15년 후에 그곳의 식물들은 예측된 계승을 따르게 되었다. 이전에 존재하였던 키 큰 전나무와 소나무가 그곳에서 했던 것보다 성장하는 관목들과 젊은 나무들의 성장은 숲 속 사슴 종들에게 더 좋은 거주 지역을 제공하기 때문에, 종속 영양의 먹이 집단, 즉 사슴 집단에 평형한 연속된 계승의 변화들을 과학자들은 주목하게 되었다.

　　절정의 생태계는 생태계 계승의 다른 단계들의 모자이크로서 보아야 할 것이다. 예를 들어, 큰 산불이 일어나게 될 때마다, 생태학적 구조와 그 과정은 모노폴리 게임에서 'Go'—경기의 시작점—에 보내어진 경기자처럼 출발점으로 다시 돌아가 준비를 하게 된다. 불이익은 경기에서 멀리 내던져지는 게 아니라 시작점으로 돌려보내져 또 다시 진행을 해야 한다는 것이다. 결과적으로, 만약 오랜 시간 동안 생물 자원—TST 곡선들을 보기를 기대한다면, 열역학적 성장과 물질의 파괴 전반에서 일어나는 생물 자원과 더욱 성숙된 절정 조건에 대하여 또 다른 느린 상승과 더불어 톱니 모양의 패턴을 보게 될 것이다(그림.13.3A). 생태계 교란에서 일어나는 불균형 때문에, 생태계는 죽지 않으려는 경향이 있다. 이때, 생태계는 유기생명체가 아니다(어떤 유기생명체도 모든 물질들을 재순환하진 않는다). 비록 그렇지는 아닐지라도, 유기생명체와 같이 그들은 복잡한 열역학적 시스템들이다. 생태계들은 많은 공간—시간의 계층 규모들을 통하여 생물학적으로 안정한 패턴들을 만들어 낸다. 절정의 시스템은 빠른 변화들에 쉽게 노출된다. 그 시스템들은, 마른 숲에서 건조한 나무 짐과 생물 자원들처럼, 종종 불안정한 지점에 존재하고 있다. 매우 작은 혼란과 동요로, 달리는 말의 편자 금속부터 바위까지의 불꽃 점화가 수초 이내에 연속된 계승의 시계를 원점으로 되돌려놓을 수 있다. 비선형 동역학과 대재난의 사건들은 이런 생물학적인 시스템 전반에서 일상적이다.

제14장

스트레스하의 퇴행

인생에서 두려워할 것은 없다. 그것은 단지 이해될 뿐이다.

— 마리 퀴리 —

생태계 시간으로 돌아가는

생태계는 압박감(스트레스)으로 퇴행한다. 예를 들어, 해양 생태학자인 케네스 셔만Kenneth Sherman과 동료들(1981)은 상업적으로 어획량을 증가시키려는 압력하에 존재하는 생태계의 종들을 자세히 목록화하였다. 절정(최고점)의 생태계들에서 더 크고, 오래 생존하며 상업적으로 가치 있는 물고기의 존재를 없애는 것이 상대적으로 덜 가치 있는 까나리들의 숫자를 폭발적으로 증가시키는 결과를 가지고 왔다. 연구자들은 더 작고, 더 빠르게 번식하는 까나리들을 상업적으로 중요한 의미를 가진 청어 및 고등어의 포획량 감소와 직접적으로 연결시켰다. 후퇴되는 연속된 계승의 주요한 예시가 여기에 있다. 낚시꾼들에게 사랑받는 풍부한 청어와 고

　　　　　　　　　　　　인투 더 쿨: 에너지 흐름, 열역학, 그리고 생명

등어 떼들은 절정의 해양 생태계를 대표한다. 이들 물고기들을 없애는 것은 더 많은 수의 빠르게 성장하는 종들로 표식된 초기 발전시기로 생태계를 감소시켰다. 그런 생태계의 반전은 보편화되는 것처럼 보인다. 생태계에서 충분한 에너지를 빼앗거나 상호 연결된 전체를 뒤집어엎는 것은 그들의 소멸하는 능력을 제거해버리고, 그들을 생리학적으로 이미 너무 커버린 상태로 돌려놓는 것이다. 인간에게 심리적 퇴행 또한 감소된 에너지나 압박감으로부터 촉진된다. 복잡한 시스템의 형성을 위하여 이용 가능한 에너지가 빼앗기게 될 때, 이 시스템은 더욱더 원시적(발달되지 않은) 수준의 기능으로 점차 회귀된다.

참나무와 전나무의 무분별한 벌목은 바다로부터 성숙한 어종들을 무차별적으로 배수해가는 것과 동일하다. 생태계는 보금자리 속에 길들여진 네트워크이기 때문에, 그들에게 스트레스를 주는 것은 일상적으로 그들을 죽이지는 않으나, 오히려 연속된 계승 과정의 r개척자들, 더욱 다산의 종들에 의해 식민지화되는 순간, 그들의 복잡성을 훨씬 더 이른 단계로 되돌려 놓는다. 생태계에서 나타나는 이런 역전은 회전하는 소용돌이 쌍들이 압력 구배 차이가 줄어들 때 점차 감소하며 발생하는 테일러 소용돌이와 같이 비생명 시스템들의 그것과도 매우 비슷하다. 살아있고 살아있지 않은 양쪽 모두의 시스템 내에서 더 초기 형태로의 역전은 감소된(소멸된) 에너지의 흐름에 의해서 촉발된다. 압박감(스트레스)은 덜 적은 에너지로서 행동하도록 만드는 더 초기 모드로, 구배 차이가 감소하도록 시스템을 돌려놓는다. 지구 전체에서 인간은 개척 종들과 매우 많이 닮아 있다. 몇 세대를 거쳐가며 우리는, 자손을 많이 낳으며 번식해 간다. 여기서 빠른 성장은 새로운 생태계에서의 높은―엔트로피―생산의 단계를 많이 닮아 있다. 만약 우리가 정말 전 생태계의 r종들이라면, 우리는 생태계가 무엇인지 모른다―그것은 전에 지구상에서 존재하지 않았다.

지구상에 탑승한 승무원이 된다는 것은 아주 고귀한 부름인 것이다. 종이 더 빠르게 증식하면 할수록, 바이러스, 세균, 곰팡이, 그리고 다른 동물들이 그 종들을 먹어치울 가능성이 더 높아지게 된다. 이것은 나머지 일부의 희생으로 그 시스템의 일부분의 편향적인 성장을 절제하게 된다. 최정점의 전체 생태계는 우리가 현재 보고 있는 것, 아는 것보다 더 큰 종들의 다양성과 더 높은 전체 효율을 수반하고 있는 것처럼 보인다. 그것은 또한 더 작은 수의 인간들도 포함하는 것처럼 보인다.

수많은 생태계 효율의 측정 방식들이 존재하고 있다. 우리가 초기에 논의했던 것 중 하나는 생물 자원의 단위를 유지하기 위하여 필요한 생산의 척도이다. 성숙한 생태계들과 성년의 유기생명체들은 비록 그들이 전반적으로 더욱더 많은 에너지(그리고 더욱더 엔트로피를 생산하는)를 처리하게 될지라도, 이는 단위 무게당 더 낮은 엔트로피 생산을 가지고 있다. 성숙된 생태계들과 성년들은 그 크기에서 최정점에 존재하고 있다. 어린이들은 더 높은 성장 속도에 대응하며, 더 높은 온도에서 활동하나, 결국 시간이 지남에 따라 그들은 단위 질량당 더 작은 칼로리를 필요로 하는 성년이 된다. 더 이상 성장하지 않으면서, 그들은 이 에너지를 끊임없이 작동을 유지하는 데만 집중시킨다; 그들은 에너지를 더욱더 효율적으로 사용한다.

그러나 비틀거리는 유기생명체나 생태계에게 이 압박감(스트레스)은 에너지 흐름을 다루는 데 있어서 그들을 더 초기, 덜 효율적인 형태로 돌려보낼 수 있다. 산불이 파괴적이나 치명적이지 않음을 생각해 보자. 말기 상태의 숲 생태계에서 큰 나무는 바람과 해충에 쉽게 노출된다. 성숙하며 절제하는 우림은 땅 위에서 마른 생물 자원들을 축적하게 된다; 성냥이 부딪힐 때, 그들은 쉽게 점화되어 탄다. 그러나 훨훨 타버린 성숙한 우림은 결국은 다시 돌아온다; 연속된 계승으로 또 다시 시작하여, 그들은 새싹이 되어 다시 살아난다. 산불은 모든 것을 태워버리지는 않는다.

프랑스 외곽에서 유조선 아모코 카디스Amoco Cadiz와 알래스카 외곽에 엑손 발데즈Exxon Valdez의 심각한 해안 원유 유출 사건 이후에도, 이들 지역 내에 해양 생태계들은 다시 살아났다. 유독한 원유는 세균 집단들에 의해서 소화될 수 있는 표면을 형성한다. 이때, 플랑크톤과 다른 유기생명체들의 생태계가 더욱 잘 재생되기 위해서 온다. 그러나 만약 압박이 너무 가혹하면, 생태계는 이용 가능한 구배 차이를 소멸시키는 타고난 능력의 급격한 감소로 무척 괴로워할 수도 있다.

심하게 압박된 생태계에 생명 자원의 회복 곡선은 톱니 모양의 일정한 패턴을 보인다(그림. 13.3A). 성장은 간헐적이지만 꾸준히 일어나게

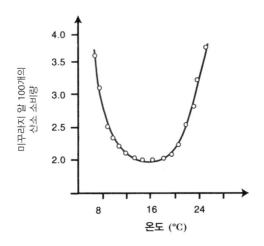

그림 14.1 다른 온도에서 하나의 세포 분열 동안에 100개의 미꾸라지 알들의 산소 소비량의 관계. 산소 소비량은 하나의 세포 분열 동안에 소비된 산소의 마이크로 리터 단위로 측정되었다. 산소 이용성은 생명체의 대사와 엔트로피 생산을 파악하기 위한 좋은 대안이 되었다. 어느 온도 범위 내 즉 15~20℃에서, 이 미꾸라지 알들은 최대 산소 소비 혹은 최소 기초 신진대사 속도 내에서 작동한다. 온도가 이 범위들 위 혹은 아래에 존재하고 있을 때, 알들은 스트레스를 받고 특이한 신진대사와 에너지 소산의 속도가 점차 증가하게 된다. 생태계도 비슷하게 행동한다; 스트레스를 받을 때, 그들은 무게에 대해서 특별하게 높은 수준의 에너지를 소산하도록 작동한다.

되고 성숙도에서도 느린 상승이 따르게 된다. 재생되는 취약한 절정의 시스템 능력이 그들을 더 강건하게 만든다. 아마도 상호 연결성의 강화된 수준으로 거슬러 올라갈 수 있는 이 허약함은 그들의 취약한 절정의 틀 안에서 모두 다 똑같다.

신진대사는 생태계의 "건강"과도 연결되어 있다. 여러 가지 점에서 성체의 유기생명체들은 생태계와 매우 비슷하게 행동한다. 발전하는 양쪽 유기생명체들과 생태계들은 완전하게 에너지를 다루는 능력에 도달하고, 새로운 물질들을 종합하는 능력에서는 감소로 고통스러워한다. 신진대사 반응들은 열과 물질의 쓰레기더미를 발산한다. 계단을 빠르게 오르면 우리의 신진대사 속도와 신체 온도는 상승한다; 그것은 효소활성을 유도할 것이다—오래되고, 덜 효율적인 신진대사 경로는 젖산이 축적되고 당이 이산화탄소와 물로 연소되지 않을 때, 근육세포에서 호흡을 대체하게 된다. 온도에 연계된 신진대사의 증가는 많은 병을 동반하게 된다. 이 때문에 내과의사나 응급실 간호사들이 환자가 입원하면 가장 먼저하는 처치 중 하나로 환자의 체온을 체크한다. 의료진들이 이를 깨닫지 못할지도 모르나, 내과의사는 이때 환자의 열역학적 상태를 측정하는 것이다. 의사는 신진대사 속도 내에서 일시적인 신호 증가, 특별한 엔트로피 생산에서의 증가를 찾게 된다. 그것을 발견하게 되면, 의사는 환자가 아프다고 바로 결론짓는다. 아픈 유기생명체나 생태계 내에서 구배 차이의 감소는 일시적으로 증가하게 될지도 모른다. 그러나 그 증가는 오랫동안 지속되지 않는다. 그것은 건강한 성체 혹은 성숙한 생태계에 의해서 성취되는 구배 차이 소멸의 더 훌륭하고, 더욱 오랫동안 지속될 수 있는 수단을 유지하는 무능력의 함수이다.

포유류의 신체 온도는 일정하지 않다. 그것은 하루에도 몇 번, 소화

상태와 숙면 활성의 순환 중에서 변한다. 비록 평형 상태가 아닐지라도 포유동물의 생리기능은, 특별히 동물이 빠르게 성장하지 않을 때, 많은 "정상 상태와 비슷한" 측면들을 가지고 있다. 신진대사의 가변성은 더욱더 에너지 효율적인 신진대사의 형태와 함께 고대 자연의 영양 보충을 반영하고 있다.

신진대사의 변화는 온도 극치에 대응하여 발생한다. 미꾸라지 알에서 일어나는 산소 소비는 이전의 소비에트연방 내 과학 아카데미 발달 생물학협회에 참여하고 있는 알렉산더 조틴Alexander Zotin에 의해서 측정되었다(조틴 1972). 성장하는 알들에게 산소 소비는 14와 20도씨 사이에서 최솟값에 이르렀다. 온도가 8도씨 이하이거나 28도씨 이상이 되면, 그들의 산소 소비는 두 배로 뛰어오른다(그림. 14.1). 산소 소비는 신진대사와 엔트로피 생산의 자취를 밀접하게 따랐다: 조틴은 극한 온도들이 알들을 신진대사의 종속구동(增速驅動) 상태로 강하게 밀어넣게 된다고 결론지었다. 일반적으로 그들의 신진대사는 주어진 종들에 관하여 정상 온도 범위 이내에서 최솟값 부근에서 맴돌게 된다. 다른 압박감들도 같은 반응을 이끌어낸다: 유독 물질에 노출된 바다와 지구상의 유기생명체들은 강화된 신진대사, 온도 증가, 그리고 일시적으로 증가된 엔트로피 생산량을 보여준다. 무게에 따라 특이적인 엔트로피 생산은 비록 그것이 작동할 수 있는 동적 범주 내에 있다고 할지라도, 이는 최소한의 정상 상태로 향해 가는 경향이 있다. 미꾸라지 알들에 관하여서 유기생명체들은 16도씨 주변의 쾌적한 지대 내에서, 천천히 신진대사화해 간다; 냉각이나 열을 가하여 압박하게 되었을 때, 그들은 더욱 미성숙하고, 더 빠르게 성장하는 형태처럼 행동하게 된다; 더 높은 신진대사 속도로 그들은 퇴보한다.

온도와 신진대사 속도 사이의 상관관계는 완만한 포물선을 그린다. 온도 변화는 역동적인 반응들을 이끌어 낸다. 압박감이 제거되면, 신진대사는 최소의, 아마도 최적의 속도로 돌아오게 된다. 쾌적한 지대에서 사는 유기생명체들은 그런 상태를 유지하려는 만큼 많은 엔트로피와 열을 생산해내지 못한다; 생물학은 구배 차이 소멸과 생존 사이의 가느다란 선을 따라 걷는다. 다른 한편으로 생명은 에너지 없이 작동할 수 없다. 그것은 동면 중에 있게 된다. 어디든 가지 않고, 아무것도 하지 않고 있는다. 구배 차이를 감소하는 형태를 유지하고, 새싹, 곰팡이 포자, 아메바 포낭 혹은 완보동물의 발효통 안에서 잠자고 기다리게 된다. 그러나 생물학자로서 외부인과 보통 사람으로서 그 내부의 양쪽 모두에서, 우리가 생명으로 인식하는 것 모두는 에너지 변형에 전적으로 의존하게 된다. 왜 심장 혹은 뇌의 활성이 멈추는 것이 죽음의 법적 정의와 연결되는지, 바로 이러한 이유 탓이다. 다른 한편으로, 과식, 과량의 운동과 너무 빠른 성장에서 보이는 최대 구배 차이 소멸은 생명 시스템의 치명적인 손상을 일으킬 수 있다. 모두 소모하든 점차 사라져버리든—그것은 일종의 유전적 산불, 생명에 관한 위협일 것이다.

건강한 유기생명체들은 자연적 지혜를 보여준다. 그들은 주변 자원들을 잘 보존하고, 그들이 의존하는 구배 차이들을 소멸시키는 데 오랜 기간의 능력을 유지하게 된다. 그들은 정상 상태에 도달하게 되고, 생명을 유지하는 방향으로 이용 가능한 에너지의 방향을 지시하게 된다.

킴벌리 하몬드Kimberly Hammond와 재레드 다이아몬드Jared Diamond(1997)는 설치류, 조류, 유대동물과 인간에 관한 최대 신진대사 속도를 조사하였다. 압박감하에서—달리면서, 비정상적으로 큰 한 배 속에 들어 있는 새끼를 먹이는 수유를 하거나 혹은 10도씨 미만의 낮은 온도에 드러내지든지—그들의 신진대사는 계속 증가하였다. 일부 유기생명체들은 휴면상태 값에서 거의 7배까지 신진대사의 결과물을 증가시켰다.(투르 드 프랑스[Tour de France]에서 참을성을 갖고 완주하는 자전거 경주자의 신진대사는 기저 속도 이상에서 4.3배까지 상승한다.)

하몬드와 다이아몬드의 업적은 조틴의 그것을 더욱 확신시킨다. 압박감은 엔트로피 생산량을 증가시키고 효율을 낮춘다. 압박감이 진정될 때, 그 시스템은 정상적인 신진대사 내로 회귀된다. 신진대사의 범주는 변동을 거듭하는 환경 속에서 매우 민감한 유기생명체들에 대한 엔트로피 생산의 역동적인 본성을 보여 준다. 신진대사의 복원력은 유기생명체들이 에너지 이용 수준에 잘 적응하도록 만들고, 어려운 시대에도 생존할 수 있도록 만든다.

방사능의 포격

브룩헤이븐 국립연구소Brookhaven National Laboratory의 조지 우드웰George Woodwell과 그의 동료들은 성숙한 참나무—소나무 숲을 10년 동안 과량의 감마선에 노출되도록 만들었다(우드웰 1970). 우드웰의 연구 그룹은 포격의 영향력을 측정하고 사진을 찍었다. 그들이 요약하기로, "당시에 방사선은 먼저 소나무 숲을 파괴하고 동시에 다른 나무들도 죽였다. 나무의 새싹들은 눈이 트고 땅을 덮도록 남겨진다. 더 긴 시간 동안 방사선에 끊임없이 노출되면, 새싹들마저 죽고 마침내 사초 식물, 잔디와 잎채소만이 그곳에 남는다"(우드웰 1970, 20).

이것은 소로와 오덤이 주장한 이른 시간으로 되돌려져 가는 생태학적 연속된 계승인 것이다. 연속된 계승이 가능한 많은 에너지를 잡고 소멸시키는 반면에, 방사선은 그 과정들을 모두 반대로 만들어 간다. 이 경우에 방사선에 노출된 참나무—소나무 숲은 생태계로서 발달의 더 초기 단계로 회귀한다. 결국 그것은 빠르게 성장하는 r종들과 매우 내한성의 지의(地衣)류 식물들로 지배당한다.

기름 스트레스

대학협회는 5년 동안 미국 환경보호기관으로부터 해마다 100만 달러 이상의 연구자금을 받으며 해양 생태계에 석유 생산품들의 영향력을 집중적으로 분석하였다. 세계에서 가장 훌륭한 해양 과학자들이 기름에 노출되며 스트레스를 받는 생태계 전반에 다양한 방사선들로 표식된 동위 원소들의 운명을 추적하였다. 플랑크톤 전문가들의 집단은 표면에 거주하는 미생물(조류, 동물성 플랑크톤)과 동물 유충들을 면밀히 살펴 보았다; 또 다른 집단은 해저 혹은 저생(底生)시스템을 추적하였다. 실험은 로드아일랜드대학의 해양생태계 연구실(MERL)의 내러갠셋 만을 따라서 수행되었다. 그 시설은 섬유유리로 된 14개의 메조코즘 탱크들로 구성되어 있다. 각 탱크 안에는 13,000리터의 내러갠셋 만 물과 30센티미터 두께와 2.5제곱미터 면적에 사로잡힌 저생 집단이 조심스럽게 놓여 있었다. 침전물 군집들은 상자 중앙에 모여 가 결국은 거대한 탱크의 바닥에 놓였다. 특별히 개조된 양수펌프들을 이용하여 채취된 물속 시스템의 섬세한 구조를 해치지 않으면서, 만으로부터 퍼온 물속에 떠다니는 해양 조류(식물성 플랑크톤), 동물성 플랑크톤의 유생기 형태와 물고기들을 메소코즘 탱크들 안으로 운반하였다. 저생 표면에 사는 거주자들도 또한 여기에 포함되었다. 탱크 속의 물은 끊임없이 퍼 올려지고, 그 결과 그것의 대사회전turnover은 내러갠셋 만에 대한 수세(洗淨)식 세정 시간과 무척 닮아 있었다. 이 끊임없이 발생하는 조심스러운 대체 과정은 새로운 유기생명체들이 탱크 속으로 들어올 수 있도록 만드는 시초가 되었다. 내러갠셋

만의 약 90% 종들은 그런 메소코즘 내에서 나타났다(오비아트Oviatt, 월커 Walker, 그리고 필슨Pilson 1980).

지금도 호수에서 사용되고 있는, 비슷한 모양의 큰 플라스틱 울타리들이 현대 생태학의 사이클로트론—원자의 핵변환이나 동위 원소 제조 등에 사용되는 이온 가속기—인 것이다. 자연의 생태학적 구조와 기능을 유지하기 위하여 충분히 커져 있음에도 불구하고, 이는 생태학자들에게 측정 가능한 변화들의 영향력을 충분히 다룰 수 있을 정도로 포함되어져 있다.

건강한 유기생명체들을 MERL 탱크에 채워 넣은 후에, 그 탱크들 속을 섞지 않고 100일 동안 안정화되게 그냥 내버려 두었다. 그 기간 동안 식물성 플랑크톤은 거의 모든 영양분들을 생산하였다. 이것은 생태계의 생물 자원 대부분을 구성하는 저생의 생명체—단각류 동물들, 벌레들, 연체동물들과 미생물들—을 먹이고도 충분히 저장되었다. 초기 안정화 시기 이후에, 탱크 내에 P/B(생산량/생물 자원) 비율은 거의 1에 가까웠다—거의 모든 생산량은 생물 자원으로 전환된 것이었다. 그 시스템은 광합성적으로 고정화된 탄소를 매우 높은 효율을 가진 생물 자원들로 전환시켰다. 특별한 엔트로피의 생산량은 매우 낮았다.

이때 메소코즘들은 이 160일 기간 동안 10억당 190의 일부들로 두 번에 걸쳐서 연료유를 공급받았다. 이 정도 양의 기름은 대부분의 해양 생명체에 그렇게 심각하게 해롭지 않으나 이 노출이 만성적이면 잠재적으론 치명적인 문제를 일으킬 수 있다. 기름에 노출되고 100일이 지난 후에 P/B 비율은 230까지 치솟았다—새로운 물질의 생산은 생물 자원으로서 저장될 수 있는 것의 한계를 넘어섰다. 메소코즘은 그 무게를 점차 잃어버렸다. 사실 그것은 식욕을 잃어버린 것처럼 보였다.

심지어 기름 스트레스가 멈춘 후에도, P/B 비율은 매우 비효율적인 신진대사 속도인 250까지 치솟았다. 비록 많은 다른 변화들이 기록되었을지라도, 효율에서 변화들, 무게에 따른 엔트로피 생산과 P/B 비율은 급격하게 변화하는 등 강렬한 인상을 주었다.

100일 후에 연구자들은 이 만성적인 기름 공급을 완전히 멈추었다. 이 순간, 낯선 어떤 것이 감지되었다. 노출 후 80일까지 거의 믿을 수 없을 정도로 생태계의 P/B 비율은 초기 수준으로 되돌아갔다. 열역학적 기준에서 그 메소코즘은 정상 상태에 대한 역학적 평형, 즉 이전 상태로 돌아갔다. 아픈 동물에서 보여지는 것과 거의 같이, 처음으로 신진대사(높은 P/B 비율과 강화된 특별한 엔트로피 생산)는 점차 증가되었다. 스트레스를 제거한 후에 생태계는 역동적이나 단위 무게당 최소 에너지 소산의 안정한 상태로 복귀하기 시작하였다. "고열(高熱)"이 없어진 것이었다. 여기에서 또다시 우리는 병으로부터 회복되어가는 동물처럼 행동하는 살아있는 열역학적 시스템의 생태계를 보게 된다.

허바드 브룩Hubbard Brook

모든 개별 유기생명체들은 스스로를 만들어내는 구조를 통해서 구획화되어 간다. 나무는 줄기로 둘러싸여 있고, 포유동물은 털이나 피부로 덮여 있고, 그램 음성의 세균 벽은 막에 의해서 닫힌 벽들을 가지고 있다. 생태계는 경계를 가지고 있다. 성숙된 생태계는 매우 적은 양의 영양분과 물만 유출한다.

뉴햄프셔에 있는 허바드 브룩의 실험 숲에서 1965년에 스트레스에 압박된 생태계가 얼마나 훌륭히 그 내부의 물질을 유지할 수 있는지 측정하는 실험이 시작되었다. 그것은 오늘날에도 여전히 계속되고 있다.

인투 더 쿨: 에너지 흐름, 열역학, 그리고 생명

예일대학 교수 진 리킨스Gene Likens, F. 허버트 보어만F. Herbert Borman 그리고 동료들은 미국국립숲관리국에 의해서 잘 유지되고 있는 장소들을 연구하였다. 진 리킨스가 평생 동안 연구한 프로그램은 숲 생태계들의 생명지질화학 분야에 집중되어 있다. 진 리킨스가 보어만과 함께 만들었던 하버드 브룩의 실험 숲에서 일생 동안 수행한 연구들은 생태 기능과 토지 용도 실행 간의 주요한 연계성을 밝히는 것이었다. 하버드 브룩 숲에서 중대한 분기점은 1965년 가을과 겨울에 무차별한 벌목이 있은 후 제초제가 뿌려졌을 때였다. 해를 가한 후 이어진 수년 동안, 연구자들은 배수 구역을 통하여 물과 영양분의 흐름을 면밀히 관찰하고 추적하였다. 그들은 여기서 얻은 결과들을 벌목되거나 제초제가 뿌려지지 않았던 주변의 숲들의 비슷한 배수 구역들에서 나온 것들과 비교하였다(리킨스와 동료들. 1970).

결과는 드라마틱하였다. 망가진 숲에 관한 하천유출량―새는 물―은 첫해 39% 그리고 두 번째 해에 28%까지 증가하였다. 제초제에 의해서 황폐화되어 초기의 연속된 계승 단계로 돌아가는 그 순간, 전체 생태계는 심하게 쇠퇴하였다. 그것은 가장 가치 있는 자원인 물조차도 배출하였다. 인산염과 질산염을 포함한 다른 가치 있는 물질들은 손상되지 않은 배출구역에서 보다도 훨씬 더 빠른 속도로 손실되기 시작하였다. 질산염의 손실은 41배까지 증가하였다. 제초된 지역에서 의미 있는 질소 성분은 단백질과 핵산을 만들어 내기 위하여 훨씬 덜 이용 가능하였다.

2년 후, 질산염은 방해받지 않은 생태계로부터 방출 속도의 56배로, 여전히 높게 방출되었다. 성숙된 시스템들이 영양분과 물을 보유하며 재순환하게 되었을 때, 제초제로 피해 받은 생태계는 이미 그것의 지배력을 상실하고 있었다. 건강한 배출구역과 비교하여 억제된 활동의 배출구는 늘 열려 있고 그곳으로부터 범람 속도가 하늘을 치솟듯이 증가하

였다: 칼슘이온에 관하여 417%, 마그네슘이온에 관하여 408%, 칼륨이온에 관하여 1,554% 그리고 나트륨이온에 관하여 177%에나 이르렀다. 배출구역 내 하천의 pH도 또한 급속히 떨어졌다—그것은 더욱더 산성화되었다. 둑을 가리는 나무도 없어져 배출구역 내에 하천의 온도는 상승하였다. 침전물로 덮여 있는 물은 하구로 씻겨 내려갔다.

"압박된" 생태계(벌목되고 제초제가 뿌려진 분수계[分水界])는 영양분, 물과 침전물을 배출하였다. 더욱 성숙되고 벌목되지 않은 분수계들은 이들 물질들을 재순환시켰다. 물질과 에너지의 증가된 순환 과정은 성숙된 에너지 소산 시스템의 특징이었다.

제초제, 방사선, 그리고 기름은 생태계가 제 기능을 하지 못하도록 만들었다. 그런 시스템들은 망가졌다. 그들은 더 이상 많은 에너지들을 사로잡지 못하고 그들이 한때 가졌던 복잡한 구조들을 재현하지 못하였다. 그들은 더 이상 성숙도를 향하여 가는 자연의 연속된 계승의 살아있는 궤적들을 따라서 확장되지 못하였다. 미국 서부에서 한때 진행된 많은 벌목 후, 연속된 계승 능력을 가진 전나무 숲은 점차 북미 서부 원산의 소나무들로 모두 바뀌었다. 거대한 인간을 지탱하는 생태계 속에서 이 엄청난 변화를 하버드 브룩에서 발생한 그 끔찍한 일들과 비교하였을 때, 단지 실험된 면적에만 영향을 주지 않을 것은 확실하다.

핵 유출: 두 개의 시내 이야기

플로리다의 서부 해안에 있는 두 개의 인접한 감조 습지 속의 시내creek들이 1970년대 하워드 오덤 연구실의 세 명의 대학원생들에 의

인투 더 쿨: 에너지 흐름, 열역학, 그리고 생명

해서 연구되었다(호머Homer, 켐퍼Kemp, 그리고 맥켈라McKellar 1976). 하나는 그 위에 2,400—메가와트 급의 핵융합 발전소를 가지고 있었다; 다른 하나의 시내는 자연 상태 그대로의 모습을 유지하고 있었다. 핵융합 반응에 의해서 데워진 물과 외부에 차가운 시내의 물 사이에 온도 구배 차이로 발전되는 터빈에 의해서 핵융합 발전소로부터 일정량의 에너지가 만들어졌다. 크리스털 강 핵융합발전소는 인접한 시냇물의 온도를 6도씨까지 상승시켰다. 수온 상승은 부근에 존재하는 생태계에 상당한 "압박감"을 야기시켰다. 비록 발전소가 핵융합이라 할지라도, 여기서 일어나는 스트레스는 열과 관련되어 있었다. 스트레스는 온도 그 자체가 아니라 생태계의 쾌적한 지대의, 대기 조건으로부터 멀리 벗어나 피해를 주었다.

오덤의 대학원생인 마크 호머Mark Homer, 마이크 켐프Mike Kemp, 그리고 헨리 맥켈라Henry McKellar는 그 시내에서 누가 누구를 먹는지, 얼마나 많이 그리고 언제 그들이 먹었는지를 정밀하게 분석하였다. 그들은 조류와 큰 식물들에 의해서 사로잡힌 에너지를 측정하고 생산자들이 노랑가오리와 숭어 같은 다른 것들에 의해서 먹혀질 때 유기 합성물로의 에너지화된 변형들을 추적하였다. 압박되고 통제된 생태계의 비교에 관해서 그들이 관찰하며 발견했던 것에 대한 요약물이 표 14.1에 제시되어 있다. 표에서 보여지는 대로, 압박된 생태계는 생물 자원에서 34.7%까지 떨어지며 유지되었다. 그것은 "아프고", "무게를 잃어버리게" 된 것이었다. 그래서 역시 전체 시스템 생산량은 압박된 시스템에서 거의 21%까지 떨어졌다. TST에서 강하(降下)는 전체 구배 차이 소멸의 손실을 나타냈다. 압박된 생태계는 가장 초기에 보였던, 기능이 별로 없는 상태로 점차 퇴화하였다.

심지어 더 나쁘게도 복잡한 먹이 사슬에서 심각한 손상이 관찰되었다: 순환들의 수는 절반으로 뚝 떨어졌다; 압박된 생태계는 재순환 과

표 14.1 플로리다 주 크리스털 강 하천에서 스트레스 받은 생태개와 그렇지 않는 생태계 비교

	비교군	스트레스 받은	변화율(%)
생물자원[a]	1,157,136	755,213	-34.7
TST[b]	22,768	18,005	-20.7
생산량	3,292	2,575	-22.8
먹이 사슬 순환수	142	69	-51.4
먹이 사슬 연결수	49	36	-26.5

a: 단위면적, 일당 밀리그램에서 데이터
b: 일당 그램수에서 전체 시스템 처리량

정에서 많은 힘을 잃어버렸다. 발전소에서 생산되는 뜨거운 물은 생태계가 사로잡고 있던 물질들을 보유할 수 있는 그 생태계의 능력을 황폐화시켜 버렸다. 그것은 마치 미친 것처럼 영양분과 그 소중한 에너지를 외부로 누출시켰다. 그것은 점차 시들시들하게 수척해져 갔다. 이런 예들과 위에서 보여진 많은 예들로부터, 우리는 스트레스가 생태계를 발달의 초기 단계로 회귀시킨다는 것을 분명히 인지할 수 있었다. 그들은 더욱 간단히 덜 다양하게 기능하였다. 그들은 쪼그라든다.

생태학은 자료(정보)가 넘치는 과학이다. 해마다 많은 돈이 생태계에서 환경 정보를 수집하고 분석하는 데 소비된다. 슬프게도 많은 이 정보들은 불완전하여 좀처럼 합성되지 않는다. 대답들이 더 많은 질문들을 허락하는 정교한 실험 디자인 없이, 종종 많은 정보가 특별한 이유로 취해지고 있다. 이번 장에서 우리는 매우 잘 고려된 실험과 세련된 분석이 우리를 생태학의 소재를 결정하는 공동의 맥락들로 이끌어 가는 우수

인투 더 쿨: 에너지 흐름, 열역학, 그리고 생명

한 정보 세트를 강조하게 되었다. 앞서 상세하게 기술된 정보 세트는 초기 연속적 계승과 "압박된" 생태계들이 더욱 성숙되거나 "자연"의 시스템들보다 더 낮은 에너지 흐름, 더 낮은 효율, 더 적은 순환들, 이 순환들에서 더 적은 양의 물질, 더 낮은 상호 연결성, 그리고 영양분과 물의 더 많은 손실들을 가지고 있다고 보여주었다. 연속된 계승은 이용 가능한 구배 차이를 사로잡는 구조와 그 과정들을 구축하고 가능한 효율적이고 완전하게 사로잡힌 에너지를 소멸시키는 전개되는 에너지의 과정인 것이다.

제15장

나무의 비밀

신이나 우주와의 일체감에 대한 의식을 주장하는 서양인은 (⋯) 그의
사회의 종교 개념으로 탄식한다. 그러나 대부분의 아시아 문화권에서는
그러한 사람이 삶의 진정한 비밀을 관통한 것으로 축하받을 것이다.
그는 우연히 또는 요가나 선명상 같은 어떤 규율에 의해, 우리 과학자들이
이론상 진실이라고 알고 있는 것을 직접적이고 생생하게 경험하는
의식 상태에 도착했다. 생태학자, 생물학자, 물리학자는 모든 유기체가
환경과 함께 하나의 행동 분야, 즉 과정 분야를 구성한다는 것을
알고 있다(그러나 거의 느끼지 못한다). 환경학자들은 환경이 아니라
환경의 생물에 대해 말한다. (⋯) 서구 과학자는 유기체-환경의 개념을
합리적으로 인식할 수 있지만, 보통은 이것이 사실이라고 느끼지 않는다.
문화적, 사회적 조건화에 의해 그는 자신을 자아로 경험하도록 최면에
걸렸는데, 그것은 외적이고 외적인 세계에 직면하여 피부 주머니 안에서
고립된 의식의 중심이자 의지였다. 우리는 "나는 이 세상에 왔다"라고
말한다. 하지만 우리는 그런 일을 하지 않았다. 우리는 나무에서 열매가
나오는 것과 똑같은 방식으로 그 세계에서 나왔다.

— 알란 왓츠 —

나는 내가 결코 보지 못할 것이라고 생각한다.
나무처럼 사랑스러운 시는.

— 조이스 킬머 —

인투 더 쿨: 에너지 흐름, 열역학, 그리고 생명

오래된 관계

인간으로 알려진 두 발로 걷는 영장류인 우리는 나무, 숲과 함께 오래되고, 깊은, 서로 상생하는 관계를 만들었다. 비교해부학은 우리 조상들의 신체 모양이 우리 자신의 것과 아주 조금은 비슷하다고 가정하며, 이는 우리 조상들이 그 분지의 한복판에서 수억 년 동안 살았던 증거로 간주되는 것과 같이 풍부한 정황 증거들을 제공하고 있다. 아마도 이것은 우리가 왜 때론 잠들기 시작하는지—상대적으로 안정하나 숲 바닥에 떨어져 뼈가 깨지는 위험 속에서도 나무 덤불에 숨어 있는 교목성(喬木性)의 포유동물에 관한 오래된 생존 반사행동—에 대한 이유가 될 것이다. 원원류, 유인원과 원숭이들을 위해서, 과당—영장류의 인지와 이동, 나무가 뻗어가는 몸체들을 구동시킬 수 있는 과일 속 당—의 풍부한 저장을 암시하는 밝은 색, 달콤한 맛, 그리고 과일 향들을 충분히 인식하도록 우리는 결선(結線)되어 있는 것처럼 보인다. 물론, 인간은 감귤류 과일에서 발견되는 비타민 C를 여전히 필요로 한다. 광고주들은 옷, 캔디와 잡지들을 꾸미기 위하여 우리가 가진 색에 대한 오래된 애정을 잘 이용한다. 우리 조상들이 과일을 먹는 동안, 그들은 나무를 단순하게만 이용하지 않았다; 필요 없는 것을 버리고 기름지게 풍부한 중위(中位)에 씨앗들을 제거하여 우리 조상과 포유동물은 그들이 먹는 나무 종들이 널리 퍼지는 데 큰 도움을 주었다.

오늘날 우리는 스스로를 여전히 나무 주변에 둘러싸이도록 한다. 종종 변형된 나무 집들의 영향력하에서 살고, 신선한 나무의 향기와 광경 속에서 차분해진다. 더구나, 종이 생산품들은 화장지와 종이 타월부터 책, 뉴스레터, 신문지, 그리고 잡지에 이르는 현대 문명화의 중요한 부분들을 형성해간다. 어느 지역에서 그 숲이 황폐화되는 속도는 경고 수준에 도달하였고, 농경 작물에 관하여 많은 여지를 갖춘 수풀이 우거진 지역을 역사적으로 줄이거나 태워버린 인류의 예는 오랜 시간 계획되어 규제되고 통제되지 않은 기술적 영향력에 대한 불길한 경고가 되었다. 사하라와 중동 지역에 있는 많은 사막들과 같이, 많은 사람들이 생각하기로 자연적이며 피할 수 없는 사막들은 농경과 과도한 방목화로 야기되었고, 그렇지 않다고 하여도 점점 악화되고 있다. 상대적인 구배 차이의 소멸에 관한 이야기에서, 오랜 기간의 유지가능성은 빠른 회귀의 유혹에서 미리 예측 가능하게 된다. 단기적으로, 에너지 보존에 대한 접근을 최대화하려는 근시적 실체가 지배적이 된다. 만약 우리가 나중으로 돌아간다면, "최대한" 활력은 더 이상 발견될 수 없다. 단기적 만족 혹은 방종과 장기간의 생존 혹은 지혜들 사이에 어떤 방정식 및 거래가 존재하고 있다.

물에 의해 둘러싸여 그것을 지탱하는 환경을 분명하게 보지 못하는 속담 속 물고기와 같이, 과거가 아닌 현재와 미래 안에서 사람들은 우거진 숲의 중요성을 의도적으로 무시하려는 시도가 여전히 있어 왔다. 우거진 산림지역—온대, 아열대, 열대—은 단지 그들이 가진 아름다움이나 그들 속에 아직도 발견되지 않은 약물들의 숨겨짐과 인류애에 대한 중세적인 자연의 고향으로서 그들의 위치에 부여된 타고난 향수(鄉愁) 때문만 아니라, 더 많은 흥미로움들을 준다. 그들에게 숲과 나무들은 구배 차이의 소멸에 관한 생물권의 첨단 기술일 것이다. 식물학자들과 이와 연결된 사람들에게 매혹적인 것 이상으로 식물들이 많은 동물 종들의 탄생과 진화 속에서 수행한 상호 촉매작용의 역할(폴란Pollan 1998; 마르굴리스 Margulis와 세이건Sagan 1997a) 및 나무와 숲들에 의해서 수행된 에너지 활력의 역할들은 거의 전혀 인정되지 않고 있다.

비록 나무와 동물 간에 만들어진 공통된 구별은 전자로부터 추정 가능한 이의 부동성이 대표적일 지라도, 이것만이 사실은 아니다. 양쪽 식물과 동물들 모두 내부의 세포 흐름 과정을 표시하는 염색체들을 포함한 유핵 세포들로 구성되어 있다. 식물과 동물 간의 공통 조상은 식물의 정자가 세포의 엽록소에서 녹색의 머리를 가지고 있는 것을 제외하고는 동물정자와 그 외형에서 거의 동일하게 부유하는 정자세포들을 생산하는 은행나무와 이끼들로 제안되고 있다. 몇몇 동물들은 사실 종속적으로 식물 성분들과 결합되어 있다: 미역처럼 보이나 포식자로부터 쉽게 피할 수 있는 달팽이, 조개 그리고 콘볼루타 로스코펜시스 같은 벌레들은 현실에서 있을 법하게 분리되어 살아가고 있는 분리적으로 진화하는 유기생명체들 사이에서 유유히 흐르는 유전자, 신진대사물과 음식들의 능력을 증언하고 있다. 유글레나 같은 단일 세포들은 동물처럼 수영을 하나 식물처럼 광합성을 할 수도 있다. 그러므로 동물과 식물 간 경계는 견고하지 않다. 왜냐하면 상당한 부분에서 열린 열역학적 시스템으로서 유기생명체들의 지위는 그들을 물질과 정보의 흐름들 속에서 개방되게 만들기 때문이다. 그러나 식물 또한, 어린 가지, 뿌리와 개화하는 식물의 성장에 관하여 시간 경과의 사진기술로 쉽게 보여지는 대로, 실시간으로 이동하게 된다.

외계 생명체의 지능으로 이해하자면, 인지력 있는 뉴트론의 별이라고 말하는 순간, 식물들의 성장은 동물의 삶보다 더욱 기본적이고 더욱 측정 가능하며 덜 위험스럽고 충동적인 것—덜 기생적이라고 말할 필요성 없이—처럼 보이게 된다. 결국, 식물들은 태양의 영향력하에서 공기와 수중의 성분들로부터 음식물을 생산해 낼 수 있게 된다.— 그들은 처음으로 음식을 생산하는 것의 몸체를 게걸스럽게 뜯어 먹으면서 동물처럼 얻어먹지는 않는다. 변덕스럽고 겁 많고 바쁜 영장류들은 어리석음의 거짓 없는 침묵과 일치하기 쉬운 그들의 느린 성장이 절대적으로 필수의 행위인 것처럼 보이는 것으로, 그들의 발아래에서 바쁘게 움직이며 이를 이해하지 못하는 어린이들에 의해서 목격되는 순간, 성인들의 더 느린 이동으로 비유될 수 있을 것이다.

빛을 찾아가는

창문을 통해서 절연된 나무나 붉은 쥐손이풀 모종의 에너지를 살펴보자. 나무는 왜 태양을 향하여 성장하고 대칭의 모양을 갖게 된 것일까? 쥐손이풀 잎들은 왜 창문에 반대로 향하여 강하게 압박하는 것일까? 이것에 대한 명백한 해답은 식물종으로 태양에너지를 사로잡아서 그것의 연속성(존속)을 확신시키는 생물 자원들과 씨앗들로 바꾼다. 씨앗들은 성장하고 더 건강한 것으로 재생산된다. 다윈의 전문용어에 따르면, 체력은 선별된 사망률, 생존력, 교배 추진과 성공 그리고 차별적인 다산성과 같은 인자들을 포함하는 번식재생(복제)에 관한 성공의 척도인 것이다(그랜트Grant 1985, 93).

성장과 씨앗이 되는 경향성은 이미 속씨식물이나 개화하는 식물의 유전체 내부 안에 깊이 안착되어 있고 궁극적인 목적에 따라서 모든 재능과 함께 과거에서 미래로 정확하게 순차적으로 이월되는 것이 분명하다. 잎들의 구조와 색, 나무의 모양, 나무의 결합된 닫집(혹은 천개[天蓋])—나무의 이 모든 공통된 특징들은 가능한 많은 태양의 빛을 사로잡기 위하여 디자인된 것처럼 보인다. 밖으로 가서 근처의 나무들을 잘 보아라. 각 종들은 특별한 모양을 가지고 있는 것처럼 보인다(그림. 15.1). 각 유기생명체는 지역의 환경 제약들에 순응하며 살아간다. 대부분의 나무들은 대칭적으로 성장하나, 바람과 같은 일련의 사건들에 의해서 가지치기되어서 그 모양이 변화된다. 바람에 의한 극적인 외부 발생적인 모양화

인투 더 쿨: 에너지 흐름, 열역학, 그리고 생명

와 더불어, 나무가 가진 기본적인 대칭 모양은 뒤틀어진 가지들 전반에서 관찰된다. 대부분 나무들은 그들의 줄기 부분에서 대칭적이나, 종종 둘 혹은 그 이상의 주요한 리더 부분들은 함께 하나로 성장할 것이다. 종종 다른 종들의 나무 그룹은 태양 광원들을 서로 분배해 가며 대칭적인 모양으로 성장해 나갈 것이다. 나무—태양의 관계는 아마도 가장 강력하고, 단순하며, 열역학적 패러다임 내에서 가장 적절한 관계의 예일 것이다. 태양을 향하여 "손을 뻗고" 태양과 몹시 추운 대기권 밖의 공간 사이에서 존재하는 구배 차이를 최적으로 사로잡고 소멸시키는 나무들은 생물학적 세계에서 열역학적 부분에 관한 우리의 전망을 생생하게 구체화시키

그림 15.1 나무들은 다른 구조 및 수관과 태양에너지를 사로잡기 위해서 최적화된 다른 전략들을 가지고 있다. 단일 종의 나무들의 대칭적 모습은 이러한 태양을 향한 전략의 증거이고, 열역학 제2법칙의 명백한 표식이다. 유전 정보는 각 종들에게 기본 모양을 주었으나 바람, 밀집화, 그리고 높이와 같은 환경적 요인들은 고유의 특징들을 변화시켰다.

는 것처럼 보인다. 우리가 밖으로 나가서 주변의 나무들을 보면, 이용 가능한 태양에너지를 사로잡기 위해서 하늘로 무한히 뻗어 나아가는 살아 있는 에너지를 소산해가는 시스템을 보게 될 것이다.

생명은 유기 분자들 속에 흡수한 태양에너지를 저장한다. 생화학적 과정의 광합성과 셀룰로오스 생산물들 내에 에너지를 고정화시킨다. 이후에 종속 영양 과정들(나뭇잎과 마른 나무를 먹는 존재들과 또한 그들을 먹는 존재)은 사로잡힌 광자를 낮은 등급의 열로서 주변 환경에 배출시킬 것이다. 거대하고 화학적으로 세련된 베나르 세포들과 같이, 이 식물들은 그들의 구조를 발전시키기 위해서 구배 차이를 사용하고 높은 품질의 태양에너지를 낮은 등급의 엑서지의 열로 점차 소멸시켜간다. 이러한 과정은 유입되는 태양에너지의 등급을 가능한 완벽하게 감소시키는 열역학적 책무의 결과일 것이다.

식물은 유입되고 있는 태양방사선을 붕괴시키기 위하여 여전히 진화하고 있는 가장 진보된 기구일 것이다. 자연의 구배 차이 혐오에 대한 결과는 구배 차이가 시스템에 강요될 때 부과된 구배 차이를 가장 철저하게 소멸시켜가는 순간, 즉시 평형 상태로 진행하게 되는 과정으로부터 물질과 에너지를 유지하며 과정과 구조를 발전시키게 되는 것이다. 가장 초기에 생명의 기원과 화학과 광합성 영양의 생명 진화에 대해서 우리는 논의하였다. 진화는 세포 내부에 일련의 화학 반응들을 얻게 되며 결국에 들뜬 광자가 유입되는 태양에너지의 흐름에서 일시적으로 분리되고 물 분자들로 쪼개져 방향을 전환하고 이산화탄소는 탄수화물들로 전환된다. 광합성 화학 반응에서는 빛의 영향력하에 이산화탄소와 물은 탄수화물과 산소기체로 전환된다. 탄수화물은 생명의 필수 단위 소재가 된다. 호흡, 즉 산소의 화학 "호흡과정"이 그 과정을 뒤바꾼다. 이산화탄소를 소화흡수하고 산소를 생산해내는 광합성 반응은 지구상에서 대부분의 유기 생물 자원을 생산해내는 것뿐만 아니라 주변 환경들에서 주요한 기체들의 내용물 구성을 상당 부분 결정한다.

에너지를 사로잡는 것과 변형시키는 것이 복잡한 과정인 광합성은 현재 우리에게 잘 이해되고 있다. "태양에너지를 화학에너지로 전환하는 식물의 광합성 (…) 결정구조는 12개의 핵심 아단위들과 4개의 다른 빛-수용막들, 45개의 막 관통 단백질들, 167개 클로로필리스들, 3개 철-황 클러스터들과 2개의 필로퀴논들의 다중 단위의 막 단백질들의 복합체들에 의해서 이끌린다"(벤-쉠Ben-Shem, 프로로우Frolow, 그리고 넬슨 Nelson 2003, 360). 몹시 복잡한 이 화학—에너지 장치는, 초기 약 20억 년 전 지구의 대기에 처음으로 산소의 존재를 알린 산소를 생산할 수 있는 시아노코발라민의 진화와 더불어 발전하였다. 이 초기 진화 과정들은 오늘날 시아노코발라민과 더 높은 계층의 식물들이 비슷한 광합성 구조를 가지고 있어서 10억 년 동안 외형적으로는 많이 변화되지 않은 채로 남아 있다.

우리가 식물들을 지구상에 유입되는 있는 방사선을 효과적으로 분해시킬 수 있는 능력을 갖추고 이를 쉽게 전환시키는 과정을 허락받도록 진화한다고 생각해보자. 이 식물들은 배열, 색, 혹은 광화학적 과정에서 구배 차이를 더 잘 소멸시킬 수 있도록 전환된다. 유입되는 구배 차이를 더 잘 분해할 수 있는 속도론적 대사경로가 존재한다면, 그들은 바로 이것을 선택할 것이다. 열이 집안에 열린 문이나 창문의 깨진 틈을 통하여 차가운 외부 공기와 만나서 평형을 향해가는 동일한 두 개의 경로들이 있다면, 평형을 향한 경로는 대개 열린 문을 통하여 일어나게 될 것이다. 평형은 최소한의 저항의 경로를 취하게 될 것이다. 열린 문과 창문에 깨진 틈들이 에너지 소산을 위한 선택될 수 있는 기질들이라면, 이들은 에너지 확산에 관한 선택된 경로일 것이다. 이런 평형진행 과정을 집안에 모든 창문을 열어서 확장해 보자. 우리는 창문을 열어서 자연 상태의 과정을 가속화시킨다. 식물에서 개별 창문은 새로운 잎과 같고, 에너지의 확산(소산)을 위한 또 다른 경로가 될 것이다.

태양의 복사는 가시광선과 많은 태양에너지를 가진 자외선에서부터 적외선에 이르는 넓은 주파수의 광스펙트럼을 가진 강렬한 형태의 에너지이다. 대기의 꼭대기에서 에너지의 유동은 분당 제곱센티미터당 약 0.485칼로리이다. 지구 표면에는 복사선의 분당 제곱센티미터당 0.228칼로리를 받는다(게이츠Gates 1962, 4-5). 복사선의 잔존량을 공간으로 반사되거나 구름 속으로 흡수된다. 『지구의 에너지 교환Energy Exchange in the Biosphere』이란 책으로 알려진 데이비드 게이츠David Gates는 지구 표면과 태양 및 대기의 열 복사선에 관하여 정확히 측정을 하였던 식물 생물리학자였다. 게이츠는 지구에 유입된 태양에너지의 약 절반이 지구 표면에 도달하여 구름 및 대기와 서로 상호 작용한다는 데 주목했다. 놀랍게도 남아 있는 복사선이 식물에 도달할 때, 작은 양의 에너지가 광합성을 통하여 생물 자원으로 전환된다. 예를 들어, 전형적인 참나무의 경우에는 단지 약 1%만의 복사선이 식물의 생물 자원으로 전환된다. 20~40년 정도 수령의 참나무 숲들은 1.5%에서 1.7%의 광합성 효율을 가지고 있다. 보통 광합성의 효율은 100년에 0.88%로 200년 정체기 동안 0.40%까지 떨어졌다(라우너Rauner 1976, 262).

식물은 유입되는 복사선의 약 15%를 대기로 돌려보낸다. 여기서 18%는 현열로 전환되고, 1%는 생물 자원 생산으로 고정화된다. 남아 있는 66%의 에너지는 뿌리부터 잎까지 물의 이동과 함께 발산을 위하여 적극 사용된다(그림. 15.2). 여기서 잎의 표면 아래에 간질(間質)이라 불리는 작은 구멍들을 통하여, 액체인 물은 대기 중의 기체 상태로 전환된다. 간질은 잎과 주변의 대기 사이에서 기체, 대개는 수증기와 이산화탄소의 교환을 통제한다. 간질은 약 10~80마이크로미터의 크기에 이르고, 상피의 제곱미터당 5~1,000 사이의 밀도를 가지고 있다(헤더링톤Hetherington과 우드워드Woodward 2003).

이 작은 구멍들을 통하여 지나가는 물의 양은 상당하다. 가장 많은 양의 증발은 매해 적도 우림 속에서 간질을 통하여 지나가는, 32×

그림 15.2 낮 시간 동안 태양복사선은 제곱미터당 약 800와트의 속도로 지구 표면에 내리쬔다. 나무에 와닿는 복사선의 단지 1%만이 목재와 잎과 같은 생물 자원으로 전환된다. 식물에게 오는 에너지의 18%는 온도를 올리는 현열로, 15%는 반사된다. 식물에 들어온 훨씬 더 많은 에너지, 약 66%는 증발, 즉 잠열로 물을 수증기로 전환시킨다. 잘 배양된 20미터 길이의 낙엽수는 하루당 100킬로미터의 물을 증발시킨다. 이러한 과정에서 그것은 580억 칼로리의 고에너지를 요구한다. 나무들은 높은 품질의 에너지, 즉 자외선과 가시광선을 취하여 낮은 등급의 에너지인 잠열로 대부분의 에너지를 방출해내는 거대한 에너지 소산의 시스템들이다.

10^{15}킬로그램의 수증기를 머금은 따뜻한 열대 중에서 일어난다. 52종 이상의 나무들의 조사를 통하여 그 증발 속도는 프랑스 동부에 존재하는 졸참나무의 경우에는 하루당 10킬로그램으로부터 아마존 열대 우림 속의 큰 상층 형성 수에서 측정된 하루당 1,180킬로그램에 이르기까지 다양하였다(울쉬레거Wullschledger, 마인저Meinzer, 그리고 베르테시Vertessy 1998).

대부분의 나무들에서 하루당 10~200킬로그램 사이의 물이 증발한다. 여기서 증발 과정은 태양의 복사선, 습도, 토양에 접근 가능한 물, 온도, 바람, 그리고 잎으로부터 멀리 습하게 증발되고 있는 공기를 운반하는 대류 과정들과 같은 다양한 인자들에 전적으로 의존한다. 식물들로부터 물의 손실은 주로 잎의 내부와 외부의 대기 환경 사이에 수증기 압력의 구배 차이에 의존하게 된다.

토양에 공급 가능한 물의 양이 부족해 질 때, 증발은 감소된다. 이것은 놀라운 현상이다. 토양에서 물의 수위가 고갈될 때, 나무들은 광합성과 증발 속도를 "낮춘다." 신진대사 과정을 스스로 규제하고, 최대 속도가 아닌 신진대사와 증발의 "최적화된" 수준에서 작동하게 되는 생물학적 시스템인 것이다. 나무들이 최고 속도로 움직인다면, 그들은 곧 이용 가능한 급수량을 모두 사용하게 되어 시들어져서 죽게 될 것이다. 에너지 집약적인 증발 과정은 증발된 물의 그램당 약 580칼로리를 요구한다. 물의 100킬로그램을 증발시키는 데 단일 나무는 거의 6천만(5.8×10^7) 칼로리를 사용할 것이다. 그러므로 나무는 높은 등급의 태양에너지를 낮은 등급의 잠열로 전환시키는, 거대한 에너지를 소산하는 시스템인 것이다. 에너지가 상태를 변화시킬 수 있고 그렇게 해야 하는 순간, 그것이 사라지지 않도록 열역학이 요구될 때, 이 580칼로리는 이미 시스템의 것이 아니게 된다. 칼로리는 설명될 수 있어야 한다. 이 경우에 증발된 잠열은 대기의 습한 정도인 습도로 저장될 수 있다. 이 580칼로리는 비가 올 때는 낮은 등급의 열로서 후에 대기 안으로 방출될 것이다. 열대 우림 지역에서 물은 거대한 속도로 증발되고 단 몇 시간 이내에 비로소 재순환된다. 열대에 사는 사람들은 구름 한 점 없는 하늘의 아침이 지난 후, 그날 오후에 소나기를 경험하는 것에 익숙하다. 유기생명체, 나무, 그리고 환경으로 구성된 대규모의 자연에너지 소산 시스템은 태양에 의해서 촉진된다.

　　육안으로 이런 과정들을 직접 볼 수 없기 때문에, 나무는 그 영역의 중간 지점에서 높은 엑서지의 태양광을 사로잡고 증발을 증가시키는 것을 통해서 낮은 등급의 잠열과 호흡으로써 대부분의 에너지를 분해시키며 이는 거대한 에너지를 소산하는 구조라고 상상할 수 있다. 잠열의 형태에서 물을 토해내는 거대한 물의 샘과 같은 것이다. 그것은 높은 엑서지를 가진 왁스들(화염불꽃이 높은 엑서지의 화학결합들을 태운다)을 태우고, 저녁식사 자리에서 느껴질 수 없는 높은 엑서지의 연료를 낮은 등급의 열로 분해시키는 양초와도 같다. 식물의 1%의 에너지가 거대한 에너지를 소산시키는 이런 시스템을 조절하는 자그마한 광합성 엔진인 것처럼 보이게 한다. 성장에서 에너지 소산을 선호하는 편향된 비율이 존재함에도 불구하고, 단단한 나무, 잎과 도토리를 가진 참나무를 광합성 과정을 수행하도록 디자인된 물리적 구조로서 그릴 것이다. 그러나 실제로 나무는 에너지의 거대한 분해자로서 잘 이해될 수 있다. 그것의 인상적인 구조(체계)는, 태양의 분해활동성 다음으로 조명된다.

　　나무들은 활동적인 뿌리와 잎들이 증가된 에너지의 소산을 위해서 필요로 되는 두 가지 성분들, 에너지와 물을 사로잡도록 몸체 밖으로 내보낸다. 동적인 조건들이 허락된다면, 조직화된 과정들이 기대될 것이다. 새로운 잎, 새로운 광 영양의 배열은 에너지 분해를 위한 새로운 호기(好機)가 될 것이다. 데카르트는 이를 단순하게 진술한다; "나는 그러므로 나라고 생각한다"는 "내가 에너지를 확산시키기 때문이다"가 되는 것이다. 개별 식물들의 잎의 배열은 에너지를 사로잡고 분해하는 주제의 이 끌음에 관한 분명한 진술인 것이다. 심지어 숲 내부에 다른 종들의 가지 들, 분지들과 잎들의 배열은 더욱 놀라움을 주고 있다. 그들은 어느 뛰어 난 안무가의 지시를 따르고 있는 것처럼 보인다. 총체적으로 볼 때, 그들 은 대부분의 에너지를 모으는 그룹들로 조밀하게 잘 배열되어 있는 것처 럼 보인다. 밀집된 숲의 바닥에 넓은 잎들을 가진 식물들은 숲 밑바닥에 서 여과되고 있는 마지막 산물인 태양광을 수집하게 된다. 식물들의 성장 은 열역학적 현상이고 다윈의 과정인 것이다.

인투 더 쿨: 에너지 흐름, 열역학, 그리고 생명

제16장

인투 더 쿨: 냉기 속으로

에너지 소산의 열역학 화살표와 녹지의 생물학적 화살표 사이의 근본적인 연결을 상상하는 사람들은 소수를 구성하고 현대 생물 과학의 주요 흐름 밖에 서 있다. 하지만 그들의 비전이 사실이라면, 그것은 물리학과 생물학 사이의 깊은 연속성, 즉 생명의 궁극적인 샘을 드러낸다.

— 프랭클린 M. 해롤드 —

그렇게 멀지 않은 탐지

생태계는 방향, 시간의 흐름에 따른 구배 차이의 증가를 나타낸다. 생태계가 더욱더 성숙하면 할수록, 그것은 더 많은 양의 태양에너지를 분해한다. 이것은 이론이 아니라 사실이다: 생태학적 호화로움은 온도의 구배 차이의 소멸과 밀접한 연관성을 갖고 있다. 사막이나 나무가 없는 광활한 초원보다 우림이 더 시원하다. 컴퓨터로부터 탄생한 디자인들과 자연적인 성장 패턴 사이에서 잠재적 유사성을 알려주는 복잡한 시스템들의 특성을 보여주는 것과는 달리, 에너지 소멸은 직접적으로 살아있는 복잡성과 깊이 연결되어 있다. 이에 대한 자료(정보)는 촘촘히 너무나 많이 차 있다. 복잡한 순환 시스템들의 에너지 기초는 단지 이론적으로만 가능한 것은 아니다. 그것은 실제 세계를 조직화할 수 있다.

우리는 태양으로부터 유입되는 에너지를 생태계에 의해서 우주 공간으로 재복사되는 에너지의 표면 온도와 비교시켜 생태시스템을 통한 엑서지의 급강하(예를 들어, 구배 차이의 소멸)를 기술적으로 측정할 수 있다. 대부분 성숙된 생태계가 가장 낮은 엑서지 수준에서 에너지를 재복사하리라고 기대하며 동일한 양으로 유입되는 에너지를 담게 되면, 그 생태계는 가장 낮은 흑체 온도를 가지게 될 것이다"(슈나이더와 케이 1994b, 40). 발전하는 생태계가 수행하고 있는 것은 유입되는 태양에너지의 엑서지의 함량을 분해시키고, 이와 동시에 지구와 외부 우주 공간, 2.7K 사이에 구배 차이의 최솟값에 있는 지구상의 수많은 생태계를 발전시키고 있다. 우리가 흥미로워 하는 실제 구배 차이는 지구와 외부 우주 공간 사이에 존재한다; 그것이 최소화된 구배 차이다(그림. 12.1). 지구의 생태계(생체 구; 생물생활권)는 지구에 귀속된 살아있는 시스템과 천체의 2.7K 배경열 속 간의 구배 차이를 감소시키는 동안 태양의 입력으로부터의 엑서지를 추출해낸다. 그 생태계는 과정과 구조와 더불어 활성적인 요소로서 보이게 되고, 가능한 많은 엑서지를 사로잡고 분해시키기 위하여 스스로를 설계하며 개조하게 된다. 우림 지역 속에서, 나뭇잎 배수(倍數)의 닫집들은 넓은 잎화되어 누워 있는 식물들이 가능한 많이 잔존하는 엑서지를 추출하며 숲의 밑바닥에서 모든 방식을 통하여 에너지를 모은다.

우리의 열역학적 패러다임은 유진 오덤의 생태계 발전에서 보이는 현상들과 비교하였을 때 적절히 잘 맞는 것처럼 보인다. 허바드 브룩과 크리스털 강 실험에서 압박감 내에 잔존하는 생태계들은 한정된 크기(TST)로 초기 연속된 계승의 행동을 보여주는 우리의 이론 뒤에 숨어서 확실한 정보들을 내놓는다; 이들은 더 짧고 더 빠른 순환들을 가진 P/B

비율; 감소된 효율; 영양분의 손실; 한정된 분해 용량이다. 또 다른 일련의 실험들은 성숙된 생태계들이 덜 성숙된 계들이 하는 것보다 더욱 완전히 태양으로부터 엑서지 함량을 정말로 분해시키는 것을 보인다(아래를 보아라).

　우리가 생태계에 관련된 또 다른 형태의 에너지 계산을 보기 이전에, 우리는 생태 환경에서 에너지 흐름들 사이를 구별 지을 필요가 있다. 이 책의 가장 초반부에 논의되었던 생태계의 에너지 계산에서, 물질의 흐름은 에너지의 흐름을 결정하는 대용물로서 사용되었다. 대부분의 이 "흐름" 분석들은 통화로서 이어지는 탄소에 기반을 두고 있다. 이 흐름들, 즉 탄소 통화는 칼로리의 통용에서 쉽게 계산될 수 있기 때문에, 가상의 것이 아니다. 우리는 지금, 에너지가 어떻게 전체적, 지역적, 지엽적인 규모에서 물리적이고 생물학적인 과정에 의해서 이용되고 있는지를 알기 위해서, 또 다른 일련의 에너지 예산들, 즉 태양으로부터 직접 지구에 와닿는 것들에 초점을 맞추게 될 것이다.

　태양에너지가 지구에 닿을 때 어떻게 더 낮은 등급의 에너지로 설명되는지는 수많은 과정들에 의존한다. 우리가 조사할 변수들 사이에는 유입되는 태양 복사 총량이 존재한다. 이 값은 전체가 유입되며 태양광의 에너지 스펙트럼으로 쪼개지도록 허락하여 그것의 품질을 결정하는 스펙트럼 유입 광도계로 쉽고 정확하게 측정될 수 있다. 예를 들어, 자외선 광의 높은 주파수의 양자는 적외선 복사보다 더 많은 엑서지 함량을 가지고 있게 된다. 이때 흥미로운 것은 얼마나 많은 태양에너지가 우주 공간으로 반사되고 얼마나 많은 에너지가 현열, 일을 할 수 없는 분자 열로 전환되는지일 것이다. 현열은 뜨거운 아스팔트 위에 복사된 열과 동일한 형태의 열이다. 단지 열은 검정 표면을 강렬하게 내리쬐면서, 높은 품질의 자외선 광자로부터 낮은 등급의 진동하는 열분자로 전환된다. 유입되는 에너지의 또 다른 일부는 잠열로 전환된다. 그것은 물의 증발과 발산을 위해서 사용된다. 물을 증발시키고 잠열을 대기로 날려버리기 위해서 증발된 물의 그램 수당 580칼로리가 필요로 된다. 또한, 잠열은 대기 습도에 저장된 낮은 등급의 열인 것이다. 증발된 물의 그램 수당 사용된 580칼로리의 열량으로 증발의 반대가 일어나고 비가 내리거나 눈이 내릴 때 전체 총 열 예산 내에서 보상을 받는다. 천둥번개와 허리케인은 비의 형태로서 잠열을 방출하면서 그들 에너지 일부를 얻게 된다.

구배 차이의 감소는 구름 없는 날에 완전히 내리쪼는 태양광 아래에서 다양한 생태계의 온도에 대한 원격 계측으로 측정 가능하다. 이를 통해서, 생태계들은 서로 비교가 가능하게 된다. 캐나다 워털루대학의 제임스 J. 케이James J. Kay와 더불어 이 책의 저자 중 하나인 에릭은 더욱

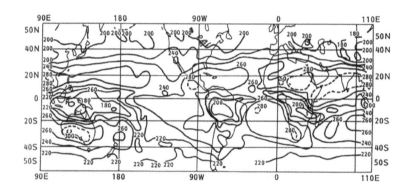

그림 16.1 제곱미터당 와트 단위에 외부로 나가는 긴 파장의 복사선(OLR) 평균값. 이는 위성으로 우주 공간에서 지구 전체의 재복사선을 관찰하여 수집되었다. 이러한 재복사선의 양은 위성 아래에 지구의 표면의 온도와 비례한다. 바다를 무시하고 땅만 집중하면 사막 지역은 뜨겁고 큰 우림 지역들, 즉 아마존, 콩고, 인도네시아, 뉴기니아, 보르네오, 그리고 기타 지역들은 차가운 것처럼 보이는 것이 분명하다. 우림 지역에서 차가운 온도들은 항상 땅과 식물 표면의 온도가 아니고 높은 구름의 온도이다. 구름은 그 아래에 우림 지역으로부터 수분 증발로 생긴다. 수풀과 구름은 지구를 냉각시키는 두 가지의 연결된 시스템이다. 지구의 구름 한 점 없는 화창한 하늘의 측정은 뜨거운 사막들과 차가운 우림들의 동일한 패턴을 보여준다. (미국 해양대기청의 날씨 분석 센터로부터 제공된 자료.)

복잡한 생태계에서 우수한 구배 차이의 감소를 절차에 따라서 입증하였다(슈나이더와 케이 1994b). 많은 에너지를 분해할 수 없어서 목초지와 같은 초기 연속된 계승의 생태계들은 더 성숙된 우림화된 생태계들과 비교하여 더욱더 따뜻할 것이다. 다양한 생태계들 위에서 표면 온도들에 대한 위성 데이터들이 이것을 확신시킨다. 분석되는 첫 번째 데이터세트는 지구의 표면으로부터 발송되는 장파복사(OLR)였다. 지구 궤도를 회전하는 미국 날씨 서비스 위성을 타고 파장의 스펙트럼 스캐너들이 일상적으로 이 정보들을 모은다. 미국 해양대기청(NOAA)의 기후 및 날씨 분석 센터에 의해서 매달 지도화된다. 1991년 2월에 관한 전체 지도(그림 16.1)는 구배 차이 이론과 밀접하게 일치한다. 우림 지역들은 매우 시원하고 사막 지역은 매우 뜨겁다; 온도 차이, 뜨거운 태양과 차가운 우주 공간 사이에서 태양의 구배 차이는 더욱 복잡하고, 더 발전된 우림의 생태계들에 의해서 최소화된다.

우리의 자료는 놀라웠다. 2월은 콩고, 인도네시아, 자바, 그리고 아마존의 우림에서 가장 뜨거운 달이다. 그러나 이들 지역들은 제곱미터당 200와트의 OLR—한겨울 동안 북부 캐나다에서 측정된 동일한 OLR 값을 보여 주었다. 여기서 그 생태계들은 기대한 대로 뜨겁진 않았다. 오히려, 그들이 태양의 구배 차이를 소멸시켰을 때, 태양의 무자비한 핵 융합 반응과 냉랭한 외부 우주 공간 사이의 차이를 평준화하는 경향이 있었다. 그들은 적도의 열을 시원함으로 전환시켰다.

더욱 복잡한 열대 생태계들에 의하여 더 효율적인 구배 차이 감소의 분명한 증거에 대한 반대 현상이 일어날지도 모른다: 회전하는 스펙트럼 측정계는 생태계 그 자체가 아닌 지구로 오는 도중에 첫 번째 표면—열대 위 높게 표류하는 더 차가운 구름들—을 측정하게 된다. 반대로, 사막 위에는 거의 구름이 없다—스펙트럼 측정계는 사막을 분명하게 투시하고, 더 뜨거운 표면들을 측정하게 된다. 구름의 가리개 아래에서 생태계 그 자체의 온도가 "진정한" 온도라고 할 수 있는가?

여기서 반대 의견은 구름들이 사실 우림 생태계의 일부—중요한 일부—라고 우리가 깨닫는 순간에 사라진다. 기저 우림 속에서 나무들의 증발에 의해서 발생한 구름들은 열역학적 순환 과정으로부터 분리될 수는 없다. 수천 개 종의 나무에서 물은 다수의 잎의 기공들을 통하여 증발한다. 구름은 구름을 발생시키는 나무들을 위하여 비를 만든다: 그것은 순환이고, 그리고 구름들—만약 항상 어디는 아니더라도—은 여기 비가 오는 밀림지대에서 생태계의 근간이 된다. 생태계들은 엔트로피를 우주 공간에 열로 내뿜으면서 스스로 차가워진다. 구름으로 냉각된 우림들은, 환원주의자들의 세밀한 돋보기들을 벗어던지고 우리에게 열린 시스템의 소멸하는 구배 차이의 큰 그림을 보여주는 한 쌍의 탑다운 식, 열역학의 렌즈를 통하여 찬찬히 들여다볼 때, 우리가 보는 것일 것이다. 증발에 의해서 상당히 많이 생산된 구름들은 높게 뜨고 우림 지대 위에서 차가워진다. 피폐된 우림 지대들은 온도가 상승하고 그들 주변의 구름들은 사라진다. 건강한 우림 지대들에서, 높은 적란운(積亂雲)은 식물들과 적도에 태양 간 관계의 결과로서 생산된다. 화창한 하늘(구름 한 점 없는 상태) OLR 측정들에서 최근에 방출된 웹 기반의 정보 모음들은 심지어 구름 없이도 사막들이 뜨거운 온도들을 재복사하고 우림 지대가 더 낮은 온도를 갖는 것을 보여준다(http://www.osdpd.noaa.ogv/PSB/EPS/RB/RB_images/gn16_clsky.gif).

고생물학자들은 유기생명체 몸체의 탄화수소 합성물들을 만들기 위하여 대기 중 이산화탄소의 사용에서 비롯되는 총체적인 냉각화 과정에서 오랜 기간의 트렌드를 지적하였다; 이 식물의 몸체들이 지질학적 퇴적물들(화석과 화석 연료들을 만드는)로서 땅 속에 묻힐 때, 지구온난화 기

인투 더 쿨: 에너지 흐름, 열역학, 그리고 생명

체인 이산화탄소의 대기 수준은 떨어지고, 지구는 냉각화된다. 화석 연료들을 태우는 것은 그 과정을 역으로 되돌린다. 지구온난화 기체들은 자외선광과 같이 짧은 파장의 복사선에 투과되고 긴 파장의 복사선은 지구에서 되돌아나와 튕겨나간다. 이런 복사의 묶임은 유리가 온실에 하는 것처럼 지구를 무척 덥게 만든다. 화석 연료 연소로 생긴 온실 효과뿐만 아니라, 우리는 또한 증발의 총체적 시스템들을 손상시키는 것을 지금 이 순간에는 걱정해야 한다. 나무는 생태계를 직접 냉각시키기 때문에 그들을 베고 손상시키는 것은 생태계를 덥게 만드는 것이다. 산림벌채는 종들을 파괴시킬 뿐 아니라, 나무에 유입되는 이산화탄소를 제거하고 매우 빠르게 지엽적인 부분의 땅의 온도를 상승시킨다.

생태계 온도들

나사 출신의 우주비행사이자 대기 과학자인 피어스 셀러스Piers Sellers와 예일 민츠Yale Mintz(1986)는 당시에 지구 복사 연구를 통해서 인공위성에 찍힌 또 다른 일련의 온도를 이용하여, 지구와 대기를 모두 함께 단일한 에너지 소산의 시스템으로 분석해냈다. 셀러스와 민츠는 냉각화와 더불어 잘 만들어지고 발전된 건강한 생태계 사이의 연결성을 지지하는 모형을 창조하였다. 그 모형은 여름 50일 동안 평균 표면 에너지 총량을 보여주었다. 그들은 네 가지 큰 생태계들을 연구했다: 거대한 우림 지역을 가진 아마존 강 유역분지; 도시, 경작지, 목초지와 숲을 가진 미국 중부와 동부; 아시아 열대 우림과 경작지들을 포함하는 혼합된 다양한 경관 지역들; 마지막으로 사하라 사막이다. 표면초목에서 대기 환경까지 열 전이를 포함하며 물리와 생물학적 과정들을 모형화하면서 그들은 단

표 16.1 다양한 큰 생태계들의 에너지수지 (퍼센트)

지역	재조사된 장파 복사	현열 흐름	증발
아마존	17	15	70
미국 동부	18	18	61
아시아	24	26	50
사하라	41	56	2

자료: 『Sellers and Mintz』 1986

열, 반사계수, 흡수된 총 단파장의 에너지, 그리고 대기를 향하여 돌려보내진 OLR을 모두 계산하였다.(표 16.1)

열대 우림들은 물을 잠열로 전환시키면서 태양에너지 구배 차이를 소멸시킨다. 우림 지대는 거대한 크기의 소멸해가는 시스템이다. 사하라에서 41%의 에너지는 긴 파장의 복사로서 재복사되는 반면에, 아마존에서 유입되는 에너지의 단 17%만이 긴 파장으로서 재복사된다. 우림 지대에서 나뭇잎들은 유입된 에너지를 우주 공간으로 되돌려 버리는 것 대신에 오히려 에너지를 사로잡고 증발시키고 새로운 구조를 만들어낸다. 기대한 대로, 아마존과 미국 동부는 높은 증발량을 가지고 있다—사하라 사막에서 단지 2%만이 소멸되는 것과 비교하여 이들 공간에 각각 유입되는 복사의 70%와 61%는 숲의 생태계를 통하여 모두 분해된다.

지역적인 복사의 이 어림값들에서 전체 패턴은 아마존으로 대표되는 대부분 성숙한 "절정" 형태의 생태계들이 중간매개에 있는 시스템들보다 더 에너지를 잘 소멸시킨다는 우리의 주장을 확증시킨다. 사막은 황량한 초기 연속된 계승의 단계를 보여준다. 그러나 심지어 결핍의 세계에서 사막과 목초지같이 성숙된 연속된 계승이 저지된 시스템들은 포획된 계들이 할 수 있는 한 최선을 다하여 유입되는 태양에너지를 소멸시킨다.

　　태양, 우주 공간, 그리고 지구 온도 차이들이 생태계에 의한 뚜렷한 효율들과 함께 소멸되어 지고, 이는 생태계들이 무슨 종류이고 얼마나 성숙되어 있냐에 따라서 의존하게 된다.

낮게 나는

　　구름 아래 땅에 있는 유기생명체는 어떠한가? 그들은 어떻게 구배 차이의 소멸들에 영향을 주는가? 야전 생태학자이며 전기공학자인 오리건대학의 H. R. 홀보H.R. Holbo와 함께 앨라배마 헌츠빌에 있는 나사 마셜우주비행센터의 지구과학과 응용분과의 미기후학자인 제플리 루발 Jeffrey Luvall은 이에 대한 답을 발견하기 위하여 노력하였다. 그들은 정교하고 세련된 온도계를 발전시키는 것을 도왔다. TIMS(열 자외선 다수 스펙트럼 스캐너)라 불리는 그 장비는 비행기의 하복부에 장착되어 있는 흑체 온도계이다. TIMS는 구름 아래의 비행기 속에서 다양한 지형 조건에 대한 생태계 온도를 측정할 수 있다. 특별한 내부 보정 방법과 함께, 연구자들은 0.2도씨 내에서 땅 면적 내의 온도와 재복사된 에너지양을 측정할 수 있다. 5미터의 정확한 범위 내에서 항해상의 데이터들을 수집하기 위하여 인공위성 지시를 사용하였던 이 시스템은 20년 전에는 결코 만들어지고 작동되지 않았을 것이다(루발과 홀보 1989).

　　루발-홀보의 자료데이터는 대부분의 복잡한 생태계들이 매우 효과적으로 태양에너지의 구배 차이를 소멸시키고 있다는 더욱 확실한 증거들을 제공한다. 연구자들은 오리건에 있는 H. J. 앤드류H.J. Andrews의 연구용 숲에서 먼 거리의 지역들을 세밀히 관찰하였다.

표 16.2 태양복사와 생태계 복잡성

	복잡성 증가 →				
	채석장 (원천)	개별삼림	더글라스 전나무 재배치	자연림	400년 된 더글라스 전나무 재배치
K^*(watts/m²)ᵃ	718	799	854	895	1,005
L^*(watts/m²)ᵇ	273	281	124	124	95
R_n(watts/m²)ᶜ	445	517	730	771	830
T(℃)ᵈ	50.7	51.8	29.9	29.4	24.7
R_n/K^*(%)ᵉ	62	65	85	86	90

출처: 루발과 홀보로부터 제공된 데이터, 1989

참고: R_n은 복사에서 분자운동으로 분해되는 에너지이다.

$$R_n = K^* - L^*,$$

여기서 K^* = 태양복사의 순유속(유입), L^*= 장파장복사의 순유입, R_n = (단위 미터당 와트수로 측정된 모든 값)잠열과 현열로 변형된 총복사 유입,

$$R_n = H + L_e + G$$

여기서 H는 현열 유입, L_e는 잠열 유입, G는 지상으로의 에너지 유입 흐름,

더구나

$$L^* = \varepsilon[\sigma(T)^4]$$

여기서 ε = 복사율, σ = 스테판-볼츠만 상수, T = 표면온도

a: 순입사되는 복사

b: 순유출되는 장파장 복사

c: 표면에서 비복사되는 저급에너지로 변환된 순복사선. 복사선 예산의 이 구송요소는 합리적인 열 흐름과 잠복(증발증산) 열흐름(유입)으로 구성된다.

d: 표면온도

e: 비복사 과정으로 분해된 순유입 태양복사율

표 16.2는 루발—홀보 실험들 중 하나로부터 얻어진 자료를 보여 주고 있다. TIMS에 의한 복사 측정 및 예측 값은 H. J. 앤드류 실험용 숲 에서 다른 종류의 생태계들에 관한 것이었다. 그 결과들은 덜 복잡한 지 역에서 가장 복잡한 곳—무생물의 채석장에서 400년 된 숲까지—에 이 르기까지 나타난다.(표 아래 기술적인 부분들에서 능숙함을 위해서, 그 수치를 얻 기 위하여 사용된 방정식들이 있다.) 표 16.2는 우리 경우와 밀접하게 연결되

는 많은 정보들로 가득차 있다. 가장 중요한 데이터는 마지막 열에 있는 R_n/K^* 척도이다. R_n은 잠열과 현열 생산에 의한 분자 행동으로 분해되는 에너지이다. K^*은 표면에 도달하는 태양 복사의 총 흐름양이다. R_n/K^* 는 비복사하는 과정들로 분해하여 총 유입되는 태양에너지의 복사 함량을 나타낸다. 이것은 총 유입되는 에너지로 나누어진 더 이상 일을 할 수 없는 낮은 품질의 에너지이다. 채석장의 원천이 되는 출처는 유입되는 에너지의 단지 62%로 주로 현열로 전환되어 분해되어졌다. 반대로 400년 된 숲은 유입되는 에너지의 90%를 분해시켰다. 채석장과 벌목된 숲은 약 51도씨의 온도로 올라가나 400년 된 숲은 25도씨 근처의 온도로 떨어졌다. 25년산의 더글러스 전나무 숲과 25년산 자연의 연속된 계승의 숲의 온도는 비슷하게도 29도씨였다. 경작된 숲은 스스로 남겨진 자연보다 유입되는 구배 차이를 분해시키는 데 더 좋거나 나쁘지 않았다(루발과 홀보 1989).

　　루발의 기대를 가장 돋우는 발견은 구름 한 점 없는 날 정오에 낮은 저공 수평비행을 통해서 얻어졌다(루발과 홀보 1991). 저공 의례비행들은 생태계에 일어나는 온도 변화를 목격하고 기록하였다. 그 목표는 정보를 왜곡할 수 있는 비, 습도, 토양 형태와 풍속과 같은 많은 변수들로부터 간섭 없이 생태계의 온도를 정확히 비교하는 것이었다. 그림 16.2에서는 다양한 전경 속에서 매우 짧고 낮은 저공비행 행위들 중의 하나로부터 추출된 온도들에 관한 지도를 보여주고 있다. 그 장비는 25미터를 가로지는 만큼의 작은 규모에서 온도 차이들을 세밀하게 감지하였다. 루발의 온도 프로파일은 성숙된 숲의 생태계들이 길, 벌목지, 그리고 어린 나무들로만 이루어진 지역보다 더욱 좋은 소멸자들이라는 것을 확신시킨다. 스스로 남겨질 때, 자연은 효과적으로 소멸되는 생태계들로 발전하게 된다.

몇몇 과학자들은 루발의 저공 의례비행 측정들이 불완전하다고 주장한다; 그들은 완전한 "지상 조사로부터 얻은 정보 네트워크"가 공중 탐사 결과를 검증하기 위하여 절대적으로 필요하다고 제안하였다. 생물학적 표면의 실제 온도는 20개의 변수들 이상의 것들에 의존한다. 예를 들어, 더 높은 속도의 바람은 공기가 잎들의 표면에서 발생하는 현열과 잠열을 채어가기 때문에, 식물 온도를 낮추게 하여 주변을 시원하게 만든다. 공기 습도, 지하수 포화의 함량, 잎 커버와 반사 계수 등이 모두는 식물들의 표면 온도에 큰 영향을 줄 수 있다. 더 좋은 배율을 가진 미래의 원격계측 탐지는 우리에게 더욱더 상세한 정보를 줄 것이다. 사실 생태계의 위치에 대한 온도의 대응을 고려하여 생태계들에 대한 원격계측은 결

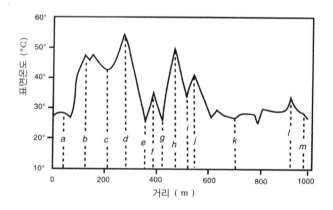

그림 16.2 공중 복사계에 의해서 측정된 다양한 지역들 위에 표면 온도들. 가로지르는 선은 단지 수천 미터 길이이고 온도에서 변이는 수풀진 우림과 도로 사이에 30도씨이다. 온도를 측정하는 비행기는 정오의 화창한 날에 날았다. 짧은 궤도 때문에, 표면온도를 조절하는 많은 변수들, 예를 들어, 토양습기, 습도, 그리고 바람(풍향)은 일정하는 대상의 표면온도는 정확하게 측정되었다. 수풀과 관련된 지역들은 시원하나 길들과 벌목된 지역들은 온도가 높아 덥다는 데 주목하자. 유입되는 태양 복사선은 대부분의 발전된 생태계에 의해서 소멸된다. a, 수풀의 가장자리; b, 좁은 도로; c, 벌목지; d, 넓은 도로; e, 작은 양의 미송숲의 측면; h, 넓은 도로; i, 길을 따라 놓여 있는 나무들; j, 평평한 벌목지; k, 15년차의 미송 목초지 일부; l, 등산로; m, 오래된 미송의 재생산지.(루발과 홀보 1991로부터 제공된 데이터.)

국 삼림과 농업에서 정석이 될지도 모른다. 응급병동에서 환자의 신체온도를 검사하는 것처럼 지구의 생태계 온도를 대기 공기나 우주 공간 속에서 측정할 수 있을 것이다.

　　루발은 또한 도시 지역을 측정하였다. 도시 위를 날면서, 그는 공원, 주차장, 잔디 뜰에 있는 복사량을 면밀히 관찰하였다. 대부분 도시는 검은 지붕과 거리로부터 쏟아지는 많은 양의 현열을 재발산하였다(타하Taha, 아크바리Akbari, 그리고 사일러Sailor 1992). 태양에너지는 열로서 흡수되고 재발산되어 대기 공기보다 더 높은 온도인 50-70℉의 도로 길과 검정 지붕들과 같은 낮은 반사계수 표면들의 온도를 유발하였다. 몇몇 지붕 이는 사람들이 집을 시원하게 유지시킬 수 있는 방법을 말해 줄 수 있다: 지붕을 하얀색이나 은색으로 페인트칠을 하여 지붕에 닿는 복사선이 거울에 반사되는 것처럼, 결과적으로 유입되는 태양에너지의 매우 작은 양만이 현열로 전환될 수 있도록 만들면서, 마침내 우주 공간으로 되돌아가도록 만드는 것이다. 지금 NASA는 루발이 애틀랜타와 같은 도시들의 온도들을 세밀히 측정하도록 요청하였다. 단지 지붕을 은색이나 하얀색으로 페인트칠을 하도록 하여서 도시들은 수십조의 에어컨 비용을 절약할 수 있다는 것이 입증되었다! 그동안에 애틀랜타와 같은 대도시들은 대기 지역 온도보다 7℉(3.3 ℃) 높은 온도로 큰 열섬을 발생시켜 왔다(그림.16.3). 이들 열섬들은 스스로 더운 도시의 공기를 대류하는 분출로부터 출현하게 되는 폭풍우를 가진 기후들을 만들어 낼 수 있었다.

　　원격계측 탐지와 지붕을 은색으로 페인트칠 하는 것은 일종의 응용 인간생태학이다. 지구의 인구 밀도는 나날이 팽창하고, 이는 지구의 에너지 총량을 급격하게 변화시킨다. 빠르게 성장하는 인구를 위해 이로운 것이 반드시 더 큰 생태계를 위해서 좋은 것만은 아니었다. 니체는 우리의 세계는 아름다우나, 그것이 인간이라 불리는 매독을 가지고 있다고 말하였다. 열역학적으로 우리의 전체적인 행위들이 구배 차이 소멸의 생명에서 가장 발전된 시스템들을 손상시킬 수 있는 한 이 점은 사실이다. 경우에 따른 짧은 한파 속에도 불구하고, 장기 기후는 분명히 점점 더 따뜻해져 가는 경향이 있다. 최근 2003년은 전체 기록(1880년 이래로)들 중에서 두 번째로 더운 해였다; 기록에 따르면 다섯 번째로 더운 해들은 모두 1977년 이래로 발생하였고, 전체적인 평균에서 열 번째의 가장 더운 해는 1990년과 2003년 사이에서 일어났다. 화석 연료의 방출과 숲의 증발 능력(우주 공간으로 구름을 통하여 열을 반사시키는 능력)을 낮추는 무분별한 개발로 인해 발생하는 열은 감소된 전체 구배 차이의 소멸을 보여준다. 여기서 희망은 지구의 역사상에서 이런 유형의 최초가 되는 우리의 빠른 성장은, 우리가 나머지 생명들과 우리의 기술력들을 합치고 우림들

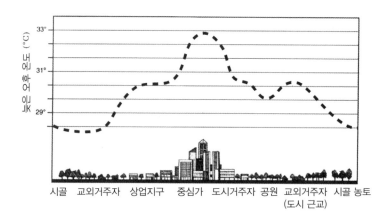

시골 교외거주자 상업지구 중심가 도시거주자 공원 교외거주자 시골 농토
(도시 근교)

그림 16.3 애틀랜타, 조지아 위에 재복사된 표면 온도들의 측정. 루발은 상당히 정확한 복사계가 장착된 비행기를 이용하여 도시와 주변 지역의 표면온도를 측정하였다. 도시 위에 온도는 주변 시골지역보다 3.3도 더 높았다. 상대적으로 더 따뜻한 도시표면 온도는 과거에 도시를 시원하게 만들었던 수분을 증발하는 나무들을 대체하던 크레오소트로 처리된 지붕들과 아스팔트길들로부터 생산된 현열의 결과물이다. 심지어 작은 공원들 도시 근교들을 시원하게 만들었다. 애틀랜타에서 생산되는 따뜻한 공기는 대류를 통하여 올라가고 도시에서 바람 불어가 비바람을 야기하게 된다. (타하, 아크바리, 그리고 세일러 1992로부터 인용됨.)

인투 더 쿨: 에너지 흐름, 열역학, 그리고 생명

과 상당히 진화된 다른 생태계들의 냉각시키는 힘들을 줄이기보다는 오히려 증가시킬 때, 곧 정착될 것이라는 것이다.

지구 표면 온도는 생태계에 매우 의존한다. 벌목지들은 50도씨 근처의 표면 온도를 가지고 있는 반면에, 성숙된 400년 숲은 25도씨의 낮은 표면 온도를 가지고 있다. 적도와 높은 위도의 우림 지대 대부분은 벌초되고 불에 타면서 숲의 캐노피들 위에서 빛과 열이 반사되는 구름들을 생산하는 나무들을 통하여 작동하게 되는 물 순환의 고리가 심각하게 쇠약해질 거라는 것을 우리는 예상할 수 있다. 이의 냉각시키는 능력이 사라지게 될 때—인간들에 의해서 지구상에 있는 나무들이 베여 없어지는 것을 말하자—총체적인 온도는 상승할 것이다. 정량적인 물리학에 기반을 두고 있음에도 불구하고, 열역학은 은연중에 전체 시스템들의 과학으로 비춰진다. 우리를 잡다하며 세세한 부분들로 혼동시키는 것 대신에 이것은 과거에 그러했던 대로, 나무들 임에도 불구하고 우리가 전체적인 숲을 보도록 만든다. 열역학은 여기에서 우리가 추상적이 아닌 뜨거운 태양과 차가운 우주 공간에 의해서 표식된 진정한 우주—지표의 냉각화 과정이 절대적이 아닌 엔트로피와 열 생산의 발산에 훨씬 더 의존하게 되는 누진적인 우주—로부터의 냉각과정에 집중하도록 만든다.

만약 수풀의 벌거벗음이 다음 백년 이상 동안 계속 지속되는 것을 상상해보자. 이것은 이미 지구의 많은 지형들에서 일어나고 있다. 많은 북부 아프리카뿐 아니라 스페인, 이탈리아, 그리스 그리고 터키의 많은 벌초된 지역들은 한때 수풀로 우거져 있었다. 시베리아, 캐나다, 그리고 적도의 성숙한 수풀들이 제거되어지는 순간, 전체 지구의 온난화 문제는 더욱 심각하게 될 것이다. 만약 지구가 태양에너지를 분해시키는 에너지를 소산시키는 과정들을 유지하는 데 실패한다면, 우리가 아는 대로, 그 세계는 영원히 변하게 될 것이다.

제17장

진화의 트렌드

종의 진화는 계속적으로 취하는 방향으로 밀려 나거나 빨려 들어가며,
성장하는 성숙이라고 불려왔다. 진화는 연속적으로 나타나는 동일한
추세에 부합해야 한다. 계승은 모든 곳에서 진행되고 있고 진화는 연속된
틀에 싸여 뒤따른다.

— 라몬 마갈레프 —

연극과 공연

진화는 에너지를 소멸시키는 새로운 방식을 제공하면서 출현하였
다. 불사(不死)하지 않는다면, 새로운 방식은 생명의 복잡한 시스템들을
분명해지도록 만들면서 적어도 계속 확장되었다. 초기 생명체들이 너무
많은 구배 차이들을 이용하여서 스스로를 해롭게 만들었다. 에너지원들
과 순환 과정의 시스템을 구축하는 데 필요한 물질들을 고갈시키면서 그
들은 다양한 구배 차이들로 번영하였던 다른 형태들로 변형되어 구원받
았다. 열역학은 필수적이나 진화를 이해하기에는 충분하지 않았다. 지구
상에 종들에 대한 분배는 열역학적인 현상으로는 그 일부분만이 설명될
수 있다. 종의 다양성에서 가장 중요한 근원은 진화를 위해서 이용 가능

한 에너지일 것이다. 에너지 소산, 증발, 그리고 종의 다양성 사이에는 강한 상관관계가 있다. 이 세 가지 모두는 태양에너지가 유기생명체와 구배 차이를 허물게 하는 행위들로서 효과적으로 변형되고 있는 열대 우림 지대 내에서 가장 높다.

G. 에블린 허치슨은 그의 책 『생태학의 연극과 진화의 공연The Ecological Theater and the Evolutionary Play』(1965)에서 진화는 생태계 내에서 일어난다고 제안하였다. 생태 환경에 대한 허치슨의 주안점은 진화에서 에너지가 가진 중요성에 대한 그의 이해들을 반영한다. 사실, 생태 환경과 진화는 비슷한 지향성을 보인다. 이 장에 대한 명구가 주시하는 대로, "종의 진화는 연속된 계승에 의해서 선택된 방향으로 떠밀리고 있다―혹은 그 속으로 빨려 들어가고 있다"(마르가레프Margalef 1968, 81). 생태계에서 일어나는 선택의 과정은 진화를 형성화하는 것과 같다. 주요한 차이는 생태계에서 단기간의 인자들과 고정된 유전자 묶음이 더욱 중요한 반면에, 진화는 다변하는 유전자 묶음들로 작동하는 긴 시간의 과정이라는 것이다.

이러한 경향들은 생태 환경 속의 과정들의 더욱 한정된 시간의 프레임에서 혹은 광대한 진화시간이나 복잡한 시스템들에서 에너지 형성화의 영향력을 반영하게 된다. 생태계는 발전하는 데 수백 년이 걸린다; 생물학적 진화는 35억 년의 훨씬 전에 시작되었다. 그러나 양쪽 모든 경우의 초기 막 시작하는 단계에서 증가된 순환 과정과 다양성이 발생하는 순간, 우리는 빠른 성장의 해체를 보게 된다. 진화시간 속에서 증가하는 다양성에 관한 증거들이 많고, 만약 우리의 생태 구가 시간이 지남에 따라 팽창하는 것에 동의한다면, 순환 과정 또한 증가하게 된다는 것은 분명할 것이다. 유기생명체들은 그들이 성장할 때마다 그들로부터 분해된 물질들과 열들을 보내는 주변 환경으로부터 탄소, 에너지와 전자들을 흡입하는 복잡한 열린 시스템들이기 때문에, 그들은 생명에 의해서 필요로 되는 탄소, 질소, 그리고 인과 같은 성분들의 순환 과정 속도들을 부득이하게 증가시키게 된다. 새들에 의해서 퇴적된 인이 풍부한 분화석으로 만들어진 태평양의 섬들은 생명의 진화와 동일시되는 열역학적 기반의 물질 순환 과정에 대한 증가된 속도들의 명확함에 관한 상징으로서 매우 쓸모가 있을 것이다. 이 강화된 행위들에 대한 어떠한 주요한 신비감도 없고, 아울러 진화에 대하여 열역학적 기반으로 진행하는 화살도 없다. 유기생명체들이 태양에너지의 구배 차이로 열역학적 신진대사로부터의 파생물인 증식(복제)을 통한 그들의 활동력을 넓혀가고 있을 때, 그들은 주변환경에—심지어 폭넓은 영역에 대하여 분자의 혼돈과 열을 발산할 때도 더욱더 큰 복잡성을 주게된다. 스스로 낮은 엔트로피의 상태로 유지되고, 성장하며, 양쪽 지엽적인 복잡성과 무질서의 양쪽 모두의 통치를 확대해 가고 열을 우주 공간 밖으로 발산하게 된다. 궁극적으로 열역학적 시스템은 성장의 한계에 도달하고, 이전에 팽창에 사용된 에너지는 내부로 방향을 바꾸어 진행하게 된다. 이것은 다양성, 분화, 그리고 증가된 순환 과정으로서 나타나게 된다.

순환 과정에 포함된 수많은 순환들과 물질들의 그 양이 적절하게 연속된 계승과 더불어 증가하게 되는 생태계들은 열역학적 기반의 순환 과정에서 증가에 관한 뚜렷한 증거를 보여 준다. 사실, 비슷한 경향이 새로운 경제시장 발전에서도 뚜렷하게 구별된다. 우리가 제시하는 이런 비슷한 경향들은 우연히 부합되지는 않으나, 에너지 소멸의 순환하는 패턴들이 이루어낸 결과이다. 생태학과 진화생물학이 NET와 만나게 될 때, 구배 차이의 감지와 물질 흐름의 측정들이 더욱 중요한 이슈가 될 것이다. 생태계, 경제, 혹은 진화하는 인구집단이라면, NET 시스템에 관한 에너지와 탄소의 근원들은 무엇이 될까? 이 질문들은 추상적이고 이데올로

기적으로 동기화되어 있거나 수학적으로 난해하지 않다. 미세생물학과 미생물 생태학에서 아마도 관찰된 시스템들은 이미 화학적으로 투명—과학적으로 측정 가능하고 그들의 환경과 밀접—하기 때문에, 그런 의문들이 학문적 경계들에 관한 어떤 존경심 없이 초융합주의자들에 의해서 외부로부터 강요된 이국적인 침략인 것처럼 보이지는 않을 것이다. 머지 않아 그들이 일반적으로 고려되지 않은 과학들의 영역 속에 놓일 때, 그런 의문들은 의심받지 않은 열역학적인 연계성과 설명들을 폭로하며 분명하게 될 지 모른다.

이전 장에서 우리는 생태계들이 에너지를 사로잡아 소멸시키고, 저장하는 과정들을 보여 주었다. 생태계 발전의 과정 동안, 엔트로피 생산량은 증가한다. 생물학적으로 중요한 성분들의 에너지 효율, 에너지 처리량, 생물 자원의 저장, 종의 다양성, 순환 과정, 생체 항상성, 그리고 거주시간도 마찬가지이다. 생태계 내에서 증가하는 인자들의 동일한 쌍은 진화시간이 지남에 따라 또한 증가한다. 그러므로 진화 과정에서 방향성을 준다. 이 책의 저자 중 한 명인 에릭은 세미나 동안 생태계에서 일어나는 지향적인 발육에 대하여 열역학적인 과정이 있다고 청중들에게 주지시켰다. 그러나 청중은 다음 단계로의 진화에 대한 그들 열역학적인 인지를 확대하기를 거부하였다. 생태 환경의 진화적인 과정들은 시간의 연속성에 따라서 존재한다. 생태학은 수년, 수백 년 동안 일어나는 과정들을 포함하는 과학이다. 물론, 진화는 수천수만의 긴 시간 동안 지속되는 긴 시간의 프레임을 다룬다. 에릭이 청중들에게 그들의 전체 손가락을 생태 환경과 진화 과정 사이에 존재하는 정확한 시간의 경계 위에 놓이도록 요구하였을 때, 그의 주장을 이해하고 받아들였다.

그럼에도 불구하고, 생태 환경의 연속된 계승과 진화 사이에는 중요한 차이가 있다. 인기 있는 카드 게임 포커를 사용하여 이 차이는 잘 설명될 수 있다. 스터드stud 포커에서 선수는 처음 다섯 장의 카드를 가지게되고, 이 다섯 장의 카드로 게임을 해야 한다. 선수는 새로운 카드를 손에 넣을 수는 없다. 이 상황은 생태계의 연속된 계승과도 닮았다; 새로운 유전자들은 혼합으로 더해지지 않고, 발달(발전)은 가까운 곳에서 유기생명체들과 함께 일어난다. 진화는 드로우draw 포커와 더 비슷하다. 드로우 포커에서 선수들은 다섯 장의 카드를 받고 카드를 버리며 선택할 수 있다. 테이블 위 한 벌의 카드에서 그들은 새로운 카드와 바꾸고 이들을 뜻대로 부릴 수 있도록 기술을 향상시키게 된다. 생태계의 연속된 계승과는 반대로, 진화는 구성요소를 바꿀 수 있다; 그것은 한 벌의 카드로 돌아와서 새로운 카드들의 유전적인 동일한 품, 새로운 유전자들을 얻어서 새로움을 탄생시킬 수 있다. 그러나, 포커에서와 같이 경기에서 다른 규칙들은 동일하게 유지된다.

생물학적 진화는 제2법칙의 기호(嗜好)들에 의해서 안내받은 생명의 기원과 생태계의 발전에서 발견되는 열역학적인 과정들을 확장시킨다. 생물학은 열역학과 일치할 뿐 아니라 제2법칙은 출현하고 성장하는 많은 생물학적 연결 과정들에 관하여 인과관계를 보여주는 "밀어붙임(푸쉬)" 혹은 "힘"을 제공한다.

열역학이 선택한다

최근 몇 년 동안 스티븐 제이 굴드와 같은 유명한 철학자들은 우연성과 확률적인 사건들에 자주 조절되는 진화가 상당히 무질서하다고 강조하였다. 그러나 진화는 분명히 유행 현상(트렌드)을 나타낸다. 놀랍지 않게도 구배 차이를 소멸시키는 복잡성에서 진화의 생성을 생각한다면,

진화는 그렇게 무질서적이지 않다. 진화의 방향은 열린 시스템의 열역학 평형을 추구하는 조직들 속의 그 어떤 것이다.

열역학과 진화는 서로 상호보완적이다. 신다윈설은 자연선택을 진화의 모양을 그리는 가장 중요한 "힘"으로서 이해한다. 비록 돌연변이가 무질서하다 할지라도, 주어진 경내에서 더 잘 생존할 수 있는 유기생명체는 더욱더 많은 자손을 생산해낸다; 그들은 선택된다. 이것은 가장 적합한 유기생명체들의 유전자들을 불후하게 영속시킨다. 진화의 전문용어에 따르면, 적합성fitness은 성공적으로 복제(증식)하는 능력과 유기생명체에 대한 생존의 수학적 척도이다.

진화와 열역학은 손을 잡고 나아간다. 데이비드 듀프David Depew와 브루스 웨버Bruce Weber는 우수한 저서 『진화하는 다윈주의Darwinism Evolving』(1994)에서, 동력학과 열역학을 진화적으로 생각하는 과정의 기원으로 돌이켜서 추적한다. 듀프와 웨버 모두 지난 20년 동안 열역학적 진화—복잡성의 논쟁에 열심히 참여하였다. 그러나 이 책을 통하여 그들은 진화적인 생각에서 동력학적 패러다임의 영향력을 추적하려고 노력했던 역사가이자 과학 철학자들이었다. 그들은 다음에 주목한다. "다윈은 뉴턴에 의해서 상당한 영향을 받았다. 다윈은 유기적 적응과 뉴턴의 모델에 관한 계통 간의 차이들, 그들이 행성이든 경제이든 생물학적이든지 시스템들이 각 예시를 통해서 시간이 지남에 따라 어떻게 행동하도록 기대될 수 있는지의 다소 추상적인 그림들을 보게 된다"(1994, 9).

어떠한 의미에서, 모든 집단 생물학—유전학과 자연선택을 합치는 인구집단들— 내에서 지배하는 유전자들은 열역학적 모델들로부터 유도된다. 역설적으로, 열역학은 여기 모든 수준에서 생명의 조직을 알리는 문자 그대로의 실제 현상으로서라기보다는 오히려 성공적인 모델로서 유사하게 사용되고 있다.

매우 존경받는 진화 이론가인 로널드 피셔Ronald Fischer, 시월 라이트Sewall Wright, 그리고 홀데인은 볼츠만과 맥스웰의 통계 역학으로부터 채택된 통계적인 모형들을 더욱 발전시켰다. 그들은 대부분 열역학적 특성들과 함께 통계적인 단위들로서 유전자의 앙상블을 이해하였다. 아래는 이에 관하여 피셔가 한 말이다(1930, 36):

증명된 기초 이론은 열역학의 제2법칙에 관하여 동일하고 뚜렷한 유사성을 갖게 된다는 것에 주목하게 될 것이다. 양쪽 모두는 그들을 구성하는 단위들의 본질과는 관계없이 사실인 집단밀도들, 혹은 집단들의 묶음의 특성들이다; 양쪽은 통계적인 법칙들이다; 각각은 한 가지 경우에 물리적인 시스템의 엔트로피와 다른 경우에서 생물학적 집단의 적합성인 측정 가능한 양의 끊임없는 증가를 필요로 한다.

피셔는 그가 주장하는 열역학적 유사성을 너무 먼 곳으로 떠밀어 버릴지도 모른다. 비록 그의 통계적인 유전 모델들이 볼츠만 같은 분배들에 그 기반을 두었을 지라도, 그들은 에너지 흐름 그 자체로 모형화되지 않았다. 복제(증식)는 구배 차이 소멸의 안정한 수단을 제공한다. 그러나 유기생명체들이 번식할 때 일어나는 자연선택이 변화를 생산하도록 요구하는 변이 또한 열역학적이다. 열역학적으로 보았을 때, 사실 변이는 필수 불가결하다. 위큰(1987, 89)이 주장하기로, "제2법칙은 텔레매틱하게 배열의 혼돈을 증가시키는 방식으로서 복제 실수들을 촉진시킨다. 이 법칙으론 복제는 실수가 없을 수 없다." 위큰이 말하고 있는 것은, 심지어 비록 DNA를 사용하는 높은—충성도를 갖춘 복제(증식)가 유기생명체의 형태에서 효과적인 구배 차이 소멸을 생산하여 외부 세계에 무질서를 수여할 지라도, DNA 그 자체는 제2법칙의 무질서화된 영향력들에 대해서 절대

면제(주제)되지 않는다는 것이다. DNA는 복제과정 동안 많은 실수들을 경험한다. 에너지와 물질의 이러한 무질서화는 제2법칙의 피할 수 없는 결과이다. 돌연변이는 복사선, 화학물질, 그리고 DNA 구조에서 효소를 통해서 중재된 변형들을 포함하는 많은 원인에서 비롯된다. DNA와 RNA 염기서열은 다른 서열들과 결합한다. 유전자들은 유전체 내부의 한 장소에서 다른 장소로 뛰어다니고, 몇몇 유전자들은 다른 유전자들을 스스로의 DNA 염기서열들로 전환시킨다. 유전체의 그런 무질서화는 매우 복잡한 사건이나, 분자 무질서화에서 최우선의 열역학적 형식(패턴)이 신다윈주의자적 과정의 매 단계 속에서 진행 중이다.

과량의 변형물들의 생명군들이 생산되었을 때, 기준이 되는 신다원주의는 선택이 부적합한 유기생명체들을 전력을 다하여 제거한다고 제안한다. 이 개념은 최근에 스티븐 제이 굴드에 의하여 해방되어, 그 결과 개인과/혹은 유전적인 수준에서 자연선택은 유전자, 유기생명체, 종과 더 높은 분류군들의 범주에서 동시에 그리고 상호 연결되어 행동하는 선택의 "계급 모형"에 의해서 교체된다; 이 논쟁의 주요한 지점은 유전적 변이들에서 느린 축적—너무 느리게 진행하여 화석 기록에서 발견되는 갑작스런 변화들을 설명하지 못하는—은 유전자들과 종들 위의 수준에서 작동하는 "거시적 진화macroevolution"에 대한 이해를 통해 증가되어야 한다는 것이다. 굴드는 유전적 승계 혹은 종들 내에서 발생하는 선택을 눈여겨본다. 그러나 선택의 실제 단위들은 위큰의 관점, 유기생명체들, 집단들, 생태계들이 예시들인 "열역학적 흐름 속에 알려진 패턴들" 안에 있다.

생태계 열역학은 물리학 법칙의 틀 안에 업적 내에서 선택의 의미를 일반화한다. 자연에서 선택의 가장 일반적인 단위들은 개별적이지도 않고,

유기생명체들, 집단들과 생태계들이 모두 예시화된 것이라는 열역학적 흐름에서 알려진 형태이다. 몇몇 흐름의 패턴들은 압도적으로 우세한 자원들 내에서 다른 것들보다 훨씬 뛰어나고 그러한 기초 아래에서 선택된다.(위큰 1987, 136)

공생의 박테리아, 군체를 이루는 해조류와 점균류, 사회적 곤충들, 드러난 뻐드렁니 쥐들, 그리고 언어를 사용하는 인간들은 각 단위들로서 선택된 사회들에서 모두 진화된 예들이다. "선택의 단위들"은 있을 법한 개인들, 정말로 열린 시스템들 제2법칙의 열역학적으로 필수적인 의무 하에서 합쳐지게 될 때, 진화적으로 절충된다. 선택 압력들이 충분히 강하다면, 사회는 그 자체로 유기생명체가 된다. 예를 들어, 이것은 세포들의 군집들로부터 가장 초기 동물들에 이르는 주요한 진화적 전이과정 속에서 아마 일어났을 것이다.

구배 차이 인식은 우리에게 선택이든, 굴드 혹은 전체적응주의자—단순한 과학적 설명이 충분한 곳에 진화하는 이야기들을 창조하고, 어디에서든지 적응력을 보이는 경향이 있는 사람들—든 유전자에 묶인 선택보다 더 생태학적인 선택에서 다른 형태를 보여준다. 그는 정확하게 이를 비판한다. 자연선택, 진화의 시대에 남아 있는 이 기호(嗜好)는 유기생명체, 종과 집단들이 어떻게 그들을 둘러싸고 있는 생태계와 주변 환경에 딱 들어맞을지에 기반을 둔다. 만약 시스템들이 그들을 지탱할 에너지와 물질들이 부족하다면, 그들은 계속 개별적으로 지속 발전될 수 없다. 항상 흐름에 의한 협상에서, 생명의 조직화되며 분해하는 구조들은 뚜렷한 규모 안에서 동시에 행동할 수 있다. 그들은 종 형성으로 분기될 뿐 아니라, 다른 시스템들과 함께 흐름과 힘들을 합쳐 더욱 힘 있는 소멸 자들을 만들게 된다.

자연선택에 대한 우리가 생각하는 관점의 많은 것을 로트카와 위큰에게 빚지고 있다. 로트카는 자연선택이 유기 시스템의 질량과 이 시스템을 통한 물질의 순환 속도의 양쪽 모두를 증가시키기 위해서 작동한다고 주장하였다. 이용 가능한 에너지를 사로잡고 저장하며 분해하는 것은 술 취한 사람이 보도를 따라 휘청거리며 걷는 것과는 완전히 다르다: 오히려, 자연선택은 시스템 전반의 에너지 흐름양을 증가시키는 경향이 있다. 살아있는 시스템들은 구배 차이들을 사로잡고, 저장하며 분해시키기 위해서 고군분투한다—우리는 이 단어를 가볍게 사용하지 않는다. 유행의 경향은 증가하는 수의 종들, 더욱 발전된 네트워크들, 증가하는 분화, 열역학적 흐름들에서 증가하는 기능적 통합, 유기생명체들이 스스로 점점 작아지고 변화하는 구배 차이들 속에 적응시키기 위하여 증가하는 능력, 그리고 에너지의 소산에 관한 증가하는 능력들을 향해가도록 생태계와 진화 양쪽 모두 안에서 일어난다.

스티븐 제이 굴드는 저서,『풀하우스Full House』(1997)에서 세균이 대부분의 일을 하고 수선화와 시조새Archeopteryx에서 이구아나와 인간들에 이르는 더욱 큰 유기생명체들이 항상 꽉 차 있는 집들 안에서 연속된 세입자들이 거주하는 것과 같이, 진화의 과정을 예시화하지 않는 경우들을 만든다고 주장하였다. 굴드의 관점에서, 생명은 모든 이용 가능한 공간(직위)들을 채우기 위하여 팽창해 나아간다. 그것은 진행 방향 없이 새로운 형태들로 진화해 간다. 네덜란드의 지질물리학자인 피터 웨스트브로엑Peter Westbroek(2000)이 지적한 대로, 굴드의 지적은 우리가 개별 종들을 관찰하게 되면서 매우 예리하게 느끼게 되는 것이다: 그들을 서로 비교하면, 우리는 많은 역추적과 격세유전, 오랜 기간의 균형상태(예를 들어, 리무루수Limulus, 편자 게)와 어떤 진화적인 이득(예를 들어, 인간과 하마의 진화)도 제안하거나 그렇지 않는 방향으로부터의 갑작스런 변화들을 발견하게 된다. 만약 우리가 "탑다운, 위에서 아래로" 인식으로부터 바라본다면, 증가된 규제, 합병, 그리고 순환 과정을 향한 트렌드는 분명하고 명백해진다.

열역학적 생태계의 과정들은 진화가 만들어지는 기반이다. 확률적이며 역학의 우연성들은 끊임없이 생물학적 세계와 싸우며 나아간다. 날아다니는 미행성planetisimal, 산불, 그리고 어느날 우연히 부숴진 날개들은 유기생명체들이 늘 씨름해야 하는 우연성들인 것이다. 그러나 자연에 기회가 되는 사건들이 있기 때문에, 진화의 긴 시간 동안에서 더욱 복잡해지는 시스템들 가운데 미묘한 에너지의 사용들의 일치된 조화나 제2법칙에 의하여 주어지는 방향성은 없어지지 않는다.

종들의 증식

이전에 존재하였던 99%는 지금은 사라져 버렸지만, 오늘날에 대략 1,000에서 1,500만 종들이 여전히 존재한다. 진화 시간에 따라 푸릇푸릇한 가지를 뻗는 종들의 수가 증가했다. 우리는 이 현존하는 종들의 증가를 진화시간 동안에 해석한다. 이는 진화기간 동안에 새로운 종들이 발전된 에너지를 사로잡고 소멸에 관한 새로운 경로로서 선택되고 있었다는 것을 의미하는 것이다.

지향화된 성향들은 진화, 배아, 생태계들에 표식을 한다. 생명의 탄생에서는 어떤 종들도 없었다. 진정한 종들은 식물, 동물, 그리고 곰팡이의 조상격인 미생물에서 단지 약 10억 년 전부터 진화하였다. 이들의 조상격인 미생물들은 유사분열과 그것의 분지인 감수분열의 성—종의 가장 일반적인 정의가 단정된 성 증식(복제)의 기초—으로 진화하였다. 35억 년 전에 세포 생명에 관한 가장 오래된 지질학적 증거에 따라서 그 당시에 어떤 종들도 없었다는 것과 대략 10억 종의 오늘날에 현존하는 종이 있다는 것, 이 두 가지 사실들을 고려하며, 간단한 산술은 지구상에 종들의 수는 지질학적 연대에서 수백만 배로 증가하였다고 말하게 된다. 이 증가는 대량 멸종에 의해서 중단되고 오래전에 종들의 수가 최대치에 도달하였을 때, 그들이 절정의 생태계에서 글로벌하게 균등하게 멸종되어 치환되어서 시간이 지남에 따라 종들에게 한 시대에 한 번의 증가가 있었다는 사실만 남게 되었다(그림. 17.1).

나무 위에 새로운 잎 혹은 전 세계의 경제에서 사업과 같이, 매번 새로운 종들이 에너지를 사로잡고, 저장하고, 소멸시키는 것에 관한 새로운 경로들을 보여준다. 새로운 종들은 이용되지 않은 구배 차이들과 거주지들을 발견하고 스스로를 만들어낸다. 지질학적 연대에서 더 큰 종들 사이의 다양성을 향한 굳건한 행진은 때론 심각하게 엉망진창이 되었다. 그럼에도 불구하고, 생명은 회복되었고 매 순간 전체의 유전체들을 다시 살려내고 있다. 만약 과거가 서막이라면, 큰 동물들과 절정의 숲 생태계에 대한 인류의 파괴에 의해서 곤두박이쳐져 현재에도 대량 멸종으로부터 회복의 가능성은 또한 있을 법하다. 인류가 혼자 그것을 할 수 있다는 능력을 받아서 그런 회복을 스스로 볼 수 있게 생존할지는 여전히 미결 문제이다.

인간이 야기한 지구상 종의 다양성에서 쇠퇴는 매우 충격적이다. 벵골 호랑이나 우간다 고릴라와 같이, 지구상에 가장 외경심을 일으키는 동물들 중의 몇몇은 현재 멸종 위기에 있다. 환경의 유지에서 우림 지대와 다른 생명의 다양성을 갖춘 생태계의 주요 역할들은 잘 이해될 필요가 있다. 집과 목재를 위하여 벌목하고 가축을 위한 땅을 방목하는 전체

인류의 끊임없는 성장은 현재 멸종을 유도하는 주요 인자인 것처럼 보인다; 과거에, 우리의 조상들은 많은 종들을 사냥하고 멸종시켰다. 그러나 우리는 꼭 껴안고 싶고 카리스마가 있는 동물들에 대해서는 살생을 금하였다. 매번 우리가 숲을 지워갈 때마다 구배 차이 소멸의 생태계에서 가장 진보되고 효과적인 시스템도 또한 파괴되었다. 생태계 황폐화의 생리학적 결과는 숲들이 없어지며 생기는 지역적인 온난화였다.

워싱턴 주 올림피아에서 혁신적인 회사인 펀지 퍼펙티Fungi Perfecti의 사장이며 균 학자인 폴 스테이메츠Paul Stamets는 과거에는 벌목꾼이었다. 스테이메츠는 나무가 잘린 후에 습도가 수직으로 떨어지는 동안

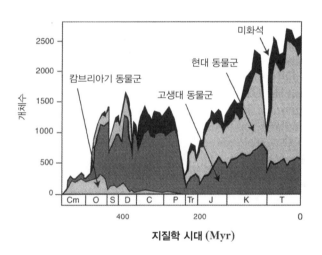

그림 17.1 지질학 시대 동안 생물 분류 상의 속(屬)들의 개체수의 증가. 그래프는 캄브리아 시대에서 현재까지 보존된 해양 화석 동물들의 37,000 이상의 속들의 잭 셉코스키(Jack Sepkoski)의 모음으로부터 얻어진 데이터를 사용한다. 긴 진화시대의 모든 프레임에서 더욱더 많은 경로들이 이용 가능한 에너지의 구배 차이들을 소멸시켜가며 출현하게 되었다. 종들의 증가는 페름기, 트라이아스기와 백악기-제3기 사이 동안에 속들의 갑작스런 감소를 통하여 중단되었다. 이 사건 후에 새로운 종으로서 회복된 속들의 그 숫자는 빈 에너지 틈들을 채우기 위하여 계속 진화하였다. 그런 중단 사건 이후에 발생한 종들의 회복은 생태학적 혼돈 이후에 종들의 증가와 연속 계승 동안 이어진 종들의 증가와도 비슷하다. Myr = 오늘날 이전에 수억 년의 해들.(셉코스키 2002으로부터 제공된 데이터.)

온도가 얼마나 급하게 상승하는지를 회상하였다(개인 의견, 2002).(우리는 14~16장에서 황폐화된 지역들에서 구배 차이가 소멸되어가는 능력들로부터 발생하는 손해에 관한 자료들을 이미 보았다.) 스테이메츠의 혁신 중 하나는 전기톱 안에 곰팡이 포자들을 도입하는 것을 포함한다. 그래서 잘려 떨어져나간 나무들은 더욱더 빨리 재순환하기 시작할 것이다. 이는 더 빠른 숲의 재생을 이끌어 낼 수 있었다. 그런 측정들 없이, 지역적인 온난화는 구배 차이 소멸의 더 큰 기후적인 시스템들을 뒤집어 놓는 잠재성을 가지고 있다. 그것은 날씨를 변화시키고 더 큰, 심지어 아마도 글로벌한 규모에서의 폭풍들을 증가시킨다. 오늘날 한국에 심각한 호흡 문제를 일으키는 계절성 미세 먼지는 중국에서 숲의 무분별한 벌목과 함께 이미 벌목된 지역에서 사막 모래가 날아오는 것과 직접 연관될 수 있다. 널리 퍼지는 사막 모래는 심지어 샌프란시스코까지 도달하고, 위성이 감지하는 먼지대기 일부가 대기 흐름에서 수천 마일을 이동하여 아름다운 저녁노을을 만들어내기도 한다.

종들이 전체 생태계로부터 사라질 때, 일종의 반동이 발생한다. 유전적 물질은 손실되고, 존재하는 생태계들은 변화되도록 강요받는다. 멸종은 많은 종들에서 일어나게 된다. 그것은 고통 받는 종들에 비간접적으로 연결된 것에서 직접적으로 분명하지 않은 종들에도 포함된다.

1840년 미국에는 500만 마리 이상의 야생 들소 떼가 있었다. 대부분은 미시시피 서쪽에 있었으나, 몇몇은 인디애나만큼 먼 동쪽에도 있었다. 그러나 1910년에 남아 있는 들소는 단지 29마리였다. 미국에 남겨진 이들 몇몇은 옐로우스톤 국립공원으로 옮겨졌다. 매우 조심스럽게 취급되어져서 현재 옐로우스톤에서 살고 있는 아메리카 들소는 4,000마리 이상이 되고 있다; 이들은 인디애나 특별보호구역과 농장들 및 사유지 내에서 사는 약 35만 마리의 들소들과 합쳐졌다(스콧 맥밀리언Scott McMillion, 개인 통신, 2003).

들소가 멸종 직전에 있게 되는 동안, 다른 종들도 함께 멸종하였다. 1813년 가을, 존 제임스 오듀본John James Audubon은 당시 어디에나 존재하는 여행비둘기에 관심을 가지고 관찰하였다. 비둘기들이 가을에 이동하는 것에 주목하며 오듀본은 하늘에 비둘기들이 너무 많아서 "태양이 우리의 시야에서 사라지곤 하였다"라고 언급하였다(플래너리Flannery 2001, 314). 켄터키를 가로질러 날아가는 동안, 오듀본은 멈춰 서서 21분에 160개의 비둘기 떼 수를 직접 세었다. 한 떼의 새들이 전체 3일 동안 머리 위에서 날아다녔다. 새들의 위(胃)에 남아 있는 음식물을 조사하는 독창적인 방법을 사용하여, 그는 비둘기들이 여섯 시간 미만 동안에 날아오르고 있고 시간당 60마일의 속도에서 300~400마일의 거리를 뒤덮고 있는 것을 계산하였다. 오듀본은 한 번의 이동에서 수십억 마리 이상의 새들을 대략적으로 추정하였다.

그러나 더 이상은 없다. 거주지의 무분별한 파괴와 농부들에 의한 잔인한 사살 후에 마지막까지 살아 남은 여행비둘기는 신시내티 동물원에서 오듀본의 하늘이 검어지는 경험을 한 후 101년이 지난 뒤 1914년에 죽었다. 멸종된 미국밤나무, 캐롤리나 소형앵무새, 그리고 마우리티우스 섬의 도도새 등도 비슷한 이야기들 속에 묶여 있다. 수백 개의 종들은 인간의 행위들로 사라졌고, 다른 것들은 일상적으로 그 수가 점차 쇠퇴해가고 있다. 지질학적으로 우리는 여섯 번째 매우 큰 멸종, 생태계의 다양성이 있는 지구 행성의 손실 시기 한가운데에서 살고 있다.

종에 대한 가장 일반적인 정의는 비옥한 자손을 생산할 수 있는, 서로 함께 교배할 수 있는 유기생명체 그룹들의 구성원들이다. 폭넓게 사용될 지라도, 이 정의는 포유동물 혹은 심지어 동물로서가 아닌 성적으로 복제(증식)하는 유기생명체들로서 우리의 국지적인 지위를 반영한다.(세균은 일상적으로 작은 퍼센트로부터 거의 모든 그들의 유전자들을 기부하고, 복제[증식]를 위한 유전적 교환—우리한테는 성교—을 요구하지 않는다. 이런 동물에 기반을 둔 정의에 의해 정의되면서 세균은 모두 단일 종의 구성원들로 생각될지 모른다.) 종의 수를 세는 어려움은 한줌의 흙이 쇄설물(碎屑物)과 유기물질들은 물론 약 백억 개 세균을 포함한다는 하버드 생물학자 E. O.윌슨E. O. Wilson의 추측으로 잘 알려져 있다. 윌슨은 백만 개의 세균 형태만큼 아마도 많은 양을 가진 대략 천만 개의 현존하는 종들을 추측할 수 있다. 대부분의 종들은 아직 목록화되어 있지 않다. 우리가 가지고 있는 것들은 대개 열대성의 곤충들이다.

생태계에서 종의 다양성에 관하여 한 가지 이상의 측정 방법들이 있다. 예를 들어, 하나의 방법으로 많은 다른 종류의 종들이 있다는 것을 측정할 수 있다. 그러나 또한 우리는 종들이 군집 내에서 얼마나 동일하게 분배되어 있는지를 계산하여 다양성을 계측할 수도 있다. 각 동일한 집단밀도의 수와 함께 열 가지 종의 군집은 항상 동일할 것이다. 한 종은 90%를 다른 두 종들은 전체 밀도의 단지 4%와 6%를 차지하며, 세 가지 종들의 집단밀도가 고르지 않을 수도 있다. 그러나 측정 척도가 무엇이든지 종의 다양성에 대한 증가는 에너지 소멸에 관한 새로운 경로들을 찾고 있는 생태계를 나타나게 할지 모른다. 이 시스템이 다양성을 증가시킬 때, 더욱 많은 경로들이 발견될 수 있다. 이것은 풍부함을 창조하고 생태계가 멸종하지 않게 만든다. 반대로, 상대적으로 적은 종들을 가진 생태계는 전체 시스템에서 소멸하는 능력을 손상시키거나 파괴시킬 수 있는 불운들에 더욱 쉽게 노출된다. 대부분의 시스템들에서 다양성은 안정성을 동반하게 된다. 절정에 있는 집단은 다양한 구성원들을 지지하는 음식들을 순환시킨다. 아마존 우림 지대의 밑바닥에 떨어진 유기물은 빠르게 쇠퇴하거나 게걸스럽게 먹혀서 재순환된다. 절정의 생태계는 에너지 고정자들, 광합성하는 음식 생산자들, 그리고 에너지를 소멸하는 초식동물들의 시스템이다. 엔트로피의 생산은 양쪽 음식의 생산과 그것의 소비 양쪽 모두를 발생시킨다. 에너지는 양쪽 광합성과 증발 동안 분해된다. 음식생산자들은 좋은 일을 유지하는 한, 주변에 많은 에너지가 생겨난다.

무엇이 지구상에서 대략 천만 개 존재하는 종들의 분배를 조절하는가? 이 종들은 어떻게 지구 전반에 골고루 분배되어지는가? 표 17.1에서 우리는 여러 예들과 더불어 종들의 다양성에 관한 몇몇 가설들을 볼 수 있다. 생태 다양성의 글로벌 패턴들에 대한 철저한 검증에서, 셰필드 대학의 케빈 가스통Kevin Gaston(2000, 226)은 "종의 풍부함과 환경 에너지 간의 관계들은 위도, 고도와 깊이의 구배 차이들과 깊이 관련되어 있다고 알려져 있다"는 데 주목한다.

비록 많은 이론들이 폭넓은 규모에서 종들의 다양성을 설명하는 데 존재하고 있다고 할지라도, 대부분의 기초적인 인자들은 이용 가능한 태양에너지, 물, 그리고 환경 안정성들이다. 필요하지만 충분하지 않은 제2법칙은 종의 증식에 포함되어있다.

지구상 종들의 분배에 대한 가장 분명한 관찰은 적도와 비교되어 극점 내에서 종 개체 수의 빈약일 것이다. 이 관찰을 확신하는 첫 번째 정량적 분석은 1971년 세계 산호류 종의 분배를 논의하였던 지질학자 프랭크 스테흘리Frank Stehli에 의해서 수행되어 졌다(스테흘리Stehli와 웰스Wells 1971). 종의 다양성이 적도 근처에 몰려 있는 동안, 아주 작은 수의 종들만이 오늘날에 높은 위도상에 존재하는지를 스테흘리가 지적한 것에 대해서 아직 생물학적 조사가 완성되지 않았다. 스테흘리는 고생대의 산호들(24억 5천만 년 전~50억 5천만 년 전)이 현대 산호들보다 다른 방식으로 분배되어 있다는 것을 알게 되었다. 초기에 이것은 대륙 이동성의 이론을

표 17.1 무엇이 대규모 종 다양성을 유발하는가?

가설	예
소산에 이용 가능한 에너지	종의 전 지구적 위도 구배가 있으며, 뜨거운 적도를 향한 생태학적 다양성이 더 크고 더 차가운 극에서 덜하다. 열대 우림과 열대 및 아열대 산호초는 세계에서 가장 종들이 풍부한 생태계이다. 종의 다양성은 잠재적이고 실제 증발률과 관련이 있다.
지리적 영역	종 수는 더 큰 지역에 따라 증가한다 (예: 더 큰 섬은 더 많은 종을 가지고 있다).
1차 생산	1차 생산이 클수록 먹이 사슬에서 더 높은 유기체에 더 많은 에너지를 사용할 수 있다.
상승	고도와 다양성은 반비례 관계를 가지고 있다. 상승된 영역에서의 더 추운 기간은 생산성을 감소시키고 신진대사를 낮춘다.
공간 이질성 또는 서식지 다양성	더 많은 종들이 생태계 가장자리와 이질적인 서식지에 서식한다.
경과 시간	생태적 계승과 지질학적 시간의 경과에 따라 다양성이 증가한다.
환경 안정성 대 변동성	종의 다양성은 안정된 환경에서는 증가하지만 가변적인 환경에서는 감소한다. 매우 안정적인 심해는 매우 높은 종 다양성을 가지고 있다.
경쟁 부족	경쟁과 포식 상호 작용은 종 다양성을 감소시킬 수 있다. 예를 들어, 사람들은 들소와 마스토돈을 사냥하여 멸종시켰다.
우발적 역사적 요인	산불, 빙하, 사막화, 화산 폭발, 그리고 대량 멸종으로 이어지는 백악기 운석과 같은 가끔 외계에서 파생된 충격과 같은 예측할 수 없는 사건들은 종 다양성에 영향을 미친다.
크기와 이동성	작은 크기는 특수화된 틈새 세분화를 허용한다; 중력, 부족한 음식, 그리고 다른 요소들에 의해 제약을 덜 받는 작은 유기체들은 더 다양하다; 예를 들어, 수천 종의 딱정벌레 종과 몇몇 종의 큰 유인원들이 있다.
새로운 종	새로운 종은 새로운 서식지를 생산한다. 말라리아의 원생동물은 모기와 인간의 피에 서식한다; 각각의 새로운 종들은 새로운 종의 출현 가능성을 증가시키는 새로운 음식과 새로운 틈새를 얻는다.

참고: 이러한 설명이 상호 배타적이지 않으며 이 목록이 불완전하다는 것을 인식하자.

뒷받침하였다. 지구의 표면이 옮겨진 것이었다.

종들에서 관찰된 위도상 구배 차이는 구배 차이 소멸 이론에 관한 증거들을 제공한다. 지구 표면에 있는 유기생명체들에 대해서 이용 가능한 태양에너지는 불평등하게 분배되어 있다. 지구의 태양 궤도와 경사는 이런 불평등한 분배에서 원인이 된다. 그 결과는 적도로부터의 다소 일정하게 불어오는 더운 온도와 양쪽 극점들에서 발생하는 몹시 변화무쌍하고 더 소멸되는 복사를 낳는다. 이 불평등한 에너지 분배는 적도에 복잡한 시스템들을 선호하게 된다. 적도 상의 생태계들은 더욱더 많은 에너지를 받게 된다. 복잡성과 상대적인 종들의 풍부함은 대부분은 이런 에너지 과량에 의한 결과물이다. 적도의 우림들 또한 더 높은 다양성을 발전시키는 데 도움이 되는 안정한 환경들이다.

뉴멕시코대학의 생태학자 짐 브라운Jim Brown은 종의 다양성을 이용 가능한 에너지(엑서지)와 연관시켰다. 브라운은 생명을 지지하는 데 필요한 인자들 사이의 주요한 핵심이 "이용할 수 있는 에너지(엑서지)의 이용가능성"이라고 말하였다. "쓸모 있는 에너지는 잠재적으로 유기생명체들이(제약들이 주어질 때) 주변으로부터 발췌할 수 있고 그들의 생존과 복제(증식)과정에서 대한 쓸모 있는 일을 하기 위한 필수적인 물질로서 정의될 수 있다"(1981, 884). 더욱 에너지가 이용가능하게 되면 될수록, 주변에서 지지할 수 있는 자손들의 수가 많아지고, 종과 유기생명체들의 그 숫자도 더욱 많아지게 될 것이다. 북아메리카 조류와 식물 종들의 숫자가 생태계의 주요 활성인 증발량·증산량과 더불어 증가하게 된다. 사실상 에너지 소비에 대하여 판단될 때, 증발은 절정의 생태계에서는 성장보다 더욱 중요할 것이다. 소멸되는 에너지의 양과 종의 숫자 사이에 밀접한 연관성을 발견하였을 때, 브라운은 예일 그룹과 함께 "진화와 집단 생태학에서 에너지론의 기본적인 역할에 관하여 주장한 허치슨의 생각들에 대해서 칭찬을 아끼지 않았다. 열역학 제2법칙과 일치하며 에너지 습득과 그 이용화는 어느 생태학적 시스템에서 더 높고 복잡한 사항들을 이해하기 위하여 시작되는 최적의 장소로 남아 있게 될 것이다"(브라운 1981, 884). 생물학적 다양성에 대한 일반 이론은 열역학과 깊게 결합되어 혼합되어야 할 것이라고 브라운은 덧붙였다.

캐나다의 생물학자인 데이비드 쿠리에David Currie의 1991년 연구 결과는 브라운의 발견을 확신시켰다. 쿠리에는 북아메리카를 사각형의 토지들로 쪼개어서 336개의 동식물의 군락(群落)들로 구획화하였다. 이들은 나무들, 포유동물들, 양서류들, 그리고 파충류들로 나누어져 배정되었다. 각각의 이들 토지들에 관하여, 쿠리에는 온도, 태양 복사선, 고도, 면적, 주요 생산량 그리고 잠재적 증발량·증산량을 포함하는 21개의 변수들을 적용하여 시험하였다. 비록 손이 가는 업무일지라도, 그것은 상당한 가치가 있었다. 잠재적 증발량·증산량─물 주변에 얼마나 많은 물이 증발될 것인지는─은 더욱 많은 종들과 함께 증가하였다. 일반적으로 볼 때, 사로잡고, 저장하며 분해되는 데 이용 가능한 에너지의 총량에 대한 측정은 종의 다양성과 관련이 깊다. 폭넓은 데이터베이스와 함께, 쿠리에는 다양한 종들의 다양성에 대한 가설들을 테스트할 수 있었다. 예를 들어, 그는 상승과 종의 다양성 간에 음성적 관련성─상승이 더 높아짐에 따라, 종의 수는 점차 줄어드는 것─을 발견하였다. 상승과 더불어 종의 다양성에서의 감소는 증가하는 위도와 함께 다양성으로부터의 감소와 평행하였다. 더 높은 지대가 더 많은 폭우와 관련되어 있는 일부 세계를 제외하고, 이 역전의 관계들은 매우 잘 작동한다.

E. O. 윌슨은 서인도제도에서 땅의 크기(면적) 대 파충류와 양서류들 종의 풍부함을 비교 관찰했다. 그는 동일한 위도 근처에 있는 섬들

은 유입되는 복사선에서 비슷한 수준을 가지고 있다는 것을 발견했다. 종의 수에서의 변이들은 땅의 크기에서 비롯되는 것처럼 보였다. 약 1제곱마일 크기의 레돈다Redonda라 불리는 가장 작은 섬은 8종을 가지고 있는 반면에, 1만 제곱마일의 면적을 가진 쿠바는 100종의 다양한 파충류와 양서류들이 서식하고 있었다. 자메이카와 몬트세라트Montserrat와 같은 상대적으로 더 작은 섬들은 이 동물들의 계통들에 관한 비슷한 수의 종들을 포함하였다. 맥아더와 윌슨의 업적 및 그의 스승인 짐 브라운의 업적을 확대해가며, 데이비드 라이트David Wright(1983)는 양쪽 면적과 이용 가능한 에너지가 종의 다양성과 긍정적으로 관계있다는 것─표 17.1에서 그 이론들은 상호 배타적일 필요는 없다─을 알게 되었다. 그럼에도 불구하고, 쿠리에가 결합된 인자들을 관찰하며 단지 잠재적 증발량·증산량보다 종의 다양성에서 초라한 전조 격인 지역(크기, 면적)과 잠재적인 증발량·증산량 간의 결합 영향력을 발견할 수 있었다(쿠리에 1991). 높은 에너지 소산의 속도들은 매우 높은 수의 종들과 굉장히 밀접하게 관련되어 있었다. 셀 수 없는 종들과 함께 살고 있는 생태계의 우거짐은 단지 감정적으로 채색된 인지나 철학적인 추상물이 아니다. 그것은 지구상에서 가장 진화된 구배 차이 소멸자들로서 생태학적 역할의 부산물인 것이다.

　　생태계는 과거에서 만들어진 복잡한 시스템이다. 그것의 역사는 미래에 영향을 준다. 빙하들은 생태 구(지구)를 가로지르며 이동해 가면서 구 표토의 표면을 닦아 낸다. 수천 년 동안 지속되는 연속된 계승은 약 11,000년 전 마지막 북아메리카 빙하기 이후에도 여전히 표토와 종들을 만들어가고 있다. 사막의 창조는 분명하게도 종의 다양성을 낮추고, 반복된 조류나 범람은 종들과 생태계의 발전을 극히 제한한다. 쿠리에(1991)는 과거의 역사가 지역에 종들의 다양성에 영향을 주고 어떠한 직접적인 관련성도 없다는 것을 알게 되는가를 결정하는 통계적인 분석에 대해서 운영하였다. 표본 채취 토지의 크기는 결과에 영향을 줄 수 있었을 것이다. 나눠진 토지들의 크기가 더 작아지면, 산불의 영향을 알 수 있을지도 모른다; 토지들이 더 커지게 되면, 빙하와 종의 다양성 간의 역전 관계를 발견하게 될지도 모른다. 화재와 빙하가 생명을 죽일 수 있는 순간, 이는 연속된 계승을 출발점(시초)으로 되돌려 놓아서 모든 것이 다시 시작하게 된다. 그런 에피소드 후에 생태계가 다시 성장하게 될 때, 그들은 종들에 관한 완전한 측정값을 다시 얻게 되고, 구배 차이 소멸에 대한 이전 수준들을 되찾게 된다.

E.O.윌슨(1992)과 다른 이들은 과거 60억 년 동안 생존한 단지 0.1%의 적은 종들이 여전히 우리 주변에 남아 있다고 말한다. 종이 생태계권 밖으로 떨어져 나왔을 때도, 그것의 지위는 여전히 남아 있었다. 남아 있는 생명체들은 내부로 이동하거나 버려진 영토로 이주하여 진화할 수 있었다. 새로운 종들은 사라진 것들의 역할을 떠맡게 된다. 진화의 팝 차트에 오르기 위해서, 생존자들은 스스로의 퍼커션 악기를 가질 수 있어야 하고, 그들은 기능하는 전체로서 생태계의 리듬에 따라서 춤을 추어야 한다. 한마디로, 그들은 자신의 환경을 스스로 찾아야 한다. 다른 말로, 우연성은 절대적이지 않고 열역학적으로 영향을 받는다.

이전에 우드홀해양연구소에서 근무하였던 하워드 손더스Howard Saunders(1968)는 종의 다양성에 대한 환경의 가변성을 연구하였다. 폭풍, 파도 그리고 흐름들이 퇴적물을 내부로 가져오고 제거하면서, 끊임없이 환경에 피해를 주는 강어귀와 대륙붕에서 벌레와 쌍패류 종들의 다양성은 낮아졌다. 바다에서 훨씬 더 멀리 떨어진 더욱 안정한 환경에서, 다소 놀랍게도, 상당한 수의 종들과 더 높은 밀도의 생태계가 있었다. 사실, 온도가 수십 년 동안 단 10분의 1의 단위온도에서 왔다갔다하는 해저 속에서 가장 높은 다양성이 발견된다. 빛으로부터 멀리 떨어지고 음식으로부터 멀리 떨어져 있을 때, 종들이 가장 풍부하였다. 빛과 영양분들이 풍부한 해안 가까이에서 종의 다양성이 가장 높다는 우리의 직관은 잘못된 것이다. 비록 적도에서 높은 다양성의 종들이 분해된 전체 에너지에 확실히 의존하고 있다 할지라도, 우림 지대들은 날마다 혹은 계절의 변화와 함께, 상당히 변하지 않고 안정하며 자주—혼란되지 않는 시스템들로서 보일 수 있다. 우림 지대들은 환경 안정성이 종의 자유재량을 허용하여, 복잡한 시스템들로서 그들의 최우선을 향하여 발전한다는 점에서 심해와 비유될 수 있다. 비록 심해에 어떤 태양광도 없을지라도, 바다 표면으로부터 여과되는 끊임없이 빗발치는 플랑크톤은 풍부한 잠재적인 에너지들과 함께 물기둥을 공급해 준다.

안정성 이외에도 많은 인자들이 다양성에 영향을 주고 있다. 프린스턴대학의 존 타일러 보너John Tyler Bonner(1988)는 지엽적인 규모에서 생명체의 크기와 다양성 사이의 관계에 관한 강력한 예들을 만들었다. 작은 종들이 풍부한 반면에, 코끼리, 고래, 그리고 오징어와 같은 큰 동물들로 대표되는 종들은 극히 드물다. 왜? 수많은 이유들이 있다. 첫째는 음식의 피라미드(다단계적 구성)와 관련이 있다: 많은 작은 것들—박테리아, 조류, 및 원생생물—은 식량 피라미드의 바닥에 존재한다. 반면에 그들을 먹이로 하는 것들은 필연적으로 보다 더 소수의 개체이다. 먹는 것은 엔트로피 과정이다; 불충분하면, 그것은 음식의 피라미드에서 더 높은 곳에서 먹이를 잡아먹는 종들을 위하여 점차 더 작은 칼로리를 남겨둔다. 그러나 이것이 모든 것을 설명하지는 않는다: 식물에서 또한 큰 나무의 종들과 비교하여 더 많은 종류의 작은 식물들이 존재한다.

조심스럽게 관찰하면, 육지 동물들의 분류는 100그램 범위에서 최대 수의 종들과 양쪽 더 크고 더 작은 크기에서 감소하는 수의 종들과 함께 무리를 이루고 있는 것을 볼 수 있다. 종의 다양성과 크기의 비교와 같은 크기 기반의 관계들을 상대생장allometric이라고 부른다. 그 시스템 내에서 제약들로서 행동하는 것처럼 보이는 이들 관계들은 자연적으로 선택될 뿐만 아니라 상대적으로 단순한 비역사적인 물리학적 법칙들로부터 비롯되는 경향이 있다.

　　1993년 뉴멕시코대학의 생태학자인 제임스 브라운James Brown, 파블로 마르케Pablo Marquet와 마크 테이퍼Mark Taper는 몸체 크기와 에너지론 간의 관계를 조사하였다. 그들은 유기생명체들이 그들의 무게에 3/4제곱으로 비례하는 속도에서 주변으로부터 에너지를 얻게 되고, 성체들이 이 에너지를 그들의 질량에 1/4제곱의 속도에서 자손들에게 전환시킬 수 있다는 것을 알게 되었다. 다시 말하면, 더 작은 개체들은 자원들을 복제(증식)시키는 임무를 성공으로 전환시키는 더 훌륭한 능력을 가지고 있으나, 그들의 큰 무게에서 특이적인 신진대사에 도달하기 위하여 매번 물질들을 모으는 능력에 큰 한계를 갖고 있다. 반대로, 더 큰 동물들은 더 많은 자원들을 얻을 수 있으나 더 작은 수의 자손을 생산한다. 기준을 이용하여 생태학자들은 육지 포유동물들이 큰 섬과 대륙에 동물들에 관한 현장자료들과 일치하는 100그램에 달하는 최적의 신체 크기를 가질 거라고 예측하였다.

　　지난 수십 년 동안 생물학에서 상대생장(예를 들어, 크기에 관련된)의 관계들이 "모든 것에 대한 생물학적인 이론"을 부양한다고 제안하는 수많은 논문들이 있었다(횟필드Whitfield 2001, 343). 생물학자인 제임스 브라운과 브루스 엔퀴스트 그리고 물리학자인 제프리 웨스트에서 이끌어진 과학자 그룹들은 생물학에 많은 부분이 상대생장과 소위 3/4와 1/4의 급수법칙들과 관련되어 있다고 제안한다(엔퀴스트, 브라운, 그리고 웨스트 1998). 이 과학자들은 신진대사와 신체무게 간의 관계는 생명체 무게의 크기에서 20 이상의 차수들에 대한 3/4이라고 주장한다. "웨스트가 말하는 대로 "그들에 1/4급수를 가진 (생물학에서) 아마도 200 크기 조정의 법칙들이 존재한다"(휫필드 2001, 343). 소위, 이 차원분열 법칙(그들의 분수 때문에)은 생명체 밀도의 문제들과 근원의 할당 및 유기생명체에 의한 사용에 관한 일반적인 문제들에 적용되었다. 브라이언 엔퀴스트Brian Enquist와 칼 니클라스Karl Niklas(2001)는 나무가 지배하는 생태계 전반에서 크기 조정의 관계들을 자세히 묘사하였다. 예를 들어, 그들은 나무 크기 도수분포, 나무의 종의 수, 그리고 단위 면적당 개별 나무의 수는 생물 자원의 지상 현존량의 3/4급수와 관련있다고 보여주었다.

일반적인 상대생장의 구조와 시뮬레이션 모형의 확장은 수많은 주요 생명체 집단과 생태계 수준의 특징이 어떻게 상대적으로 작은 상대생장과 생역학적 "규칙들"로부터 발견되는지를 보여주었다. "차원분열과 같은" 혈관의 네트워크를 통한 자원 운송의 제약들은 궁극적으로 개인들이 어떻게 공간을 채우고, 자원을 사용하며, 생물 자원을 할당하는지에 대하여 지시한다. 생물학의 많은 수준에서 명백한 그런 제약들이 상대생장의 크기 조정 관계들을 반영하게 된다. 이 "규칙들"은 신진대사 생산과 생물 자원들이 어떻게 개별적인 식물의 수준에서 몸체의 부분들 사이에 분할되고 있는지를 나타낸다.(엔퀴스트와 니클라스 2001, 659)

이번에 이런 일이 어떻게 우리의 열역학적 프로그램과 관련되는지는 분명하지 않다. 그 일이 물과 영양분의 분배 화에 대한 제약들을 발현시키고 크기와 같은 물리적 인자들과 신진대사와 같은 생물학적 과정들 사이의 관련성을 증명하는 것처럼 보인다. 식물들이 신진대사가 물 한계로 인하여 50%까지 감소될 때, 이 스트레스 아래에서 그들의 차원분열의 혈관 특성은 어떻게 바뀌는가? 우리는 스트레스 아래에서 유기생명체

인투 더 쿨: 에너지 흐름, 열역학, 그리고 생명

가 어떻게 그들의 신진대사 속도를 휴지기 신진대사의 4~5배까지 변화 시킬 수 있는지를 알 수 있게 되었다. 상대생장의 차원분열 패턴들이 어떻게 유기생명체의 신진대사의 변화를 수용할 수 있는가? 이 차원분열의 패턴들이 어떻게 유기생명체들의 성숙도와 생태계의 연속된 계승을 변화시킬 수 있는가? 브라운과 그의 동료들은 논리적인 크기 규정의 인자들을 보이는 상당한 양의 관련 자료들을 만들어 내었다. 수십 년의 연구 프로그램이 생물학의 나머지 부분들과 통합되어 가는 것을 보는 것은 상당한 흥미로움을 줄 것이다.

종의 풍부함은 면적의 크기에 의존하여서 크게 다르다. 강수량은 더 세밀한 공간 규모에서 종의 다양성과 잘 관련되어 있는 반면에, 구름이 덮고 있는 지역(위도—경도의 선을 따라서 간접적으로 측정된)은 더 큰 지역 내에서 종의 풍부함을 예측하는 데 매우 훌륭하다. 영국에서 식물과 새들의 집중 연구는 종의 다양성이 관찰 규모에 의존하여 다른 인자들과 잘 관련되어진다고 제안되었다. 생명의 다양성에 관한 수업을 들었던 옥스퍼드대 학생들 중에 캐서린 윌리스Katherine Willis와 로버트 J. 휘태커Robert J. Whittaker(2002, 1245)는 관련 내용에 대해서 아래와 같이 적고 있다:

글로벌한 생명의 다양성에 대한 손실의 예측이 점차 비관적이 될 때, 종들의 풍부함을 결정하는 인자들을 식별하는 것은 뜨거운 논쟁거리가 되고 있다. 종의 다양성에서 가장 잘 알려진 패턴은 극점의 낮은 곳에서 적도의 높은 것에 이르는 구배 차이이다. 이러한 패턴은 너무나 많은 분류군들에 걸쳐 일반적이어서 동등하게 일반적인 설명의 존재를 제안하게 된다. 그 관계가 측정되는 규모가 무엇이든지 간에 간단한 방법을 사용하여 이는 커지고 작아질 수 있다는 근원적인 가정과 함께, 많은 관심은 종의 풍부함에 대한 패턴을 설명하는 메커니즘을 발견하는 데 주어졌다. 그렇다면, 풍부함에 지엽적인 패턴들을 성공적으로 설명하는 모형이 더 거칠고 좁은 지역이나 심지어 글로벌한 규모에서 보여지는 변이들을 잘 설명하도록 커질 수 있을 것이다. 이런 추론(논리)은 변이들이 수십 년 동안 혹은 수세기 동안 분명하게 나타낸 진화적인 변화가 지질학적 시간 동안 거시적인 진화의 변화에 대한 더욱더 극적인 패턴들을 잘 묘사할 수 있도록 커질 수 있다고 설명하게 사용되는 것을 닮았다. 그러나 몇몇 진화론자들이 논의한 대로, 생물학적이고 환경적인 시스템들은 이보다 더욱더 복잡하다.

더 작은 규모와 시간의 기간 동안 종의 풍부함에 대하여 가장 최선의 예측자들이, 규모와 시간의 기간들이 증가할 때, 종의 풍부함을 예측할 수 있도록 반드시 작동하지 않을 것이라고 우리는 말한다. 그러나 작가들이 "동일하게 일반적인 설명들"을 발견하기 위해서 "많은 분류군들에 걸쳐서 너무나 일반적인 패턴 (…) 극지의 낮은 곳에서 적도의 높은 곳에 이르는 구배 차이 (…) 종의 풍부함에 대하여 가장 잘 알려진 패턴"의 이상을 보기를 원한다는 것이 모순적이라는 것을 우리는 알게 된다. 때론 설명과 변수의 비례상관관계와 복잡한 해석들에 관한 과학적인 경향성이 너무나 심하게 도를 지나칠지도 모른다고 생각된다. 우리에게 이 작가들이 추구하는 "동일하게 일반적인 설명들"은 적도에서 가장 가까운 부근에서 생태계들을 위한 가장 좋은 기회들을 보여주는 태양에너지의 지속적인 근원으로 보인다. 가스통은 "걱정되는 것은 어떤 단일한 메커니즘도 주어진 패턴을 적절하게 설명할 필요가 없고, 관찰된 패턴들이 공간의 규모에 따라 변하게 될지 모르며, 지엽적 규모들에서 일어나는 과정들이 지역적으로 관찰되는 패턴들에 영향을 주게 되고 어떤 패턴도 변이와 예외도 없을 것이다"고 우리에게 상기시킨다"(가스통 2000, 226).

자연 신학자들은 고차 조화의 다윈에 기인한 노동 분업을 통한 생명의 진보가 개인들 간의 투쟁에 기인한다고 주장하였다. 그러나 생명체의 갯수들과 다양성에서의 증가는 더욱 직접적으로 에너지의 이용가능성에 기인한다. 열역학적인 책무는 열린 시스템들로서 개인들에게는 더욱 에너지 효율적이고, 더 고차원적인 총체들로 조직화하는 것에 관한 자극을 제공한다. 다시 말해서, 다양성, 진보하는 경제 내에서 직업들의 전문화와 일반적인 계층화는 단지 다양한 규모 내에서 복제(증식)되는 개인들에게 작동하는 자연선택에 의한 것이 아닌 자연에 위협적인 서비스—효율적인 구배 차이의 소멸—를 더 잘 제공하기 위하여 베나르 세포에서 분자들처럼 조직화되는 군집들 위에 있을지도 모른다. 변이는 새로운 가능성들을 제공하고, 자연선택은 그들을 현재 주변 환경에 잘 적응하게 되는 유력한 시스템들로 대폭 줄인다. 그러나 독창적인 자극—가능한 효율적인 높은 에너지 시스템들을 소산시키기 위해서 이용 가능한 물질들을 임시변통하는 것—은 열역학의 제2법칙이다. 심지어 자연선택 이전에, 제2법칙은 이용 가능한 운동, 열역학, 그리고 화학 선택들로부터 주어진 제약하에서 구배 차이를 가장 잘 소멸시킬 수 있는 시스템들을 "선택하게 된다." 복잡하든지 그렇지 아니하든지, 생태 구(지구)의 발전은 에너지의 배경 내에서 이해되어져야 한다. 생명의 기원, 세포의 규제, 그리고 생태계와 유기생명체들의 유지 및 발전처럼, 제2법칙은 종의 진화를 이끈다.

121개의 참고문헌들과 함께 종의 풍부함에 관하여 제안된 설명들의 확장된 재검토 후에, 오스트레일리아의 생물학자 K. 로데K. Rohde(1992)는 가설들의 모형에서 주요 인자로서, 어떤 가정, 즉 종들이 그 의제들—정확하게 우리가 설명하기 원하는 것—에서 더욱 다양하다는 것을 포함하기 때문에, 상당히 많은 가설들이 순환되는 추론을 포함하게 된다는 데 주목한다.

이들 동어반복—순환하는 추론—의 이론들은 경쟁, 상오스트레일리아의, 포식, 착색식물, 풍토병, 생물의 공간적 이종성(異種性), 숙주 다양성, 개체 크기, 거주환경의 폭, 개체 성장 속도, 환경의 척박함, 그리고 다른 위도상에서의 부조화를 포함하게 된다. 다른 설명들은 충분한 증거들에 의해 지지되진 않는다. 예를 들어, 종의 다양성과 환경의 안정성, 환경의 예측성, 생산성, 비 생물적인 희박, 물리적 이종성, 지평선 위의 태양의 각도에서 위도의 감소, 면적, 건조, 계절의 변동, 거주지들의 갯수, 그리고 위도의 범주들 사이에서 어떠한 일치하는 상관관계도 없다. 생태학과 진화적인 시간 가설들은, 일반적으로 이해되는 대로, 구배 차이를 설명할 수 없고, 화학 반응들의 온도 의존성도 종의 풍부함에서 예측들을 허락하지 않는다. 태양에너지에서 유일한 차이들은 위도, 경도 그리고 아마도 깊이에 따라서 다양성의 구배 차이와 일치하며 서로 연관된다.(514)

종의 다양성의 증가들에서 열역학적 이끌음에도 불구하고, 더 우발적인 수많은 다른 인자들은 지엽적이고, 지역적이며, 대륙적인 규모들에서 종의 다양성에 큰 영향을 준다; 몇몇 혹은 이들 대부분은 그들 자신의 기능에 관한 에너지의 흐름에 의존한다. 열역학과 종의 다양성 사이에서의 관계는 제2법칙과 생명이 일하도록 허락하는 탄소화합물 사이에 있는 그것과도 비슷하다. 열대에서 더 상위 종의 다양성은 주변의 안정성과 유기생명체에 이용 가능한 증가된 에너지(열대에서 증가된 온도와 상호관련이 있는)들로 추적될 수 있다. 이것은 상호 작용에서 더 높은 속도를 이끌고, 성적 유전자 흐름과 공생의 변형들을 포함하게 된다. 증가된 대기의 이용 가능한 에너지의 수준은 효과적인 진화 시간 내에서 가속화를 만든다. 제2법칙은 종들이 더 다양해지도록 압력을 가한다. 그러나 특별한 권능을 부여받은 조건들이 거기에 있어야 한다. 제2법칙이 어떻게 종(種)

분화의 세목을 번역할 수 있는가? 증가된 온도가 어느 정도 더 높은 속도의 변이, 공생, 그리고 더 짧은 세대 시간들과 상호 의존할 수 있게 되는가? 로데는 선택의 속도에서 온도의 영향력에 대한 실험적 연구들에 관한 "긴급한 요구들"을 말한다. 온도는 원인이 아니나, 창조적인 파괴의 복잡한 업적을 할 수 있도록 이용 가능한 더 높은 에너지의 대용이며 지표가 된다.

다량 멸종과 잔잔한 바다

과거 6억 년 동안 다중 혹은 대량 멸종이 일어난 적어도 다섯 번의 시대가 있었다. 가장 유명한 것은 약 6,600만 년 전 백아기와 제3기 사이의 "K/T" 경계가 있었다. 이 시기는 덜 눈에 띄는 종뿐만 아니라 모든 공룡들의 죽음(비록 대부분의 350속[屬]들이 더 일찍 멸종하였다고 할지라도)을 나타냈다. 연합된 멸종 그룹에 관하여 인기 있는 가설은 거대한 운석이 멕시코 남동부의 유카탄 반도에 도달하여 바다를 덮쳐서 일어났다는 것이다. 신성의 낙하와 계속되는 환경의 변화들로 유입되는 태양광선들을 부분적으로 차단하여서 해수의 범람, 화재, 먼지폭풍과 화산폭발이 유발되어 수많은 종들이 크게 줄어들었다. 화석기록은 종의 격변적 감소를 보여주었다. 유공충을 생각해 보자. 6,600만 년 전에 존재했던 이 해양 플랑크톤들의 24개 종들 중에서 단지 하나만이 K/T경계를 지나서 유일하게 생존하였다. 간신히 생존하였다. 현재 그것은 지구상에서 매우 드물다.

충분한 식량 공급에 의존하며, 존재했던 공룡들이 모두 멸종하였을지라도, 의존성이 상대적으로 덜한 식물들은 백악기의 혹독한 멸종 시기에도 꿋꿋하게 살아남았다. 어둠, 먼지, 연기 속에서도 더 잘 도망칠 수 있고 (아마도 계속되는 추운 냉기에 의해서 잘 보전된) 큰 동물들의 몸체 일부들과 더 경쟁할 수 있는 작은 동물들 또한 생존하였다. 이들 중에는 조류, 설치류와 포유류의 조상들이 포함되어 있다. 이 동물들은 그들의 체온을 잘 조절했다. 비록 그것이 단위 무게당 더 많은 음식의 소비를 요구한다고 할지라도, 등온열homeothermy이라 불리는 이 능력은 태양과 온난화 기후에서 일상의 의존성으로부터 조류들과 포유동물들의 조상들을 자유롭게 만드는 데 큰 도움을 줬다. 그들은 내부의 따뜻함을 유지하기 위해서 충분한 음식을 필요로 하였다. 현대 포유동물들은 따뜻하고 차가운 온도 범위 속에서 은신하고, 먹이를 찾아다니고, 냄새를 맡고, 짝짓기를 한다. 그들의 내부 온도에 대한 훌륭한 조절능력과 함께, 새로운 자율성과 새로운 구배 차이에 대한 접근성이 생기게 되었다. 새롭게 진화한 포유동물들은 그들의 중앙 신경프로세서인 뇌에게 장기간 더욱더 많은 양의 혈액들을 공급하였다.

현재 대량 멸종의 이유는 매우 다양하다. 가능한 원인들은 소행성, 대기 중에 과량의 이산화탄소와 황으로부터 발생한 글로벌한 온난화와 산성비를 방출시키는 대량의 화산활동들의 저주, 유기생명체 자신들로부터 만들어진 기후 변화, 그리고 태양계를 향하여 치명적이며 높은 에너지를 방출하는 초신성과 희귀한 만남으로 인한 방사선 병들도 포함된다. 그런 초신성의 폭발은 5천만 년마다 한 번씩 일어날 것으로 예상된다. 가장 큰 대량 멸종은 백악기 시대가 아니었다. 수많은 족들의 개체수가 50% 이상까지 떨어졌고, 속들은 82%까지 떨어지고, 그리고 종들도 놀랍게도 92%까지 떨어졌던 페름기와 트라이아스기의 경계에서 대량 멸종을 주목하게 된다(마이어Mayr 2001, 표 10.1).

대량 멸종은 지구상에서 많은 종들을 빼앗아 갔다. 이전 수준에서

인투 더 쿨: 에너지 흐름, 열역학, 그리고 생명

수많은 종들을 회복시키는 데 걸린 평균 시간은 약 2~5천만 년으로 보인다. 대량 멸종 후에 생태계의 회복은 어떤 경우에는 새로운 구배 차이들과 새로운 주거지들을 두고 살게되는 새로운 종들을 포함하게 되었다. 이것은 주요한 강압감이나 혼돈 후에 다양성이 소멸한 그리고 연속된 계승의 과정 동안 회복되어가는 생태계에서 우리가 볼 수 있는 것과 동일한 패턴이다. 똑같은 원리가 생물권의 진화와 생태계의 연속된 계승 속에서도 유지된다. 혼돈 혹은 스트레스 후에, 생태계는 남아 있는 종들과 그들의 유전 물질들로부터 스스로 재건된다. 주요한 차이는 지구의 글로벌한 생태계가 전체의 새로운 구배 차이가 소멸되어 가는 형태를 쏟아내는 데 더욱더 숙련되어 간다는 것이다. 인간과 마찬가지로 이것은 혼합 백이다. 인간의 경우를 예를 들어, 우리는 숲의 생태계를 파괴시키고 있다. 우리가 아는 대로, 우리는 생태권의 가장 숙련된 소멸자들일 것이다. 그러나 인간의 지능과 기술이 지구 밖 공간에서 생물권의 구배 차이를 소멸시키는 데 그 힘들을 확장시킨다는 약속을 지킨다. 돌이켜보면 이 상황은 씨앗을 퍼뜨리는 새들과 포유류가 생겨나고 인간들이 파괴하고 있는 복잡하고 매혹적인 숲의 부상과 관련되어 지구를 만들었던 공룡들의 마지막 죽음과도 매우 비슷할지도 모르겠다.

진보와 예측

에른스트 마이어Ernst Mayr(2001, 212)가 발행한 책『진화란 무엇인가What evolution is』에서, 그는 진화적 진보에 대한 부분을 다음 문장으로 시작하며 설명한다; "진화는 방향 변화를 의미한다." 마이어(216)는 이를 계속 주장하였다; "원핵생물에서 진핵생물, 척추동물, 포유동물, 영장류,

그리고 인간으로 이어지는 일련의 단계들을 진보적이라고 언급하는 것은 매우 타당하다." 이 진보적인 진행에서 각 단계는 성공적인 자연선택의 결과였다. 이 선택 과정의 생존자들은 과거에 운명한 것들과 비교하여 그 우수함이 이미 입증되었다. 소위 확장 경쟁에서 성공한 모든 최종생산물은 진보의 예로 생각될 수 있다. 마이어는 진보를 통하여 이전의 유기생명체들보다 더욱 효율적이고 향상된 유기생명체들이 생산된다고 계속 주장하였다. 자연선택은 다윈의 생각에서 중심에 있다. 선택이 열역학의 관점하에 놓이고 로트카, 위큰과 울라노위츠의 통찰력이 여기에 적용될 때, 선택은 자동 촉매작용의 물질—에너지 고리들을 통하여 증가하게 되는 에너지의 흐름의 관점에서 정해진다. 선택되는 이점은 경쟁자들보다 훨씬 뛰어난 시스템을 통하여 에너지 흐름을 가장 잘 증가시켜 가며 자동 촉매작용의 시스템들로 가는 것이다.

이 책의 초반부에서 우리는 진화 과정들과 생태계의 발전 간의 유사관계에 대해서 말했다. 마르가레프의 말을 의역하면, 종은 연속된 계승(승계)에 의한 방향으로 흡수되거나 밀려난다. 우리는 열역학적 과정들이 생태계 발전의 이면에 존재하고 있다는 것을 보여주었다. 많은 이 변화들, 예를 들어, 더 높은 에너지 흐름과 증가된 종의 다양성에는 방향성이 있다. 생태계 과정에 의존하여 진화는 방향성에서 비슷한 궤적을 따른다.

진화의 방향성에 대한 예는 러시아의 혁신적인 생물학자 알렉산더 조틴을 통하여 입증되었다. 조틴은 종의 구성원들이 시간에 따라 진화하여 갈 때 그들의 호흡(산소 이용도)에서 신진대사의 속도를 증가시키는 큰 유기생명체들로 구성된 종의 구성원들에 관한 경향성을 기록하였다. 물론 화석의 신진대사를 직접적으로 측정할 수 없기 때문에, 조틴은 암석 기록에서 유기생명체들 그룹의 출현을 관찰하고, 이때 오늘날 살아있는 비슷한 종들의 신진대사 활성을 측정하게 되었다. 신진대사 활성의 증가는 증가된 호흡 속도(산소이용도)와 증가된 특별한 엔트로피 생산의 양쪽 모두와 밀접하게 관련된다. 지난 6억 년 동안 거시적인 생물체들(세균이 아닌)의 신진대사 속도들이 캄브리아기 수준보다 네 배로 증가하였다. 세균에서, 가장 초기에 진화한 환원하는 세균의 신진대사 속도는 후에 진화한 산소성 세균보다 더 작은 신진대사의 속도를 가지고 있다. 조틴은 이전 오래된 캄브리아-오르도비스기 시대의 갑각류와 연체동물과 같은 동물들을 대상으로 이용하였다; 석탄기-데번기 시기에는 양서류, 곤충들과 파충류들; 그리고 백악기와 이후는 설치류, 포유동물들, 영장류들과 조류들을 이용하였다. 그것은 전반적으로 매우 부드러운 곡선을 보였다(그림. 17.2). 이 관계가 보여주는 것은 진화가 진행될 때마다 생명은 에너지를 분해하는 더 새롭고 더 좋은 방식들을 "발명한다"는 것이다. 진화가 지속될 때 종들의 수가 증가될 뿐만 아니라, 조틴이 우리에게 보여준 대로, 살아남은 것들은 구배 차이 감소(소멸)에 더 효과적으로 반응하게 되었다. 예를 들어, 파충류로부터 포유류에 이르기까지, 근육 횡격막의 진화로 산소 공기를 더욱 많이 받아들이게 되어 신진대사 증진 효과가 극적으로 증가하게 되었다.

느리게 성장하는 절정에 위치한 군집들을 향한 생태계의 방향성은 실험실에서도 일어났다. 한천 평판에서 빠른 군집화 이후에, 세균은 형태적으로 다른 모양들—더욱 복잡하고, 더 느리게 성장하는 군집들—로 발전한다. 백 정도의 유리 슬라이드들을 바닷물에 담고 이후에 실험실로 가져오면, 가장 빠르게 제거된 것들은 세균들과 공통 섬모충들과 같은 빠르게 성장하는 형태들로 바로 덮이게 된다. 더 늦게 제거된 슬라이드들은 더 큰, 더 복잡한 미생물의 군집들을 포함하게 될 것이다. 수주 내에, 관찰 중인 슬라이드 군집들은 미세생태계가 스스로 연속된 계승을 발전시켜서 만각류들과 같은 작은 동물들을 포함하게 될 것이다.

수정란으로부터 분열되는 첫 번째 세포들의 성장 패턴은 초기 생태계의 군집화와 매우 닮았다. 배아 내의 초기 포배상(胚)의 세포들이 빠르게 복제(증식)된다. 그 세포들은 서로를 매우 닮아 있다. 배아가 발달하게 되는 순간, 세포들은 분화되고 죽는다. 동물의 다양한 팔다리, 장기, 그리고 조직들은 발달하는 생태계에서 관찰되는 성장하는 생명의 다양성과 비슷한 다양성에서의 증가를 보여준다. 생태계에서와 같이, 그 당시 성장은 점차 쇠약해진다. 통합되고, 에너지 효율적인 성숙된 형태가 나타나게 된다. 성체 유기생명체들과 성숙된 생태계는 높은 수준의 에너지 사용과 구배 차이의 소멸들을 성취하게 된다.

동물들은 세포 성장과 생태학적 계승에서 어느 의미에서 고대 에피소드의 유산인가? 빠른 초기 단계에서 효율적인 마지막의 네트워크까지, 미생물 성장의 고대 패턴들은 동물의 발달에도 "각인되어" 있는가? 성체들은 유동적인, 후반기 절정의 집단체인가?

우리의 직감으론, 이 질문에 대한 답은 "예"이다. 진화가 상당히 대규모 생태학인 것처럼, 유기생명체는 소규모의 생태학이다. 분명히 일은 이 지역에서 행해질 필요가 있으나 아마도 개별 유기생명체들은 생태학적 과정의 공간적, 시간적으로 농축된 버전으로 이해된다.

더욱 에너지를 붙잡고 효율적으로 그 에너지를 자손으로 전환시키는 시스템들은 선택의 과정에서 제거되기 쉽지 않다. 자연선택은 열역학적 흐름들을 다루는 데 능숙한 시스템들을 좋아한다. 그들이 유기생명체, 생태계, 혹은 생태권들이라면, 가장 효과적인 시스템들은 에너지 흐름의 지역적 최적화를 달성할 때까지 그들의 다양성을 증가시키는 것처럼 보인다. 붙잡음과 분해의 원칙은 시간이 흐르는 동안 분류군에서 증가세로 나타난다. 분류군(왕국, 계층, 과[科], 그리고 종)에서 그 숫자의 증가는 진화가 생명이 시작된 이래로 에너지 소산에 관하여 점차 새롭고 오

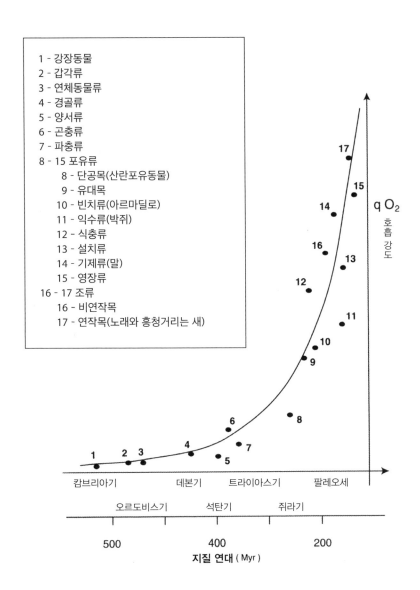

그림 17.2 생태학적 시간 동안 큰 동물들의 호흡 강도의 진화. 조틴은 크기에 독립적인 단위 무게당 호흡강도, qO_2 혹은 산소이용도의 개념을 발전시켰다. 이러한 값, 무게로 평준화된 대사는 진화 시간 동안에 증가하였다. 시간에 따른 생존하였던 더욱더 많은 종들이 있을 뿐 아니라 생존하였던 종들은 이용 가능한 구배 차이들을 더욱 강력하게 소멸시켰다. 참새 혹은 딱따구리는 벌레, 연체동물, 그리고 파충류들보다 더 높은 무게 특이적인 대사량을 가지고 있다.(조틴 1984 자료.)

래 지속되는 경로들을 발전시켰다는 주장에 대한 생생한 증언들을 제공한다. 그것이 0으로 시작했기 때문에, 지구상 종들의 수는 지질학적 연대기 증가하였다. 되풀이하면, 단일 복잡한 시스템으로서 생각되는 생태권의 관점으로부터, 각 새로운 종은 새로운 생물 에너지의 분지를 나타내게된다; 각각의 새로운 종은 생명의 나무에서 새로운 잎, 에너지의 사로잡음, 저장 그리고 분해에 관한 새로운 경로들과도 같다. 현재 인류는 생명의 나무를 심하게 훼손시키고 있다. 그러나 아마도 그것은 전과같이 새로워진 활력을 찾아서 돌아와 성장하게 될 것이다.

진화론자들의 정경은 생명은 공통적일지 모르나 만약 그것이 초기 조건들로 지구상에서 "재개된다면", 그것은 매우 다른 형태들로 탄생하게 될지 모른다는 것이다. 그러므로 "진짜 지능 출현의 믿을 수 없는 불확실성"에 대한 마이어의 발언이, "가장 일어나지 않을 것 같은 사건", 세균의 공생으로부터 핵을 가진 세포들의 출현을 부르고, "생물학에서 없는 것이 진화의 미래 과정보다 덜 예측 가능할 것이다"는 말과 함께 끝맺는다(슈왈츠만Schwartzman의 1999, 179-80에서 인용). 스티븐 제이 굴드(1980, 슈와츠만의 1999, 180에서 인용된)는 진화에서 불확실한, 방향성이 없는 특징의 증거로서 식물과 동물들의 출현 이전에 미생물 찌꺼기의 긴 시간을 표시한다. 지질화학자인 데이비드 슈왈츠만David Schwartzman(1999)은 20억 년 이상에서 미생물의 생명이 이산화탄소 수준들이 산소를 사용하는 동식물들과 같은 복잡한 생명들을 만족스럽게 지원하기 위하여 지구를 냉각시킬 정도로 충분히 낮은 어느 지점에서 암석들을 풍화시키는 데 필요로 되었을지 모른다고 주장하였다. 그런 우연한 일이 단지 무작위적인가? 만약 그들이 우연히 일어나지 않았다면(소위 인류의 원칙), 우리는 그들을 깜짝 놀라게 하기 위하여 여기에 존재하고 있단 말인가?

캠브리지의 고생물학자인 사이먼 콘웨이 모리스Simon Conway Morris는 『생명의 해법Life's solution』(2003)에서, 진화 생물학에서 "수렴 convergence"으로 잘 알려진 현상들에 집중하였다. 마치 진화는 비슷한 문제들에 대하여 비슷한 해법들을 발전시켰던 것처럼 보인다. 눈은 독립적으로 6번씩 진화하였다; 문어와 같은 무척추동물의 카메라 같은 눈은 인간과 다른 종에서는 척추동물의 눈과 흡사하다. 식물과 동물의 갈라진 혈통은 매우 다른 출발점으로부터 비슷하나 복잡한 해법들로 결국 수렴한다. 진화의 "녹음테이프"가 재생된다면, 모리스가 말하기를, 아마도 지능이 다시 출현하게 될 것이다. 열역학적 관점에서, 우리는 모리스와 의견을 달리 할 이유가 없다. 음식의 구배 차이로 움직이는 세균은 음식의 구배 차이의 감각과 그 원천에 도달하기 위한 그들의 에너지 소비 간의 연결성 안에서 초기의 열역학적으로 근거된 지능들을 보여주게 된다; 우리가 논의할(20장을 보아라), 이것은 인간 영장류에서 상당히 발전되었던 일종의 원시계획, 지능의 열역학적인 기반이다. 그러나 우리가 매킨토시 컴퓨터, 모나리자, 마일스 데이비스로 알고 있는 인간 존재의 발달은 매우, 아주, 거의 없을 것이다. 모리스(2003, xv)는, "수렴은 우리에게 두 가지를 말한다: 진화의 경향은 실재이고 적응은 유기 기계에서 가끔씩 일어나는 것이 아닌, 우리가 여기에 어떻게 있게 되었는지를 잘 설명하는 데 중점을 두고 있다"고 강조하고 있다.

제2법칙에 의한 통치하에서, 분자의 무질서도에 관한 강요는 항상 자연에서 작동 중이나, 구배 차이에 의해 조직화된 열역학적인 시스템들은 더욱 복잡하고 지능적이 되어서 그들이 성장하는 지역들의 외곽에서 증가된 혼돈들을 발생시킨다. 증가하는 복잡성, 순환 과정, 그리고 새롭게 에너지를 소산시키는 경로들을 향한 이 방향성은 동물들의 진화가 있기 오래전부터 시작되었다. 결코 지루하지 않게, 미생물 생명의 초기 단계는 구배 차이의 소멸에 관한 새로운 경로를 나타내는 신진대사의 주요한 형태들에 대한 진화를 보았을 것이다. 모든 계통들이 아니라, 몇몇만이 더 큰 뇌를 가지도록 진화하였다. 오늘날 더 큰 두뇌들은, 약 300억 피질의 신경원들을 활성화시키는 침팬지와 돌고래, 약 500억을 가진 인간과 1000억 개의 코끼리를 포함한 포유동물에 속해 있다. 이러한 경향성은 방향성의 증거가 아니라 진화의 시간에서 새로운 형태가 무작위 속에서 발생될 때, 초기의 작은 뇌로부터의 변이의 결과물이라고 제안되었다. 그러나 더 큰 두뇌들은 그렇게 하기에 필수적인 구배 차이와 복잡한 행동들을 밝히고 사용하는 혁신적이며 새로운 수단들과 서로 연관되어 있다.

만약 진화가 또다시 가동될 수 있다면, 지능과 신진대사의 새로운 형태들이 오늘날 우리에게 알려지지 않은 많은 변이들과 함께 출현하게 될 거라는 데 모두 동의한다. 스타트렉Star Trek의 클링온Klingon 족과 벌컨Vulcan 족과 같은 휴머노이드의 재현, 혹은 납치와 탐침의 이야기들에서 종종 상상되는 큰 외눈박이 외계인들은 전혀 일어나지 않을 것이다. 이들은 제2법칙에 의해서 지배된 진화가 아닌, 인류의 문화적 상상력으로부터 출현한 특색이다. 그럼에도 불구하고, 지능과 기술은 점차 증가하여 이용 가능한 구배 차이들에 접근하고 이들을 사용하며 소멸되는 데 제2법칙의 방향성을 유지하고 있다: 지능은 인간에게 구배 차이 소멸을 증가시키기 위한 지식을, 기술은 기술적 노하우들을 제공하고 있다.

사실, 무의식적일지라도, 세균 신진대사의 활성은 우리 자신의, 오래 앞서는 인간성보다 더욱 변화무쌍하고 세련되어, 고대의 유기적 기술들을 대표하고 있다. 생명의 기본요소들—물, 탄소 그리고 질소 근원들, 태양열의 흐름—의 우주 내 분배는 자연이 다양한 종류의 순환하는 시스템의 형성을 통한 구배 차이들을 평형에 데려오는 내부적으로 지능적인 수단들을 고안하는 기호들과 결합된다. 이는 언제 어디에서 태어나든지 간에 살아있는 물질이 시간이 지남에 따라 가차 없이, 전혀 감지되지 않을지라도, 그 복잡성과 점유하고 있는 지역을 확장해 감에 따라 지능이 커지면서, 제약을 극복하는 경향이 있다고 우리에게 제안한다. 열역학은 시간이 지남에 따라 살아있는 물질들이 경로 내에서 대기의 구배 차이를 감소시키고, 물질의 순환 과정의 범위(한계)를 증가시키고, 새로운 영역들을 침범하고, 정보를 모으고 회수하며 전개시키는 능력들을 증가시키리라 기대된다고 제안한다. 비록 상세한 형태와 기능이 다를 지라도, 열역학은 시간이 지남에 따라 살아있는 물질들이 일반적으로 자신의 의지대로 구배 차이 소멸의 수단을 증가시키리라 기대된다고 제안한다. 우리는 결론적으로 말하건대, 사실 진화는 방향성—그들이 불확실한 미래로 시간의 화살을 따라 갈 때, NET 시스템들의 확장 운영들의 그것—을 가지고 있다.

INTO

Cool

제18장

건강, 활력, 그리고 수명

주름이 하나밖에 없었고, 나는 그 위에 앉아 있었다.

— 진 칼멘트 —

과즙은 아름다움이다.

— 윌리엄 블레이크 —

열-다윈주의의 의학

열역학의 원리들은 베나르 세포와 생태계에만 한정되지 않는다. 그들은 또한 가장 익숙하고 복잡한 시스템인 자아self의 작동 기능을 밝힌다. 여기에서 우리는 열역학이 어떻게 노화의 근거가 되는지와 운동—에너지 흐름의 형태—이 어떻게 더 건강한 삶을 이끌게 되는지 살펴본다. 다른 복잡한 시스템들처럼, 인간의 삶은 에너지의 전 과정이다. 그처럼 그것은 구배 차이에 근간을 둔 열역학에 의해서 더욱 명확해진다.

스탠포드 의과대학 교수인 월터 M. 보츠Walter M. Bortz는 마라톤에 스무 번 이상 참여하였다. 노인병학자인 보츠는 열역학이 미래의 의학에 가지게 되는 기여도에 대해 열정적으로 주장한다. 에너지 흐름은, 건강과 수명에 대해서 운동이 주는 혜택으로 증명되었듯이, 인간의 시스템을 작동시킨다. "어떤 식이 요법이나 약물도 운동만큼 수명을 위해 중요하진 않다. 운동하기에 너무 늙은 것이 아니라 운동을 하기에 너무 오래되었다는 것이다. (…) 피트니스는 생존의 문제가 되고 있다. 육체 운동처럼 활발한 생명력을 유지할 수 있는 약물은 현재 없으며, 미래에도 세상 어디에도 없을 것이다"고 보츠는 말하였다. "운동이 우리의 몸에 더 좋고 값이 무한히 저렴한 것을 안다면, 왜 우리는 머크(제약회사)와 존슨앤존슨의 주주들에게 보상을 할까?"(스퀴레스Squires 2002). 보츠는 인간의 건강(양쪽 육체적이고 정신적인)과 수명에 유일하게 가장 중요한 요소로서 운동을 주장한다. 그는 미국 노인병협회의 전 회장이었고, 노화에 대한 AMA 대책본부의 공동의장이다.

더미Dummies 시리즈 중 한 책에서 그는 열역학과 진화에 기반을 둔 운동에 의한 건강의 메시지를 대중에게 직접 소개하고 있다(보츠 2001). 보츠는 과학 및 의학 공동체와 전문적인 의학 잡지들에 투고된 「엔트로피로서 노화Aging as Entropy」와 같은 논문들을 제작하였다(보츠 1997, 1986, 1985, 1984). 노인병학과 노화의 과학은 수천 명의 과학자들이 우리가 왜 어떻게 늙고 죽는지에 대하여 경합하는 많은 아이디어들을 나누는 활발한 연구영역이다. 1961년 레너드 헤이플릭Leonard Hayflick은 배양된 인간 섬유아세포들(결합조직들을 생산하는 세포들)의 DNA가 특정 시간들 내에서 단지 두 배로 증가될 수 있다고 보이는 순간, 노화 연구에서 주요한 결과들을 성취할 수 있었다. 이것은 유기생명체의 죽음에 대한 상한선을 제안한다. 헤이플릭은 세포들이 복제하는 데 한정된 능력을 가지고 있고, 세포들은 언젠가는 죽는다는 것을 발견했다. 이후에 종자나 암세포 같은 세포주들이 확인되었고, 이들은 불멸하는 것이 관찰되었다. 후에 이 현상은 텔로미어telomere 단축의 결과였다는 것이 확인되었다. 텔로미어는 각 염색체 DNA의 말단에서 발견되는 특별히 반복되는 핵산 조합이다. 텔로미어는 정상적인 세포 분열 과정 동안에는 짧아지고, 텔로미어 감소는 세포 분열을 제한하게 된다. 또한 병, 상해, 압박감(스트레스)은 수명을 단축시킨다. 오늘날에 노화에 대하여 일반적으로 받아들여지는 어떠한 이론도 없다. 그러나 보츠는 신진대사의 노화가 최적의 운동에 의해서 늦춰질 수 있다는 좋은 사례를 만들고 있다.

우리는 스스로도 느낄 만큼 나이가 들어가고 있다. 생활연령은 반드시 생물학적 나이와 일치하지 않을 뿐 아니라, 효과적으로 생명을 연장시키며 생물학적 나이가 천천히 들고, 아마 나이를 되돌릴 수 있는 훌륭한 증거들이 발견되고 있다. 보츠는 그의 아들과 함께 카우치 포테이토 Couch potato—소파에 앉아 TV만 보며 많은 시간을 보내는 사람을 가리키는 별칭— 즉, 운동하지 않는 사람뿐만 아니라 마라톤 참여자들, 단거리 주자들, 노 젓는 조수들로부터 운동 중 최대 산소 소비량(최대 VO_2)에 대한 정보를 수집하고 있다.

연구자들은 최대 VO_2를 심혈관 건강의 우수한 평가척도라고 생각한다. 35세 이후, 운동선수들은 해마다 0.5% 속도에서 이 평가척도에서 측정된 대로 그들의 능력을 잃어간다(보츠와 보츠 1996). 반대로 운동하지 않는 사람들은 해마다 2%의 더 높은 속도로 그 성능을 잃는다. 비록 비활동적인 사람과 운동하는 사람 간의 차이가 사소하게 보일지라도, 그것은 더욱 증가되며 복잡해진다! "간섭의 영향력은 너무 작을지도 모른다. (…) 그러나 해마다 1.5% 차이는 수십 년으로 곱해지는 순간, 그 차이는 지대하게 심오해진다"(보츠와 보츠 1996, M225). 보츠가 말하는 것은 육상선수를 5년 늦게 하는 10년의 운동시간 동안, 운동을 하지 않는 사람은 20년이나 더 늙는 것이다. 이런 결과들은 놀라움을 주고, 그것의 내재된 의미들은 해마다 건강 돌봄에 수십억 달러를 지출하는 건강에 민감한 전 세계에 분명하고 큰 의미를 던지고 있다. 이 정보가 밝히는 첫 번째의 중요한 사항은 평균적으로 활동적인 사람은 35살을 지나면서 해마다 1%의 나이를 생리적으로 먹게 될 것이라는 것이다. 이것은 정상적인 노화 과정이다. 우리 중에 초인들은 0.5%까지 그 속도를 늦출 수 있고 우리 사회의 비정상적인 소수는 해마다 2%에서 생리적으로 나이가 들어가게 될 것이다. 이를 따른다면 스무 살이 지난 후, 비정상적인 소수는 생리적으로 40살의 나이를 먹을 것이고 정상적인 사람은 단지 10살의 나이를 갖게 될 것이다. 이것이 사실이라면, 젊음의 샘이 발견된 것이다—이의 열역학

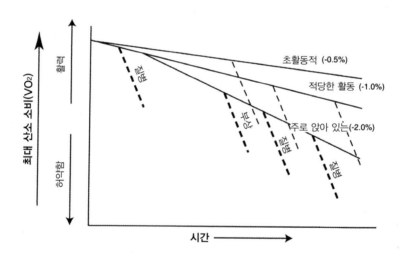

그림 18.1 최대 산소 소비(VO₂ 최대)로 등급 나뉜 인간 활력과 허약함 대 신체적 노화에 관한 도표. 35세의 나이 이후에 심혈관 능력의 손실, 즉 VO₂ 최대에 의해서 측정된 대로 인간은 점차 노화하기 시작된다. 이것은 정상적인 노화이다. 그러나 심혈관 건강의 손실의 속도는 인간이 하는 운동량에 관련되어 의존한다. 몹시 건강한 사람들은 해당 0.5%에서 VO₂ 최대를 잃어버리고 일반적인 사람은 해당 1%에서, 무기력한 (주로 앉아 있는) 사람은 해마다 2%를 잃어버린다. 20년 이상이 지나서 건강하지 못한 사람들은 약 40살로 대사적으로 노화하게 될 것이나 건강한 사람들은 단지 10살 정도만 노화될 것이다. 질병과 상해는 이러한 노화 과정을 가속화시킬 수 있다. (보츠와 보츠 1996년 제공된 데이터.)

　　　　　　　　　　　　　　인투 더 쿨: 에너지 흐름, 열역학, 그리고 생명

적 기초는 에너지의 흐름이다. 몸을 밀고, 이를 우리 조상들의 태도를 따라서 정력적(에너지론적)으로 사용하면, 노화의 영향력은 제압될 수 있다. 열역학적 시스템들은 에너지의 흐름을 필요로 한다; 심혈관 시스템의 휴지 혹은 남용은 인간 생명의 활력을 감소시킨다. 운동—수명의 상호 연결성은 노년층에서는 훨씬 더 극적으로 관찰된다. 릭 로벳Rick Lovett(2002, 32)은 "우리는 그들에게 6개월의 트레이닝으로 30년의 노화를 반전시킬 수 있다"고 제안한다. 로벳은 사람은 운동으로부터 실질적인 이익을 도출하기에 너무 오래되지 않았고 사람들이 짧고 격렬한 운동을 멈추면 씰룩거리는 그들의 근육들은 빠르게 위축되고 죽어가게 된다고 주장하였다. 그것을 사용하거나 잃어버리게 된다는 진부한 상투어는 생체 에너지의 기초가 되고 있다. 로벳(2002)은 과량의 운동은 치명적인 해가 될 수 있다는 정보를 제공한다; 16~18번의 울트라마라톤(100킬로미터) 경주 후에 선수들의 피트니스는 급격하게 쇠퇴하게 된다.

완전 소진과 점차 사라져가기 사이에서

병의 유전적 기반에 관한 지식의 증가와 더불어 가능한 유전자 치료법들과 같은, 상당한 서양 의학의 진보와 전망에도 불구하고, 우리가 가진 오해들이 생각보다 꽤 많다. 비록 몇몇 민간요법, 토종의학, 그리고 동양의학에서 직관적으로 언급되었을지라도, 건강과 최적의 구배 차이 소멸 간에 열역학적 연결성은 노골적으로 언급된 적이 한 번도 없다. 그 연결의 가장 명백한 직관은 영양선택과 운동체제가 우리 건강에 매우 중요하다는 일반적인 이해만이 존재한다. 환자가 진료실에 들어가는 순간, 의사는 세상에서 가장 복잡한 열역학적 시스템들 중 하나에 맞닿게 된다.

잘 만들어진 기계와는 달리, 인간 몸체—신진대사, 세포, 그리고 동물의 역사를 생각하였을 때의 인간보다 훨씬 더—는 지난 3억 년 동안 다소 연속적인 흐름의 유산물들을 내재하고 있다. 서양 의학은, 그것의 역량에도 불구하고, 기계로서 신체의 불완전한 모형에 근거하고 있다. 여기서 유기생명체와 인간의 장비 사이에 차이가 중요하다(로젠 1991). 유기생명체는 과남용으로 제대로 작동하지 않는다. 그러나 대부분의 기계들보다 훨씬 더 극적으로, 그들은 사용의 부족(결핍)을 늘 고통스러워한다. 에너지 변형에 대한 우리의 고대 유산은 건강을 활성화시키고 최대 생명 연장을 성취하기를 요구한다. 유기생명체는 또한 기계들이 하지 않는 방식으로 매 순간 선택에 직면하다. 이 선택들은 자신의 미래에 영향을 준다. '사용하든 잃어버리든'이란 구문은 양쪽 운동의 선택과, 우리가 아는 대로, 기본적인 기능과 행동을 이해하는 데 주요한 에너지의 흐름, 즉 그들이 요구하는 에너지의 흐름을 갖춘 "자연의 기계들", 우리가 부르기로, 유기생명체들을 제공하는 것에 대한 중요성을 요약한다.

스탠포드와 UCLA 의과대학에서 의사 활동을 하고 있는 유진 예이츠Eugen Yates는 늙음, 노화, 죽음의 주제를 열역학적 시점(視點)에서 바라본다. 75살의 예이츠는 양자역학자로서 생리학이나 열역학을 논의하는 데 편안함을 느끼는 박식가이다. 큰 키에 햇빛에 그을려 거칠한 얼굴을 한 그는 낚시, 사냥 및 캠핑을 즐겨 다닌다. 그가 현재 일원인 위원회들 중에는, 화성 탐사에서 직면한 인간 생리학적 문제들을 분석하는 것에 관한 NASA 이사회도 있다. 자기 조직화와 열역학의 생물학에 대한 중요성을 인지한 선구자들 사이에 예이츠가 있었기 때문에, 우리는 그의 인물 단평에 대하여 다음과 같이 적는다. 1979년 예이츠는 옛 유고슬라비아(현 크로아티아)의 두브로브니크에서 생물학, 화학 지질학, 물리학, 수학과 제어공학의 다양한 연구 영역에서 30명의 과학자들로 이루어진 컨퍼런스를 주최하였다. 해럴드 모로위츠, 브라이언 구드윈, 스티븐 제이 굴드, 필립 앤더슨, 그리고 랄프 아브라함을 포함하는 여러 유명 과학자들이 조직화, 출현, 정보, 자아, 진화, 복잡성, 안정성 등에 관하여 논의하였다. 이것은 시대를 앞선 컨퍼런스였다(예이츠 1987).

예이츠는 노화(늙음)와 관련된 손상과 해를 강조하며 "노화 senescence"라는 특정 단어를 사용하기를 선호하였다. "오래된 시대부터 내려오는 죽음에 대한 서막은 노화이지 늙음이 아니었다"(예이츠와 벤튼 1995, 108). 예이츠는 건강은 안정성에 관한 동의어라고 생각하였다. 나쁜 건강은 불안정성의 표시이고, 궁극적으로 그런 불안정성은 우리가 죽음이라고 알고 있는 시스템의 역동성의 붕괴이다. 예이츠는 구성요소의 실패나 전체 시스템의 실패의 결과로서 노화와 죽음을 이해하였다. 구성요소의 실패는, 에이즈AIDS의 예시에서 보여지는 대로, 치료, DNA를 보호하는 것, DNA 복제의 충성도를 보장하는 것, 폐기물을 제거하는 것, 자유라디칼free radical에 대항한 방어력, 그리고 면역체계의 황폐화와 같은 수많은 일련의 과정들 중의 일부 붕괴의 결과이다. "시스템의 죽음은 서로 간섭된 부분들과 과정들 간의 무수한 집합들이 안정성에 관하여 급변하는 환경 속에서 몇몇 주요한(필요로 되는) 한계점 이상으로 줄어들어가는 역동적인 범위를 경험하게 될 때 발생한다"(예이츠와 벤튼 1995, 110). 시스템의 죽음은 다수의 제약들에 대한 변화로부터 발생하여 결과적으론 그 안정성은 갑자기 무너져 내린다.

종간에서 수명의 80%는 뇌의 무게, 몸무게, 특별한 신진대사와 체온과 밀접한 관계가 있다. 예이츠는 노화의 속성 일부를 개략적으로 다음과 같이 설명한다(예이츠와 벤트 1995, 108-9).

1. 인간의 사망은 30에서 90살까지 단조롭게 증가한다.

2. 신체의 화학적 구성요소는 나이와 더불어 규칙적으로 변한다.

3. 생리적이고 생화학적인 기능들은 점차 쇠약해진다.(이것은 나이와 함께 최대 VO$_2$에서 보츠의 쇠퇴에서도 관찰된다.)

4. 환경 변화에 순응하여 대응하는 능력은 감소된다.

5. 어떤 질병들에 쉽게 공격당할 가능성은 점차 증가된다.

6. 신진대사와 같은 많은 과정들이 점차 둔화된다.

7. 뇌 기능의 일부 측면들(예를 들어, 성숙도와 지혜)이 나이와 함께 향상될 수 있는 반면에, 뇌 기능의 일부 측면들은, 예들 들어, 알츠하이머에선 실패할 수 있다.

예이츠는 에너지 처리량과 변형이 시스템에 있는 자유도의 최대량을 동결하고, 유효한 새로운 통로나 출구를 남겨 두지 않을 때, 노화가 일어나는 것을 알고 있다. 그런 시스템은 복제(증식), 유지, 복구, 합성, 그리고 이동과 같은 불가역적인 에너지 소산의 과정들로 되돌아간다. 예이츠는 보츠의 '사용하거나 잃어버리거나'는 주장에 전적으로 동의한다. 적당한 에너지의 흐름 없이, 생물학적인 시스템들은 쇠약해진다. 또한 예이츠는 모든 초인들이 알고 있는 문제에 관하여 구체적으로 설명하고 있다; 사람은 또한 그것을 사용할 수 있고 그것을 잃어버릴 수도 있다(예이츠와 벤튼 1995). 예이츠는 운동하는 주당 약 2,000~3,000킬로칼로리의 범주를 넘어선 동화작용에 의한 그 산출량은 이 과정에서 주요한 역할들을 수행하는 산화적 손상과 마모로 감소하게 된다는 데 주목한다. 그림 18.2는 예이츠가 이러한 생각들을 그래프화한 것이다. 각 좌표들은 유기 생명체의 증가하는 활성 속도들—기초 신진대사 속도, 정주성, 활동성과 과잉활동성—그리고 에너지 처리량을 보여준다. 에너지의 흐름은 활성도와 함께 증가한다는 데 주목하자. 동화작용의 수율 곡선은 매우 흥미롭다. 동화작용의 수율은, 예를 들어, 신진대사의 구성 부분, 즉 근육조직의 강화를 측정한다. 예이츠는 그것이 주당 약 2,500킬로칼로리에서 최대치에 도달하도록 묘사하고 있다. 그 값 이하에서 이는 "사용하거나 잃어버리거나"는 범주에 존재하게 된다; 2,500킬로칼로리 이상에서 이는 활동과다의 "사용하고 잃어버리고"의 범주 내에 있게 된다.

예이츠는 동화작용의 수율 곡선을 연소엔진에서 증가하는 효율과 회전모멘트에 비유한다. 분당 증가하는 진화는 더욱 많은 힘을, 단지 어느 지점까지 발생시키는 데 도움이 된다. 그 값 이상에서 분당 증가하는 회전수는 힘과 효율을 감소시킬 것이다. 최대나 최소가 아닌 (좁은) 범주

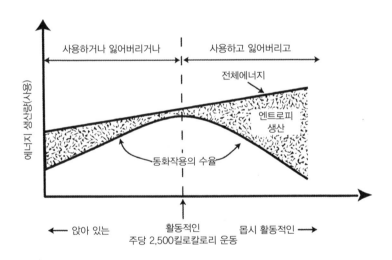

그림 18.2 그래프의 가로축은 앉아 있는, 활동적인, 그리고 몹시 활동적인 사람으로 예시화된 인간 활동 수준이다. 세로축은 대상주체들의 에너지 생산량 혹은 에너지 사용이다. 기대된 대로, 에너지 생산량이나 사용은 활동 수준과 함께 증가한다. 최적 수준의 운동 혹은 활동 수준이 있다고 보여주는 동화작용의 수율 혹은 신진대사의 구조적인 세포 건설화는 매우 흥미롭다. 유진 예이츠는 주당 약 2,500킬로칼로리의 운동이 최적의 수준이라고 측정하였다. 그 수준 이하에서 신체는 신진대사 능력을 잃어버리고 그 수준 이상에서 신체는 손상과 가속화된 신진대사의 소멸을 통하여 그 능력을 잃어버리기 시작한다. (예이츠와 벤트 1995에서 인용됨.)

내에서 최적으로 작동하는 생물학적인 시스템의 또 다른 예시가 여기에 있다. 최대 에너지 흐름은 유기생명체에 해를 끼치고 퇴화되게 만들며 노화를 용이하게 한다. 그것은 모든 정력을 다 소모하도록 하여 우리를 극도로 피곤하게 만든다. 최소 에너지의 흐름은 퇴화와 침체로 이끌고, 결국 사라지게 된다.

보츠와 신경학자인 제프 빅토로프Jeff Victoroff는 육체와 정신 건강은 중용—너무 적고 너무 많은 에너지 흐름의 사이, 정주성(定住性)과 압박감 사이에 존재하는 에너지의 최적화—에 의존한다고 말한다. 유산소 운동은 오랜 삶 동안 필요로 되는 에너지의 흐름을 제공하지만, 너무 많은 에너지를 소비하는 운동은 세포를 파괴시키고 오랜 기간 동안 우리의 건강을 해칠 수 있다. 보츠가 지적한 대로, 혈관 시스템은 불활성의 관들로 구성되어 있지 않으나 혈관 흐름에 반응하여 그 모양이 끊임없이 바뀌었다. 사용되지 않는 동맥들은 결국 좁아지게 된다. 사용되지 않은 근육들은 쇠약해지게 된다. 반대로, 혈액 흐름의—헤모글로빈 전달로 뇌에 있는 신경세포에 의해서 사용되는 당(혈당)/산소 구배 차이를 증가시키며—고의적인 행위로 증가한다. 운동하는 것이 가장 단순하고 효과적인 고의적인 행위인 것이다. 혈류 변화에 관한 신경 활동의 결합 성질은 뇌 이미지에 대하여 활발히 연구되고 있는 영역이다. 비록 신경세포들이 점화 에너지를 사용하지 않는다고 할지라도, 그들은 세포막을 통한 이온들의 구배 차이를 이용하게 된다. 이것이 신경 연결 스파이킹, 신경전달을 가능하게 만드는 것이다. 이 구배 차이들은, 만약 그들이 뇌 혈류에 의해서 유지되지 않는다면, 결국 고갈되고 말 것이다—심지어 신체의 이동 없이도, 활동적인 생각과 연구하는 것만으로도 어떻게 배고프게 만들 수 있는지를 이는 잘 설명한다.

인투 더 쿨: 에너지 흐름, 열역학, 그리고 생명

운동에 대한 의식적인 결정은 빙산의 일각일 뿐이며 많은 결과가 존재하는 폭포의 시작에 불과하다. 기계들은 그러한 결정을 만들지도 않고, 의사결정에 의해 시작된 흐름에 대하여 활력을 얻지도 못한다. 서른세 번 보스턴 마라톤에서 참여하고 일곱 번 우승한 클레어런스 디마 Clarence Demar의 부검을 통해서, 그의 동맥 혈관 지름이 무척 커져 있었다는 게 발견되었다. 동맥은 사실상 사용할수록 점차 커지게 된다. 동맥 내부에서 흐름 수용기관은 혈류의 에너지를 포착하고 동맥 지수를 재조정하며 그 양에 맞춘다. 제한된 동맥들은 뇌졸중의 가능성을 증가시켰기 때문에, 운동을 통하여 그들을 넓히는 것은 뇌졸중과 동맥경화증을 막을 수 있는 유용하고, 자연적인 방법이다. 적당한 양이 섭취되면, 아스피린은 혈소판—신체 내에서 뚫린 구멍들을 막아내는 작은 혈액세포의 일부들—을 분해시키는 데 도움이 된다. 혈소판들은 콜레스테롤 플라크와 얽히고설키게 되어 동맥을 꽉 막을 수 있다. 이는 아래에 있는 신경세포들을 굶주리게 하고, 결국은 뇌졸중을 야기한다. 의사들은 이제 뇌졸중이 순환계가 심각하게 기능을 상실하기 오래전에 동맥 경화 및 다른 요인들을 통하여 선행된다고 인식한다.

뇌졸중을 이끄는 요인들의 총 집합은 뇌혈관의 타협이라고 할 수 있다. 너무 높은 것처럼, 너무 낮은 혈압도 또한 뇌졸중과 관련성이 있다; 순환계의 강은 일정한 속도에서 흘러가야 한다. 운동하는 사람들이 잘 아는 대로, 근골격계도 또한 역동적이고, 이른 사용하면 할수록 강화된다. 비록 뇌가 근육은 아니지만 신경학적 연구를 보면, 심지어(그리고 특별히) 뇌는 사용될수록 강화된다는 것을 알 수 있다. 예를 들어, 볼 수 있는 사람들 만큼의 두 배로 소리를 듣는 맹인들은 일반 사람들에게 주요한 시각의 대뇌피질 영역을 보는 용도가 아닌 곳에 사용한다. 인간의 감각적인 유용성에 따라, 뇌의 재구성 그 자체도 영향을 미치지 않을 것이다: 예를 들어, 눈먼 고양이들은 듣는 대신에 시각의 대뇌피질 영역들을 바친다. 반면에 귀머거리 고양이들은 청각의 대뇌피질로 "볼 수 있게 된다." 그러나 그것이 습관적으로 자동화되고 거의 생리적이 되었다고 할지라도, 뇌의 유전적 경향성의 여정을 변경하는 것은 초기의 선택에 의한다. 바이올리니스트들의 뇌는 그들의 왼쪽 손가락들의 여분 사용에 따라 오른쪽 전두엽을 부어오르게 만들었다. 단기간 두뇌를 사용하는 방법의 어떠한 효과도 존재하지 않는다. 수많은 연구들은 교육이 알츠하이머병의 시작을 물리치는 데 큰 도움이 된다고 보여주었다. 심지어 교육이 수십 년 전에 있었다 할지라도, 교육이 더 많으면 많을수록 그 효과는 점점 더 커지게 된다. 사용할수록 더욱 강화된다는 것—이와 동일한 '사용하든 잃어버리든'의 현상—은, 열역학적 경로들이 설립되었을 때, 이들이 사용을 통해서 강화되기 때문에 아마도 발생하게 된다. 선택은 시작될 수 있지만, 그들은 계속해서 독자적으로 흐른다. 유전학과 열역학 간의 연계성은 도시 속의 내부구조와 교통흐름 사이의 관계와 같다; 유전자들은 길들을 닦으나, 열역학은 그 길의 실시간 사용을 결정한다.

양쪽 열역학과 진화 역사의 중요성에 대한 의학적 선구자들의 인식 증가와 더불어 보츠의 관점을 돌이켜 생각해 볼 때, 보츠는 생명을 연장시키는 간단하고 훌륭한 방법은 결국 운동이라고 주장한다. 놀라움을 주는 한 가지 예시를 회상한다. 어떤 전문적인 접골사가 6개월 동안 기브스된 다리의 X—레이 영상을 잘못 해석하게 되었다—그는 그것이 실제 소유자보다 20살 더 나이 많은 남자의 영상이라고 생각했다(보츠, 개별 통신, 2000). 이는 사용의 결핍—노화의 영향을 모방한 움직이지 않는 다리에서 방해된 혈류의 부족—으로 일어난 것이다.

그 예는 또한 열역학적으로 열린 시스템들—자연에서 성장한 유기생명체들—과 그들의 부적합한 의학적 모형들—인간에 의해서 만들어진 기계들— 사이에서의 차이점을 강조한다. 자연의 시스템은 제조 및 산업의 높은 온도와 압력을 필요로 하기보다는 실온에서도 우아하게 작동할 수 있게 된다. 일상적인 온도와 대기 압력하에서 세포들은 산소로 호흡하고 폐기물로서 물을 생산하게 된다; 또한, 그들은 물론, 성장하고 복제(증식)할 수 있다. 반대로 기계들은 어색하고, 눈치 없고, 에너지—비효율적이며, 그리고 일상적으로 모두는 아니더라도, 주요한 특징들의 대부분에서 하등하다. (적어도 동물의 형태에서)살아있는 유기생명체는 사용 간에는 선반에 저장되어 있지 않다. 오히려, 신체 내 물질들은 끊임없이 순환하게 된다. 구배 차이의 영역 내에서 형성되는 복잡한 시스템들의 자연적인 순환 과정과 관련되어, 이 순환은 동물의 인식에서 죽음까지 다소 끊임없이 지속된다. 비효율적인 에너지의 흐름과 함께, 구배 차이가 감소되는 형태들은 스트레스의 전신 징후, 조직의 쇠퇴, 그리고 결국엔, 기능의 치명적인 손상들을 나타낸다. 잠을 자는 짧은 기간 동안, 포유동물들은 온도를 조절할 수 있는 그들의 능력, 등온열Homeothermy을 잃어버리는 것은 상당히 주목할 만하다. 온도 조절의 상실은 우리의 파충류인 선조들의 생리현상에 대한 일종의 야행성 역전(순간적 전환)으로 해석될 수 있었다. 포유동물보다 신진대사적으로 비효율적인 파충류들은 더 일찍 진화하였다. 그러나 우리에게 큰 이마를 준 인간의 신피질을 포함하는 포유동물의 뇌는 진화적으로 파충류의 뇌를 기반으로 해서 만들어졌다. 파충류는 꿈을 꾸지 않는다. 꿈은 생리적인 설계상의 결함, 여전히 부분적으로 활동적인 파충류 같은 뇌의 간섭을 반영하는 정신적 혼동에 관한 짧은 야행성의 발작들인 것이다.

세포의 스트레스와 노화

벨기에 출신의 분자생물학자 올리비에 투생Olivier Toussaint은 세포 시스템들에서 스트레스와 노화에 관한 열역학을 연구하였다. 단지 38살의 젊은 나이에, 투생은 75점이 넘는 훌륭한 심사를 받은 우수한 학술논문을 출간한 경험을 갖고 있다. 프랑스—벨기에 근처의 나무르에 위치한 작은 예수회대학에 존재하는 연구실 책임자로서, 그는 국제 프로젝트들을 통하여 20여 명의 연구자들로 구성된 팀을 이끌고 있다. 근이영양증으로 육체적으로 상당한 제한이 있는 투생은 세포에서 에너지의 흐름과 이의 효과에 관한 개인적 흥미를 가지고 있었다. 어떤 경우에는 스티븐 호킹과 같이, 그의 정신과 지성은 육체적, 과학적인 경관을 자유롭게 돌아다녔다. 그는 세계 주변에서 수많은 국제 학회에 참석하기 위해 돌아다니고, 벨기에와 몬태나의 뒷길을 특수 장비가 장착된 자동차를 몰고 다니며 그의 질병이 부과한 제한들로부터 자유롭게 벗어난다.

투생의 업적은 세포 단위들의 노화에 관하여 스트레스의 영향들에 초점이 맞추어져 있었다는 점이다. 이 책에서 우리는 생태계와 유기생명체에 대한 스트레스의 영향을 관찰하였다. 투생의 업적은 우리에게 세포 수준에서 이 과정들에 대한 깊은 통찰력을 제공해 주었다. 대부분 그의 업적은 배양된 세포에서 화학적 산화의 스트레스에 대해서 다루었다. 이 활성 산소 화합물들은 주로 세포 호흡 동안 우리의 모든 세포 내부에서 정상적으로 생산된다. 세포 내 미토콘드리아는 우리가 생명의 기초 에너지 단위는 ATP를 생산할 수 있도록 호흡할 때 산소를 사용하게 된다. ATP는 세포의 신진대사에 포함된 많은 효소들에 의해서 이용 가능한 에너지를 공급하는 에너지가 풍부한 화학결합을 포함하게 된다. 효소들은 생명체가 살아가기 위해서 필요한 화학 반응들을 가속화시키는 것을 의미하는 촉매 활성을 가진 단백질들인 것이다. 이 과정들은 우리의 근육 단백질과 세포막의 일부를 구성하는 지질 물질을 합성하는 데 허용된다.

우리를 지지하는 세포 하부조직들은 산소의 신진대사에 크게 의존한다. 그러나 산소는 활성 기체이다—천천히 소비되며, 그것은 녹색 우림이 성장할 수 있도록 도움을 주나 그것은 또한 산림화재를 부채질하게 된다. "선"과 "악"의 연소 사이에서 동일한 이분법—우리는 이 책에서 이를 이전에 보았다—은 지금 노화 과정에서 중심점이 되고 있는 것처럼 보인다. 우리는 성장할 뿐 아니라 늙어간다. 그리고 우리는 쇠퇴할 뿐 아니라 엔트로피 연소에 의해서 나이가 들게 된다. 우리 세포들이 정상적으로 기능할 때, 우리 세포에서 산소를 사용하는 부분에는 양성자(H+, 양전하를 가진 수소 원자)의 구배 차이가 존재하게 되어 칼슘과 나트륨 이온들을 차단한다. 그러나 이들 산소를 사용하는 부분들인 미토콘드리아는 ATP를 만들 수 없을 때, 그들은 내부의 구배 차이를 유지할 수 없게 된다. 나트륨과 칼슘 이온들은 괴사necrosis라 불리는 치명적인 세포 손상 과정 동안 세포로 돌입한다. 혹은 산소가 전자 이동 사슬의 잘못된 위치에 붙어서 반응하고, 초산화물을 형성하게 된다. 초산화물은 자유라디칼이라 불리는 산소를 포함하는 분자들의 그룹들 중의 하나이다—그들은 있지 말아야 할 곳에서 반응하여, 세포의 기능을 무력화시킨다. 노화 동안 대부분의 세포 손실은 자유라디칼이 DNA를 파괴하여 생기는 것과 같다. "항산화제"—비타민 C와 E와 녹색의 허브와 같은 것—가 건강에 좋은 한 가지 이유는 그들이 그것들을 중화시키기 위한 자유라디칼들(쌍을 이루지 않는 전자들을 가진 원자나 분자)로 반응하게 되는 화합물을 포함하는 것 때문이다. 운동은 신체에서 힘있는 자유라디칼의 청소자들, 글루타티온 과산화 효소Glutathione peroxidase, 초과 산화물 불균등화 효소Superoxide dismutase/SOD, 그리고 카탈라아제Catalase와 같은 항산화 효소들, 그리고 신체 내 격렬한 운동을 하는 동안 근육에서 타는 듯한 느낌을 생산하며 그 자체 스스로 힘 있는 항산화제인 젖산Lactic acid의 순환들을 증가시킨다(그루사드Groussard와 동료. 2000). 세포의 순환 기능과 조직 때문에, 괴사에서 손상은 스스로를 강화하는 방식으로 해결될 수 있다. 예를 들어, 내부 세포의 항산화제인 글루타티온Glutathione의 수준이 ATP가 주변에 없을 때 급격히 떨어진다. 그러므로 낮추어진 ATP는 세포의 능력을 감소시켜 이제는 그 어느 때보다 더 많은 ATP들을 필요로 하게 된다. 진화는 세포에게 반응성 있는 산화하는 화합물들을 파괴하고, DNA를 복구시키고, 겉으로 보기에는 가차 없는 종의 전쟁 속에서 산화반응의 대부분 최종 산물들을 해독하게 되는 항산화 시스템을 제공한다. 여기에서 우리는 마치 거울 속의 자동 촉매작용을 보게 된다. 건강과 다른 어느 곳에서 구배 차이 소멸의 순환하는 조직은 때론 "매튜의 효과"—"혜택은 주어질 모든 사람에게 주어지며, 그는 결국 풍성함을 얻게 된다: 그러나 그가 가진 것을 빼앗긴 자에게서는 더더욱 멀어질 것이다"—라 불리는 열역학적 기반을 제공하게 된다. 건강과 아픔에서 운동의 결정과 같은 사소한 것들이 증폭되어가며 결국 유기생명체의 건강과 수명에 중요한 영향을 미칠 수 있게 된다.

유기생명체—세포의 스트레스 개념은 제2차 세계대전 이전에 헝가리 출신 내과의사 한스 셀리에Hans Selye(1936)를 통하여 제안되었다. 쥐에게 독소들을 주입한 후에, 그는 쥐에 나타나는 부신의 확대와 흉선과 림프절의 퇴행적인 변형들을 발견하였다. 그는 이 징후들이 독성 물질들에 대한 비특이적인 반응성들을 나타낸다고 결론지었다. 그의 업적은 스트레스에 대한 초기 반응이 열이나 냉기 충격 같은 충격이라고 제안하였다. 이 초기 단계는 회복—적응의 단계로 이어지고, 점차 스트레스에 대한 저항이 발전된다. 셀리에(1976)는 생물학적인 스트레스를 신체 내에서 만들어지고 있는 어떤 요구에 대한 신체의 비특이적인 반응으로서 보았다. 그는 단어 스트레스를 물질저항의 물리학에서 생체임상의학의 범주로 이동시켰다.

오늘날 스트레스(압박감)의 개념은 생물학, 의학, 심리학, 그리고 심지어 사회과학 등 대부분의 연구분야에 침투하였다. 투생과 그의 동료들이 주목하는 대로(2003, 269), "인간, 동물 혹은 식물 어디에서 작동하든 세포와 분자생물학자들은 살아있는 유기생명체에 잠재적으로 불리한 환경 요소가 스트레스라는 데 동의한다. 허용 한계를 넘어서고 적응 능력이 잔인하게 혹사되면, 그 결과는 영구 손상이나 심지어 죽음일 것이라는 것이 일반적으로 인정된다."

생물학적인 발달에 관한 결정적인 기준은 세포와 유기생명체가 에너지 구배 차이를 소멸시키는 능력일 것이다. 투생은 생물학적인 시스템의 노화가 에너지를 소멸시키는 능력이 줄어들기 시작할 때 시작한다고 믿었다; 줄어든 구배 차이 소멸의 능력은 궁극적으로 죽음에 이르게 된다. 사실, 그것은 특별한 엔트로피 생산이 유기생명체, 기관, 조직, 그리고 세포들의 노화로 감소된다는 것이 실험적으로 입증되었다(투생과 동료. 2002).

자유라디칼들의 기본적 생산에서 유래되는 지속적인 가벼운 스트레스들은 전체 시스템을 곧바로 손상시키지는 않는다. 온건한 스트레스의 상황에서 저항 방법들이 세포 손상을 방지하기 위하여 적극 사용될 수 있다. 스트레스가 비가역적인 변형들의 축적을 포함하지 않는 한, 그것이 자극하는 복구 시스템들을 위한 시험적인 긍정이라고 여겨질 수 있다. 예방접종과 면역시스템은 필요로 되는 시스템을 자극시키는 스트레스들의 주요한 예들일 것이다. 세포 변형들은 복구 없이 비가역적이다.

그들은 득세한다. 세포들은 보상기전이 압도적인 어느 수준의 손상에 도달할 때, 새로운 정상 상태로 변형된다. 세포 손상의 상승 수준과 생화학적인 활성의 억제된 수준이 새로운 정상 상태를 동반하게 된다. 이것이 정상적인 노화이다.

지속되는 만성 스트레스나 반복된 짧은 급성 스트레스는 염증, 예를 들어, 담배연기, 독극물이나 방사선의 노출에 의해서 생산되는 높은 농도의 산화반응물들을 만들어 낼 수 있다. 이 반응물들에 의해서 야기된 손상은 정상 상태로 돌려지지 않으면, ATP 생성 능력, 낮은 총체적인 생화학적 활성 및 자유에너지의 감소된 사용에서 추가 감소가 일어날 것이다. 산화성 중독은 세포 손상을 초래하거나 세포 사멸이라는 메커니즘을 유발할 수 있다.

투생과 그의 동료들은 인간 세포들이 산화제나 태양빛에서 노출을 모사하는 자외선과 함께, 준치사량의 스트레스에 드러내어지는 연구용 시스템을 발전시켰다. 노화세포들의 많은 특징들은 스트레스 물질들에 노출된 며칠 후가 지나서 발견되었다. 이 변화들은 노화세포 외형들의 발달, 유전자 발현의 변화, 그리고 DNA 부분들의 일부 삭제들을 포함한다(투생과 동료. 2003).

투생의 연구그룹은 "스트레스에 유도된 미성숙한 노화"라 부르는 것의 출현을 설명하게 되는 분자 과정들을 발견하게 되었다. 세포가 스트레스에 노출될 때, 분자 센서들이 그 손상을 감지하고 결국에는 우리 유전자들에게 알리는 일련의 메시지들을 촉발시키게 된다. 그들은 세포 시스템이 새로운 행동을 취하도록 유도하는 새로운 규제 주기(순환)의 수립(예, 노쇠한 세포들의 행동과 같은 행동)에 의해서 세포 상태의 안정성이 어떻게 상실되는지를 발견하게 되었다.

노화 과정을 늦추는 방법이 있을까? 샘솟는 젊음이 있는가? 앞서 언급한 헤이플릭의 수는 DNA 복제 능력과 유기생명체의 최대 나이에 그 상한선을 두는 것 같다. 미래에 분자 공학을 통하여 이 한계를 확대하는 것이 가능할지도 모른다. 심지어 자연의 유전 물질, 그리고 선천적 세포들과 신진대사와 더불어, 유기생명체들은 종종 칼로리 제한, 운동과 병의 제거를 통한 그들의 수명을 50~100%까지 증가시킬 수 있다. 비록 수명의 온건한 증가들이 가능한 것처럼 보일지라도, 우리 삶의 품질과 활력은 특정한 규칙들이 고수된다면 신진대사 활성의 증가와 함께 안전하게 증가될 수 있을 것이다. 첫 번째 제안은 우리의 세포와 신체가 자극을 받는 수준까지—활발히 사용되어 서브시스템이 손실되지는 않지만 영구적인 파손의 시점까지 남용되지 않는 수준까지 병, 사고, 과식, 나쁜 영양습관 등등으로 야기되어지는 비가역적인 손실의 정도를 감소시키는 것이다.

칼로리 제한이나 칼로리 유입의 감소는 수명을 증가시킨다고 알려져 있다. 이 제한이 효과적이라면, 칼로리 섭취는 자유 섭식에 의하여 제공되는 그 칼로리의 양이 충분해야 한다. 칼로리의 제한은 영양실조, 부적절한 식이요법, 혹은 영양 유입과는 구별되어야 한다. 흥미롭게도, 칼로리 제한은 몇몇 종의 설치류를 포함하는 다양한 종들의 생명을 연장시키고, 노쇠한 동물들에게 DNA 손상의 수준을 감소시킨다.

보츠처럼, 투생은 우리는 심혈관의 취약성, 근골격의 부러짐, 비만, 우울 등—소파에 앉아 TV만 보며 많은 시간을 보내는 사람의 병들—을 이끄는 "폐기 신드롬"과 싸운다고 말하였다. 이 원칙은 세포하부 수준(효소들의 유도 등), 조직 수준(불충분한 유입이 있을 때 근육위축과 골다공증, 불만이 있을 때 중앙의 신경 시스템의 감소된 성능), 그리고 생명체 수준(무감각, 비만 등)에서 매우 유효한 것처럼 보인다. 그것을 사용하든 그것을 잃어버려라!

인간의 열역학적 시스템

과학소설 작가인 필립 K. 딕Philip K. Dick은 장래의 우주 항해에서 생존하기 위하여 극저온으로 얼어붙은 미래의 인간들을 상상할 수 있는 몇 가지 이야기를 하였다; 심지어 우주선의 컴퓨터에 의해서 때론 환상이 주입된 그들의 두뇌들이 유기생명체가 생존할 수 있는 최소의 활동을 거치게 된다. 몇 가지 세균들은 절대 0도씨 근처에서 생존할 수 있다. 우리와 같은 동물들은 더욱더 많은 부분들을 통합해 간다. 포유동물의 혈액이 오랫동안 순환하기를 멈추면—예를 들어, 심장마비로 멈추게 되면—동물은 죽는다. 확실히, 우리는 신진대사 모드를 변화시킬 수 있다. 우리는 오한으로 인하여 떨고 땀을 흘리게 된다. 우리는 계단을 뛰어올라가고 낮은 신진대사를 위한 낮잠을 자려고 침대에 눕는다. 그러나 우리는 기계가 아니다. 우리는 기계처럼 완전히 꺼지지 않는다. 또다시 여기에서 우리는, 알고 사는 대로, 생명은 유전자나 단백질들에서 구조의 해독뿐만 아니라 기능하는 데 있어서 필요한 에너지의 흐름을 요구하는 것을 알게 된다.

비록 대부분의 의사들, HMOS, 혹은 의과대학의 세계관의 그 일부가 여전히 이것이 아니라 할지라도, 진화적 시각—"다윈주의의 의학"—은 그럼에도 불구하고 이러한 열역학적인 아이디어보다는 현대 의학에 친숙할 것이다. 예를 들어, 빅터로프Vitoroff(2002)는 당뇨병을 발생시키는 재앙—비만, 너무 적게보다는 오히려 너무 많이 먹은 것에 대한 결과—은 진화론적 선구자들의 자연 서식지 내에서 음식의 희소성으로부터 온 것으로 추적될 수 있다고 지적하였다. 우리 인간의 조상들이 진화하였던 환경 속에서, 음식을 신체의 지방으로서 저장하는 능력은 특정한 장소와 시간 내에 있으며 삶과 죽음의 차이를 나타내게 되었다. 그러나 고대 열매의 지표들—달콤함과 밝은 색들—에 대한 매력, 소금(생명이 육지로 이주한 후 덜 이용 가능한)에 관한 우리의 갈망, 그리고 동물의 지방(높은 에너지의 탄소 근원들의 지표)은 오늘날 너무 쉽게 만족되고 있다. 가공된 식품의 폭넓은 이용가능성과 함께, 그들의 미각은 식용 색소들에 의해서 좌지우지 되었다. 캡틴 크런치Cap'n Crunch와 프룻루프Froot Loop가 생산하는 다색의 시리얼들은 과일을 먹는 조상들의 환경 속에서 등산가들(열매의 씨앗 운반들)에게 제공된 비타민 C와 당의 원천들을 모방하고 있다. 그러나 비타민들이 되돌려 주입되어 정제된 음식들은 자연의 초기 원형 포장내 영양분들—그리고 사냥과 포집을 통하여 에너지 소비의 상황들을 종종 잃어버리게 된다.

진화 의학은 운동의 중요성, 특히 달리고 걷기에 관한 보츠의 주장들 중의 그 일부분이다. 우리처럼, 우리 조상들은 열역학적인 흐름 구조들이었을 것이다. 그러나 우리와 달리, 그들은 훨씬 더 지칠 때까지 땀나게 달렸을 것 같다. 사실, 우리의 밀접한 유전적 사촌들—침팬지, 오랑우탄, 긴팔원숭이와 고릴라—과 비교하여 인체의 체모 부족에 관한 가장 좋은 추측은 그것이 우리의 장거리 달리기에 방해가 되었다는 것이다. 동물들을 추적하는 지능을 사용하여, 지난 수천의 문명화 이전에 사실상 수억 년 동안 초기 인류들은 땀을 몹시 흘렸다. 땀을 증발시키는 것은 상대적으로 털이 없는 신체를 더욱더 효과적으로 냉각시켰다. 이는 우리가 추운 날씨에서 우리 몸을 덮어줄 의복을 선호하도록 해 주었다. 보츠는 달리기 또한 더 많은 양의 혈액을 뇌에 공급하게 한다고 말하였다. 이것은 아마도 활성과 지능 간의 진화적인 되돌림을 증가시킬 것이다. 인간 본성의 "빈 서판"의 관점을 반대하는 정치적 정당성, 특별히 인간에 대하여 철저한 유전적 결정주의의 제안들이 칭찬할 만한지 그렇지 않은지는 과학적으로 심각하게 논의될 수는 없다. 여기에서든 다른 어디에서든 마찬가지로, 양분(이분)은 교화보다 논쟁의 목적을 위하여 더욱 쓸모 있다고 입증된다. 우리의 조상들은 생각할 수 있도록 유전적으로 잘 부여받았으나, 그룹 내에서 포유동물들을 사냥하는 결정 능력은 그들이 더욱 똑똑해지도록 만들었다. 비록 우리가 지금은 전적으로 다른 세상에서 살고 있지만, 더욱 활동적이 되어야 한다는 결정은 우리를 우리 조상들의 신체적 조건으로 되돌릴 가능성이 있다. 건강이란 게임에서 우리가 가진 유전적 카드들은 많은 점에서 중요하고 가치 있으나, 우리가 그들을 어떻게 사용하는지도 무척 중요하다. 우리가 어떻게 에너지를 얻고 전개시키는지에 대한 선택은 우리의 건강을 증가시키거나 손상시킬 수 있다. 이어서 우리의 삶을 연장시키거나 단축시킬 수도 있다.

제19장

경제학

초과만큼 성공하는 것은 없다.

— 오스카 와일드 —

진실의 기준은 아무도 그것을 인정할 준비가 되어 있지 않더라도
효과가 있다는 것이다.

— 루드비히 폰 미제스 —

구배 차이를 추적하는 시장과 진실의 희생

구배 차이에 근간한 열역학에 의하여 연구된 에너지 흐름의 패턴
들은 경제학의 많은 분야에도 적용될 수 있다. 논쟁은 경제학이 비평형
에너지의 시스템들로서 경제적 시스템들에 대한 우리의 이해를 반영하
도록 개조될 필요가 있다는 데 있다. 사실, 학문적인 관성에도 불구하고,
이것은 도리에 맞는다. 경제들은 유기생명체들, 스스로 비평형 시스템들
의 행위로부터 형성되어 간다. 구배 차이에 기반을 둔 열역학을 통하여
연구된 에너지 흐름의 패턴들은 틀림없이 경제학에서는 필수적이다. 우
리는 경제와 문명화가 더 간단하고, 비생명 열역학적 시스템들로부터 쉽
게 측정 가능한 통계적 특징들을 가지고 있진 않다고 인지하게 된다. 그

러나 시장, 경제, 도시와 문명화는 모두 열린 시스템이기 때문에, 그들은 우리가 익숙해진 몇 가지 행동들을 보여줄 거라고 기대하게 된다. 그들은 사실 그렇게 한다: 소비자의 입찰에 부응하는 판매자의 제안에 대한 단순한 행동이 양측의 동의를 얻는 것 이상을 보여준다.—그것은 지역적 평형에 도달하는 거래의 시스템을 나타낸다. 돈은 에너지처럼 흐른다. 초기에 우리는 탄소 흐름이 어떻게 생태계에서 에너지의 흐름들로 전환되는지 이해하였다. 생태계 전반에서 에너지 흐름들을 계산하였던 울라노위츠(1986)와 다른 몇몇 연구자들의 경제 시스템들을 통한 돈의 흐름에 관한 연구는 국민 총생산(GNP) 같은 계산을 이끌어내어 노벨상을 수상한 바실리 레온티예프Wassily Leontief의 업적으로부터 빚어졌다. 생태계의 총 에너지 산출량이 국가 경제의 GNP와 비슷하다면, 이때 돈 중심의 경제는 에너지 중심의 생태계와 흡사할 것이다. 경제 흐름은 또한 수수료, 세금과 변호사 비용과 같이 그들만의 엔트로피 생산 대용물들을 가지게 된다. 이 간접비들은 종종 제품에 가치를 부여하지 않거나 이전된 에너지 단위 수를 늘리지만 원활한 거래를 하게 되는 경향이 있다.

돈, 예를 들어 달러는 동등한 에너지가 존재한다. 2005년에 리터당 0.31달러에 가치가 있는 원유의 에너지 등가물은 달러당 27,700킬로칼로리이다. 돈은 순환하며 흐른다; 그것은 에너지가 생태계에서 하는 것처럼 순환한다. 그러나 생태계에서 에너지와 물질은 같은 방향으로 흐르는 반면에, 경제 시스템에서 돈과 에너지는 서로 반대방향으로 흐르며 순환한다: 돈은 에너지, 상품 및 일을 위해서 교환되고, 돈은 이 품목들로 흐른다. 오늘날 수천억 달러가 에너지로 지불된다: 석유와 가스는 중국, 미국, 그리고 유럽 등으로 수출된다. 반면에, 달러들은 에너지가 풍부한 국가들로 흘러들어간다. 에너지, 일, 그리고 제품으로 거래 가능한 돈은 그것이 비인간적인 자연 시스템들의 전반에서 흐름을 조직화할 때, 마치

에너지―교환하는 형태처럼 행동하게 된다.

생태학에서 유기생명체들의 유지와 성장을 위하여 더욱더 많은 자원들을 모아들일 수 있는 생명체들은 번영하게 되는 경향과 같이, 역시 그들만의 사업을 유지하거나 팽창시키기 위하여 물질과 자원들을 가장 잘 확보할 수 있는 사업가에게 경제적 이윤이 돌아가는 경향이 있다: "돈이 돈을 만든다"는 것은 자본주의의 자명한 이치일 뿐만 아니라 비평형 시스템들의 전형적인 성장과정의 반영인 것이다. 그런 시스템들은 에너지의 흐름을 유도하는 구배 차이를 목표로 삼고, 사용하면서 때로는 자원을 자신의 팽창으로 퍼널링 함으로써 외부 세계와의 차별화 및 복잡성을 증가시킨다. 또한, 인류는 상징 조작자로 알려진 자연의 프리미어이기 때문에, 생물 자원이나 신진대사의 에너지와 경제적인 등가물―돈―은 "단지 상징적인" 가격의 차이를 조직적으로 감소시켜서 만들어진다. 재정에서 이것은 메리엄―웹스터 사전에서 "가격의 불일치로부터 이익을 얻기 위하여 동일하거나 동등한 보안에 대한 동시 구매 및 판매"로 정의하게 되는 중개매매(재정[裁定] 거래)로 잘 알려져 있다. 한 곳에서 사고 다른 곳에 파는 중개매매는 가격 차이를 줄인다. 이것은 흐름을 확장시키고 무역을 증가시킨다. 개인 간의 물질과 흐름의 거래들이 그들을 하나로 모으고 혼자서 수행하는 것이 금지되는 수준으로 경쟁할 수 있게 되는 구속력 있는 메커니즘으로 작용하게 된다고 우리는 생각한다. 비인간적인 비평형의 시스템들에서 물질의 흐름을 팽창시키는 것처럼, 이윤이 되는 거래를 증가시키는 것이 조직을 증가시키고 더 크고 포괄적인 척도에서 "개성"의 출현에 관한 원동력으로서 간주될 수 있다.

그런 관점은 시장이 평형을 향하여 가장 간단한 최단코스를 만들어낸다는 것을 의미하지 않는다. 다른 것들이 동일할 때, 세계 시장에서 수익성 있는 차등의 인식은 상호 연결된 세계시장들 사이에서 단순하거나 지속되는 평형(혹은 시장의 "효율성")을 배제하는 새로운 격차를 만들며, 그들의 확률론적 지식들에 따라 행동하는 사람들을 많게 한다. 이것은 시장과 경제가, 심지어 세계 속의 인간 생물권 내에서 스스로 닫힌 시스템들이 아니고, 근본적으로 "재생 불가능한" 자원인 태양에 궁극적으로 의존하게 된다고 우리가 명심하는 한 명백한 것처럼 보인다. 유기생명체처럼 시장은 그들의 복잡성을 유지하는 구배 차이 소멸의 활동들에 대하여 외적인 원천들에 의존한다. 생태계처럼, 경제들은 주변에 구배 차이의 천연자원들에 의해서 확장되고, 이 구배 차이들을 소멸시키는 의식 혹은 무의식의 기제들을 발전시키는 능력들에 비교하여 번영된다. 이것은 점근적으로 광대한 과정일 수 있다. 그러나 이것은 결코 닫히고 기계적으로 예측 가능한 것이 아니다—시장에서 새로운 실현과 혁신은, 새로운 방식으로 오래된 자원들을 이용할 수 있거나 이용할 새로운 것을 찾을 수 있는 새로운 생명체들의 진화처럼, 유일하고 전적으로 안정한 경제(유일하게 완전하고 안전한 생태계처럼)는 전혀 경제가 아님을 확신하게 한다. 생명체와 유기생태계처럼, 경제와 시장은 준안정적이고 비평형의 시스템들이다.

오스트리아 철학자 칼 포퍼의 학생이며 자본가인 조지 소로스 George Soros(1997)는, 현실과 지각 사이의 차이들—그리고 이들이 형성될 때, 스스로의 탄력 아래에서 가속화하는 후자의 경향성—을 활용하여 수십억 달러를 자본화했을 거라고 기술하였다. 그는 다음과 같이 지적했다.

우리는 우리들이 이해하기 위해서 노력하는 동일한 천체 내에서 살고 있고 우리의 지각은 우리가 참여하는 사건들에 큰 영향을 준다. 우리의 생각이 하나의 천체와 또 다른 우주에 대한 종속된 문제들에 속한다면, 진실은 우리 내부에 있을 것이다. 이것은 자연과학에서 사실일 수 있으나 참여자들의 지각이 현실을 결정하는 데 도움이 되는 사회나 정치적인 문제 속에서는 아니다. 이러한 상황들에서 사실이라는 것은 반드시 진술의 사실을 판단하기 위한 타당한 기준이 되진 않는다. 생각과 사건(일) 사이에 양방향의 연결성—되돌림 기작—이 존재한다. (…) 칼 포퍼의 성과물 중의 하나는 마르크시즘과 같은 이론이 과학으로서 어떤 자격을 갖지 못한다고 보여주는 것이었다. 자유방임의 경우에, 그런 주장을 논쟁하는 것은 더 어렵다. 왜냐하면 그것이 경제 이론에 기반하고 있고, 경제학은 가장 평판이 좋은 사회과학이기 때문이다. 단순히 시장 경제를 마르크시즘 경제학과 동일시할 수 없다. 그러나 자유방임의 이데올로기는, 마르크시즘—레닌주의와 같이, 아마도 과학적으로 입증된 것에 대한 변형일 뿐이다. 자유방임 이데올로기의 주요한 과학적 기반은 자유와 경쟁에 관한 시장이 공급과 수요를 평행으로 이끌고 이로써 자원들에게 최선의 할당을 확신하는 이론이다. 이것은 영원한 진실로서 폭넓게 받아들여지고, 어느 의미에서는 이것은 하나 (…) 그러나 (…) 원래 공식화된 대로 완벽한 경쟁의 이론—공급과 수요의 자연적인 평형—은 완벽한 지식, 동질로서 쉽게 나누어질 수 있는 제품들과 어떤 단수의 참여자도 시장 가격에 영향을 줄 수 없는 충분히 다수의 시장 참여자들을 가정하게 되었다. 완벽한 지식의 가정은 지지(옹호)될 수 없다고 판명되어, 결과적으로 그것은 독창적인 장치로 교체되었다. 수요와 공급은 독립적으로 주어진 것으로서 받아들여진다. (…) 수요와 공급이 독립적으로 받게 되는 조건들이 현실적으론 적어도 재정시장들에 관한한 조화될 수 없다—그리고 재정 시장은 자원의 할당 내에서 주요한 역할을 수행한다. 재정 시장에서 판매자와 수요자들은 스스로의 결정에 의존하는 미래를 할인하려고 할 것이다. 수요와 공급의 곡선들의 모양은 두 가지 모두 그 기대에 의하여 형성되는 사건들에 대한 기대치를 포함하기 때문에 주어진 대로 받아들여질 수 없다. 시장 참가자들의 생각과 그들이 생각하는 상황들—"성찰성"— 사이의 양방향의 피드백 메커니즘이 존재한다. 그것은 양쪽 참가자들

간의 불완전한 이해(열린 사회의 개념에 관한 기초가 되는 인식)와 그들이 참여하고 있는 과정의 불확정성을 모두 설명한다. 공급과 수요의 곡선들이 독립적으로 주어지지 않는다면 시장 가격들은 어떻게 결정되겠는가? 우리가 재정 시장의 행동을 관찰한다면, 우리는 평형을 향하는 경향 대신에 가격이 판매자들과 소비자들의 기대에 따라서 계속 들쭉날쭉하게 된다는 것을 인식하게 된다. 가격들이 이론적인 평형에서 멀어지게 되는 데 오랜 기간이 걸릴 것이다. 심지어 그들이 결국 회귀하는 경향을 보인다면, 평형은 조정(調停)의 기간 없이는 동일하지 않다. 그러나 평형의 개념은 지속된다.

자신의 이론(어떤 의미에서 현실과 지각 사이에서 차이를 구별하고, 그들이 합의할 때 이익을 얻도록 작동하는)을 사용하며 부를 성장시켰던 소로스는, 그것을 "성찰성"으로 부른다. 그는 경제적인 이론들은 독립적이지 않고 경제적인 현실 세계로 돌아온다고 지적한다. 그래서 그의 이론은 그가 정의하는 경제적 상대주의의 과정 속에 휩싸여 있다. 그럼에도 불구하고, 그가 시장의 성찰에 관한 본성과 간단한 평형의 부족(결여)을 구별하는 것이 사실로 들린다. 예를 들어, 유동성 시장에서(흐름을 나타내는) 하룻밤 사이의 수요와 공급의 변화는(뉴스로 인한 것과 같은) 거래자가 가격 추세의 변화 또는 지속들을 나타내기 위해 사용하게 되는 차트에서 "차이" 혹은 "창"을 야기할 수 있었다. 거래가 수요와 공급의 구배 차이를 감소시킨다면, 중개매매는 가격의 구배 차이를 줄이고 양쪽으로부터 만들어지는 돈은 점차 상호 연결된 시스템들의 교점들 사이에서 상품의 흐름들을 증가시키는 경향이 있다; 거래가 다른 지역의 가격 차이뿐만 아니라 수요와 공급을 인식하기를 요구하였기 때문에, 이들 경제적 실행은 교통과 통신의 점차 세련된 형태들—1960년대에 마셜 매클루언Marshall McLuhan이 말한 그 유명한 "지구촌"이란 전자기기 연결의 기반—을 선택하게 된다. 가격과 수요와 공급의 구배 차이가 인식되고 조정되도록 허락하게 되는 통신 수단은 세계 경제 성장에서 통합적으로 연결된다.

그러나 1860년대 심지어 매클루언 이전에, 거래와 사회관계들 사이의 연결은 다윈의 동시대인이며 기계 진화에 대한 소설가이자 이론가인 새뮤얼 버틀러Samuel Butler에 의해서 적절하게 언급되었다(1863, 다이슨 1997, 33에서 인용됨).

[어느 날이 올 것이다] 시간의 낭비 없이 모든 곳에 있는 모든 사람들은 다른 모든 장소에서 낮은 요금으로 인식하고 싶어 하는 모든 감각들을 통하여 인식하고 있다. 그 결과, 시골 사람인 농장 경영자가 그의 양털로 만든 면제품이 런던에서 판매되고 있다는 소식을 듣고 구매자와 직접 거래할 수 있다—시골 오두막에서 자신의 의자에 앉아서 혹은 이집트 엑서터홀 Exeter Hall에서 실시간으로 이스라엘 내에서 열리고 있는 공연을 들을 수 있다— 그는 이탈리아 오페라하우스에 앉아서 라카이아에서 온 얼음을 맛보며 돈을 주고받는 중이다. (…) [이것은] 우리 모두가 애쓰고, 하나의 작은 부분에서 우리가 실제로 실현되는 것을 보게 되는 시간과 공간의 완전한 소멸인 것이다.

경제학(그 단어는 "집"과 "측정"에 관한 고대 그리스어로부터 유래한다)의 역사를 통하여, 버틀러의 공간과 시간의 "완전한 소멸"은 계속 진행되고 있다. 사회들이 점차 정교해짐에 따라, 물물교환은 실질적인 공통분모로 작용하며, 그 실질적 효과는 상품 내부 및 내부 흐름의 증가를 촉진시키는 현금이나 그와 동등한 것들(예를 들어, 어느 섬 사람들 사이에서 조개껍데기, 아프리카에서 소, 13세기 일본인들 사이에서 사용된 쌀)로 대체되었다. (화폐의 내부 세포 속에서 화학적인 대용물은 ATP, 즉 에너지를 저장하거나 에너지를 방출할 수 있게 보낼 수 있는 에너지 흡수성의 화합물인 것이다; 우리가 생명 기원의 장에서 논의하였던 대로, 생명의 "신진대사에 관한 첫 번째" 관점을 논의한 프리먼 다이슨[Freeman Dyson]과 연구자들은 ATP가 양쪽 DNA과 RNA 모두의 이전에 이미 왔다고 제안하였다.)

물물교환은 점차 차등화된 시스템들 속에서 연결성과 순환 과정을 증가시키는 상품들에 대한 대리인들 사이에서 거래, 자연적인 과정의 인간적인 예시들인 것처럼 보이게 된다. 유기생명체와 세포들은 비평형의 열린 시스템들이기 때문에, 그들이 더 크고 더 효율적인 구배 차이 소멸이 발생하는 시스템을 만들도록 조직화하는 한, 그들의 행동은 "선택 될" 것이다. 많은 유기생명체들과 같이, 인간은 느끼고, 이동하나, 반드시 합리적인 대리인인 것은 아니다. 그리고 그들의 자연 내 사촌인 생태계처럼, 경제는 에너지적인 의무에 따라 팽창하고 조직화된다. 복잡한 시스템들을 통하여 흐르면서, 에너지가 화석 연료와 산소 간의 산화환원 구배 차이와 같은 자연의 구배 차이와 가격 변동과 같은 "합성의" 구배 차이를 감소시키는, 경제에서 물질들을 가둬두고 순환시키는 과정에 관한 기반들을 형성하게 된다. 우리가 앞서 논의하였던 대로, 에너지를 방출시키는 구배 차이의 소멸은 활성화 에너지(E_a)를 필요로 한다—그러므로 그것은, 돈을 만드는 것이 돈을 요구하고 음식을 발견하는 것이 신진대사의 연료에 대한 이화(異化)작용의 연소를 요구한다는 것이다. 생태계를 번창시키는 것은 구배 차이 감소의 측정 가능한 더 큰 비율들을 반영하고, 결과적으로 번영하는 경제에서 좋은 시대의 관대함이 확장된 에너지의 흐름 혹은 일시적으로 그들을 나타내는 돈, 주식과 다른 약속어음들로부터 온 것임을 추적할 수 있다. 경제적 부양책—본질적으로 돈을 인쇄하는(예를 들어 이자율을 낮춰서)—을 제공하기 위해서 돈의 공급을 증가시켜서, 중앙은행이 실질적 부를 생산할 수 있는지(케인즈Keynes 1987) 혹은 속담에 쓰여지는 닭들은 잠자러 집으로 돌아오게 되어야 하는지에 대한 논쟁이 있다; 두 번째 관점에서(예를 들어, 스페란데오Sperandeo 1993), 폰미제스von Mises(1997)와 관련된 오스트리아 경제학 교실에 의해서 지지되어 온, 화폐(통화)의 팽창은 경제적인 역경의 현실에서 다소 적응된 부의 환상을 신용 연구소가 용이하게 하는 중앙은행의 정책들로서 필수적으로 경제적인 파산, 경기 후퇴 혹은 공황들을 겪게 된다. 물가 인상은 사고 싶은 물건들 앞에서 돈이 부족하여 원하는 그 물건(예 사업투자)을 더 이상 살 수 없을 때 나타난 부로서, 이는 곧 조정의 예시가 된다. 이러한 관점에서 증권과 같은 평범한 부의 가치는 시장의 세력에 의해서 결국에는 하향 조정될 것이다. 마침내, 상징적인 부채 혹은 매매증서(약속어음)는 공급 제한이 없으나, 그들이 채워 넣어야 하는 수요는 상상력이 아닐 시에는 주식 분배, 은행권, 혹은 확장된 신용과 같이 가치의 상징들에 대한 확대된 공급은 곧 신뢰를 파괴한다. 그 한계로부터 빛의 발생은 주식시장의 붕괴, 파산하는 회사들을 만들어내고 쓸모없는 국가 환율을 주게 된다. 그러나 처음부터 공동의 합의금으로 신용을 창출하는, 우리가 알고 있는 그 경제가 거의 존재할 수 없는 보통의 교환 매체에서 "희망적인 생각" 없이 창조되는, 믿음의 행위가 존재한다.

역사적으로 볼 때, 시장은 무역거래의 경로들에 따라 발생하고 도시들에 집중된다. 인간이 특별히 전문화된 임무를 가진 직업군에 따라 분류화 될 때, 여기서 조직은 더욱 효율적인 인간들 사이에서 물질의 흐름들을 증가시킨다. 그럼에도 불구하고, 도시도 거래무역도 아닌 것—공급과 수요에 구배 차이를 감소시키는 기본적인 과정—이 전통적인 경제적 이론에 의하여 명백하게 취급된다. 사실, 정통의 경제학에서 경제는 이성적인 행위자들에 의해서 안정화된 효율적인 평형 시스템이라고 가정된다. 그러나 경제적 시스템들의 대리인들이 실제 평형에서 음식과 연료의 외부 매장량을 공급할 때, 특별히 이성적(주식 시장의 붐과 파산의 탐욕과 두려움을 생각하자)이지도 않고, 이는 경제도 아니다. 그들을 기술하는 수학이 있음에도 불구하고, 경제는 안정적이지 않고 준안정성의 소산하는 시스템이다. 유기생명체와 생태계처럼, 그들은 엔트로피를 감소시키고 물질들을 순환시키는 구배 차이를 활용하는 방식들을 발견하고 성장하는 경향이 있다.

경제학자인 C. 다이크C. Dyke(1988, 356, 359)의 말에 따르면 다음과 같다.

마치 경제적인 시스템들이 NET의 문헌상에서 정상적으로 논의된 에너지를 소산하는 구조들과 단순한 유사체인 것처럼, 더 위대한 지혜가 경제적인 시스템을 다루어야 할 것 같다. 그러나 나는 이것이 옳은 것이라고 생각하지 않는다. (…) 에너지를 소산하는 구조에서 주요한 기준은 그들의 시간 의존성이다. 이 기준이 논리상에 확실히 부합되어야 한다. 아주 분명하게 경제적인 시스템들은 이 기준에 부합한다; 그러나 우리는 그들이 어떻게 그렇게 하는지를 분명히 인지하기 위하여 매우 조심해야 한다. 왜냐하면, 대부분의 고전적, 신고전주의, 정통 경제 이론은, 사실, 경제적 과정들의 본질적인 시간의 의존성을 축소시키거나 애매모호하게 하는 기법들을 자주 이용하기 때문이다. 특별히, 평형 분석들은 마치 그것이 가역적인 것처럼 경제적인 상호교환의 과정을 다룬다. 사실 이것은 정통 가격 이론과 회계 시스템의 중심이다. 그러나 또 다른 의미에서—여전히 정통 이론 내에서— 거래의 과정들은 가역적일 수 없다. 교섭 장소에 대한 경로는 이성적인 거래자들에 의해서 다시 통과될 수는 없다. 그러나 어떤 경우에는 정통 경제학이 거래 무역에 관한 것이라고 생각하는 것은 전적으로 환영이다. 정통 경제학은 거

　　　　　　　　　　인투 더 쿨: 에너지 흐름, 열역학, 그리고 생명

래의 과정을 어디에서든지 시험하지 않는다. 그것은 일련의 가정들에서 단지 논리적인 결과들만을 검토한다: 예를 들어, 교섭 시스템은 단지 이성적이고 경제적인 사람들만을 포함한다. (…) 이때 NET가 하는 것은 구조들을 지지하는 데 요구되는 물질 흐름의 속도와 우리가 가지고 있는 이 사회 구조들 사이에서의 상호관련성이 있다는 것을 우리에게 보여주는 것이다. (…) 그것은 우리가 가진 정교한 조직들에 의해서 초래된 엔트로피의 빚이 수많은 방식으로 지불될 수 있다고 말하고 있다: 우리 사회의 시스템에서 정보 내용이 그것을 지지하는 데 필요한 물질 흐름의 속도들에 반드시 연결되어 있다. 예를 들어, 단지 생각을 고정하기 위해서 그 기준 선(흄 이래로)은 경제 시스템이 그들의 상태로서 적당한 희소성을 가지고 있다. 그러나 희소(빈곤)는 경제의 주요한 조건은 아니다. 경제에 남아 있는 것은 구배 차이이다. 그들은 적당한 속도에서 물질의 흐름을 유지하는 방식을 발견하는데 전적으로 의존한다. 때론 이것이 경제학자들 스스로에 의해서 인정되고 있다. (…) 그러나 종종, 구배 차이의 요구는 잘못된 인식이 된다.

도시를 경제적인 중심으로서 구별하였던, 자넷 제이콥스Janet Jacobs(1984)를 논하면서, 다이크는 다음과 같이 주장한다;

경제적인 시스템들(미시와 거시경제학에서)의 중요한 구성품으로서 개인과 국가에 대한 두 갈래의 강조점에도 불구하고, 경제생활의 지배적인 구조적 성분들은 수입 대체 도시들과 그들과 관련된 지역들일 것이다. 그녀는 그런 도시들의 탄생에 대한 어떠한 일반적인 설명도 주지 않았다. 아마도 설명할 것이 없었을 것이다. 일단 이 도시가 조직되면, 상당히 오랜 시간 동안 경제가 번성한다. 이들 수입 대체 도시들은 경제를 조직하지 않는 다른 도시들과는 대조된다. 이 도시 내부나 그 주변의 경제생활은 혜택을 받고 있는 도시 주변에 그것들과는 매우 다르다. 지금 NET를 모르고 제이콥스의 책을 읽고 있지 않은 누구든 이 혜택을 받는 도시들이 에너지를 소산시키는 구조들과 닮았다는 것을 주의하지 않을 수 있다. 창세기의 일반적인 설명들에서의 부족은 그들을 설명하는 선형의 원인이 되는 모형들의 실패를 그 자체로 암시하는 것이다.(359)

인간의 경제적 시스템이 본질적으로 평형에 있다는 가정은 우리 부의 주요한 근원인 태양—이 에너지를 통해 농업에서 경작이 일어나고 인구밀도의 팽창폭발에 관한 기초적인 근원을 제공하는 식물들에 의해 태양에너지는 광합성으로 저장되는—으로부터 유도된다는 생각이 큰 혼돈을 준다. 우리가 분석했던 다른 NET 시스템처럼, 인간의 경제 시스템들은 항상 열려 있다; 이론은 인식하지 못할 때, 그들은 고립되지 않았고, 이용하는 구배 차이에 의해서 부양되고 있다. 생태권의 에너지 특성을 강조하면서, 베르나츠키는 지구—태양 시스템을 언급하였고, 유기생명체—그는 이주하는 새들뿐 아니라 인간에 의해 조력화된 제품과 기계장비들(그는 제1차 세계대전 중에 전쟁 물자의 세계적 움직임에 관한 연구에 사로잡혀 있었다)의 총체적 흐름들의 수를 직접 세었다—의 자연적인 이동을 지구 표면 위에서 생물학적으로 전환되는 태양에너지로 추적하였다. 경제 붐과 파멸을 향한 생태학적 서막들은 화석기록에서 지구 밖에서 강력한 충격과 관련된 대량 멸종들을 포함한다. 초기 "파멸"은 초기 광합성을 하는 세균이 생계를 위하여 의존하였던 수소와 수소 황화물의 부족뿐만 아니라 발효시키는 종속 영양 세균에 대한 적절한 탄화수소 식품들의 고갈과 같은 고유의 원인들로부터 유래하게 되었다. 그러나 생명이 진화하는 NET 시스템이기 때문에, 돌연변이 변수들은 태양과 다른 에너지원들을 약간 더 잘 사용하여 생존하였다. 태양에너지에 활성이 있는 생명 형태들, 예

인투 더 쿨: 에너지 흐름, 열역학, 그리고 생명

를 들어, 세포와 세포그룹들로 전환시키는 개념은, 베르나츠키의 부정확하나 생각을 불러일으키는 구절, "생명의 압박"에 잘 농축되어 있다: 유기생명체들은 자원들을 경쟁할 뿐 아니라 제한된 물질의 영역 그러나 사실상 고갈되지 않는 에너지 내에서 서로를 대신하였다. 해럴드 모로위츠의 격언에서, "에너지는 흐른다; 물질은 순환한다." 이 열역학적 진술은 또한 경제생활의 특별한 문제들에게도 잘 적용된다.

경제적 파멸이 붐으로 이어지는 것과 같이, 생명의 역사에서 가장 위대한 신진대사의 발명—식물들에 대한 광합성 조상들의 수소 공급원으로서의 물의 사용—은 지구가 이전에 보았던 최악의 "파멸"로 이끌었다. 수소(H)에 대하여 물(H_2O)이 빛에너지의 도움을 통한 해방은 자유로운 산소(O)를 방출하게 하였다. 그것은 사실상 무(無)로부터 대기 중에 약 1/5까지의 산소기체 수준들을 올렸다. 산소는 활성 기체이고 그것을 생산했던 많은 녹색 빛깔의 세균들을 파괴시켰다. 이는 산소를 견뎌내고 이어서 사용할 수 있는 유기생명체에 대한 프리미엄을 창조하였다. 위험을 야기하는 녹색의 세균은 해조류와 식물들의 색이 있는 부분들(때론 보라색), 즉 색소체로서 성공적으로 적응하고 살아갔다. 산소의 독성을 없애주었던 호흡 세균들 또한 들불처럼 번져갔다. 그들은 동물, 식물, 곰팡이와 해조류 세포들의 핵 밖에 존재하는 미토콘드리아가 되었다. 세계적인 규모에서 파멸과 붐이 인간에 선행하였다. 이는 구배 차이가 소멸하는 유기생명체들을 독살시킨 엔트로피 생산의 깨달음 내에서 오염과 다량 멸종을 이끌어냈다. 다이크가 제안하였던 대로, 경제와 NET 시스템들 사이에서 유사성들은 단지 유사한 것보다 오히려 구조적이고 형식적인 것처럼 보인다: 무역거래, 계획, 그리고 성장에 대한 인간 대리인들에 대한 그들의 의존에도 불구하고, 경제는 NET 시스템이다. 생태학적이고 경제적인 시스템들은 자원들뿐만 아니라 배출에 대한 요구를 공유하게 한다. 효율성의 변화하는 정도와 함께, 그들은 에너지 과량을 복잡한 조직으로 전환시킨다. 이는 유기생명체들을 거대한 신진대사와 이에 대응하는 폐기 문제들을 가진 더 큰 네트워크들로 병합시킨다.(그들은 또한 혁신적이고, 유기생명체처럼, 엔트로피 폐기물들을 기능성의 구조들로 돌려놓는 새로운 에너지원을 발견할 수 있다.)

"쓰레기, 검댕이, 그리고 폐수(廢水)는 필요한 특징들보다는 오히려 우리의 삶과 활동에 귀찮고 불편한 생산물인 것처럼 보인다. 그러나 물질 흐름이 쏟아져 내릴 수 있는 구배 차이가 없이, 어떤 에너지 소산의 구조도 안정화하게 유지될 수는 없다"(다이크 1988, 365). 그러나 결코 쓰레기의 전체 도매 생산을 촉진하는 것 없이, 우리의 경제 존재를 유지하기 위해서 "에너지 소산의 구조들로서 우리의 존재는 우리의 존재 가능성의 공간을 정의하고 상당히 철저하게 관리해야 한다"고 냉정하게 인정해야 함을 다이크는 강력하게 주장한다. 농업의 혁신 이전에, 수많았던 우리의 조상들은 환경을 파괴시키는 것에 대하여 걱정하지 않은 유목민이 되는 경향성이 있었다. 왜냐하면 그들은 한곳에 머물지 않고 늘 다음 야영지로 이동하였기 때문이다. 현재 인구수와 더불어 계산할 때, 이런 사치는 더 이상 우리에게 주어지지 않는다. 그래서 다이크가 암시하였던 대로, 우리는 어떤 경제 체제에서든 엔트로피 생산 내에서 발생하는 피할 수 없는 문제들을 우리의 경제적 부의 계산으로 통합해야 한다. 석유 산업에 대한 어느 정치적이거나 정부의 인센티브들은 중앙 집권화 된 경제로서 행동한다는 것이 여기에서 주목될 만하다. 시장 권력을 방해하는 국가통제는 지구의 "자연적인 생물공학들"을 더욱 쉽게 반영하는 태양, 바람과 수소 연료 전지들과 같은 상대적으로 재생 가능한 자원들을 촉진하는 경향들을 낳았다(벤니우스Benyus 2002). 단순히, 기준의 경제학의 범위 내에서 자원의 활용은 그것이 양쪽 비평형의 경제학에 대한 본질과 다른 것들보다 몇몇 자원의 근원들과 구배 차이들 사이의 상대적인 안정성을 분명히 실현화시킬, NET 기반의 경제학 속에 있는 것과는 조금 다르게 보인다.

비록 그들이 종종 정통 경제학에 의해 함께 취급될 지라도, 구배 차이의 흐름을 흡수하여 일어나게 되는 안정한 단체들 사이에 뚜렷한 차이가 존재한다. 이는 그들의 일 안에서 이익을 얻고, 과잉을 아래에 깔아서 이익을 창출해내며 그들의 확장을 영속해 나아간다. 조직을 촉진시켜가는 무역거래는 물질과 에너지를 지정하고 할당하게 된다. 이는 경제 시스템 내부에 인간 에너지를 포함한다.

시장들은 구배 차이를 추적하기 시작하고 거래해간다. 그러나 그들은 또한 자신의 이익들을 자신의 조직으로 전환시킬 수 있다. 이는 신용 시스템들을 개발하고 센터들을 제조하며 경제 성장을 촉진하기 위한 내부 자원을 재부로 전환시킨다. 결국 이것은 문명화와 문화들의 경제적 기반들을 생산한다. 비록 경제적 소산의 구조들이 다소 자발적으로 발생할지라도, 실제 경제는 결정을 만드는 것과 규칙 및 중앙 집권 화된 조작의 지배들을 통합시킨다. 옛날 미국 서부에 존재하였던 교역 장소는 무역거래의 위치의 예시가 되나 이는 아직 시장이라고 말할 수는 없다. 유출촉진의 게이트가 반드시 시장이 될 필요는 없으며, 모든 시장은 필연적으로 본격적인 경제가 될 것은 당연하다. 수익성 있는 구배 차이의 유출들이 시장이 되지 못하는 것은 초목이 숲이 되기 위해서 연속된 계승(승계)을 거치는 생태계의 실패와도 비슷하다. 에너지의 과량을 더욱 복잡한 형태로 흡수시킬 수 있는 충분한 물질들과 조직이 있어야 한다. 몇몇 생태계와 시장들은, 예를 들어, 연결성을 설립하는 충분한 구성품들의 부족이나 냉기와 같은 극한 환경들을 통하여 지나치게 구속된다.

더욱더 발전해가는 초기 경제 시스템들의 실패는 일관되고 지속적인 시스템이 되지 못하는 흐름으로부터 발생하여 소산되는 많은 구조들과 비교될지도 모른다. 하나의 제품만 가진 도시, 예를 들어, 광산도시는 특별한 환경에 지나치게 적응된 종과 같은 동일한 방식에서 취약하다. 스스로를 너무 엄격하고 단일한 기능에만 헌신하였던 도시 혹은 종들은 시장이나 환경의 변화들에 취약하다. 예를 들어, 몇몇 유령도시들은 한때 다른 것은 아무것도 없고 금광만 있는 도시들이었고, 그들이 더 이상 그 자원(만약 그것이 상당한 "상징", 예를 들어 금이었지만)을 생산할 수 없을 때, 그들의 엔트로피인 빚은 상환되었다. 세계적인 NET 시스템의 운영에 대하여 상당히 덜 "상징적인" 탄화수소로 구성된 연료에 대한 과다 특화는, 돌이켜보면 비슷하게 "유령 같은" 효과들을 가질 수 있게 된다.

우리가 연구했던 다른 NET 시스템들—베나르 세포들, BZ 반응들, 테일러 소용돌이, 원시 생물, 유기생명체, 그리고 생태계들—과 같이, 경제는 에너지 흐름들에 의해 조직화된 시스템인 것이다. 사실 NET 경제학은 그들이 안정한 한, 그 경제는 물질과 에너지 흐름에 의한 평형으로부터 멀리 안정화되어 간다는 것을 인정할 것이다. 그런 경제학은 도시 흐름의 요건들을 포함하게 되는 변형된 회계 시스템을 필요로 할지 모른다. 다이크(1988, 365)가 제안한 대로, "기준 경제학 내에서 결정은 모두 비용/이윤으로 구성될 수 있다. 비용과 이윤들은 자원 할당으로서 캐스팅되어 활약하게 되고 이 모두는 '평형' 효율의 틀 안에 존재하게 된다. 우리는, 가장 피상적인 방식에서를 제외하고, 사회 조직에 대한 우리 패턴들과 그들을 유지하는 데 필요한 물질의 흐름 속도 사이의 관계들을 결코 조사하지 않는다."

최근에 정통 열역학에서 벗어나기 위한 가장 유명한 학문적 시도가 니콜라서 제오르제스쿠 뢰겐Nicholas Georgescu-Roegen에 의해서 개척되었다. 그것은 초기 환경 운동에 의해―아마도 너무 많이― 받아들여졌다. 뉴욕의 진보파(2004)에 의해 편집된 포괄적인 하이퍼 텍스트 웹사이트는 제오르제스쿠 뢰겐을 "현대 경제학에서 가장 뛰어나고 심오한 사상가들 중의 한 명"―평생 동안 그에 대한 상대적인 무시가 있었음에도 불구하고, 평판과 영향력이 시간이 지남에 따라 증가하고 계속 증가하게 될 것이 보장된 몇몇의 연구자들 중의 한 명―으로 기술하고 있다.

부쿠레슈티와 소르본에서 수학 통계학으로 훈련받은 제오르제스쿠 뢰겐은 24살의 젊은 나이에 박사학위를 받았다. "1930년대에 그는 하버드에서 3년 동안 조지프 슘페터Joseph Schumpeter의 지도하에 경제학 수업을 받았고, 생산자와 소비자 이론(1935, 1936) [그리고] 확률 선택과 사전편집의 선호들에 대한 제안들(진보파 2004)에서 수많은 뛰어난 논문들과 함께 이 분야에서 새로운 영역을 창조하며 즉시 두각을 나타냈다. 부쿠레슈티로 돌아와, 제오르제스쿠 뢰겐은 전쟁 후 소련과 협상하는 루마니아 정부를 위하여 봉사하였다. 1948년 당시 그는 공산주의자들의 통제하에 있게 된 루마니아를 떠났다. "맥주통 안에 자신과 아내를 넣어서 이스탄불행 화물선을 타고 해외로 밀항하였다"(진보파 2004). 이후 그는 미국 테네시 주의 밴더빌트대학에서 자리를 구했다.

여기에서 그는 선형 프로그래밍과 일반 평형 이론에 큰 기여를 하였다. (…) 호킨스-사이먼 조건(Hawkins-Simon Condition), 노이만 시스템에 관한 대안적인 존재의 증거, 레온티예프 시스템과 위기의 마르크스 이론(1960)에 [기여된 혹은] 관한 대용가능성의 일반성 법칙들에 대한 독립적 발견을 포함하는 (…) 1966년, 제오르제스쿠 뢰겐은 공격적이며 비판적인 어뢰로부터 [정통 경제학 이론]을 구제하였다―이는 그의 분석경제학 Analytical Economics(1966)에 대하여 통찰력 있고 학식 있는 소개를 포함하였다. 그곳에서, 그는 경제 이론에서 새로운 생물학적인 혹은 진화적인 접근법에 관한 초기 아이디어들을 발전시켰다. 그의 생각들은 그의 최고 대표작, 『엔트로피와 경제The Entropy Law and the Economic Process』(1971) 안에서 더욱더 발전되고 강화되었다. 다른 것들 중에서 특히 제오르제스쿠 뢰겐의 주장은 열역학 제2법칙("쓸모있는 에너지는 소산된다")을 요구하는 성장의 한계 속에서 경제학이 직면하게 된다는 것을 말하였다. 비록 주요한 경제학 흐름들로부터 일반적으로 무시되었지만, 풋내기 환경운동가들에게 그는 열렬한 환영을 받았다. 그리고 그는 그의 삶이 끝날 때까지, 경제이론에 대한 새로운 접근법에 관하여 그의 생각을 말하는 것을 결코 멈추지 않았다. 그의 업적은 오늘날 영향력을 얻어서, 그의 통찰력이 진화경제학의 새로운 영역으로 접목되고 있다.(진보파 2004)

고전 경제학자들과 마르크스는 그들의 이론을 생산과 소비의 순환 과정으로서의 경제 과정 개념 내에 상당한 근거를 두었다. 제오르제스쿠 뢰겐은 이에 대해서 강력하게 반대하였다.

[어떤] 다른 개념도 사실의 정확한 해석과 멀리 떨어져 있을 수 없다. 만약 경제 과정의 물질(계) 단면만이 고려된다면, 이 과정은 순환되지 않고 한쪽 방향으로만 작동된다. 이 유일한 단면이 관련되어 있는 한, 경제적인 과정은 낮은 엔트로피를 높은 엔트로피로, 즉 이것은 돌이킬 수 없는 쓰레기로 혹은 시사적인 관점에서 오염 속으로 연속적으로 변환하는 것을 구성하게 된다.(1971, 281)

순환하는 흐름의 가정은 자원들이 고갈될 수 없다는, 즉 분명히 제2법칙의 규칙을 깨는 가정에 해당한다. 그럼에도 불구하고, 우리가 제

　　　　　인투 더 쿨: 에너지 흐름, 열역학, 그리고 생명

오르제스쿠 뢰겐의 주장이 훨씬 잘 받아들여질 수 있다고 말하는 이유는 에너지 위기의 절정 동안인 1970년대에 노벨 경제학 수상자와의 인터뷰에서 제러미 리프킨이 지은 『엔트로피』라는 한 권의 책이 출간되어 나왔기 때문이다. 불행하게도, 이 책은 제2법칙 기본에 대해서 말하면서 이는 에너지원들의 피할 수 없는 황폐화라는 순진한 생각을 하였다. 비록 재활용될 수 없는 것에 대한 주목이 환경 운동, 즉 우리의 정부가 저축하는 것을 멈추고, 좁은 구배 차이를 추적하며 농축을 멈추는 데 영감을 주고, 그들이 우주여행 혹은 전쟁에서 하는 만큼 다코타에서 풍력 혹은 수소 경제와 같은 대체 에너지원들의 개발에 수많은 돈을 투자하게 되는 군건한 의지를 따르게 할지라도—제2법칙의 지배하에서 자행되는 파괴는, 우리가 아는 대로, 또한 창조적인 힘이다. 제오르제스쿠 뢰겐의 힘은 필요로 되는 비평형 열역학의 문을 여는 데 큰 도움을 준다. 그러나 제2법칙은 오염을 확신하며 보장하는 순간에도 새로운 형태의 성장 혹은 심지어 고대에 진화한 신진대사의 경제에서 발견된 세균으로 폐기물을 식품으로 완벽하게 재순환시키는 것도 이는 통제하지 않을 것이다. 석유 기반의 우리 경제에서 줄어드는 에너지는 진보로 통하는 길의 중간 지점에 위치하여 문명화에 남겨진 것을 저해하는 중일지도 모른다: 그러나 다른 에너지의 근원들—바람, 태양, 그리고 산화환원 반응들—은 유기생명체, 인간 혹은 다른 것들이 이들을 이용하기 충분히 현명해질 때까지 기다린다. 제한된 자원들에 대한 관점은 정통 경제이론에서 필수적인 모면책이나, 구배 차이에서 본질적으로 자연적으로 성장해가는 새로운 방식들을 발견하는 비평형의 시장과 경제의 더 폭넓은 상황들에 대해서 이해할 필요가 있다. 1970년대 비관적인 절망의 시나리오에서 모순은, 결코 자원의 부족함이 아니라, 혹사되는 광물과 에너지로 이들 가격들이 무한히 상승하여 새로운 추출 기술들의 발달로 인해서 많은 공산품들의 전체 가격들이 폭락했다는 것이었다. 그라츠대학의 하인즈 D. 커즈Heinz D. Kurz와 피사대학의 네리 살바도리Neri Salvadori(1995)는 고전 혹은 신고전주의 경제 이론에서 순환 가정들이 중요한 이득을 가지고 있다고 말하는 한편, 반면 그들은 고갈되는 자원들의 세계 속에서 생산이 한 방향으로 진행하게 된다는 제오르제스쿠 뢰겐의 열역학적 정보에 근거한 주요한 견해를 궁극적으로 수용해야 한다고 열렬히 주장한다.

경제에 대한 열역학적인 생각은 이론적일 뿐 아니라 실용적이다. 귄터 바흐터하우저Günter Wächtershäuser처럼, 국제 재정학자인 조지 소로스는 칼 포퍼에 의한 상당한 지지와 격려를 받았다. 앞에서 언급한 대로, 그 자신의 비평형에 대한 독특한 생각을 논의하며, 소로스는 시장은 심리학적 믿음들이 스스로를 영속하고 실현성을 넘어 지속되기 때문에 항상 과잉 행동하게 된다고 주장하였다. 그의 가장 유명한 업적은 정부가 수요를 제조하고 통화의 가격을 지원하기 위해 노력하고 있을 때, 자유 시장 시스템 내에서 영국 은행의 접근을 차단시킨 것이다. 신용이 무한히 확장될 수 있으나, 그것은 부의 기본 에너지 근간에서의 자원들에 직접 적응된다. 소로스는, 아마도 합리적인 거시 경제들 사이에 존재하는 틈새에서 작동하며, 지각과 현실의 사이에서 단절—논의되는 대로, 구배 차이—로 동력을 얻게 되고 보장되지 않은 기대 손실로부터 이득을 얻게 된다. 거래자들에서 시장은 확실하게 감정적이고 그들의 방향을 영속하는 경향이 있다고 인지되고 있다.

만약 과량의 에너지와 그것의 상징들이 재화(돈)를 만드는 데 점차 세련된 수단, 그리고 그렇게 하기 위한 소통하고 반응하게 되는 더 빠른 수단들을 선택하게 된다면 그 반대—일종의 재정적 쇠퇴와 더 단순한 문화들로의 퇴보, 혹은 적어도 열역학적 조직의 초기 형태들—도 감소된

인투 더 쿨: 에너지 흐름, 열역학, 그리고 생명

자원들과 사회적인 스트레스들의 인간 문화에서는 당연한 결과들일 것이다.

문화역사주의자인 하워드 블룸Howard Bloom(개인 통신, 2002; 그리고 블룸 1997을 보자)은 물질적 박탈과 다른 세계에 대한 갈망에서 일치된 성직자들의 힘을 일으키는 동일한 이름을 가진 성인을 추모하며 불리고 있는 "사보나롤라 효과Savonarola effect"를 확인하게 된다. 사멸한 에너지 흐름의 무게들로 괴로워할 때, 도시는 자원을 더 계층적이고 덜 평등한 방식으로 재분배하여 더욱 원시적이고 권위주의적인 형태들로 회기하게 된다. 집단을 정치적으로 조직화하는 관념적인 원칙들이, 박탈의 깨달음 내에서 특별히 닮아 있는 테러와 두려움의 특별한 지배하에서, 사실인지 아닌지는 크게 중요하지 않다. 회귀는, 이전에 논의된 대로 환경의 스트레스 아래에서 생태계의 후퇴와도 비슷하다. 다른 한편으로 사회의 근원이 복귀하거나 혹은 새로운 구배 차이를 추적하는 무역거래의 경로들이 자리를 잡게 될 때 혹은 르네상스 시대 동안 이탈리아에 많은 부가 쏟아져 들어올 때, 개인의 자유는 상대적인 풍요로움으로 인하여 가능하게 될 것이다. 블룸이 주장한 사변적인 사보나롤라 효과는 비참함, 전체주의를 향한 성향, 그리고 물질적으로 결핍된 인간 집단에 대한 무시를 묘사하였다. 고대 조직화의 원동력들이 되기 쉬운 종교와 반이성, 비생명의 NET 짝(상대)과 같은 인간 시스템들은 이전의 조직을 향한 열역학적 경로들로 후퇴하게 된다. 이 열역학적 현상의 생리학적인 예시는 몸이 호기성 반응에서 발효로 전환될 때의 육체적 노력 동안에 발생하게 된다. 발효로부터 에너지를 빼앗기는 것은 산소의 엔트로피 낭비를 깨닫게 되며 진화하였던 호흡보다는 세포들 내에서 더더욱 대대로 내려오게 되는 신진대사의 형태인 것이다. 비록 덜 효율적이라고 할지라도, 신체는 짧은 에너지의 폭발로 회귀하게 된다. 스트레스 아래에서 오래된 형태의 에너지 기능으로의 전환은 복잡한 NET 시스템에서 보편적인 특색일 것이다.

도시와 시장이 가진 NET 행위는 자연선택은 오직 "개인" 혹은 "개인"(문자 그대로, "나누어지지 않은 것")의 나누어지는 부분, 혹은 유전자에게만 작용하고 있다는 정통 다윈주의자의 해석에 거짓이 있었음을 말해준다. 심지어 세균은 초기 시장의 행동을 나타내고 있다. 개인으로 그들을 위한 불가능할 활동을 수행하고 구조들을 만들어 내는 그들의 유전자, 신진대사물, 그리고 자원들을 공동 출자하게 된다. 생물막Biofilm은 미생물의 매트에서 녹조류의 활동에 의해 생긴 박편 모양의 석회암stromatolite이라 불리는 둥근 바위들로부터 수십억 년의 "도시들"에 이르게 다양하다. 세균은 공생적으로 핵을 가진 세포들인 우리의 조상들로 진화하였다. 그것은 처음에는 무성 생식에 걸렸고, 이후에는 성생활 주기에 빠지게 되었다. 이 핵을 가진 세포들은 해조류와 점균류, 아메바의 대량 먹이기 단계를 형성하게 되었다. 핵을 가진 세포들을 형성하기 위해서 유전자를 모았던 세균은 숲을 재순환시키는 곰팡이 그리고 대기로 활보하여 나가는 식물들의 조상들, 날거나 굴을 파며 윙윙거리는 동물들로 차례로 진화하였다. "개별(개인)"의 경제 규모로 작동하는 집단으로의 통합에서 또 다른 수준에서, 동물들은 벌집, 늑대 굴, 새떼, 개미군단, 흰개미 집과 세계적으로 분산된 경제로 활성화된 인류로 점차 진화하였다. 표준 진화 이론은 정확하였다. 그렇다—개별(개인)은 변하고 몇몇은 더 좋아지게 된다. 그러나 격렬하게 떼를 짓는 것(그들의 성공에 대한 증명)은 밀집한 집단들로부터 새로운 효율들을 정교하게 다듬는 경향이 된다. 그것은 새로운 수준의 조직에서 때론 개별로서 나타나게 된다. 변해가면서 그 개별들은 더 큰 조직의 특별한 부분이 될 수 있다. 그러므로 시간이 지나면서, 기능적인 조화(융합)는 더욱 높이 혹은 적어도 더 일체를 포함한 수준들로 진화해가는 경향이 있다. 태곳적부터, 열린 시스템으로서 생명의 위치는 더 크고 더 총괄적인 조직화된 총체로서 생명에게 연결되는 힘을 주었다. 그리고 우리가 거래라고 부르는 일련의 활동과 경제로서 인간의 영역을 연구하는 것이 더욱 일반적인 현상에서 정말로 특별한 경우, 에너지를 변형시키는 "개별들"의 떼 사이에서 제품과 정보의 공유인 것이다.

경제라는 단어는, 동사로서—효율적으로 이용하다economize, 즉 증가된 우아함과 효율을 통한 기능성들을 의미로 내포한다. 규모의 경제는 돈을 절약하는 것(에너지의 대용품)과 이의 확장된 작업 양쪽 모두를 내포하고 있다. 이들은 우리가 생태계 내에서 보게 되는 특색들이다: 한계 속의 성장, 그리고 작동하는 형태를 유지하려는 순환의 속도저하인 것이다. 한계와 쇠퇴를 향한 동일한 팽창은 회사와 산업 모두에 적용된다—만약 그들이 훌륭하게 갖추어져 있다면 그들은 팽창할 거고, 그렇지 않다면 결코 영원히 그렇게 되진 않는다. 다양성이 증가하게 되고 회사들은 더욱더 서로 연결되어 가고 있다; 세계화된 경제 내에서, 베르나츠키가 인지권 (人智圈)이라 불렀던 인간 기술의 일부, 즉 지구는 거대한 생태계—그 생태계에서 이전에 발견되지 않았던 소다 병들에서 플라스틱 폴리머와 같은 낯선 화학물질들 중의 하나—처럼 상품을 순환시킨다. 그러나 새로운 분자들의 합성도, 그것의 조직화하는 원리들도 인간 경제에선 독창적이지 않다; 그것은 훨씬 더 크고 아마도 훨씬 더 안정한 시스템, 즉 글로벌한 생태계의 발자국들을 따르고 있을 것이다.

자연이 구배 차이를 혐오한다는 제2법칙의 확장된 그 버전은, 우리가 믿는 대로 경제학에도 적용될 수 있다. 비록 이것이 표준의 열역학적 시스템들에서 물리적이고 화학적인 구배 차이보다 더욱 주관적일지라도, 그들을 감소(소멸)시키는 경제적인 구배 차이와 조직들은 둘러볼 가치가 있다. 경제적 구배 차이들은 물물교환의 협정, 실물거래, 금융상품들, 암거래, 그리고 확장법인에 의해 감소(소멸)되는 경향이 있다. 이성적(합리적)이고 이성적이지 못한 인류에 의해서 혼재되며 중재되어 가는 가운데, 경제들은 또한 에너지를 흡수하게 된다. 그들의 생물학적 사촌처럼, 경제는 그들이 성장할 때 순환하고 연결점의 수들을 증가시킨다. 멸종된 종과 마찬가지로, 경제와 국가 통화는 결국엔 사라지게 된다. 다양성이 방향의 증거를 먼저 손상시키는 진화와 마찬가지로, 경제적인 잡음은 열역학적으로 이끌린 행위, 질서에 관한 증거들을 맨 먼저 모호하게 만든다. 우리가 주식시장에서 거래된 개별 사업들을 관찰하게 되면 예를 들어, 우리는 빠르게 성장하는 몇몇, 수년 동안 약간 수익성이 있는 몇몇 그리고 몇몇의 파산하는 많은 수들을 발견하게 된다. 주식 교환에서 주식(株式)들이 거래되고 있는 개별 회사들을 비교하였을 때, 명확한 방향들을 찾기가 어려울 수도 있다. 그러나 만약 우리가 거래되는 모든 회사들의 전체 주식들의 몫을 관찰하게 된다. 시간이 지남에 따라 고정된 영속적인 증가를 우리는 발견하게 된다. 시간이 지남에 따른 종들의 증가와 같이, 거래된 전체 몫에서 발생하는 성장은 사로잡히고, 순환되며, 복잡한 시스템에 의한 소멸된 전체 에너지의 증가를 나타낸다.

가장 분명하고 중요한 경제적 구배 차이는 수요와 공급의 구배 차이일 것이다. 수요를 맞추기 위해 공급을 증가시키는 사람들, 수요와 공급의 구배 차이를 인식하고 조정하는 사람들과 새로운 수요를 만들고 충족시키는 사람들은 상당한 부를 축적시킬 수 있다. 모든 중개매매—금융상품의 가격 차이로부터 이윤을 거래하는—는 수요와 공급의 구배 차이들을 인식하고 조정하는 형태이다. 예를 들어, 만약 중국에서 차 가격이 파운드당 1달러이고 아일랜드에서 차 가격이 파운드당 2달러라면, 1달러 미만으로 중국에서 아일랜드로 동일한 차를 얻어낼 수 있는 기업은 그 차익금을 주머니 속에 이윤으로 남길 수 있다. 물론, 현대 중개 매매인들은 싼 금융상품을 사고 비싸게 팔기 위하여 스스로의 원격통신을 이용하게 된다. 그런 거래로부터 때론 많은 돈을 만들어 낸다.

　　가격 차이들이 상당히 중재되어 가고 가격 안정을 이끄는 곳에서는 어디서든지 이들 거래의 결과가 가격 차이들을 감소시키는 것이다. 그렇게 얻어진 이윤은 매매와 이동 간의 장거리 통신의 새로운 모드들을 고무시킨다. 인간경제권으로 번역되는, 인간 경제 구배 차이를 소멸시키는 자연적인 경향은 미디어 이론가인 마셜 매클루언이 "지구촌"이라고 불렀던 것으로 지구의 변형의 원인이 되었다. "미디어는 메시지다"가 기도mantra인 매클루언은 현대의 원격통신에서 가차 없이 세계화되는 영향력을 인지한 선각자들 중 한 명이었다. 텔레비전이나 전화기가 나오기 이전에, 전선에서 전시 뉴스를 가져오기 위해 일련의 메신저들을 배치함으로써, 그리고 다른 사람들이 무슨 일이 일어나고 있는지 알기 전에 관련 증권을 성공적으로 거래함으로써, 로스차일드의 재산이 무한히 축적되어 갔다. 이윤들이 정보의 차이 그리고 한 장소로부터 또 다른 장소로의 지각과 현실 사이에서 틀림없는 차이들을 감소시키는 방식을 발견해 가는 사람들에게 발생하기 때문에 시장들은 가능한 시간과 공간을 줄이기 위해서 노력한다. 이런 방식으로 인간 사회들의 분배된 정보망은 더욱 농축되고 더욱더 단일 존재의 지각 있고 생각하는 기관들과 같이 행동하는 경향이 있다.

　　유기생명체들은, 서로의 생명 순환들 간의 기간 동안 신체들을 연결하여, 서로의 핵에 들어가고 그들의 유전자들을 거래 교환하며 이전에 통합되었다. 그러나 그 과정에 대한 인간 버전은 명료하고 선명하였다. 그것은 우리를 점차 서로 의존하는 그룹들로 연결시켜가는 사회관습, 상징과 생각들에서 보다 덜 유전자에 의존하게 되었다. 분배된 언어와 제품과 서비스들을 거래하는 시스템의 팽창—경제—은 이러한 변형의 인간 버전에선 결정적으로 중요하다. 우리가 논의하고 있는 경제 팽창은 구배 차이의 붕괴에 의존하는 열역학적 과정이다. 흐름의 열린 시스템들은 새로운 종을 만드는 데 갈라져 나올 뿐만 아니라 더 크고, 더 힘 있는 시스템들을 형성하게 통합된다. 예를 들어, 유로는 통화거래위원회를 없애버렸다. 이는 국가 경계와 문화적 차이들을 붕괴시키는 데 큰 도움이 되었다. 그 결과는 유럽의 경계들 내에서 순환하는 제품들의 크기와 속도를 증가시켰다. 유럽 경제는 지금 북미와 아시아의 시장경제와 더욱더 성공적으로 경쟁하게 되었다. 부족으로부터 왕국 및 국가에 이르기까지 초국가의 동맹체로 인간의 변형 트렌드는 개인이 아닌 더욱더 힘 있는 집합체들로 혼합되어 가고 있다. 그리고 언어보다 본능적으로 더 국제적인 이러한 혼합의 주요한 동력 및 윤활제는 돈과 이에 관한 다수의 형태들이다.

세계 경제는 복잡한 열역학적 시스템이 되는 명확하게 한정된 표시(신호)들을 보여준다. 상당히 빠른 속도와 시간 속에서 그리고 더 먼 거리 안에서 생산품들이 순환되고 소비된다. 시간이 지남에 따라, 세계 경제는 더욱더 계층화되었다. 따라서 특정 제품들은 특정 지역(예를 들어, 차는 미국 디트로이트, 영화는 할리우드와 뉴델리)—후기 생태계들의 증가된 다양성과 소멸되는 능력들을 제안하는 전문화—에서 제작되었다.

돌이켜보면, 경제가 유기생명체의 과정들을 보여주는 것에 우리를 놀라게 하진 않는다. 우리의 상호 작용과 거래들을 통하여 그리고 인간 생활의 번잡함을 통하여, 이는 태양에너지에 연결된 복잡한 열역학적 시스템들이다. 그러므로 경제학은 닫히고 완전히 인간에 기반을 둔 시스템으로서 결코 이해되진 않을 것이다; 이성적(합리적)이고 비이성적인 대리인들로 구성된 경제는 전 세계의 생태계에 전적으로 달려 있다. 항상 멋지고 훌륭하진 않지만, 계속의 원격통신은 또한 열역학적인 연결성을 가지고 있다. 우리는 "미디어크라시: 신문, 방송 등이 막대한 힘을 가지게 된 경향(윌리엄 어윈 톰슨William Irwin Thompson)" 속에서 살고 있고, 현대 개인들은 "미디어크라시(커트 보니것Kurt Vonnegut)"를 갈망한다고 농담조로 말하였다. 공통의 분모 기준들로 감소되고 언어적이고 문화적인 차이들을 감소시키는 천이 현상의 교정은 연결된 지성의 집단 구성원들 사이에서 소통을 위해 필요하다. 그러나 시인 로버트 프로스트Robert Frost가 말했던 대로, 운문은 해석을 잃어버린다. 예를 들어, 텔레비전은 복잡한 이야기와 소식들로 부정적인 영향을 미치는 짧은 인상적인 발언과 교육 오락프로그램—지구의 방송 공간처럼 점차 신경 시스템 속에서 가장 낮은 공통적인 분모 기준으로 단순화시켜 간다. 그러나 명확한 것은 차이의 이러한 손실들은 복잡한 시스템의 성장에 의해서 가능하게 된 구배 차이의 또 다른 감소라는 것이다. 우리가 열린 시스템이 아니라면, 우리의 독립성은 더 큰 시스템의 조직화에 의해 타협되지 않을 수 있다. 그러나 우리는 그럴 거고 그것일 수 있다.

블랙잭, 인터넷 그리고 국가의 부

구배 차이에 대한 자연 혐오는 경제의 주요 법칙이 되었다. 현금으로 금융상품들이 개인 인체의 외부에서 거래되고 있다. 이는 우리 모두가 그것의 일부인 성장하는 사회와 도시들을 조직하는 데 이는 큰 도움을 준다. 비록 상징적이지만, 현금과 이의 대용품들은 모든 제품들을 단일 기준으로 감축시키는 데 도움이 되었다. 사실상 무엇이든 다른 것으로 거래될 수 있게 허용했다. 노예 제도가 공식적으론 종료되었지만, 어느 청년이 세상에서 가장 큰 경매 하우스인 이베이 내에서 그의 처녀성을 경매하는 시도는 오래지 않아 뉴스거리가 되었다. 인터넷 경매 회사는 그가 팔려고 했던 것이 금전적으로 평가될 수 없다는 이유로 그 요청을 거부하였다. 그럼에도 불구하고, 우리는 인체의 외부에서 기술적 혁신들이 인간들 사이 개별성의 구배 차이를 어떻게 감소시키게 되는지를 알게 된다. 이것이 우리에게 그룹, 부족, 국가와 개별들을 능가할 수 있는 또 다른 부류의 초 생명체들을 탄생할 수 있도록 허용하였다. 분배된 재화, 언어와 거래의 시스템들에서 특별한 형태들이 우리 모두를 묶고, 경계선들을 바꾸고, 우리를 새로운 더 힘 있는 집단들로 재조직화한다. 이러한 방식으로 특별한 자원의 공급들이 부족해질 때, 사람들은 따라야 한다는 압력에 직면하게 된다.

구배 차이를 인식하는 능력은 지능과 지각, 그리고 새로운 사업의 진화로 이끌고 간다. 뜻밖의 예는, 처음에 수학자들과 그리고 이후에는 전문 카드놀이 도박사에 의하여 21 혹은 블랙잭이라고 잘 알려진 카지노 게임 속에서 카드놀이를 추적하게 되는 방법의 혁신에 있다. MIT의 수학자 에드워드 O. 소프Edward O. Thorpe(1966)는 하우스보다 작은 이득을 얻기 위하여 카드 패를 세는 시스템에 관한 내용으로 책을 출판한 최초의 사람이었다. 패를 세는 기본적인 생각은 배분되지 않은 카드 내에서 높은 카드 패와 에이스의 우세를 판별하는 것이다. 남아 있는 높은 패와 에이스들이 블랙잭이 될 가능성은 높을 뿐 아니라 딜러가 "파산"하게 가능성은 더 높아진다—21이 되므로 플레이어가 승리하는 상황으로 남은 카드가 수십과 에이스가 많은 시점을 추적하게 되면 플레이어에게 상황이 유리하게 된다. 그러나 이 통계적으로 우연한 사건들을 인식하는 것은 패를 세는 기법에서 연마가 필요하다. 여기서 우리에게 흥미로운 점은 플레이어가 베팅하고 혹은 베팅하기에 충분히 더 높은 패의 수를 셀 때 확인되는 차이가 "정보의 구배 차이"임을 나타낸다.

구배 차이는 높은 패와 낮은 패의 카드 사이에 있다. "핫 슈"—슈는 딜러가 취급하는 일련의 데크이다—는 게임 과정 중에 나오게 되는 에이스와 10을 가진 카드가 풍부하게 된다. 소프의 책이 출간된 이후로 계속, 심지어 그 이전에도, 전문 블랙잭 꾼들이 존재하고 있었다. 그들 중 최고는 수백만 달러를 벌어들였다. 이들은 이 게임이 복잡하지 않은 수익 흐름을 제공할 것으로 기대하였던 국가에서 퇴출되었고, 카지노 업계 내부의 사람들과 긴밀한 관계를 맺어 왔다. 제2차 세계대전 이전에 주사위 도박은 카지노에서 가장 인기 있는 테이블 게임(카지노가 소프를 기념물로 영예롭게 하며 가벼운 로비활동을 만드는)이었다. 지금은 블랙잭이 그 자리를 차지하고 있다. 높은 패의 블랙잭 카드에서 일어나는 구배 차이는 항상 거기에 있었다. 그러나 그것을 인지하는 것에 대한 새로운 직업이 만들어졌다—심지어 이는 카지노 사업으로 부유해지도록 도움을 주었다. 이들은 비전문적인 선수들이 꿈을 꾸도록 하여 전반적으로 큰 이득을 얻게 하였다. (약간의 지식은 위험한 것이다.)

주식, 원자재, 그리고 환율 거래자들(그들 몇몇은 하우스의 제한에 부딪혔을 때 전문적인 블랙잭 놀음에서 졸업해야 한다)은 또한 구배 차이로부터 이득을 얻어내야 한다. 월스트리트의 속담으로 유명한 "겨울에 밀짚모자를 사라"가 있다—잘 아는 소비자들에게도 이용되고 있는 이 충고는, 본질적으로, 일시적인 구배 차이를 이용하라고 조언한다: 가치 없을 때 가치 있는 것을 사고, 적당한 시기에 그것을 팔거나 감사해라. 이에 관련된 주식 시장 거래인들의 주요 테크닉은 "차이"—전날 밤 장의 마감보다 더 높은 혹은 더 낮은 가격에서 매매를 진행시키는 시가—를 인식하는 것이다. 그런 차이는 밤새 수요와 공급의 균형 속에서 억압된 증가나 감소들을 나타낸다. 비전문가들(전문가들은 시장이 닫히면 주문하지 않는다) 사이에서 이윤을 사고팔기가 나타나기 때문에, 이 차이들은 규칙적인 기초 속에서 거래되었을 때 이윤이 될 수 있을 거라고 생각하게 된다—기본 기술은 차이를 "사라지게" 하는 것이다—그것이 매각될 것이라는 기대로 사고팔거나, 그렇지 않은 경우, 그것이 차이를 만드는 동일한 방향으로 계속 움직일 것이라는 기대에서 사고팔아라. 금융거래 정보와 거래 시스템들을 디자인하고 발전시키는 데 30년을 보냈던 전자공학자인 피터 베넷 Peter Bennet(1998)은 그런 차이를 인식하는 컴퓨터를 가르치는 것에 대하여 짧은 글을 적었다. "투자가 제이미"는 사용하는 주식, 금융상품, 채권과 통화 사이에 불일치를 동시에 구별해내는 컴퓨터화된 거래 시스템을 사용하는 재무에서 돈벌이의 귀재를 묘사하는 데 자주 사용되는 말이다. 제이미의 컴퓨터 시스템 안에서 제이미는 가격 격차를 가상현실에서 자유롭게 날아다니는 3차원의 사이버 풍경으로 변환하게 된다; 조이스틱을 사용하여, 제이미는 구배 차이를 나타내는 비싼(높은) 지역들을 평평하게 만든다. 새로운 밀레니엄 시대의 전날에, 극동아시아 지역은 예상된 (2000년에 발생할) 컴퓨터 결함으로 인한 사고를 피하기 위하여 금융거래를 폐쇄하였다. 이로써 높은 값의 영역이 나타나게 되고, 제이미는 재빠르게 이것을 평준화시킨다. 수분 내에 수백억 달러를 벌게 된다.

구배 차이의 인식과 소멸을 추적할 수 있는 새로운 다른 사업들은 아마존, 이베이, 넷뱅크와 인터넷 경제에서 다른 생존 기업 모두를 포함하게 된다. 비록 많은 기업과 주주들이 돈(또다시, 약간의 지식은 오히려 위험하다)을 잃어버렸다고 할지라도, 생존하던 기업들은 소비자와 판매자 사이에 수요와 공급의 구배 차이를 감소시키는 월드 와이드 웹World Wide Web을 사용하였다. 더구나, 인터넷 기업들은 중개자들을 제거하여 가격을 낮추는 새로운 기술들을 사용하였다. 그러나 할인 브로커들, 여행 중개인들, 경매 하우스들, 그리고 책 판매인들과 같은 웹 기업들은 역사적으론 독특할지 모르나 스스로를 풍요롭게 만드는 과정 그 자체는 독특하지 않다. 예를 들어, 인터넷이 세계화의 순환 과정을 증가시켜서 전체 수수료 가격을 내리기 시작한 1825년에, 이리 호 운하의 완성은 식품이 미국 중서부에서 동부 뉴욕과 보스턴으로 더욱 저렴하게 이동할 수 있도록 허용하게 되었다. 운하는 식품을 실은 배가 나이아가라 주변을 돌아 운행하거나 적국의 영토—퀘벡—를 가로질러 항해할 필요가 없도록 만들었다.

운송 구배 차이를 최소화하며, 이리 호 운하는 전체 비용을 낮추게 했다. 예를 들어, 밀가루 가격 80% 인하가 그것이었다. 또한 그것은 운하 주식에서 붐과 연이은 불쾌한 약세 시장을 동시에 이끌었다. 그리고 역시, 뉴욕과 필라델피아 사이에 일어났던 1844년 전신선 건설은 훨씬 더 느린 신호장치(수기) 시스템을 "현재식"의 전자기술로 바꾸어 놓았다. 그것은 증권 가격이 전보다 더욱 빠르고 신뢰할 만하게 전달될 수 있도록 허용하였다. 동인도 주식회사의 첫 주식은 투자자들에게 자원들이 모이도록 만들어서, 그 결과 그들이 배를 타고 후추와 금을 찾아 신세계로 나가는 비용과 위험을 협의하고 업체를 고용하게 하는 여유를 갖게 하였다. 운하, 철도, 전신 기술, 전화, 금속 통화 표준, 금융 중심과 월드 와이드 웹들 모두 수요에 공급을 더 잘 맞추게 하는 새로운 루트를 창조하였다. 투자자들을 보상하고 때론 응징하며 그들은 수요와 공급의 합의하에서 더 느린 성장과 더 큰 효율로 이어지는 격정적인 혁신을 이끌었다. 1970년대 물가 인상의 절정에서 에너지 가격이 연속 상승하여 마치 상품 가격들이 영원히 상승할 것처럼 보이게 하였다. 이는 화석 연료에 의존하는 현대 문명을 사업 내에서 몰아내었다. 그때부터, 환경론적 예측의 명백한 도전에서 많은 상품 가격들이 금속과 석유와 같은 자원들을 추출하는 데 사용되는 기술의 진보로 인하여 부분적으로 떨어지게 되었다. 줄어들고 있는 공급에 있는 상품에 대한 수요가 공급을 증가시키는 데 도움이 된다; 수정(어떤 경우에 공급을 증가시키고 가격을 낮추는)에 관한 수요와 공급의 구배 차이의 경향을 잘 설명하지 못하는 단순한 계산이 경제적으로 예측하는 데 실패한다.

　　자연처럼, 자본주의(체제)도 분명히 구배 차이를 혐오한다. 『국부론』(1991)에서 애덤 스미스는 경제의 "보이지 않는 손"의 굉장한 힘에 대해 언급하였다. 자유 시장 속에서 자신의 이익 동기들에 충실한 개인들은, 스미스의 관점에서, 전반적인 효율성을 이끌어 낸다. 경제는 수요와 공급의 구배 차이들을 감소시키는 개인과 회사로부터 이익에 편승한다.

　　글로벌 사업은 열역학적인 생물 환경의 일부이다. 낮은 수익의 생산품(아이템당 적은 이익을 생산하는 제품) 내의 빠른 이동으로부터 이득, 혹은 높은 수익의 생산품(높은 정가, 높은 이익이 될 수 있는 아이템)에서의 더 느린 이동은 생명의 자동 촉매작용 네트워크에서 새로운 생산품, 물질, 그리고 도구들의 생물권 순환을 보장한다.

　　시간이 지남에 따라, 더 크고, 복잡한 순환 속에서 이동하는 더욱 많은 에너지는 우리가 생명이라고 부르는 열린 환경을 침식해가는 시스템들에 의해서 보호된다. 사실, 상품화 그 자체—동경하는 비싼 사치품들을 싸고 이용 가능한 제품(그리고 몇몇 경우에 심지어 생활필수품)으로 변형시키는 것—는 수요와 공급의 구배 차이에 대한 소멸로서 이해될 수 있다. "절약"하는 것은 어떤 것을 더 사고 저축하는 것이다. 그러나 매매하고 교환하는 것은 열역학적 흐름 시스템 내에서 팽창된 순환 과정을 나타낸다. 그러므로 일상적이고 쓸모 있는 것을 매매(거래)의 영역으로 끌고 내려오는 것, 경제화는 판매자의 이익과 소비자의 절약을 증가시키더라도 더 높은 순환 과정의 비율로 이어진다. 절약과 경제화—단순히, 흐름을 증가시키고 가격을 감소시키는—는 구배 차이로 조직화된 복잡한 시스템들 속에서 에너지 흐름의 연속적 계승과 같은 발전의 또 다른 징후이다. 그들 역시 열역학적인 과정이고 열역학적 논리를 따른다.

　　현재 인간 사회는 중세시대 사고방식으로 돌아가려는 것 같은 몇 사람의 소름 끼칠 만큼의 놀랄 만한 잠재성을 저지하기 위해서, 석유—사우디 석유뿐 아니라 세계에 있는 모든 석유—에 대한 의존성으로부터 스스로를 자유롭게 하는 것이 필요할 것이다. 오염되지 않은 연료를 합성하도록 클론화될 수 있는, 수소를 생산하는 세균의 발달을 찾는 연구가 막 시작되었다. 그것은 인간 유전자 지도의 순서를 밝히는 셀레라 제노믹스 Celera Genomics의 과학자들 프로젝트이다. 만약 그런 세균이 지엽적으로 전달되는 에너지 총량을 널리 증가시킬 수 있다면, 물론 이는 결국 스스로의 방식에 따라 생태권의 준안정성을 교란시킬 수 있고, 아마도 그렇게 할 것이다. 다른 잠재적인 미래 에너지원으로서 파도 그리고 수소 연료 전지들—여기에서 폐기물은 또한 물이다—을 포함한다. 사실, $E=mc^2$(아인슈타인이 핵폭탄의 발달을 이끄는 데 도움을 주었던 유명한 방정식) 이래로 비록 우리의 현재 기술과 더불어 인류는 상당한 어려움과 위험 없이 물질을 에너지나 그 반대로 전환시킬 수는 없다고 할지라도, 물질 그 자체는 잠재적으론 쓸모 있는 거대한 예비 에너지일 것이다. 아직 우리에게 오진 않았으나, 아마도 더욱 진보된 문명이 아인슈타인의 방정식에서 암시된 대로 물질의 에너지로 실용적인 전환들을 마스터했을 것이다.

도시들과 아메바

모든 생명 형태처럼, 인간은 생태적인 네트워크 내에서 거주한다. 이 네트워크들은 복잡한 에너지 소산 시스템들의 열역학적인 규칙들을 따른다. 의식이 있는 존재인 우리가 생태적 네트워크들의 얽힘을 푸는 데 도움을 주거나 한층 더 강력하게 만들 수 있다. 예를 들어, 쇠고기를 먹는 것은 옥수수 농업사업, 가축에게 먹이를 주는 농업장비에 연료를 주입하는 석유화학산업, 그리고 전통적인 음식이 아닌 식물을 소화시킬 수 있게 하는 가축에게 엄청난 양으로 공급된 항생제약을 포함하여 전체 경제 순환 시스템을 강화시킨다. 이렇게 서로 연결된 상호의존성으로부터 예상되는 부정적 결과는 가축으로부터 인간에게 전달된 항생제 저항과 아마도 옥수수를 먹고 자란 가축들을 살찌우게 하기 위해서 에스트로겐과 같은 합성 화합물들로 활력을 없앰으로써 빚어진 인간의 줄어든 정자 수들을 포함하게 될 것이다. 햄버거, 석유 신권(神權), 옥수수 독점경작, 항생제 저항들: 우리의 일상적인 선택과 그들이 다른 사람들을 위해 설정한 예들은 먼 거리에 누적되고, 궁극적으로 생물권에 영향을 미치는 결과들을 낳는다. 네가 제품을 살 때, 너는 생태학적 투표권을 행사하고 있는 것이다. 그 선거가 계속되고, 결국 인간을 넘어서게 될 것이다.

강압된 생태계와 세계 경제 사이에 존재하는 소름끼치는 연결성이 또 있다. 수천에서 수십억에 이르도록 인류의 성장은 계속되었다. 이것은 우리 종의 대대로 내려오는 상태들을 어느 지점까지 변경시켰다. 여기에 있는 스트레스 내에 일련의 생태계 대리인들—제초제, 석유방출, 그리고 열(도시의 활동, 이산화탄소의 세계적 온난화와 발전소의 배수로부터 발생하는 열)—은 우리 자신의 인구밀도에 상당한 충격을 주었다. 그런 스트레스들은 우리를 환경에 대한 "정상"적인 관계로부터 벗어나게 만든다. 직접적일 뿐 아니라 우리가 일부의 생태계를 훼방시켜 분리되도록 만든다. 에너지 부족의 시대에서 도덕적으로 거부되는 탄압적이고 순응적 계층구조, 그러나 제한된 자원들을 효과적으로 할당하는 자들은 더욱더 부를 얻게 되고 그 지위가 상승될 것이다.

마키아벨리에 의해서 강조된 지도력, 위에서 아래로의 통제, 그리고 심지어 "적합"하지 않은 이들을 희생시켜서 떠오르게 되는 계층은 악의 화신인 것처럼 보인다. 만약 사실 어떤 것이 악이라면, 그들도 마찬가지이다. 그러나 폭넓은 열역학적 인식으로부터 판단하건대, 그들은 자연 그대로인 것이다. 세포성 점균류인 딕티오스텔리움 디스코이데움 *Dictyostelium discoideum*과 같은 생명체는 독자적으로 움직이고, 위족을 가진 원생동물을 흔들며, 세균을 먹고사는 개별적인 아메바로서 그들의 생명 순환을 시작하게 된다. 그러나 그들이 잡아먹는 세균들이 고갈되면, 그들은 더 높은 수준에서 유기체로 열역학적으로 중재된 사회 변형을 겪게 된다. 아메바는 이동하는 점액들, 그러므로 그들의 공통적 이름인 점균류(粘菌類)의 총체적인 수들로 집합된다. 한때 자유로웠던 개별체는, 예측되는 대로, 더 큰 통합된 몸체를 만드는 데 희생된다. 아메바 개별 세포들로 구성된, 진동하는 줄기들로서 한없이 위로 솟구쳐 오르며 성장하게 된다. 우리의 도시는 구성하는 아메바와 비교하여 점균류와 같은 방식으로 혜택을 받는가—아메바의 점균류 수와 동일화될 때, 인간은 먹이를 더잘 구할 수 있는가? 우리는 그럴 수 있다고 생각한다. 어떤 생명체도 고립되지 않는다; 모든 것이 열역학적으로 서로 연결되어 있다. 우리가 떨어질 수 없는 "개별"로서 생각하는 것은 분해되고 그룹으로 통합될 수 있다. 그것의 유전자와 세포들은 더 큰 흐름의 시스템에 의해 취해질 수 있다. 항로가 변경된 에너지의 흐름은 그 흐름에 의존하는 개별들에게 심각한 압박을 줄 수 있다. 이것은 꼴사나운 정치적 반향을 가지고 있다. 개별들과 그들의 자유는 집단 독재나 시장에 기반을 둔 조직이 구축될 때 파괴된다. 생명은 미의 화신이 아닌, 복잡한 열역학적 시스템이다. 더 큰 전체로 스스로를 통합시키고 종속되며 순응하고 포함되는 경향은, 압박된 생물학적 시스템의 에너지 근거들에서, 전체주의 혹은 인간 이데올로기를 넘어선 근거를 가진다.

지속 가능성과 장기간의 생존

인간은 점점 붐비는 지구 속에서 지속적으로 생존할 수 있나? 이에 대한 희망의 몇 가지 이유가 있다. 비록 산불과 영리한 침투자들에게 영향을 받기 쉬울지라도, 절정의 생태계들은 효과적인 구배 차이에서 유일한 소멸자들이 아니다. 날씨예보 시스템과 해류는 수풀과 비슷한 글로벌 에너지 소산의 속도를 가진 또한, "큰 에너지 소산의 시스템"이다. 넓은 수풀은 우리가 배울 수 있는 생존에 관한 풍부한 수단을 가지고 있다. 가장 중요한 것 중의 하나는 우리의 성장 속도를 늦추고 다양한 절정의 생태계들과 더욱 깊이 통합하는 것이다(슈나이더와 케이 1994a). 반드시는 아니나 지속할 수 있는 구배 차이와 지능의 사용에 의해서 우리가 확장되는 순간, 연속된 문명은 예언된 결론이 아닐 것이다. 그것을 확실하게 하기 위해서, 우리는 성공적인 동반자들의 발자국을 쫓아서 따라가야만 한다. 지구상에서 가장 성공적인 장기간의 생태들은 광합성을 포함한다; 사실, 우리의 석유 경제는 광합성의 화석 연료들, 생명의 일부들이 죽어서 묻혀진 보물들로서 우리는 이들을 파헤쳐 먹고살고 있다. 그러나 이 보물들은 점차 고갈되고 있다. 더구나, 그들에 대한 접근은 국가적, 종교적이며 민주적인 기치하에서, 그들의 흥미를 표현하는 데 정치색을 띠는 것을 두려워하지 않는 과두정치의 국제 연맹들에 의해서 예측된다. 유전적 기반 혹은 그렇지 않다면 훌륭하게도 주요한 폐기물로서 물을 가지는, 기술적으로 가능한 수소를 사용하는 경제로의 전환은 정부에 의해서 지지되는 거대한 과학을 필요로 하게 된다. 글로벌 에너지의 문제들은 항상 위험을 수반한다. 산소를 생산하는 남세균Cyanobacteria의 조상들은 멸망의 천사들이었다. 지구의 표면을 독성화시켜서 그들은 수소와 함께 모든 친숙한 표면의 생명들을 키워냈던 산소 환경을 생산하였다. 이런 산소 환경은 수소와 반응하고, 만약 그것이 현재 스스로를 유지하기를 바란다면, 인류 문명화가 이용하게 되는 것은 바로 이 산소 환경이다.

지속적으로 생존하기 위해서 우리는 절정의 생태계처럼 살 필요가 있다. 즉 다음을 의미한다:

지속가능한 에너지의 구배 차이를 사용해라. 이것은 "주요한 생산자들"—보라색과 파랑—녹색 세균, 갈색과 녹색 해조류들과 식물들이 하는 것이다; 우리가 에너지를 위하여 석탄, 석유 혹은 기체를 태울 때, 우리는 "재생될 수 없는 자원들"을 소비하고 있는 것이다. 그들은 더 주요한 생산품들을 낳는 것 없이 고갈될 것이다. 이론적으로 세균들은 연료와 재료 가공(공정)을 위하여 수소를 생산하기 위한 값싼 태양 복사선을 사용하므로 성장할 수 있다. 우리는 탄화수소를 생산하는 이산화탄소로부터 스스로를 떼어놓아야 한다. 생태권의 공통적인 느낌은 여분의 보호 장치가 되는 하위 시스템들에서 생명 증식을 모방하도록 본격적인 대체 근원들을 발전시키는 것을 제안한다. 세계적인 산화환원 구배 차이를 에너지를 위하여 고갈시키는 생명의 고대 능력에 대한 모형화된 바람, 수력, 그리고 새로운 장비들의 발전은 석유에 대한 대안 에너지원들을 위하여 우수한 지원자들을 만들어낸다. 개별의 자유와 장기간 문명화의 목표를 더욱더 지속하게 된다.

인구밀도를 통제해라. 전쟁, 기근, 그리고 다른 밀도들에 의존하여 서로를 죽이는 체계들에 의하여 사실을 쫓는 것보다 오히려 계획하여 다룰 수 있는 생태학적 수준들을 만들어 내는 것이 더 훌륭할지 모른다. 신들로부터 불을 훔친 티탄의 이름인 프로메테우스Prometheus는, 그리스 어에서, "깊은 생각"을 의미한다; 판도라와 결혼하고 그녀의 악명 높은 상자를 열었던 그의 형 에피메테우스는 "뒷궁리(때늦은 지혜)"를 의미하는 이름을 가지고 있다.

에너지 효율을 증가시켜라. 가능한 효율적으로 에너지를 축적하고 이를 알맞게 사용해라. 생태계들은 연속적인 과정 동안에 그들의 효율성을 증가시킨다. 유기생명체와 생태계의 신진대사는 비병리적, 상대적으로 낮은 스트레스의 조건 동안 높은 효율 내에서 작동한다.

순환시켜라. 우리는 그렇게 하는 것을 막 시작하였으나, 미생물의 생활은 수십억 년 전에 이 과정들을 완성하였다. 우리 자신의 신체적 폐기물뿐 아니라, 기수의 부산물들은 우리가 지속성을 이루고자 한다면 순환하는 흐름으로 합쳐져야 한다.[14]

가능할 때 새고 있는 순환들을 막아라. 물과 "식물영양분", 특별히 질소와 인은 누출되는 경향이 있다. 인간에 의해서 고갈된 농축된 인은 생태계적으로 한정된 자원이다. 모든 세포에서 DNA, RNA(정보 저장), 그리고 ATP(에너지 저장)의 필수 구성 요소로서 환경에서 인의 분배는 비료, 세제와 제조자에서 이러한 성분의 산업적 사용에 의해서 새로운 방향을 잡게 되었다. 많은 흩어진 인들은 결국 바다로 흐르고, 더욱더 묽어진

---

14 폴 스테이메츠Paul Stamets의 특허된 "상자 밖에서 생각하기"—씨를 뿌리는 것을 포함하는 포장하는 생각이 어떤 여분의 전달 비용 없이 곰팡이 균사체와 식물 종자들로 인해 보드상자를 못 쓰게 만들었다—는 우리 사회 내로 통합될 것이다. 미국은 주당 수천 에이커의 표백되지 않은 판지(板紙)들을 생산한다. 생명 상자와 곰팡이와 세균의 고전적인 힘들을 이용하는 다른 스마트한 기술은 황폐한 지역을 비옥한 경작이 가능한 땅으로 되돌려놓으며 재순환시키는 데 도움을 줄 수 있다.

다. 수세기를 지나서 사람들은 누수된 순환들을 막고 폐기물들을 쓸모 있는 부산물로 다시 합쳐지도록 만든다.

생태학을 세계관으로 발전시켜라. 우리는 세계적인 생태계의 나머지들과 함께 더욱 상징적으로 "균형"을 잡고 살아갈 필요가 있다. 우리 대부분이 더욱더 인도적인 방식에서 살기 위하여, 생태학은 정치적으로 중시되고 더욱 높은 수준의 국가적이고 국제적인 재정적인 지원을 받아야 한다. 우리는 글로벌하고 지역적인 생태계 내에서 우리 대기, 해양과 다른 종들의 역할을 관찰하고 이해하여야 한다. 생태학은 대기에서 상승하는 이산화탄소, 세계의 바다로부터 물고기 종들의 경작과 러시아부터 에콰도르까지 주요한 숲 시스템들의 벌목에 대한 중요성에 관하여 더욱더 많이 이해하게 도와줄 것이다.

단일성보다 문화와 생물학적 다양성을 장려해라. 다양성은 피할 수 없는 긴급한 위기의 순간에 중요한 과정을 수행하는 백업을 제공할 것이다.

서로의 상호 연결성을 장려해라. 그러나 이는 단일의 균일한 시스템의 지점에서만이 아니다. 압박감을 느끼는 생태계와 에너지를 빼앗긴 생태계는 더욱 초기 조직화의 단계들로 후퇴한다. 이 경향성은 예측될 수 있고, 인간들도 예외가 되지 않는다.

사람들이 무서운 모퉁이로 스스로를 몰아넣어 지금은 과밀도 상태가 된 동안에, 현재의 글로벌한 위험은 또한 기회가 될 것이다. 적당하게 돈으로 지원되고 충분히 교육받으면, 공학자와 투자자들은 우리의 생태계와 경제 내에서 동력이 될 수 있는 새롭거나 대안이 되는 구배 차이들—예를 들어, 다코타와 같은 평탄한 지역에서 일어나는 사나운 바람—을 구별해 낼 수 있다. 수익성 있는 사업은 그들의 네트워크에 종속되는 시스템들을 포착하는 것이 그들이 팽창하도록 허용하기 때문에 관대할 수 있다. 경제학자들은 지역 경제에서 빠져 나오기 이전에 지역 사회에서 지출된 모든 재화가 7~10배 정도로 빠져나간다고 추정한다. 자가 촉작용을 하는 시스템의 특징인 그런 순환 과정은 열역학적 기원을 가진다. 광고하고 선전하는 계획들(스스로 펴낸 책들을 적어서 부자가 되는 법을 광고하는 자비출판 책들과 같은)은 과장이 실현이 될 수 있다는 것을 오랫동안 이해시켰다. 결국, 어리석은 선택들은, 또 다시 최대 구배 차이의 소멸이 단 기간 성장에서 동력이 되나 오랫동안 지속되지 않을 때, 뽑혀서 없어질 것이다. 비록 우리가 이 책에서 생태학에만 집중하고 있고 결코 경제학자가 아니다고 할지라도, 우리는 구배 차이에 기반을 둔 열역학이 경제의 흐름 과정을 밝혀줄 거라는 가능성에 대해 깨달으면서 그 흥분을 함께 나누기를 원했다.

제20장

생명의 목적

그런 아름다움은 옆에 놓여 있다.
아주 짧은 한 시즌,
우리의 놀라운 이유를
이 황량한 추측을 암시한다.
세상은 이 모든 것을
끝도, 텔로도 없이
그리고 만약, 어떤 사람들이 우리에게 말하듯이……
목표가 있다.
우리 자신이 아니다.

— 조지프 브로드스키 —

목적론과 불평가들: 과학과 종교에서 목적에 대한 간략한 역사

우리는 심오한 철학적 암시를 가지고 있는 매우 단순한 논쟁을 통해 이 책의 끝을 마무리하려고 한다: 폭넓게 이해되어 생명의 목적(목표)에 대한 본질은 열역학적 기원들을 가지고 있다. 비록 그 목적이 종교적인 함축을 가지고 있다 할지라도, 그것은 또한 미래의 목표를 향하여 관찰 가능한 현상들을 기술한다. 그런 미래의 배열은 화학적인 구배 차이에 따라 당 자원을 향한 세균들이 헤엄치는 행동부터, 어느 CEO가 경쟁 회사에 대해서 적대적인 투자를 계획하는 것까지 모든 것을 포함한다. 지도된 움직임으로부터 장기간의 의식적인 계획화에 이르는 범주 내에서 이 포괄적인 의미의 목적은 에너지 구배 차이에 대한 접근성을 보장하게 되는 살아있는 시스템에서 발생하는 이익들을 반영한다고 말한다. 그러므로 우리를 위해서 생명의 합목적성은 열역학적 기원을 가지고 있게 된다. 화학 주화성(化學走化性)은 화학적인 구배 차이에 따른 이동에 관한 기술적인 명칭인 것이다. 가장 단순한 유기생명체도 주화성을 보인다. 예를 들어, 마그네토박테리아는 지구의 자기장 축을 향하여 유영한다. 더 복잡한 세포들은 더욱더 복잡한 행동들을 보여주게 된다. 끝으로 지도된 행동들의 깊이와 너비에 흥미로운 관심들을 집중하기 위해서, 세포들이 의식한다고 생각하거나 혹은 모든 존재에 대한 궁극적인 목적들을 불러일으킬 필요는 없다. 생명은 목적이 있다. 그것이 숭고한 마지막 목표이거나 신성한 계획의 증표이든지 간에 이것은 사실이다. 이 책에서 말했던 대로, 심지어 생명이 완전히 자연적으로 복잡한 에너지 시스템으로 간주된다면, 그 목적을 부인할 수는 없다. 살아있는 것은 구배 차이를 찾아내고, 그들은 개별적인 성장, 생태학적 발전, 그리고 전반적인 진화의 방향성을 보여주게 된다. 그들이 구배 차이를 찾아내고 스스로의 복잡한 형태들을 복제해 나갈 때, 유기생명체가 무질서도, 주로 엔트로피의 열을 일으키도록 도움을 주는 제2법칙과의 특별한 관계로 지도화된 행동에 의해서 생명체의 경향성을 추적해간다. 과학은 관찰에 기반을 둔다. 만약 우리가 생태학과 진화 방향에 관한 증거를 모두 부인하면, 우리는 과학적이지 못하다. 생명의 이러한 합목적성은 분명히 알 수 있는 종료점이 있거나 혹은 인간이 그런 종료점이라는 것을 의미하진 않는다. 그것은 오히려 구배 차이를 파괴하여 구조, 복잡성, 그리고 지능들을 구축한 우주에서 창조적인 과정의 일부라는 것을 의미한다.

철학의 역사 속에서 첫 번째 생물학자로 종종 생각되는 아리스토텔레스는 목적에 대해서 처음으로 다루었다. 보이지 않는 완전한 영역을 가정하였던, 플라톤의 학생이기도 한 아리스토텔레스는 실제 관찰에 상당한 흥미를 갖고 있었다; 그는 유기생명체들의 외견상의 최후 지향성, 사전 계획에 따라 발전하려는 경향성, 그러나 외부 심의 위원들에 의해 부과된 것으로 간주되지 않았던 그 경향들에 대해서 특별히 사로잡혀 있었다. 사실, 아리스토텔레스는 전체의 유기생명체를 포함하였던 이런 유기적 합목적성이 너무나도 중요하다고 생각하였다. 따라서 모든 현상이 그들의 부분들, 즉 원자들의 기반에서 설명될 수 있다고 강하게 주장하였던 데모크리토스(원자론을 완성한 학자)와 같은 부류의 그리스 철학자들을 맹렬히 비난하였다. 아리스토텔레스가 말하기로, 다른 어떤 것, 즉 전체적으로 유기생명체의 활성을 이끄는 그 어떤 것은 유기생명체 내에서 작동하고 있으나 비생명의 시스템 속에서는 아니라고 주장하였다. 정확하게 전체적으로 생명체들을 질서정연하게 만들고 특별히 성숙한 형태가 되게 만드는 것이 무엇인지를 말할 수 없다고 할지라도, 아리스토텔레스는 그것을, 목적 혹은 끝에 대한 그리스어로 텔로스telos의 근거를 포함하는 엔텔레치entelechy라고 명명하였다.

일신교의 탄생 후에, 그리스어 학습은 아랍 학자들에 의해 유럽 내로 전파되었다. 목적에 대한 아리스토텔레스의 생각들은 성 토마스 아퀴나스와 다른 학자들에 의해 교회의 원칙 내로 흡수되어, 의도적인 창조자들의 생각과 융합되었다. 르네상스 시대에 데카르트는 주장하길, 인간과 신을 제외한 모든 것은 기계로서 보인다고 논의했다: 그들은 연장 실재Res extensa, 확장된 것들의 일부인 것이다. 인간과 신은 사유 실재Res cogitans, 생각하는 현실의 일부이다. 단지 후자만이 진정한 의미의 목적을 가질 수 있다. 기계 혹은 자동장치도 목적을 가지고 있는 것처럼 보이나,

사실 그것은 스스로 움직이지 않는 태엽장치로서 구동하는 장난감이었다. 초기 진화 이론은 이 혼돈 속에 가담하였다. 라마르크와 그의 추종자들은 유기생명체가 목적을 갖고 어떤 것—나무의 더 높은 잎에 도달하기 위해 노력하는 기린들에 대한 고전적인 예—을 계속하려고 노력한다면, 이런 노력은 자손들에게 이어져 전송된다고 주장하였다. 그러나 한 세대에서 목적의식을 갖고 하는 이런 행동들이 다음 세대에 전해지는 기질을 이끌 수 있다는 그 생각은 스스로를 복제하고 단백질로부터 신체를 만들어내는 유전적 메커니즘의 발견으로 결국 좌절되었다. 얄궂게도, 이 견해는 데카르트가 주장한 순수한 메커니즘의 영역, 즉 기계적인 행동과 반응의 영역으로 자리 잡은 적절한 과학의 영역 외부에서의 목적을 유지하였다. 그럼에도 불구하고, 진화 생물학의 승리는 인류를 개별 과정에서 다른 동물들은 물론 지구상의 모든 생명의 형태들과 연결시켰다. 우리를 자연 시스템들로서 나머지 생명들과 연결시키는 정신의 연속성은, 나머지 유기적인 실체가 그것을 자극시킬 때, 유일한 인간들만이 진정한 목적들을 보여주게 되는 것이 있어날 것 같지 않게 만들었다. 이것이 사실이라면, 개가 밖으로 나가고 싶어서 문을 긁는 것은 우리가 집 문으로 들어오기 위해서 키를 가지고 나가는 것과 같은 "정말로" 목적 있는 행동을 나타내고 있지 않다는 것을 의미할 것이다. 개의 행동이 우리 자신과 같이 진짜 목적이 있고, 그런 목적 있는 행동들은 특별하고 고립되어 있거나 신성하게 주어져 있지 않는, 자연 상태 시스템들의 행동 내에 이전 행동들을 가지고 있다는 것은 우리에게 더욱더 있을 법하다. 그런 관점이 전통적인 일신교보다 진화적인 관점에서 더욱 잘 일치되도록 더해지는 데 우리는 서둘렀다.

최종은 아니지만, 더 복잡한 것은 언어가 본질적으로 목적론적 telelogical—텔레오로지컬은 끝과 목표와 관련된 의미를 가지고 있는 것—

이라는 것이다. 예를 들어, 구어와 문어는 '오는 에게'To와 '을 위한'For—
미래지향성을 지칭하는 단순한 언어들—의 사전배치 없이 오래 사용할
순 없다. 그러므로 (데카르트의 깨우침에서) 목적을 제안하는 말을 사용하
게 되는 "덫에 걸려들지" 않고 싶어 하는 것—데카르트가 단지 인간과 신
의 영역에 한정하여 진정시키기 위해 노력하였던 종교적인 함축성 때문
에—은 심지어 생물학자들도 실패한다. 생물학자들은 스스로 "조류의 조
상들은 보온을 위해서 깃털을 진화시켰고, 운 좋게도 비행할 수 있는 진
화에 관한 길을 열었다"와 같은 것을 너무나 쉽게 말하고 있다.

　　　여러 가지 역사적인 요인들로 심지어 과학자들도 목적에 대해 과
학적으로 말하는 것이 어렵게 되었다고 이해하는 것은 무척 쉽다. 목적
은 수세기 동안 우리의 기원에 관하여 진화생물학과의 전쟁 속에서 아마
도 적의에 차서 우리가 알고 있는 대로 종종 과학과 함께 대표적인 멍텅
구리였던 종교와 밀접하게 연관되어 있을 것이다. 이들 누적된 요인들 때
문에, 생물학에서 목적에 대해 말하는 것은 사실상 금지되었다. 그럼에도
불구하고, 그 주제는 적어도 두 가지 이유들 때문에 매우 중요하다. 첫째,
우리가 앞서 이미 보았던 대로, 구배 차이로 조직화된 NET 시스템은 자
연의 마지막 상태, 즉 평형을 내부에 가지고 있다. 이 자체는 그들이 무질
서하게 반응하고 있을 뿐 아니라 기능—목적을 위하여 말하는 또 다른(더
욱 "기술적인") 방식—을 위하여 조직화됨을 분명히 보여주고 있다. 둘째,
생명 그 자체는 그런 종단 지시 시스템에 대한 훌륭한 예이다. 양쪽 과학
과 종교는 목적 혹은 기능을 이해하게 되면서 타고가야 할 중요한 보트
를 놓칠 수 있다. 서로 시끄럽게 논의하거나 "때론 동의하지 않으려고 동
의하고" 또한 그들 각자의 영역들이 분리되어 유지될 때, 그들은 그 목적
이 종교적이며 인간적인 주제가 되는 반면에 기계적인 기능(그러나 그런
목적을 누가 설계하였는가?)이 과학의 주제라는 것을 비밀리에 동의한다. 우

리의 논쟁은 이에 대해서 다른 제안을 한다. 우리가 스스로 경험하고 다른 동물과 생명체들로부터 관찰했던 목적의식이 있는 행동과 기능성들이 비생명의 구배 차이 소멸 시스템에서의 파생물이라는 것을 알게 되었다. 결국, 모든 NET 시스템들은 대기의 구배 차이를 감소시키는 기초적인 자연적인 기능을 가지고 있다.

자연 그대로의 기능

비록 처음엔 생명의 목적의식 있는 행동의 자연적 기준에 대한 제안이 품위를 손상시키고 있는 것처럼 보일지라도, 그것은 또한 우리의 기분을 들뜨게 만든다. 우리를 더 본능적이며 비인간적인 자연에 연결시키는 순간, 우리가 덜 특별하다고 주장하는 다른 과학적 패러다임 내에서의 이동과 관련하여 이해되어야 한다. 목적의식이 있는 우리의 행동들을 구배 차이를 감소시키는 복잡한 시스템으로서의 생명 기능에 연결시키는 것은, 우리의 거만함을 빼는 그 순간, 우리의 지식을 증가시키는 과학적 전통 속에서 또 다른 움직임을 불러일으키는 것처럼 보인다. 지구가 태양계의 중심에 있지 않다고 주장한 코페르니쿠스의 관점은 우주 중심부 내에 인간의 모든 시점을 연결한 사람들을 화나게 만들었다. 태양을 중심으로 만드는 것은 우리 자아에 심각한 일격을 하였으나, 우주 공간 내에서 우리의 그 위치 이동은 수학적으론 더욱 우아한 묘사가 되었다. 다윈이 우리가 원숭이들과 더불어 동일한 조상으로부터 진화하였다고 지적하는 그 순간, 도움이 되진 못하였다. 오히려 엄청난 비난을 받았다. 그러나 이것은 우리 자아에 또 다른 심각한 한 방이 되었다. 분자생물학과 미생물학은, 논쟁하기 어려운 강력한 유전적인 증거들과 함께, 우리 "동물" 세포들이 세균의 유물들—모든 아메바, 해조류, 식물들, 곰팡이와 동물들, 물론 인간을 포함하는 세포의 기초를 형성하려고 합쳐졌던 공생하는 세균들—을 포함한다고 직접 보여주면서 우리를 계속 압박하고 있다. 우리의 종단을 지시하는 방향성, 우리의 계획은 같은 관점에서 이해될 수 있다. 대기의 구배 차이를 소멸시키고 그들의 에너지를 자신의 성장으로 집중시키기 위해서 NET 시스템이 조직화될 때, 우리는 에너지 유출의 영역 속에서 그들의 복잡성을 증가시키는 비생명의 NET 시스템도 같을 것이다. 생명의 물질(탄소, 수소, 산소, 질소, 황, 그리고 인 원자들)은 우주 전반에 분배되어 발견되는 것과 같이, 생명의 과정(지엽적인 착복을 통한 증가하는 조직)은 고유하지 않을 것이다. 우리는 기능적인 조직을 가지고 있는 다른 에너지—흐름의 시스템들 속에 연결되어 있다.

사람들이 목적을 가지고 있기 때문에, 그리고 우리가 의식적인 의지를 가지고 있기 때문에, 우리는 이 특징들을 소유하지 않은 다른 자연 시스템들에게 그 특성을 부여하려는 경향이 있다고 논의할 것이다. 비록 이를 반대—자연 신들의 변덕으로부터 육체적 실체를 분리시키는 것이 과학적인 생각의 기원들에 매우 중요하다—할 많은 사실들이 여전히 존재하고 있다고 할지라도, 진실은 너무 멀리 갈 수 있다. 이러한 관점과 함께, 문제는 그것이 에너지 유출의 영역 내에서 기능의 자연 발생에 관한 우리의 눈을 멀게 한다는 것이다. 우리는 인간이 대기 구배 차이들을 소멸시키도록 "설계된" 자발적으로 발생하는 열역학적 시스템으로서 역사적이고 오래 진화된 예라고 주장한다. 생명의 그 기원은, 우리가 아는 대로, 화학적 복제를 통하여 자기 재생의 정보 수단을 고안한 NET 순환 흐름 구조로서 상당한 의미를 가지고 있다. 생명의 기원은 구배 차이의 소멸과정으로서 현재의 기능과도 밀접하게 연결되어 있다. 목적은 과학적인 이유뿐 아니라 수사적이고 역사적인 이유들에 관하여 생물학 내에서 큰 화제가 되었다. 우리는 생물학이 NET 근간에서 자라는 자연 현상을 인식할 수 있음을 보여줌으로써, 이 정도의 저해를 줄이기 위해서 노력한다. 사람과 미라는 우리가 움직이는 것을 물활론으로 정의하며 성령을 경험한 우리의 물활론 조상들의 신화와 미신을 표시하게 한다. 그러나 살아 있는 것이 다른 과정들과 완전히 다르다는 생각은 인간이 원래 모든 다른 유기생명체들과 완벽히 구별된다는 주목만큼이나 지지받을 수 없다. 진화 이론은 유기생명체를 시간과 연결시킨다. 생태학은 생명체를 공간에 연결시킨다. 화학은 그들을 구조에 연결시킨다. NET는 그들을 과정에 연결시킨다.

많은 종교인들은 사람은 천체의 주역들, (구원된다면)천국에서 행복한 종말을 맞이하는 사람이고 (구원되지 못한다면)지옥에 떨어지는 불행한 사람이라고 믿는다. 이것은 그리스도교 신학 내에서 종말론이라고 부르는, 인간성 종말에 대한 연구 영역이다. 우리의 목적은, 그러므로, 신의 계획, 그의 목적과 연관되고, 우리의 행동은 구원될지를 결정하게 된다. 또 다른 종교적인 의미에서, "목적purpose"이라는 단어는, 만약 우리가 그것이 무엇인지 초기에 모른다면, 겉모양은 반대로 보여도 일어나게 되는 모든 나쁜 것들에게는 비밀스런 어떤 의미가 존재하고, 아무런 이유 없이 발생하지 않는다는 것을 의미한다. 목적에 대한 이러한 의미는, 우리가 자연 시스템에서 보고 기술하는 대로 기능하는 것보다 인간 충동의 지형들과 뒤얽힌다면 친숙한 것에 사실 더욱 연결된다는 것을 말할 것이다. 그러나 심지어 과학에서 논쟁들은 왜 유기생명체나 기타 구조들이 기준과 수락된 기계적 설명 이상으로 나아가게 되는 방식 내에 존재하는지를 잘 설명하도록 진행되었다. 예를 들어, 천문물리학자 리 스몰린Lee Smolin(1997)은 전체 천체는 새로운 천체를 만들기 위해 종단 지시되어 있다고 제안하였다. 이 생각의 변형은 우주에는 우연히 발생하는 지적인 생

인투 더 쿨: 에너지 흐름, 열역학, 그리고 생명

명이 포함되어 있지 않다는 것이다. 왜냐하면 그러한 생명은 기술 능력을 향상시키는 궤적의 일부분이며, 그 결과는 실험실에서 블랙홀의 제조를 통해 나타난 새로운 우주의 생산일 뿐이기 때문이다(가드너Gardner 2003).

목적에 대한 이 과학적이고 종교적인 주목들은, 흥미로움을 주는 반면에, 시스템을 양육하고 유지하는 구배 차이 소멸들을 조직화하고 일정한 방향으로 유도하는 NET 시스템의 자연 성장으로서 목적인 우리의 이전 기술과는 다르다. 우리의 관점에서, 측정 가능한 에너지 흐름의 시스템들의 결과로서 관찰될 수 있는 이러한 일련의 목적은 덜 인간 중심적이다. 그것은 우리가 스스로 그리고 때론 다른 유기생명체들을 목적 혹은 목적의식을 갖는 행동으로서 기술하는 것도 역시 우리 밖에 존재하고 있다고 제안한다. 이러한 의미에서, 심지어 그들이 우리에게서 특별하거나 독특한 우리의 자기중심적인 바램들을 빼앗아 갈 때도, 우리를 더 큰 세계에 연결시킬 이전에도 언급된 과학적인 혁명에 그것이 속해 있는 것처럼 보인다.

통나무집에서 생명까지: 단순 시스템 대 복잡한 종단 지시 시스템

생명이 신학적이나 우주론적인 목적을 가지고 있지 않다고 할지라도, 그것은 우리에게 열역학적인 시스템과 유사한 방식의 목적의식을 갖게 하는 것처럼 보인다. 심장의 기능은 혈액을 펌프질로 퍼올리는 것이나 폐의 목적은 비판에 대한 어떠한 두려움 없이, 공기를 몸 안으로 집어넣는 것이라고 분명히 말할 수 있다. 그래서 역시, 우리는 생명이라는 것은 생리적인 것에 가까운 목적을 가지고 있다고 말할 수 있다. 생명은 극도로 뜨거운(5,800K) 태양과 극도로 차가운 외부 우주 공간(절대 영도 이상의 단지 2.7K) 사이에 태양, 전자기장의 구배 차이를 소멸시켜 간다: 그 것은 지구의 복잡한 시스템과 에너지를 소산시키는 엔트로피를 열로서 우주 공간에 발산시키는 것이다. 온도 구배 차이를 최대화 시키는 3억 ~10억 년 된 에너지 소산 시스템의 일부분들은 우리 자신들이 아니라 푸르게 우거진 생태계들, 즉 열대지방의 우림일 것이다. 과학적인 인식으로부터 보이는 생명의 기본 기능, 그것의 기본적인 목표는 자연적으로 복잡한 에너지를 사용하는 다른 시스템들의 그것과도 동일하다고 우리는 결론짓는다. 그러나 생명이 압력과 온도의 구배 차이들을 소멸시키는 토네이도와 베나르 세포의 화학적인 버전들과 같다면, 그것은 왜 그렇게 더 복잡한 것처럼 보이는가? 생명이 유전 및 복제하는 열역학의 시스템인 것에 그것에 관한 이유가 있을 것이다. 이것은 베나르 세포 또는 축축한 시스템을 가동하는 기온계의 온도 차이보다 더 큰—구배 차이에 기반을 둔 구조라고 가정되는 목성의 대단히 큰 붉은 반점처럼 엄청나게 혹독한 폭풍우 시스템— 에너지원, 즉 태양빛의 구배 차이를 택할 수 있도록 허용하게 된다. 더 많은 자원들이 제공된다면 더 많은 일들을 할 수 있다. 태양으로부터 이용 가능한 에너지를 사용하여, 생명은 이 지구 끝에 불완전하게 스스로를 복제하고 있었다. 사실, 천체 나이의 약 1/3인 생명은, 테일러 소용돌이보다 그것의 열역학적인 순환을 정교하게 만들기 위해서 훨씬 더 많은 시간을 할애하였다.

오랜 시간 진화한 열역학적 시스템들인 우리는 무생물의 에너지 시스템들보다 훨씬 더 복잡한 행동들을 보여준다. 그러나 단순한 에너지 시스템일지라도 이들은 목적의식을 갖는 행동을 보여준다. 눈보라 치는 언덕 위에서 장작으로 가열되는 오두막집(통나무집)을 생각해 보자(스웬슨Swenson과 터비Turvey 1991). 오두막에 있는 공기는 의식되고 살아있다고 생각되진 않으나, 그것은 마치 목적을 가지고 있는 것처럼 행동한다. 오두막집 속에 뜨거운 공기는 "찾아다니는" 행동을 보일 것이다; 그것은 이용 가능한 틈 혹은 갈라진 금—열린 열쇠 구멍, 말하자면 통풍이 잘되는 창문—을 통해서 밖으로 나가려고 최대한 "노력"할 것이다. 우리가 아는 이전 주거용 단열재는 한때 공기 흐름이 전기콘센트를 통하여 방 안으로 들어가서 벽 위로 타고 올라갔다. 그것이 천장을 가로질러가는 중도에서 일어났을 때, 갑자기—마치 그것이 마음을 바꾼 것처럼—그것이 대략(들켜서) 난감한 얼굴을 하고, 천장을 따라서 그것이 들어왔던 동일한 소켓을 통하여 뒤로 미끄러지듯 방을 빠져 나갔다. 뜨거운 공기를 볼 수 있었던 이유는 단열재들이 방을 더 잘 봉인하기 위해서, 곧 공기 이동성을 관찰하기 위해서 공기 중에 매우 작은 미세한 입자들을 더하기 때문일 것이다. 의식 있는 목적에 대한 강렬한 인상을 주었던, 이러한 행동은 분명히 텔레오마틱인 것이다: 그것은 중력, 즉 자연 법칙의 기대되는 결과와도 같다.

성과 죽음

뜨거운 공기의 흐름과 같은 평형 근처의 시스템은 목적의식이 있는 행동을 보여줄 수 있다면, 이때 더욱 복잡한 열역학적 시스템이 찾는 행동은 아마도 같은 종류의 행동일 것이다. 많은 동물의 행동은 음식과 교배할 대상을 찾고, 그들의 자손을 돌보며, 포식자들을 피하는 데 집중한다. 이러한 행동은 그 시스템들을 평형으로부터 멀리 유지시킨다. 그것은 소멸하는 구배 차이들이 계속 유지되도록 허용한다. 그러므로 음식과 교제 대상을 찾는 우리의 행동—우리를 열역학적 시스템 내에 유지시키거나 노화되는 엔트로피를 통하여 쇠퇴해 갈 때 우리 종을 영속시키는—은 우리의 문명이 우리에게 생각하도록 가르쳤던 것보다 우리의 무생물 사촌들과 더 밀접하게 관련될지 모른다. 프로이트는 두 가지의 기본적인 인간의 충동을 가정했다: 에로스eros(성/생명을 향한 충동)와 타나토스thanatos(죽음에 대한 충동)가 그들이다. 에로스는 결합하고 그러므로 아마도 자신의 필멸의 고리를 넘어서 구배 차이 소멸을 계속할 수 있는 자손을 생산해내는 충동으로서, 우리는 이를 이미 열역학적 관점에서 논의했다. 타나토스는 평형을 향하는 자연의 경향으로 설명될 수 있다. 열역학적 평형은 죽음과도 같다. 우리가 아는 대로, 생명에 대한 충동은 갑절이다: 구배 차이를 감소시키기 위해서 복잡한 시스템들이 자연적으로 구축되었다: 오래된 더 큰 구배 차이들이 전체적으로 소멸될 때, 새로운 더 작은 구배 차이들이 지엽적으로 생겨난다. 중력 법칙의 영향력하에서 접시가 땅에 떨어지는 것과 같이, 우리는 열역학 제2법칙의 영향력하에서 죽음과 성 안으로 끌려 들어가고 있다. 여기서 차이는, 중력이 물리적으로 작동할 때, 열역학 제2법칙은 우리를 통하여 생화학적으로 작용하게 된다. 우리가 생기발랄한 대화방식의 몸짓으로 얘기할 때, 청중들에게 우리의 손이 더 가까이 다가가면, 우리의 방향 쪽으로 그의 얼굴은 중력에 왜곡되지 않는다: 비록 중력이 천체의 윤곽을 그리는 주요한 힘이라고 할지라도, 우리의 규모에서 그것의 효과는 무시할 만하다. 모든 우리 조상들을 포함하여, 순환하는 시스템으로서 물질들의 조직으로서, 우리의 생리학적인 결정과 심리적인 충동의 깊이에서 우리를 끊임없이 구조화하는 열역학에 대해서도 마찬가지일 것이다.

여기서 우리의 관점은 생명은 구배 차이 소멸의 호기심으로서 지속되는 수단이라는 것이며, 이것의 주요 차이점은 우리가 구배 차이를 줄이는 경향이 있는 다른 자연 순환 과정과의 유사성을 지나치게 산만하게 해서는 안 된다는 것이다. 우리를 포함하며 특이한 역사와 장수에도 불구하고, 생명은 구배 차이를 감소시키는 자연적으로 탄생 가능한 열역학적 시스템인 것이다. 사람과 생명은 평형에 도달하는 방식들—점차 효율적이고 정교한 방식들—을 찾고 있는 비(무)생명의 시스템들에 대한 지시된 행동의 확장으로서 이해될 수 있을 것이다.

다른 종류의 목적

목적의식이 있는 행동에 관한 일반적 용어는 목적론teleology이다. 텔로스telos는 그리스어로 끝, 즉 목적이다. 웹스터 사전은 이것에 대해서 세 가지 정의를 주었다. 첫째 "자연의 설계에 관한 증거 연구"이다. 셋째 "자연 현상에 관한 설명으로서 설계 혹은 목적의 사용"이다. 여기서 특별히 주목할 만한 두 번째 정의는 "목적에 의해서 모양을 그리는, 끝을 향해서 방향을 갖는 자연 혹은 자연 과정들에 기인한 사실 혹은 특징"이다. 이들 사전적인 정의에서 보듯이, 목적론은 종종 창조론을 암시한다. 우리가 아는 대로, 자연에 대한 관찰은 설계와는 관계없이 목적의식이 있는 행동들을 나타낸다. 심지어 아리스토텔레스가 2,000년 전에 주장하길, "자연적 생산물에서 장애가 없다면, 그 순서는 변함이 없다. 심의 중인 매개물을 우리가 관찰하지 못하기 때문에, 목적이 없다고 가정하는 것은 터무니없다. 예술은 심의하지 않는다"(맥케언McKeon 2001, 251). 목적은 잡기 어려운 논점이고, 목적론은 "생물학자도 함께 살 수 없는" 처녀로서 묘사된다; 그러나 그는 그녀와 함께 대중 앞에 스스로를 보이기를 부끄러워한다"(오그레이디O'Grady와 브룩스Brooks 1988, 285). 이에 관한 이유는 두 가지 부분 속에 있다: (1) 목적 혹은 목적론은 다양한 형태에서 자연에 존재하고, (2) 다윈의 진화이론은 특별한 창조에 관한 유신론적인 구약성서의 생각과는 몹시 갈등한다. 전문적인 과학적 침묵에도 불구하고, 유기생명체들은 기능에 대해서 깊은 생각을 하고 있다─무의식적일 뿐 아니라, 의식적인, 생리학적인, 그리고 열역학적인 기능들에 관하여 깊이 생각하고 있다.

복잡한 결합의 관점에서, 리차드 오그레이드Richard O'Grady와 다니엘 브룩스Daniel Brooks(1998)는 삼중 분할을 반복한다. 그들이 종종 지적한 목적론으로서 넓게 퍼진 내용은, 텔레오로지컬teleological, 텔레오노믹teleonomic, 그리고 텔레오마틱teleomatic으로 가장 잘 나눠진다. '텔레오로지컬'은 우리가 의식하고 심사숙고하는 존재들에게서 발견되는 일련의 목적이다. 그림을 그리는 것에 대해 심사숙고하며, 추상주의 화가 빌럼 데 쿠닝de Kooning은 "네가 그것을 하기 시작하고 네가 그것이 얼마나 어려운지를 발견할 때, 네가 그것을 흥미로워 하게 된다. 네가 그것을 가지고, 네가 또 그것을 잃어버리며, 네가 또 다시 그것을 얻는다. 너는 지금과 같은 처지에 머무르기 위해서 변화해야 한다"(마셜Marshall과 메이플소프Mapplethorpe 1986). 의식 혹은 반의식적인 심사숙고에 관한 예술성의 예들이 여기에 있다. 그러나 접합자(接合子)로부터 배아의 발달과 같은, 다른 종류의 목적의식을 가진 발달이 있다. 교회가 탄생하기 이전에, 주요한 지식인 아리스토텔레스는 다음과 같이 적었다, "만약 배를 건축하는 예술이 나무에 있다면, 그것은 자연에 의해 동일한 결과들을 생산할 것이다. 만약 목적이 예술에 현존한다면, 그것은 또한 자연에도 존재한다"(맥케언McKeon 2001, 251). 아리스토텔레스는 관찰을 넘어서 영원한 세계에 대한 플라톤의 과잉 강조에 관한 반응으로, 부분적으론 아마도, 우리가 어떤 외압에 대해서 호소하지 않고 자연의 목적들에 대하여 더 집중해야 한다고 제안하고 있다. 우리가 이것을 하고 있을 때, 우리는 배를 만드는 것이 외부의 힘, 즉 조선기사를 요구하나 사용되는 나무 그 자체는 스스로 성장한다는 데에 주목하게 된다. 그러나 양쪽 모두에는 지향하는 목적이 있다.

비록 그리스도 신앙에 의해서 받아들여지더라도, 아리스토텔레스 자신은 해부학적 특징과 행동들 뒤에 목적으로서 자연에 선택된 적응에 대한 강조와 다윈주의 인과관계에서 경쟁의 주장과 우주의 아티스트, 즉 신이 계획한 유기생명체에 관한 그리스도교 주장을 다루진 않았다. 다른 종류의 목적들 때문에, 에른스트 마이어Ernst Mayr는 의식 있는 "목표를 추구하는" 행동에 대한 엄격한 의미에서 텔레오로지, 텔레오마틱 혹은 "최종 생산하는" 행동, 그리고 텔레오노믹 혹은 "최종 지시된" 행동들 사이의 구별이 있었다(마이어 1961; 오그레이디와 브룩스 1988). 텔레오마틱은 가장 기초적인 수준이고 평형과 중력에서 오는 화학 반응들과 같은 것들을 포함한다. 암석은 의식적으로 떨어지게 결정되어 있지 않다. 그것은 떨어지도록 유전적으로 프로그램화되어 있지도 않다. 그러나 그것은 모두 동일하게, 중력의 "텔레마틱" 행동을 통하여 땅의 최종점에 떨어진다. 오그레이디와 브룩스가 지적하는 대로, 목적론의 이러한 분별은 정착되어서 그 결과 텔레오로지컬은, 예술적 숙고의 결과일 뿐 아니라 엄밀하게 텔레오마틱이고 텔레오노믹이다. 예를 들어, 자연의 법칙, 지구 표면에 떨어지는 사과를 이끄는 중력은 목적에 관한 이러한 분류상에서 텔레오마틱이다. 혼란과 원자의 무질서도, 에너지의 비국지화로 향하게 이끄는 열역학의 제2법칙도 마찬가지이다. 텔레오노믹은 중간 영역, 다윈주의 구조들에서 그것—심장의 목적은 뛰는 것, 혈액의 목적은 영양분을 순환시키는 것과 같이—의 기능들이 우리의 생존을 허락하는 데 있어서 그들의 성공의 관점에서 이해되어야 한다. 집을 그리는 사람은 의식 있는 목적을 가지고 있으나, 그 작업이 시작되었을 때 그는 무의식적으로 거의 텔레오노미컬하게 일하고, 그의 의식이 다른 임무들을 하고자하였을 땐 그가 붓을 들고 그림을 그리는 손의 행동에 관해서는 잊어버리게 된다. 한편으로, 그의 심장은 의식적인 생각 없이 생존에 매우 중요한 고대의 기능을 깨고 간섭을 일으킬 수 있는 의식적인 사고와 독립적으로 작동하며 뛴다. 유전적으로 물려받거나 감정적으로 반응하는, 집을 그리는 그의 어떠한 의식적인 목표도 그의 어떠한 두 개의 심실의 심장도, 만약 NET 시스템으로서 자신의 지위가 아니라면, 제2법칙이 할 수 있는 복잡성 (일시적인) 건축의 텔레오마틱 지령에 대한 생물학적인 성장은 존재하지 않는다. 스피노자는 자유의지를 가진 암석은 그것 스스로의 협의로 의해서 떨어졌다고 주장했다. 이 셋으로 갈라진 분할의 관점에서 말한다면, 스피노자에 따르면, 그것은 텔레오로지컬(의식적인) 행동에 대한 그것의 텔레오마틱(법칙에 기반을 둔) 행동을 착각한 것일 것이다. 우리는 우리의 생각─그것이 혁신적이어서, 호흡하거나 신진대사작용과 같은 고대의 생존 기능들보다 더욱 진화적으로 최신인─이 특별한 깨지기 쉽고 제2법칙의 텔레오마틱에서 타고난 구배 차이를 깨는 목적의 진화론적에서 실험적인 경우인지 궁금해 하지 않을 수 없다. 대부분이 사실이 그렇지 아니하거나 현실적이 못한 많은 잠재적인 시나리오들을 상상했을 때, 경우에 따라서 새로운 구배 차이를 발견하고 사회적 동물들이 인식과 소통을 세밀히 조절하여 그들의 활동들을 조직하고 협력하도록 도와줘서 진화적으로 생각하게 한다. 이러한 입장으로부터 우리가 의식적인 목적을 이해하게 될 때, 그것은 자연의 빛나는 지점도 신성한 계획의 증표도 아닌, 자연의 주제에서 동물, 포유동물 그리고 척추동물의 빛나는 최고점일 것이다.

튜브들

우리의 열역학적 전시는 과학에서 일반적으로 금기시되는 주제─생명의 목적─에 대하여 우리의 믿음을 굳건하게 밝혀준다. 마이어에 의해서 개척된, 세 갈래로 구분되는 구별을 또 다시 사용하여, 생명은 텔레오마틱 2법칙의 테레오노믹 업그레이드인 것처럼 보인다. 구배 차이를 감소시키는 열역학적 시스템에서 최종 생산의 행동은 진화적으로 최종적 지향성으로 연장되었다. 그것은, 그의 가족을 위해 음식들을 식탁 위에 놓으며 집을 그리는 남자와 같은 특정한 생명체에서, 그 후 좁은 의미에서 텔레오로지가 되었다—우리가 생각하기를 원하는 목표에 대해서 의식적인 배열은 천사 같은 혈연관계가 아니라면 우리 인간 우월성의 표식일 것이다.

그러나 생각하는 것은, 당 대사과정에 상당히 의존하여, 구배 차이 소멸로서 신체에서 상대적으로 안정한 수단의 일부분이다: 이것은 그것의 맥락이며, 모든 것에 대해서 가장 타협하지 않는 형이상학자조차도 먹는 습관을 지지해야 한다.

살아있는 시스템들이 평형에서 멀리 떨어져 작동한다고 믿지 않는, 내과 의사이자 이론가인 유진 예이츠는 다음과 같이 주장하였다.

우리가 쥐보다 겨우 몇 개 더 많은 유전자(그 차이의 현재의 대략적인 측정치는 ~300)를 가지고 있다는 그 사실은, 우리가 대개 쥐(실제로, 대개 포유동물)이고 유전자 그 자체는 막연한 개념이며 우리에게 가장 중요한 것—우리에게 가시되는 의식(쥐들이 또한 더 낮은 정도를 가지고 있는—다윈이 추측하였던 대로)—이 무엇이든 중요하지 않다고 [제안한다].

39억 년 동안 결코 그것을 만들어 내지 못했을 것이라고 그는 말하였다. 만약 생명이 평형으로부터 훨씬 벗어나 있다면, 그것은 평형에서 훨씬 벗어난 것은, 그런 시스템들이 오랫동안 지속될 것 같지 않은 결과로서 그 희생의 비용이 너무 비싸다. 그들은 안정되지 않고 존재하는 모든 에너지를 사용하게 된다. 그것은, 마치 시를 적는 것처럼, 흥미로움을 주는 행동에 대해 그 여분으로 아무것도 남기지 않는다. 심지어 주요한 별들은 소리 없이 연소하고 표준 열역학이 적용되는 평형에 충분히 열역학적으로 밀접해간다. 그들이 연료를 모두 소진하고 초신성의 폭발로 붕괴되는 순간에 사실 그들은 평형에서 멀리 있게 된다. 그들은 기록을 달성한다! 폭발은 평형에서 멀리 있다. 생물학적 시스템은 급속하게 작동하지 않고, 그들의 동력장치들은 "이상 음을 내지도" 않는다. 평형 근처에 가깝게 머물면서 살아가는 것들은 뛰어난 책략—낮은 에너지의 비용에서 형태와 기능의 복잡성을 만들어 내는 것—을 잘 관리한다. 그들은 규제와 원인으로서 "정보"를 창조하여서 이들을 성취한다. 어떤 다른 물리적 실체도 그것을 하지 않고 할 수 없다.

진화와 생태학적 과정들이 열역학적으로 위임된 방향성의 경향을 어떻게 보이는지 우리는 보았다. 그들을 평형에 밀접하거나 평형에 멀리 있는 것으로 간주하든지, 우리가 유기생명체를 열역학적 과정으로서 관찰하였을 때 놀라는 같은 것은 그들 스스로 증가해가는 자치권이다. 에너지를 저장하고 방출하는 유기생명체의 능력은 뇌 같은 기관이 과량의 칼로리들을 빨아들여서 풍부하고 흥미를 자아내며 항상 실용적인 때론 마음을 흐트러지게 하고, 때론 매우 쓸모 있는 추론의 과정들을 허용한다. 생각의 자유를 포함하는, 환경과 자유로부터 독립은 과량 에너지 수용능력의 결과이다.

그러므로 생기론 혹은 신비설 없이, 사실 오히려 그 반대로, 인간의 목적은 평형으로 오는 열역학적 경향에서 오래 진화된 결과물인 것처럼 보인다. 스스로 뇌를 갖고 있지 않는, 구배 차이가 소멸되는 집단(예를 들어 세금이 유입되는 국가와 영양분이 재순환되는 생태계들)의 일부분으로서, 우리는 끊임없이 앞으로 나아간다. 우리는 유전자들과 그들이 수여하는 기질들뿐 아니라 에너지 변형의 작동하는 형태들로서 선택된다. 인류의 빠르게 진화하는 불안정한 문화는 에너지 사용에 관한 정보를 전송하는 새로운 수단들—언어, 작문과 디지털화한 매스미디어—을 발견하였다. 그러나 우리 모든 호기심을 위해, 안정된 에너지 저하 수단 없이, 우리의 문명은 실패할 운명을 가지고 있다. 개인으로서 우리는 생물학적으로 남아 있다. 우리에게 문화를 빌려주었던 뇌들은, 순환하는 조직(예를 들어, 호모 사피엔스 종의 동물들)의 특정한 물질의 형태로서 우리가 계속 앞으로 가는 경향이 있을 때조차, 우리의 개별적 한계를 나타내 보였다.

1960년대 신학자인 알란 왓츠Alan Watts는 생명에 대하여 이의 근원적인 열역학적 위치를 직감하였을 뿐 아니라, 그것에 직접 직면하였다—그 안에서 자연적인 계시의 근원을 발견하였다(1989, 4):

유대교, 그리스도교, 이슬람교, 힌두교, 혹은 불교, 그 어떤 현재 표준 브랜드화된 종교들—지금과 같이—은 완전히 그 능력이 모두 소모되어 이젠 그 내용물을 파내기 너무 어려운 광산과도 같다. 쉽게 발견되지 않는 약간의 예외와 함께, 인간과 세계에 대한 그들의 생각, 표상, 의식, 그리고 좋은 생활에 대한 그들의 생각이, 우리가 아는 대로 천체와 함께 혹은 너무나 빠르게 변하여 우리가 학교에서 배우는 많은 것이 졸업할 때는 이미 구식이 되어버리는 인간 세계와 함께, 이젠 더 이상 적합하지 않은 것처럼 보인다. (…) 왜냐하면 그 존재는 함정 속의 쥐 경주에서와 같이 점차 자라는 걱정들이 있기 때문이다. 사람을 포함하여 모든 살아있는 유기생명체는 한끝에 어떤 것을 넣고 다른 끝에서 그들이 나오도록 하는, 양쪽에서 그들이 계속 그렇게 하도록 하고 결국에 그들은 닳아 없어지게 되는 단지 튜브일 뿐이다. 그런 어리석은 짓이 계속되도록 하기 위하여, 튜브들은 한끝에 어떤 것들이 들어가고 다른 끝에서 나오도록 하는 새로운 튜브를 만드는 방식을 발견한다. 그 유입의 끝에서 그들은 눈과 귀는 물론, 뇌라 불리는 신경들의 중추를 발전시키고, 그들은 결국엔 어떤 것들을 삼킬 수 있고 더욱 쉽게 주변을 찾아다닐 수 있게 된다. 그들이 주변으로부터 충분한 영양분을 얻는 순간에, 그들은 복잡한 패턴들로 흔들거리며 움직이고, 유입되는 홈 안으로 공기를 불어넣고 빼며 모든 종류의 소음들을 만들어내고, 다른 그룹과 싸우기 위해서 그룹들로 함께 모이면서 그들이 가진 여분의 에너지를 모두 소진한다. 때가 이르면, 그 튜브들은 풍부하게 착생된 기구들로 성장하게 되고 그들은 좀처럼 단순한 튜브로서만 인식되지 않고 깜짝 놀랄 만한 다양한 형태에서 이것들을 다루게 한다. 너 자신 모양의 튜브를 먹지 말아야 하는 막연한 규칙이 있다. 그러나 일반적으로 그들 중의 최상의 튜브 형태가 되려는 심각한 경쟁들이 존재한다. 모든 것이 몹시 헛되고, 쓸데없는 것처럼 보이나, 그것에 관하여 생각하기 시작할 때, 그것은 시시하기보다는 더욱더 경이로워 보일 것이다. 그것은 사실, 매우 이상하게 보인다.

코페르니쿠스는 지구가 중심이 아니라고 주장하였다. 배들의 돛대 앞에서 사라지는 배의 선체들은 위성 앞에서 지구가 평평하지 않다는 것을 증명하였다. 다윈은 서로를 게걸스럽게 먹고 선별적으로 죽이고 시간이 지남에 따라 변하는 유기생명체들이 신의 간섭 없이 새로운 존재로 진화하는 방식을 가지게 되었다고 보여주었다. 화학자들은 살아있는 신체들은 무생물계에서 발견된 화합물에 근거한다고 하였고, 천체물리학자들은 이 화합물들의 원자들이 우주 공간에 폭넓게 분배되어 있다는 것을 발견했다. 이 모두는 생명의 물질이 그렇게 특별하지 않다는 것을 확신시켰다. 심지어 생명의 과정—구배 차이와 에너지 흐름의 영역에서 만들어지는 복잡성—은 자연 현상이라고 우리에게 분명하게 보여주기 위해서 지금 이 순간 NET가 따라온다. 이때, 생명의 자연 목적에 관한 지원자가 나타난다.

지구 밖의 생명

탄소에 기반을 두거나 그렇지 않거나, 어떤 생명의 형태든 복잡한 구배 차이를 소멸시키는 시스템이라는 것이 점차 분명해진다. 이를 자각한, 나사의 천문생물학 프로그램의 케네스 넬슨Kenneth Nealson은 "비지구 중심적인 생명 감지 프로토콜"의 일부로서 화학 및 컴퓨터 인식 형상 기능들과 더불어 열역학적 기준을 제안한다(콘라드Conrad와 넬슨Nealson 2001). 비록 항상 사용 가능한 형태는 아니지만, 구배 차이는 이 우주상에 가득차 있다. 구배 차이—생명의 연관성은 어디에서든 발견되는 생명의 기회를 증가시키는 것처럼 보인다. 지구 밖의 생명이 우리와 너무 달라서 인지하지 못하거나 소통하지 못하는 게 가능할지 모른다. (우리는 많은 지구의 종들을 여전히 목록화하지 못했고 우리 자신의 종에서 외래 언어를 말하는 사람들과 여전히 소통하지 못한다!) 구배 차이를 소멸시키는 다른 형태의 생명은, 예를 들어, 심지어 별들의 표면에서도 존재한다(스태플돈Stapledon 1947); 아마도 그런 외계생명체들은 별안간 세대수 증가를 경험하게 되거나, 말하고 글을 쓰는 데 수세기가 걸릴지도 모른다. 구배 차이를 소멸하는 다른 생명은 물 없이 존재할지도 모른다. 그러나 가까운 구배 차이나 그들의 에너지 흐름 없이 살아갈 수 있는 종은 과학소설의 상상력조차도 한계에 이르게 만든다. 일상의 언어는 연결을 주장한다: 사는 것은 단지 존재하는 것이 아니라 어떤 일을 하고, 느끼고, 경험하는 것이다; 그것은 행동이나 신진대사의 목적일 것이다.

자아와 그룹

에너지는 지구 표면에서 많은 구조들을 조직화한다. 우리의 문화 계획과 문명화된 목표—사랑 및 두려움과 같은 영장류의 감정에 대한 관대한 도움들에 의해서 참여된—는 빛을 향하거나 산소로부터 멀리 유동하는 세균들에서 발견된 특징들을 널리 확장시킨다. 광합성 하는 세포들은 그들이 필요로 하는 광자들을 얻기 위해서 빛의 구배 차이를 따라서 꿈틀거린다; 혐기성 세균들은 그들에겐 독인 산소의 부족을 보여주는 황화물을 찾아나선다: 어떤 의식이나 설계 없이, 그런 화학주성 성향은 그것의 소유주들에게 평형을 벗어난 존재로서 보상한다. 이 비평형의 지속은 그들이 제2법칙의 고되고 지루한 일들을 계속하도록 만든다. 그들 자신의 부재에서보다는 훨씬 더 효과적으로 주변의 구배 차이를 줄인다. 세균은 우리의 조상들이고 공생의 유물로서 그들은 끊임없이 우리 세포들 그리고 식물과 동물의 세포들에서의 구배 차이를 감소시킨다. 세균으로부터 인간에 이르기까지 생명의 굉장하게 복잡한 진화는 그 많은 양으로 취급되면, 대부분은 동물 진화에 중점을 두게 된다. 여기에서 우리는 목적의식이 있는 것처럼 보이는 비생명의 NET 시스템들로부터 진술된, 의식있는 목적을 가진 방송 집회 위원회들에 이르는, 단순히 구배 차이 소멸의 연속성을 지적하기를 바란다. 조직화되고 구배 차이를 위치시키고 이용하여 조직화하는 살아있는 존재의 인상적인 이기심(자기 본위)에도 불구하고, 생명체는 열린 시스템으로 늘 남아 있다. 그들의 이기심이 다른 존재와 함께 동맹을 맺고 안으로 들어가는 외부와 혹은 암과 같이, 배반한 세포들이 그들이 속한 유전자형(型)의 선의에 대해 걱정할 것 없이 퍼질 수 있는 내부의 양쪽 모두로부터 이미 모든 침입에 열려 있다는 것을 이것은 의미한다. 더 중요하게도, 유전자 그 자체는 자아가 아니다; 그것은 에너지 구배 차이의 접근에 효율적이며 일관성이 있는 열역학적 시스템의 증식에 대한 단지 일부로서 복제하게 된다. 일어날 법한 베나르 세포는 이를 위한 어떠한 시계공도 필요로 하지 않는다. 절대적 연합 없이, 유전자는 사실 살아있는 세포들의 활동에 대한 목적론으로부터 분리된 바이러스의 불활성한 결정체인 것과 같이 단지 화학물질인 것이다.

　　직관적으로 이것이 명백할지라도, 자아에 대한 질문은 현대 생물학의 걸림돌로 남아 있다. 우리는 자아를 본질적인 최소단위, 생물학의 개별로 생각한다. 만약 그들 모두가 생겨나면, 감각과 지각이 생기는 곳은 바로 여기이다. 그러나 유기생명체는 자기 권리로서 한때 자아였던 단위들로 구성된 중첩된 계층 구조들이다. 해조류, 점균류, 그리고 해면 같은 단순 동물들은 스스로 살 수 있는 세포들의 집합과 매우 흡사하다. 더 높은 수준에서, 개별 동물들의 집단은 혼자서는 그 어떤 것도 할 수 없는 에너지 작업을 이루는 복잡한 사회 내로 통합된다. (유전자는 물론이고) 유기생명체들은, 고립된 플라톤의 추상관념이 아닌, 진화하는 집단들에서 혼란스럽게 상호 작용하는 유출의 중심인 것이다. 진화 시간 동안, 이기심은 안전하지 않다. 개별들—일부는 에너지에 접근하는 능력이 뛰어난 것—이 새로운 준안정한 실체로 합쳐질 때 손상되고, 도전되며, 때론 대체된다. 도덕적 견지가 아니라면 생물학적으로 그들의 구성원들을 희생시키는 응집력있는 그룹들의 경향을 잘 설명하는 틀림없이 우월성이 있다.

　　자아들이 그들의 열역학적 근거들 때문에 에너지적으로 늘 열려 있는 반면에, 그들은 정보적으로는 상당히 닫혀 있다(마투라나Maturana와 바레라Varela 1981). 생리학적일 뿐 아니라 인지 및 지각 있는 중심들로서 자아는 자신의 생리학적으로 내장된 과정 속에 주변 환경적 자극들을 다시 관련시킨다. 대응, 지각, 그리고 무의식적이고 의식적인 행동의 살아 있는 존재들의 모음은 진공상태에서 진화하지는 않았고, 제2법칙에 따라 불 같은 천체에서 에너지원이 사라지는 맥락으로부터 진화하였다.

고대와 현대의 원인들

열역학, 다윈의 진화이론, 유신론이 탄생하기 이전에, 아리스토텔레스는 네 종류의 목적(목표) 혹은 원인들을 구분하여 특정지었다. 반어적으로 이것은 오늘날 생물학자들이 사용하는 경향에서 그것의 두 배이다. 생물학에서 "가장 가까운"과 "궁극적인" 원인 사이를 구분하는 것은 서로 상대적으로 세련되게 생각된다(굴드 2002). 이러한 어조에서, 가장 가까운 것은 유기적 특징들을 일으키는 생리 화학적인 과정들로 언급된다; 반대로, 궁극적인 원인은 현재가 아닌 과거에서 일어난 자연선택을 의미한다. 그러므로 피부색에서 변이들의 가장 가까운 원인은 멜라닌, 즉 어두운 피부색 톤을 좌우하는 염료의 차별적인 생산에 이르게 되는 유전자 배열의 차이라고 말해질 수 있다. 그러나 더 "궁극적인" 원인은 지질학적으로 분포되어 있는 우리 조상들에게 유전적 차이들을 일으켰던 환경 혹은 순수한 기회 또는 다른 요인들로부터 더 어둡고 더 밝은 인간에게 이득들을 주는 환경적인 상황들(그들이 무엇이든지 간에)에 있을 것이다.

지금부터 우리는 아리스토텔레스의 네 가지 원인들을 자세히 살펴보도록 하자. 그들은 물질(유기적 특징들이 만들어진 것), 효율(그것의 직접적인 조상), 형식, 그리고 말미(궁극적인 것)의 원인들이다. 로버트 울라노위츠는 이에 대해서 우리가 군사전투를 생각하게 하였다(1997, 12, 표 2.1). 전투의 물질적인 원인은 무기, 수송, 그리고 통신 기술이다. 효율적인 원인은 그런 기술을 사용하는 군인들과 공무원들이다. 형식적인 원인은 전투 계획, 공격하고 후퇴하는 육군, 해군, 공군들의 위치와 육지의 형세 및 날씨 등이다. 말미의 원인은 주거, 혈통 혹은 정치적 갈등, 경제적 불안 등이다. (교과서의 예시에는 물질적인 원인으로 집을 구성하는 벽돌, 효율적인 원인으로 집의 석공, 형식적인 원인으로 집의 설계도, 그리고 말미의 원인으로—집의 목적 혹은 기능—인간 피난처에 관한 요구라고 하였다)

아리스토텔레스의 이러한 신중한 분류는 목적론에서 피할 수 없이 의인화된 유신론의, 혹은 애매모호한 생각들과 함께 심각한 갈등을 빚었다. 스티븐 제이 굴드(2002, 626)는 진화생물학이 물리학과는 반대로 과학에서 가장 위대한 성공은 그것이 실제로는 단지 효율적인 원인들만을 생각하도록 이끌었다는 점에 있다고 강하게 지적하였다. 그러나 생물학에서 효율적인 원인들, 생명체들을 만드는 유전자 배열과 단백질 접힘과 같은 물리적인 과정들은 진화적인 원인들과는 동일하지 않다; 생화학의 효율적인 원인은 훨씬 더 즉각적인 수준에서 작동하고, "잘 계획된 형상"의 최종 원인과 혼동되지 말아야 할 것이다(굴드 2002, 85). 『진화이론의 구조The Structure of Evolutionary Theory』에서, 굴드는 철학자인 프레드럭 니체의 말을 인용하였다. 니체는 사람은 현재의 기능(효율적인 원인)을 혈통적인 기원(말미의 원인)과 혼돈하지 말아야 한다고 주장한다. 이를 진화적인 용어로 번역하면, 이것은 말미의 원인, 즉 선별된 것들과 함께 조상의 개체군 주위에서 그것을 유지했던 조건들과 효율적인 원인 및 어떤 특징을 가진 유기체의 발달에서 즉각적인 물질적 맥락을 혼돈하지 말아야 한다는 것을 의미한다. 깃털을 생각해보자, 비록 그들의 현재 그 기능이 새들이 날 수 있게 큰 도움을 줄 지라도, 그들은 완전하게 다른 상황에서도, 즉 초기의 냉혈한 파충류들의 보온체로서도 기능하였을지 모른다. 니체의 언어로 이것은 그들의 계보학적인 기원이며, 현재의 기능들과는 혼동되어서는 안 된다. 여기에서 주어진 교훈은 다른 시간대에 걸쳐 동시에 행동하는 인과관계들에 여러 수준이 있다는 것이다. 깃털들은 오늘날에 비행에서 어제는 보온에서 그리고 그들이 생존을 강화시켰든지 아니든 지 적어도 필수적이고 사전에 생성되는 신진대사의 붕괴를 치명적으로 손상시킬 수 있는 것은 아무것도 없는, 기본적으로는 해부학적 특징으로 서 참여하게 된다.

물론 우리의 기능들이 평형으로 가는 게 그렇게 간단하진 않다. 사실 반복적으로 이해되는 대로, 우리는 평형이 되지 않는 곳을 향하여— 그렇게 하여서 우리는 끊임없이 구배 차이를 소멸시키는 기능을 할 수 있기 때문에—자연적으로 끌리게 된다. 이것은 프리고진처럼 우리를 평 형으로부터 "훨씬" 멀리 있도록 고려하게 되든지 아니면 예이츠처럼 우 리를 평형에 밀접하게 고려하게 되든지일 것이다. 어떤 경우에도, 우리는 방을 탈출하기 위해서 "노력하는" 흐르는 뜨거운 공기보다는 분명하게도 더욱 복잡하고 의식적이다. 그러나 비교적 단순한 평형 근처의 과정에 의 해서 이미 밝혀진 초기 목적은 우리를 더 친숙하게 한다. 코페르니쿠스와 다윈주의의 혁명이 우리에게서 지질학적이고 생물학적인 구심점의 역할 을 빼앗아 갔다면, 그래서 열역학적인 인식은 우리가 인지과정을 독점하 고 있는 것을 빼앗아 가도록 압박한다. 평형근처 시스템이 평형으로 가는 법을 "컴퓨터로 계산"하는 감각이 존재한다. 우리는 그런 것에 관한 일종 의 버전(특정한 형[型])인 것이다. 성과 음식에 관한 우리의 생각은 우리가 계속 생존할 수 있도록 도움을 준다. 그것은 우리가 특정한 에너지—소멸 시스템의 형태로서 유지되고 사망 후에도 계속될 수 있는 인간 모형의 새로운 복제들을 만들수 있도록 허용한다. 사랑과 가족에 대한 걱정은 유 전적으로 강화된 물질 조직 내의 우리의 특별한 형태들을 영속하도록 만 든다. 재화를 만드는 방식에 대한 고안은 우리가 음식을 얻고, 짝을 매혹 시키고, 우리가 가진 형태의 구배 차이 소멸의 시스템을 보호하고 확장시 키도록 도와준다. 이는 다른 말로, 물질과 마음 사이에 즉 텔레오마틱과

텔레오로직컬 사이에 열역학적 연결성은 우리가 의지를 가지고 하는 행동과 이와 관련된 복잡한 행동—궁극적으로 의지를 가지고 하는 행동 그 자체—은 완전히 자연적이고 상당한 에너지 기반의 현상 혹은 그것의 과정에 궁극적으로 근거되어 있다는 것을 제안한다.

지적 설계설

목적의식이 있는 행동에 대한 근거가 제2법칙에 놓여 있다는 것은 상당히 흥미로운 생각이다. 그것은 우리를 주변의 우주와 긴밀히 연결시킨다. 그러나 목적의 제안된 자연적인 근거들에 대해서 마음을 쓰고 밝혀야 하는 또 다른 이유: 창조론의 주장을 열역학적인 맥락으로 넣어야 할 이유가 존재한다.

미국 중부 미주리 물리학자인 테너 에디스Turner Edis(1998)은, 창조론자들이 몇 가지 흥미로운 질문들을 물어보는 순간, 과학 스스로 더 이상 자연, 특별히 그 생명을 초자연적인 설계로서만 취급하지 않는다고 말한다. 『미국 문명의 발전』(넘버스Numbers 1998)에서 창조론은 창세기의 책에서 주어진 천지창조의 기술에 대한 믿음을 자주 언급한다. 그런 기술에 대한 설명은 진화하지 않고 창조된 종을 절대적으로 필요로 한다. 그러나 모든 창조론자들의 관점이 그렇게 극단적인 것은 아니다. 진화이론을 유대교—그리스도교 신앙과 결부시킨 천주교 신학자 피에르 테야르 드 샤르댕Teilhard de Chardin은 진화는 인간 정신의 발전의 "끝점omega point"을 향하며 타고난 진보성을 갖추고 있다고 말하였다(테야르 드 샤르댕 1976; 그린발드 1986). 몇몇 연구자들은 진화는 대개 무질서적이나 인간 진화를 확신하는 주요한 지점에서는 확 잡아당겨진다고 제안하였다(피코크Peacocke

1986). 미국의 빌 클린턴 전 대통령에 의해서 상당히 칭송된 업적인『넌 제로-하나된 세계를 향한 인간 운명의 논리Nonzero: The logic of human destiny』(2000)에서, 과학작가 로버트 라이트Robert Wright는 진화가 창조적인 목적 속에서 시작된다고 생각하였다. 생물학자들은 어떤 객관적인 진보(예를 들어, 굴드 1997) 혹은 지각된 진행이 진화의 간단한 시작에 근거한 환영일 것이라고 논하는 경향이 있다(니텍키Nitecki 1988; 루세Ruse 2003).

미생물이, 인간 공학자들이 가진 현재의 능력을 넘어서, 광합성, 상온의 질소고정화, 평행의 모양에 근거한 계산, 삼차원의 복제와 다른 신진대사의 위업들과 밀접하게 결합되어 있다는 것은 인간 중심성과 우월성의 폭넓은 종교적 가정이 크게 잘못되어 있음을 말한다. 창조론자들의 견해는, 사탄의 사기(모리스 1993)에 대한 광범위한 비난으로부터 혼란이론과 유대교—그리스도교 신학(모로위츠 2002)과 함께 생명 진화의 신—샤르뎅 합성에 이르기까지, 광범위한 영역을 실행하게 된다. 지적 설계설(짧게 ID)이라 불리는 이 창조론의 최신 버전은 "진보주의자들의 하찮은 속임수와 창조론자들의 정신 이상적인 리터럴리즘" 사이에서 코스를 이끌어 나아가려고 한다(에디스Edis 2001).

필립 존슨Philip Johnson(1991, 1995)은 아마도 가장 잘 알려진 ID에 대한 주창자이다. 그는 진화이론에서 차이와 불일치들을 확인하고 있다는 점에서 일관성이 없지만, 진화론에서 제기된 주장을 분석할 때 비슷한 기술들을 사용하는 것을 전적으로 무시한다. ID에 관한 또 다른 유명한 대변인은 마이클 베히Michael Behe이다. 그가 말하길, 생명은 "더 이상 분해될 수 없는 복잡성"으로 그것에 의해서 그는 상호 연결된 구조를 의미한다. 단계적으로 단편적으로 결합하는 것은 너무 복잡해 보이고, 그의 관점에서 진화론적 변화의 창의적인 능력을 회피하는 것처럼 보이는 것을 나타낸다고 주장한다. 에너지 흐름을 잘 설명하지 못하는 전통적인 신다윈주의는 기능을 연마할 수 있는 창조력을 부적절하게 상상하기 때문에 이 관점에는 뭔가가 있다. 베히의 주장은 성직자로서 다윈과 동시대인이고 생명체가 유일하게 창조자에 의해서 조립될 수도 있다고 마음속으로 생각하며 유기생명체를 시계에 비유하였던 페일리의 생각과 여러 면에서 상당히 비슷하다. 진화이론에서 현대의 가장 훌륭한 시사문제 해설가들 중 마이클 루스Michael Ruse(2003)와 같은 몇몇 사람들이 윌리엄 페일리William Paley를 칸트와 함께 묶어버릴 때, 사실 칸트는 유기생명체의 일부분들이 서로 깊이 연결되어 있을 뿐 아니라 서로를 생산할 수 있기 때문에 시계는 유기생명체와 다르다고 지적하고 있었다. 그러므로 그들은 인간형의 디자이너를 가질 수 없었다. 그러나 우리가 8~12장에서 이미 기술하였던 대로, 그런 상호 연결된 자기생산성의 시스템들은 열역학에서 흔할 뿐 아니라, 생명 그 자체는 그런 자기생산이 가능한 시스템의 여분인 것처럼 보인다. 더구나, 제임스 러브록이 제안했던 대로(예를 들어, 1988), 지구 대기환경은 평형 열역학의 관점으로부터 너무나 화학적으로 예상되진 않아서 결과적으로 우주의 관찰자가 해변을 따라 걸으며 발견할 수 있는 일련의 모래성과도 같을 것이다— 다시 말하여, 그것은 단지 우연으론 설명될 수 없었을 것이다. 그러므로 창조론자의 주장은 비평형의 구조들에 대한 확률의 광대함을 계산하고, 비과학적 또는 최고 수준의 메타 과학적인 설명이 필요하다고 믿는 것에 대한 생산을 설명하기 위해서 신성을 신속하게 결정짓는다. 그러나 우리가 아는 대로, NET는 주변 구배 차이들로부터 복잡한 구조들을 생산하는 사업이다. 구배 차이들이 설명되지 않으면, 이때 구조들은 사실상 불가능한 것처럼 보이거나 기적이나 혹은 그와 가까운 시점에서도 불가능한 것처럼 보인다. NET는 그렇지 않으면 불가능할 것 같은 구조들을 잘 설명한다: 그들은 에너지 흐름의 영역에서 자발적으로 통합되거나, 고대의 구배 차이 소멸의 형태들에 의해서(우리가 생명에서 보는 대로) 생산되는 자연적인 과정이다.

열역학적 복잡성(그리고 자연선택의 한계들)

시계들의 기계적인 창조는 사실상 충분히 복잡한 인간적인 행위이나 미생물 신진대사의 위업들과 같은 부류에는 놓여 있지 않다. 사실, 정확히 이런 위업들—다수의 기체교환(메탄생산, 황화물 감소, 황화물 산화, 산소호흡 등)을 하는 미생물에 의해서 영향을 받는, 전체적으로 흐르는 화학 변형—은 지구 대기환경에서 화학적인 시그니처가 혼돈스럽게 보이고 대기 환경의 화학자에게 "계획된"것처럼 보이게 만든다. 인류의 건설적이고 창조적인 과정들이 천체의 이 과정들에서 제한된 부분 집합이라는 것을 우리는 깨달아야 한다. 심지어 지속 가능한 개발들에 대해서 끊임없이 자금을 지원하는 기업들에 의해서 감독되었을 때, 이러한 인간의 의식적인 창조적 행위들은 자연적인 창조성과 비교된다면 무시될 수 있다. 자연적으로 발생하고 구배 차이 소멸의 기능에 전념하는 복잡한 과정들은 우리 지구 환경을 변화시켰고 끊임없이 변화시키는 것을 멈추지 않는 미생물들과 다른 "지력이 없는" 생명 형태들을 포함하게 된다. 이는 화학과 열역학적 평형으로부터 이것을 멀리 유지하게 한다. 그런 창조성은 수십억 년 동안, 뇌 혹은 손이 없이도 분자적으로 그리고 거시적으로 계속 진행되고 있다.

평형을 추구하는 시스템의 복잡한 행동들을 인식하는 열역학적 관점은 목공 일, 시계를 만드는 일, 그리고 심지어 컴퓨터 프로그래밍에 대한 인간 경험들에서 모형화된 외부의 심사숙고한 의식으로 대안의 도식과 함께 우리에게 나타난다. 손으로 보는 것처럼 사물의 "공학적" 견해가 자연스럽게 우리에게 들어온다: 그것이 우리가 하는 것이다. 신체는 유전자와 단백질 등으로 "만들어진" 세포들로 "만들어진다"는 과학적인 생각들에서 또한 은연중에 그 안에 내포되어 있다. 비록 화려하게 성공적이라고 할지라도, 작은 부분들의 가공 보존된 집합들을 통하여 출현하는 복잡한 과정들에 대한 이해는 우리가 열역학적인 흐름 속에서 보고 이해하는 일련의 창조성에 의해서 거짓을 말하게 된다. 철학자 칼 포퍼를 포함한 여러 학자들이 참여한 벨라지오 회합이, 후에 진화에서의 기회와 창조성에 대해서 의문을 가지며, 이 시대에 가장 존경받는 생물학자들 중 한 명인 테오도시우스 도브잔스키Theodosius Dobzhansky는 다음과 같이 주장하였다(아얄라Ayala와 도브잔스키Dobzhansky 1974, 335): "인간 수준을 제외하고 만약 네가 기계적인 과정이기를 바란다면, 진화는 곧 눈먼 장님일 것이다. 그것은 미래를 계획하고, 목적을 생각하거나, 그들의 현실화를 위해서 노력할 수 없다. 목적 없는 과정은 스스로를 어떻게 초월하여 능가할 수 있는가? 비인간적인 대리인이 어떻게 스스로를 깨닫고 죽음을 깨달은 사람들을 일으켜 세울 수 있는가? 인간의 창조성에 대하여 생물학적 진화와 뚜렷하게 닮은 점은 언제였던가?"

우리의 대답은 닮음은 구배 차이 소멸에서 효율적으로 순환하는 형성들 내에서 복잡한 에너지의 흐름과 자연적인 강화(증진)로부터 적어도 부분적으로 유도되었다는 것이다. 유명한 동물학자인 리처드 도킨스가 세계적인 호메오레시스homeorrhesis—흐름에 접합점들의 균형; 수백억 년 동안의 염분, 대기 환경 화학과 온도와 같은 지구 환경 변수들에 대한 제약의 생각에 직면하게 되었을 때, 그는 그것을 거부하도록 강압받게 되었다고 느꼈다. 그를 위해 몇몇 다른 생물학자들도 마찬가지로, 동물 생리학에서 전형적인 그런 복잡성은 재생산 변이 중 자연선택에 의해서만 설명될 수 있다(도킨스 1982). 대기 환경의 화학과 다른 변수들을 제약하는 그들의 무능력으로부터 멸종하였던 가까운 변이들 없이, 지구의 생태계가 유일하다고 그는 추론하였기 때문에, 그런 자료들에 대한 믿을 만한 설명은 없었다. 그럼에도 불구하고, 그런 자료(예를 들어, 지구의 비평형 대기 환경의 존재)는 지속되고 있다. 도킨스가 놓친 것은, 복잡성이 복제하는 변이들의 자연선택을 통하여 "밑에서부터 위"로 뿐만 아니라 구배 차이 소멸을 통하여 "위에서부터 아래"로, 즉 열역학적으로부터 결과적으론 발생하게 된다(얀츠쉬(Jantsch 1980). 우리는 결코 도킨스를 공격할 의도 없이, 그와 다른 진화론자들이 생명체의 기적적인 자연에 대하여 창조론자들의 주장에 직면하게 될 때 구배 차이를 파괴하는 복잡한 기능적인 구조를 만들게 되는 열역학적 흐름을 그들의 주장들 속에 통합할 필요가 있다고 지적할 수 있기를 바란다. 말할 필요도 없이, 복잡성의 모든 경우들을 설명하겠다는 자연선택의 무능력—특별히 생명의 기원, 그리고 대기 환경의 화학과 다른 변수들의 현재 지구의 생리 환경들과 같은 규제는 초자연적인 계획에 관한 인가들과 혼돈되지는 않을 것이다. 우리의 관점에서, 누락된 연결성은 NET에 의하여 연구된 에너지의 흐름이다. 자연선택과 같은, 에너지 흐름은 또한 복잡한 구조들의 힘 있는 형태인 것이다.

베히와 양성자 회전 모터

반어적으로 창조에 대한 종교적인 해석들을 거부하며, 과학은 인간의 기계적인 경험들을 바탕으로 거의 동일하게 의인화된 견해를 얻게 되었다. 자연의 흐름 과정보다 오히려 조끔씩 일련의 건축으로서 복잡한 형상을 그리는 지나친 단순화에 관한 이런 기호는, 특별한 생물학적 구조들이 너무 복잡하여 과학적으로 잘 설명되지 못한다고 주장하는 사람들의 생각들을 반영한다. 『다윈의 블랙박스Darwin's black box』(1996)에서 마이클 베히는, 그가 이에 대한 ID의 예시로서, 편모, 즉 세균의 이동에 사용된 나선상의 부속기관에서 "양성자 회전 모터"에 대해 "더 이상 축소될 수 없는 복잡성"을 고려했던 것이 큰 관심을 끌었다. 그 편모는 원핵생물이 점액질 내를 이동하는 데 도움을 준다. 양성자 회전 모터라는 구절은 쌀 한 톨에 시를 적는 맨해튼의 예술가들과도 동일한 인간 장인 이상의 신의 이미지를 연상하게 한다. 과학자들은 양성자 회전 모터를 이온 흐름(전하된 입자들)으로부터 구동되는 생체막이 장착된 회전날개를 가진 실제 모터로서 묘사한다. 그것은 메커니즘의 중심이 되고 있는 프로펠러와 같은 나선(형)의 가는 실, 만능 조인트와 같은 갈고리, 구동축과 같은 막대 및 고정자와 함께 복잡한 꼬리를 가지고 있다. 몇몇 이 세균들은 심지어 모터들의 방향을 뒤집을 수 있다. 결국 이는 그들의 이동 방향을 바꾸도록 만든다.

베히는 디자인 기능―그들이 진행하고 있는 수용액을 통하여 나아가게 하는 것―에 골몰하고 미세한 복잡성이 점진적 진화 과정에 의해서 진화되었을 것이라는 생각들을 경시하였다. 그러나 더 밀접하게 관찰하면서 NET와 자연선택을 연결시키는 것이 자연이 갖춘 창조적인 잠재성을 더 분명하게 생각하게 해준다. 그런 생체모터를 가진 세균은 음식의 구배 차이에 따라서 이동할 수 있게 된다. 그런 세균 중에 대장균E. coli이 급하게 주변을 이동해 갈 때, (그들의 모터를 역회전시켜서) 멈추고 구를 때, 그들은 정보 수집을 위하여 주변을 샘플링하고 생존에 필요한 탄소, 에너지 및 전자들의 중심 근원들을 향하여 점차 이동한다. 처음에는 그것을 외부에서 만드는 것이 전혀 불가능할 것처럼 보였지만, 사실 세균의 이동 "장치"에 대한 진화적인 조상은 늘 거기에 있다. 예를 들어, 모든 세균들이 방향을 바꾸는 능력을 갖추고 있는 것은 아니다. 이는 더 간단한 형태들로부터 진화가 진행되고 있음을 말하고 있다. 여기서 더 중요한 점은, "모터"를 가진 편모를 만드는 단백질과 열역학적으로 요구되는 엔트로피 폐기물 생산의 일부로서 박테리아에 의해 자연적으로 분비되는 단백질들 사이에는 밀접한 유사성이 있다는 것이다. 사실 몇몇 경우에서, 편모 모터에 사용되는 정확히 동일한 단백질들이, 양성자 회전 모터의 성장에서 관찰되는 것과 같이, 튜브 관을 통해서 상당량 배출된다(예를 들어, 코모리야Komoriya와 동료들. 1999; 영Young과 동료들. 1999). 배출에 포함된 단백질은 아마도 세균 세포들의 막을 가로질러 흐르는 이온 흐름들에 의해서 사로잡히게 된다. 이는 자연선택에 의해 연마된 이동성 시스템들을 만들어 낸다. 별도의 세부 정보로부터, 여기서 주어진 교훈은 흐름의 패턴들은 그들을 찾아 헤매는 구배 차이와 복잡한 순환 구조들의 영역의 어디에든 존재한다는 것이다: 생명은 빈 서판으로 시작하지 않고, 열역학적 "계획들"로서 복잡 미묘하게 그려진 밑그림과 함께 시작한다.

　　세부사항으로 돌아가면, 비브리오Vibrio 세균의 편모는 나트륨 이온들로부터 동력을 받아서 움직이게 된다. 시아노박테리아가 대기 환경 내에 자유 산소를 방출한 이후로, 편모에 전기적인 구동력을 제공하는 양성자의 구배 차이는 지구 표면에서 이십억 년 동안 유기생명체에 힘을 실어주는 동일한 산화환원 구배 차이에서 작용한다. 모든 호기성의 세포들은 화학전기적으로 전하되었다. 그것은 미토콘드리아 막들 사이의 내외부 사이에 존재하는 전기 퍼텐셜의 차이에 의해서 가능하다. 이용 가능한 에너지의 맥락 속에서, 구배 차이를 이용하는 "디자인과 같은" 에너지를 사용하는 구조의 창조와 기능이 기대된다. 이는 예외가 아닌 규칙이다. 어떤 것들은 우리가 의식적으로 설계한 것들처럼 보이기 때문에 의식이 있고, 이는 인간 같은 특정 기술자가 그들을 만들었다는 뜻이 아니다. 이것은 일반적으로 종교를 비판하는 것이 아니라, 오직 자연이 디자인 프로토콜에 공손하게 인간을 요구할 것이라는 견해이다!

앞서 이미 언급한 벨라지오에서 개최된 생물학—환원주의 컨퍼런스에서 철학자인 G. 몬타렌티G. Montalenti(1974, 16)는 "유기생명체들의 구조적이고 기능적인 복잡성과, 무엇보다 생물학적인 현상의 궁극적인 원인론은 생명의 체계적인 해석의 받아들임을 방해하는, 이겨내기 어려운 어려움이며 절대 해결되지 않는 난점이다"라고 주장하였다. 그러나 궁극적인 원인론—바꿔 말하면, 넓은 의미에서 텔레오마틱스와 텔레오노미를 포함하는 목적론—은 NET의 자연스럽게 마지막을 지향하는 흐름 구조의 문맥에서 볼 때 덜 독특해 보인다. 특별히 양성자 회전 모터들에 관련하여, 이 세포들은 현재의 대기 환경이 순환하는 폭풍우들을 만드는 것만큼 소용돌이치는 구조들을 형성하는 것 같다. 자유시간이 선택된 집단의 세균의 후방으로 추진을 위한 모터를 만들어내는 특정한 엔지니어링 작업을 확장하는, 자연이 그런 지성을 그려내는 것은 우스꽝스럽다.

윌리엄 뎀스키

에디스Edis(2001)에 따르면, ID에 관한 가장 설득력 있고 지적인 지지자는 윌리엄 뎀스키William Dembski(1998, 1999, 2000)이다. 그의 주장들은 종종 정보이론(우리가 1장에서 보았지만, 다만 세속적인 이론들에서 잘못 사용되고 혼돈될 수 있는)을 포함한다. 비록 뎀스키가 방향의 출현(예를 들어, 떨어진 물질은 무질서하게 이동하지 않고 땅으로 떨어진다)이 자연 법칙으로부터 간단한 결과일 수 있다는 것을 인정할지라도, 몇몇 현상들은 초자연적인 설명을 요구하는, "우연, 복잡 그리고 기준"을 나타낼 수 있다고 주장한다. 그에게 있어 우연은 의미 있는 몇 가지 형태들을 가정하게 되는 정보 시스템의 능력을 말한다. 그에게 복잡함은 너무 길고 상세하여 단지 우연한 사건들의 탓이라고만 할 수 없는 정보의 배열들을 언급한다. 그에게 기준 사양은 받아들여지기 이전에 의미 있는 배열들을 특정화하는 요구들을 언급한다. 왜냐하면 이것이 그렇지 않다면, 우리는 정말로 거기에 있지 않은 메시지들의 창조적인 해석을 만들어낼 수 있을지도 모르기 때문이다. 무질서한 소음들로부터 의미있고 잠재적으로 보내어진 메시지들을 해석할 수 있는 이런 문제들은, 물론 SETI, 즉 지구 밖의 지능들을 찾을 때도 중요하다; 신성한 계획의 일부들을 캐내기 위한 비편향된 선택적인 기준을 정립하는 것처럼 보이는, 그 자체로 뎀스키 프로토콜은 매우 과학적이다. 사실 몇몇 ID 이론가들은 신의 존재의 윤곽을 그리기 위해서 SETI에 호소한다: 그들이 논의하는 대로 우주 공간으로부터 복잡한 메시지(예를 들어, 영화 〈컨택트Contact〉에서 소수[素數]들로 이루어진 라디오 메시지)는 외계 지능의 존재를 증명하는 것과 같이, DNA 정보의 복잡성은, 그 유사성에서, 신의 존재를 입증한다고 생각된다. 이것은 흥미로운 논쟁이다. 그러나 "의미 있는" 메시지로부터 잡음을 없애기 위하여 뎀스키의 혹은 유사한 방법으로 소집될 신성한 의지는 신과 외계인이 보낸 메시지를 구별하는 쉬운 기준을 제공하지는 못한다.

물질 천체를 뜨거운 빅뱅의 "파멸들"과 비교하며 물리학자인 하인즈 파겔스Heinz Pagels는 천체 그 자체는 "외계 지능—그것을 창조하였던 신—그리고 우리 사이의 통신 연결로서 보여진다"고 추측하였다(파겔스 1989, 155-56). 데미우르고스Demiurge(창조신)는 영지주의Gnosticism에서 사용되는 용어이다. 그것은 무책임하고 종속된 창조자의 서투른 솜씨에 의해서 지구가 망가지는 것으로 보는 종교적인 견해이다. 영지주의의 창조신은 우리에 대해 잊어버렸거나, 창조의 현장을 이미 떠났다. 비록 덜한 애정을 갖고 있지만 우리 스스로를 발견한 세계가 결코 완벽하지 않다고 생각하는 순간, 그런 실체는 완벽한 창조자보다 더욱 논리적이라고 생각된다. 뎀스키 아래에서 ID는 유대교—그리스도교 창조자, 영지주의의 데미우르고스와 지구 밖의 외계문명 사이를 구별할 방법이 없는 것처럼 보인다. 이것은 ID 프로토콜의 목적을 무력화시키는 것처럼 보일 수 있다. 그것은 지능적인 무작위성 뿐 아니라 성경에서 말한 특정한 설명의 과학적인 증거이기도 하다.

비록 그 ID가 다윈주의 진화와 설계 사이를 구별할 수 있는 기준을 제시한다고 주장할지라도, 이 주장들은 부적절하다고 비난받았다(엘스베리Elsberry 1999). 뎀스키는 정보를 변형시키고 전송하는 지력이 없는 과정들이 새로운 내용을 더할 수 없다는 "정보이론" 논쟁과 함께 그런 비난에 적극적으로 대응하기 위해서 노력하였다(에디스Edis 2001). 그러나 이것은 미생물학적 과정에 대한 세밀한 조사에 의해서 노골적으로 반박되었다. 감염 동안에 발생하는 유전자들의 획득은 때론 영구적이다. 지능적으로는 아니더라도 정확하게 정보를 전송하는 시스템 내에 새로운 콘텐츠가 추가된다(마르굴리스Margulis와 사강Sagan 2002). 생명의 가능성에 대한 정보 이론적 도전의 문제 일부는 수학과 추론이 정확할 수는 있지만 틀린 가정에 근거하고 있다는 것이다. 혼돈 변화들과 함께 정확한 DNA 코드를 만들기 위해서 통합되는 화학 물질들의 기회는, 리어왕은 물론 괜찮은 이야기를 인쇄하지 않고 타자기를 치는 무한한 숫자의 원숭이만큼이나 기적적으로, 그 가능성이 극소로 계산될 수 있다. 그래서 역시 혼돈의 변이들과 함께, 세균으로부터 진화하는 인간처럼 특별한 생명 형태의 우연성은 놀라울 만한 것처럼 보인다. 그러나 생명의 불확실성에 대한 계산은 화학 혼합의 규칙들도, 방계(傍系)의 유전자 전달에 관한 경향성조차도 설명하지 않는다. 독자적으로 볼 때 다소 아메바처럼 보이는, 모든 식물, 동물, 곰팡이에 관한 기초를 형성하는, 그 염색체들을 포함하는 핵을 가진 세포는 생채기로부터 나타나진 않는다: 그것은 서로 게걸스럽게 먹고 감염시키는 등 뚜렷한 신진대사 능력을 가진 세균들의 행위결과물이다. 유기생명체들은 원자단위, 분자단위로부터 통합되지 않고, 모듈식으로 한 번에 유전체에서 나온다. 유기생명체들이, 기존 예술 작품을 샘플링하는 예술가처럼, 진화하는 경향이 있다고 우리가 깨달을 때—우리가 단일 변이들보다 진화해 있다고 깨달을 때—진화하고 있는 까마귀 혹은 점균류와 같은 주어진 생명형태의 우연들이 신성의 간섭 요구에 덜 시달리는 것처럼 보인다. "더 이상 축소될 수 없는 복잡성"이 "축소할 수 있는 복잡성"의 정의로 더욱 밀접하게 된다. 단단히 결합하는 기계 부품과들는 달리, 세포의 흐르는 전체는 자기 조립과 복제(증식)로 강건하고 풍부하게 결실을 맺고 그 스스로를 분자 수준에서 복구할 수 있다. 간섭하고 통합할 수 있을 때, 많은 방식과 많은 수준들에서 그들은 그렇게 할 수 있게 된다. 예를 들어, 맨섬Isle of Man의 생물학자 도널드 윌리엄슨Donald Williamson(2003)은 성게 정자(불가사리가 속해 있는 극피동물 대어 족으로부터 에치누스 에스쿠렌투스[*Echinus esculentus*])는 우렁성게(우리가 속해 있는 척색[脊索]동물의 대어 족으로부터 아스시디아 멘투라[*Ascidia mentula*]) 난자를 수정시켜서 가임(다산)의 자손들을 생산할 수 있다는 것을 발견하였다! 놀랍게도 성공적인 그런 이종의 수정은 적어도 부분적으로 무척추동물들 내에서 미개척된 면역시스템의 결과물일 지도 모른다. 그런 순환은 매번 다시 창조될 필요는 없고, 이미 창조되었을 때 확실히 장애물을 피하여 에둘러 가게 된다.

　　여기서 주요점은, 생명의 열린 시스템은 생채기로부터 그들이 의존하는 구조들을 생산할 필요가 없다는 것이다. 열린 열역학적 시스템을 통한 방계 전달은 유기생명체가 이미 존재하는 모든 기능적인 게놈들을 포함하여 외부로부터 항목을 구입하고 흡수할 수 있게 한다. 유기생명체는, 운전자가 운전을 하기 전에 자동차를 조립하는 데 필요 이상으로 운이 필요하지 않는 것과 같다.

처음으로 구배 차이를 창조하였던 원래 개체는 결코 없었다고 주장할 정도로 우리는 그렇게 거만하지 않다. 우리가 말하고 있는 것은 살아있는 것과 살아있지 않은 것 사이에 존재하는 그 연결성은 복잡성의 연속성을 보여주고, 우리와 다른 생명—형태들의 에너지 방식이 몇몇 경우에는 아마도 불활성과 지능이 없는 천체에서 우리 밖에 과정들과도 놀랍도록 비슷하다는 것이다. 우리는 지능적으로 행동하나, 일어날 법한 무질서와 바보 같은 일 또한 조직화되고, 순환하며, 행동을 찾는 것을 보여준다. (천장에 공기 흐름을 생각해 보자.) 자연은 우리가 하는 대로 어떤 것들을 망치와 볼록 쇠시리 및 못을 가지고 만들진 않았다. 그러나 그것은 이런 모든 것들을 가지고 무엇이든 할 수 있는 우리를 만들어내고 있다. 복잡한 구조들은 에너지 흐름의 영역에서 열역학적으로 발생하고 생명의 경우에는 제2법칙에 의해 묘사된 보편적 경향을 성취하여 구배 차이 소멸을 계속하는 것에 관한 정보는 점차 확신된다. 더구나, 인류가 어떤 것들을 만드는 것에 반하여, 자연은 그들을 기르고 성장시킨다: 그것의 생산은 더 크거나 더 작을지도, 더 멋지거나 이상할지도 모르나, 그들은 거의 항상 우리 것보다 더욱더 우아하게 "만들어진다." 더 높은 의식의 품질 증명들—세밀한 지각, 배움, 가상, 정신의 모형화, 과학, 그리고 기술—은 존재하는 구배 차이와 새로운 구배 차이들을 인식하는 기회에 접근하는 것을 증가시키는 경향성을 갖추고 있다. 계획과 의식의 정신세계는 우리에게 평형을 추구하는 시스템들의 물리적인 세계로부터 완전히 분리되거나 그것의 일부인 것처럼 보인다. 물질과 정신은 NET를 통하여 연결되어 있는 것처럼 보인다.

어떤 것은 우리를 몇 가지 기대를 돋우게 하는 질문들로 이끈다.

생명의 지속적인 팽창과 모든 에너지에 대한 천체의 막대한 자원을 감안할 때, 생명이 전체 천체를 지배할 수 있는가? 그것은 아마도 새로운 자손의 천체들을 창조하는, 그 어떤 것을 할 수 있는 거대한 컴퓨터로 전환시킬 수 있는가? 과거에 상상된 천국은 우리 혹은 우리의 자손들의 미래에서는 현실화될 수 있는가? 천체가 붕괴되면, 생명은 적응할 수 있을까? 엔트로피 생산과 순환하는 복잡성 사이의 관계는 반대로 뒤집어져서, 결국에 천체는 비생명의 단지 몇 개의 섬들을 가진 생명의 바다가 될 것인가? 혹은 그것은 아마도 이미 길일 것이나, 우리가 그것을 인식하기에는 너무나 바보인가? 즉 에너지가 결코 소실되지 않는다고 말하는 에너지의 제1법칙과 함께, 생명이 열린 시스템이라면, 우주는 이미 거대한 살아있는 시스템인가? 40억 년의 진화 역사는 인류와 기계장비들을 만드나 미래 형 배아의 전조는 어떠한가? 혹은 이것은 결국 승리를 거두는 빅토리아 시대 사람들에 의해서 상상되는 우주의 열 사멸(열 죽음)과 더불어 그녀가 적었던 과연 모든 것인가?

　　과학의 영역이라기보다는 오히려 과학소설의 영역이기는 하지만, 흥미를 자아내는 몇몇 의문들도 있다. 창조론은 과학이 아니라 기껏해야 이러한 부류의 철학적인 사색(심사숙고)이다. 2,000년 전에 적힌 창조의 성서학적 설명들에 관한 과학적 증거를 발견하려는 시도들은 이미 금이 갔다. 창조 과학의 노력은 특별한 창조의 특정 기원에 관한 이야기에서 과학적 증거를 제공하기보다는 진화론을 폭로하기 위해 편향되어 있다. 성서에 2,000년 전 설명이 실제론 비과학적인 기적들을 호소할 때 이해될 수 있다. ID와 그것에 대한 창조주의자의 비슷한 부류와 함께 가장 큰 문제는 조사의 진정성에 대한 부재이다. 우리가 과학을 경찰 조사와 비교한다면, 좋은 과학은 당시에 훌륭한 탐정처럼 행동한다. 범죄를 저질렀던 사람을 확신하지 못하며 모든 믿을 만한 예비범죄자들의 명단을 끝까지 추적하게 된다. 반대로 창조 과학은 게으르고 확실히 타락한 탐정—초기부터 누가 용의자인지를 결정하거나 오히려 어떤 용의자를 틀에 넣을지를 결정하는 사설탐정인 것이다. 조사도 하기 전에, 창조 과학은 벌써 살인을 하느님께 고정시키고 싶어 하며 그렇게 결정하였다. 철학자 쇠렌 키르케고르Søren Kierkegaard가 지적하였던 대로, 네가 증거를 더 작게 가지면 가질수록 여기서 네가 그것을 믿어야 하는 믿음은 더 커지게 된다. 소위 창조 과학의 아이러니는 그것이 기적을, 말 그대로 증명할 수 없는 기적을 증명하기 위해서 과학적인 논리를 사용하기를 원한다는 것이다. 그것은 과학이 아니고 믿음의 문제이다.

잔꾀와 망각

볼츠만은 "철학은 나의 신경을 타고 오른다"라고 적었다. "만약 우리가 모든 것의 궁극적인 기초를 분석할 수 있다면, 모든 것은 결국 무지에 도달하게 될 것이다. 그러나 나는 강의를 다시 시작하고 의심의 눈초리로 똑바로 앞을 본다. 사람이 인생을 소중히 여긴다면, 그것은 아주 불길할 수 있다"(탄포드Tanford와 레이놀즈Reynolds 1995, 673에서 인용됨). 생명은 궁극적인, 신학적인 목적을 가지거나 가지고 있지 않을지도 모르나, 그것은 우리에게 물질적, 열역학적인 목적을 가지고 있는 것처럼 보인다. 철학은 어떤 이유로 볼츠만의 신경들을 타고 오른다. 너무나 많은 가능성들이 있다. 과학적인 방법 없이, 부정확한 개념을 제거하는 것 없이, 그들의 범위를 좁히는 것은 너무나도 어렵고 불가능하다. 그런 임무가 모두 헛되고 정신적으로 충격적일지도 모른다. 그럼에도 불구하고, "눈으로 직접 의심의 히드라"를 보면서 우리는 가장 깊은 근원의 질문들에 도달할 수 있다. 우주가 왜 처음에 그렇게 조직화(예를 들어, 우주 공간과 별들로 전자기장의 구배 차이)되었는지를 설명하는 것은 무척 어렵다. 생명은 기적처럼 보이지 않으나 오히려 그 물리적, 물질적, 궁극적으로 평범한 목적이 제2법칙에 따라 이전의 복잡성을 없애는 또 다른 순환 과정의 시스템인 것처럼 보이게 된다. 유기생명체에 저장되고 생각과 행동에서 방출된 에너지의 실제 영향력은 유전적인 조절 하에 있지 않아서 초마다 감각과 행동의 수준으로 다루어지게 된다. 환경, 날씨 그리고 이들 서로 간에 상호 작용하여 그 생명체들은 복잡한 형태와 행동하는 패턴들로 더욱 발전하게 된다. 감각의 파노라마를 보여주는 태양으로부터 전자기 방사선은 지구의 해양, 육지, 공중, 그리고 인간과 함께, 심지어 궤도를 도는 유기생명체로 쌓여간다. 비록 유전적으로 잘 알려진다고 할지라도, 살아있는 물질은 에너지 자원들을 찾고 때론 매우 빠르게 응대한다. 살아있는 에너지를 변형시키는 것은 그들에게 물질의 형태와 연속성을 보존하는 예리함을 주는 지능을 소유한다. 아마도 깨달음과 선택의 불투명한 힘들이 모든 살아있는 존재들 속에 있다. 실제 시간—우리가 경험하는 속도—에서 행동과 운동은 유기생명체들에 의해서 직접적인 영향을 받는다. 잔꾀는 단지 운이 아니다. 그렇다면, 가능한 행동들에 대해서 우리의 상상뿐만 아니라, 우리의 행동과 우리 행동의 의식적인 모형화는 새로운 열역학적 흐름의 경로를 세우는 데 도움을 줄 수 있다. 결국 그런 흐름의 경로들은 의식의 주의로부터 무의식, 생리 환경과 같은 통제로 이동할 수 있다. 사실, 행동이 습관이 될 때까지 우리가 우리의 행동을 반복하는 순간, 의지를 가진 행동—마이어의 언어에서 "텔레오로지컬teleological"—은 우리가 더 이상을 하는 것에 관하여 생각할 필요가 없는 어떤 것—마이어의 언어에서 "텔레오노믹teleonomic"—이 될 것이다. 또다시 인간의 의식적인 목적이 목적의 오래된 생리학적이고 열역학적인 종류들과 연결성을 가지고 있는 것처럼 보인다.

일시적인 구배 차이, 블랙홀, 그리고 거꾸로 가는 시간

닫힌 환경 내에서 에너지를 소산하고 균일하게 되는 에너지의 피할 수 없는 성향—우리에게 쓸모 있는 능력들을 잃어버리게 하는—은 피할 수 없이 소진되는 천체의 어두운 시각과 합쳐지게 된다. 지능은 새로운 구배 차이에 대한 인식을 이끈다: 생명과 우주는 우리가 상상했던 것보다 훨씬 더 친밀하게 연결된다. 높은 엔트로피의 블랙홀들을 묘사하는, 캠브리지 우주학자인 스티븐 호킹(1990)에 의해서 발전된 물리학에 근거하여, 프리먼 다이슨Freeman Dyson(1994)은 생명은 심지어 별의 죽음 후에도 자원들을 발견한다고 제안하였다.

열역학적 평형에 도달하는 백색왜성들과 중성자별들과는 달리, 블랙홀은 음성의 특별한 열을 가진 보이지 않는 중심들에서 거대한 양의 엔트로피를 포함하고 있다. 블랙홀이 존재하는 한, 다이슨이 말하기를, 질서가 유입되고 무질서가 배출되는 장소는 존재할 것이다. 블랙홀 열역학에 대한 스티븐 호킹 박사의 이론은 빅토리아시대 사람들에 의해서 상상된, 우주의 열 죽음이 결코 결실을 맺게 되지 않을 것이라는 희망을 제공하였다. 호킹과 다이슨이 정확하다면, 매우 먼 미래에 우리 후손들은 에너지를 요구하는 별들보다 오히려 블랙홀에 더 의존하게 될지도 모른다.

제2법칙은, 의심할 여지없이 제한된 인간의 개념 속에서, 우연하게도 천체의 팽창에 대한 방향뿐만 아니라 별들로부터 빛의 외향(안쪽이 아닌) 방사선이 아닌 전체 확률이 증가하는 방향의 앞으로 나아가는 시간과 연결되어 있다. 천체의 확장은, 그러므로 자유에너지가 들어갈 새로운 영역을 제공하고, 천체의 필연적인 열 죽음으로 인하여 지난 세기에 상상하였던 최종 평형에 도달할 필요성을 무기한 연기한다. 천체는 중력 속에서 수축되기 시작할 때, 만약 관찰되었던 빅뱅에 반대하는 "큰 위기Big crunch"를 생산하는 우주 내에 충분히 어두운 물질이 있다면, 시간은 마치 역행하여 흐르는 것처럼 보일 것이다. 인공두뇌학자인 노버트 위너Norbert Wiener, 열역학자인 루트비히 볼츠만, 물리학자인 토마스 골드Thomas Gold, 우주학자인 스티븐 호킹과 몇몇 연구자들은 중력의 위기를 받는 블랙홀의 내부 혹은 미래의 우주와 같이 엔트로피가 감소하는 영역 속에서 시간의 역행을 상상하고 있었다. 불확실성이 매력이되고 자연은 구배 차이를 사랑하는, 내부로 복사하는 빛과 퇴화하는 그런 천체, 천수국(千壽菊)이 빛을 발산하고, 광선이 별들로 응결되며 인류가 죽음으로부터 괴로워하는 것보다 오히려 절정의 쾌락과 함께 소멸해 가는 천체를 고려하는 것은 매우 흥미롭다. 시간의 비대칭의 문제들은 현대 우주론을 여전히 난처하게 만든다. 구배 차이가 공간적인 차이를 따라서 측정 가능한 차이가 되고 공간이 시간에 귀속되어 연결되면, 구배 차이에 대한 자연의 혐오감은 시간에 대한 차이로 또한 확장될 수 있는가? 먼 과거와 훨씬 먼 미래 사이에 놓여 있는 그 차이는 또한 구배 차이인가?

이는 이 책 지구의 경계를 넘어서 생태학적 범위 이상이나, 아마도 우리는 열 죽음을 향하여가 아닌 빛의 탄생을 향하여 이동하는, 훌쩍 훌쩍 흐느끼는 것이 아닌 굉음으로 끝나는 반 빅토리아 시대의 우주 속에서 살고 있는 것이다.

"내가 신이다"

슈뢰딩거는 1943년 4월 그의 강연을 끝내고 강연 내용을 인쇄하기 위하여 평판 있는 카힐앤 컴퍼니Cahill and Company의 더블린 출판사에 정리한 원고를 제출하였다. 마지막 원고에서, 슈뢰딩거는 결정론과 자유 의지에 대한 네 페이지짜리의 짧은 끝맺음 말을 삽입하였다. 세 번의 강연에서 생명의 과학적 측면에 대해서만 말하였고, 지금의 그는 생명에 대해 새로운 관점의 철학적 암시에 관한 그 자신만이 가진 주관적 생각을 제안하기를 원한다고 아래와 같이 적었다.

앞선 페이지에서 제안된 증거에 따라서 마음의 활동, 자의식 혹은 다른 어떤 행동들에 대응하는 살아있는 존재의 몸체에 있는 공간—시간은 (…) 만약 엄격히 결정되지 않는다면, 통계적—결정론적인 속도 안에 있을 것이다. (…) 이 논쟁을 위해서, 이것을 사실로서 간주하자. 만약 매우 잘 알려지지 않았을지라도, 내가 알고 믿고 있는 대로 모든 비편향된 생물학자는 "자신 스스로의 순수한 체계를 선언하는"것에 관하여 불쾌한 느낌을 가질 것이다. 왜냐하면 그것은 직접적인 내성적 성질에 의해 보장된 대로의 자유 의지를 반박하는 것으로 생각될 수 있기 때문이다. 그래서 우리가 다음 두 선행조건들로부터 모순되지 않는 결론을 그려낼 수 있는지를 잘 보도록 하자.(I) 나의 신체는 자연의 법칙에 따라서 순수한 메커니즘으로서 기능한다.(1944, 87)

여기에서 슈뢰딩거는 적당히 걸러들으며 이 메커니즘에 대한 아이디어를 취하라고 우리에게 경고하고 있다. 강연 전반에서 그는 청중들에게 지구의 운동 혹은 시계처럼 시간과 또 다시 생명은 메커니즘이 아니라는 것을 상기시켰다. 우리는 지금 지능의 메커니즘들, 기술은 지능 있는 구배 차이를 소멸시키는 생명으로부터 외부로 흘러간다고 인식한다. 기계들은 초인간적 방법으로 생명에 "내장"되어 있지 않다. 오히려, 에너지 기반의 물질 흐름의 시스템들에 대한 기계적 평형 이상을 찾는 내재적 지능은, 현대 인류의 기계를 만드는 글로벌한 소비 사회를 포함하는 모든 교활한 유기생명체들을 생산해 낸다.

슈뢰딩거는 『생명은 무엇인가?What is life?』(88)에서 "그러나 나는 논쟁할 수 없는 경험으로 안다"고 적고 있다.

나는 결과를 예측하는, 운명이 있고 모두 중요한 어떤 경우서 내가 느끼고 완전한 책임을 가지는 운동들을 지시할 수 있다. 이 두 사실들로부터 유일하게 가능한 추론은 내가 생각하기로 나─그 단어의 폭넓은 의미에서 말하자면, 이전에 말했거나 "나"로 느꼈던 의식적인 마음인 나─는 그런 사람이다. 만약 자연의 법칙들에 따라서 "원자들의 운동"을 통제하는 사람(…) 이런 결론에서 그것이 요구하는 간단한 단어들을 줄 수 있기에 나는 감히 대담해진다. 그리스도교 신앙에서, "여기에서 나는 전지전능한 신이다"고 말하는 술어는 모두 불경하고 미친 것처럼 들릴 수 있다. 그러나 제발 당장은 이 함축들을 무시하고 위의 추론이 생물학자가 한 번에 하나님과 불멸을 증명할 수 있는 가장 가까운 추론은 아니다고 생각해 보아라.

상상할 수 있는 것처럼, 위 문장의 마지막에 그런 베다 사람의 끝맺음은 보수적인 신교도와 슈뢰딩거의 후원협회, 캠브리지대학 내 단과대학인 트리니티 칼리지에는 상당한 충격을 주었다. 그는 그의 원고 속에 개인적이고 주관적 생각들을 제거하도록 강력하게 요청받았다. 그러나 그는 특유의 고집으로 원고 중에 끝맺음 말을 바꾸는 것에 대해서 강한 거부감을 나타냈다; 출판사는 그의 책을 인쇄하는 것을 거부하였다. 이듬해, 1944년에 91페이지짜리 작은 녹색 책은 훨씬 더 세속적인 캠브리지 대학 출판사에서 출판되었다.

슈뢰딩거는 역시 옳았다. 너는 열역학적 신과 같다: 이 책을 마쳤을 때 너는 의식을 사용하여 에너지를 전달하고, 신체의 지방 근육의 구배 차이—에너지와 그 냉혹한 흐름들을 통해서 특징지어진 천체의 모든 시스템—를 활용하게 된다.

열린 열역학 시스템들의
순환들

우리는 앞서, 운반 세포와 컴퓨터에서부터 허리케인과 생태계까지 모든 종류의 복잡한 시스템들이 열역학적인 원리에 의해 조직화된 에너지 흐름의 구조들 속에서 이해되어짐을 논의하였다. 책의 본문에만 그러한 주장들을 기술하는 것보다, 더욱 공식적으로 받아들여지도록 이들 조직화에 대한 중요한 원리들의 목록이 여기에도 있다. 그것은 아직 완전하지는 않다; 우리는 열린 시스템들을 연결하는 다른 원리들이 계속 발견되기를 열렬히 기대한다.

1.   선형의 거의—평형의 영역에서, 힘과 흐름들이 서로 결합하여 상호의존하는 관계들이 존재한다. 이들은 온사게르Onsager의 상호의존 관계들이다. 예를 들어, 관에서 흐르는 유체의 층류는 직접적

으로 관내에 압력과 밀접하게 관련되어 있다. 한편, 압력은 흐름 속도에 선형적으로 관련되어 있다. 화학과 물리학에서 잘 알려진 법칙은 온사게르의 거의—평형 과정들의 상호의존 관계들과 일치한다. 푸리에의 법칙에서, 열의 흐름은 온도구배 차이에 비례한다. 픽의 확산 법칙Fick's law은 확산과 화학농도의 구배 차이 사이에 비례 관계를 잘 기술한다; 그리고 옴의 법칙Ohm's law은 전류와 저항 사이에 결합을 정량화한다. 모든 것이 온사게르가 묘사하는 과정의 형태들이다.

2. 온사게르의 선형의 상황에서, 소재와 에너지 흐름에 의한 어떤 시스템의 전체 엔트로피 생산량은 비평형의 정상 상태에서 최솟값에 도달한다. 거의—평형 과정들은 평형과의 어느 정도 거리에서 정상 상태를 이루고 최소 엔트로피 생산의 상태를 향하여 계속 (진화하여) 나아간다. 이에 관한 예들은 과학 전반에서 보인다. 최소 엔트로피 생산량은 정상 상태의 화학 시스템들에서 보여지고, 열이 그 시스템의 범위 내에 따라서 정상 상태에 도달할 때의 열 전도 상에서도 보인다.

3. 힘은 시스템 내에서 보존된다. 선형의 거의—평형 시스템들은 키르히호프의 전기회로 법칙Kirchhoff's circuit laws의 법칙을 따른다. 그것은 부피와 질량의 흐름들이 전기 회로에서 전하의 흐름과 유사하다고 말하는 것과 같다. 화학, 압력 그리고 농도 퍼텐셜뿐만 아니라 전기 퍼텐셜에서 차이들의 합은 폐회로 내에서는 제로(영)에 이른다. 동일한 양의 힘은 상쇄된다. 이것은 힘의 보존법칙에 대한 간단한 진술이다. 이들 규칙을 적용하여 시스템의 위상 (혹은

시스템이 어떻게 "네트워크화된") 그리고 흐름, 저장, 그리고 소산을 결정할 수 있게 된다.

4. 시스템들이 강요된 구배 차이에 의해서 선형의 거의—평형으로부터 멀리 떨어져 이동할 때, 그들은 적용된 구배 차이들을 저지하고 소멸시키는 데 그들이 이용 가능한 모든 경로들을 사용할 것이다. 이와 관련해서 '에너지를 소산하는 구조'라는 용어는 새로운 의미, 즉 물질과 에너지의 증가하는 소산뿐 아니라 구배 차이의 소멸을 나타낸다. 이에 관하여 에너지 소산과 에너지 소멸 사이를 구별하는 것은 지금 매우 중요하다. 에너지 소산은 베나르 세포에서와 같이 시스템을 통하여 에너지를 이동시키는 것을 의미한다. 소산은 구배 차이를 파괴시킬 수도 그렇지 않을 수도 있다. 에너지 소멸은 에너지의 양을 파괴시키는 것을 의미한다. 그러므로 에너지 소멸은 에너지 파괴, 즉 일을 할 수 있는 구배 차이를 생산하는 에너지 능력의 소멸을 의미한다. 단지 열 흐름을 포함하는 단순한 시스템들 내에서 에너지 소멸은 에너지 소산에 의하여 일어나게 된다.

5. 적용된 구배 차이가 증가하는 것과 같이 평형으로부터 더욱더 이동하는 것을 저항하는 시스템의 능력도 마찬가지일 것이다. 베나르 세포의 정보는 시스템이 평형으로부터 더 멀리 있으면 있을수록 그것을 그곳에 유지시키기 위해서 강요되고 소멸되는 구배 차이는 더욱더 강해진다는 것을 보여준다.

6. 더 큰 구배 차이에 의해서 평형으로부터 멀리 이동한 시스템들은

인투 더 쿨: 에너지 흐름, 열역학, 그리고 생명

증가하는 에너지 흐름과 더불어 더 큰 엔트로피 생산량의 속도를 동반하게 된다. 또다시 우리가 베나르 세포 연구를 돌이켜 생각해 보게 된다. 여기에서 더 가파른 구배 차이는 시스템들 전반과 함께, 증가된 엔트로피 생산량에서의 경우에 증가된 에너지의 흐름들을 일으킨다. 베나르 세포들의 꼭대기로부터 소멸된 열 흐름은 이 시스템들에 에너지 생산량과 동일하다.

7. 열린 비평형 시스템들은 평형으로부터 어느 정도 거리에 존재하고, 시스템 밖으로 퍼지는 엔트로피를 생산하며 시스템 밖에서 무질서의 대가로 시스템 내부에 낮은 엔트로피 수준을 유지시킨다. 만약 유입된 엔트로피가 내부의 엔트로피 생산보다 낮다면, 에너지와 재료를 구조 내로 끌고 들어오는 것은 시스템의 내부 엔트로피를 낮추게 될 것이다. 이것은 들리는 것만큼 그렇게 복잡하지 않다. 예를 들어, 아메바는 그 주변보다 더 높은 수준의 조직 구조를 가지고 있다. 이러한 조직화된 상태를 유지하기 위해서, 아메바는 그것이 생산하는 것보다 덜 엔트로피를 유입해야 한다. 그것의 조직화는 어딘지 모르는 곳으로부터 오는 게 아니라 더 큰 "우주(전체)=시스템+주변"의 엔트로피에서의 증가에 의해 부담된다. 조직화된 에너지 소산의 시스템들은 그 시스템 외부의 더 큰 무질서의 대가로 존재한다. 이는 결코 위배되지 않으며, 제2법칙은 아메바의 조직화를 유도하게 된다.

8. 구배 차이가 시스템에서 강요되고 활동적인 조건들이 허락하면 자동 촉매작용 혹은 자기 스스로 강화하는 조직화된 과정들과 구조들이 일어나게 된다. 이 자동 촉매작용의 조직들은 재료와 에너

지를 그들 스스로 내부로 끌고 들어가게 된다. 대표적인 예들은 허리케인과 살아있는 시스템들을 포함한다. 그런 과정들은 에너지 퍼텐셜이 순환하는 과정으로, 끌어들여지는 구배 차이들에 의해서 조직화된다. 자동 촉매화작용의 조직화는 시스템들을 통하여 에너지와 재료의 흐름들과 함께 움직이는 비선형의 동적 시스템들이다. 이 시스템들은 안정하고 순환하는 행동들과 끌어안기 내포(內浦), 분기(분지), 그리고 대재앙의 행동에 의해 수학적으로 묘사되는 동적인 성능들을 나타낸다. 또다시, 베나르 시스템은 그런 과정들에 대한 실험적인 예이다. 온도 구배 차이의 한계점(마랑고니 수Marangoni number)이 넘어섰을 때, 분기는 발생하고 베나르 세포는 정상 상태에서 순환하는 동적인 시스템으로서 나타난다. 테일러 소용돌이들은 그들의 변환 속에서 비슷한 대재앙의 행동을 나타낸다. BZ 반응들에서 돌연 변화들은 정상 상태들 사이에서 분기를 대표한다.

로버트 울라노위츠는 자동 촉매작용을 화학 내에 생태시스템의 규모로 확대하고, 자동 촉매작용을 자연에 복잡성을 창조하는 주요한 과정으로 생각하였다. 우리는 이러한 제안을 더욱 열심히 외부에 전달하고 그것은 자동촉매화작용의 것을 포함한 자연 내에 복잡한 동적인 조직들의 형성에 관하여 주요 발생적인 힘이 제2법칙이고 비평형 에너지 소산의 시스템 행동이라고 말하곤 한다. 이 가설(가정)의 주요한 측면은 새로운 물질과 에너지가 에너지 소산의 시스템들로 끌어들여 질 수 있다는 것이다.

9. 생물학적 시스템들은 최적으로 에너지를 잡아 끌어들이고 가능한 완전하게 이용 가능한 구배 차이를 소멸시킨다. 여기서 최적으로

Optimally는 성장, 신진대사와 재생산에 관한 가장 호의적인 것을 의미한다. 최적의 값들은 환경의 변화들에 따라서 증가하거나 감소할 수 있다. 나무들은 엄청난 에너지 소산의 과정들이나 이들이 가뭄에 직면할 때 물의 손실을 막기 위해 잎의 표면들에 존재하는 기공들을 닫을 것이다. 그러므로 나무는 그것의 증발과 엔트로피 생산량을 최적으로 통제할 것이다. 이외에도 나무들은 이용 가능한 구배 차이들을 사로잡기 위해서 이를 더 잘 할 수 있는 멋진 나뭇잎 모양들, 닫집들, 그리고 향일성과 배일성(背日性, 빛을 향하여 이동하는)을 가지고 있다. 각각의 식물 종들은 에너지를 사로잡는 방식들을 효율적으로 계속 진행시키기 위해서 필요한 자신 스스로의 환경(존재를 위한 스스로의 장소와 생계의 수단)과 스스로의 유전적 기계들을 가지고 있다. 생물학적 시스템들이 가능한 만큼 완벽하게 구배 차이를 소멸시키는 것은 대부분의 에너지가 물의 증발 형태에서 낮은 등급의 잠열로 소멸되는 식물 내부에서도 관찰될 수 있다. 광합성에서 생산되는 생물 자원들은, 이산화탄소, 물, 그리고 단순한 유기물들로 이들을 돌려놓는 초식동물과 곰팡이와 세균과 같은 폐기물 침식자들에 의해 먹혀진다.

10. 생물학적 과정들은 에너지의 즉각적인 에너지 소산을 지체시키고 에너지와 재료 저장, 순환, 그리고 구조들을 효과적으로 발생시킨다. 광합성에 의해서 광자들의 사로잡음과 지연, 그리고 광자 에너지(광양자들)의 화학 에너지(몸체들의 탄소—수소와 탄소—탄소의 결합)로 변환들은 가장 현대적인, 생명의 열역학적 기본이다. 가장 성공적인 에너지 소산의 자동촉매화작용의 구조들은 그들의 구배 차이를 소멸시키는 능력을 유지하는 식으로 이용 가능한 구배 차

이들을 소멸시켜 간다. 증가하는 에너지를 사로잡음을 향해가는 경향이 있는 생물학적 시스템들은 생물 자원들을 내부에 저장한다. 그러므로 이것들은 에너지의 즉각적인 소산을 연기시키고 주변의 에너지 불안정성들로부터 자립을 허락하는 내부의 구배 차이들을 효과적으로 생산하게 된다.

11. 생명과 다른 복잡한 시스템들은 제2법칙을 반박하지 않을뿐더러 오히려 그것 때문에 존재한다. 더구나, 생명과 다른 복잡한 시스템들은 그것이 없는 것보다 더욱 효과적으로 미리 존재하는 구배 차이들을 소멸시켜 간다.

그의 최근 서적 『조사Investigations』(2000, 82)에서, 맥아더 상 수상자인 스튜어트 카우프만은 아래와 같이 적었다.

자기 스스로를 만드는 생태계들이 존재하는 것은 다소 물리학적임에 틀림없다. 그러므로 현재 물리학에서 어떤 사안들에 관하여 어떤 이론들도 가지고 있지 않는 것이 매우 중요하다. (…) 개념상의 연속다발은 미스터리의 중심에 놓여 있다. 그런 다발은 생태계와 물리학적 우주의 진화 속에서 조직의 점진적인 출현에 관여한다. (…) 이들 물질들에 관한 현재의 어떤 이론도, 그런 이론들의 주요한 물질에 대한 심지어 분명한 개념도 우리가 가지고 있지 않다는 것은 분명할 것이다. (…) 나는 그것을 또다시 말할 것이다. 우주는 에너지 자원들로 꽉 차 있다. 에너지 자원들을 구성하고, 에너지를 측정하고, 감지하며 사로잡으며, 에너지 방출에서 규제들을 구성하는 새로운 구조들을 만들고, 그러므로 더욱더 그런 다양화되고 새로운 과정들, 구

인투 더 쿨: 에너지 흐름, 열역학, 그리고 생명

조들, 그리고 에너지 자원들을 창조하기 위해 비자발적인 과정들을 이끌어가며 증가하는 다양성과 복잡성의 비평형 과정들과 구조들이 일어난다. (…) 나는 이 사안들을 진술하는 개념들을 우리가 좀처럼 가지고 있지 않다는 것을 매우 기쁘게 생각하게 된다; 확실하게 과정과 구조의 이러한 급성장에 관한 어떠한 일치되는 분명한 이론을 아직 우리는 가지고 있지 않다.

우리가 카우프만에게서 그의 기쁨의 근원을 빼앗기를 바라지 않는 동안, 우리는 위에 기술한 11가지 가정(주장)들이 생명에 일치하는 열역학적 이론의 시작을 대표한다고 주장한다. 만약 진화가 보인다면, 모든 생명이 어떻게 제대로 된 품위와 관련되어 있고 모든 생명이 어떻게 생태학에 상호 연결되어 있는지를 보인다면, 구배 차이에 근거한 열역학은 제2법칙 아래에서 어떻게 생명이 비생명의 복잡한 시스템들을 조직화하게 되는 동일한 열역학적 책무들에 의해서 이끌려 가는지를 보여준다.

지금까지 인류는 생명을 단순히 유전회로의 결과물로만 이해하기 위해서 노력하여 왔다. 여러 유전회로 간의 긴밀한 상호 작용으로 생체 대사 과정이 진행되고, 생명이 존재하고 존속하게 된다는 것은 자명하다. 결과론적으로 생명에 대한 이들 분자유전학적 접근이 한시적으로 효용가치가 높았으나 이와 같은 편협화된 시선으로만 깊이 있는 생명과 그 주변을 바라보는 것은 인류의 현재와 더 나아가 미래를 예측하기에 상당히 부족하다는 것이 이 책 저자의 설명이다. 이 책의 저자를 포함한 몇몇 유명 현대 과학자들은 생명을 바라보는 또 다른 축으로 '에너지 흐름의 소통'을 지적하고 있다. 이는 오래전 슈뢰딩거가 그의 유명한 에딘버그 강연에서 열심히 주장한, 그러나 가려진, 진실 가운데 하나이다.

그가 주장한 대로, 열역학 제2법칙, 즉 무질서의 법칙에 따라 새로운 평형 상태로의 에너지 흐름이 이동 가능하여 계 내의 새로운 상태가 편의상 조직화되고 안정화된 생명의 모습이 결국 창조되었다. 이를 간접적으로 증명하듯, '베나르 세포'이라는 비생명적 모형은 주변으로 에너지를 확산하는 과정을 통해서 내부 계에 구체적인 모습(구조)들을 갖추어가는 것을 보여주었으며, 생명의 기본 단위인 세포 모형의 조직화 과정을 에너지 흐름의 소통으로 완성하는 것이 유추 가능하게 되었다. 흥미롭게도 이는 상온의 낮은 온도에서 짧은 시간 이내에 그 외형적 모형과 기능들을 갖추어갔다. 심지어 이는 복제되어 다음 세대를 형성하였다. 세대

간의 끊임없는 생산을 통하여 지속되지만 이 과정 중에서 때론 불완전한 복제과정이 일어나고, 일부만 생존하게 되는 우리와 같은 살아있는 생명은 더욱이 진화도 가능하다. 복잡한 계의 에너지 변환에서 생명 개체의 진화가 점차 완성되어 가는 것이다. 아울러, 주변 환경과의 상호 작용, 즉 에너지 발산과정에서 환경의 변형이 발생되는, 때론 온난화 등 심각한 경제손실 등이 나타나게 되는 지경에 이르고 있다.

표면상 이 책과 흡사한 『맥스웰의 도깨비가 알려주는 열과 시간의 비밀(톰 잭슨 저)』과 같은 에너지 저서들을 흔하게 볼 수 있다. 대부분 열역학 분야를 구축한 유명 과학자들과 그 일화가 중심 내용인데, 전체 설명의 과정 중에서 열역학 제1법칙과 이어서 열역학 제2법칙이 탄생되는 이야기를 제공한다. 그러나 너무 전문적인 내용(예, 주로 통계열역학 기반의 열역학 현상을 설명)으로 구성되어 있어서 전공자가 아닌 일반 독자들이 관련 내용을 이해하고 흥미를 가지기에는 그 능력이 터무니없이 미약하다고 생각한다.

에릭 슈나이더와 도리언 세이건이 지은 이번 책 『인투 더 쿨: 에너지 흐름, 열역학, 그리고 생명』은 열역학 내용을 주로 설명하는 전공서적의 한계에서 벗어나 전문적인 지식 없이도 간단히 에너지 흐름의 정의를 통한 생명의 기원, 목적, 과정 및 미래까지도 예측할 수 있다. 전공자를 위해서는 생명과 주변 환경을 이해하는 데 열역학이라는 도구를 사용할 수 있다는 신선한 탐구 주제 및 솔루션을 제안한다. 이는 에너지에 관심 있는 모두의 이해의 폭을 확장시키고, 인류가 당면하고 있는 여러 현실적 문제들(예, 지구 온난화, 부패하는 경제, 민주주의의 타락 등)의 해결을 위한 창의적 아이디어를 제공하기에 매우 유익하다. 새로운 이해 도구인 열역학을 사용하여 각 생명체 간의 이해와 긴밀한 상호 작용을 알아가고 올바른 사회현상을 운영하며 평가할 수 있는 정치철학적인 방향도 스스로 제안하는 데 이 책은 가히 큰 쓸모가 있다. 서점의 수많은 에너지 관련 유사 도서들과 달리 전공 교양도서로서의 가치뿐 아니라 현대를 살아가는 일반인들이 흔히 접하게 되는 개개인 간 혹은 그들이 꾸미는 복잡한 사회 속의 심층 문제들을 보다 과학적으로 해결할 수 있는 방향을 제안하는 인문과학 도서로서 그 가치가 매우 크다고 역자는 자신 있게 평가하고 싶다.

| 참고문헌들 |

Alvarez, L. W., W. Alvarez, F. Asaro, and H. V. Michel. 1980. Extraterrestrial cause for the Cretaceous-Tertiary extinction. Science 208: 1095-1108.

Assenheimer, M., and V. Steinberg. 1994. Transition between spiral and target states in Rayleigh-Benard convection. Nature 367:345-47.

Atkins, P. W. 1984. The second law: Energy, chaos, and form. San Francisco: W. H. Freeman and Co.

Ayala, F., and T. Dobzhansky. 1974. Studies in the philosophy of biology: Reduction and related problems. Berkeley: University of California Press.

Balescu, R. 2003. Obituary of Ilya Prigogine, 1917-2003. Nature 424:30.

Behe, M. J. 1996. Darwin's black box: The biochemical challenge to evolution. New York: Free Press.

Benard, H. 1900. Les tourbillons cellulaires dans unve nappe liquid. Revue Generale des Sciences Pure et Appliques 11:1309-28.

Bennet, P. 1998. Imprint: Random thoughts and working papers. Global Business Network 2:1-11.

Ben-Shem, A., F. Frolow, and N. Nelson. 2003. Crystal sturcture of plant photosystem 1. Nature 426:630-35.

Benyus, J. M. 2002. Biomimicry: Innovation inspired by nature. New York: Perennial.

Bergson, H. 1896. Matter and memory. Trans. W. S. Palmer and N. M. Paul. New York: Zone, 1996.

_____. 1991. Creative evolution. Trans. A. Mitchell. New York: Henry Holt and Co.

Bernal, J. D. 1965. Discussion. In S. W. Fox, ed., The origin of prebiological systems and of their molecular matrices. New York: Academic Press.

Bertalanffy, L. von. 1968. General systems theory. New York: George Braziller.

Block, H. 1956. Surface tension as the cause of Benard cells and surface deformation in a liquid fluid. Nature 178: 650-51.

Bloom, H. K. 1997. The lucifer principle: A scientific expedition into the forces of history. New York: Atlantic Monthly Press.

Blum, H. F. 1968. Time's arrow and evolution. Third edition. Princeton, NJ: Princeton University Press.

Bohm, D. 1980. Wholeness and the implicate order. London: Routledge and Kegan Paul. ____, 1998. On creativity. Ed. Lee Nichol. London: Routledge. Boltzmann, L. 1886. The second law of thermodynamics. In B. McGinness, ed., Ludwig Boltzmann: Theoretical physics and philosophical problems: Selected writings. Dordrecht, Netherlands: D. Reidel, 1974.

Bonner, J. T. 1988. The evolution of complexity by means of natural selection. Princeton, NJ: Princeton University Press.

Bortz, Walter M. 1984. The disuse syndrome. Western Journal of Medicine 141:69-98.

____, 1985. Physical exercise as an evolutionary force. Journal of Human Evolution 14: 145-56.

____, 1986. Aging as entropy. Experimental Gerontology 21:321-28.

____, 1997. Geriatrics: The effect of time in medicine. Western Journal of Medicine 166: 313-18.

____, 2001. Living longer for dummies. New York: Hungry Mind.

Bortz, W. M., and W. M. Bortz. 1996. How fast do we age? Exercise performance over time as a biomarker. Journal of the American Geriatircs Society 15A: M223-M225.

Bristol, T. 2003. Cosmology from an engineering perspective. Paper presented at Portland International Conference on Management of Engineering and Technology, Portland State University, July 23.

Brooks, D. R., and E. O. Wiley. 1986. Evolution as entropy: Toward a unified theory of biology. Chicago: University of Chicago Press.

Brown, J. H. 1981. Two decades of homage to Santa Rosalia: Towards a general theory of diversity. American Zoologist 21: 877-88.

Brown, J. H., P. A. Marquet, and M. L. Taper. 1993. Evolution of body size: Cosequences of an energetic defintion of fitness. American Naturalist 142: 573-584.

Brown, L. H., S. Postel, A. T. Durning, P. Weber, C. Flavin, N. Lenssen, M. D. Lowe, J. E. Young, A. Misch, M. Renner, and H. F. French. 1994. The state of the world. New York: W. W. Norton and Co.

Butler, S. 1863. "From our mad correspondent." Canterbury Press, 15 September. Reprinted in J. Jones, The cradle of Erewhon: Samuel Butler in New Zealand, 196-97. Auston: Universityof Texas Press, 1959.

Cairns-Smith, A. G. 1982. Genetic take-over and the mineral origins of life.

Cambridge: Cambridge University Press.

_____. 1985. Seven clues to the origin of life. Cambridge: Cambridge Univeristy Press.

Cairns-Smith, A. G., A. J. Hall, and M. J. Russell. 1992. Mineral theories of the origin of life and an iron sulfide example. Origins of Life and Evolution of the Biosphere 22: 161-80.

Caratheodory, C. 1976. Investigations into the foundations of thermodynamics. In J. Kestin, ed., The second law of thermodynamics, Benchmark Papers on Energy, 5:229-56, Stroudsburg, PA: Dowden, Hutchinson, and Ross.

Cech, T. R. 1993. The efficiency and versatility of catalytic RNA: Implications for an RNA world. Gene 135:33-36.

Chaisson, E. 2001. Cosmic evolution: The rise of complexity in nature. Cambridge: Harvard University Press.

Clausius, R. 1987. The second law of thermodynamics. In J. H. Weaver, The world of physics, vol. 1. New York: Simon and Schuster.

Clements, F. E. 1936. Nature and structure of the climax. Journal of Ecology 24: 252-425.

Coles, D. 1965. Transitions in circular Couette flow. Journal of Fluid Mechanics 21: 385-425.

Colinvaux, P. 1978. Why big fierce animals are rare. Reprinted in The nature of life. Readings in biology, 221-36. Chicago: Great Books Foundation, 2001.

Conrad, P. G., and K. H. Nealson. 2001. A non-Earthcentric approach to life detection. Astrobiology 1:15-24.

Corliss, J. B., and R. D. Ballard. 1977. Oases of life in the cold abyss. National Geographic 152:441-53.

Corning, P. A., and S. J. Kline. 1998. Thermodynamics, information, and life revisited. Part 2, "Thermodynamics" and "control information." Systems Research and Behavioral Science 15:453-82.

Coveney, P., and R. Highfield. 1991. The arrow of time: The quest to solve science's greatest mystery. London: HarperCollins.

Cowles, H. C. 1899. The ecological relations of the vegetation on the sand dunes of Lake Michigan. Botanical Gzette 27:95-391.

Crick, F. 1981. Life inself: Its origin and nature. New Yrok: Touchstone.

Currie, D. J. 1991. Energy and large-scale patterns of animal-and-plant species-richness. American Naturalist 137: 27-48.

Dawkins, R. 1982. The extended phenotype. San Francisco: Freeman.

de Duve, C. 1991. Blueprint for a cell, Burlington, NC: Neil Patterson Publishers.

de Duve, C., and S. L. Miller. 1991. Two-dimensional life? Proceedings of the National Academy of Science USA 88:10014-17.

Dembski, W. A. 1998. Design inference: Eliminating chance through small probabilities. New York: Cambridge University Press.

_____, 1999. Intelligent design: The bridge between science and theology. Downers Grove, IL: InterVarsity Press.

_____, 2000. Science and evidence for design in the universe. Papers presented at a conference sponsored by the Wethersfield Institute, New York City, September 25, 1999. San Francisco: Ignatius Press.

Depew, D., and B. Weber. 1994. Darwinism evolving: Systems dynamics and the genealogy of natural selection. Cambridge: MIT Press.

Dierick, J. F., C. Frippiat, M. Salmon, F. Chainiaux, and O. Toussaint. 2003. Stress, cells, and tissue aging. In S. I. S. Rattan, ed., Modulating againg and longevity, 101-25. London: Kluwer Academic.

Dobzhansky, T. 1973. Nothing in biology makes sense except in the light of evolution. American Biology Teacher 35:125-29.

Drexler, K.E. 1992. Nanosystems: Molecular machinery, manufacturing, and computation. New York: John Wiley and Sons.

Dyson, F. 1994. The universe as a home for life. Lecture for NTT Data New Paradigm Session, Hibiya Hall, Tokyo, June 18.

_____, 1999. Origins of life. Revised edition. Cambridge: Cambridge University Press.

Dyson, G. 1997. Darwin among the machines. Reading, MA: Addison Wesley Publishing Co.

Dyke, C. 1988. Cities as dissipative structures. In B. H. Weber, D. J. Depew, and J. D. Smith, eds., Entropy, information, and evolution: New perspectives on physical and biological evolution, 355-67. Cambridge: MIT Press.

Eddington, A. 1928. The nature of the physical world. Cambridge: Cambridge University Press.

Edis, T. 1998. Taking creationism seriously. Skeptic 6(2): 56.

____, 2001. Darwin in mind" Intelligent design meets artificial intelligence. Skeptical Inquirer, March/April.

Eigen, M. 1971. Self-organization of matter and the evolution of biological

인투 더 쿨: 에너지 흐름, 열역학, 그리고 생명

macromolecules. Naturewissenschaften 58: 465-523.

Eigen, M., W. Gardiner, P. Schuster, and R. Winkler-Oswatitsch. 1981. The origin of genetic information. Scientific American, April, 79-118.

Eigen, M., and P. Schuster. 1979. The hypercycle: A principle of natural self-organization. New York: Springer-Verleg.

Einstein, A.E. 1956. Investigations on the theory of Brownian motion, 1906-1908. New York: Dover.

Elsberry, W.R. 1999. Review of The design inference by W. A. Dembski. Reports of the National Center for Science Education 19(2):32 .

Elton, C.S. 1930. Animal ecology and evolution. New York: Oxford Univeristy Press.

Enquist, B.J., J. Brown, and G. B. West. 1998. Allometric scaling of plant diversity energetics and population density. Nature 395: 163-67.

Enquist, B.J., and K. Niklas. 2001. Invarient scaling relations across three-dominated communities. Nature 410:655-60.

Evans, D.J., E. G. D. Cohen, and G. P. Morriss. 1993. Probability of second law violations in shearing steady states. Physcial Review Letters 71: 2401-4.

Fermi, E. 1956, Thermodynamics. New York: Dover.

Feynman, R. P. 1960. There's plenty of room at the bottom: An invitation to enter a new field of physics. Engineering and Science (Caltech), February.

Fischer, R. 1930. The genetical theory of natural selection. Oxford: Oxford University Press. Second revised edition. New York: Dover, 1958.

Flannery, T. 2001. The eternal frontier. New York: Atlantic Monthly Press.

Fry, I. 1995. Are the different hypotheses on the emergence of life as different as they seem? Biology and Philosophy 10:389-417.

_____. 2000. The emergence of life on Earth: A historical and scientific overview. New Brunswick, NJ: Rutgers University Press.

Gamow, G. 1961. The great physicists: From Galileo to Einstein. New York: Dover.

Gardner, J.N. 2003. Biocosm: The new scientific theory of evolution: Intelligent life is the architecture of the universe. Maui, HI: Inner Ocean Publishing.

Gaston, K.J. 2000. Global patterns in biodiversity. Nature 405:220-27.

Gates, D. 1962. Energy exchange in the biosphere. New York: Harper Row.

Gell-Mann, M. 1994. The quark and the jaguar. San Francisco: W.H. Freeman.

Georgescu-Roegen, N. 1971. The entropy law and the economic process. Cambridge: Harvard University Press.

Gerstner, E. 2002. Second law broken: Small-scale fluctuations could limit miniaturization. Nature Science Update. http://www.nature.com/nsu/020722/020722-2.html.

Gibbs, J.W. 1902. Elementary principles in a statistical mechanics: The rational field of thermodynamics. New York: Schribner and Sons.

Gleason, H.A. 1926. The individualistic concept of the plant association. Bulletin of the Torrey Botanical Club 53:7-26.

Gold, T. 1999. The deep hot biosphere. New York: Copernicus Books.

Goldman, M. 1983. The demon in the aether: The story of James Clerk Maxwell. Edinburgh: Paul Harris.

Goldsmith, D. 1997. The hunt for life on Mars. New York: Dutton.

Gould, S. J. 1989. Wonderful life: The Burgess Shale and the nature of history. New York: W. W. Norton and Co.

_____, 1992. The panda's thumb: More reflections in natural history. New York: W. W. Norton and Co.

_____. 1997. Full house: The spread of excellence from Plato to Darwin. New York: Random House.

_____, 2002. The structure of evolutionary theory. Cambridge: Harvard University Press.

Grant, V. 1985. The evolutionary process. New York: Columbia University Press.

Gribbin, J., with M. Gribbin. 2000. Stardust: Supernovae and life: The cosmic connection. New Haven: Yale University Press.

Grinevald, J. 1986. Sketch for a history of the idea of the biosphere. In P. Bunyard and E. Goldsmith, eds., Gaia: The thesis, the mechanisms, and the implications, 1-25. Camelfod, Cornwall, UK: Wadebridge Ecological Center.

Groussard, C., I. Morel, M. Chevanne, M. Monnier, J. Cillard, and A. Delamarche. 2000. Free radical scaenging and antioxidant effects lactate ion: An in vitro study. Journal of Applied Physiology 89: 169-75.

Guillen, M. 1995. Five equations that changed the world: The power and poetry of mathematics. New York: Hyperion.

Gunther, F., and C. Folke. 1993. Characteristics of nested living systems. Journal of Biological Systems 1:257-73.

Haldane, J. B.S. 1967. The origin of life. In J. D. Bernal, The origin of life, 242-49. London: Weidenfeld and Nicolson. Originally published in Rationalist Annual

인투 더 쿨: 에너지 흐름, 열역학, 그리고 생명

(1929): 3-10.

Halicke, P.V. 1993. The first origin of the central nervous system and the meansing of REM sleep. Self-published.

Hammond, K.A., and J. Diamond. 1997. Maximal sustained energy budgets in humans and animals. Nature 386: 457-62.

Harder, B. 2002. Water for the rock: Did Earth's oceans come from the heavens? Science News 161: 184-86.

Harold, F.M. 2001. The way of the cell. Oxford: Oxford University Press.

Hatsopoulos, G., and J. Keenan. 1965. Principles of general thermodynamics. New York: John Wiley and Sons.

Hawking, S. 1990. A brief history of time: From the big band to black holes. New York: Bantam.

Hayflick, L. 1965. The limited in vitro lifetime of human diploid cell strain. Experimental Cell Research 32: 614-36.

Heinen, W., and A. M. Lauwers. 1996. Organic sulfur compounds resulting fro mthe interaction of iron sulfide, hydrogen sulfide, and carbon dioxide in an anaerobic aqueous environment. Origins of Life and Evolution of the Biosphere 26: 131-50.

Hetherington, A., and I. Woodward. 2003. The rold of stomata in sensing and driving environmental change. Nature 424: 203-8.

Ho, M.-W. 1998. The rainbow and the worm: The physics of organism. Second edition. Singapore: World Scientific.

Holbo, H.R., and J. C. Luvall. 1989. Modeling surface temperature distributions in forest landscapes. Remote Sensing of Environment 27:11-24.

Holling, C.S. 1986. The resilience of terrestrial ecosystems: Local surprise and global change. In W.M. Clark and R.E. Munn, eds., Sustainable developemnt in the biosphere, 292-320. London: Oxford Univeristy Press.

Homer, M., W.M.Kemp, and H. Mckellar. 1976. Trophic analysis of an estuarine ecosystem: Salt marsh-tidal creek system near Crystal River, Florida. Department of Environmental Engineering, Univeristy of Florida, Gainsville. Manuscript.

Hoyle, F., and C. Wickramasinghe. 1984. Evolution from space: A theory of cosmic creationism. New York: Simon and Schuster.

Hutchinson, G.E. 1965. The ecological theater and the evolutionary play. New Haven: Yale University Press.

_____, 1978. An introduction to population ecology. New Haven: Yale Univeristy Press.

Jacobs, J. 1984. Cities and the wealth of nations: Principles of economic life. New York: Random House.

Jantsch, E. 1980. The self-organizing universe: Scientific and human implications of the emerging paradigm of evolution. New York: Pergamon Press.

Jaynes, E.T. 1957. Information theory in statistical mechanics. Physical Review 106:620-30.

Johnson, P. 1991. Darwin on trial. Washington, DC: Regnery Gateway.

_____, 1995. Reason in the balance: The case against naturalism in science, law, and education. Downders Grove, IL: Inter Varsity Press.

Kant, I. 1790. Critique of judgement. Part 2, Critique of teleological judgement. Trans. W. S. Pluhar. Indianapolis: Hackett Publishing Co., 1987.

Kaschke, M., M. J. Russel, and W.J. Cole. 1994. [FeS/FeS2]:A redox system for the origin of life. Origins of Life and Evolution of the Biosphere 24:43-56.

Kauffman, S. 1993. Origins of order: Self-organization and selection in evolution. New York: Oxford University Press.

_____. 1995. At home in the universe. New York: Oxford University Press.

_____. 2000. Investigations. Oxford: Oxford Univeristy Press.

Kellert, S.R., and T. J. Franham, eds. 2001. The good in nature and humanity: Connecting science, religion, and spirituality with the natural world. New Haven: Island Press.

Kestin, J. A. 1979. Course in thermodynamics. New York: McGraw-Hill.

Keynes, J. M. 1997. The general theory of employment, interest, and money. Great Minds Series. New York: Prometheus Books.

Komoriya, K., N. Shibano, T.Higano, N. Azuma, S. Yamaguchi, and S.I. Aizawa. 1999. Flagellar proteins and type III-exported virulence factors are the predominant proteins secreted into the culture media of Salmonella typhimurium. Molecular Microbiology 34: 767-79.

Koschmieder, E.L. 1993. Benard cells and Taylor vortices. Cambridge: Cambridge University Press.

Koschmieder, E.L., and M.I. Biggerstaff. 1986. Onset of surface-tension-driven Benard convection. Journal of Fluid Mechanics 167:49-64.

Kurz, H.D., and N. Slvadori. 1995. Theory of production: A long-period analysis. Cambridge: Cambridge University Press.

Lambert, F.L. 1998. Chemical kinetics: As important as the second law of thermodynamics? Chemical Educator 3, http://journals.springer-ny.com/chedr.

Leff, H.S., and A. F. Rex. 1990. Maxwell's demon. Princeton, NJ: Princeton University Press.

Leontief, W.W. 1936. Quantitive input-outout relations in the economic system of the United States. Review of Economics and Statistics 18:105-25.

Lewis, G.N., and M. Randall. 1923. Thermodynamics and the free energy of substances. New York: McGraw-Hill.

Likens, G.E., F.H. Bormann, N.M. Johnson, D.W. Fisher, and R.S. Pierce. 1970. Effects of forest cutting and herbicide treatment on nutrient budgets in the Hubbard Brook watershe-ecosystem. Ecological Monographs 40:23-47.

Lindeman, R.L. 1942. The trophic-dynamic aspect of ecology. Ecology23:399-418.

Lotka, A.J. 1922. Contribution to the energetics of evolution. Proceedings of the National Academy of Science USA 8:148-54.

_____. 1945. The law of evolution as a maximal principle. Human Biology 17:167-94.

_____. 1956. Elements of mathematical biology. New York: Dover.

Lovelock, J.E. 1979. Gaia: A new look at life on Earth. Oxford: Oxofrd Univeristy Press.

_____. 1988. The ages of Gaia: A biography of our living Earth. New York: W.W. Norton.

_____. 2993. The living Earth. Nature 426: 769-70.

Lovett, R. 2002. Beat the clock. American Scientist 174: 30-33.

Luvall, J.C., and H.R. Holbo. 1989. Measurements of short term thermal responses of coniferous forest canopies using thermal scanner data. Remote Sensing of Environment 27: 1-10.

_____. 1991. Thermal remote sensing methods in landscape ecology. In M. Turner and R.H. Gardner, eds., Quantitative methods in landscape ecology, chap.6. New York: Springer-Verlag.

MacArthur, R.H. 1958. Population ecology of some warblers of northeastern coniferous forests. Ecology 39: 599-619.

MacArthur, R.H., and E.O. Wilson. 1963. An equilibrium theory of insular zoo-geography. Evolution 17: 373-87.

Margalef, R. 1968. Perspectives in ecological theory. Chicago: University of Chicago Press.

Margulis, L., and D. Sagan. 1990. Orgin of sex: Four billion years of genetic recombination. New Haven: Yale University Press.

_____. 1997a. Microcosmos: Four billion years of microbial evolution. Berkeley: University of California Press.

_____. 1997b. What is sex? New York: Simon and Schuster.

_____. 2002. Acquiring genomes: A theory of the origins of species. New York: Basic Books.

Marshall, L. 1994. A world that slipped away. Sciences 34:45-46.

Marshall, R., and R. Mapplethorpe. 1986. Fifty New York artists. San Franscisco: Chronicle Books.

Matsuno, K. 1978. Evolution of dissipative systems: A theoretical basis of Margalef's principle on ecosystems. Journal of Theoretical Biology 70:23-31.

Matthews, C. 2000. Chemical evolution in a hydrogen cyanide world. In L. Margulis, C. Matthews, and A. Haselton, eds., Environmental evolution: Effects of the origin and evolution of life on planet Earth, second edition, 48-64. Cambridge: MIT Press.

Maturana, H.R., and F.J. Varela. 1981. Autopoiesis and cognition: The realization of the living. Boston Studies in the Philosophy of Science, 42. Boston: D. Reidel.

Maxwell, J.C. 1878. The scientific papers of James Clerk Maxwell. Ed. W. D. Nivens. Cambridge: Cambridge University Press.

Mayr, E. 1961. Cause and effect in biology. Science 134: 1501-6.

_____. 1982. The growth of biological thought. Cambridge: Harvard University Press.

_____. 2001. What evolution is. New York: Basic Books.

McKeon, R. 2001. The basic works of Aristotle. Princeton, NJ: Princeton University Press.

Merkle, R.C. 2001. That's impossible! How good scientists reach band conclusions. http://www.zyvex.com/nanotech/impossible.html.

Mikulecky, D. 1993. Applications of network thermodynamics to problems in biomedical engineering. New York: New York University Press.

Miller, S.M., and L.E. Orgel. 1974. The orgins of life on the Earth. Englewood Cliffs, NJ: Prentice Hall.

Mojzsis, S.J., G. Arrhenius, K.D. McKeegan, T.M. Harrison, A.P. Nutman, and C.R.L. Friend. 1996. Evidence for life on Earth before 3800 million years ago. Nature 384: 55-59.

Monod, J. 1974. Chance and necessity. Glasgow: Fontana Books.

Montalenti, G. 1974. From Aristotle to Democritus via Darwin: A short survey of a long historical and logical journey. In F. Ayala and T. Dobzhansky, eds., Studies in the philosophy of biology: Reduction and related problems. Berkeley: University of California Press.

Moore, W. 1992. Schrodinger: Life and thought. Cambridge: Cambridge University Press.

Morowitz, H.J. [1968] 1979. Energy flow in biology: Biological organization as a problem in thermal physics. Woodbridge, CT: Ox Bow Press.

_____. 1992. The beginnings of cellular life: Metabolism recapitulates biogenesis. New Haven: Yale University Press.

_____. 1997. The kindly Dr. Guillotin, and other essays on science and life. Washington, DC: Counterpoint.

_____. 2002. The emergence of everything: How the world became complex. New York: Oxford University Press.

Morris, H.M. 1993. Biblical creationism: What each book of the Bible teaches about creation and the flood. Grand Rapids: Baker.

Morris, S.C. 2003. Life's solution. Cambridge: Cambridge Univeristy Press.

Murphy, M.P., and L.A. J. O'Neil, eds. 1995. What is life? The next fifty years: Speculations on the future of biology. Cambridge: Cambridge University Press.

Musgrave, C. B., J. K. Perry, R.C. Merkle, and W.A. Goddard. 1992. Theoretical studies of a hydrogen abstraction tool for nanotechnology. Nanotechnology 2:87-195.

New School. 2004. Nicholas Georgescu-Roegen, 1906-1994. http://cepa.newschool.edu/het/profiles/georgescu.htm.

Nicolis, G., and I. Prigogine. 1977. Self-organization in nonequilibrium systems. New York: John Wiley and Sons.

_____. 1989. Exploring complexity. San Francisco: W.H. Freeman.

Niesert, U., D. Harnasch, and C. Bresch. 1981. Origin of life between Scylla and Charybdis. Journal of Molecular Evolution 17:348-53.

Nisbet, E.G., and N.H. Sleep. 2001. The habitat and nature of early life. Nature 409:1083-91.

Nitecki, M.H., ed. 1988. Evolutionary progress. Chicago: University of Chicago Press.

Norretranders, T. 1991. The user illusion: Cutting consciousness down to size. Trans. J. Sydenham. New York: Viking.

Numbers, R.L. 1998. Darwinism comes to America. Cambridge: Harvard University

Press.

Odum, E.P. 1969. The strategy of ecosystem development. Science 164: 262-70.

_____. 1971. Fundamentals of ecology. Philadelphia: W. H. Saunders Co.

Odum, H.T. 1971. Environment, power, and society. New York: Wiley Interscience.

Odum, H.T., and R.C. Pinkerton. 1955. Time's speed regulation: The optimum efficiency for maximum output in physical and biological systems. American Scientist 43:331-43.

O'Grady, R.T., and D.R. Brooks. 1988. Teleology and biology. In B.H. Weber, D.J. Depew, and J. D. Smith, eds., Entropy, information, and evolution: New perspectives on physical and biological evolution, 285-316. Cambridge: MIT Press.

Olsen, P.E., D.V. Kent, H.D. Sues, C. Koeberl, H. Huber, A. Montanari, E.C. Rainforth, S.J. Fowell, M.J. Szajna, and B.W. Hartline. 2002. Ascent of dinosaurs linked to Ir anomaly at Triassic-Jurassic boundary. Science 296: 1305-7.

Onsager, L. 1931a. Reciprocal relations in irreversible processes. Part 1. Physical Review 37: 405.

_____. 1931b. Reciprocal relations in irreversible processes. Part 2. Physical Review 38: 2268.

Oparin, A.I. 1964. The chemical origins of life. Trans. A. Synge. Springfield, IL: C.C. Thomas.

Oster, G.F.,I.L. Silver, and C.A. Tobias, eds. 1974. Irreversible thermodynamics and the origin of life. New York: Gordon and Breach Science Publishers.

Oviatt, C.A., H. Walker, and M.E. Q. Pilson. 1980. An exploratory analysis of microcosm and ecosystem behavior using multivariate techniques. Marine Ecology Progress Series 2: 179-91.

Pagels, H.R. 1989. The dreams of reason. New York: Bantam.

Peacocke, A. R. 1983. The physical chemistry of biological processes. Oxford: Oxford University Press.

_____. 1986. God and the new biology. London: Dent.

Pearson, J.R.A. 1958. On convection cells induced by surface tension. Journal of Fluid Mechanics 4:489-500.

Peebles, P.J.E. 1993. Principles of physical cosmology. Princeton, NJ: Princeton University Press.

Pigliucci, M. 2000. Chance, necessity, and the new holy war against science: A review of W. A. Dembski's The design inference. BioScience 50:79-81.

_____. 2001. Chaos, fractals, complexity, and the limits of science. Skeptic 8:62-70.

Pollan, M. 1998. Playing God in the garden. New York Times Sunday Magazine, October 25.

Popper, K. 1974. Reduction and the incompleteness of science. In F. Ayala and T. Dobzhansky, eds., Studies in the philosophy of biology: Reduction and related problems, 259-84. Berkeley: Univeristy of California Press.

_____. 1976. Unended quest. Chicago: Open Court Publishing.

_____. 1990. A world of propernsities. Bristol: Thoemmes.

Price, H. 1996. Times's arrow and Archimedes' point: New directions for the physics of time. New York: Oxford University Press.

Prigogine, I. 1955. Thermodynamics of irreversible processes. New York: John Wiley and Sons.

_____. 1981. From being to becoming: Times and complexity in the physical sciences. New York: W.H. Freeman and Co.

Prigogine, I., and I. Stengers. 1984. Order out of chaos: Man's new dialogue with nature. New York: Bantam.

Raleigh, Lord. 1916. On convection currents in a horizontal layer of fluid when the higher temperature is on the underside. Philosophical Magazine 32:529-46.

Rauner, J. 1976. Deciduous forests. In J. Montheith, ed., Vegetation and the atmosphere, 2:241-65. London: Academic Press.

Rofkin, J. 1980. Entropy: A new world view. New York: Viking.

Rohde, K. 1992. Latitudinal gradients in species diversity: The search for the primary cause. Oikos 65:514-27.

Rosen, R. 1991. Life itself: A comprehensive inquiry into the nature, origin, and fabrication of life. New York: Columbia University Press.

Rossler, O.E. 2002. The world as interface. Paper presented at "Second Cycle of Winter of Science and Technology: Fluid Dynamics: Complex Systems and Self-Organization," Centro Cultural Conde Duque, Madrid, March 12.

Ruse, M. 2003. Does evolution have a purpose? Cambridge: Harvard University Press.

Russell, M. J., R. M. Daniel, A. J. Hall, and J. Sherringham. 1994. A hydrothermally precipitated catalytic iron sulphide membrane as a first step toward life. Journal of Molecular Evolution 39: 231-43.

Russell, M.J., A.J. Hall, A.G. Cairns-Smith, and P.S. Braterman. 1998. Submarine hot springs and the origins of life. Nature 336:117 .

Sagan, D., and L. Margulis. 1993. Garden of microbial delights: A practical guide to the subvisible world. Dubuque, IA: Kendall/Hunt Publishing Co.

Sagan, D., and E.D. Schneider. 2000. The pleasures of change. In The forces of change: A new view of nature, 115-26. Washington, DC: National Geographic.

Sagan, D., and J. Whitesides. 2004. Gradient-reduction theory: Thermodynamics and the purpose of life. In Scientists debate Gaia: A new century. Cambridge: MIT Press.

Saunders, H.L. 1968. Marine benthic diversity: A comparative study. American Naturalist 102: 243-82.

Schneider, E.D. 1988. Thermodynamics, information, and evolution: New perspectives on physical and biological evolution. In B.H. Weber, D. J. Depew, and J.D. Smith, eds., Entropy, information, and evolution: New perspectives on physical and biological evolution, 108-38. Cambridge: MIT Press.

_____. 1995. Order from disorder: The thermodynamics of complexity in biology. In M.P.Murphy and L.A. O'Neil, eds., What is life? The next fifty years, 161-73. Cambridge: Cambridge University Press.

Schneider, E.D., and J.J. Kay. 1989. Nature abhors a gradient. In P.W.J. Ledington, ed., Proceedings of the 33rd Annual Meeting of the International Society for the Systems Sciences, 3:19-23. Edinburgh: International Society for the Systems Sciences.

_____. 1994a. Complexity and thermodynamics: Towards a new ecology. Futures 24: 626-47. Archived at http://www.fes.uwaterloo.ca/u/jjkay/pubs/futures/tex.html.

_____. 1994b. Life as a manifestation of the second law of thermodynamics. Mathematical and Computer Modeling 19: 25-48.

Schneider, S., P. Boston, and E. Crist, eds. 2004. Scientists debates Gaia: A new century. Cambridge: MIT Press.

Schrodinger, E. 1944. What is life? The physical aspect of the living cell. Cambridge: Cambridge Univeristy Press.

Schumpeter, J. A. 1939. Business cycles. New York: McGraw-Hill.

_____. 1942. Capitalism, socialism, and democracy. New York: Harper.

Schwartzman, D. 1999. Life, temperature, and the Earth. New York: Columbia University Press.

Sellers, P.J., and Y.A. Mintz. 1986. Simple biosphere model (SiB) for use within general circulation models. Journal of Atmospheric Science 43: 505-31.

Selye, H. 1936. A syndrome produced by diverse noxious agents. Nature 138: 32.

_____. 1976. Stress in health and disease. Boston: Butterworth.

Shannon, C.E., and W. Weaver. 1949. On the mathematical theory of communication. Urbana: University of Illinois Press.

Sherman, K., C. Jones, L. Sullivan, W. Smith, P. Berrien, and L. Ejsymont. 1981. Congruent shifts in sand eel abundance in western and eastern North Atlantic ecosystems. Nature 291: 486-89.

Smil, Vaclav. 2002. The Earth's biosphere: Evolution, dynamics, and change. Cambridge: MIT Press.

Smith, A. 1991. The wealth of nations. New York: Prometheus Books.

Smolin, L. 1997. The life of the cosmos. Oxford: Oxford University Press.

Snow, C. P. 1969. The two cultures and a second look. Cambridge: Cambridge University Press.

Sole, R. V., and B. Goodwin. 2001. Signs of life: How complexity pervades biology. New York: Basic Books.

Soros, G. 1997. The capitalist threat. Atlantic Monthly 279: 45-58.

Sperandeo, V. 1993. Trader Vic: Methods of a Wall Street master. New York: John Wiley and Sons.

Squires, S. 2002. In it for the long run: Exercise is key to the prescription for healthy aging, no matter how old your are. Washington Post, Tuesday, April 23.

Stapledon, O. 1947. The flames: A fantasy. In R. Crossley, ed., An Olaf Stapledon reader, 71-123. Syracuse: Syracuse University Press, 1997.

Stehli, F.G., and J. W. Wells. 1971. Diversity and age patterns in hermatypic corals. Systematic Zoology 20: 115-26.

Swenson, R. 1989. Emergent attractors and the law of maximum entropy production: Foundations to a theory of general evolution. Systems Research 6: 187-97.

Swenson, R., and M.T. Turvey. 1991. Thermodynamic reasons for perception-action cycles. Ecological Psychology 3:317-48.

Szent-Gyorgyi, A. 1961. Introduction to Light and Life, ed. W.D. McElroy and B. Glass. Baltimore: Johns Hopkins University Press.

Taha, H., H. Akbari, and D. Sailor. 1992. On the simulation of urban climates: Sensitivity to surface parameters and anthropogenic heating. Technical note, Lawrence Berkeley Library, Berkeley.

Tanford, C., and J. Reynolds. 1995. What price philosophy? A review of Ludwig Boltzmann: His later life and philosophy, 1900-1908, ed. John Blackmore. Nature 378: 673.

Taylor, G.I. 1923. Stability of a viscous liquid contained between two rotating cylinders. Philosophical Transactions of the Royal Society of London A 223:289-343.

Teilhard de Chardin, P. 1976. The phenomenon of man. New York: Perennial.

Teller, W. 1938. The atheism of astronomy: A refutation of the theory that the universe is governed by intelligence. New York: Truth Weeker Co. Also available at http://www.infidels.org/library/historical/woolsey_teller/index.shtml.

Thompson, D. W. 1917. On growth and form. Cambridge: Cambridge University Press.

Thompson, M. 1999. Teach yourself Eastern philosophy. London: Hodder and Stoughton Educational.

Thorpe, E. O. 1966. Beat the dealer: The book that made Las Vegas change the rules. New York: Random House.

Tipler, F.J. 1995. The physics of immortality: Modern cosmology, God, and the resurrection of the dead. New York: Anchor Books.

Toussaint, O., J. Remacle, J.F. Dierick, P. Pascal, C. Frippiat, V. Royer, and F. Chainiaux. 2002. Approach of evolutionary theories of aging, stress, senescence-like phenotypes, calorie restriction, and hormesis from the viewpoint of far-from-equilibrium thermodynamics. Mechanisms of Ageing and Development 123: 937-46.

Toussaint, O., M. Salmon, V. Royer, J.F. Dierick, J.P. de Magalhaes, F. Wenders, S. Zdanov, A. Chretien, C. Borlon, P. Pascal, and F. Chainiaux. 2003. Role of subcytotoxic stress in tissue ageing: Biomarkers of senescence, signal transduction, and proteomics in stress-induced premature senescence. In T. Nystrom and H.D. Osiewacz, eds., Topics in Current Genetics, 3:269-94. Berlin: Springer-Verlag.

Trewavas, A. 2002. Mindless mastery. Nature 415: 841.

Tribus, M., and E.C. McIrvine. 1971. Energy and information. Scientific American 225:180.

Twain, Mark. 1883. Life on the Mississippi. Boston: J. R. Osgood.

Ulanowicz, R.E. 1985. Community measures of marine food networks and their possible applications. In M.J.R. Fasham, ed., Flows of energy and materials in marine ecosystems, 23-47. London: Plenum.

_____. 1986. Growth and development: Ecosystems phenomehology. New York: Springer-Verlag.

_____. 1995. Occam's razor is a double-edged blade. Zygon 30: 249-66.

_____. 1997. Ecology: The ascendant perspective. New York: Columbia University Press.

Ulanowicz, R.E., and B.M. Hannon. 1987. Life and the production of entropy. Proceedings of the Royal Society London B 232: 181-92.

Valentine, J.W., A.G. Collins, and C.P. Meyer. 1994. Morphological complexity in crease in metazoans. Paleobiology 20: 131-42.

Van Fraassen, B.C. 1985. An introduction to the philosophy of time and space. New York: Columbia University Press.

Vernadsky, V.I. 1929. The biosphere. Trans. D.B. Langmuir. New York: Copernicus Books, 1998.

Victoroff, J. 2002. Saving your brain: The revolutionary plan to boost brain power, improve memory, and protect yourself against aging and Alzheimer's. New York: Bantam Books.

Vincent, W.F., and C. Howard-Williams. 2000. Life on snowball Earth. Science 287: 2421.

Von Baeyer, H.C. 1998. Maxwell's demon: Why warmth disperses and time passes. New York: Random House.

von Mises, L. 1997. Human action: A treatise on economics. San Francisco: Fox and Wilkes.

von Neumann, J. 1948. The general and logical theory of automata. In L.A. Jeffress, ed., Cerebral mechanisms in behavior: The Hixon Symposium, 1-41. New York: John Wiley, 1951.

Wachtershauser, G. 1992. Groundworks for an evolutionary biochemistry: The iron-sulphur world. Progress in Biophysics and Molecular Biology 58:85-201.

Wang, G.M., E.M.Sevick, E. Mittag, D.J. Searles, and D.J. Evans. 2002. Experimental demonstration of violations of the second law of thermodynamics for small systems and short time scales. Physical Review Letters 89:050601.

Watts, A.W. 1970. Does it matter? Essays on man's relation to materialit. New York: Pantheon Books.

_____. 1989. The book: On the taboo against knowing who you are. New York: Vintage.

Weber, B.H. 2003. Life. Stanford Encyclopedia of Philosophy. http://plato.stanford.edu/entries/life/#oth.

Westbroek, P. 2000. Strengthening Gaia: A new category. Abstracts guide, 14. Second Chapman Conferences on the Gaia Hypothesis, American Geophysical Union, Valencia, Spain.

Whitfield, J. 2001. All creatures great and small. Nature 413: 342-44.

Wicken, J. 1987. Evolution, thermodynamics, and information: Extending the Darwinian program. New York: Oxford University Press.

Williams, G. 1997. Chaos theory tamed. Washington, DC: Joseph Henry Press.

Williams, R. J. P., and J.J.R. Frausto da Silva. 2002. The systems approach to evolution. Biochemical and Biophysical Research Communictions 297: 689-99.

Williamson, D. 2003. Origins of larvae. Dordrecht, Netherlands: Kluwer Academic.

Willis, K.J., and R.J. Whittaker. 2002. Species diversity: Scale matters. Science 295:1245-48.

Wilson, E.O. 1992. The diversity of life. Cambridge: Harvard University Press.

_____. 1998. Consilience. New York: Knopf.

_____. 2002. The future of life. New York: Knopf.

Wipple, A.B.C. 1982. Storm. New York: Time Life Books.

Woese, C.R. 1987. Bacterial evolution. Microbiology Review 51:221-71.

Wolfram, S. 2002. A new kind of science. Champaign, IL: Wolfram Media.

Woodwell, G. 1970. The energy cycle of the biosphere. In Board of Editors at Sceintific American, eds., The biosphere. San Francisco: W.H. Freeman and Co.

Worster, D. 1979. Nature's economy: The roots of ecology. New York: Doubleday.

Wrighth, D.H. 1983. Species energy theory: An extension of species area theory. Oikos 41:496-506.

Wright, R. 2000. Nonzero: The logic of human destiny. New York: Pantheon.

Wullschleger, S., F. Meinzer, and R. Vertessy. 1998. A review of whole-plant water use studies in trees. Tree Physiology 18:499-512.

Yates, F.E. 1987. Self-organizing systems: The emergence of order. New York: Plenum.

Yates, F.E. and L.A. Benton. 1995. Biological senescence: Loss of integration and resilience. Canadian Journal of Aging 14: 106-20.

Yockey, H.P. 1992. Information theory and molecular biology. Cambridge: Cambridge University Press.

_____. 1995. Information in bits and bytes: Reply to Lifson's review of Information theory and molecular biology. BioEssay 17:85-88.

Young, G.M., D.H. Schmiel, and V.L. Miller. 1999. A new pathway for the secretion of virulence factors by bacteria: The flagellar export apparatus functions as a protein-secretion system. Proceedings of the National Academy of Sciences USA 96:6456-61.

Zotin, A.I. 1972. Thermodynamic aspects of developmental biology. Monographs in Developmental Biology, vol.5. Basel: S. Karger.

_____. 1984. Bioenergetic trends of evolutionary progress of organisms. In I. Lamprecht and A.I. Zotin, eds., Thermodynamics and regulation biological processes, 451-58. Berlin: Walter de Gruyter.

찾아보기

인투 더 쿨: 에너지 흐름, 열역학, 그리고 생명

인투 더 쿨: 에너지 흐름, 열역학, 그리고 생명

지은이

에릭 D. 슈나이더 미국 해양대기청의 수석 과학자이자 미국 환경보호청의 국립 해양 수질 연구소의
책임자로 일했다.

도리언 세이건 유전체의 획득Acquiring Genomes: A Theory Of The Origin Of Species』『용에서 위
로Up from Dragons: The Evolution of Human Intelligence』의 공동 저자다.

옮긴이

엄숭호 미국 코넬대학교에서 생명공학 석·박사 학위를 받고, MIT 연구원을 역임하였다. 2011년부터
성균관대학교 교수로 재직 중이다. 지은 책으로 『제4의 언어』가 있다.

인투 더 쿨
Into The COOL
: 에너지 흐름, 열역학, 그리고 생명

1판 1쇄 인쇄 2019년 8월 10일
1판 1쇄 발행 2019년 8월 20일

지은이	·에릭 D. 슈나이더 ·도리언 세이건
옮긴이	엄숭호
펴낸이	신동렬
책임편집	구남희
외주디자인	장주원
편집	현상철·신철호
마케팅	박정수·김지현

펴낸곳	성균관대학교 출판부
등록	1975년 5월 21일 제1975-9호
주소	03063 서울특별시 종로구 성균관로 25-2
전화	02)760-1253~4
팩스	02)760-7452
홈페이지	http://press.skku.edu/

ISBN 979-11-5550-335-5 03420

잘못된 책은 구입한 곳에서 교환해 드립니다.